Leipzig
1895

Kronecker, Leopold

Werke

Herausgegeben auf Veranlassung der Königlich Pressischen Akademie der Wissenschaften

Band 2

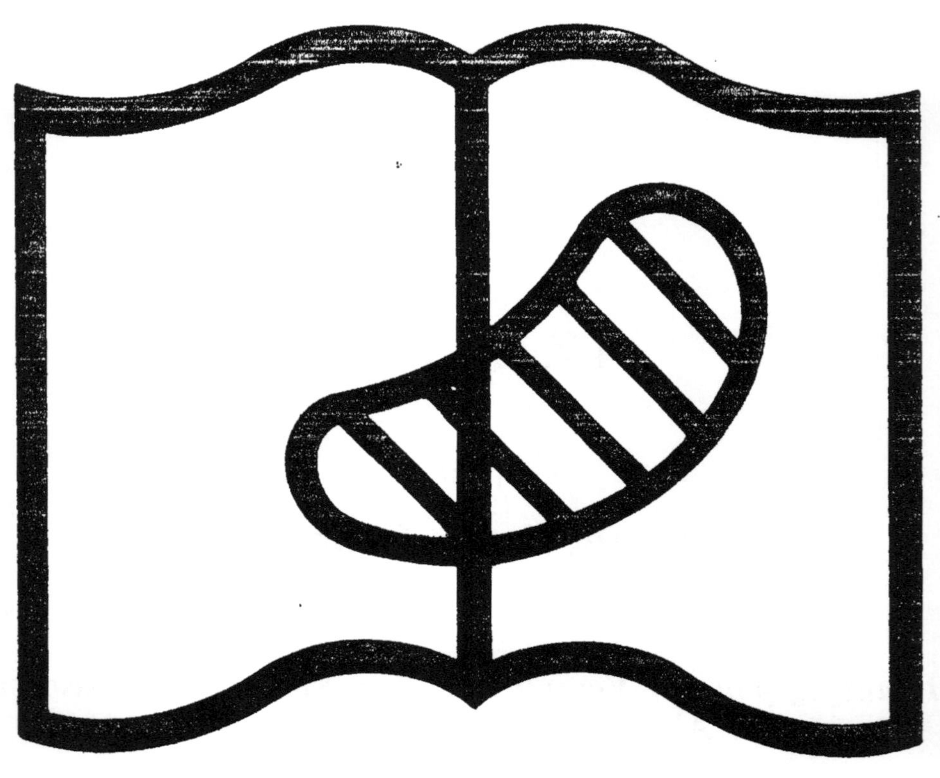

**Symbole applicable
pour tout, ou partie
des documents microfilmés**

Original illisible

NF Z 43-120-10

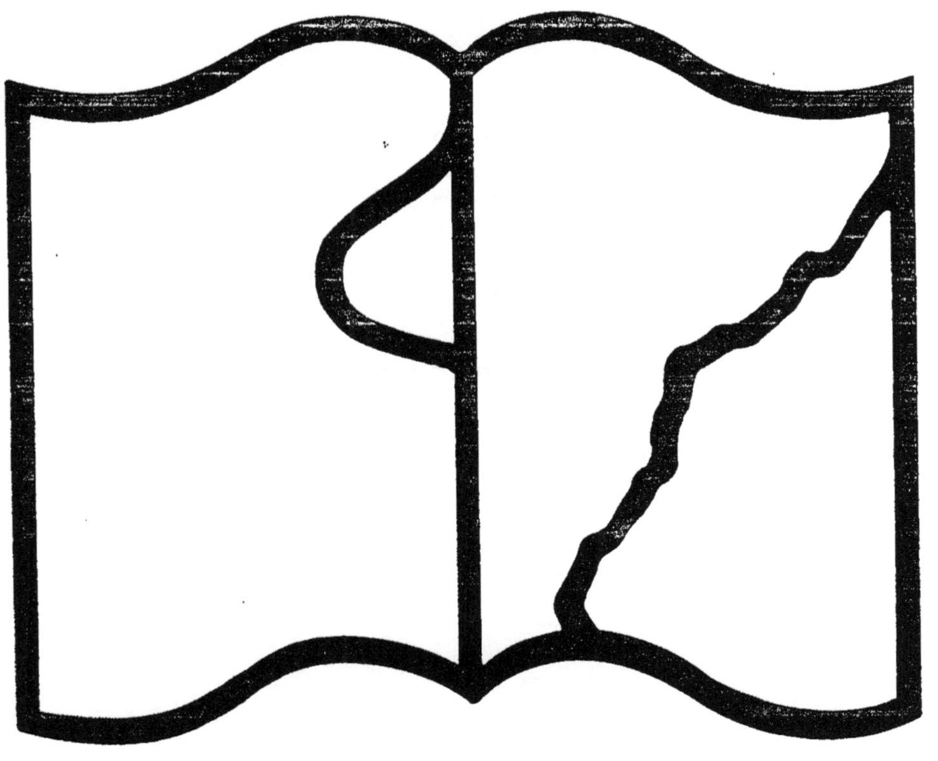

Symbole applicable
pour tout, ou partie
des documents microfilmés

Texte détérioré — reliure défectueuse

NF Z 43-120-11

LEOPOLD KRONECKER'S WERKE.

HERAUSGEGEBEN AUF VERANLASSUNG

DER

KÖNIGLICH PREUSSISCHEN AKADEMIE DER WISSENSCHAFTEN

VON

K. HENSEL.

ERSTER BAND.

MIT L. KRONECKER'S BILDNISS.

LEIPZIG,
DRUCK UND VERLAG VON B. G. TEUBNER.
1895.

LEOPOLD KRONECKER'S WERKE.

LEOPOLD KRONECKER'S
WERKE.

HERAUSGEGEBEN AUF VERANLASSUNG

DER

KÖNIGLICH PREUSSISCHEN AKADEMIE DER WISSENSCHAFTEN

VON

K. HENSEL.

ZWEITER BAND.

LEIPZIG,
DRUCK UND VERLAG VON B. G. TEUBNER.
1897.

VORREDE.

Der vorliegende zweite Band der gesammelten Abhandlungen Leopold Kronecker's enthält 22 Arbeiten aus dem Gebiete der höheren Arithmetik, deren Abfassung in die Zeit von 1875—1884 fällt. Fast alle diese Abhandlungen stehen in näherer oder entfernterer Beziehung zu der Festschrift zu Kummer's Doctorjubiläum, welche in gewissem Sinne als der Mittelpunkt der arithmetischen Arbeiten Kronecker's angesehen werden kann.

Auch diese Abhandlungen sind vor ihrem Abdrucke einer bis ins Einzelne gehenden Nachprüfung unterworfen worden, und ich möchte mit aufrichtigem Danke hervorheben, dass mir diese schwierige Aufgabe durch die freundliche und wirksame Hülfe einiger Freunde und Fachgenossen, nämlich der Herren Frobenius, Hermite, Hurwitz, Kneser und Vahlen wesentlich erleichtert worden ist. Ganz besonderen Dank schulde ich den Herren Hurwitz und Kneser, welche die beiden umfangreichen Abhandlungen über die bilinearen Formen mit vier Variabeln (No. XVII) und über die Elimination (No. IX) vor ihrer Drucklegung auf das Genaueste durchgearbeitet haben.

Berlin, im Mai 1897.

K. Hensel.

INHALTSVERZEICHNISS.

ZUR
GESCHICHTE DES RECIPROCITÄTSGESETZES.

VON

L. KRONECKER.

Monatsberichte der Königlich Preussischen Akademie der Wissenschaften zu Berlin vom Jahre 1875. S. 267—274.

ZUR GESCHICHTE DES RECIPROCITÄTSGESETZES[1]).

[Gelesen in der Akademie der Wissenschaften am 22. April 1875.]

In einem der Briefe von *Legendre* an *Jacobi*, welche Hr. *Borchardt*
am 11. März d. J. der Akademie mitgetheilt hat, wird von *Gauss* gesagt,
dass er sich im Jahre 1801 die Entdeckung des schon 1785 publicirten Reciprocitätsgesetzes habe aneignen wollen*), und es liegt den Worten *Legendre's*
offenbar die Meinung zu Grunde, dass ihm selbst in Folge seiner Abhandlung
vom Jahre 1785 das Verdienst der bezeichneten Entdeckung gebühre. In
Wahrheit aber ist dieselbe weder *Legendre* noch *Gauss* zuzuschreiben, sondern
Euler, der zuerst — freilich nur auf dem Wege der Induction — zu jenem
Fundamentalsatze der Theorie der quadratischen Reste gelangt ist, welchem
Legendre den Namen des Reciprocitätsgesetzes beigelegt hat.

Schon in einer Abhandlung aus den Jahren 1744—1746 *Theoremata
circa divisores numerorum in hac forma* $pa^2 \pm qb^2$ *contentorum,* welche im
XIV. Bande der Petersburger Commentarien p. 151 veröffentlicht und im
I. Bande der *Commentationes Arithmeticae collectae***) p. 35 sqq. wieder abgedruckt

---

*) Die Stelle in der nunmehr gedruckt vorliegenden *Legendre-Jacobi'*schen Cor-
respondenz lautet wörtlich: „. . . . . c'est le même homme qui en 1801 voulut s'attribuer
la découverte de la loi de réciprocité publiée en 1785 . . . ." (*Borchardt's* Journal Bd. 80,
S. 217).

**) Petersburg 1849.

[1]) Im Original wird diese Abhandlung durch die Worte eingeleitet:
„Hr. *Kronecker* machte folgende *Bemerkungen zur Geschichte des Reciprocitätsgesetzes.*" H.

ist, giebt *Euler* eine Reihe von Lehrsätzen und Bemerkungen[*]), welche das Reciprocitätsgesetz im Wesentlichen enthalten; denn es ist darin als Resultat von Beobachtungen angegeben, dass die Primtheiler von $a^2 + Nb^2$ oder $a^2 - Nb^2$ und diejenigen Primzahlen, welche Nichttheiler eines solchen Ausdruckes sind, sich nach gewissen Linearformen $4Nm \pm a$ sondern, und es ist auch der Zusammenhang der Werthe von a mit den quadratischen Resten von N ausdrücklich hervorgehoben. So heisst es in den *Annotationes* 14 und 16:

> „Posito ergo $4Nm \pm a$ pro forma divisorum generali numerorum in hac expressione $aa - Nbb$ contentorum, littera a plerumque plures significabit numeros, inter quos unitas semper continetur .... Erunt ergo valores ipsius a numeri impares primi ad N, minores quam $2N$, horumque numerorum omnium imparium et primorum ad N et minorum quam $2N$, semissis tantum praebebit idoneos valores ipsius a; reliqui exhibebunt formulas, in quibus plane nullus continetur divisor .... Sicut autem unitas perpetuo inter valores ipsius a reperitur, ita etiam quivis numerus quadratus, qui sit primus ad $4N$, valorem idoneum pro a suppeditabit."

Nimmt man nun die einfache Bemerkung hinzu, dass für eine *Primzahl N* schon die ersten $\frac{1}{2}(N-1)$ ungraden Quadratzahlen, da sie mod. N unter einander incongruent sind, so viel geeignete Werthe (valores idoneos) für a liefern, als nach *Euler* überhaupt erforderlich sind, so ergiebt sich unmittelbar das Reciprocitätsgesetz; denn es folgt alsdann, dass N quadratischer Rest von jeder Primzahl sein muss — aber auch *nur* von einer solchen — welche, positiv oder negativ genommen, einem Quadrate mod. $4N$ congruent ist.

Euler selbst hat das Reciprocitätsgesetz in ganz entwickelter und vollendeter Form erst viel später und zwar am Schlusse einer Abhandlung aufgestellt, welche er unter dem Titel *Observationes circa divisionem quadratorum per numeros primos* im I. Bande seiner *Opuscula Analytica* (Petersburg 1788)

---

[*]) Man beachte namentlich das *Theorema* 27 und die *Annotationes* 3, 4, 7, 13, 14 und 16.

publicirt hat*). Nachdem nämlich *Euler* im § 38 der bezeichneten Abhandlung vier einzelne, die verschiedenen Fälle des Reciprocitätsgesetzes enthaltende Theoreme aufgestellt und folgende Worte hinzugefügt hat:

> „Theoremata haec ideo subjungo, ut qui hujusmodi speculationibus delectantur, in eorum demonstrationem inquirant, cum nullum sit dubium, quin inde theoria numerorum insignia incrementa sit adeptura."

schliesst er daran die „Conclusio"**):

§ 39. Quatuor haec theoremata postrema, quorum demonstratio adhuc ·desideratur, sequenti modo concinnius exhiberi possunt:

> *Existente s numero quocunque primo, dividantur tantum quadrata imparia* 1, 9, 25, 49 *etc. per divisorem* 4 *s, notenturque residua, quae omnia erunt formae* $4q + 1$, *quorum quodvis littera* α *indicetur, reliquorum autem numerorum, formae* $4q + 1$, *qui inter residua non occurrunt, quilibet littera* $\mathfrak{A}$ *indicetur, quo facto si fuerit*

divisor numerus
primus formae	tum est
$4ns + \alpha$	$+ s$ residuum et $- s$ residuum
$4ns - \alpha$	$+ s$ residuum et $- s$ non-residuum
$4ns + \mathfrak{A}$	$+ s$ non-residuum et $- s$ non-residuum
$4ns - \mathfrak{A}$	$+ s$ non-residuum et $- s$ residuum.

Ich habe hier beim Abdruck die *Euler*'sche Stelle auch ihrer äusseren Form nach getreulich reproducirt, um zu zeigen, wie augenfällig sich im Original das Resultat hervorhebt, dessen Wichtigkeit von *Euler* vollständig erkannt

----

*) Die Abhandlung ist in der bereits citirten unter dem Titel *Leonhardi Euleri Commentationes Arithmeticae collectae* erschienenen Sammlung im I. Bande pag. 477 sqq. abgedruckt.

**) Opuscula Analytica Tom. I pag. 84 oder Commentationes Arithmeticae collectae Tom. I pag. 485 und 486.

worden ist. Lässt man die von ihm mit aufgenommene Bestimmung des quadratischen Charakters von — s weg und bezeichnet die Zahlen unter der Rubrik *divisor numerus primus* mit p, so besagt jener Ausspruch wörtlich,

> dass eine positive Primzahl s quadratischer Rest oder Nichtrest einer positiven Primzahl p ist, je nachdem $(-1)^{\frac{1}{2}(p-1)}p$ quadratischer Rest oder Nichtrest von s ist,

und stimmt demnach genau mit dem *„theorema fundamentale"* überein, wie es *Gauss* im Art. 131 der *Disquisitiones Arithmeticas* formulirt hat:

> *Si p est numerus primus formae* $4n+1$, *erit* $+p$, *si vero p formae* $4n+3$, *erit* $-p$ *residuum vel non residuum cujusvis numeri primi, qui positive acceptus ipsius p est residuum vel non-residuum.*

Während also das Reciprocitätsgesetz, wie hier gezeigt worden ist, in einer höchst einfachen und der *Gauss*'schen ganz ähnlichen Fassung schon bei *Euler* vorkommt, beginnt Art. 151 der *Disquisitiones Arithmeticae* mit den Worten:

> *„Theorema fundamentale, quod sane inter elegantissima in hoc genere est referendum, in eadem forma simplici, in qua supra propositum est, a nemine hucusque fuit prolatum"*;

und *Gauss* fährt dann fort:

> *„Quod eo magis est mirandum, quum aliae quaedam propositiones illi superstruendae, ex quibus ad illud facile reveniri potuisset, ill. Eulero jam innotuerint."*

Man muss hiernach annehmen, dass *Gauss* die oben citirte *Euler*'sche Abhandlung im I. Bande der *Opuscula analytica* übersehen hat, so wunderbar diess auch erscheinen mag, wenn man bedenkt, wie sehr schon der Titel derselben *Gauss* zur Durchsicht auffordern musste, und wie augenfällig darin am Schlusse das Reciprocitätsgesetz hervortritt. Dass *Gauss* zur Zeit den I. Band der *Euler*'schen *Opuscula analytica* in Händen gehabt hat, beweist das Citat einer anderen darin enthaltenen Abhandlung, welches im Art. 151

der *Disquisitiones Arithmeticae* vorkommt; dass er aber die *Euler*'schen *Observationes circa divisionem quadratorum per numeros primos* gekannt und deren Erwähnung absichtlich unterlassen haben sollte, ist völlig unglaublich, da er im weiteren Verfolg jenes Art. 151 grade darauf ausgeht, zu zeigen, dass sowohl *Euler* als auch *Legendre* schon vor ihm im Besitze von Theoremen gewesen sind, die im Wesentlichen mit dem Reciprocitätsgesetz übereinkommen. Nur die *Beweise* des Satzes, welche diese beiden Mathematiker gegeben hatten, werden von *Gauss* im Art. 151 angefochten, und er legt mit vollem Rechte darauf Gewicht, dass die Ausführungen in den vorhergehenden Abschnitten seines Werkes (Art. 125 sqq.) den ersten vollständigen und strengen Beweis des Reciprocitätsgesetzes enthalten. Auch im Jahre 1808 muss *Gauss* jene mehrfach citirte *Euler*'sche Abhandlung im I. Bande der *Opuscula Analytica* noch nicht gekannt haben; denn im § 2 der am 15. Jan. jenes Jahres der Göttinger Societät übergebenen Abhandlung „*Theorematis Arithmetici demonstratio nova*“ schreibt er *Legendre* die erste Auffindung des Reciprocitätsgesetzes zu und nennt *Euler* und *Lagrange* nur als solche, die lange vorher auf dem Wege der Induction zur Entdeckung von mehreren speciellen Fällen des Gesetzes gelangt seien*). In dieser Weise würde sich aber *Gauss* offenbar nicht geäussert haben, wenn er zur Zeit von jener Abhandlung Kenntniss gehabt hätte, in welcher *Euler* schon einige Jahre vor *Legendre* das vollständig formulirte Reciprocitätsgesetz veröffentlicht hatte. Warum *Gauss* an der eben bezeichneten Stelle seiner Abhandlung von 1808 sich über den Antheil *Legendre's* an der Entdeckung des Reciprocitätsgesetzes ganz anders ausgedrückt und denselben weit bestimmter hervorgehoben hat als im Art. 151 der im Jahre 1801 erschienenen *Disquisitiones Arithmeticae*, ist mir durchaus unerfindlich; aber dass *Gauss* selber im Jahre 1808 in Beziehung auf die Aufstellung des Reciprocitätsgesetzes *Legendre* unumwunden ein Prioritätsrecht zugestand, welches er im Jahre 1801 theils *Euler*, theils auch sich selbst vindicirt hatte, mag wohl *Legendre* in der Meinung bestärkt haben, dass ihm von Seiten *Gauss'* im Jahre 1801 — wie es in jenem Briefe an *Jacobi* heisst — Unrecht geschehen sei. Um den auffälligen und nirgends motivirten Unterschied zwischen den *Gauss*'schen Aeusserungen von 1801 und 1808 deutlich zu zeigen, lasse ich die betreffenden Stellen wörtlich folgen:

---

*) *Gauss'* Werke Bd. II S. 4.

I. Der zweite Absatz des Art. 151 der *Disqq. Arithm.*, welcher sich auf die *Legendre*'schen Arbeiten bezieht, lautet*):

> Post *Eulerum* clar. *Le Gendre* eidem argumento operam navavit, in egregia tract. *Recherches d'analyse indéterminée* · Hist. de l'Ac. des Sc. 1785 p. 465 sqq., ubi pervenit ad theorema, quod si rem ipsam spectas cum th. fund. idem est. . . . . . . Clar. *Le Gendre* etiam demonstrationem tentavit, de qua, quum perquam ingeniosa sit, in Sect. seq. fusius loquemur. Sed quoniam in ea plura sine demonstratione supposuit (uti ipse fatetur . . .), quae partim a nemine hucusque sunt demonstrata, partim nostro quidem judicio sine theor. fund. ipso demonstrari nequeunt: via quam ingressus est, ad scopum deducere non posse videtur, nostraque demonstratio pro prima erit habenda. — Ceterum infra *duas alias demonstrationes* ejusdem gravissimi theorematis trademus, a praec. et inter se toto coelo diversas"**).

II. In der Abhandlung vom 15. Januar 1808 sagt *Gauss****):

> „Pro *primo* hujus elegantissimi theorematis inventore ill. *Legendre* absque dubio habendus est, postquam longe antea summi geometrae

---

*) *Gauss*' Werke Bd. I. S. 118. Der erste Absatz, dessen Anfang oben S. 6 abgedruckt ist, bezieht sich auf die *Euler*'schen Forschungen.

**) Es folgt nur noch *ein* Beweis im Art. 262 desselben Werkes. *Gauss* hatte wohl ursprünglich die Absicht, in der achten Section noch einen aus der Kreistheilung entnommenen Beweis zu geben und zwar vermuthlich denjenigen, welchen er später im Art. 33 der Abhandlung *Summatio quarumdam serierum singularium* veröffentlicht hat. Denn nach den *Dedekind*'schen Bemerkungen im II. Bande von *Gauss*' Werken S. 240 findet sich unter den Manuscripten ein Fragment mit der Ueberschrift „Sectio octava", dessen Inhalt später in die angeführte Abhandlung vom Jahre 1808 übergegangen ist. Der im Art. 33 derselben enthaltene Beweis des Reciprocitätsgesetzes wird zwar nach der Reihenfolge in der Publication von *Gauss* als der vierte bezeichnet (*Gauss*' Werke II pag. 42), aber er gehört jedenfalls zu den „drei andren Beweisen", welche in den Göttinger gelehrten Anzeigen vom 12. Mai 1808 (*Gauss*' Werke II pag. 153) erwähnt und *vor* dem darin analysirten dritten Beweise von *Gauss* aufgefunden worden sind. Ueberhaupt dürfte nach den verschiedenen Bemerkungen, die darüber vorkommen, die Zeitfolge der Auffindung der sechs *Gauss*'schen Beweise so zu fixiren sein: I, II, IV, VI, III, V.

***) *Gauss*' Werke Bd. II pag. 4.

Euler et *Lagrange* plures ejus casus speciales jam per inductionem detexerant. Conatibus horum virorum circa demonstrationem enumerandis hic non immoror; adeant quibus volupe est opus modo commemoratum. Adiicere liceat tantummodo, in confirmationem eorum, quae in art. praec. prolata sunt, quae ad meos conatus pertinent. In ipsum theorema proprio marte incideram anno 1795, dum omnium, quae in arithmetica sublimiori iam elaborata fuerant, penitus ignarus et a subsidiis literariis omnino praeclusus essem: sed per integrum annum me torsit, operamque enixissimam effugit, donec tandem demonstrationem in Sectione quarta operis illius traditam nactus essem."

Ganz ähnlich drückt sich *Gauss* auch in der Analyse der betreffenden Abhandlung*) über die erste Aufstellung des Reciprocitätsgesetzes aus, von dem er a. a. O. sagt:

„Dieses ist zuerst, obwohl in einer etwas andern Gestalt, von *Legendre* vorgetragen, in der *Histoire de l'Académie des Sciences de Paris* 1785; sowohl hier, als nachher in seinem Werke: *Essai d'une théorie des nombres*, hat dieser treffliche Analyst den Beweis auf sehr scharfsinnige Untersuchungen zu gründen gesucht, die aber gleichwohl nicht zu dem gewünschten Ziele geführt haben, welches, wenn wir uns nicht irren, auch auf diesem Wege nicht erreicht werden konnte."

In der hier erwähnten Abhandlung von 1785**) hat *Legendre* zuerst seine Arbeiten über das Reciprocitätsgesetz publicirt. Dass ihm bei deren Abfassung der I. Band von *Euler's Opuscula Analytica* vorgelegen hat, zeigt ein gleich im Eingang vorkommendes allgemeines Citat, und auch im weiteren Verlauf derselben z. B. auf pag. 528 nimmt *Legendre* noch Gelegenheit, auf einzelne Stellen des *Euler'*schen Werkes zurückzukommen. Dabei geschieht freilich derjenigen Abhandlung der *Op. Anal.*, welche mit dem oben angeführten Ausspruche des Reciprocitätsgesetzes schliesst, nicht ausdrücklich Erwähnung,

---

*) Göttinger gelehrte Anzeigen vom Mai 1808. *Gauss'* Werke Bd. II S. 152.
**) Histoire de l'Académie Royale des Sciences, Année 1785. Paris 1788 p. 465 et suiv.

aber es ist immerhin klar, dass *Legendre* doch nicht, wie bisher vielfach geschehen ist, das Verdienst zugeschrieben werden kann, jenes Gesetz zuerst aufgefunden und aufgestellt zu haben. Dagegen gebührt ihm *das* Verdienst, *einen Theil* des Reciprocitätsgesetzes zuerst und zwar mehr als ein Jahrzehnt vor *Gauss* wirklich bewiesen zu haben. Denn in eben jener Abhandlung von 1785 erörtert *Legendre* die Bedingungen der Lösbarkeit der Gleichung $ax^2 + by^2 = cz^2$ in ganzen Zahlen x, y, z und zeigt, dass, wenn p irgend eine positive Primzahl und q eine solche von der Form $4n + 3$ bedeutet, die Gleichung

$$x^2 + \varepsilon p y^2 = q z^2 \qquad (\varepsilon = \pm 1)$$

nach einer Methode von *Lagrange* stets lösbar sein müsste, wenn nur die beiden Bedingungen

$$\left(\frac{q}{p}\right) = 1, \quad \left(\frac{\varepsilon p}{q}\right) = -1 .$$

gleichzeitig erfüllt wären. Da aber andrerseits die Gleichung offenbar unmöglich ist, wenn $\varepsilon = \left(\frac{-1}{p}\right)$ genommen wird, so schliesst *Legendre*, dass für diesen Werth von ε

$$\text{aus der Annahme } \left(\frac{q}{p}\right) = +1 \text{ die Folgerung } \left(\frac{\varepsilon p}{q}\right) = +1$$

$$\text{und aus der Annahme } \left(\frac{\varepsilon p}{q}\right) = -1 \text{ die Folgerung } \left(\frac{q}{p}\right) = -1$$

zu ziehen ist, und dieser Schluss ist, wie schon *Gauss* bei seiner eingehenden Kritik des *Legendre*'schen Beweises in den Artt. 296 und 297 der *Disquisitiones Arithmeticae* hervorgehoben hat, vollkommen begründet. Bei den Ausführungen aber, welche sich auf die übrigen Fälle des Reciprocitätsgesetzes beziehen, nimmt *Legendre* Primzahlen von gewissen Eigenschaften zu Hilfe, ohne darthun zu können, dass dergleichen Primzahlen existiren. Er ist desshalb weder a. a. O. zu einem vollständigen Beweise des Satzes gelangt, noch später im *Essai sur la théorie des nombres*[*]), wo es ihm nur gelungen ist, die früheren Voraussetzungen über die Existenz gewisser Primzahlen wesentlich einzuschränken, nicht aber sie überhaupt entbehrlich zu machen.

---

[*]) Seconde édition. Paris 15. Octobre 1808. p. 198 et suiv.

ÜBER DAS RECIPROCITÄTSGESETZ.

VON

L. KRONECKER.

Monatsberichte der Königlich Preussischen Akademie der Wissenschaften zu Berlin
vom Jahre 1876. S. 331—341.

2*

ÜBER DAS RECIPROCITÄTSGESETZ[*]).

[Gelesen in der Akademie der Wissenschaften am 22. Juni 1876.]

§ 1.

Es seien r und s beliebige positive oder negative ganze Zahlen; l, m und n seien ungrade und $\gamma = \pm 1$, $\delta = \pm 1$, $\varepsilon = \pm 1$ seien deren Vorzeichen, so dass γl, δm und εn positiv werden. Setzt man nun nach *Eisenstein*'scher Weise *allgemein*:

$$(\mathfrak{A}) \qquad \left(\frac{r}{n}\right) = \prod_k \frac{\sin\dfrac{2rk\pi}{n}}{\sin\dfrac{2k\pi}{n}} \qquad (k=1, 2, \ldots \tfrac{1}{2}(\varepsilon n - 1)),$$

so ist zuvörderst zu bemerken, dass das Product, ohne dass sein Werth geändert wird, auch auf irgend welche $\tfrac{1}{2}(\varepsilon n - 1)$ Zahlen k erstreckt werden kann, welche so zu sagen „ein halbes Restensystem" mod. n bilden, d. h. auf $\tfrac{1}{2}(\varepsilon n - 1)$ solche Zahlen k, deren absolut kleinste Reste mod. n ihren positiven Werthen nach die sämmtlichen unter $\tfrac{1}{2}\varepsilon n$ liegenden Zahlen ergeben. Das durch die Gleichung $(\mathfrak{A})$ definirte Zeichen $\left(\frac{r}{n}\right)$ hat nun folgende Eigenschaften:

I. Das Zeichen $\left(\frac{r}{n}\right)$ hat den Werth 0 oder ± 1; und zwar hat es den Werth Null, wenn r und n einen gemeinsamen Theiler haben, da alsdann

[*]) Diese Abhandlung schliesst sich an die in derselben Sitzung der Akademie vorgelegte Notiz von *E. Schering* an: „Verallgemeinerung des *Gauss*ischen Criterium für den quadratischen Rest-Character einer Zahl in Bezug auf eine andere", und wird im Original durch die Worte eingeleitet:

„Herr *Kronecker* knüpfte hieran die folgende Mittheilung: Im Verlaufe der an der hiesigen Universität im Wintersemester 1869/70 gehaltenen Vorträge bin ich auch meinerseits auf die von Hrn. *Schering* gefundene Ausdehnung des *Gauss*'schen Lemmas geführt worden, und ich benutze die heutige Gelegenheit, um die bezüglichen Entwickelungen hier vollständig darzulegen."　　　H.

offenbar Factoren des Zählers verschwinden; es hat aber den Werth ± 1, wenn r und n relative Primzahlen sind, da alsdann jeder Factor des Zählers mit je einem Factor des Nenners abgesehen vom Vorzeichen übereinstimmt.

II. Unmittelbar aus der Definition folgen die Relationen:

(A)
$$\left(\frac{r}{n}\right) = \left(\frac{r}{-n}\right), \quad \left(\frac{r}{n}\right) = \left(\frac{r'}{n}\right) \quad \text{wenn } r \equiv r' \bmod. n,$$
$$\left(\frac{1}{n}\right) = 1, \quad \left(\frac{-1}{n}\right) = (-1)^{\frac{1}{2}(n-1)}.$$

Da ferner

$$\left(\frac{2}{n}\right) = \prod_k 2\cos\frac{2k\pi}{n} \qquad \left(k=1, 2, \ldots \tfrac{1}{2}(n-1)\right),$$

und die Anzahl der negativen Factoren rechts $\frac{1}{4}(n \pm 1)$ und diese Zahl gleichzeitig mit $\frac{1}{4}(n^2 - 1)$ grade oder ungrade ist, so folgt:

$$\left(\frac{2}{n}\right) = (-1)^{\frac{1}{4}(n-1)}.$$

III. Der obigen Bemerkung gemäss (pag. 18 Zeile 9 v. unten) kann

$$\left(\frac{s}{n}\right) = \prod_k \frac{\sin\dfrac{2rskn}{n}}{\sin\dfrac{2rk\pi}{n}} \qquad \left(k=1, 2, \ldots \tfrac{1}{2}(n-1)\right)$$

gesetzt werden, und es ist daher:

(A')
$$\left(\frac{r}{n}\right)\left(\frac{s}{n}\right) = \left(\frac{rs}{n}\right).$$

IV. Nimmt man $r = m$ und an Stelle der Zahlen k die Zahlen $\frac{1}{2}(n+1)k$, so kommt:

$$\left(\frac{m}{n}\right) = \prod_k \frac{\sin\dfrac{mk\pi}{n}}{\sin\dfrac{k\pi}{n}},$$

wo die Zahlen k ein halbes Restensystem mod. n bilden, und mit Benutzung der Relationen

$$\vartheta \cdot \frac{\sin m v}{\sin v} = \prod_h 2 \sin\left(\frac{h\pi}{m} + v\right) \cdot 2 \sin\left(\frac{h\pi}{m} - v\right),$$

$$\vartheta^{\frac{1}{2}(\varepsilon n - 1)} \left(\frac{m}{n}\right) = \left(\frac{\vartheta}{n}\right) \left(\frac{m}{n}\right) = \left(\frac{\vartheta m}{n}\right)$$

erhält man daraus die Gleichung:

(𝔅)
$$\left(\frac{\vartheta m}{n}\right) = \prod 2 \sin\left(\frac{h\pi}{m} + \frac{k\pi}{n}\right) \cdot 2 \sin\left(\frac{h\pi}{m} - \frac{k\pi}{n}\right),$$

wo das Product auf irgend welche $\frac{1}{2}(\vartheta m - 1)$ Zahlen h zu erstrecken ist, die ein halbes Restensystem mod. m bilden und ebenso auf die $\frac{1}{2}(\varepsilon n - 1)$ Zahlen k eines halben Restensystems mod. n.

Die Gleichung (𝔅) gilt, beiläufig bemerkt, auch noch wenn m grade ist; doch sind alsdann für k nur *grade* Zahlen zu nehmen und für h ist nur in *einem* der beiden Factoren rechts der Werth $\frac{1}{2}m$ zu setzen, während im Uebrigen in beiden Factoren h irgend welche $\frac{1}{2}\vartheta m - 1$ Werthe zu durchlaufen hat, die sowohl positiv als negativ genommen mod. m unter einander und mit $\frac{1}{2}m$ incongruent sind.

Aus der Gleichung (𝔅) resultirt unmittelbar die Reprocitätsgleichung:

$$\left(\frac{\vartheta m}{n}\right) \left(\frac{\varepsilon n}{m}\right) = (-1)^{\frac{1}{4}(\vartheta m - 1)(\varepsilon n - 1)}$$

oder

(B)
$$\left(\frac{m}{n}\right) \left(\frac{n}{m}\right) = (-1)^{\frac{1}{4}(m-1)(n-1) + \frac{1}{4}(\vartheta - 1)(\varepsilon - 1)}.$$

V. Setzt man $l = r + mn$ oder $l = r$, je nachdem r grade oder ungrade ist, so ist l ungrade und das Product $\left(\frac{l}{mn}\right)\left(\frac{mn}{l}\right)$ oder $\left(\frac{l}{mn}\right)\left(\frac{m}{l}\right)\left(\frac{n}{l}\right)$ wird eine Potenz von -1, deren Exponent

$$\tfrac{1}{4}(l-1)(mn-1) + \tfrac{1}{4}(\gamma - 1)(\vartheta \varepsilon - 1)$$

ist. Ebenso wird das Product $\left(\frac{l}{m}\right)\left(\frac{m}{l}\right)\left(\frac{l}{n}\right)\left(\frac{n}{l}\right)$ eine Potenz von -1, deren Exponent

$$\tfrac{1}{4}(l-1)(m + n - 2) + \tfrac{1}{4}(\gamma - 1)(\vartheta + \varepsilon - 2)$$

ist, und da die Differenz dieser Exponenten

$$\tfrac{1}{4}(l-1)(m-1)(n-1) + \tfrac{1}{4}(\gamma-1)(\delta-1)(\varepsilon-1)$$

offenbar grade ist, so folgt die Relation

$$\left(\frac{l}{mn}\right) = \left(\frac{l}{m}\right)\left(\frac{l}{n}\right)$$

oder also

(C)
$$\left(\frac{r}{mn}\right) = \left(\frac{r}{m}\right)\left(\frac{r}{n}\right).$$

VI. Bilden die Zahlen k ein halbes Restensystem mod. n, so entspricht jeder Zahl k eine Zahl k', für welche $rk \equiv \pm k'$ mod. n und also

$$rk \equiv k' \cdot \frac{\sin\frac{2rk\pi}{n}}{\sin\frac{2k'\pi}{n}} \qquad \text{mod. } n$$

ist. Hieraus folgt

$$r^{\frac{1}{2}(n-1)}\prod_k k \equiv \left(\frac{r}{n}\right)\prod_k k \qquad \text{mod. } n,$$

und da, wenn n Primzahl ist, das Product $\prod k$ nicht durch n theilbar ist, so kommt für diesen Fall:

(D)
$$\left(\frac{r}{n}\right) \equiv r^{\frac{1}{2}(n-1)} \qquad \text{mod. } n.$$

Die zuletzt hergeleitete Congruenz (D) zeigt, dass für den Fall einer Primzahl n das durch die Gleichung ($\mathfrak{A}$) definirte Zeichen $\left(\frac{r}{n}\right)$ mit dem *Legendre*'schen übereinstimmt, und die Gleichung (C) ergiebt alsdann für eine beliebige Zahl n die Identität der Bedeutung von $\left(\frac{r}{n}\right)$ mit derjenigen, welche *Jacobi* dem Zeichen beigelegt hat.

§ 2.

Werden m und n als relative Primzahlen vorausgesetzt, so gelangt man durch die arithmetische Interpretation der Gleichung ($\mathfrak{A}$) zur Verallgemeinerung des *Gauss*'schen Lemmas. Wenn nämlich die Zahlen k', k'', ... ein halbes Restensystem mod. n bilden und für eben diesen Modul

$$r k' \equiv \varrho' k'', \quad r k'' \equiv \varrho'' k''', \quad \ldots \qquad (\varrho' = \pm 1, \varrho'' = \pm 1, \ldots)$$

wird, so definirt die Gleichung ($\mathfrak{A}$) conform mit Hrn. *Schering*'s Entwickelung das Zeichen $\left(\frac{r}{n}\right)$ als das Product der Zeichen ϱ, und die arithmetische Definition:

$$(\mathfrak{A}') \qquad \left(\frac{r}{n}\right) = \Pi \varrho$$

ist völlig äquivalent derjenigen, welche bei ($\mathfrak{A}$) in transcendenter Form erscheint. — Die arithmetische Interpretation der Gleichung ($\mathfrak{B}$) definirt, wenn

$$h = 1, 2, \ldots \tfrac{1}{2}(\delta m - 1) \quad \text{und} \quad k = 1, 2, \ldots \tfrac{1}{2}(\varepsilon n - 1)$$

genommen wird, das Zeichen $\left(\frac{\delta m}{n}\right)$ als das Vorzeichen des Products

$$\Pi_{h,k} \left(\frac{h^2}{m^2} - \frac{k^2}{n^2}\right),$$

also durch die Bedingungen

$$\left(\frac{\delta m}{n}\right) = \pm 1, \quad \left(\frac{\delta m}{n}\right) \Pi_{h,k} \left(\frac{h}{\delta m} - \frac{k}{\varepsilon n}\right) > 0,$$

oder, wenn man — wie der Einfachheit halber von jetzt an geschehen soll — die Vorzeichen $\delta = \varepsilon = +1$ d. h. m und n positiv nimmt,

$$(\mathfrak{B}') \qquad \left(\frac{m}{n}\right) \quad \text{gleich dem Vorzeichen von} \quad \Pi \left(\frac{h}{m} - \frac{k}{n}\right),$$

wo das Product auf alle Werthe

$$h = 1, 2, \ldots \tfrac{1}{2}(m - 1) \quad \text{und} \quad k = 1, 2, \ldots \tfrac{1}{2}(n - 1)$$

zu erstrecken ist.

Das Product bei ($\mathfrak{B}'$) verschwindet ebenso wie der unter ($\mathfrak{B}$) gegebene Ausdruck, sobald m und n nicht relative Primzahlen sind, und auch die unter ($\mathfrak{A}'$) gegebene Definition von $\left(\frac{r}{n}\right)$ kann in Uebereinstimmung mit dem Ausdrucke bei ($\mathfrak{A}$) so gefasst werden, dass sie für den Fall, wo r und n einen gemeinsamen Theiler haben, den Werth Null ergiebt. — Die mit ($\mathfrak{A}'$) bezeichnete arithmetische Definition des Zeichens $\left(\frac{r}{n}\right)$ führt ebenso wie die Definition ($\mathfrak{A}$) ganz unmittelbar zu denjenigen Eigenschaften, welche in den Gleichungen (A) und (A') ausgedrückt erscheinen. Andrerseits setzt ebenso wie die Definition ($\mathfrak{B}$) auch die rein arithmetische Erklärung ($\mathfrak{B}'$) die Reciprocitätsgleichung (B) in Evidenz. Um also auch an die *arithmetischen* Definitionen ($\mathfrak{A}'$) und ($\mathfrak{B}'$) die gesammte im § 1 enthaltene Deduction anknüpfen und damit die Theorie des Zeichens $\left(\frac{r}{n}\right)$ vollständig absolviren zu können, bedarf es nur noch einer ebenfalls arithmetischen Herleitung der einen jener beiden Definitionen aus der andern. Dies geschieht wohl am einfachsten in folgender Weise:

Nimmt man in der Definition ($\mathfrak{A}'$) für die Zahlen k', k'', ... die ungraden Zahlen von 1 bis $n-1$, so wird jedes Product km dem positiven oder negativen Werthe einer der Zahlen k congruent mod. n, je nachdem die in $\frac{km}{n}$ enthaltene grösste ganze Zahl $E\left(\frac{km}{n}\right)$ grade oder ungrade ist. Das Zeichen $\left(\frac{m}{n}\right)$ wird hiernach gleich einer Potenz von -1, deren Exponent

$$E\left(\frac{m}{n}\right) + E\left(\frac{3m}{n}\right) + E\left(\frac{5m}{n}\right) + \cdots + E\left(\frac{(n-2)m}{n}\right)$$

ist, und diese Summe kann wegen der Relation

$$E\left(\frac{am}{n}\right) + E\left(\frac{(n-a)m}{n}\right) = m - 1 \qquad\qquad (0 < a < n)$$

durch

$$\sum_k E\left(\frac{km}{n}\right) \qquad\qquad \left(k=1,\, 2,\, \ldots \tfrac{1}{2}(n-1)\right)$$

ersetzt werden. Eben dieselbe Potenz von -1 ist aber offenbar das Vorzeichen des Products bei ($\mathfrak{B}'$), da $E\left(\frac{hm}{n}\right)$ die Anzahl der Werthe von h bestimmt, für welche die Differenz $\frac{h}{m} - \frac{k}{n}$ negativ ist.

Der hier angegebene Uebergang von der Definition ($\mathfrak{A}'$) zur Definition ($\mathfrak{B}'$) ersetzt in rein arithmetischer Weise denjenigen von der Definition ($\mathfrak{A}$) zu ($\mathfrak{B}$), welcher oben im § 1, IV nach *Eisenstein*'scher Weise durch die Formel für sin mv vermittelt worden ist; er ersetzt ebenso jede der verschiedenen Deductionen, durch welche man von dem *Gauss*'schen Lemma zum Reciprocitätsgesetze gelangt. Aber der eigentliche Kern der Entwickelung in dieser ganzen Kategorie von Reciprocitätsgesetz-Beweisen tritt deutlicher hervor, wenn man — wie jetzt geschehen soll — das *Gauss*'sche Lemma selbst bei Seite lasst und *nur* von der mit ($\mathfrak{B}'$) bezeichneten Definition Gebrauch macht.

§ 3.

Definirt man $\left(\frac{m}{n}\right)$ für positive ungrade Zahlen m und n als das Vorzeichen des Products

$$\Pi\left(\frac{h}{m} - \frac{k}{n}\right) \qquad \left(\begin{smallmatrix} h=1, 2, \ldots \frac{1}{2}(m-1) \\ k=1, 2, \ldots \frac{1}{2}(n-1) \end{smallmatrix}\right),$$

so folgt aus der Definition ebenso unmittelbar die Reciprocitätsgleichung

(α)
$$\left(\frac{m}{n}\right)\left(\frac{n}{m}\right) = (-1)^{\frac{1}{4}(m-1)(n-1)}$$

wie die Relation

$$\left(\frac{m}{n}\right) = (-1)^{\sum\limits_{k} E\left(\frac{km}{n}\right)} \qquad \left(k=1, 2, \ldots \frac{1}{2}(n-1)\right).$$

Hieraus folgt wiederum, dass für positive ungrade Zahlen l und m, welche nach dem Modul n, also auch nach dem Modul $2n$ einander congruent sind,

(β)
$$\left(\frac{l}{n}\right) = \left(\frac{m}{n}\right)$$

ist, während für den Fall $l \equiv - m \bmod. n$

$$(\beta') \qquad \left(\tfrac{l}{n}\right) = \left(\tfrac{m}{n}\right)(-1)^{\frac{1}{2}(n-1)}$$

wird. Wenn ferner $km \equiv \pm k' \bmod. n$ ist und, je nachdem das obere oder untere Zeichen gilt, die Zahl k' oder $n - k'$ durch r bezeichnet wird, so ist

$$E\left(\tfrac{klm}{n}\right) = l \cdot E\left(\tfrac{km}{n}\right) + E\left(\tfrac{lr}{n}\right)$$

und

$$E\left(\tfrac{lr}{n}\right) + E\left(\tfrac{l(n-r)}{n}\right) = l - 1 \,,$$

also

$$E\left(\tfrac{klm}{n}\right) \equiv E\left(\tfrac{km}{n}\right) + E\left(\tfrac{k'l}{n}\right) \qquad \bmod. 2 \,,$$

und folglich

$$(\gamma) \qquad \left(\tfrac{lm}{n}\right) = \left(\tfrac{l}{n}\right)\left(\tfrac{m}{n}\right) \cdot$$

Wird auf jedes der drei Zeichen in dieser Formel die Reciprocitätsgleichung (α) angewendet und alsdann l mit n vertauscht, so folgt wie im § 1, V die Relation

$$(\gamma') \qquad \left(\tfrac{l}{mn}\right) = \left(\tfrac{l}{m}\right)\left(\tfrac{l}{n}\right) \,,$$

welche zeigt, dass das oben definirte Zeichen mit dem *Legendre-Jacobi*'schen übereinstimmt, sobald nur für *Primzahlen* n das Zeichen $\left(\tfrac{m}{n}\right)$ je nach dem quadratischen Charakter von m mod. n positiv oder negativ ist. Nun ergiebt zuvörderst die Gleichung (γ) für $l = m$ in Verbindung mit der Gleichung (β), dass für jeden quadratischen Rest l in der That $\left(\tfrac{l}{n}\right) = 1$ ist. Wenn ferner nur für *eine* Zahl m, die also nothwendig Nichtrest sein muss, $\left(\tfrac{m}{n}\right)$ negativ wird, so folgt dies aus den Gleichungen (β) und (γ) für *alle* Nichtreste, da unter der gemachten Voraussetzung für jeden der quadratischen Reste l die Gleichung

$$\left(\frac{lm}{n}\right) = -1$$

resultirt und lm hierin die sämmtlichen Nichtreste repräsentirt. Es bedarf daher nur noch des Nachweises, dass für jedes n eine Zahl m existirt, für welche die Gleichung $\left(\frac{m}{n}\right) = -1$ stattfindet.

Ist erstens $n \equiv -1 \bmod. 4$, so folgt aus (β'), dass für $m = 2n - 1$ das Zeichen $\left(\frac{m}{n}\right)$ negativ wird. Wenn zweitens $n \equiv 5 \bmod. 8$ ist und $m = \frac{1}{4}(n + 1)$ genommen wird, so ist gemäss der Gleichung (β')

$$\left(\frac{n}{m}\right) = \left(\frac{2m - n}{m}\right)(-1)^{\frac{1}{2}(m-1)} = -1$$

und also wegen (α) auch

$$\left(\frac{m}{n}\right) = -1.$$

Was drittens die Primzahlen n von der Form $8v + 1$ betrifft, so möge angenommen werden, dass für alle, die unter n' liegen, in der That zugehörige Zahlen m von der verlangten Eigenschaft existiren. Es folgt alsdann aus den bisherigen Entwickelungen die Uebereinstimmung des Zeichens $\left(\frac{m}{n}\right)$ mit dem *Legendre-Jacobi*'schen Zeichen für je zwei *beliebige* Zahlen m und n, die beide kleiner als n' sind. Nun giebt es aber, da $n' \equiv 1 \bmod. 8$ ist, nach dem *Gauss*'schen Theorem (Disqu. Arithm. Sectio IV. Art. 129) wenigstens *eine* unter $2\sqrt{n'}$ liegende Primzahl m, von welcher n' quadratischer Nichtrest ist; für ein solches m ist daher, weil beide positive Zahlen m und $n' - 2m$ kleiner als n' sind, $\left(\frac{n' - 2m}{m}\right)$ mit dem *Legendre-Jacobi*'schen Zeichen identisch also negativ, und die Gleichung (β) ergiebt hiernach

$$\left(\frac{n' - 2m}{m}\right) = \left(\frac{n'}{m}\right) = -1,$$

woraus schliesslich mit Hilfe der Reciprocitätsgleichung (α)

$$\left(\frac{m}{n'}\right) = -1$$

folgt. Auch für die Zahl n' existirt also eine Zahl m von der verlangten Eigenschaft, und es ist durch diesen Inductionsschluss der zu führende Nachweis vervollständigt, dass das Vorzeichen des Products

$$\Pi\left(\frac{h}{m} - \frac{k}{n}\right) \qquad \begin{pmatrix} h=1,\, 2,\, \ldots\, \frac{1}{2}\,(m-1) \\ k=1,\, 2,\, \ldots\, \frac{1}{2}\,(n-1) \end{pmatrix}$$

mit dem *Legendre-Jacobi*'schen Zeichen $\left(\frac{m}{n}\right)$ übereinstimmt.

Die vorstehende Entwickelung bildet einen Beweis des Reciprocitätsgesetzes, welcher seinem wesentlichen Inhalte nach derjenigen Kategorie angehört, die durch den dritten und fünften *Gauss*'schen Beweis bezeichnet wird. Die Entwickelung hat dabei mit der des *ersten Gauss*'schen Beweises den Vorzug gemein, dass sie nicht über das Gebiet des zu beweisenden Satzes hinausgeht[*], aber sie entlehnt dieser freilich in jenem Theorem der Disqu. Arithm. (Art. 129) ihre hauptsächlichste Grundlage und wenigstens theilweise auch die Methode der Induction. Natürlich kann auch der dritte und fünfte *Gauss*'sche Beweis selbst sowie jeder, der eben derselben Kategorie angehört, in der Weise der obigen Entwickelung umgestaltet und von der Herbeiziehung des Lemma Art. 106 der Disqu. Arithm. befreit werden. So würde, um an den fünften *Gauss*'schen Beweis[**] anzuknüpfen, von dessen Art. 1 gänzlich abzusehen und nur der Inhalt des Art. 2 zu benutzen sein, in welchem nachgewiesen ist, dass die oben mit (α) bezeichnete Reciprocitätsgleichung stattfindet, wenn für irgend zwei relative Primzahlen m, n das Zeichen $\left(\frac{m}{n}\right)$ als das Product der Vorzeichen erklärt wird, welche die positiven oder negativen absolut kleinsten Reste der Zahlen

$$m,\ 2m,\ 3m,\ \ldots \tfrac{1}{2}(n-1)m$$

mod. n haben. Da aus dieser Definition des Zeichens $\left(\frac{m}{n}\right)$ auch ganz unmittelbar die Gleichungen (β), (β'), (γ) folgen, so sind alle Mittel gegeben, um in der oben ausgeführten Weise die Uebereinstimmung von $\left(\frac{m}{n}\right)$ mit dem

---

[*] Man vergleiche die Einleitung zu der *Dirichlet*'schen Abhandlung im 47. Bande des *Crelle*'schen Journals S. 189.

[**] *Gauss*' Werke, Bd. II. S. 51 bis 54.

Legendre-Jacobi'schen Zeichen darzuthun, ohne zu diesem Zwecke, wie im Art. 1 des fünften *Gauss*'schen Beweises, das Lemma Art. 103 der Disqu. Arithm. zu Hülfe zu nehmen. Es tritt dabei an die Stelle dieses Lemmas die wichtigste von den Betrachtungen, auf denen der *erste Gauss*'sche Beweis beruht; und dass es durch *diese* grade ermöglicht wird, die in jenem Lemma vorkommenden Congruenzen höheren Grades zu vermeiden, giebt neuen Aufschluss über die tiefe Bedeutung jener merkwürdigen und scharfsinnigen Deduction, welche überhaupt zum ersten Male zu einer strengen Begründung des Reciprocitätsgesetzes geführt hat, und welche ganz direct mit Ueberwindung aller Schwierigkeiten auf das Ziel losgehend fast wie eine Art Kraftprobe *Gauss*'schen Geistes erscheint.

SUR LA LOI DE RÉCIPROCITÉ.

PAR

M. KRONECKER.

Bulletin des Sciences mathématiques, 2ᵉ série Tome IV p. 182—192.

SUR LA LOI DE RÉCIPROCITÉ.

I.

Soient r et s deux nombres entiers positifs ou négatifs, l, m, n trois nombres impairs; soient enfin $\gamma = \pm 1$, $\delta = \pm 1$, $s = \pm 1$, les signes étant choisis de façon que γl, δm, sn soient positifs. Si l'on pose, en généralisant une expression donnée par *Eisenstein*,

$$(\mathfrak{A}) \qquad \left(\frac{r}{n}\right) = \prod_k \frac{\sin\dfrac{2rk\pi}{n}}{\sin\dfrac{2k\pi}{n}} \qquad [k=1, 2, \ldots \tfrac{1}{2}(sn-1)],$$

on peut remarquer tout d'abord que ce produit conserve la même valeur lorsqu'on l'étend à tous les systèmes de $\frac{1}{2}(sn-1)$ nombres k, qui forment, pour ainsi dire, un demi-système de résidus relativement au module n, c'est-à-dire dont tous les restes, pris de manière à être, en valeur absolue, moindres que $\frac{sn}{2}$, sont différents. Le symbole $\left(\frac{r}{n}\right)$, défini par l'équation $(\mathfrak{A})$, jouit des propriétés suivantes.

1. Sa valeur est zéro ou ± 1: elle est zéro si r et n ont un commun diviseur, car alors un des facteurs du numérateur s'annule évidemment; elle est ± 1 quand les deux nombres r et n sont premiers entre eux, car chaque facteur du numérateur coïncide, abstraction faite du signe, avec un facteur du dénominateur.

2. La définition conduit immédiatement aux relations

4*

$$(A) \qquad \begin{cases} \left(\dfrac{r}{n}\right) = \left(\dfrac{r}{-n}\right), \quad \left(\dfrac{r}{n}\right) = \left(\dfrac{r'}{n}\right) \quad \text{si} \quad r \equiv r' \pmod{n}, \\[2mm] \left(\dfrac{1}{n}\right) = 1, \quad \left(\dfrac{-1}{n}\right) = (-1)^{\frac{1}{2}(n-1)}. \end{cases}$$

Or, comme on a

$$\left(\frac{2}{n}\right) = \prod_k 2 \cos \frac{2k\pi}{n} \qquad\qquad [k = 1, 2, \ldots, \tfrac{1}{2}(n-1)],$$

le nombre des facteurs négatifs $\cos \frac{2k\pi}{n}$ étant $\frac{1}{2}(n \pm 1)$ et ayant la même parité que $\frac{1}{2}(n^2 - 1)$, il s'ensuit

$$\left(\frac{2}{n}\right) = (-1)^{\frac{n^2-1}{8}}.$$

3. La remarque faite au début sur les systèmes des nombres k montre que l'on peut écrire

$$\left(\frac{s}{n}\right) = \prod_k \frac{\sin \dfrac{2rsk\pi}{n}}{\sin \dfrac{2rk\pi}{n}} \qquad\qquad [k = 1, 2, \ldots, \tfrac{1}{2}(n-1)],$$

et par suite que l'on a

$$(A') \qquad\qquad\qquad \left(\frac{r}{n}\right)\left(\frac{s}{n}\right) = \left(\frac{rs}{n}\right).$$

4. En prenant $r = m$ et en mettant à la place des nombres k les nombres $\frac{1}{2}(n+1)k$, il vient

$$\left(\frac{m}{n}\right) = \prod_k \frac{\sin \dfrac{mk\pi}{n}}{\sin \dfrac{k\pi}{n}},$$

où les k forment un demi-système de résidus par rapport au module n; puis, en utilisant les relations

$$\partial \frac{\sin m v}{\sin v} = \prod_h 2 \sin \left(\frac{h\pi}{m} + v\right) 2 \sin \left(\frac{h\pi}{m} - v\right),$$

$$\partial^{\frac{1}{2}(n-1)}\left(\frac{m}{n}\right) = \left(\frac{\partial}{n}\right)\left(\frac{m}{n}\right) = \left(\frac{\partial m}{n}\right),$$

on arrive à l'équation

$$(\mathfrak{B}) \qquad \left(\tfrac{\delta m}{n}\right) = \Pi\, 2\sin\left(\tfrac{h\pi}{m}+\tfrac{k\pi}{n}\right)\, 2\sin\left(\tfrac{h\pi}{m}-\tfrac{k\pi}{n}\right),$$

où le produit s'étend aux $\tfrac{1}{2}(\delta m - 1)$ nombres h et aux $\tfrac{1}{2}(\varepsilon n - 1)$ nombres k qui forment les uns un demi-système de résidus par rapport au module m, les autres un demi-système de résidus par rapport au module n.

L'équation ($\mathfrak{B}$) subsiste, il convient de le remarquer, lors même que m est un nombre pair; toutefois, il faut prendre alors pour k seulement des nombres pairs, remplacer h dans un seul des deux facteurs du second membre par $\tfrac{1}{2}m$, et enfin, partout ailleurs, faire parcourir à h dans les deux facteurs, $\tfrac{1}{2}\delta m - 1$ nombres qui, en valeur absolue, soient incongrus entre eux et avec $\tfrac{1}{2}m$ par rapport au module m.

De l'équation ($\mathfrak{B}$) résulte immédiatement l'équation de réciprocité

$$\left(\tfrac{\delta m}{n}\right)\left(\tfrac{\varepsilon n}{m}\right) = (-1)^{\frac{1}{2}(\delta m - 1)(\varepsilon n - 1)},$$

ou

$$(\mathrm{B}) \qquad \left(\tfrac{m}{n}\right)\left(\tfrac{n}{m}\right) = (-1)^{\frac{1}{2}(m-1)(n-1)+\frac{1}{2}(\delta-1)(\varepsilon-1)}.$$

5. En posant $l = r + mn$ ou $l = r$, selon que r est pair ou impair, l sera impair et le produit

$$\left(\tfrac{l}{mn}\right)\left(\tfrac{mn}{l}\right) \quad \text{ou} \quad \left(\tfrac{l}{mn}\right)\left(\tfrac{m}{l}\right)\left(\tfrac{n}{l}\right)$$

sera une puissance de -1 dont l'exposant sera

$$\tfrac{1}{2}(l-1)(mn-1)+\tfrac{1}{2}(\gamma-1)(\delta\varepsilon-1);$$

de même, le produit $\left(\tfrac{l}{m}\right)\left(\tfrac{m}{l}\right)\left(\tfrac{l}{n}\right)\left(\tfrac{n}{l}\right)$ sera une puissance de -1 dont l'exposant sera

$$\tfrac{1}{2}(l-1)(m+n-2)+\tfrac{1}{2}(\gamma-1)(\delta+\varepsilon-2).$$

La différence des deux exposants

$$\tfrac{1}{4}(l-1)(m-1)(n-1)+\tfrac{1}{4}(\gamma-1)(\delta-1)(\varepsilon-1)$$

étant paire, on a

$$\left(\frac{l}{mn}\right)=\left(\frac{l}{m}\right)\left(\frac{l}{n}\right),$$

et par conséquent

(C) $$\left(\frac{r}{mn}\right)=\left(\frac{r}{m}\right)\left(\frac{r}{n}\right).$$

6. Les nombres k formant un demi-système de résidus par rapport au module n, à chaque nombre k correspond un nombre k' pour lequel on a

$$rk \equiv \pm\,k' \qquad (\text{mod. } n),$$

et par suite

$$rk \equiv k'\,\frac{\sin\dfrac{2rk\pi}{n}}{\sin\dfrac{2k'\pi}{n}} \qquad (\text{mod. } n);$$

de là résulte

$$r^{\frac{1}{2}(sn-1)}\prod_{k}k \equiv \left(\frac{r}{n}\right)\prod_{k}k \qquad (\text{mod. } n).$$

Si n est un nombre premier, le produit $\prod k$ n'est pas divisible par n, et dans ce cas on a, par conséquent,

(D) $$\left(\frac{r}{n}\right)\equiv r^{\frac{1}{2}(sn-1)} \qquad (\text{mod. } n).$$

Cette dernière congruence montre que, si n est un nombre premier, le symbole $\left(\frac{r}{n}\right)$ défini par l'équation (𝔄) coïncide avec le symbole de *Legendre*, et ensuite il résulte de l'équation (C) que, n étant un nombre quelconque, le symbole $\left(\frac{r}{n}\right)$ est identique avec celui qu'a introduit *Jacobi* en généralisant le symbole de *Legendre*.

II.

m et n étant supposés premiers entre eux, l'interprétation arithmétique de l'équation (𝔄) donne la généralisation du lemme de *Gauss*, qui a été obtenue par M. *Schering*[1]). Si en effet les nombres k', k'', ... forment un demi-système de résidus relativement au module n, et que l'on ait toujours pour ce module

$$rk' \equiv \varrho'k'', \qquad rk'' \equiv \varrho''k''', \qquad \ldots \qquad (\varrho' = \pm 1, \varrho'' = \pm 1, \ldots),$$

l'équation ($\mathfrak{A}$) donne pour le symbole $\left(\frac{r}{n}\right)$ la définition arithmétique

($\mathfrak{A}'$) $$\left(\frac{r}{n}\right) = \Pi\varrho,$$

entièrement équivalente à celle qui apparaît d'abord sous une forme transcendante.

L'interprétation arithmétique de l'équation ($\mathfrak{B}$), lorsqu'on prend

$$h = 1, 2, \ldots, \tfrac{1}{2}(2m - 1), \qquad k = 1, 2, \ldots, \tfrac{1}{2}(2n - 1),$$

permet de définir le signe de $\left(\frac{2m}{n}\right)$ par le signe du produit

$$\Pi_{h,k}\left(\frac{h^2}{m^2} - \frac{k^2}{n^2}\right),$$

ou, si l'on veut, par les conditions

$$\left(\frac{2m}{n}\right) = \pm 1, \qquad \left(\frac{2m}{n}\right)\Pi_{h,k}\left(\frac{h}{2m} - \frac{k}{2n}\right) > 0.$$

En supposant, comme on le fera désormais pour plus de simplicité, m et n positifs, le signe de $\left(\frac{m}{n}\right)$ est le signe de

($\mathfrak{B}'$) $$\Pi\left(\frac{h}{m} - \frac{k}{n}\right),$$

où le produit s'étend aux valeurs

$$h = 1, 2, \ldots, \tfrac{1}{2}(m - 1), \qquad k = 1, 2, \ldots, \tfrac{1}{2}(n - 1).$$

---

[1]) *E. Schering*, Verallgemeinerung des *Gaussischen* Criterium für den quadratischen Rest-Character einer Zahl in Bezug auf eine andere. Monatsberichte der Berliner Akademie v. J. 1876. S. 330—331. H.

Le produit ($\mathfrak{B}'$), ainsi que celui qui figure dans l'équation ($\mathfrak{B}$), s'annule si m et n ne sont pas premiers entre eux; de même, la définition du symbole $\left(\frac{r}{n}\right)$ donnée par l'équation ($\mathfrak{A}'$) peut être énoncée de telle manière que la coïncidence avec celle qui résulte de l'équation ($\mathfrak{A}$) soit encore conservée quand r et n ne sont pas premiers entre eux. La définition arithmétique du symbole $\left(\frac{r}{n}\right)$ donnée par l'équation ($\mathfrak{A}'$) conduit aussi immédiatement que la définition ($\mathfrak{A}$) aux propriétés qu'expriment les équations (A) et (A'); d'un autre côté, la définition arithmétique ($\mathfrak{B}'$) met, tout aussi bien que la définition ($\mathfrak{B}$), l'équation de réciprocité (B) en évidence: en sorte que, pour lier aux définitions arithmétiques ($\mathfrak{A}'$) et ($\mathfrak{B}'$) toute l'analyse déduite dans le § 1 des définitions correspondantes ($\mathfrak{A}$) et ($\mathfrak{B}$), et pour constituer de cette manière la théorie complète du symbole $\left(\frac{r}{n}\right)$, il ne manque plus qu'un procédé purement arithmétique pour passer de l'une à l'autre; on y parvient aisément comme il suit.

Dans la définition ($\mathfrak{A}'$), prenons pour les nombres k', k'', ... les nombres impairs positifs moindres que $n-1$; chaque produit km sera congru suivant le module n à la valeur positive ou négative de l'un des nombres k suivant que la partie entière $E\left(\frac{km}{n}\right)$ de $\left(\frac{km}{n}\right)$ sera paire ou impaire. Par suite, le symbole $\left(\frac{m}{n}\right)$ représente une puissance. de -1 dont l'exposant est

$$E\left(\frac{m}{n}\right) + E\left(\frac{3m}{n}\right) + E\left(\frac{5m}{n}\right) + \cdots + E\left(\frac{(n-2)m}{n}\right),$$

et cette somme, en vertu de la relation

$$E\left(\frac{am}{n}\right) + E\left(\frac{(n-a)m}{n}\right) = m - 1 \qquad (0 < a < n),$$

peut être remplacée par

$$\sum_k E\left(\frac{km}{n}\right) \qquad [k = 1, 2, \ldots, \tfrac{1}{2}(n-1)].$$

Or c'est évidemment cette même puissance de -1 qui détermine le signe du produit $(\mathfrak{B}')$ puisque $E\left(\frac{km}{n}\right)$ est le nombre de valeurs de h pour lesquelles $\frac{h}{m} - \frac{k}{n}$ est négatif.

Ce passage de la définition $(\mathfrak{A}')$ à la définition $(\mathfrak{B}')$ remplace, au point de vue arithmétique, le passage de la définition $(\mathfrak{A})$ à la définition $(\mathfrak{B})$ obtenu par la méthode d'*Eisenstein* au moyen de la formule qui donne $\sin mv$; de même, il remplace chacune des différentes déductions qui, partant du lemme de *Gauss*, conduisent à la loi de réciprocité. Mais le nœud de toutes les démonstrations de la loi de réciprocité qui rentrent dans cette catégorie apparaîtra plus nettement encore en laissant, comme nous le ferons désormais, le lemme de *Gauss* de côté et en s'arrêtant à la définition $(\mathfrak{B}')$.

III.

Le symbole $\left(\frac{m}{n}\right)$ relatif aux nombres positifs impairs m, n étant défini par le signe de

$$\Pi\left(\frac{h}{m} - \frac{k}{n}\right) \qquad \begin{bmatrix} h=1,\,2,\,\ldots,\,\frac{1}{2}(m-1) \\ k=1,\,2,\,\ldots,\,\frac{1}{2}(n-1) \end{bmatrix},$$

l'équation de réciprocité

$$(\alpha) \qquad \left(\frac{m}{n}\right)\left(\frac{n}{m}\right) = (-1)^{\frac{1}{4}(m-1)(n-1)}$$

résulte immédiatement de cette définition, ainsi que la relation

$$\left(\frac{m}{n}\right) = (-1)^{\sum_k E\left(\frac{km}{n}\right)} \qquad [k=1,\,2,\,\ldots,\,\frac{1}{2}(n-1)].$$

De là résulte aussi que, pour les nombres positifs impairs l et m, congrus entre eux suivant le module n et par suite suivant le module $2n$, on a

$$(\beta) \qquad \left(\frac{l}{n}\right) = \left(\frac{m}{n}\right);$$

mais, dans le cas où $l \equiv -m \pmod{n}$, il vient

$$(\beta') \qquad \left(\frac{l}{n}\right) = \left(\frac{m}{n}\right)(-1)^{\frac{n-1}{2}}.$$

Si maintenant on suppose $km \equiv \pm k'$ (mod. n), en désignant les nombres k' ou $n - k'$ suivant les deux cas par r, on aura

$$E\left(\frac{klm}{n}\right) = lE\left(\frac{km}{n}\right) + E\left(\frac{lr}{n}\right)$$

et

$$E\left(\frac{lr}{n}\right) + E\left(\frac{l(n-r)}{n}\right) = l - 1;$$

ainsi

$$E\left(\frac{klm}{n}\right) \equiv E\left(\frac{km}{n}\right) + E\left(\frac{k'l}{n}\right) \qquad \text{(mod. 2)},$$

et par suite

$$(\gamma) \qquad \left(\frac{lm}{n}\right) = \left(\frac{l}{n}\right)\left(\frac{m}{n}\right).$$

En appliquant à chacun des trois symboles l'équation de réciprocité (α) et en permutant l avec n, on parvient, comme dans le § I, 5, à la relation

$$(\gamma') \qquad \left(\frac{l}{mn}\right) = \left(\frac{l}{m}\right)\left(\frac{l}{n}\right),$$

qui montre que le symbole défini précédemment sera identique avec celui de *Legendre-Jacobi* si, pour le nombre premier n, le symbole $\left(\frac{m}{n}\right)$ est $+1$ ou -1, suivant le caractère quadratique de m par rapport au module n. Or l'équation (γ), pour $m = l$, jointe à l'équation (β), montre d'abord que, pour tout résidu quadratique l de n, on a en effet $\left(\frac{l}{n}\right) = 1$; si maintenant pour un seul nombre m le symbole $\left(\frac{m}{n}\right)$ est négatif, m sera nécessairement non-résidu, et le symbole sera -1 pour tous les non-résidus, ainsi que cela résulte des équations (β) et (γ), qui montrent qu'alors on aura

$$\left(\frac{lm}{n}\right) = -1$$

si l est résidu quadratique: or lm peut représenter tous les non-résidus. Il ne reste plus qu'à prouver que pour tout nombre n il existe un nombre m qui satisfait à l'équation $\left(\frac{m}{n}\right) = -1$. Soit d'abord $n \equiv -1 \pmod{4}$; il suit de l'équation (β') que pour $m = 2n - 1$ le symbole $\left(\frac{m}{n}\right)$ est négatif; si, en second lieu, $n \equiv 5 \pmod{8}$ et qu'on prenne $m = \frac{1}{2}(n+1)$, on aura, à cause de (β'),

$$\left(\frac{n}{m}\right) = \left(\frac{2m-n}{m}\right)(-1)^{\frac{1}{2}(m-1)} = -1,$$

et par suite, à cause de (α),

$$\left(\frac{m}{n}\right) = -1.$$

En troisième lieu, quand le nombre n est de la forme $8\nu + 1$, supposons que pour tous les entiers inférieurs à n' existent des nombres m satisfaisant à la condition imposée: les développements précédents prouvent l'identité du symbole $\left(\frac{m}{n}\right)$ avec celui de *Legendre-Jacobi* pour *tous* les nombres m et n inférieurs à n'. Or le théorème de *Gauss* (*Disqu. arithm.*, sect. IV, art. 129) montre qu'il y a toujours au moins *un* nombre premier m inférieur à $2\sqrt{n'}$ par rapport auquel n' est non-résidu quadratique: dès lors, les deux nombres positifs m et $n' - 2m$ étant inférieurs à n', $\left(\frac{n'-2m}{m}\right)$ est identique au symbole de *Legendre-Jacobi*, et par conséquent négatif, et l'équation (β) donne

$$\left(\frac{n'-2m}{m}\right) = \left(\frac{n'}{m}\right) = -1;$$

et enfin, en vertu de l'équation de réciprocité, on aura

$$\left(\frac{m}{n'}\right) = -1.$$

L'existence de ce nombre m, par rapport au nombre n', complète la démonstration, par voie d'induction, de l'identité du symbole défini par le signe du produit

$$\Pi\left(\frac{h}{m} - \frac{k}{n}\right) \qquad \begin{bmatrix} h = 1, 2, \ldots, \frac{1}{2}(m-1) \\ k = 1, 2, \ldots, \frac{1}{2}(n-1) \end{bmatrix}$$

avec le symbole de *Legendre-Jacobi*.

Les développements qui précèdent constituent donc une démonstration de la loi de réciprocité qui appartient essentiellement à la même catégorie que la troisième et la cinquième démonstration de *Gauss*. Elle a cela de commun avec la première démonstration de *Gauss* qu'elle ne sort point du domaine de la proposition à démontrer; elle lui emprunte en outre son principal point d'appui, à savoir le théorème de l'article 129 des *Disquisitiones arithmeticæ*, et aussi, du moins en partie, sa marche inductive. Naturellement la troisième et la cinquième preuve de *Gauss*, et toutes celles qui rentrent dans cette catégorie, peuvent être établies de la même façon que les développements précédents et débarrassées du lemme de l'article 108 des *Disquisitiones arithmeticæ*. Si l'on voulait se rattacher à la cinquième démonstration de *Gauss*, il faudrait faire abstraction du § I, utiliser seulement le contenu du § II, où l'équation de réciprocité (α) est établie en regardant le symbole $\left(\frac{m}{n}\right)$ relatif à deux nombres premiers entre eux m, n comme défini par le signe du produit des résidus par rapport au module n, pris en valeur absolue moindre que $\frac{n}{2}$, des nombres

$$m, \ 2m, \ 3m, \ \ldots, \ \tfrac{1}{2}(n-1)m.$$

De cette définition du symbole $\left(\frac{m}{n}\right)$ résultent immédiatement les équations (β), (β'), (γ), et l'on a tout ce qu'il faut pour établir comme plus haut l'identité du symbole $\left(\frac{m}{n}\right)$ avec celui de *Legendre-Jacobi*, sans avoir besoin, ainsi que dans l'article 1 de la cinquième preuve de *Gauss*, d'invoquer le lemme de l'article 106 des *Disquisitiones*. Or, à la place de ce lemme, on utilise la plus importante des propositions sur lesquelles s'appuie la première preuve de *Gauss*. Que ce soit justement cette proposition à l'aide de laquelle on puisse éviter les congruences de degré supérieur qui figurent dans le lemme, cela me semble éclairer une fois de plus le caractère profond de cette déduction si singulière et si cachée qui a conduit pour la première fois à la démonstration rigoureuse de la loi de réciprocité et qui, tendant directement au but en surmontant tous les obstacles, se présente comme une épreuve de force du génie de *Gauss*.

ÜBER STURM'SCHE FUNCTIONEN.

VON

L. KRONECKER.

Monatsberichte der Königlich Preussischen Akademie der Wissenschaften zu Berlin
vom Jahre 1878. S. 95—121.

ÜBER STURM'SCHE FUNCTIONEN.

[Gelesen in der Akademie der Wissenschaften am 14. Februar 1878.]

Ich will im Folgenden an meinen im Monatsbericht vom Februar 1878 veröffentlichten Aufsatz[1]) einige weitere Entwickelungen knüpfen und werde dabei die dort angewendeten Bezeichnungen benutzen, ohne dieselben von Neuem zu erklären. Hierzu schicke ich die Bemerkung voraus, dass ich den ganzen Inhalt der ersten drei Abschnitte sowie das Wesentlichste des auf die Gleichungen vierten Grades bezüglichen letzten Theils schon in meinen Universitäts-Vorlesungen im Januar und Februar 1875 ausgeführt und bei der hier vorliegenden Darstellung desselben mich genau an die Ausarbeitung eines meiner damaligen Zuhörer, des Hrn. Dr. *Hettner*, gehalten habe.

I.

Die Betrachtungen, welche der Einführung des Begriffes der Charakteristik zu Grunde liegen (s. Monatsbericht vom März 1869[2]), führen auch zu einer neuen Deduction des *Sturm*'schen Satzes. Bezeichnet man nämlich mit $[a]$ den Werth Null oder $+1$ oder -1, je nachdem die reelle Grösse a selbst gleich Null oder positiv oder negativ ist, und bedeutet $F(z)$ eine eindeutige zwischen z_1 und z_2 endlich bleibende, stetige, reelle Function der reellen Variabeln z und $F'(z)$ die Ableitung derselben, so ist

$$\sum [F'(z)] = -\tfrac{1}{2}[F(z_1)] + \tfrac{1}{2}[F(z_2)],$$

---

[1]) Band I S. 303 dieser Ausgabe von *L. Kronecker's* Werken.   H.

[2]) Band I S. 175 dieser Ausgabe von *L. Kronecker's* Werken.   H.

wenn die Summation links auf alle Werthe ζ erstreckt wird, wofür $F(\zeta) = 0$ und $z_1 < \zeta < z_2$ ist. Wendet man diese Formel auf das Product $f_{h-1}(x) f_h(x)$ an und bezeichnet die reellen Wurzeln von $f_h(x) = 0$ mit $\xi^{(h)}$, so kommt

$$\sum [f'_{h-1}(\xi^{(h-1)}) f_h(\xi^{(h-1)})] + \sum [f_{h-1}(\xi^{(h)}) f'_h(\xi^{(h)})] = \tfrac{1}{2}[f_{h-1}(x_2) f_h(x_2)] - \tfrac{1}{2}[f_{h-1}(x_1) f_h(x_1)],$$

wo sich die Summationen links resp. auf sämmtliche Wurzeln $\xi^{(h-1)}$, $\xi^{(h)}$ beziehen, die zwischen x_1 und x_2 liegen. Da nun vermöge der Gleichungen

$$f - g_1 f_1 + f_2 = 0, \quad f_1 - g_2 f_2 + f_3 = 0, \quad \dots \quad f_{v-1} - g_v f_v = 0$$

$$f_{h-1}(\xi^{(h)}) = - f_{h+1}(\xi^{(h)})$$

wird, so erhalt man durch Summation von $h = 1$ bis $h = r$ die Formel

$$\text{(A)} \quad \sum [f'(\xi) f_1(\xi)] - \sum [f'_r(\xi^{(r)}) f_{r+1}(\xi^{(r)})] = \tfrac{1}{2} \sum_h \{ [f_{h-1}(x_2) f_h(x_2)] - [f_{h-1}(x_1) f_h(x_1)] \},$$
$$\scriptsize (h = 1, 2, \dots r)$$

in welcher sich die Summationen links resp. auf die sämmtlichen zwischen x_1 und x_2 liegenden Wurzeln ξ, $\xi^{(r)}$ beziehen. Geht man hierbei bis zu einer Zahl r, wofür der Werth der zweiten Summe links bekannt ist, so bestimmt sich auch der Werth der ersten, und es resultirt namentlich, wenn $f_r(x)$ constant also $r = v$ ist, die Formel

$$\text{(B)} \quad \sum_{(\xi)\ (x_1 < \xi < x_2)} [f'(\xi) f_1(\xi)] = \tfrac{1}{2} \sum_h \{ [f_{h-1}(x_2) f_h(x_2)] - [f_{h-1}(x_1) f_h(x_1)] \},$$
$$\scriptsize (h = 1, 2, \dots v)$$

welche den *Sturm*'schen Satz enthält.

In Beziehung auf die hierbei vorkommende Kettenbruchs-Entwickelung möge noch bemerkt werden, dass, wenn der Zähler in dem durch den Kettenbruch

$$\cfrac{1}{g_p - \cfrac{1}{g_{p+1} - \ddots \; - \cfrac{1}{g_{q-1}}}}$$

dargestellten Bruch mit $Z_{p,q}$ bezeichnet wird, die allgemeine Gleichung

(C)
$$Z_{p,q}Z_{r,s} - Z_{p,r}Z_{q,s} + Z_{p,s}Z_{q,r} = 0$$

unter der Bedingung

$$p \leqq q \leqq r \leqq s$$

besteht, eine Gleichung, unter welcher die verschiedenen Relationen zwischen den Resten, Zählern und Nennern der Näherungswerthe als specielle Fälle begriffen sind. Die Formel (C) ergiebt sich leicht aus den die Grössen Z definirenden Relationen

$$Z_{p,p} = 0, \qquad Z_{p,p+1} = 1$$
$$Z_{p,q-1} - g_q Z_{p,q} + Z_{p,q+1} = 0 \qquad (p \leqq q-1)$$

und aus der Gleichung

$$Z_{0,p}Z_{1,q} - Z_{0,q}Z_{1,p} = Z_{p,q},$$

welche daraus folgt.

II.

Denkt man sich die Function $f_1(x)$ aus den n Werthen bestimmt, welche sie für

$$x = \xi_1, \xi_2, \dots \xi_n$$

annimmt, so hat man bei der *Cauchy*'schen Interpolations-Aufgabe[*]) zwei ganze Functionen $F(x)$ und $\Psi(x)$ zu suchen, für welche die Summe der Grade kleiner als n ist, und welche die Gleichungen

$$\frac{F(\xi)}{\Psi(\xi)} = f_1(\xi)$$

für alle n Werthe ξ erfüllen. Da nun zwischen den aus der Kettenbruchs-Entwickelung von $\frac{f_1(x)}{f(x)}$ hervorgehenden Functionen f_k, φ_k, ψ_k die Relationen

---

[*]) Vgl. Hrn. *Liouville's* Bemerkung in seinem Journal Tome VII (1842) S. 361.

$$f_1\psi_{k-1} - f\varphi_{k-1} = f_k$$

bestehen, so können die Brüche

$$\frac{f_k(x)}{\psi_{k-1}(x)} \quad \text{für} \quad \frac{F(x)}{\Psi(x)}$$

genommen werden, und zwar sind dies die einzigen, welche den Bedingungen der *Cauchy'*schen Aufgabe genügen. Denn, wenn der Nenner Ψ vom Grade r und also der Zähler F höchstens vom Grade $n-r-1$ sein soll und r zwischen n_{k-1} und n_k, die untere Grenze eingeschlossen, liegt, also

$$n_{k-1} \leqq r < n_k$$

ist, so muss die Gleichung

$$f_k(x)\,\Psi(x) = \psi_{k-1}(x)F(x),$$

da sie für die n Werthe $x = \xi$ Geltung haben soll und von niedrigerem als dem n^{ten} Grade ist, identisch erfüllt sein. Alle Functionen F und Ψ, für welche

$$F(\xi) = f_1(\xi)\,\Psi(\xi)$$

sein soll, sind demnach durch die Gleichungen

$$F(x) = \theta(x)f_k(x), \qquad \Psi(x) = \theta(x)\psi_{k-1}(x)$$

gegeben, in denen $\theta(x)$ eine ganze Function bedeutet, deren Grad nicht grösser als die kleinere der beiden Zahlen

$$n_k - r - 1, \qquad r - n_{k-1}$$

sein kann. Für die Werthe

$$r = n_k - 1, \qquad r = n_{k-1}$$

ist also $\theta(x)$ eine Constante. Nun sind andrerseits die Functionen $F(x)$ vom Grade $(n-r-1)$ durch die Relationen

$$\sum_{(\xi)} \frac{\xi^\iota F(\xi)}{f_1(\xi) f'(\xi)} = 0 \qquad (0 \leq \iota < n-r-1)$$

bis auf einen constanten Factor bestimmt*), da die hiermit gleichbedeutenden Relationen

$$\sum_{(\xi)} \frac{\xi^\iota \Psi(\xi)}{f'(\xi)} = 0 \qquad (0 \leq \iota < n-r-1)$$

$\Psi(x)$ als eine Function r^{ten} Grades charakterisiren, und es werden also, wenn

$$F(x) = \sum_\lambda C_\lambda x^\lambda \qquad (\lambda = 0, 1, \ldots n-r-1)$$

gesetzt wird, die Verhältnisse der Coëfficienten C durch die Gleichungen

$$\sum_\lambda C_\lambda s_{\lambda+\iota} = 0 \qquad (\iota = 0, 1, \ldots n-r-2)$$

definirt. Diese Definition muss in den Fällen

$$r = n_{k-1}, \qquad r = n_k - 1,$$

wo nur

$$F(x) = C \cdot f_k(x)$$

den Bedingungen genügt, eine vollständige sein, und es wird daher, wenn man die Determinante

$$\left| x s_{p+q} - s_{p+q+1} \right| \qquad (p, q = 0, 1, \ldots \iota-1)$$

zur Abkürzung mit $D_\iota(x)$ bezeichnet,

$$(D) \qquad \begin{aligned} c_k D_\iota(x) &= \sigma_k f_k(x) && \text{für} && \iota = n - n_k \\ c_k D_\iota(x) &= \tau_k f_k(x) && \text{für} && \iota = n - n_{k-1} - 1. \end{aligned}$$

---

*) Vgl. *Jacobi's* Abhandlung im 30. Bande von *Crelle's* Journal S. 127 ff.[1])

[1]) *C. G. J. Jacobi*, Ueber die Darstellung einer Reihe gegebener Werthe durch eine gebrochene rationale Function. *Jacobi's* Werke Bd. III S. 479—511.   H.

6*

Hierbei bedeuten σ_k und τ_k die Coëfficienten von x^{n-n_k} in den bezüglichen Determinanten $D(x)$; sie sind also selbst Determinanten und nach vorstehender Ausführung nothwendig von Null verschieden.

Der Bedeutung von σ gemäss ist für $t = n - n_{k-1} - 1$

$$\sum_{(\xi)} \frac{\xi^t D_t(\xi)}{f_1(\xi) f'(\xi)} = \sigma_{k-1};$$

da nun

$$\frac{D_t(\xi)}{f_1(\xi)} = \frac{\tau_k f_k(\xi)}{c_k f_1(\xi)} = \frac{\tau_k}{c_k} \psi_{k-1}(\xi)$$

und $\dfrac{1}{c_{k-1}}$ der Coëfficient der höchsten Potenz von x in $\psi_{k-1}(x)$ ist, so erhält man die Gleichung

(E) $c_k c_{k-1} \sigma_{k-1} = \tau_k;$

welche zur Bestimmung der Coëfficienten c aus den Determinanten σ, τ dienen kann.

Liegt t zwischen $n - n_k$ und $n - n_{k-1} - 1$, so ist $D_t(x)$ identisch gleich Null, da, wie ich schon im Anfang des Art. IV meines Aufsatzes vom Febr. 1873[1]) gezeigt habe, die sämmtlichen aus dem rechteckigen System

$$s_{p+q} \qquad\qquad \binom{p = 0, 1, \ldots\, n - n_k}{q = 0, 1, \ldots\, n - n_{k-1} - 2}$$

zu bildenden Determinanten der Ordnung $n - n_k + 1$ verschwinden. Demgemäss und vermöge der Gleichungen (D) und (E) ergeben sich für die Producte von zwei aufeinanderfolgenden Functionen D dreierlei Werthe:

Erstens, wenn der grössere Index gleich dem Grade einer der Restfunctionen f ist,

(F) $D_{t-1}(x) D_t(x) = \sigma_{k-1}^2 f_{k-1}(x) f_k(x)$ für $t = n - n_{k-1};$

---

[1]) Band I S. 819 dieser Ausgabe von *L. Kronecker's* Werken.   H.

zweitens, wenn der grössere Index zwischen den Graden zweier Restfunctionen und dabei von jedem derselben nur um eine Einheit entfernt liegt,

$$(F')\qquad D_{t-1}(x)\,D_t(x) = \frac{a_k \gamma_k}{c_k^2}\,f_k(x)^2 \qquad \text{für}\qquad t = n - n_k + 1 = n - n_{k-1} - 1;$$

drittens, für jeden andern Werth von t

$$(F'')\qquad\qquad\qquad D_{t-1}(x)\,D_t(x) = 0.$$

Hiernach ist, wenn t dem Grade einer der Restfunctionen gleich ist, nämlich für $t = n - n_{k-1}$:

$$[D_{t-1}(x_2)\,D_t(x_2)] - [D_{t-1}(x_1)\,D_t(x_1)] = [f_{k-1}(x_2)\,f_k(x_2)] - [f_{k-1}(x_1)\,f_k(x_1)],$$

während für alle andern Werthe von t der Ausdruck links verschwindet, und die den *Sturm*'schen Satz enthaltende Gleichung (B) kann daher auch in folgender Weise dargestellt werden:

$$(G)\qquad \sum_{(k)}_{(x_1 < \xi < x_2)} [f'(\xi)\,f_1(\xi)] = \tfrac{1}{2}\sum_{t=1}^{t=n} \{[D_{t-1}(x_2)\,D_t(x_2)] - [D_{t-1}(x_1)\,D_t(x_1)]\}.$$

Man ersieht hieraus, dass, wie Hr. *Hattendorff* zuerst gezeigt hat[*]), die Reihe der sämmtlichen Determinanten $D(x)$ in *jedem* Falle — nicht bloss, wenn die Kettenbruchs-Entwickelung regulär ist — als *Sturm*'sche Functionen dienen können; aber es ist noch die wesentliche Bemerkung hinzuzufügen, dass die Producte von zwei aufeinanderfolgenden Functionen $D(x)$ im Allgemeinen gemäss der Gleichung (F'') verschwinden, wenn der Werth des grösseren Index nicht mit dem Grade einer der Restfunctionen f zusammenfällt, und dass überhaupt die Summation auf der rechten Seite der Gleichung (G) auf diejenigen Werthe von t beschränkt werden kann, welche mit den Graden der Restfunctionen $f, f_1, f_2, \ldots f_\nu$ übereinstimmen, da die übrigen Glieder stets gleich Null sind.

---

[*]) Vgl. Hrn. *Hattendorff*'s Buch „die *Sturm*'schen Functionen" II. Auflage 1874.

III.

Durch den Inhalt der oben citirten Abhandlung *Jacobi's* waren in Verbindung mit der angeführten Bemerkung des Hrn. *Liouville* eigentlich schon damals sowohl die *Sylvester*'schen combinatorischen Ausdrücke als auch die *Cayley*'schen Determinantenformen für die aus der Kettenbruchs-Entwickelung hervorgehenden Restfunctionen vollständig gegeben und erwiesen. Vermittelt wurden die Beziehungen zwischen diesen verschiedenen Formen derselben Functionen durch jene *Cauchy*'sche Aufgabe, eine Reihe gegebener Werthe durch eine gebrochene rationale Function darzustellen, da diese Aufgabe einerseits mit Hülfe einer Kettenbruchs-Entwickelung und andrerseits sowohl durch die combinatorische *Cauchy*'sche Formel als auch durch die Determinanten-Ausdrücke *Jacobi's* gelöst wird. Aber die Uebereinstimmung der *Cauchy*'schen und *Jacobi*'schen Ausdrücke lasst sich auch in folgender einfachen Weise direct darlegen*).

Durch Zusammensetzung der beiden rechteckigen Systeme

$$(u_\lambda \xi_\lambda^h), \qquad (v_\lambda \eta_\lambda^h) \qquad\qquad \left(\begin{smallmatrix} h=0,\,1,\,\ldots\,m \\ \lambda=0,\,1,\,\ldots\,n \end{smallmatrix}\right)$$

entsteht für $m \leq n$ das System

$$\left(\sum_{\lambda=0}^{\lambda=n} u_\lambda v_\lambda \xi_\lambda^g \eta_\lambda^h\right) \qquad\qquad (g,\,h=0,\,1,\,\ldots\,m)\,.$$

Bildet man hieraus die Determinante, so kommt

$$(\mathrm{H}) \qquad \left|\sum_{\lambda=0}^{\lambda=n} u_\lambda v_\lambda \xi_\lambda^g \eta_\lambda^h\right|_{(g,\,h=0,\,1,\,\ldots\,m)} = \sum_{(i)} \prod_\alpha u_\alpha v_\alpha \prod_{\alpha,\,\beta} (\xi_\alpha - \xi_\beta)(\eta_\alpha - \eta_\beta),$$
$$\scriptstyle (\alpha,\,\beta = i_0,\,i_1,\,\ldots\,i_m\,|\,\alpha < \beta)$$

wo sich die Summation rechts auf alle Systeme von $(m + 1)$ verschiedenen Zahlen $i_0,\,i_1,\,\ldots\,i_m$ bezieht, welche aus den Zahlen $0,\,1,\,\ldots\,n$ ausgewählt werden können. Setzt man nun

---

*) Vgl. den 4. Abschnitt der oben citirten *Jacobi*'schen Abhandlung.

$$u_0 = 1, \qquad \xi_0 = x, \qquad \eta_0 = 0$$

und für $k = 1, 2, \ldots n$:

$$v_k \eta_k = 1, \qquad \xi_k = \eta_k$$

$$\sum_{h=1}^{k=n} u_h \xi_h^\lambda = s_\lambda,$$

so erhält man durch Vergleichung der auf den beiden Seiten von (H) mit v_0 multiplicirten Ausdrücke die Formel

(J)
$$\left| x s_{\rho+\lambda} - s_{\rho+\lambda+1} \right| = \sum_{(i)} \prod_\alpha u_\alpha (x - \xi_\alpha) \prod_{\alpha,\beta} (\xi_\alpha - \xi_\beta)^2,$$
$$(\rho,\lambda = 0, 1, \ldots m-1) \qquad (\alpha,\beta = i_1, i_2, \ldots i_m; \ \alpha < \beta)$$

in welcher sich die Summation rechts auf alle Systeme von m verschiedenen Zahlen $i_1, i_2, \ldots i_m$ bezieht, die aus den Zahlen $1, 2 \ldots n$ ausgewählt werden können. Da die Determinante auf der linken Seite, wenn der Werth von u_k durch die Gleichung

$$u_k f_1(\xi_k) f'(\xi_k) = 1$$

bestimmt ist, gleich $D_m(x)$ wird, so behalten alle Entwickelungen im vorhergehenden Abschnitt, welche die Determinanten $D(x)$ betreffen, für die mit denselben identischen combinatorischen Ausdrücke auf der rechten Seite der Formel (J) ihre Gültigkeit.

IV.

Wird jetzt, um die folgenden Ausführungen übersichtlicher zu machen, die Kettenbruchs-Entwickelung von $\frac{f_1(x)}{f(x)}$ als regulär vorausgesetzt, so dass also in den Gleichungen

(K)
$$f - g_1 f_1 + f_2 = 0, \quad f_1 - g_2 f_2 + f_3 = 0, \quad \ldots f_{n-1} - g_n f_n = 0$$

die Functionen g sämmtlich linear und die Functionen f_k vom Grade $n - k$ sind, so kann im VII. Abschnitt meines Aufsatzes vom Februar 1873[1]) (Monatsbericht S. 145)

---

[1]) Band I S. 386 dieser Ausgabe.   H.

$$F_k(x) = g_k' f_k(x)$$

genommen werden. Hierbei bedeutet g_k' die Ableitung von g_k oder also den Coefficienten von x in g_k, der a. a. O. mit a_k bezeichnet ist. Setzt man ferner v an Stelle der dortigen Variabeln V, so tritt an die Stelle der dort S. 145[1]) mit (P) bezeichneten quadratischen Form die folgende:

$$(\mathrm{L}) \qquad \sum_h \frac{x - \xi_h}{f_1(\xi_h) f'(\xi_h)} \left(\sum_k g_k' v_k f_k(\xi_h) \right)^2 \qquad (h, k = 1, 2, \ldots n),$$

in welcher vermöge der a. a. O. S. 125 mit (G) bezeichneten Relationen[2]) sämmtliche Glieder mit Ausnahme von

$$\sum_{h, k} (x - \xi_h) \cdot \frac{f_k(\xi_h) f_k(\xi_h)}{f_1(\xi_h) f'(\xi_h)} \cdot (g_k' v_k)^2 - 2 \sum_{h, k} \xi_h \cdot \frac{f_k(\xi_h) f_{k+1}(\xi_h)}{f_1(\xi_h) f'(\xi_h)} g_k' g_{k+1}' v_k v_{k+1}$$

verschwinden. Wird hierin

$$g_k' \cdot (x - \xi) \quad \text{durch} \quad g_k(x) - g_k(\xi), \qquad f_k(\xi) \quad \text{durch} \quad f_1(\xi) \psi_{k-1}(\xi)$$

ersetzt und alsdann noch von den Gleichungen

$$g_k(\xi) f_k(\xi) = f_{k-1}(\xi) + f_{k+1}(\xi), \qquad \psi_{k-1}(\xi) f_{k-1}(\xi) = f_k(\xi) \psi_{k-2}(\xi)$$

und von den *Euler*'schen Formeln Gebrauch gemacht, so verwandeln sich die übrig gebliebenen Theile von (L) in die quadratische Form

$$(\mathrm{L}') \qquad \sum_{k=1}^{k=n} g_k v_k^2 - 2 \sum_{k=1}^{k=n-1} v_k v_{k+1},$$

welche mit

$$(\mathrm{L}'') \qquad \sum_{k=1}^{k=n} f_{k-1} f_k \left(\frac{v_{k-1}}{f_{k-1}} - \frac{v_k}{f_k} \right)^2$$

identisch ist, wenn $v_0 = 0$ genommen wird. Aus der Identität der Formen (L)

---

[1]) Band I S. 337 dieser Ausgabe.
[2]) Band I S. 314 dieser Ausgabe.

und (L″) folgt wegen der Constanz der Anzahl der Vorzeichen bei Aggregaten von Quadraten linearer Functionen die für jeden reellen Werth von x geltende Relation

$$\sum_{(\xi)} [(x - \xi) f_1(\xi) f'(\xi)] = \sum_{k=1}^{k=n} [f_{k-1}(x) f_k(x)],$$

in welcher links in Beziehung auf alle reellen Wurzeln ξ zu summiren ist, und diese Relation führt unmittelbar, indem darin erst $x = x_1$, dann $x = x_2$ gesetzt und die Differenz gebildet wird, zu der obigen, den *Sturm*'schen Satz enthaltenden Formel (B).

Zu eben derselben Relation gelangt man auch, indem man die quadratische Form (L′), deren Coëfficienten das System

$$(K^0)\quad\begin{array}{ccccccc}
g_1, & -1, & 0, & 0, & \ldots\ 0, & 0, & 0, \\
-1, & g_2, & -1, & 0, & \ldots\ 0, & 0, & 0, \\
0, & -1, & g_3, & -1, & \ldots\ 0, & 0, & 0, \\
\cdot & \cdot & \cdot & \cdot & \cdot\ \ \cdot & \cdot & \cdot \\
\cdot & \cdot & \cdot & \cdot & \cdot\ \ \cdot & \cdot & \cdot \\
\cdot & \cdot & \cdot & \cdot & \cdot\ \ \cdot & \cdot & \cdot \\
\cdot & \cdot & \cdot & \cdot & \cdot\ \ \cdot & \cdot & \cdot \\
0, & 0, & 0, & 0, & \ldots\ -1, & g_{n-1}, & -1, \\
0, & 0, & 0, & 0, & \ldots\ 0, & -1, & g_n
\end{array}$$

bilden, mittels der *Jacobi*'schen Transformation in ein Aggregat von Quadraten verwandelt*). Denn dabei treten bekanntlich die Determinanten aller derjenigen Systeme auf, die aus dem System (K^0) durch Weglassung einer Anzahl der ersten Horizontal- und Verticalreihen entstehen. Ist diese Anzahl gleich k, so ist der Werth der Determinante gleich $\dfrac{f_k(x)}{f_n}$, da bei der Ent-

---

*) Vgl. die Note des Herrn *Brioschi*, Comptes Rendus Tome 68. p. 1321.

wickelung von $\dfrac{f_{k+1}(x)}{f_k(x)}$ in einen Kettenbruch die Diagonalglieder $g_{k+1}, g_{k+2}, \ldots g_n$ die Theilnenner bilden.

Quadratische Formen von der Art wie (L'), nämlich die Formen mit nur $2n-1$ Gliedern

$$\sum_{k=1}^{k=n} A_k X_k^2 + 2\sum_{k=1}^{k=n-1} B_k X_k X_{k+1}$$

bilden den Gegenstand einer Notiz *Jacobi's* im Monatsbericht von 1848 S. 414 und im 39. Bande des *Crelle'*schen Journals S. 290[1]). Werden solche Formen demgemäss als *Jacobi'*sche bezeichnet, so ist es die Transformation der von Hrn. *Hermite* aufgestellten Form in eine *Jacobi'*sche, welche den eigentlichen Inhalt der vorstehenden Entwickelung ausmacht. Denn die quadratische Form

$$(\text{L}) \qquad\qquad \sum_h \frac{x-\xi_h}{f_1(\xi_h)f'(\xi_h)} \left(\sum_k u_k \xi_h^{k-1}\right)^2 \qquad\qquad (h, k=1, 2, \ldots n)\,,$$

welche bei der *Hermite'*schen Methode den Ausgangspunkt bildet, wird in die *Jacobi'*sche Form

$$(\text{L}') \qquad\qquad \sum_{k=1}^{k=n} g_k v_k^2 - 2\sum_{k=1}^{k=n-1} v_k v_{k+1}$$

mittels einer Substitution transformirt, welche in der Gleichung

$$\sum_{k=1}^{k=n} u_k x^{k-1} = \sum_{k=1}^{k=n} v_k g_k' f_k(x)$$

zusammengefasst ist und durch Vergleichung der Coëfficienten der einzelnen Potenzen von x daraus hervorgeht. Allerdings bedarf es zur Ableitung des *Sturm'*schen Satzes noch einer weiteren Umwandlung der *Jacobi'*schen Form in ein Aggregat von Quadraten; aber grade die Vermittelung durch die *Jacobi'*sche Form lässt die Bedeutung der Kettenbruchs-Entwickelung von

---

[1]) *C. G. J. Jacobi*, Ueber die Reduction der quadratischen Formen auf die kleinste Anzahl Glieder. Gesammelte Werke Bd. VI S. 313—321.   H.

$\frac{f_1(x)}{f(x)}$ d. h. also des ursprünglichen *Sturm*'schen Verfahrens so klar hervortreten, dass dabei die *Hermite-Jacobi*'sche Methode nur noch als eine andre Methode zur Begründung eben jenes Verfahrens erscheint.

Die obigen Ausführungen können auch dazu benutzt werden, um eine beliebige quadratische Form mittels einer orthogonalen Substitution in eine *Jacobi*'sche Form zu transformiren, oder um mittels einer und derselben Substitution

$$\sum_k S_k V_k^2 \quad \text{in} \quad \sum_h g_h' v_h^2$$

und

$$\sum_{i,k} C_{ik} V_i V_k \quad \text{in} \quad \sum_h g_h^0 v_h^2 + 2 \sum_h v_h v_{h+1} \qquad \left(\begin{smallmatrix} i,\,k=1,\,2,\,\ldots\,n \\ h=1,\,2,\,\ldots\,n-1 \end{smallmatrix}\right)$$

überzuführen. Setzt man nämlich, um die Bezeichnungen mit den in meinem Aufsatze vom Febr. 1878 (Monatsbericht S. 145[1]) gebrauchten übereinstimmend zu machen:

$$C_{ik} = S_i A_{ik}, \qquad f(x) = |x \delta_{ik} - A_{ik}| \qquad (i,\,k=1,\,2,\,\ldots\,n)$$

und ebenso, wie dort, $f_{ik}(x)$ für die Unterdeterminanten von $f(x)$, so wird die Identität der a. a. O. mit (P) und (P'') bezeichneten Formen durch die Gleichung

$$\sum_{i,k} (x\delta_{ik} - A_{ik}) S_i V_i V_k = \sum_r \frac{(x-\xi_r)S_r}{f_{rr}(\xi_r)f'(\xi_r)} \left(\sum_k f_{rk}(\xi_r) V_k\right)^2 \qquad (i,\,k=1,\,2,\,\ldots\,n)$$

ausgedrückt, in welcher für r irgend eine der Zahlen 1, 2, $\ldots n$ zu nehmen ist. Es sei nun $\varphi(x)$ eine beliebige ganze Function von x vom Grade $(n-1)$, und man bestimme eine Function $f_1(x)$ vom Grade $(n-1)$ gemäss der Bedingung:

$$S_r f_1(\xi_h) = \varphi(\xi_h)^2 f_{rr}(\xi_h) \qquad (h=1,\,2,\,\ldots\,n),$$

so wie n Functionen $(n-1)^{\text{ten}}$ Grades $F_k(x)$ gemäss den Bedingungen

---

$$F_k(\xi_h) = \varphi(\xi_h) f_{rh}(\xi_h) \qquad\qquad (h,k=1,2,\ldots n)\,.$$

Ergiebt alsdann die Entwickelung von $\dfrac{f_1(x)}{f(x)}$ in einen Kettenbruch die Reihe von Gleichungen

$$f - g_1 f_1 + f_2 = 0, \quad f_1 - g_2 f_2 + f_3 = 0, \quad \ldots f_{n-1} - g_n f_n = 0,$$

wo die Partialnenner g_k sämmtlich lineare Functionen von x

$$g_k' x - g_k^0$$

sind, so werden die Formen

$$\sum_k S_k V_k^2, \qquad\qquad \sum_{i,k} C_{ik} V_i V_k$$

beziehungsweise in $\qquad\qquad \begin{pmatrix} i,\,k=1,2,\ldots n \\ h=1,2,\ldots n-1 \end{pmatrix}$

$$\sum_k g_k' v_k^2, \qquad \sum_k g_k^0 v_k^2 + 2 \sum_h v_h v_{h+1}$$

mittels einer Substitution transformirt, welche aus

$$\sum_k V_k F_k(x) = \sum_k v_k g_k' f_k(x) \qquad\qquad (k=1,2,\ldots n)$$

durch Vergleichung der Coëfficienten der einzelnen Potenzen von x hervorgeht.

Sämmtliche auf die angegebene Weise entstehenden Transformationen, deren ganze Mannigfaltigkeit aus der willkürlichen Wahl von $\varphi(x)$ hervorgeht, sind rational, d. h. wenn die Coëfficienten S_k, C_{ik} der simultan zu transformirenden Formen rationale Functionen gewisser Grössen $\Re, \Re', \Re''\ldots$ sind, so sind es auch die Substitutionscoëfficienten. Die verschiedenen Functionen $f_1(x)$, durch welche jede einzelne Transformation charakterisirt ist, insofern die Kettenbruchs-Entwickelung von $\dfrac{f_1(x)}{f(x)}$ alle Elemente derselben ergiebt, verhalten sich für jeden Werth $x = \xi_h$ zu einander wie Quadrate rationaler Functionen von ξ_h. Demgemäss wird auch jede lineare und in dem angegebenen Sinne rationale Transformation eines Systems zweier Formen

$$\sum_k g_k' v_k^2, \qquad \sum_k g_k^0 v_k^2 + 2 \sum_h v_h v_{h+1} \qquad\qquad \begin{pmatrix} k=1,2,\ldots n \\ h=1,2,\ldots n-1 \end{pmatrix}$$

in ein System derselben Art

$$\sum_{k} g_{k}' v_{k}^{2}, \qquad \sum_{k} g_{k}^{0} v_{k}^{2} + 2 \sum_{k} v_{k} v_{k+1} \qquad \left(\begin{smallmatrix} k=1,\,2,\,\ldots\,n \\ k=1,\,2,\,\ldots\,n-1 \end{smallmatrix}\right)$$

mittels einer Substitution bewirkt, welche durch die für alle Werthe von ξ geltende Gleichung

$$f_{0}(\xi)\sum_{k=1}^{k=n} v_{k} g_{k}' f_{k}(\xi) = f_{0}(\xi)\sum_{k=1}^{k=n} v_{k} g_{k}' f_{k}(\xi)$$

dargestellt werden kann. Hierbei bedeuten f_{k} die Restfunctionen und g_{k} die Theilnenner, welche aus der Kettenbruchs-Entwickelung von $\dfrac{f_{1}(x)}{f(x)}$ hervorgehen, und es ist vorausgesetzt, dass für jeden Werth von ξ die Proportion

$$f_{1}(\xi) : f_{1}(\xi) = f_{0}(\xi)^{2} : f_{0}(\xi)^{2}$$

besteht.

Die Transformation des Systems zweier quadratischer Formen von n Veränderlichen

$$\sum_{k} S_{k} V_{k}^{2}, \qquad \sum_{i,k} C_{ik} V_{i} V_{k}$$

in

$$\left(\begin{smallmatrix} i,\,k=1,\,2,\,\ldots\,n \\ k=1,\,2,\,\ldots\,n-1 \end{smallmatrix}\right)$$

$$\sum_{k} g_{k}' v_{k}^{2}, \qquad \sum_{k} g_{k}^{0} v_{k}^{2} + 2 \sum_{k} v_{k} v_{k+1}$$

kann auch in folgender Weise bewirkt resp. auf den Fall von $(n-1)$ Variabeln zurückgeführt werden. Setzt man

$$V_{n} = v_{n}, \qquad S_{n} = g_{n}', \qquad C_{nn} = g_{n}^{0},$$

führt alsdann die durch die Gleichung

$$\sum_{k=1}^{k=n-1} C_{nk} V_{k} = \mathfrak{B}_{n-1}$$

definirte Variable $\mathfrak{B}_{n-1}$ an Stelle von V_{n-1} in

$$\sum_{h=1}^{h=n-1} S_h V_h^2$$

ein und wendet die *Jacobi*'sche Transformation[*]) darauf an, indem dabei die Variabeln

$$V_1, \quad V_2, \quad \ldots \quad V_{n-2}, \quad \mathfrak{B}_{n-1}$$

in der hier angegebenen Reihenfolge genommen werden, so treten an deren Stelle, als neue Veränderliche $\mathfrak{B}_h$, lineare Functionen von

$$V_h, \quad V_{h+1}, \quad \ldots \quad V_{n-2}, \quad \mathfrak{B}_{n-1},$$

für welche

$$\sum_h S_h V_h^2 = \sum_h \mathfrak{S}_h \mathfrak{B}_h^2, \qquad \sum_{h,h'} C_{h,h'} V_h V_{h'} = \sum_{h,h'} \mathfrak{C}_{h,h'} \mathfrak{B}_h \mathfrak{B}_{h'} \qquad {\scriptstyle (h,\,h'=1,\,2,\,\ldots\,n-1)}$$

und, wie beiläufig bemerkt werden mag,

$$\frac{1}{\mathfrak{S}_{n-1}} = \sum_{h=1}^{h=n-1} \frac{C_{nh}^2}{S_h}$$

wird. Setzt man nun für die Formen der $(n-1)$ Veränderlichen $\mathfrak{B}$

$$\sum_h \mathfrak{S}_h \mathfrak{B}_h^2, \qquad \sum_{h,h'} \mathfrak{C}_{h,h'} \mathfrak{B}_h \mathfrak{B}_{h'} \qquad {\scriptstyle (h,\,h'=1,\,2,\,\ldots\,n-1)}$$

die Transformation in

$$\sum_h g_h' v_h^2, \qquad \sum_h g_h^0 v_h^2 + 2\sum_j v_j v_{j+1} \qquad {\scriptstyle \left(\begin{matrix} h=1,\,2,\,\ldots\,n-1 \\ j=1,\,2,\,\ldots\,n-2 \end{matrix}\right)}$$

voraus, und zwar so, dass dabei analog wie oben

$$\mathfrak{B}_{n-1} = v_{n-1}, \qquad \mathfrak{S}_{n-1} = g_{n-1}', \qquad \mathfrak{C}_{n-1,n-1} = g_{n-1}^0$$

---

[*]) Vgl. *Borchardt*'s Journal Bd. 58 S. 265 ff.[1]) und Monatsbericht von 1874 S. 398[2]).

[1]) C. G. J. *Jacobi*, Ueber eine elementare Transformation eines in Bezug auf jedes von zwei Variabeln-Systemen linearen und homogenen Ausdrucks. Werke Band III S. 583—590.   H.
[2]) Band I S. 425 dieser Ausgabe.   H.

wird, so resultirt unmittelbar jene gesuchte Transformation der Formensysteme von n Variabeln.

Da die Determinanten der beiden quadratischen Formen

$$\sum_{i,k} (x S_k \delta_{ik} - C_{ik}) V_i V_k,$$

$$\sum_k g_k v_k^2 - 2 \sum_h v_h v_{h+1},$$

$$\left(\begin{matrix} i, k = 1, 2, \ldots n \\ h = 1, 2, \ldots n-1 \end{matrix} \right)$$

wenn wieder

$$g_k = g_k' x - g_k^0$$

gesetzt wird, bis auf einen von x unabhängigen Factor (das Quadrat der Substitutionsdeterminante) mit einander übereinstimmen müssen, so wird durch das angegebene Transformations-Verfahren offenbar die Gleichung

(M) $$| x S_k \delta_{ik} - C_{ik} | = 0 \qquad (i, k = 1, 2, \ldots n)$$

als eine aus den Gleichungen

$$-g_1 f_1 + f_2 = 0, \quad f_1 - g_2 f_2 + f_3 = 0, \quad \ldots f_{n-1} - g_n f_n = 0$$

durch Elimination von $f_1, f_2, \ldots f_n$ hervorgehende Resultante dargestellt, also in jener besonderen Determinantenform, welche dem oben mit (K⁰) bezeichneten Systeme angehört. Die Determinante

$$| x S_k \delta_{ik} - C_{ik} | \qquad (i, k = 1, 2, \ldots n)$$

selbst wird dabei abgesehen von einem constanten Factor gleich dem Nenner des Bruches

$$\cfrac{1}{g_1 - \cfrac{1}{g_2 - \cdots - \cfrac{1}{g_n}}},$$

und es kann hiernach auf die Gleichung (M) der *Sturm*'sche Satz in seiner ursprünglichen Form angewendet werden. Denn die Formel (B) geht in bekannter Weise für $x_1 = -\infty$ und $x_2 = +\infty$ in folgende über:

(B')
$$\sum_{(\xi)}[f'(\xi)f_1(\xi)] = \sum_{h=1}^{h=\nu}[g'_h],$$

wo sich die Summation links auf alle reellen Wurzeln ξ der Gleichung $f(x) = 0$ bezieht. Ist nun, wie hier, $\nu = n$ d. h. gleich dem Grade der Gleichung (M) und sind dann überdies sämmtliche Grössen g'_h positiv, so ist die rechte Seite in (B') gleich n, und es müssen daher alle n Wurzeln ξ reell sein. Die Grössen g'_h sind aber in Anbetracht der Gleichung

$$\sum_h S_h V_h^2 = \sum_h g'_k v_k^2 \qquad (k=1, 2, \ldots n)$$

dann und nur dann sämmtlich positiv, wenn die Grössen S_k von derselben Beschaffenheit sind, und es findet sich daher, meines Wissens zum ersten Male, der Beweis, dass die Wurzeln jeder Gleichung

$$\left| x S_k \delta_{ik} - C_{ik} \right| = 0 \qquad (i, k=1, 2, \ldots n)$$

mit positiven S sämmtlich reell sind, unmittelbar auf den *Sturm*'schen Satz gegründet[*]).

Für den hier besonders hervorgehobenen Fall, dass die Grössen g'_h sämmtlich positiv sind, bedurfte es keiner näheren Untersuchung der in der Formel (B') vorkommenden Function $f_1(x)$, welche den Zähler jenes Kettenbruchs bildet. Dass sie in diesem Falle in der That die bei *Sturm* vorkommende abgeleitete Function $f'(x)$ zu ersetzen geeignet ist, erhellt in ganz directer Weise aus der Gleichung

(N)
$$f_1 f' - f f_1' = \sum_{k=1}^{k=n} g'_k f_k^2,$$

welche zeigt, dass bei lauter positiven Grössen g'_h die Functionen $f_1(x)$ und $f'(x)$ für alle reellen Wurzeln $x = \xi$ gleiches Vorzeichen haben. Die Gleichung (N) ergiebt sich, wenn man

---

[*]) Nach dem angegebenen Verfahren lässt sich z. B. für die bekannte Hauptaxen-Gleichung im Falle $n = 3$ die Transformation in jene besondere Determinantenform von S. 49 leicht ausführen.

$$f_{k-1}(x) - g_k(x)f_k(x) + f_{k+1}(x) = 0$$

erst differentiirt, dann mit $f_k(x)$ multiplicirt, demnächst $g_k f_k$ durch $f_{k-1} + f_{k+1}$ ersetzt und endlich in Beziehung auf alle Werthe von k summirt. Für den allgemeinen Fall aber ist noch zu bemerken, dass überhaupt die Anzahl der positiven Grössen S_k mit der Anzahl der positiven Grössen g_k' übereinstimmen muss. Setzt man ferner den Kettenbruch

$$\cfrac{1}{g_1 - \cfrac{1}{g_2 - \cdots - \cfrac{1}{g_n}}}$$

gleich $\frac{f_1(x)}{f(x)}$ und nimmt hierbei den Coëfficienten von x^n in $f(x)$ gleich Eins, so finden sich die beiden Functionen $f(x)$ und $f_1(x)$ auf Grund der Transformationsgleichung

$$\sum_{i,k}(xS_k\delta_{ik} - C_{ik})\,V_i\,V_k = \sum_k g_k v_k^2 - 2\sum_k v_k v_{k+1} \qquad \left(\begin{smallmatrix} i,\,k = 1,\,2,\,\ldots\,n\,; \\ \lambda = 1,\,2,\,\ldots\,n-1 \end{smallmatrix}\right)$$

und in Gemässheit der obigen Ausführungen auch in folgender Weise bestimmt:

$$f(x) = \left| x\delta_{ik} - \frac{C_{ik}}{S_k} \right|$$

$$S_i f_1(\xi_k) = \varphi(\xi_k)^2 \cdot f_{i\,i}(\xi_k), \qquad (i,\,k = 1,\,2,\,\ldots\,n)$$

und es ist auch mit Rücksicht auf die Gleichungen (Q) und (Q') meines Aufsatzes vom Febr. 1878 (s. Monatsbericht S. 145, 146[1]) für jeden Werth von ξ und einen beliebigen Werth von k:

$$f_1(\xi) = f'(\xi)\,\Phi(\xi)^2 \sum_{i=1}^{i=n} S_i f_{ik}(\xi)^2,$$

wenn mit f_{ik} die Unterdeterminanten der Determinante $f(x)$ und mit $\varphi(x)$, $\Phi(x)$ ganze rationale Functionen $(n - 1)^{\text{ten}}$ Grades bezeichnet werden. Man sieht also, dass eine Transformation, welche simultan eine beliebige quadratische

---

[1]) Band I S. 337 und 338 dieser Ausgabe.   H.

Form in eine *Jacobi'sche* und ein Aggregat von Quadraten in ein anderes überführt, die Theilnenner einer Kettenbruchs-Entwickelung liefert, welche für die Anwendung des *Sturm'schen* Satzes mit derjenigen von $\frac{S_i \mathfrak{F}_i(x)}{f(x)}$ oder, falls die Grössen S sämmtlich positiv sind, mit derjenigen von $\frac{f'(x)}{f(x)}$ völlig aequivalent ist.

V.

Bedeuten $\varphi(s)$ und $\psi(s)$ zwei ganze Functionen gleichen Grades und bezeichnet man mit ξ die sämmtlichen reellen Wurzeln der Gleichung $\varphi(s) = 0$ und mit η diejenigen der Gleichung $\psi(s) = 0$, so kommt, wenn oben im I. Abschnitt S. 39 für $F(s)$ das Product $\varphi(s) \cdot \psi(s)$ genommen wird:

$$\sum_{(\xi)} [\varphi'(\xi)\psi(\xi)] + \sum_{(\eta)} [\varphi(\eta)\psi'(\eta)] = 0 .$$

Ist der Grad von $\varphi(s)$ und $\psi(s)$ eine grade Zahl, und nimmt man diese Functionen selbst für $F(s)$, so wird:

$$\sum_{(\xi)} [\varphi'(\xi)] = 0 , \qquad \sum_{(\eta)} [\psi'(\eta)] = 0 .$$

Demnach müssen, wenn

$$\varDelta(s) = \varphi(s)\psi'(s) - \varphi'(s)\psi(s)$$

gesetzt wird, die beiden Zeichensummen

$$\sum_{(\xi)} [\varDelta(\xi)] , \qquad \sum_{(\eta)} [\varDelta(\eta)]$$

mit einander übereinstimmen und eine *grade* Zahl ergeben. Bezeichnet man nun gemäss den allgemeineren Entwickelungen, welche ich im Monatsbericht vom März 1869 dargelegt habe[1]), die negative Hälfte dieser Zeichensummen und zwar auch für den Fall, dass der Grad von φ und ψ eine ungrade Zahl ist, als die *Charakteristik* des Functionensystems (φ, ψ) und setzt demzufolge

---

[1]) Ueber Systeme von Functionen mehrer Variabeln, erste Abhandlung; Band I S. 175 dieser Ausgabe von *L. Kronecker's* Werken. H.

$$\chi\big(\varphi(z),\ \psi(z)\big) = -\tfrac{1}{2}\sum_{(\xi)}[\varDelta(\xi)] = -\tfrac{1}{2}\sum_{(\eta)}[\varDelta(\eta)],$$

so ist es die Charakteristik

$$\chi\big(f(z),\ (x-z)f_1(z)\big),$$

welche durch den *Sturm*'schen Satz bestimmt wird.

Es ist zu bemerken, dass die Voraussetzung gleichen Grades für die Functionen φ und ψ keine Beschränkung der Allgemeinheit mit sich bringt, da, wenn der Grad von ψ der kleinere wäre, die Summe $\varphi + \psi$ an Stelle von ψ genommen werden könnte. Auch hätte unbeschadet der Allgemeinheit die Voraussetzung, dass der Grad von φ und ψ eine grade Zahl sei, beibehalten und für den Fall ungraden Grades je ein Factor $x-u$ und $x-v$ mit hinreichend grossen Werthen von u, v den Functionen φ, ψ hinzugefügt werden können. Doch schien es einfacher, den Ausdruck für die Charakteristik unmittelbar und ohne Weiteres auf den Fall, wo der Grad von φ und ψ ungrade ist, zu übertragen, obwohl dabei die Eigenschaft der Charakteristik, eine ganze Zahl zu sein, nicht immer erhalten bleibt.

Die eine der beiden Functionen, deren Charakteristik der *Sturm*'sche Satz bestimmt, enthält in ihren Coëfficienten eine Variable x, und die *Sturm*'sche Deduction selbst stützt sich wesentlich auf die Veränderlichkeit, welche der Charakteristik in Folge der Variabilität von x zukommt. Dies hat mich darauf geführt, überhaupt die Coëfficienten der Functionen φ und ψ als variabel zu betrachten und die Veränderungen zu untersuchen, welche die Charakteristik bei Variirung der Coëfficienten erfährt.

Da die Charakteristik des Systems (φ, ψ) sowohl durch die Vorzeichen der Grössen $\varDelta(\xi)$ als durch diejenigen der Grössen $\varDelta(\eta)$ ausdrückbar ist, so kann sie bei Variirung der Coëfficienten ihren Werth nur ändern, sobald einer der Werthe $\varDelta(\xi)$ und einer der Werthe $\varDelta(\eta)$ zugleich Null wird, oder die Continuität der mit den Functionen φ, ψ selbst variirenden Werthe ξ, η gleichzeitig aufhört. Da nun

$$\varDelta(\xi) = -\varphi'(\xi)\psi(\xi), \qquad \varDelta(\eta) = \varphi(\eta)\psi'(\eta)$$

8*

ist, so muss, wenn $\varDelta(\xi)$ und $\varDelta(\eta)$ gleichzeitig Null sein sollen, entweder die Resultante der beiden Gleichungen $\varphi(s) = 0$, $\psi(s) = 0$ oder jede der beiden Discriminanten derselben zugleich verschwinden, und die letztere Alternative enthält zugleich die Bedingung für das Aufhören der Continuität bei den Wurzeln ξ und η. Diese Alternative kann aber fallen gelassen werden; denn es resultirt daraus, wenn man sich von vorn herein an Stelle der Function ψ die Function $\psi - u\varphi$ gesetzt denkt, die Bedingung, dass für einen und denselben Werth von s die beiden Gleichungen

$$\psi(s) = u\varphi(s), \qquad \psi'(s) = u\varphi'(s)$$

erfüllt seien. Die Grösse u kann hierbei als ganz beliebig vorausgesetzt werden; die den beiden Gleichungen genügenden Werthe von s sind aber durch die Relation

$$\varphi(s)\psi'(s) - \varphi'(s)\psi(s) = 0$$

unabhängig von u bestimmt, und es muss daher für solche Werthe von s sowohl $\varphi(s)$ als $\psi(s)$ gleich Null, somit also gleichzeitig die *erste* Bedingung erfüllt sein.

Was nun den Sinn anlangt, in welchem die Aenderung der Charakteristik erfolgt, so ist klar, dass an den gewöhnlichen Stellen, an denen die Aenderung nur eine einzige Einheit beträgt, die Charakteristik ab- oder zunimmt, je nachdem $\varDelta(s)$ beim Durchgang durch den Werth von s, für welchen beide Functionen φ und ψ verschwinden, aus dem Negativen ins Positive oder aus dem Positiven ins Negative geht. Es ergiebt sich demnach folgendes Resultat:

> *Die Charakteristik eines Systems von zwei ganzen Functionen einer Variabeln $\varphi(s)$, $\psi(s)$ kann bei Variirung der Coëfficienten nur dann eine Aenderung erfahren, wenn solche Werthe passirt werden, wofür die Resultante der beiden Functionen verschwindet. Haben dabei die beiden Functionen nur einen linearen Factor gemein, so beträgt die Aenderung nur eine Einheit und erfolgt in demselben Sinne wie die Aenderung des Ausdrucks*

$$\varphi'(s)\psi(s) - \varphi(s)\psi'(s)$$

*an demjenigen Werthe von s, wofür jener gemeinsame lineare Factor
gleich Null ist.*

Ist das System $\big(\varphi(s),\ \psi(s)\big)$ nur in der unmittelbaren Nähe eines solchen,
wofür die Resultante verschwindet, und ist ξ_1 diejenige Wurzel von $\varphi(s)=0$,
welche einer Wurzel der Gleichung $\psi(s)=0$ nahezu gleich ist, so ist in der
auf alle Wurzeln ξ erstreckten Summe

$$\sum_{(\xi)} \frac{R}{\varphi'(\xi)\psi(\xi)}$$

das Glied, welches ξ_1 enthält, über alle andern weit überwiegend. Daher
wird, wenn man diese Summe mit R_1 bezeichnet,

$$[\varphi'(\xi_1)\psi(\xi_1)] = [RR_1].$$

Sind nun $\varphi(s)$ und $\psi(s)$ vom n^{ten} Grade und die Coëfficienten von s^n in
beiden Functionen gleich *Eins* und sind ferner $\varphi_1(s)$ und $\psi_1(s)$ die beiden
Multiplicatoren $(n-1)^{\text{ten}}$ Grades, für welche

$$\varphi_1(s)\psi(s) - \psi_1(s)\varphi(s) = R$$

wird, so ist R_1 der Coëfficient von s^{n-1} in $\varphi_1(s)$ und $\psi_1(s)$, und das Vorzeichen

$$[\varphi'(\xi_1)\psi(\xi_1)] \qquad \text{oder} \qquad -[\varDelta(\xi_1)]$$

gewinnt also die fernere Bedeutung als das Vorzeichen des Coëfficienten der
höchsten Potenz von s in zwei Multiplicatoren $(n-1)^{\text{ten}}$ Grades $\varPhi(s)$, $\varPsi(s)$,
wofür

$$\psi(s)\varPhi(s) - \varphi(s)\varPsi(s) = 1$$

wird. Der Coëfficient passirt den Werth Null, wenn die Charakteristik sich
ändert, und zwar wie diese zu- oder abnehmend. Setzt man

$$\sum_{(\xi)} \frac{\psi(\xi)}{\varphi'(\xi)} \xi^h = s_h,$$

wo die Summation auf *sämmtliche* Wurzeln ξ der Gleichung $\varphi(z) = 0$ zu erstrecken ist, so bestimmt sich $\Phi(z)$ dadurch, dass

$$\sum_{(\xi)} \frac{\psi(\xi)}{\varphi'(\xi)}\, \xi^h \Phi(\xi) = 0 \qquad \text{oder} \qquad 1$$

sein soll, je nachdem $h = 0, 1, \ldots n - 2$ oder $h = n - 1$ ist, als Determinanten-Quotient

$$\frac{\left| s\, s_{g+h} - s_{g+h+1} \right|}{\left| s_{i+k} \right|} \qquad \left(\begin{smallmatrix} g,\, h = 0,\, 1,\, \ldots\, n-2 \\ i,\, k = 0,\, 1,\, \ldots\ldots\, n-1 \end{smallmatrix} \right).$$

Man kann daher

$$R = \left| s_{i+k} \right|, \qquad R_1 = \left| s_{g+h} \right| \qquad \left(\begin{smallmatrix} g,\, h = 0,\, 1,\, \ldots\, n-2 \\ i,\, k = 0,\, 1,\, \ldots\ldots\, n-1 \end{smallmatrix} \right)$$

nehmen, so dass $R = 0$ die Resultante der Gleichungen

$$\varphi(z) = 0, \qquad \psi(z) = 0$$

wird (vgl. die oben im III. Abschnitt mit (J) bezeichnete Formel).

Mit Hülfe der beiden Ausdrücke R und R_1, welche offenbar ganze ganzzahlige Functionen der Coëfficienten von $\varphi(z)$ und $\psi(z)$ sind und als solche mit

$$R(\varphi, \psi), \qquad R_1(\varphi, \psi)$$

bezeichnet werden mögen, lässt sich die Aenderung, welche die Charakteristik beim Fortgang von einem Functionen-System zu einem andern erfährt, vollständig bestimmen; denn es ergiebt sich aus den obigen Entwickelungen der folgende Satz:

Die Charakteristik $\chi(\varphi, \psi)$ d. h. die halbe algebraische Summe der Vorzeichen aller derjenigen Werthe von

$$\varphi'(z)\psi(z) - \psi'(z)\varphi(z),$$

welche man erhält, wenn man darin für z entweder die reellen Wurzeln von $\varphi(z) = 0$ oder diejenigen von $\psi(z) = 0$ setzt, wächst bei irgend *einem Uebergange von einem System (φ, ψ) zu einem andern um den Betrag von*

$$\sum [R_1(\varphi, \psi) \cdot \delta R(\varphi, \psi)].$$

Die Summation erstreckt sich hier auf alle beim Uebergang passirten Systeme (φ, ψ), wofür $R(\varphi, \psi)$ gleich Null ist und je nachdem dabei R wächst oder abnimmt, ist $\delta R(\varphi, \psi)$ positiv oder negativ zu nehmen.

Dieser Satz, welcher die Veränderung der Charakteristik in ihrer Abhängigkeit von der Variation der Constanten der beiden Functionen genau bestimmt, kann zur Ermittelung des Werthes der Charakteristik benutzt werden, wenn man ein Functionensystem mit bekannter Charakteristik als Ausgangspunkt wählt. Der Satz führt aber auch zu einer Verallgemeinerung des *Sturm*'schen Satzes, sobald man für die Coëfficienten ganze Functionen einer einzigen Variabeln x nimmt; denn alsdann tritt beim Fortgang von $x = x_1$ bis $x = x_2$, wenn mit R' die nach x genommene Ableitung von R bezeichnet wird, der Betrag der Summe

$$\sum [R_1(\varphi, \psi) \cdot R'(\varphi, \psi)]$$

zum Werthe der Charakteristik hinzu, und da diese Summe sich auf alle Wurzeln x der Gleichung $R = 0$ bezieht, so lässt sich der Werth derselben unmittelbar durch den *Sturm*'schen Satz bestimmen. Der specielle Fall des *Sturm*'schen Satzes selbst tritt ein, wenn man, wie schon im Anfang dieses Abschnittes hervorgehoben wurde,

$$\varphi(z) = f(z), \qquad \psi(z) = (x - z)f_1(z)$$

setzt, so dass nur die Coëfficienten der einen Function und zwar in linearer Weise von x abhängig werden.

Nimmt man für die Coëfficienten von $\varphi(z)$ und $\psi(z)$ bestimmte, eindeutige, reelle Functionen von ν reellen Veränderlichen $x_1, x_2, \ldots x_\nu$, so entspricht jedem Punkte der ν-fachen Mannigfaltigkeit (x) ein bestimmtes Functionensystem (φ, ψ), und jene Mannigfaltigkeit (x) sondert sich nach den verschiedenen Werthen der Charakteristik $\chi(\varphi, \psi)$ in verschiedene Gebiete, welche durch die $(\nu - 1)$ fache Mannigfaltigkeit $R = 0$ von einander abgetrennt werden. Beim Durchgang durch $R = 0$ nimmt den obigen Entwickelungen gemäss die Charakteristik um eine Einheit zu oder ab, je nachdem an diesen Punkten, die aber nicht mehrfache Punkte von $R = 0$ sein dürfen, der Werth des Productes $R \cdot R_1$ zu- oder abnimmt, und da diese Punkte als Aus- oder Eintrittsstellen von einander unterschieden werden können, wenn man die Gebiete, wo $R \cdot R_1 < 0$ ist, als innere Theile und die, wo $R \cdot R_1 > 0$ ist, als äussere Theile bezeichnet, so lässt sich der obige Satz in folgender Weise formuliren:

> *Passirt man auf dem Wege aus einem Gebiete mit der Charakteristik $\chi^{(1)}$ in ein solches mit der Charakteristik $\chi^{(2)}$ im Ganzen $\mathfrak{A}$ Austritts- und $\mathfrak{E}$ Eintrittsstellen, so ist $\chi^{(2)} - \chi^{(1)} = \mathfrak{A} - \mathfrak{E}$.*

Zur Ermittelung des Werthes der Charakteristik für jedes gegebene Functionensystem (φ, ψ) bedarf es hiernach nur der Untersuchung des $(\nu - 1)$ fach ausgedehnten Gebildes $R = 0$ und der Bestimmung des Vorzeichens, welches der Werth von R_1 in den Punkten dieses Gebildes hat. Abgesehen von den speciellen Fällen, wo die Charakteristik im Ganzen nicht mehr als zwei Werthe annimmt, muss das Gebilde $R = 0$ sich in eine Anzahl von Zweiggebilden sondern; denn es müssen dann verschiedene Arten von Gebietstheilen vorhanden sein, in denen R dasselbe Vorzeichen hat. Diese Gebietstheile können nur in singulären Gebilden von weniger als $(\nu - 1)$ Dimensionen mit einander zusammenhängen, und die zur Bestimmung der Charakteristik erforderliche Scheidung derselben kann also nur durch $(\nu - 1)$ fache Mannigfaltigkeiten erfolgen, welche jene singulären Gebilde enthalten. Eine solche Scheidung wird durch die $(\nu - 1)$ fache Mannigfaltigkeit $R_1 = 0$ bewirkt, die aber hierbei auch durch jede andre $(\nu - 1)$ fache Mannigfaltigkeit ersetzt werden kann, welche eine und dieselbe $(\nu - 2)$ fache Mannigfaltigkeit mit $R = 0$ gemein hat. Auch die durch die andern *Sturm'*schen Functionen gegebenen $(\nu - 1)$ fachen Mannigfaltigkeiten

$$\big| s_{\nu + h} \big| = 0 \qquad\qquad (g, h = 0, 1, \ldots n-k-1)$$

für $k = 2, 3, \ldots n - 1$ können mit zur Scheidung der Zweiggebilde von $R = 0$ benutzt werden; aber die Betrachtung, dass eben diese Scheidung der alleinige

Zweck bei Aufstellung einer Reihe von *Sturm*'schen Functionen ist, gewährt
erst die volle Erkenntniss des einzig Bleibenden in den mannigfach verschiedenen Formen, welche die *Sturm*'schen Reihen darbieten.

Sind

$$S_1, S_2, \ldots S_n$$

in dem im Monatsbericht von 1878 S. 121[1]) angegebenen Sinne die Glieder
irgend einer *Sturm*'schen Reihe für das Functionensystem (φ, ψ), so ist dessen
Charakteristik gleich der halben algebraischen Summe der Vorzeichen der
n Grössen S, also

$$\chi(\varphi, \psi) = \tfrac{1}{2} \sum_{k=1}^{k=n} [S_k].$$

Die Grössen S sind Functionen der ν Grössen ω, von denen die Coëfficienten
von φ und ψ abhängen, und wenn man die Werthe derselben für zwei verschiedene Punkte (x) durch obere Indices unterscheidet, so ist dem obigen
Satze gemäss

$$\tfrac{1}{2} \sum_{k=1}^{k=n} [S_k^{(2)}] - \tfrac{1}{2} \sum_{k=1}^{k=n} [S_k^{(1)}] = \mathfrak{A} - \mathfrak{C} = \sum [R_1(\varphi, \psi) \cdot \delta R(\varphi, \psi)].$$

Die algebraische Summe der Zeichen einer *Sturm*'schen Reihe ändert sich
daher nur, wenn $R = 0$ wird, und zwar alsdann im Sinne von

$$[R_1(\varphi, \psi) \cdot \delta R(\varphi, \psi)].$$

Diese Eigenschaft der *Sturm*'schen Reihen spricht sich, ähnlich wie in dem
speciellen Falle des *Sturm*'schen Satzes, wo nur *eine* Variable x in den Coëfficienten von φ und ψ vorkommt, in Relationen aus, welche zwischen je drei
benachbarten *Sturm*'schen Functionen bestehen und hier für die durch die
Gleichung

$$R_k = \big| s_{\varrho + \lambda} \big| \qquad\qquad (\varrho, \lambda = 0, 1, \ldots n - k - 1)$$

<hr>

definirten Functionen R_k dargelegt werden sollen. Nimmt man nämlich oben im II. Abschnitt $f(s) = \varphi(s)$ und bestimmt $f_1(s)$ dadurch, dass die Gleichung

$$\psi(\xi) f_1(\xi) = \xi^2$$

für sämmtliche Wurzeln ξ bestehen soll, so ergeben sich aus den Relationen

$$f_{k-1} - g_k f_k + f_{k+1} = 0 \qquad (k=1, 2, \ldots n)$$

für $s = 0$ die folgenden

$$P_k^2 R_{k-1} - Q_k R_k + P_{k-1}^2 R_{k+1} = 0 \qquad (k=1, 2, \ldots n),$$

wo P_k die Determinante $(n - k)^{\text{ter}}$ Ordnung

$$\left| s_{g+h} \right| \qquad (g, h = -1, 0, 1 \ldots n-k-2)$$

bedeutet. Diese Relationen zeigen, dass für die *Sturm'sche* Reihe, deren Glieder durch Multiplication von je zwei aufeinanderfolgenden *Sturm'schen* Functionen R_k entstehen, der Werth von

$$\sum_k [R_{k-1} R_k] \qquad (k=1, 2, \ldots n)$$

beim Durchgang durch $R_k = 0$ ungeändert bleibt, da sowohl unmittelbar vorher als nachher

$$[R_{k-1} R_k] + [R_k R_{k+1}] = 0$$

ist.

Wendet man die obigen Auseinandersetzungen auf das im Monatsbericht von 1878 S. 147[1]) erwähnte System der zwei Functionen

$$\varphi(s) = \left| s\,\delta_{ik} - A_{ik} \right|, \qquad \psi(s) = \varphi(s) + S_r \left| s\,\delta_{gh} - A_{gh} \right|$$
$$ (i, k = 1, 2, \ldots n) \qquad\qquad (g, h = 1, 2, \ldots r-1, r+1, \ldots n)$$

---

[1]) Band I S. 339 dieser Ausgabe.   H.

an, so ergeben sie die Bestimmung der Charakteristik durch die Glieder der *Sturm*'schen Reihe S_k und ersetzen demnach die *Hermite-Jacobi*'sche Deduction. Die Resultante $R(\varphi, \psi)$ unterscheidet sich nämlich von dem Product der n Grössen S nur durch einen quadratischen Factor und ändert demgemäss nur gleichzeitig mit diesem Product ihr Vorzeichen. Werden die Grössen S speciell gleich *Eins* und in Folge dessen die Grössen A_{ik} als Elemente eines *symmetrischen* Systems angenommen, so folgt unmittelbar, dass die Wurzeln der Gleichung $\varphi(s) = 0$ stets reell sind, da dies offenbar der Fall ist, wenn man sämmtliche Elemente A_{ik} mit alleiniger Ausnahme der Diagonalgrössen A_{kk} gleich Null setzt.

Nimmt man

$$\psi(s) = \varphi(s) + \varphi'(s),$$

so wird die Charakteristik gleich der halben Anzahl der reellen Wurzeln der Gleichung $\varphi(s) = 0$ und $\pm R$ die Discriminante derselben. Den vorstehenden Auseinandersetzungen gemäss ändert sich also bei Variirung der Coëfficienten der Gleichung die halbe Anzahl der reellen Wurzeln da, wo die Discriminante ihr Zeichen ändert, in der Weise, dass die positive oder negative Einheit

$$- [\varphi''(s)\,\delta\varphi(s)]$$

hinzutritt. Dabei bedeutet $\varphi''(s)$ die zweite Ableitung von $\varphi(s)$, und für s ist die gemeinschaftliche Wurzel von $\varphi(s) = 0$ und $\varphi'(s) = 0$ zu setzen. Denkt man sich die Coëfficienten von $\varphi(s)$ von v Variabeln $x_1, x_2, \ldots x_v$ abhängig, so liegen die Gleichungen $\varphi(s) = 0$ gewissermassen in verschiedenen durch die Anzahl der reellen Wurzeln charakterisirten Gebieten der Mannigfaltigkeit (x). Beim Fortgang von einem Gebiete in irgend ein anderes vermehrt sich diese Anzahl um den Betrag der auf alle passirten Nullwerthe von R erstreckten Summe

$$2 \sum [R_1 \cdot \delta R],$$

wo

$$R = |s_{i+k}|, \qquad R_1 = |s_{g+h}| \qquad \begin{pmatrix} i, k = 0, 1, \ldots n-2 \\ g, h = 0, 1, \ldots n-1 \end{pmatrix}$$

ist und s_k die Summe der k^{ten} Potenzen der Wurzeln von $\varphi = 0$ bedeutet.

Um die vorstehenden Entwickelungen an einem einfachen Beispiele in ein klares Licht zu setzen, setze ich

$$\varphi(s) = 3x_1 + 4x_2 s - 6x_3 s^2 + s^4$$
$$D = (x_1 + x_3^2)^3 - (3x_1 x_3 + x_2^2 - x_3^3)^2 = x_1(x_1 - 3x_3^2)^2 - 2x_2^2 x_3(3x_1 - x_3^2) - x_2^4,$$
$$D_1 = -x_1 x_3 - x_2^2 + 3x_3^3.$$

Dann sind R und R_1 abgesehen von Zahlenfactoren gleich D und D_1, und die Anzahl der reellen Wurzeln der Gleichung $\varphi(s) = 0$, welche eine allgemeine Gleichung vierten Grades repräsentirt, beträgt nach dem *Sturm*'schen Satze:

$$[DD_1] + [x_2 D_1] + [x_2] + 1.$$

Betrachtet man nun x_1, x_2, x_3 als (rechtwinklige) Coordinaten, so gehört jedem Punkt im Raume eine bestimmte Gleichung vierten Grades $\varphi = 0$ an, und die abwickelbare Fläche $D = 0$, welche die *Discriminantenfläche* heissen möge, theilt den Raum in drei verschiedene Gebiete, die, je nachdem die Anzahl der Paare imaginärer Wurzeln gleich 0, 1, 2 ist, mit G_0, G_1, G_2 bezeichnet werden sollen. Die beiden Gebiete G_0 und G_2 können dabei als „innere" von der Discriminantenfläche umschlossene Raumtheile betrachtet werden und G_1 umfasst dann den gesammten „äusseren" durch die Ungleichheit $D < 0$ vollständig charakterisirten Raum.

Die beiden singulären Curven der Discriminantenfläche, nämlich die Wendecurve

$$x_1 + x_3^2 = 0, \qquad x_2^2 - 4x_3^3 = 0$$

und die Doppelcurve

$$x_1 - 3x_3^2 = 0, \qquad x_2 = 0$$

bilden den vollständigen Durchschnitt der Flächen $D = 0$ und $D_1 = 0$. Die Wendecurve ist der Ort der Gleichungen mit drei gleichen Wurzeln; die Parabel, welche die Doppelcurve bildet, ist der Ort der Gleichungen mit zwei

Paaren gleicher Wurzeln, und zwar sind diese Paare in dem oberen Theile
der Parabel, wo $x_3 > 0$ ist, reell, in dem unteren Theile imaginär. In diesem
letzteren Theile verläuft die Parabel innerhalb des Gebietes G_2 als isolirte
Curve, während sie in ihrer oberen Hälfte auf der Discriminantenfläche liegt
und die Grenze zwischen den beiden Gebieten G_0 und G_2 bildet. Das
Gebiet G_0 liegt ganz in der oberen Hälfte des Raumes, wo $x_3 > 0$ ist, hat
in der Ebene $x_3 = 0$ selbst nur eine Spitze und dehnt sich nach oben zu
immer weiter aus. Die Spitze, der Anfangspunkt der Coordinaten und der
Schnittpunkt der beiden singulären Curven, ist der Ort der einzigen Gleichung
mit vier gleichen Wurzeln. Das Gebiet G_2 liegt ganz in derjenigen Hälfte
des Raumes, wo $x_1 > 0$ ist, und reicht bis in die Ebene $x_1 = 0$ nur in dem
unteren Theile ($x_3 < 0$) und zwar längs der Linie $x_1 = 0$, $x_2 = 0$ heran. Eine
nähere Vorstellung von der Gestalt der Discriminantenfläche und der dadurch
gegebenen Configuration der Gebiete G bildet man sich leicht mit Hülfe von
ebenen Schnitten, in denen x_3 constant ist. Aber schon die hier darüber
gemachten Angaben zeigen, dass eine Fläche, welche die beiden inneren Gebiete G_0 und G_2 von einander scheiden soll, durch die Grenzlinie derselben
nämlich durch den oberen Theil der Parabel d. h. durch die Linie

$$x_1 - 3x_3^2 = 0, \quad x_2 = 0, \quad x_3 > 0$$

gehen muss, in die beiden inneren Gebiete selbst aber nirgends eintreten
darf. Es kann dies also, da eine algebraische Fläche natürlich die *ganze*
Parabel enthalten muss, nur ein *Theil* einer solchen Fläche sein, wie z. B.
der durch die Bedingungen

$$x_1 - 3x_3^2, \quad x_3 > 0$$

bestimmte Theil einer Cylinderfläche, und es erhellt auf diese Weise die
Nothwendigkeit, zugleich aber auch die eigentliche Bedeutung der hier auftretenden Ungleichheitsbedingung $x_3 > 0$, welche auch durch den *Sturm*'schen
Satz eingeführt wird. Benutzt man jene Cylinderfläche zur Scheidung der
beiden inneren Gebiete, so erhält man für die drei Gebiete G die Bestimmungen:

(G_0) $\qquad D>0, \quad x_3>0, \quad 3x_3^2>x_1$

(G_1) $\qquad D<0$

(G_2) $\qquad D>0, \quad x_3>0, \quad 3x_3^2<x_1 \quad$ und $\quad D>0, \quad x_3<0,$

welche natürlich auch aus dem *Sturm*'schen Satze abgeleitet werden können.

ÜBER
DIE CHARAKTERISTIK VON FUNCTIONEN-SYSTEMEN.

VON

L. KRONECKER.

Monatsberichte der Königlich Preussischen Akademie der Wissenschaften zu Berlin vom Jahre 1878. S. 145—152.

ÜBER DIE CHARAKTERISTIK VON FUNCTIONEN-SYSTEMEN.

[Gelesen in der Akademie der Wissenschaften am 21. Februar 1878.]

Im Verfolg der Untersuchungen, welche ich in meinem vor acht
Tagen gehaltenen Vortrage erwähnt habe, bin ich zur Auffindung einer
neuen Fundamental-Eigenschaft jener Charakteristik der Systeme von Functionen mehrer Variabeln gelangt, welche ich in meiner Mittheilung vom
4. März 1869[1]) eingeführt und dort durch ein vielfaches Integral ausgedrückt
habe. Die neue Eigenschaft, welche ich hier auseinandersetzen will, wird
durch Variirung der Functionen-Systeme erlangt und kann füglich zur nume-
rischen Bestimmung der Charakteristik benutzt werden.

Es seien wie in meinen Aufsätzen in den Monatsberichten vom März
und August 1869[2]) durch

$$s_1, s_2, \ldots s_n$$

reelle Veränderliche und durch

$$F_{00}, F_{10}, \ldots F_{n0}$$

eindeutige reelle Functionen derselben bezeichnet, welche auch im Uebrigen
den dort angegebenen Bedingungen genügen. Es bedeute ferner F_{gk} die
nach s_k genommene Ableitung von F_{g0}, und $[a]$ bedeute die positive oder
negative Einheit oder Null, je nachdem die reelle Grösse a positiv oder

---

[1]) Ueber Systeme von Functionen mehrer Variabeln. Erste Abhandlung. Band I S. 175—212
dieser Ausgabe von L. *Kronecker's* Werken.   H.

[2]) Band I S. 175—212 und S. 213—226 dieser Ausgabe.   H.

negativ oder gleich Null ist. Alsdann ergiebt sich mittels des a. a. O. entwickelten Fortgangsprincips die Gleichung

$$\text{I} \qquad\qquad \sum [\,|\,F_{ik}\,|\,] = 0 \qquad\qquad (i, k = 1, 2, \ldots n)\,,$$

die Summation auf alle Werthe der Variabeln z bezogen, wofür alle n Functionen F_{10}, F_{20}, ... F_{n0} verschwinden. Setzt man an Stelle von F_{m0} das Product $F_{00} \cdot F_{m0}$, so folgt aus der Gleichung I, dass

$$\text{II} \qquad\qquad -\tfrac{1}{2} \sum [\,|\,F_{g\lambda}\,|\,] \qquad\qquad (g, \lambda = 0, 1, 2, \ldots n)$$

einen und denselben Werth hat, gleichviel welches von den $n+1$ den Werthen $m = 0, 1, \ldots n$ entsprechenden Bedingungs-Systemen

$$\text{III} \qquad\qquad F_{g0} = 0 \qquad\qquad (g = 0, 1, 2, \ldots n \text{ ausgenommen } g = m)$$

für die Summation festgesetzt wird. Der Werth von II ist eine positive oder negative ganze Zahl, da die Anzahl der Glieder der Summe im Falle $m = 0$ mit der offenbar *graden* Anzahl der Glieder in der Summe I übereinstimmt, und in den erwähnten früheren Aufsätzen habe ich *diese Zahl als die Charakteristik des Systems der* $n+1$ *Functionen* F_{00}, F_{10}, ... F_{n0} bezeichnet. Es ist hiernach die Charakteristik auch durch die Summe:

$$\sum [\,|\,F_{ik}\,|\,] \qquad\qquad (i, k = 1, 2, \ldots n)$$

gegeben, wenn für die Summation die Bedingungen

$$F_{00} < 0, \quad F_{10} = 0, \quad F_{20} = 0, \quad \ldots F_{n0} = 0$$

festgesetzt werden. Dieser Ausdruck der Charakteristik zeigt, dass durch dieselbe überhaupt jede Anzahl von Werthsystemen bestimmt wird, welche gleichzeitig durch Gleichungen und durch Ungleichheiten definirt werden, und darin liegt es, dass jenes im Monatsbericht vom März 1869 für die Charakteristik aufgestellte Integral, welches dort zuerst als Windungszahl auftritt, noch bei so vielen andern Fragen erscheint, wie z. B. bei der gesammten Krümmung der Flächen, der Gesammtdichtigkeit der Strahlensysteme, bei der gegenseitigen Umschlingung von Curven und bei deren Verknotung; denn bei

allen diesen Fragen handelt es sich nur um die Ermittelung einer Anzahl
von Werthsystemen von Variabeln, welche durch Gleichungen bestimmt und
dabei noch gewissen Ungleichheitsbedingungen unterworfen sind.

Denkt man sich die $n + 1$ Functionen F irgendwie variirt, jedoch so,
dass dabei die Art ihres Verhaltens im Unendlichen gewahrt bleibt, so er-
kennt man sowohl an dem Integralausdruck

$$-\frac{1}{\pi}\int |F_{gh}|\cdot\frac{dw}{S^n \mathfrak{S}} \qquad (g,\,h=0,\,1,\,\ldots n)\,,$$

welchen ich im Monatsbericht vom März 1869 für die Charakteristik gegeben
habe, als auch an dem oben mit II bezeichneten Ausdrucke, *dass die
Charakteristik nur dann eine Veränderung erfahren kann, wenn bei der Variation
ein System von Functionen passirt wird, welche sämmtlich für eines und dasselbe
Werthsystem* (z_1, z_2, $\ldots z_n$) *verschwinden.* Um dies näher darzulegen, bemerke
ich zuvörderst, dass für jedes den Bedingungen III genügende Werthsystem (z)
die Determinante $|F_{gh}|$ gleich dem Producte von F_{m0} und der Functional-
determinante der übrigen n Functionen F_{g0} wird. Dass die Determinante $|F_{gh}|$
für eines dieser Werthsysteme (z) verschwinde, ist daher sowohl für die
Unterbrechung der Continuität eines solchen bei jener Variation der Functionen F und folglich für eine Aenderung der Anzahl der Glieder im Ausdruck II
als auch für die Aenderung des Vorzeichens eines dieser Glieder also überhaupt
für eine Aenderung der Charakteristik erforderlich. Setzt man aber, wie es
unbeschadet des Werthes der Charakteristik geschehen kann, für $i = 1, 2, \ldots n$

$$F_{i0} - v_i F_{00} \quad \text{an Stelle von} \quad F_{i0},$$

wo unter v_1, v_2, $\ldots v_n$ variable Grössen zu verstehen sind, und nimmt alsdann in den Bedingungen III die Zahl $m = 0$, so verwandeln sich diese in
die folgenden:

III'
$$F_{i0} = v_i F_{00} \qquad (i=1,\,2,\,\ldots n)\,,$$

vermöge deren

IV
$$F_{00}\cdot|F_{ik} - v_i F_{0k}| = |F_{gh}| \qquad \left(\begin{matrix}g=0,\,i_1,\,i_2,\ldots i_\mu; & i=i_1,\,i_2,\ldots i_\mu\\ h=0,\,k_1,\,k_2,\ldots k_\mu; & k=k_1,\,k_2,\ldots k_\mu\end{matrix}\right)$$

10*

wird, wenn i_1, i_2, ... i_μ und k_1, k_2, ... k_μ je μ von den Zahlen 1, 2, ... n bedeuten. Da nun durch Differentiation von III' die n Gleichungen

$$\sum_{k=1}^{k=n}(F_{ik}-v_iF_{0k})ds_k = F_{00}dv_i \qquad (i=1,2,\ldots n)$$

entstehen und die Variabeln v von einander unabhängig sind, so folgt aus je m dieser Gleichungen für den Fall des Verschwindens sämmtlicher Determinanten IV bei $\mu = m$, dass entweder $F_{00} = 0$ wird, oder dass auch sämmtliche Determinanten IV bei $\mu = m-1$ verschwinden, und man gelangt auf diese Weise von der obigen für die Veränderung der Charakteristik erforderlichen Bedingung $|F_{ik}| = 0$ bei $\mu = n$ zu der Bedingung $F_{00} = 0$ d. h. mit Berücksichtigung des gleichzeitigen Bestehens der Gleichungen III' zu den $n+1$ Bedingungen

V $\qquad\qquad\qquad\qquad F_{g0} = 0 \qquad\qquad\qquad (g=0,1,\ldots n).$

Wird bei der Variation der Functionen F_{g0} ein System passirt, für welches diese Bedingungen erfüllbar sind, so wird für das bezügliche Werthsystem $(s_1, s_2, \ldots s_n)$ natürlich auch die Determinante

$$|F_{ik}| \qquad\qquad\qquad (g, k=0,1,\ldots n)$$

gleich Null und, *je nachdem sie dabei aus dem Positiven in das Negative übergeht oder umgekehrt, nimmt die Charakteristik um eine Einheit zu oder ab*, wenn nicht etwa die passirte Stelle singulär ist. Für diejenigen Werthe der Variabeln s, für welche $F_{10} = 0$, $F_{20} = 0$, ... $F_{n0} = 0$ ist, reducirt sich die Determinante $|F_{ik}|$ auf

$$F_{00} \cdot |F_{ik}| \qquad\qquad\qquad (i, k=1,2,\ldots n),$$

und es ist daher dieses Product, dessen Aenderung beim Durchgang durch Null für die Aenderung des Werthes der Charakteristik massgebend ist.

Betrachtet man die Functionen $F(s_1, s_2, \ldots s_n)$ als von v reellen Parametern $x_1, x_2, \ldots x_v$ abhängig, so entspricht jedem Punkte der v fachen Mannigfaltigkeit (x) ein bestimmtes Functionen-System $(F_{00}, F_{10}, \ldots F_{n0})$ und also auch eine bestimmte Charakteristik desselben. Erfüllen nun die Punkte (x), denen jene besondern Systeme entsprechen, für welche die Bedingungen V erfüllbar sind, eine $(\nu - 1)$fache Mannigfaltigkeit

$$R(x_1, x_2, \ldots x_\nu) = 0,$$

so werden dadurch die Gebiete der νfachen Mannigfaltigkeit (x), in denen die Charakteristik verschiedene Werthe hat, von einander abgesondert, und der obigen Deduction zufolge *tritt beim Durchgang durch* $R(x_1, x_2, \ldots x_\nu) = 0$ *zur Charakteristik der Werth von*

$$- [\,|\,F_{ik}\,|\,\delta F'_{00}] \qquad (i, k = 1, 2, \ldots n)$$

hinzu, wenn mit δ die Veränderung am Punkte $(x_1, x_2, \ldots x_\nu)$ bezeichnet und in F_{00}, F_{ik} das den $n+1$ Gleichungen V genügende Werthsystem $(z_1, z_2, \ldots z_n)$ eingesetzt wird. Hiernach lässt sich die Veränderung der Charakteristik beim Uebergang von einem Functionen-System zum andern und also, wenn nur die Charakteristik eines einzigen Functionen-Systems bekannt ist, die Charakteristik aller den verschiedenen Punkten entsprechenden Functionen-Systeme bestimmen. Diese Bestimmung findet sich dabei, indem der Uebergang von einer einzigen Variabeln x abhängig gemacht wird, auf die Ermittelung der Charakteristik eines Systems von zwei Functionen einer Variabeln zurückgeführt, welche im Falle algebraischer Functionen mittels des *Sturm'*schen Verfahrens erfolgen kann.

Trifft die oben gemachte Voraussetzung, dass die Punkte von

$$R(x_1, x_2, \ldots x_\nu) = 0$$

eine $(\nu - 1)$fache Mannigfaltigkeit bilden, nicht zu, und liegen diese Punkte sämmtlich auf einer höchstens $(\nu - 2)$fach ausgedehnten Mannigfaltigkeit, so hat die Charakteristik für alle Systeme von Functionen einen und denselben Werth, und dieser ist daher durch die Untersuchung eines einzigen der Systeme zu finden.

Sind die Functionen F ganze rationale Functionen der Variabeln z, so ist $R = 0$ die Resultante der $(n+1)$ Gleichungen $F = 0$, und das Vorzeichen von

$$- F_{00} \, | F_{ik} | \qquad (i, k = 1, 2, \dots n)$$

in der Nähe des Durchgangs durch $R = 0$ wird gleich demjenigen des Ausdrucks

$$\sum \frac{-1}{F_{00} \, | F_{ik} |} \qquad (i, k = 1, 2, \dots n) \,,$$

wenn die Summation auf alle reellen und complexen den Gleichungen

$$F_{h0} = 0 \qquad (h = 1, 2, \dots n)$$

genügenden Werthsysteme (s) erstreckt wird. Bedeutet nun G_0 eine ganze Function der Variabeln s, welche für alle diese Werthsysteme mit $\dfrac{-R}{F_{00}}$ übereinstimmt, und setzt man

$$R_1 = \sum \frac{G_0}{| F_{ik} |} \qquad (i, k = 1, 2, \dots n) \,;$$

wo sich die Summation wieder auf alle jene Werthsysteme (s) bezieht, so gehört G_0 zu jenen Multiplicatoren, für welche

$$\sum_{h=0}^{h=n} (-1)^{h+1} G_h F_{h0} = R$$

wird*), und die Zunahme oder Abnahme der Charakteristik erfolgt an den Stellen, wo $R = 0$ wird, wie diejenige des Products $R R_1$. Man erhält hiernach die Gesammtänderung der Charakteristik auf dem Wege von einem Functionen-System F zu einem andern durch die Zeichensumme

$$\sum [R_1 \, \delta R]$$

ausgedrückt, wenn man die Summation auf alle passirten Stellen (x) bezieht, wofür $R = 0$ wird. Zur Ermittelung des Werthes dieser Zeichensumme kann man sich des *Sturm*'schen Verfahrens selbst bedienen, bei welchem man als-

---

*) Vergl. meinen im Monatsbericht v. Dec. 1865 abgedruckten Aufsatz[1]).

[1]) Band I S. 138—142 dieser Ausgabe von *L. Kronecker's* Werken.   H.

dann von den beiden Ausdrücken R und R_1 auszugehen hat. Ueberhaupt ist es das System dieser beiden Functionen der Coëfficienten von F_{00}, F_{10}, ... F_{n0}, durch welches das Wesen der Charakteristik solcher algebraischer Functionen-Systeme vollständig klargelegt wird, und es ist auch damit eine Ausdehnung des *Sturm*'schen Satzes sowohl in Bezug auf die Anzahl der Gleichungen als in Bezug auf die Anzahl der Variabeln in den Coëfficienten fast unmittelbar gegeben. Ich behalte mir vor, dies näher darzulegen, so wie auch die obigen allgemeinen Entwickelungen speciell auszuführen; hier aber möge schliesslich noch daran erinnert werden, dass bei besonderer Wahl der Function F_{00} die Charakteristik geradezu die Anzahl der den n Gleichungen

$$F_{10} = 0, \quad F_{20} = 0, \quad \ldots F_{n0} = 0$$

genügenden reellen Werthsysteme (s) bedeutet, und dass die vorstehenden Betrachtungen demgemäss zur Ermittelung dieser Anzahl führen.

Um dies für einen der einfachsten Fälle auseinanderzusetzen, sei wie im IX. Abschnitt meines mehrerwähnten Aufsatzes vom 4. März 1869[1]) die Zahl n *grade* und zwar gleich $2m$; ferner seien f_1, f_2, ... f_m ganze rationale Functionen der m complexen Variabeln y_1, y_2, ... y_m und f_1', f_2', ... f_m' resp. zu f_1, f_2, ... f_m conjugirt; endlich sei für $k = 1, 2, \ldots m$:

$$y_k = s_k + i s_{m+k}, \quad 2F_{k0} = f_k + f_k', \quad 2i F_{m+k,0} = f_k - f_k'.$$

Die Functionen f seien so beschaffen, dass die m Aggregate der Glieder höchster Dimension für von Null verschiedene Werthe der Variabeln y nicht gleichzeitig verschwinden, und die Variirung der Functionen f möge nur so erfolgen, dass die Glieder der höchsten Dimension dabei ganz ungeändert, die Coëfficienten der übrigen Glieder aber ihrem absoluten Betrage nach stets unterhalb einer Grenze γ bleiben. Dies vorausgesetzt, lässt sich immer eine Function $F_{00}(s_1, z_2, \ldots z_n)$ z. B. in der Form

$$F_{00} = \sum_k s_k^2 - r^2 \qquad\qquad (k=1, 2, \ldots n)$$

<hr>

[1]) Band I S. 196 dieser Ausgabe.   H.

so bestimmen, dass in dem (ausseren) Bereiche $F_{00} > 0$ weder die m Functionen f desjenigen Systems, von welchem ausgegangen wird, noch auch die m Functionen irgend eines der variirten Systeme gleichzeitig Null werden. Bezeichnet man nämlich mit λ die Dimension einer der Functionen f und mit r_λ den absoluten Betrag von y_λ, so ist für jedes Glied von niedrigerer als der λ^{ten} Dimension der absolute Betrag kleiner als $\gamma r_1^{\lambda-1}$, wenn die übrigen Grössen r_2, r_3, ... r_m kleiner oder wenigstens nicht grösser als r_1 sind. Jedes dieser Glieder hat sonach die Form

$$\varrho \gamma r_1^{\lambda-1} e^{\vartheta i} \qquad (0 < \varrho < 1),$$

und wenn deren Anzahl mit μ bezeichnet wird, so kann jede der Functionen f_k selbst durch einen Ausdruck

$$(\varphi_k + \psi_k i)y_1^{\lambda_k} + \frac{\gamma}{r_1}\mu_k(\varrho_k + \sigma_k i)y_1^{\lambda_k} \qquad (0 \leqq \varrho_k^2 + \sigma_k^2 < 1)$$

dargestellt werden, in welchem der erstere Theil das Aggregat der Glieder der höchsten Dimension umfasst. Für hinreichend grosse Werthe von r_1 d. h. also, da

$$r_1^2 = s_1^2 + s_{m+1}^2 \geqq s_k^2 + s_{m+k}^2 \qquad (k=2, 3, \ldots m)$$

ist, im Bereiche $F_{00} > 0$, falls in

$$F_{00} = \sum_k s_k^2 - r^2 \qquad (k = 1, 2, \ldots n)$$

der Werth von r genügend gross angenommen wird, können die $2m$ Gleichungen

$$\varphi_k + \frac{\gamma}{r_1}\mu_k \varrho_k = 0, \qquad \psi_k + \frac{\gamma}{r_1}\mu_k \sigma_k = 0 \qquad (k=1, 2, \ldots m)$$

nicht sämmtlich erfüllt sein. Denn der Voraussetzung nach können die m Functionen $\varphi_k + \psi_k i$ nicht gleichzeitig verschwinden, und es muss daher die auf $k = 1, 2, \ldots m$ erstreckte Summe

$$\sum (\varphi_h^2 + \psi_h^2)$$

stets über einer gewissen Grösse bleiben, also für hinreichend grosse Werthe von r_1 auch

$$\sum (\varphi_h^2 + \psi_h^2) > 2\,\frac{r^2}{r_1^2}\,\sum \mu_h^2 > \frac{r^2}{r_1^2}\,\sum \mu_h^2 (\varrho_h^2 + \sigma_h^2)$$

sein. — Da die Functionaldeterminante

$$|\,F_{ih}\,| \qquad\qquad (i, h = 1, 2, \ldots n)$$

im vorliegenden Falle stets positiv ist, so wird die Charakteristik des Functionen-Systems $(F_{00}, F_{10}, \ldots F_{n0})$ bei obiger Bestimmung von F_{00} gleich der Gesammtzahl der den n Gleichungen $F_{10} = 0$, $F_{20} = 0$, $\ldots F_{n0} = 0$ oder den m Gleichungen $f_1 = 0$, $f_2 = 0$, $\ldots f_m = 0$ genügenden Werthsysteme $(s_1, s_2, \ldots s_n)$. Diese Anzahl bleibt also nach vorstehenden Erörterungen ungeändert, wenn man $m - 1$ von den Functionen f lediglich auf ihre Glieder höchster Dimension beschränkt, in der übrigbleibenden m^{ten} Function f aber noch ausserdem ein von allen Variabeln y freies Glied annimmt. Dass für ein *derartiges* System von Gleichungen

$$f_1 = 0, \quad f_2 = 0, \quad \ldots f_m = 0$$

die Anzahl der denselben genügenden Werthsysteme gleich dem Producte der Dimensionen der m Functionen f ist, folgt ganz unmittelbar, wenn man die bezügliche Eigenschaft für den Fall von nur $m - 1$ complexen Variabeln y voraussetzt. Im Falle $m = 1$ aber führt die vorstehende Entwickelung direct zu dem „Grundlehrsatz der Theorie der algebraischen Gleichungen" und legt das eigentliche Wesen der von *Gauss* in seiner Abhandlung von 1849 gegebenen Herleitung dar, indem sie zeigt, dass für die zwei durch irgend eine algebraische Gleichung $f(x + yi) = 0$ dargestellten Curvensysteme die Configuration in Bezug auf deren Schnittpunkte innerhalb eines hinreichend gross gewählten Kreises nicht anders ist, wie für diejenigen Curvensysteme, welche aus einer „reinen" Gleichung desselben Grades hervorgehen. Man kann es übrigens an *Gauss*' Deduction selbst erkennen, dass dabei eigentlich nur die höchste Potenz von $x + yi$ und von den Coëfficienten der übrigen Glieder der Gleichung nur die Eigenschaft in Betracht gezogen wird, dass deren absolute Werthe unter einer gewissen Grenze liegen, so dass eine dabei zulässige Veränderung der Coëfficienten die Deduction nicht berührt; doch ist eine solche Veränderung auch schon unmittelbar von Hrn. *Weierstrass* zu einem Beweise des algebraischen Fundamentalsatzes benutzt worden, den er im Juli 1868 hier vorgetragen aber bis jetzt noch nicht veröffentlicht hat.

———

ÜBER DIE
IRREDUCTIBILITÄT VON GLEICHUNGEN.

VON

L. KRONECKER.

Monatsberichte der Königlich Preussischen Akademie der Wissenschaften zu Berlin
vom Jahre 1880. S. 155—162.

11*

ÜBER DIE IRREDUCTIBILITÄT VON GLEICHUNGEN.

[Gelesen in der Akademie der Wissenschaften am 2. Februar 1880.]

Seitdem ich mich genau vor 35 Jahren bei Gelegenheit einer von
Hrn. *Kummer* in Breslau gehaltenen Vorlesung über Zahlentheorie auf seine
specielle Anregung mit der Vereinfachung des Beweises der Irreductibilität
der Kreistheilungsgleichungen beschäftigt und das Ergebniss im XXIX. Bande
des *Crelle*'schen Journals veröffentlicht habe[1]), bin ich wiederholt auf die Frage
zurückgekommen und habe mich namentlich bemüht, charakteristische Eigenschaften der irreductibeln Zahlengleichungen aufzufinden. Ich habe dafür
sowohl in meinen allgemeinen Untersuchungen über algebraische Zahlen als
auch in den specielleren über die singulären Moduln der elliptischen Functionen mancherlei Anhaltspunkte gefunden (vgl. Monatsbericht vom Juni 1862
pag. 368[2]), bin aber erst neuerdings zu einem befriedigenden Resultate gelangt, und zwar gerade rechtzeitig, um die erste Mittheilung davon meinem
Freunde *Kummer* an seinem siebzigsten Geburtstagsfeste am 29. v. M. widmen
zu können.

Den Kernpunkt der ganzen Entwickelung bildet folgender Satz:

„Ist $F(x)$ eine ganze ganzzahlige Function von x und bedeutet v_p
in der auf alle Primzahlen p ausgedehnten Summe

$$\sum v_p p^{-1-s}$$

die Anzahl der (gleichen oder verschiedenen) Wurzeln der Con-

---

[1]) Band I S. 1—4 dieser Ausgabe von *L. Kronecker's* Werken.   H.

[2]) Ueber die complexe Multiplication der elliptischen Functionen; Band IV dieser Ausgabe von
L. Kronecker's Werken.   H.

gruenz $F(x) \equiv 0$ mod. p, so wird der Grenzwerth jener Reihe für unendlich kleine positive Werthe von w proportional $\log \frac{1}{w}$ und zwar gleich $\log \frac{1}{w}$ multiplicirt mit der Anzahl der irreductibeln Factoren von $F(x)$."

Für irreductible Functionen ist also der Grenzwerth der Reihe $\log \frac{1}{w}$ selbst, und hieraus ergiebt sich eben unmittelbar jener Werth der Reihe für beliebige Functionen $F(x)$. Da ν_p nur die Werthe 0, 1, 2, ... n haben kann, wenn n den Grad von $F(x)$ bezeichnet, so ist jene Reihe in n Partialreihen zu zerlegen und in folgender Weise darzustellen:

$$\sum_{k=1}^{k=n} k \sum p_k^{-1-w},$$

wo p_k jede Primzahl bedeutet, für welche k Congruenzwurzeln von $F(x) \equiv 0$ existiren. Für *alle* Primzahlen ist bekanntlich der Grenzwerth von $\sum \frac{1}{p^{1+w}}$ gleich $\log \frac{1}{w}$; wenn man daher die Existenz einer Function voraussetzt, welche die Dichtigkeit der Primzahlen angiebt, so kann man den obigen Satz einfach so formuliren, dass diese Dichtigkeit mit derjenigen übereinstimmt, welche resultirt, wenn jede Primzahl p soviel mal genommen wird, als die Congruenz $F(x) \equiv 0$ mod. p Wurzeln hat, vorausgesetzt, dass $F(x)$ irreductibel ist.

Nimmt man die Dichtigkeit *aller* Primzahlen als Maass und bezeichnet alsdann die Dichtigkeit der Primzahlen p_k mit D_k, so ist dem obigen Satze gemäss die Gleichung

$$\sum_{k=1}^{k=n} k D_k = 1$$

charakteristisch für irreductible Gleichungen $F(x) = 0$ *überhaupt*. Die Einzelwerthe der Dichtigkeiten D_k sind im Allgemeinen für die verschiedenen Grade der Gleichungen verschieden, aber stets *dieselben für alle Gleichungen einer und derselben Classe*. Wenn $F(x) = 0$ eine allgemeine Gleichung ist, d. h.

keinen besonderen Affect besitzt, so resultirt, indem man sich die Gleichung
für eine lineare Function von h Wurzeln gebildet denkt, die Relation

$$\sum_{k=1}^{k=n} k(k-1)\cdots(k-h+1)D_k = 1,$$

und diese ergiebt für die Dichtigkeit D_h den Werth

$$\frac{1}{h!}\sum_{h}\frac{(-1)^h}{h!} \qquad (h=0,1,\ldots n-k) \qquad (0!=1),$$

welcher für grosse Werthe von n und relativ kleine von k nahezu gleich
$\frac{1}{e}\cdot\frac{1}{k!}$ wird, und die Summe

$$\sum_{k=1}^{\infty}\frac{k}{e\cdot k!}$$

wird eben wieder gleich 1. Dagegen wird die Gesammtdichtigkeit der Primtheiler einer irreductibeln Function $F(x)$, die gleich Null gesetzt eine allgemeine Gleichung repräsentirt, für grössere Werthe des Grades n nahezu
$\left(1 - \frac{1}{e}\right)$ also etwa $\frac{7}{11}$.

Die Dichtigkeit D_{n-1} ist stets gleich Null. Für solche irreductible
Gleichungen, deren Wurzeln sämmtlich rationale Functionen einer sind,
werden auch alle vorhergehenden Werthe von D gleich Null und also
$D_n = \frac{1}{n}$. Hieraus folgt, dass jede irreductible ganzzahlige Function einer
Variabeln $F(x)$ für unendlich viele Primzahlmoduln einem Product von Linearfactoren congruent ist, und dass die Dichtigkeit dieser Primzahlen durch den
reciproken Werth der Ordnung des Affects der Gleichung $F(x)=0$ d. h.
durch den reciproken Werth des Grades der irreductibeln Factoren der *Galois*-
schen Resolvente ausgedrückt wird. Aber nicht bloss diese Dichtigkeit, deren
Index gleich dem Grade von $F(x)$ ist, sondern auch alle andern Werthe
D_1, D_2, ... werden durch den Affect bestimmt, und es wird z. B., wenn
$F(x)=0$ eine auflösbare Gleichung vom Primzahlgrade n und die Ordnung
ihres Affects nd ist, wo d einen Divisor von $(n-1)$ bedeutet,

$$D_1 = 1 - \frac{1}{d}, \quad D_2 = 0, \quad \ldots D_{n-1}=0, \quad D_n = \frac{1}{nd}.$$

Wenn zwei Functionen n^{ten} Grades $F(x)$ und $F_1(x)$ dieselben charakteristischen Zahlen v_p besitzen, so hat die aus den Wurzeln beider gebildete Gleichung n^2 ten Grades für die Zahlen p_k die Zahl $v_p = k^2$ als charakteristische Zahl. Da jedenfalls $D_n > 0$ ist, so ist also

$$\sum k D_k > 1$$

d. h. die Gleichung muss reductibel sein. Dies kann auch schon erschlossen werden, wenn man nur voraussetzt, dass die Dichtigkeit der Primzahlen, für welche *beide* Congruenzen $F(x) \equiv 0$ und $F_1(x) \equiv 0$ genau k Congruenzwurzeln haben, mit der Dichtigkeit derjenigen, für welche je eine derselben diese Eigenschaft besitzt, für jedes k übereinstimmt. Ohne heute näher auf den allgemeinen Fall einzugehen, hebe ich hervor, dass die zugehörigen *Galois*schen Gleichungen in dieselbe Gattung gehören müssen, und dass also, wenn n Primzahl ist, auch die Gleichungen selbst zu *einer* Gattung gehören, d. h.

> wenn für zwei Functionen, deren Grad eine Primzahl ist, die Primtheiler der verschiedenen Arten im Allgemeinen beiden gemeinsam sind, so sind die Wurzeln der einen Gleichung rational durch die der andern ausdrückbar,

und es ist also (in ähnlicher Weise, wie nach dem *Cauchy*'schen Satze eine Function durch ihre Randwerthe bestimmt wird) mit blossen Congruenzbestimmungen der ganze Inbegriff der durch die Gleichung definirten algebraischen Irrationalitäten bestimmt.

Um die einfachen Betrachtungen, welche zu dem obigen Satze führen, an den Kreistheilungsgleichungen darzulegen, knüpfe ich an Hrn. *Kummer's* Ausführungen im § VIII seiner im XVI. Bande von *Liouville's* Journal veröffentlichten Abhandlung an. Darnach ergiebt sich, wenn α wie a. a. O. eine Wurzel der Gleichung

$$x^{\lambda-1} + x^{\lambda-2} + \cdots + x + 1 = 0$$

bedeutet, auch ohne die Voraussetzung der Irreductibilität, dass der mittlere Werth von $Nf(\alpha)$ constant und also $\sum Nf(\alpha)^{-1-s}$ für unendlich kleine positive Werthe von w proportional $\frac{1}{w}$ ist. Wird der Grad der irreductibeln Gleichung für α mit r bezeichnet, so ist unter $Nf(\alpha)$ natürlich nur das Product der r conjugirten Factoren zu verstehen. Nun ist andrerseits $\sum Nf(\alpha)^{-1-w}$ gleich dem auf alle Primzahlen $p_{\lambda-1}$ von der Form $n\lambda + 1$ zu erstreckenden Producte

$$\Pi(1 - p_{\lambda-1}^{-1-w})^{-r},$$

multiplicirt mit einem Producte von Factoren $(1 - p^{-\lambda-\lambda w})^{-1}$, welches, da $h > 1$ ist, für $w = 0$ endlich und grösser als Eins bleibt. Man hat daher

$$\lim_{w=0} \sum \frac{r}{p_{\lambda-1}^{1+w}} = \log \frac{1}{w},$$

und dies ist für den vorliegenden Fall der Inhalt des obigen allgemeinen Satzes, da die Primzahlen $p_{\lambda-1}$ die sämmtlichen Primtheiler von

$$x^{\lambda-1} + x^{\lambda-2} + \cdots + x + 1$$

bilden. — Der Nachweis, dass jene Gleichung für α irreductibel oder also dass $r = \lambda - 1$ ist, lässt sich im Wesentlichen nunmehr darauf gründen, dass die Differenzen

$$\sum_{m=1}^{\infty} (m\lambda + h)^{-1-w} - \sum_{m=1}^{\infty} (m\lambda + k)^{-1-w}$$

und also auch jene *Dirichlet*'schen Reihen

$$\sum_n \frac{\beta^{\lambda\, ind.\, n}}{n^{1+w}} \qquad (h = 1, 2, \ldots, \lambda-2),$$

wenn β wie in der *Kummer*'schen Abhandlung eine primitive $(\lambda - 1)^{te}$ Wurzel der Einheit bedeutet, für $w = 0$ endlich bleiben. Dass eben diese Reihen für $w = 0$ auch nicht gleich Null werden, ergiebt sich gleichzeitig mit der Irreductibilität. Ist nämlich $P(w)$ das Product aller dieser $(\lambda - 2)$ Reihen, so hat man die identische Gleichung

$$P(w) \sum n^{-1-w} = \prod_{d} \prod_{p_d} \left(1 - p_d^{-\delta(1+w)}\right)^{-\delta},$$

wenn mit d die verschiedenen Divisoren von $\lambda - 1$, mit δ die complementaren, wofür $d\delta = \lambda - 1$ ist, und mit p_d die zum Divisor δ für den Modul λ gehörigen Primzahlen bezeichnet werden, und da die sämmtlichen den Werthen $d < \lambda - 1$ entsprechenden Producte für $w = 0$ endlich und grösser als Eins bleiben, so kommt

$$\lim_{w=0} \log. \frac{P(w)}{w} = \lim_{w=0} \sum \frac{\lambda - 1}{p_{\lambda-1}^{1+w}}.$$

Der Grenzwerth des Ausdrucks auf der rechten Seite ist nach der obigen Deduction

$$\frac{\lambda - 1}{r} \log \frac{1}{w};$$

es muss daher erstens $P(w)$ für $w = 0$ von Null verschieden und zweitens $r = \lambda - 1$ sein. Der Kernpunkt des hier geführten Nachweises der Irreductibilität, der sich ohne Weiteres auf Wurzeln der Einheit mit zusammengesetzten Exponenten übertragen lässt, ist darin zu finden, dass jene *Dirichlet*schen Reihen selbst ein System von conjugirten Einheiten liefern, deren Unabhängigkeit darauf beruht, dass die Werthe der Reihen für $w = 0$ von Null verschieden sind.

Die singulären Moduln der elliptischen Functionen führen zu Gattungen von ganzzahligen Gleichungen $F(x) = 0$, die ich in meiner Mittheilung vom 26. Juni 1862 näher charakterisirt habe. Wird der Grad der Function $F(x)$ wie dort mit $2N$ bezeichnet, so ist N gleich der Classenanzahl quadratischer Formen einer bestimmten negativen Determinante oder Discriminante, wenn man, wie ich es seit lange in meinen Universitäts-Vorlesungen zu thun pflege, hierbei die Formen $ax^2 + bxy + cy^2$ mit ganzen Zahlen a, b, c zu Grunde legt und $b^2 - 4ac$ als deren Discriminante bezeichnet. Jede der Gleichungen $F(x) = 0$ zerfällt unter Adjunction der Quadratwurzel der Discriminante in zwei *Abel*'sche Gleichungen N^{ten} Grades, und deren besondere Natur bestimmt sich durch die auf die Composition bezüglichen Eigenschaften der zugehörigen quadratischen Formen. Denkt man sich nämlich in der Weise wie im Monatsbericht vom December 1870 S. 882 bis 885[1]) sämmtliche Formenclassen durch ein Fundamentalsystem

$$\theta_1^{h_1}\,\theta_2^{h_2}\,\theta_3^{h_3}\,\ldots\,\theta_\nu^{h_\nu} \qquad (h_\alpha = 0, 1, \ldots n_\alpha - 1; \quad N = n_1 n_2 \cdots n_\nu)$$

dargestellt, so sind die den einzelnen Classen entsprechenden Wurzeln jener *Abel*'schen Gleichung N^{ten} Grades gemäss den Auseinandersetzungen, welche ich im Monatsbericht vom December 1877 unter Nr. III gegeben habe[2]), durch die entsprechenden Systeme der ν Indices

$$h_1, h_2, \ldots h_\nu$$

charakterisirt, und wenn wie bei *Gauss* (Disqu. arithm. sectio V, art. 305[3]) m diejenige Zahl bedeutet, zu der im Sinne der Composition eine Classe quadratischer Formen gehört, so ist m als die kleinste den Congruenzen

$$m h_\alpha \equiv 0 \quad \mathrm{mod.}\, n_\alpha \qquad (\alpha = 1, 2, \ldots \nu)$$

genügende Zahl bestimmt. Bezeichnet man nun die Discriminante der quadratischen Formen mit D und die sämmtlichen nicht in D enthaltenen Primzahlen mit p oder q, so dass stets

$$\left(\frac{D}{p}\right) = +1, \qquad \left(\frac{D}{q}\right) = -1$$

ist, so zerfällt $F(x)$ für jeden Primzahlmodul q in N irreductible Factoren zweiten Grades, für jeden Primzahlmodul p aber in lauter irreductible Factoren m^{ten} Grades, wenn die Formenclasse, durch welche p darstellbar ist, zu m gehört. Dabei ist zu bemerken, dass, falls p durch zwei entgegengesetzte Formenclassen darstellbar ist, beide zu derselben Zahl m gehören. Hiernach ist es das Product

[1]) Auseinandersetzung einiger Eigenschaften der Classenanzahl idealer complexer Zahlen. Band I S. 274—278 dieser Ausgabe von *L. Kronecker's* Werken.   H.
[2]) Ueber *Abel*'sche Gleichungen. Band IV dieser Ausgabe.   H.
[3]) *C. F. Gauss'* Werke. Bd. I S. 369.   H.

$$\prod_m \prod_p \left(1 - p^{-m(1+w)}\right)^{-\frac{2N}{m}} \cdot \prod_q \left(1 - q^{-2(1+w)}\right)^{-N},$$

welches in diesem Falle auftritt und jenem zu den Kreistheilungsgleichungen gehörigen Doppelproducte auf p. 90 entspricht. Die auf p bezügliche Multiplication erstreckt sich auf die im Sinne der Composition zu m gehörigen Primzahlen p. Das Product ist in N Theilproducte

$$\prod_p \left(1 - \omega_1^{h_1} \omega_2^{h_2} \cdots \omega_v^{h_v} p^{-(1+w)}\right)^{-1} \prod_q \left(1 - q^{-2(1+w)}\right)^{-1}$$

zu zerlegen, deren jedes genau wie das speciellere bei *Dirichlet* im Monatsbericht vom März 1840[1]) als Reihe darstellbar ist:

$$\tfrac{1}{2} \sum_{a,\,b,\,c} \omega_1^{h_1} \omega_2^{h_2} \cdots \omega_v^{h_v} \sum_{x,\,y} \left(ax^2 + bxy + cy^2\right)^{-1-w},$$

und diese Reihe ist nach einer im Monatsbericht vom Jan. 1863 S. 46 aufgestellten Formel[2]) durch ϑ-Functionen zu summiren. Das erste Summenzeichen in der Reihe bezieht sich auf die verschiedenen Formenclassen (a, b, c) der Discriminante D, das zweite auf alle ganzen Zahlen x, y, für welche $ax^2 + bxy + cy^2$ zu D prim ist; die Grössen ω sind die verschiedenen durch die Gleichungen

$$\omega_1^{n_1} = 1, \qquad \omega_2^{n_2} = 1, \qquad \ldots \omega_v^{n_v} = 1$$

bestimmten Wurzeln der Einheit, und die Exponenten h wie oben die v Indices, welche der Classe (a, b, c) resp. den durch dieselbe darstellbaren Primzahlen p angehören.

Nach diesen Auseinandersetzungen sind es einzig und allein die durch die Hauptclasse darstellbaren Primzahlen p, für welche $F(x) \equiv 0$ wird, und deren Dichtigkeit ist gleich dem reciproken Werthe des Grades der irreductibeln Factoren von $F(x)$. Da nun die Differenzen

---

[1]) *G. Lejeune-Dirichlet*, gesammelte Werke. Band I S. 497. H.
[2]) Ueber die Auflösung der *Pell*'schen Gleichung mittels elliptischer Functionen. Band IV dieser Ausgabe von *L. Kronecker's* Werken. H.

$$\sum_{x,y}(ax^2 + bxy + cy^2)^{-1-w} - \sum_{x,y}(a'x^2 + b'xy + c'y^2)^{-1-w}$$

für $w = 0$ endlich bleiben (vgl. meine Mittheilung im Monatsbericht vom Jan. 1868), so folgt in der oben für die Kreistheilungsgleichungen ausgeführten Weise, dass $F(x)$ irreductibel und dass die Dichtigkeit der Primzahlen in den einzelnen Classen quadratischer Formen (in erster Annäherung) proportional der Anzahl der Classen ist, durch welche die Primzahlen darstellbar sind. Die Dichtigkeit der Primzahlen ist demnach

$$\frac{1}{2N} \quad \text{oder} \quad \frac{1}{N}$$

je nachdem die darstellende Classe *anceps* ist oder nicht, und die Dichtigkeit der den quadratischen Formen entsprechenden *complexen* Primfactoren ist in jeder Classe gleich $\frac{1}{N}$.

Um zum Schlusse nur *ein* Beispiel anzuführen sei $D = -31$. Alsdann kann für $F(x)$ die Function

$$(x^3 - 10x)^2 + 31(x^3 - 1)^2$$

genommen werden, welche unter Adjunction von $\sqrt{-31}$ in zwei Factoren dritten Grades mit der Discriminante 1 zerfällt. Die je 3 Wurzeln der betreffenden Gleichungen entsprechen den Formenclassen $(1, 1, 8)$, $(2, \pm 3, 5)$, und die Anzahl der Primzahlen $x^2 + 31y^2$ ist etwa halb so gross als diejenige der Primzahlen von der Form $5x^2 \pm 4xy + 7y^2$.

ÜBER DIE POTENZRESTE GEWISSER COMPLEXER ZAHLEN.

VON

L. KRONECKER.

Monatsberichte der Königlich Preussischen Akademie der Wissenschaften zu Berlin vom Jahre 1880. S. 404—406.

ÜBER DIE POTENZRESTE GEWISSER COMPLEXER ZAHLEN.

[Gelesen in der Akademie der Wissenschaften am 22. April 1880.]

Schon sehr früh hatte *Euler* die Beobachtung gemacht, dass die Primtheiler der quadratischen Formen einer bestimmten Discriminante D in gewissen Linearformen $mD + a$ enthalten sind, aber erst im Jahre 1788 hat er
diese für die Entwickelung der Zahlentheorie so folgenreiche Beobachtung
in jener merkwürdigen Weise formulirt, welcher der Name des Reciprocitätsgesetzes seine Entstehung verdankt*). Vor der Eleganz der Correlation, auf
welche hierbei — und mit Recht — stets ein besonderer Nachdruck gelegt
worden ist, trat seitdem die Bedeutung und der Zielpunkt der ursprünglichen
Euler'schen Beobachtung einigermassen in den Hintergrund. Nun ist mir
aber in diesen Tagen bei der Anwendung der arithmetischen Theorie der
singulären Moduln auf die Potenzreste complexer Zahlen eine specifisch neue
Erscheinung entgegengetreten, die unmittelbar an jene erste Wortfassung
erinnert, in welcher *Euler* den wesentlichen Inhalt des quadratischen Reciprocitätsgesetzes veröffentlicht hat, und da diese Erscheinung in der Theorie
der Potenzreste nicht nur im Rückblick durch die Analogie mit dem historischen Ausgangspunkt derselben sondern auch im Vorblick durch den Hinweis
auf ein neues Stadium der Entwickelung ein besonderes Interesse darbietet,
so will ich schon heute der Akademie eine kurze Mittheilung darüber machen.

Die *Abel*'schen Gleichungen, welche in der Theorie der singulären
Moduln vorkommen, lassen ganz ebenso wie die der Kreistheilung zwei ver-

---

*) Vgl. meine Bemerkungen im Monatsbericht vom April 1875. S. 268¹).

¹) Band II S. 3—4 dieser Ausgabe von *L. Kronecker's Werken*. H.

schiedene Arten von Bestimmungen derjenigen Primtheiler zu, für welche sie
als Congruenzen aufgefasst Wurzeln haben. Die Identität dieser beiden Bestimmungsweisen ergiebt für den Fall quadratischer Gleichungen ganz unmittelbar das quadratische Reciprocitätsgesetz und führt im allgemeineren
Falle der Kreistheilungsgleichungen wenigstens zu *einer* Reciprocitäts-Beziehung,
die im Falle der cubischen und biquadratischen Reste noch zum vollständigen
Beweise des Reciprocitätsgesetzes ausreichend ist. Man kann nämlich unter
dem Gesichtspunkte der erwähnten Identität alle jene Entwickelungen auf-
fassen, welche in *Gauss'* sechstem Beweise des quadratischen Reciprocitätsgesetzes zuerst gegeben und nachher von *Jacobi*, *Eisenstein* und Andern bei
Behandlung der höheren Potenzreste weiter ausgebildet und mit Erfolg
benutzt worden sind. Um dies für den einfachen Fall quadratischer Gleichungen vollständig darzulegen, sei q eine positive Primzahl und $\varepsilon = \pm 1$,
so dass $\varepsilon q \equiv 1 \bmod 4$ ist. Alsdann sind die Primtheiler p von $x^2 - \varepsilon q$ oder
von $x^2 + x + \frac{1}{4}(1 - \varepsilon q)$ durch die Bedingung

$$\left(\frac{\varepsilon q}{p}\right) = 1$$

vollständig charakterisirt. Andrerseits werden aber, wenn man von der Darstellung der Wurzeln der Gleichung $x^2 + x + \frac{1}{4}(1 - \varepsilon q) = 0$ als Perioden
q^{ter} Wurzeln der Einheit Gebrauch macht, die Primtheiler p als solche durch
die Congruenzbedingung

$$\sum_h \left(\frac{k}{q}\right) e^{\frac{2kp\pi i}{q}} \equiv \sum_k \left(\frac{k}{q}\right) e^{\frac{2k\pi i}{q}} \bmod. p \qquad (k=1, 2, \ldots q-1)$$

bestimmt, welche unmittelbar zu der Bedingung

$$\left(\frac{p}{q}\right) = 1$$

führt; und daraus, dass die beiden Bestimmungsweisen der Primtheiler p
mit einander übereinstimmen müssen, folgt die Reciprocitätsgleichung

$$\left(\frac{p}{q}\right) = \left(\frac{\varepsilon q}{p}\right).$$

Nunmehr sei wie in meiner Mittheilung vom 2. Febr. d. J.[1]

$$F(x) = (x^3 - 10x)^2 + 81(x^2 - 1)^2,$$

so dass die Wurzeln von $F(x) = 0$ die Gattung der singulären Moduln für $\sqrt{-81}$ bestimmen. Setzt man zur Abkürzung

$$\omega = \frac{-1 + \sqrt{-3}}{2}, \qquad \varpi = \frac{-1 + \sqrt{-31}}{2}$$

$$\eta_1 = 1 - \varpi + 3\omega, \qquad \eta_2 = 1 - \varpi + 3\omega^2,$$

so ist

$$\omega^2 + \omega + 1 = 0, \qquad \varpi^2 + \varpi + 8 = 0, \qquad \eta_1 \eta_2 + 1 = 0,$$

und die drei Wurzeln ξ_0, ξ_1, ξ_2 der cubischen Gleichung

$$x^3 - 10x + (1 + 2\varpi)(x^2 - 1) = 0$$

sind durch die Gleichungen

$$\xi_0 + \xi_1 + \xi_2 = \eta_1 + \eta_2, \quad (\xi_0 + \omega^2 \xi_1 + \omega \xi_2)^3 = \eta_1, \quad (\xi_0 + \omega \xi_1 + \omega^2 \xi_2)^3 = \eta_2$$

explicite gegeben. Die Primzahlen p, für welche die Congruenz $F(x) \equiv 0 \bmod. p$ Wurzeln hat, werden hiernach erstens durch die Bedingung

$$\left(\frac{-81}{p} \right) = 1$$

und zweitens dadurch charakterisirt, dass η_1 cubischer Rest des complexen Primfactors von p in der Theorie der bezüglichen complexen Zahlen sein muss. Diese Bedingungen können auch dahin formulirt werden, dass erstens Zahlen n existiren müssen, wofür

$$n^2 + n + 8 \equiv 0 \bmod. p$$

ist, und dass zweitens

---

[1] L. Kronecker, Ueber die Irreductibilität von Gleichungen. Band II S. 98 dieser Ausgabe.

H.

13*

$$(1 - 3n + \omega)^{\frac{p \pm 1}{3}} \equiv \mp 1 \bmod p$$

sein muss. Die anderweite Bestimmung der Primtheiler p, welche aus der Theorie der singulären Moduln hervorgeht (vgl. meine Mittheilung vom 2. Febr. d. J.), ergiebt aber, dass dieselben durch die Hauptform $x^2 + 31y^2$ darstellbar sein müssen, und es folgt daher, dass die complexe Einheit η_1 cubischer Rest von allen im *Kummer'*schen Sinne *wirklichen* complexen Primfactoren $a + b\omega$, von allen andern aber Nichtrest ist. Auch die beiden andern cubischen Restcharaktere, welche η_1 haben kann, scheiden sich nach den Classen, welchen die Primzahl-Moduln angehören, so dass überhaupt die Restcharaktere von η_1 durch den Index, den der bezügliche Modul im Sinne der Composition hat, bestimmt wird. — Ist q irgend eine Primzahl von der Form $3k + 1$, welche im Sinne der Composition zum Exponenten 3 gehört, so dass also nicht q selbst sondern erst q^3 durch die Hauptform $x^2 + 31y^2$ darstellbar ist, und hat man q^3 in vier conjugirte complexe, aus ω, ϖ gebildete Factoren q_{11}, q_{12}, q_{21}, q_{22} zerlegt, wo der erste Index sich auf die beiden Werthe von ω, der zweite auf die beiden Werthe von ϖ bezieht, so wird der Quotient zweier conjugirter q_{11}, q_{21} durch Multiplication mit einem der beiden Werthe von η stets ein vollständiger Cubus. Der cubische Charakter dieser Quotienten bestimmt sich daher genau wie der der Einheiten η durch die *quadratischen* Formen der Discriminante — 31, durch welche die Norm des Primzahlmoduls darstellbar ist, und es ist gerade dieser Umstand, welcher einen deutlichen Hinweis auf die Weiterentwickelung der Theorie der Potenzreste namentlich auch für die in den *Kummer'*schen Untersuchungen ausgeschlossenen Fälle enthält.

Zur Erläuterung der vorstehenden Bemerkungen füge ich noch folgende specielle Beispiele an:

Da $N(1 - 2\varpi) = 35$ und $\eta_1 \equiv 4 + 3\omega \bmod (1 - 2\varpi)$ ist, so kommt

$$\eta_1^2 \equiv -6\omega \bmod 35,$$

und es ist

$$\tfrac{1}{3}(5 + 1) = 2, \quad \tfrac{1}{3}(7 - 1) = 2, \quad -6\omega \equiv -\omega \bmod 5, \quad -6\omega \equiv \omega \bmod 7.$$

Ferner ist $N(3 - 2\varpi) = 47$ und $\frac{47+1}{3} = 16$ und

$$\eta_1^{16} \equiv -1 \quad \text{mod.} (3 - 2\varpi),$$

während $N(5 - 2\varpi) = 67$ und $\frac{67-1}{3} = 22$ und

$$\eta_1^{22} \equiv +1 \quad \text{mod.} (5 - 2\varpi)$$

wird. Endlich ist

$$N_\omega N_\varpi (5 + 3\omega + \varpi) = N_\varpi (11 + 6\varpi) = 7^3$$

und die Gleichung

$$\frac{5 + 3\omega + \varpi}{5 + 3\omega^2 + \varpi} \cdot \eta_1 = \left(\frac{\omega - \varpi}{3 + 3\omega}\right)^3,$$

diene als Beispiel für die oben angeführte Reduction des Restcharakters gewisser complexer Zahlen auf den der Einheiten η.

ÜBER EINREIHIGE DETERMINANTEN.

(AUSZUG AUS EINEM BRIEFE AN E. SCHERING.)

VON

L. KRONECKER.

Nachrichten der Königlichen Gesellschaft der Wissenschaften zu Göttingen
vom 7. Mai 1881. Nr. 9. S. 271—279.

ÜBER EINREIHIGE DETERMINANTEN.

Ich erlaube mir Ihnen anlässlich des in Nr. 4 der „Nachrichten“ abgedruckten Aufsatzes von Herrn *Karl Heun*[1]) einige Bemerkungen über die dort behandelten Determinanten mitzutheilen.

Jacobi ist schon im Jahre 1835 bei der Entwickelung der *Bézout*'schen Eliminations-Methode, wie er sie in seinem Aufsatze „de eliminatione variabilis e duabus aequationibus algebraicis“ im 15. Bande des *Crelle*'schen Journals[2]) dargelegt hat, auf Determinanten n^{ter} Ordnung

$$|A_{r+s}| \qquad\qquad (r, s = 0, 1 \ldots n-1)$$

geführt worden, welche aus $2n - 1$ Elementen $A_0, A_1, \ldots A_{2n-2}$ zu bilden sind. Er ist dann, genau 10 Jahre später, bei der Beschäftigung mit einem nahe verwandten Gegenstande auf solche Determinanten zurückgekommen und hat dieselben in der bezüglichen vom August 1845 datirten Arbeit „über die Darstellung einer Reihe gegebener Werthe durch eine gebrochene rationale Function“ (*Crelle's* Journal Bd. 30[3]) allgemeiner und ausführlicher behandelt. Nachher erscheinen dieselben Determinanten in vielen auf den *Sturm*'schen Satz und die Kettenbruchs-Entwickelung rationaler Functionen bezüglichen Arbeiten, von denen nur zwei ältere, die *Cayley*'sche im 11. Bande von *Liouville's* Journal 1846[4]) erschienene und die *Joachimsthal*'sche im 48. Bande

---

[1]) *K. Heun,* Neue Darstellung der Kugelfunctionen und der verwandten Functionen durch Determinanten. Göttinger Nachrichten v. J. 1881. S. 104—119.   H.

[2]) *C. G. J. Jacobi's* Werke. Band III S. 295—320.   H.

[3]) Werke. Band III S. 479—511.   H.

[4]) *A. Cayley,* Note sur les fonctions de M. *Sturm;* Collected mathematical papers Vol. I p. 306—308.   H.

des *Crelle*'schen Journals 1854 veröffentlichte[1]) hervorgehoben werden mögen. Doch ist überdies zu erwähnen, dass dieselben Determinanten den Gegenstand einer Abhandlung bilden, welche *Hermann Hankel* als „Inauguraldissertation zur Erlangung der philosophischen Doctorwürde an der Universität Leipzig" im Jahre 1861 (Göttingen, Druck der Dieterich'schen Universitäts-Buchdruckerei) hat erscheinen lassen, und dass darin auch eine besondere Bezeichnung („orthosymmetrisch") für die Determinanten vorgeschlagen ist, welche aber keinen Eingang gefunden hat.

Bei allen Untersuchungen, welche auf die erwähnten Determinanten $|A_{r+s}|$ geführt haben, lässt sich eine unmittelbare Beziehung zu jener vielfach behandelten Aufgabe erkennen, zu gegebenen ganzen Functionen $f(x)$ und $f_1(x)$ zwei Multiplicatoren $\Phi(x)$ und $\Psi(x)$ zu finden, für welche die Differenz $f_1(x)\Psi(x) - f(x)\Phi(x)$ sich auf eine Function von einem bestimmten niedrigeren Grade reducirt, d. h. also für zwei gegebene ganze Functionen $f(x)$ und $f_1(x)$, welche resp. vom Grade n und vom Grade $n - n_1 < n$ vorausgesetzt werden, drei ganze Functionen

$$F(x), \qquad \Phi(x), \qquad \Psi(x)$$

beziehungsweise von den Graden

$$\mu, \qquad \nu - n_1, \qquad \nu$$

zu bestimmen, so dass

$$F(x) = f_1(x)\Psi(x) - f(x)\Phi(x)$$

und $\mu + \nu < n$ wird. Abgesehen davon, dass sich die Functionen $\Phi(x)$ und $\Psi(x)$ als Zähler und Nenner der Näherungsbrüche der Kettenbruchs-Entwickelung von $\dfrac{f_1(x)}{f(x)}$ bestimmen, können

erstens die Functionen $\Phi(x)$ und $\Psi(x)$ dadurch charakterisirt werden, dass die Differenz

---

[1]) *F. Joachimsthal*, Bemerkungen über den *Sturm*'schen Satz. *Crelle's* Journal. Bd. 48 S. 386—416.   H.

$$\frac{f_1(x)}{f(x)} - \frac{\Phi(x)}{\Psi(x)}$$

für unendlich grosse Werthe von x unendlich klein von der Ordnung $x^{-\mu-\nu-\lambda}$ werden muss, wo λ eine positive ganze Zahl bedeutet, also $\lambda \geq 1$ ist.

Zweitens können die Functionen $F(x)$ und $\Psi(x)$ nach der *Cauchy*'schen Interpolationsformel als Zähler und Nenner eines rationalen Bruches bestimmt werden, der für die n Werthe $x = \xi_\varkappa$, wofür $f(x) = 0$ ist, die vorgeschriebenen Werthe $f_1(\xi_\varkappa)$ annimmt.

Drittens kann die Function $\Psi(x)$ abgesehen von einem constanten Factor durch die ν Gleichungen

$$\sum_{\varkappa=1}^{\varkappa=n} \xi_\varkappa^l \, \Psi(\xi_\varkappa) \frac{f_1(\xi_\varkappa)}{f'(\xi_\varkappa)} = 0 \qquad (l=0, 1, \ldots \nu-1)$$

und ebenso die Function $F(x)$ durch die μ Gleichungen

$$\sum_{\varkappa=1}^{\varkappa=n} \frac{\xi_\varkappa^r F(\xi_\varkappa)}{f_1(\xi_\varkappa)f'(\xi_\varkappa)} = 0 \qquad (r=0, 1, \ldots \mu-1)$$

bestimmt werden, wie z. B. in meinen in den Monatsberichten der Berliner Akademie abgedruckten Aufsätzen vom 17. Febr. 1873 und vom 14. Febr. 1878[1]) geschehen ist. Hier bedeutet $f'(x)$ die Ableitung von $f(x)$, und die n Wurzeln $\xi_\varkappa$ sind ebenso wie bei der zweiten Methode zunächst als verschieden vorauszusetzen; doch kann man leicht zu dem allgemeineren Falle, wo beliebig viele einander gleiche Wurzeln vorkommen, übergehen, wenn man die Ausdrücke, auf welche sich alsdann jene Summen, bei denen $f'(\xi)$ im Nenner steht, reduciren, an Stelle der Summenausdrücke in den Formeln substituirt. Dies findet sich schon in der citirten *Jacobi-*

---

[1]) Band I S. 302—348 und Band II S. 37—70 dieser Ausgabe von *L. Kronecker's* Werken.

H.

14*

schen Abhandlung vom Jahre 1845 (*Crelle's* Journal Bd. 30 S. 149[1]) vollständig entwickelt.

Bei allen drei angegebenen Methoden zur Bestimmung der Functionen $F(x)$, $\Phi(x)$, $\Psi(x)$ treten die Determinanten $|A_{r+s}|$ auf, und zwar bei der ersten und dritten ganz unmittelbar und ausschliesslich, während sie bei der zweiten Methode, bei welcher bis dahin nur die *Cauchy*'sche combinatorische Formel zur Verwendung gekommen war, erst von *Jacobi* in der Abhandlung vom Jahre 1845 eingeführt worden sind. *Scheinbar* haben die Elemente der Determinanten $|A_{r+s}|$ in allen den erwähnten Fällen ihres Auftretens eine specielle Bedeutung, in Wahrheit aber sind diese Elemente, wie näher dargelegt werden soll, völlig allgemeine.

Der Einfachheit halber setze ich zunächst die Wurzeln ξ als verschieden voraus und knüpfe an die zuletzt erwähnte Methode an, bei der sich $F(x)$ abgesehen von einem constanten Factor als eine Determinante

$$\left| x s_{p+q} - s_{p+q+1} \right| \qquad (p, q = 0, 1, \ldots \mu-1)$$

bestimmt, in welcher die Grössen s durch die Gleichung

$$s_h = \sum_{\varkappa=1}^{\varkappa=n} \frac{\xi_\varkappa^h}{f_1(\xi_\varkappa) f'(\xi_\varkappa)}$$

definirt werden (vgl. den Abschnitt II meiner citirten Arbeit vom 14. Febr. 1878[2]). Bestimmt man nun für $2n$ beliebig gegebene Grössen

$$s_0, \; s_1, \; s_2, \; \ldots \; s_{2n-1}$$

n Grössen ξ_1, ξ_2, $\ldots \xi_n$ als die n Wurzeln der Gleichung

$$\left| x s_{p+q} - s_{p+q+1} \right| = 0 \qquad (p, q = 0, 1, \ldots n-1)$$

und alsdann n Grössen u_1, u_2, $\ldots u_n$ durch die n Bedingungen

---

[1] Gesammelte Werke, Band III S. 503.   H.
[2] Band II S. 41—45 dieser Ausgabe.   H.

$$s_h = \sum_{\varkappa=1}^{\varkappa=n} u_\varkappa \xi_\varkappa^h \qquad\qquad (h=0, 1, \ldots n-1),$$

so lässt sich leicht zeigen, dass diese Bedingungen auch noch für die folgenden n Werthe $h = n$, $n+1$, $\ldots 2n-1$ erfüllt sind, so dass also, da die Function $f_1(x)$ den n Relationen

$$u_\varkappa f_1(\xi_\varkappa) f'(\xi_\varkappa) = 1 \qquad\qquad (\varkappa=1, 2, \ldots n)$$

gemäss anzunehmen ist, die obige Bedeutung der Grössen s, nämlich

$$s_h = \sum_{(\xi)} \frac{\xi^h}{f_1(\xi) f'(\xi)},$$

beliebigen $2n$ Grössen s beigelegt werden kann. Um den Nachweis zu führen, dass die Gleichungen

$$s_h = \sum_{\varkappa=1}^{\varkappa=n} u_\varkappa \xi_\varkappa^h$$

für $h = n$, $n+1$, $\ldots 2n-1$ erfüllt sind, seien σ_{0n}, σ_{1n}, $\ldots \sigma_{nn}$ die $n+1$ Determinanten n^{ter} Ordnung, welche aus dem System von $n(n+1)$ Grössen

$$s_{p+q} \qquad\qquad \left(\begin{matrix} p=0, 1, \ldots\ldots n \\ q=0, 1, \ldots n-1 \end{matrix}\right)$$

zu bilden sind, und zwar so, dass, wenn man diesem System eine $(n+1)^{\text{te}}$ Verticalreihe a_0, a_1, $\ldots a_n$ anfügt, die Determinante gleich

$$a_0 \sigma_{0n} + a_1 \sigma_{1n} + \cdots + a_n \sigma_{nn}$$

wird. Dies vorausgeschickt, ist bekanntlich

$$\left| x s_{p+q} - s_{p+q+1} \right| = \sigma_{0n} + \sigma_{1n} x + \cdots + \sigma_{nn} x^n$$

und also für jeden beliebigen Werth von h

$$\sigma_{0n} \sum u_\varkappa \xi_\varkappa^h + \sigma_{1n} \sum u_\varkappa \xi_\varkappa^{h+1} + \cdots + \sigma_{nn} \sum u_\varkappa \xi_\varkappa^{h+n} = 0,$$

während andrerseits vermöge der Bedeutung der Grössen σ als Determinanten des Systems (s_{p+q}) für $h = 0, 1, \ldots n - 1$ die Relationen

$$\sigma_{0n}s_h + \sigma_{1n}s_{h+1} + \cdots + \sigma_{nn}s_{h+n} = 0$$

bestehen. Nimmt man in beiden Relationen der Reihe nach $h = 0, 1, 2, \ldots n - 1$, so erschliesst man daraus der Reihe nach die Uebereinstimmung von s_r mit

$$\sum_{\varkappa=1}^{\varkappa=n} u_\varkappa t_\varkappa^r$$

für $r = n, n + 1, \ldots 2n - 1$.

Aus der vorstehenden Entwickelung folgt, dass die aus *beliebigen* Elementen $s_0, s_1, s_2, \ldots s_{2n-1}$ zu bildenden Determinanten

$$\left| x s_{p+q} - s_{p+q+1} \right| \qquad (p,\, q=0, 1, \ldots t-1;\ t \leqq n)$$

alle jene Eigenschaften besitzen, welche ich in meinem mehrfach citirten Aufsatze vom 14. Febr. 1878 für diejenigen Determinanten hergeleitet habe, die bei der Kettenbruchs-Entwickelung rationaler Brüche auftreten und a. a. O. mit $D_t(x)$ bezeichnet sind. Ich erinnere dabei namentlich an die früher unbemerkt gebliebene Eigenschaft der Determinanten $D_t(x)$, dass alle diejenigen, für die nicht eine der beiden Zahlen $n - t$ oder $n - t - 1$ als Grad eines Näherungsnenners der Kettenbruchs-Entwickelung von $\frac{f_1(x)}{f(x)}$ vorkommt, identisch gleich Null sind, während die übrigen mit den „Restfunctionen" $f(x)$, $f_1(x)$, $f_2(x)$,..., welche sich bei dieser Entwickelung ergeben, bis auf constante Factoren übereinstimmen; ich erinnere ferner daran, dass in dem sogenannten regulären Falle, d. h. wenn bei der Kettenbruchs-Entwickelung alle Theilnenner vom ersten Grade und also alle Determinanten $D_t(x)$ von Null verschieden sind, zwischen je drei aufeinanderfolgenden Determinanten $D_t(x)$ eine Relation

$$a D_{t+1}(x) - (x + b)D_t(x) + \frac{1}{a} D_{t-1}(x) = 0$$

besteht, in welcher a den Coëfficienten der höchsten Potenz von x in $D_t(x)$ dividirt durch denjenigen in $D_{t+1}(x)$ bedeutet. Diese Relation findet sich

schon in *Jacobi's* Abhandlung vom Jahre 1835 und ferner im § 9 der citirten
Joachimsthal'schen Arbeit für beliebige Grössen s entwickelt, jedoch unter der
dabei erforderlichen Voraussetzung, dass die Determinanten D von Null verschieden sind. Von dieser Voraussetzung habe ich in meiner beregten Arbeit
von 1878 völlig abstrahirt; aber es ist darin die ändere Voraussetzung
gemacht, dass die Wurzeln der Gleichung

$$\left| x s_{p+q} - s_{p+q+1} \right| = 0 \qquad\qquad (p,\, q = 0,\, 1,\, \ldots\, n-1)$$

von einander verschieden seien. Doch kann auch diese Voraussetzung fallen
gelassen werden, wenn man die Bedeutung der Grössen s so modificirt, wie
es durch jene schon oben angedeutete Umgestaltung erfordert wird, welche
im Falle gleicher Wurzeln die bezüglichen Summenausdrücke s_h erfahren
müssen. Aber der allgemeinere, voraussetzungslose Fall gestattet noch eine
einfachere Behandlung, wenn man eine anderweite Bedeutung jener Summenausdrücke s_h in Rücksicht zieht, bei welcher es überhaupt nicht in Frage
kommt, ob die Werthe der mit ξ_1, ξ_2, $\ldots$ ξ_n bezeichneten Wurzeln der
Gleichung

$$\left| x s_{p+q} - s_{p+q+1} \right| = 0 \qquad\qquad (p,\, q = 0,\, 1,\, \ldots\, n-1)$$

unter einander gleich oder ungleich sind. Da nämlich zunächst für den Fall
ungleicher Wurzeln s_h oder

$$\sum_{\varkappa=1}^{\varkappa=n} u_\varkappa \xi_\varkappa^h$$

der Coëfficient von x^{-h-1} in der Entwickelung von

$$\sum_{\varkappa=1}^{\varkappa=n} \frac{u_\varkappa}{x - \xi_\varkappa}$$

nach fallenden Potenzen von x ist, also in der Entwickelung eines rationalen
Bruches mit dem Nenner

$$\left| x s_{p+q} - s_{p+q+1} \right| \qquad\qquad (p,\, q = 0,\, 1,\, \ldots\, n-1)\,,$$

so kann *diese* Bedeutung der Grössen s auch im allgemeinen Falle zu Grunde gelegt werden. Auf diese Bedeutung wird man ganz unmittelbar geführt, wenn man die oben *zuerst* angeführte Methode der Bestimmung der Functionen $\Phi(x)$ und $\Psi(x)$ anwendet; ich habe desshalb an diese direct anknüpfend die Eigenschaften der Determinanten $D_i(x)$ ohne alle beschränkende Voraussetzungen in einer kleinen Arbeit entwickelt, welche im Monatsberichte der Berliner Akademie erscheinen wird[1]).

---

[1]) Zur Theorie der Elimination einer Variabeln aus zwei algebraischen Gleichungen. Band II S. 113 dieser Ausgabe von *L. Kronecker's* Werken.   H.

ZUR THEORIE
DER ELIMINATION EINER VARIABELN AUS
ZWEI ALGEBRAISCHEN GLEICHUNGEN.

VON

L. KRONECKER.

Monatsberichte der Königlich Preussischen Akademie der Wissenschaften zu Berlin
vom Jahre 1881. S. 535—600.

ZUR THEORIE DER ELIMINATION EINER VARIABELN AUS ZWEI ALGEBRAISCHEN GLEICHUNGEN.

[Gelesen in der Akademie der Wissenschaften am 16. Juni 1881.]

In meinen der Akademie früher gemachten Mittheilungen[*]) über
Sturm'sche Reihen, die zu zwei Functionen $f(x)$, $f_1(x)$ gehören, ist den Ziel-
punkten jener Untersuchungen gemäss die Voraussetzung festgehalten, dass
die Wurzeln der Gleichung $f(x) = 0$ unter einander verschieden seien. Die
Entwickelungen selbst bleiben aber im Wesentlichen, auch wenn die Voraussetzung fallen gelassen wird, bestehen; nur muss die Bedeutung der darin
vorkommenden, a. a. O. mit s_h bezeichneten Summenausdrücke

$$\sum_{(\xi)} \frac{\xi^h}{f_1(\xi) f'(\xi)},$$

wenn Wurzeln ξ der Gleichung $f(x) = 0$ zusammenfallen, entsprechend modificirt werden, wie es schon von Jacobi in seiner Abhandlung im 30. Bande
des Crelle'schen Journals S. 149[1]) näher dargelegt worden ist. Indessen haben
eben diese Grössen s_h noch die anderweite Bedeutung als Coëfficienten einer
Reihenentwickelung, da

---

[*]) Monatsberichte vom Februar 1873[2]) und vom Februar 1876[3]).

[1]) Ueber die Darstellung einer Reihe gegebener Werthe durch eine gebrochene rationale Function.
C. G. J. Jacobi's gesammelte Werke Band III S. 479—511. Vgl. S. 503.   H.

[2]) Ueber die verschiedenen Sturm'schen Reihen und ihre gegenseitigen Beziehungen.   Band I
S. 303—348 dieser Ausgabe von L. Kronecker's Werken.   H.

[3]) Ueber Sturm'sche Functionen.   Band II S. 37—70 dieser Ausgabe von L. Kronecker's Werken.
        H.

15*

$$\frac{f_1(x)}{f(x)} = \sum_{k=0}^{k=\infty} s_k x^{-k-1}$$

wird, wenn man $f_1(x)$ als eine ganze Function niedrigsten Grades definirt, welche für alle Werthe von ξ die Bedingung $f_1(\xi)f_1(\xi) = 1$ erfüllt. Nimmt man diese Bedeutung der Grössen s_k zum Ausgangspunkt, so hat man den Vortheil, dass jene Voraussetzung ungleicher Wurzeln dabei gar nicht in Frage kommt; doch muss alsdann $f_1(x)$ dadurch definirt werden, dass $f_1(x)f_1(x) - 1$ durch $f(x)$ theilbar sein, also eine Gleichung

$$f_1(x)f_1(x) - f(x)f'(x) = 1$$

bestehen soll. Für den Fall, dass die zwei gegebenen Functionen von einem und demselben Grade n sind, müssen die beiden Entwickelungen

$$\frac{f_1(x)}{f(x)} = \sum_{h=0}^{h=\infty} s_{h-1} x^{-h}, \qquad \frac{f(x)}{f_1(x)} = \sum_{h=0}^{h=\infty} s'_{h-1} x^{-h}$$

in den ersten $2n$ Gliedern mit einander übereinstimmen, da ihre Differenz gleich dem reciproken Werthe des Productes $f(x)f_1(x)$ ist. Die Grössen s_0, s_1, ... s_{2n-2} sind hiernach aus den Coëfficienten der Functionen $f(x)$ und $f_1(x)$ symmetrisch gebildet, und zwar sind sie, wenn

$$f_1(x) = a_0 + a_1 x + \cdots + a_n x^n, \qquad f(x) = b_0 + b_1 x + \cdots + b_n x^n$$

ist, durch die $2n - 2$ Gleichungen

$$\sum_{p=0}^{p=n} a_p s_{p+q} = 0, \qquad \sum_{p=0}^{p=n} b_p s_{p+q} = 0 \qquad (q=0, 1, \ldots n-2)$$

bestimmt und hiernach den in der *Jacobi*'schen Abhandlung im 15. Bande des *Crelle*'schen Journals (S. 101 ff.[1]) mit A_0, A_1, ... A_{2n-2} bezeichneten Grössen proportional, welche, wenn

$$A_{ik} = A_{i+k} \qquad (i, k=0, 1, \ldots n-1)$$

----

[1] *C. G. J. Jacobi*, De eliminatione variabilis e duabus aequationibus algebraicis. Gesammelte Werke, Band III S. 295—320. S. S. 301.   H.

gesetzt wird, die Adjungirten jener dort zuerst eingeführten Coëfficienten der
Bézout'schen Function, d. h. der durch die Gleichung

$$f_1(x)f(y) - f(x)f_1(y) = (y - x)\sum_{i,k}\alpha_{i,k}x^i y^k \qquad (i, k = 0, 1, \ldots n-1)$$

definirten Coëfficienten $\alpha_{i,k}$ bilden. — An die Stelle der Grössen s_k treten,
wenn $f_1(x)$ an Stelle von $f_1(x)$ genommen wird, die durch die Reihenentwickelung

$$\frac{f_1(x)}{f(x)} = \sum_{h=0}^{h=\infty} c_{h-1}\, x^{-h}$$

definirten Coëfficienten c als die gegebenen Elemente für die Darstellung der
bei der Elimination aus zwei Gleichungen $f(x) = 0$, $f_1(x) = 0$ vorkommenden
ganzen Functionen von x, und die Grössen c erweisen sich hierfür, wie
schon bei *Jacobi* die analogen Grössen A, weit geeigneter (vgl. Art. III am
Schlusse), als die Coëfficienten der *Bézout*'schen Function, wenn sie auch den
rein formalen Vorzug symmetrischer Zusammensetzung aus den Coëfficienten
der beiden Functionen $f(x)$, $f_1(x)$ entbehren. Dass auch dieser Vorzug der
Coëfficienten der *Bézout*'schen Function gewahrt wird, wenn man die mit
den Grössen c auf gleicher Stufe stehenden Grössen s benutzt, ist schon oben
erwähnt worden; überdies stehen die Grössen c selbst sowohl mit den
Coëfficienten der *Bézout*'schen Function als auch mit deren Adjungirten s in
sehr einfachem aus den Definitionsgleichungen unmittelbar sich ergebenden
Zusammenhange (vgl. Art. XVIII).

Die *Jacobi*'schen Entwickelungen betreffend die Elimination einer
Variabeln aus zwei Gleichungen (vgl. die citirte Abhandlung) knüpfen ebenso
wie die oben erwähnten Entwickelungen, betreffend die *Sturm*'schen Reihen,
an die Aufgabe an, zu zwei ganzen Functionen

$$f(x), \qquad f_1(x)$$

von den Graden

$$n, \qquad n - n_1 \qquad\qquad (n > n_1)$$

zwei Multiplicatoren

$$\Phi(x), \qquad \Psi(x)$$

zu bestimmen, für welche der Grad von

$$\left(f_1(x)\,\Psi(x) - f(x)\,\Phi(x)\right)\Psi(x)$$

kleiner als n wird, so dass also, wenn, wie in meinen citirten früheren Mittheilungen,

$$f_1(x)\,\Psi(x) - f(x)\,\Phi(x) = F(x)$$

gesetzt wird, die Summe der Grade von $F(x)$ und $\Psi(x)$ kleiner als n ist. Diese Aufgabe wird zunächst vollständig und ausnahmslos mit Hülfe der Kettenbruchsentwickelung von $\frac{f_1(x)}{f(x)}$ erledigt[*]). Aber man kann auch die Aufgabe in directer Weise behandeln, indem man die Coëfficienten der gesuchten drei Functionen F, Φ, Ψ den gestellten Bedingungen gemäss bestimmt. Bezeichnet ν den Grad von $\Psi(x)$, so muss der Grad von $\Phi(x)$ gleich $\nu - n_1$ sein, und in $f_1\Psi - f\Phi$ müssen die Coëfficienten derjenigen Potenzen von x, deren Grad

$$n - \nu, \quad n - \nu + 1, \quad \ldots, \quad n - n_1 + \nu$$

ist, gleich Null werden. Man erhält hierdurch $2\nu - n_1 + 1$ lineare homogene Gleichungen für die $2\nu - n_1 + 2$ Coëfficienten von $\Phi(x)$ und $\Psi(x)$, welche deren Verhältnisse ausnahmslos, d. h. für jedes beliebige System von Functionen $f(x)$, $f_1(x)$ und so vollständig als möglich bestimmen. In gewissen Fällen ist nämlich die Auflösung jener Gleichungen von einer solchen einfachen oder mehrfachen Unbestimmtheit, wie sie der Bestimmung von Grössen durch lineare homogene Gleichungen im Falle des Verschwindens von Unterdeterminanten der Natur der Sache nach anhaftet. In gewissen Fällen ergeben sich ferner für die Coëfficienten der höchsten Potenzen von x in $\Phi(x)$ und $\Psi(x)$ Nullwerthe als nothwendig, und die ursprüngliche Forderung, dass $\Psi(x)$ vom Grade ν sei, kann also nur in *dem* Sinne erfüllt werden, dass der wirkliche Grad nicht grösser als ν wird. Aber die nähere Charakterisirung dieser besonderen Fälle und der dabei vorkommenden Bestimmungs-

---

[*]) Siehe Art. I.

weisen für die Functionen $\Phi(x)$ und $\Psi(x)$ wird am einfachsten durch jene Methode dargelegt, welche sich auf die Kettenbruchsentwickelung von $\frac{f_1(x)}{f(x)}$ gründet.

Statt der Coëfficienten von $\Phi(x)$ und $\Psi(x)$ kann man die von $\Phi(x)$ und $F(x)$ oder auch die von $\Psi(x)$ und $F(x)$ als die zunächst zu bestimmenden Unbekannten ansehen. Enthält $f(x)$ den Factor $x - \xi_\lambda$ z. B. m_λ mal, so werden die Coëfficienten von $\Psi(x)$ und $F(x)$ durch die Bedingung definirt, dass in der Entwickelung von $f_1(x)\Psi(x) - F(x)$ nach steigenden Potenzen von $x - \xi_\lambda$ die ersten m_λ Glieder fehlen sollen. Für den Fall, dass jeder Linearfactor in $f(x)$ nur einfach enthalten ist, sind also die Coëfficienten von $\Psi(x)$ und $F(x)$, deren Gesammtzahl $n + 1$ ist, durch die n Bedingungsgleichungen

$$f_1(\xi_\lambda)\Psi(\xi_\lambda) = F(\xi_\lambda) \qquad (\lambda=1,2,\ldots n)$$

bestimmt, auf deren Natur nachher etwas näher eingegangen werden soll*).

Man kann sich endlich darauf beschränken, die Coëfficienten einer einzigen der drei Functionen $F(x)$, $\Phi(x)$, $\Psi(x)$ als Unbekannte einzuführen**), und dabei gelangt man zur einfachsten Lösung, welche die Aufgabe — abgesehen von jener auf die Kettenbruchsentwickelung gegründeten Methode — überhaupt zulässt. Es ist hierbei gleichgültig, welche der drei Functionen als die zuerst zu bestimmende Function angesehen wird; denn wenn f_2 den Rest der Division von f durch f_1, negativ genommen, und g_1 den Quotienten bedeutet, so dass

$$f - g_1 f_1 + f_2 = 0$$

wird, so folgt aus

$$f_1\Psi - f\Phi = F$$

die Gleichung

$$f_2\Phi - f_1(g_1\Phi - \Psi) = F,$$

<hr>

*) Siehe Art. II.
**) Siehe Art. III.

in welcher die Function Φ die Rolle von Ψ übernommen hat; wenn ferner $f_1(x)$ dieselbe Bedeutung wie oben hat und demgemäss

$$f_1(x) f_1(x) = 1 + f(x) f(x)$$

wird, so entsteht die Gleichung

$$f_1 F - f(f \Psi - f_1 \Phi) = \Psi$$

aus $f_1 \Psi - f\Phi = F$, in welcher die Function F an die Stelle der Function Ψ und diese an die Stelle jener getreten ist. Hiernach genügt es darzulegen, wie sich die Functionen F, Φ, Ψ bestimmen, wenn die Coëfficienten von $\Psi(x)$ allein als Unbekannte eingeführt werden, und es ist der Hauptzweck der vorliegenden Mittheilung zu zeigen, dass man bei *dieser* Methode der Bestimmung der Coëfficienten von $\Psi(x)$ durch lineare Gleichungen zu einer ebenso vollständigen und ausnahmslosen Lösung jener Aufgabe gelangt wie bei derjenigen, welche sich auf die Kettenbruchsentwickelung stützt. Aber es soll diese letztere Methode, weil nachher daran anzuknüpfen sein wird, hier (im Art. I) nochmals übersichtlich dargelegt und auch (im Art. II) eine kurze Erörterung derjenigen Methode daran angeschlossen werden, bei welcher die Coëfficienten von $\Psi(x)$ und $F(x)$ zugleich als Unbekannte auftreten, und welche mit der *Cauchy*'schen Methode zur Bestimmung von $\dfrac{F(x)}{\Psi(x)}$ aus den n Werthen, welche dieser Bruch für die n Wurzeln der Gleichung $f(x) = 0$ annehmen soll, im Wesentlichen identisch ist.

Bevor ich aber dazu übergehe, habe ich noch auf eine neulich (am 7. Mai) von mir in den „Göttinger Nachrichten" veröffentlichte Notiz[1]) so wie ferner auf die interessante, im 90sten Bande des Journals für Mathematik erschienene Arbeit des Herrn *Frobenius* zu verweisen[2]), deren Inhalt mit dem Gegenstande der vorliegenden Mittheilung in genauer Beziehung steht, wenn auch darin andere Ziele verfolgt und andere Methoden benutzt sind.

---

[1]) Ueber einreihige Determinanten. Band II S. 103—112 dieser Ausgabe von *L. Kronecker's* Werken.   H.

[2]) *G. Frobenius*, Ueber Relationen zwischen den Näherungsbrüchen von Potenzreihen. *Crelle's* Journal, Band 90, S. 1—17.   H.

I.

Bezeichnet man mit $N(g_1, g_2, \ldots g_m)$ den Nenner des Kettenbruchs

$$\cfrac{1}{g_1 - \cfrac{1}{g_2 - \cfrac{}{\ddots - \cfrac{1}{g_m}}}},$$

oder die damit übereinstimmende Determinante

$$\begin{vmatrix} g_1 , & -1, & 0, & \ldots & 0, & 0, & 0 \\ -1, & g_2, & -1, & \ldots & 0, & 0, & 0 \\ 0, & -1, & g_3, & \ldots & 0, & 0, & 0 \\ \vdots & & & & & & \\ 0, & 0, & 0, & \ldots & -1, & g_{m-1}, & -1 \\ 0, & 0, & 0, & \ldots & 0, & -1, & g_m \end{vmatrix},$$

so besteht unter der Bedingung $p \leqq q \leqq r \leqq s$ die Relation

$$(\mathrm{A}) \qquad N(g_{p+1}, \ldots g_{q-1}) N(g_{r+1}, \ldots g_{s-1}) - N(g_{p+1}, \ldots g_{r-1}) N(g_{q+1}, \ldots g_{s-1})$$
$$+ N(g_{p+1}, \ldots g_{s-1}) N(g_{q+1}, \ldots g_{r-1}) = 0,$$

welche mit der in meiner Mittheilung vom 14. Februar 1878 im Monatsbericht S. 96 mit (C) bezeichneten Gleichung identisch ist[1]. Setzt man hierin $p = 0$, $q = h$, $r = k+1$, $s = k+2$, so kommt, weil dann

$$N(g_{r+1}, \ldots g_{s-1}) = 1$$

zu nehmen ist,

---

[1] Band II S. 41 dieser Ausgabe.

$$(A') \quad N(g_1, \ldots g_{h-1}) = N(g_1, \ldots g_k) N(g_{k+1}, \ldots g_{h+1}) - N(g_1, \ldots g_{h+1}) N(g_{k+1}, \ldots g_k)$$

und für $h = k$:

$$(A_i) \quad N(g_1, \ldots g_{h-1}) = g_{k+1} N(g_1, \ldots g_k) - N(g_2, \ldots g_{k+1}),$$

aber für $h = 1$:

$$(A') \quad 1 = N(g_1, \ldots g_k) N(g_2, \ldots g_{k+1}) - N(g_1, \ldots g_{k+1}) N(g_2, \ldots g_k).$$

Dabei ist

$$N(g_1, g_2, \ldots g_k) = N(g_k, g_{k-1}, \ldots g_1),$$

und der Werth des Kettenbruchs

$$\cfrac{1}{g_1 - \cfrac{1}{g_2 - \cfrac{\ddots}{ - \cfrac{1}{g_k}}}}$$

ist

$$\frac{N(g_2, \ldots g_k)}{N(g_1, \ldots g_k)}$$

oder mit Hülfe der Relation (A)

$$(A'') \qquad \sum_{h=1}^{h=k} \frac{1}{N(g_1, \ldots g_{h-1}) N(g_1, \ldots g_h)}.$$

Führt nun die Kettenbruchsentwickelung von $\dfrac{f_1(x)}{f(x)}$ zu der Reihe von Gleichungen

$$f - g_1 f_1 + f_2 = 0, \quad f_1 - g_2 f_2 + f_3 = 0, \quad \ldots f_{r-1} - g_r f_r = 0,$$

und bezeichnet man wie in meinen früheren Mittheilungen mit φ_k die Zähler und mit ψ_k die Nenner der Näherungsbrüche, so dass

$$\varphi_k = N(g_2, \ldots g_k), \quad \psi_k = N(g_1, \ldots g_k), \quad f_k = f_r \cdot N(g_r, g_{r-1}, \ldots g_{k+1})$$

wird, so ist wegen (A')

(B')
$$f_1 \psi_k - f \varphi_k = f_{k+1}$$

und wegen (A')

(B')
$$\varphi_{k+1} \psi_k - \psi_{k+1} \varphi_k = 1 .$$

Wird der Grad von ψ_k mit n_k bezeichnet, so sind die Grade von

$$f_k, \qquad g_k, \qquad \varphi_k, \quad \psi_k$$

beziehungsweise

$$n - n_k, \; n_k - n_{k-1}, \; n_k - n_1, \; n_k .$$

Soll nun

(C)
$$f_1(x) \Psi(x) - f(x) \Phi(x) = F(x)$$

und dabei

$$F(x), \qquad \Phi(x), \qquad \Psi(x)$$

beziehungsweise vom Grade

$$\varrho, \qquad \nu - n_1, \qquad \nu$$

mit der Bedingung $\nu + \varrho < n$ sein, so zeigt die durch Elimination von f_1 aus (B') und (C) entstehende Gleichung

$$(\varphi_k \Psi - \psi_k \Phi) f = \psi_k F - f_{k+1} \Psi,$$

dass

$$\varphi_k \Psi - \psi_k \Phi = 0 \qquad .$$

sein muss, sobald

$$n_k \leqq \nu < n_{k+1}$$

ist, da alsdann sowohl der Grad von $\psi_k F$ als der von $f_{k+1} \Psi$ kleiner als der Grad von f wird. Es giebt also keine andern Functionen $\Phi(x)$, $\Psi(x)$ als solche, deren Quotient gleich einem der Naherungsbrüche der Kettenbruchs-entwickelung von $\frac{f_1(x)}{f(x)}$ ist, und alle Systeme von Functionen $F(x)$, $\Phi(x)$, $\Psi(x)$, welche die Gleichung (C) befriedigen, werden daher durch die Gleichungen

$$(\text{C}') \qquad \Phi(x) = \theta(x)\varphi_k(x), \qquad \Psi(x) = \theta(x)\psi_k(x), \qquad F(x) = \theta(x)f_{k+1}(x)$$

gegeben, in denen $\theta(x)$ eine beliebige ganze Function von einem Grade bedeutet, der kleiner als $\frac{1}{2}(n_{k+1} - n_k)$, d. h. kleiner als die Hälfte des Grades des betreffenden Partialnenners g_{k+1} ist. Diese Gradbestimmung von $\theta(x)$ erfolgt nämlich in der Weise, dass, wenn τ den Grad von $\theta(x)$ bezeichnet, aus den Gleichungen (C') die Relationen

$$\nu = \tau + n_k, \qquad \varrho = \tau + n - n_{k+1}, \qquad \text{also} \qquad \varrho - \nu = n - n_k - n_{k+1}$$

und wegen $\varrho + \nu < n$ die Ungleichheitsbedingungen

$$\nu < \tfrac{1}{2}(n_k + n_{k+1}), \qquad \tau < \tfrac{1}{2}(n_{k+1} - n_k)$$

hervorgehen. Der Grad von $\Psi(x)$ bleibt hiernach immer unter dem mittleren Werthe der Grade von ψ_k und ψ_{k+1}, und ebenso bleibt der Grad von $F(x)$ unter dem mittleren Werthe der Grade von f_k und f_{k+1}.

Soll eine ganze Function von gegebenem Grade ν

$$\sum_p \beta_p x^p \qquad\qquad {\scriptstyle (p=0,\,1\ldots\nu)},$$

für $\Psi(x)$ gesetzt, die Gleichung (C) befriedigen, so muss sie nach vorstehenden Erörterungen, wenn ν zwischen $n_k - 1$ und n_{k+1} liegt, durch $\psi_k(x)$ theilbar sein, und der Quotient $\theta(x)$ ist an die Bedingung gebunden, dass der Grad des Productes $\theta(x)f_{k+1}(x)$ kleiner als $n - \nu$ sei. Die Function $\theta(x)$ unterliegt im Uebrigen keiner Beschränkung; wird deren Grad, wie oben, mit τ bezeichnet, so muss, da

$$\sum_p \beta_p x^p = \theta(x)\psi_k(x) \qquad\qquad {\scriptstyle (p=0,\,1\ldots\nu)}$$

ist, $\tau + n_k < \nu + 1$ und gleichzeitig $\tau + n - n_{k+1} < n - \nu$ sein, d. h. die Zahl τ ist nur den Bedingungen

$$\tau < \nu - n_k + 1, \quad \tau < n_{k+1} - \nu$$

unterworfen.

(Ō) Die allgemeinste an Stelle von $\Psi(x)$ der Gleichung (C) genügende Function ν^{ten} Grades ist hiernach eine beliebige durch $\psi_k(x)$ theilbare ganze Function, für welche der Grad des Quotienten kleiner als jeder der beiden Abstände der Zahl ν von den beiden Grenzen $n_k - 1$ und n_{k+1} ist, zwischen denen sie liegt.

Für die Werthe $\nu = n_k$, und zwar für diese allein, wird $\Psi(x)$, abgesehen von einem constanten Factor, gleich $\psi_k(x)$ selbst, also gleich einer bis auf einen constanten Factor völlig bestimmten Function, welche im eigentlichen Sinne vom Grade n_k, d. h. in welcher der Coëfficient der n_k^{ten} Potenz von x von Null verschieden ist, und es kann diese Art der Charakterisirung der Zahlen n_k an Stelle der bisher benutzten, auf der Kettenbruchsentwickelung von $\dfrac{f_1(x)}{f(x)}$ basirenden Definition zum Ausgangspunkte genommen werden. Bei den Veränderungen, welche die der Gleichung (C) genügenden Functionen $\Psi(x)$ erfahren, während die Zahl ν nach einander die Werthe 1, 2, 3, ... durchläuft, markiren die Zahlen n_k die Anfangspunkte der wesentlich verschiedenen Intervalle. Für das ganze Intervall von $\nu = n_k$ bis $\nu = n_{k+1} - 1$ ist $\psi_k(x)$ der grösste gemeinsame Theiler aller zugehörigen Functionen $\Psi(x)$, also, so zu sagen, eine Invariante des Intervalles; der andere Factor ist eine beliebige Function eines bestimmten Grades, der für $\nu = n_k$ gleich Null ist, mit wachsendem ν bis zur Mitte des Intervalls gleichmässig steigt, alsdann aber gleichmässig abnimmt und also am Ende des Intervalls bei $\nu = n_{k+1} - 1$ den Werth Null wiedererlangt. Der höchste wirkliche Grad der Function $\Psi(x)$ ist demnach in der ersten Hälfte eines jeden Intervalls gleich dem geforderten, der mit ν bezeichnet ist, in der zweiten Hälfte dagegen gleich der Zahl $n_k + n_{k+1} - 1 - \nu$, so dass das arithmetische Mittel des höchsten wirklichen und des geforderten Grades von $\Psi(x)$ in der zweiten Hälfte des Intervalls constant gleich der Mitte des Intervalls bleibt.

II.

Die Bestimmung von Functionen $F(x)$, $\Phi(x)$, $\Psi(x)$, welche die Gleichung (O) befriedigen, findet eine Anwendung bei Lösung der *Cauchy*'schen Aufgabe, einen Bruch $\frac{F(x)}{\Psi(x)}$ aus den n Werthen u_1, u_2, $\ldots u_n$ zu bestimmen, welche derselbe für die n Wurzeln ξ_1, ξ_2, $\ldots \xi_n$ der Gleichung $f(x) = 0$ annehmen soll. Denn, wenn zuerst eine ganze Function $(n-1)^{\text{ten}}$ Grades $f_1(x)$ mittels der *Lagrange*'schen Interpolationsformel so bestimmt wird, dass

$$u_h = f_1(\xi_h) \qquad (h=1, 2, \ldots n)$$

wird, so handelt es sich nur darum, $F(x)$ und $\Psi(x)$ der Bedingung

$$f_1(\xi_h) \, \Psi(\xi_h) = F(\xi_h) \qquad (h=1, 2, \ldots n)$$

gemäss, also derart zu bestimmen, dass die Gleichung (O) erfüllt wird. Die vollständige Lösung der bezeichneten *Cauchy*'schen Aufgabe ist demnach in den Gleichungen (O') enthalten, d. h. es giebt keine andern Brüche als

$$\frac{f_{k+1}(x)}{\psi_k(x)},$$

welche die Eigenschaft haben, dass ihre Werthe für die n Wurzeln von $f(x) = 0$ mit denen von $f_1(x)$ übereinstimmen und dass die Summe der Grade von Zähler und Nenner kleiner als n sei. Hierbei zeigt sich eine bisher wohl noch nicht bemerkte Einschränkung der Lösbarkeit der *Cauchy*'schen Aufgabe. Diese verlangt nämlich die Bestimmung eines Bruches $\frac{F(x)}{\Psi(x)}$, für welchen

$$\frac{F(\xi_h)}{\Psi(\xi_h)} = u_h \qquad (h=1, 2, \ldots n)$$

wird, während der Grad des Zählers oder des Nenners gegeben und die Bedingung zu erfüllen ist, dass die Summe der beiden Grade kleiner als n sei. Wenn nun die Zahl ϱ als Grad des Zählers gegeben ist und der Ungleichheitsbedingung

$$n - n_{k+1} \leqq \varrho < n - n_k$$

genügt, oder wenn die Zahl ν als Grad des Nenners gegeben ist und der Ungleichheitsbedingung

$$n_k \leqq \nu < n_{k+1}$$

genügt, so kann nur

$$\frac{F(x)}{\Psi(x)} = \frac{f_{k+1}(x)}{\psi_k(x)}$$

sein. Aber dieser Bruch befriedigt nicht stets die Forderung der *Cauchy*schen Aufgabe. Freilich ist die Gleichung

$$f_{k+1}(\xi_\lambda) = u_\lambda \psi_\lambda(\xi_\lambda) \qquad (\lambda = 1, 2, \ldots n)$$

unter allen Umständen erfüllt; der Quotient

$$\frac{f_{k+1}(x)}{\psi_k(x)}$$

aber nimmt, wenn Zähler und Nenner einen gemeinsamen Theiler haben, nicht für jeden Werth $x = \xi_\lambda$ den bezüglichen Werth u_λ an. Dieser gemeinsame Theiler muss nämlich gemäss der Gleichung (B') nothwendig auch ein Theiler von $f(x)$ sein, und wenn derselbe mit $\chi(x)$ bezeichnet wird, so kann für diejenigen Werthe $x = \xi$, wofür $\chi(x) = 0$ wird, der Werth des Bruches $\frac{f_{k+1}(x)}{\psi_k(x)}$ nicht gleich dem von $f_1(x)$ werden, da sonst wegen der Gleichung (B') der Quotient

$$\frac{f(x) \cdot \varphi_k(x)}{\chi(x)}$$

für jene Werthe $x = \xi$ verschwinden müsste. Dies ist unmöglich, weil einerseits die n Grössen ξ, für welche $f(\xi) = 0$ wird, gemäss der *Cauchy*schen Aufgabe unter einander verschieden anzunehmen sind und also $\frac{f(x)}{\chi(x)}$ keinen Theiler $x - \xi$ haben kann, und weil andrerseits $\varphi_k(x)$ mit $\psi_k(x)$ keinen Theiler gemein haben, also keinen Factor $x - \xi$ von $\chi(x)$ enthalten kann. Es giebt demnach keine anderen rationalen Functionen von x, welche für $x = \xi_1,\ \xi_2,\ \ldots \xi_n$ die Werthe $u_1,\ u_2,\ \ldots u_n$ annehmen, als diejenigen Functionen

$$\frac{f_{k+1}(x)}{\psi_k(x)},$$

welche reducirte Brüche sind, und sobald der Grad des Nenners zwischen zwei Zahlen

$$n_k - 1 \quad \text{und} \quad n_{k+1}$$

liegen soll, für welche der Näherungsnenner $\psi_k(x)$ einen gemeinsamen Theiler mit $f(x)$ hat, ist die *Cauchy*'sche Aufgabe unlösbar.

Um dies an einem Beispiel zu erläutern, sei $n = 4$ und

$$f(x) = (x - \xi)(x - 1)(x - 2)(x - 3), \qquad f_1(x) = x^2 - 6x + 11$$
$$\nu = n_1 = 2,$$

so dass ein Bruch

$$\frac{a + a_1 x}{b + b_1 x + b_2 x^2}$$

bestimmt werden soll, der für $x = \xi,\ 1,\ 2,\ 3$ beziehentlich die Werthe $\xi^2 - 6\xi + 11,\ 6,\ 3,\ 2$ annehmen soll. Sieht man zunächst von der auf $x = \xi$ bezüglichen Forderung ab, so erhält man die Bestimmungen

$$a = 6b_1, \qquad a_1 = 6b_2, \qquad b = 0,$$

aus denen sich $\frac{6}{x}$ als der gesuchte Bruch ergiebt, der aber für $x = \xi$ den vorgeschriebenen Werth nicht annimmt, wenn ξ irgend einen von 1, 2 und 3 verschiedenen Werth hat.

Um die Functionen $F(x)$ und $\Psi(x)$ in der Gleichung (C) direct durch die n Bedingungsgleichungen

$$f_1(\xi_k)\,\Psi(\xi_k) = F(\xi_k) \qquad\qquad (k = 1, 2, \ldots n)$$

zu bestimmen, hat man, wenn wie oben $u_h = f_1(\xi_h)$ und überdies an Stelle von x die unbestimmte Grösse ξ_0 gesetzt wird, die Determinante $(n+1)^{\text{ter}}$ Ordnung

$$\left| 1,\ \xi_h,\ \xi_h^2,\ \dots \xi_h^\varrho,\ u_h,\ u_h\xi_h,\ u_h\xi_h^2,\ \dots u_h\xi_h^\nu \right| \qquad (h=0,1,\dots n;\ \nu+\varrho=n-1)$$

gleich

$$F(\xi_0) - u_0\,\Psi(\xi_0)$$

zu nehmen, da diese Determinante für $\xi_0 = \xi_h$, $u_0 = u_h$ verschwindet. Bei dieser Bestimmungsweise von $F(x)$ und $\Psi(x)$, welche zu der *Cauchy*'schen Formel (Analyse algébrique p. 528) führt, ist aber vorausgesetzt, dass jene Determinante $(n+1)^{\text{ter}}$ Ordnung nicht identisch gleich Null wird, dass also nicht sämmtliche nach Weglassung der Reihe für $h=0$ zu bildenden Determinanten n^{ter} Ordnung verschwinden. Ist dies der Fall und trifft also jene Voraussetzung nicht zu, so sind an Stelle jener Determinante $(n+1)^{\text{ter}}$ Ordnung solche von niedrigerer Ordnung zu nehmen; z. B. ist jene Determinante der Ordnung

$$n - n_{h+1} + n_h + 2,$$

welche entsteht, wenn oben

$$\varrho = n - n_{h+1}, \qquad \nu = n_h$$

und

$$h = 0,\ 1,\ \dots\ n - n_{h+1} + n_h + 1$$

genommen wird, abgesehen von einem von ξ_0 unabhängigen Factor gleich

$$f_{h+1}(\xi_0) - u_0\psi_h(\xi_0)$$

und ergiebt demnach eine Bestimmung des Verhältnisses der beiden Functionen $f_{h+1}(x)$ und $\psi_h(x)$.

III.

Um nunmehr auf die Methode der Lösung der Gleichung (C) näher einzugehen, auf welche am Schlusse der Einleitung hingewiesen worden ist, und bei welcher die Coëfficienten der Function $\Psi(x)$ allein als Unbekannte eingeführt werden, sei zuvörderst bemerkt, dass sich hierbei die Verhältnisse der $\nu + 1$ Coëfficienten der ganzen Function ν^{ten} Grades $\Psi(x)$ durch die Bedingung bestimmen, dass der bei der Division von $f_1(x)\Psi(x)$ durch $f(x)$ sich ergebende Rest $F(x)$ höchstens vom Grade $n - \nu - 1$ sein soll. Werden nun zunächst die n Wurzeln $\xi_1,\ \xi_2,\ \dots \xi_n$ der Gleichung $f(x) = 0$ als von einander verschieden vorausgesetzt, so wird jener Rest der Division $F(x)$ durch den Ausdruck

$$\sum_h \Psi(\xi_h)\, \frac{f_1(\xi_h)}{f'(\xi_h)}\, \frac{f(x)}{x - \xi_h} \qquad (h = 1, 2, \dots n)$$

dargestellt, und bei Einführung von n ganzen Functionen $f^{(g)}(x)$, welche durch die Gleichung

$$\frac{f(x)}{x - \xi} = \sum_g \xi^g f^{(g)}(x) \qquad (g = 0, 1, \dots n-1)$$

erklärt sind, wird also:

$$F(x) = \sum_g \sum_h \Psi(\xi_h)\, \frac{f_1(\xi_h)}{f'(\xi_h)}\, \xi_h^g f^{(g)}(x) \qquad \left(\begin{smallmatrix} g = 0,\ 1,\ \dots n-1 \\ h = \ \ 1,\ 2,\ \dots\dots n \end{smallmatrix}\right).$$

Da die Functionen $f^{(g)}(x)$ vom Grade $n - g - 1$, also sämmtlich von einander linear unabhängig sind, so werden die nothwendigen und hinreichenden Bedingungen dafür, dass $F(x)$ höchstens vom Grade $n - \nu - 1$ sei, durch die Gleichungen

$$\sum_{h=1}^{h=n} \xi_h^g\, \Psi(\xi_h)\, \frac{f_1(\xi_h)}{f'(\xi_h)} = 0 \qquad (g = 0, 1, \dots \nu-1)$$

ausgedrückt. Diesen Gleichungen wird genügt, wenn

$$\Psi(x) = \left| \, c_p, \; c_{p+1}, \; \cdots c_{p+\nu-1}, \; x^p \, \right| \qquad (p=0,1,\ldots\nu)$$

und in dieser Determinante

$$c_p = \sum_h \xi_h^p \frac{f_1(\xi_h)}{f'(\xi_h)} \qquad (h=1,2,\ldots n)$$

gesetzt wird. Alsdann erhält man für $F(x)$ den Determinanten-Ausdruck

$$(\text{C.}) \qquad F(x) = \left| \, c_p, \; c_{p+1}, \; \cdots c_{p+\nu-1}, \; \sum_\sigma c_{p+\sigma} f^{(\sigma)}(x) \, \right| \qquad \left(\begin{matrix} p=0,1,\ldots\nu \\ \sigma=0,1,\ldots n-1 \end{matrix} \right),$$

und da auf Grund der Definition der Functionen $f^{(\sigma)}(x)$

$$f(x) = \sum_\sigma (x\xi^\sigma - \xi^{\sigma+1}) f^{(\sigma)}(x) \qquad (\sigma=0,1,\ldots n-1)$$

also

$$c_p f(x) = \sum_\sigma (x c_{p+\sigma} - c_{p+\sigma+1}) f^{(\sigma)}(x) \qquad (\sigma=0,1,\ldots n-1)$$

ist, so kommt, wenn in dem Determinanten-Ausdrucke jede der ersten ν Horizontalreihen mit x multiplicirt und von der darunter stehenden subtrahirt wird,

$$F(x) = \left| \begin{matrix} f_1(x), & c_0, & \cdots & c_{\nu-1} \\ c_0 f(x), & x c_0 - c_1, & \cdots & x c_{\nu-1} - c_\nu \\ \vdots & \vdots & & \vdots \\ c_{\nu-1} f(x), & x c_{\nu-1} - c_\nu, & \cdots & x c_{2\nu-2} - c_{2\nu-1} \end{matrix} \right|,$$

und in derselben Weise geht der obige Determinanten-Ausdruck von $\Psi(x)$ in

$$\left| \, x c_{p+\sigma} - c_{p+\sigma+1} \, \right| \qquad (p, \sigma=0,1,\ldots\nu-1)$$

über. Hiernach sind für $\Phi(x)$ und $\Psi(x)$ Determinanten-Ausdrücke zu setzen, welche durch die Gleichung

13*

$$(\mathrm{C}^{\cdot}) \qquad -\,\varPhi(x) + U\varPsi(x) = \begin{vmatrix} U\,, & c_0 & ,\;\cdots & c_{\nu-1} \\[1ex] c_0\,, & xc_0 - c_1\,, & \cdots & xc_{\nu-1} - c_\nu \\[1ex] \vdots & \vdots & & \vdots \\[1ex] c_{\nu-1}, & xc_{\nu-1} - c_\nu\,, & \cdots & xc_{2\nu-2} - c_{2\nu-1} \end{vmatrix}$$

definirt werden, da alsdann in der That aus dem für $F(x)$ erlangten Determinanten-Ausdrucke

$$(\mathrm{C}) \qquad F(x) = f_1(x)\,\varPsi(x) - f(x)\,\varPhi(x)$$

folgt. Die Grössen c_ρ, aus welchen die Determinanten-Ausdrücke für $\varPhi(x)$ und $\varPsi(x)$ gebildet sind, und welche oben durch die Gleichung

$$c_\rho = \sum_h \xi_h^\rho \frac{f_1(\xi_h)}{f'(\xi_h)} \qquad\qquad (h=1,2,\dots n)$$

definirt wurden, können auch als Coëfficienten der Entwickelung von $\frac{f_1(x)}{f(x)}$ nach fallenden Potenzen von x aufgefasst werden, da

$$(\mathrm{C}'') \qquad \frac{f_1(x)}{f(x)} = \sum_{h=0}^{h=\infty} c_h x^{-h-1}$$

ist. Wird diese Bedeutung der Grössen c_h zu Grunde gelegt, so kann von der oben gemachten Voraussetzung, dass die n Wurzeln von $f(x) = 0$ ungleich seien, abgesehen werden; denn die unter dieser Voraussetzung hergeleitete Gleichung (C) muss, wie aus Continuitäts-Betrachtungen hervorgeht, noch bestehen bleiben, wenn Wurzeln ξ zusammenfallen. Aber dies zeigt sich auch ganz direct; denn die Umwandlung jenes Determinanten-Ausdrucks, durch den $F(x)$ in (C.) dargestellt ist, in den andern, welcher auf Grund der Gleichung (C') durch

$$f_1(x)\,\varPsi(x) - f(x)\,\varPhi(x)$$

repräsentirt wird, erfolgt einzig und allein mittels der Relationen

$$(C''') \qquad f_1(x) = \sum_\sigma c_\sigma f^{(\sigma)}(x), \qquad c_p f(x) = \sum_\sigma (x c_{p+\sigma} - c_{p+\sigma+1}) f^{(\sigma)}(x), \qquad (p=0,1,\ldots n-1),$$

und diese bestehen in der That, wenn den Functionen $f^{(\sigma)}(x)$ und den Grössen c_σ die obige Bedeutung beigelegt wird, und sie enthalten sogar die vollständige Definition der Grössen c_σ in Uebereinstimmung mit derjenigen, welche durch (C'') gegeben ist. Wenn nämlich

$$f(x) = \sum_{\lambda=0}^{\lambda=n} b_\lambda x^\lambda, \qquad \text{also} \qquad f^{(\sigma)}(x) = \sum_{r=\sigma+1}^{r=n} b_r x^{r-\sigma-1}$$

gesetzt und somit

$$f(x) - x f^{(0)}(x) = b_0, \qquad f^{(0)}(x) - x f^{(1)}(x) = b_1, \qquad \ldots,$$

$$f^{(n-2)}(x) - x f^{(n-1)}(x) = b_{n-1}, \qquad f^{(n-1)}(x) = b_n$$

wird, so kommt zuvörderst

$$\sum_{\sigma=0}^{\sigma=n-1} c_\sigma f^{(\sigma)}(x) = \sum_{\sigma=0}^{\sigma=n-1} \sum_{r=\sigma+1}^{r=n} b_r c_\sigma x^{r-\sigma-1},$$

und der Ausdruck rechts ist gleich demjenigen Theile des Products

$$f(x) \sum_{k=0}^{k=\infty} c_k x^{-k-1},$$

welcher die sämmtlichen Glieder mit nicht negativen Potenzen von x umfasst, also gleich $f_1(x)$. Ferner ist

$$c_p f(x) - \sum_{\sigma=0}^{\sigma=n-1} (x c_{p+\sigma} - c_{p+\sigma+1}) f^{(\sigma)}(x) = \sum_{\sigma=0}^{\sigma=n} b_\sigma c_{p+\sigma} \qquad (p=0,1,2,\ldots),$$

und der Ausdruck rechts ist der Coëfficient von x^{-p-1} in der Entwickelung des Products

$$f(x) \sum_{k=0}^{k=\infty} c_k x^{-k-1},$$

also gleich Null. Die Gleichung (C) wird also in der That befriedigt, wenn

$$\Phi(x) = - \begin{vmatrix} 0, & c_0 & , & \cdots & c_{\nu-1} \\ c_0, & xc_0 - c_1 & , & \cdots & xc_{\nu-1} - c_\nu \\ \vdots & \vdots & & & \vdots \\ c_{\nu-1}, & xc_{\nu-1} - c_\nu & , & \cdots & xc_{2\nu-2} - c_{2\nu-1} \end{vmatrix}$$

$$\Psi(x) = \; \left| xc_{p+q} - c_{p+q+1} \right| \qquad\qquad (p,\, q = 0,\, 1,\, \ldots \nu - 1)$$

$$F(x) = \; \left| c_p,\; c_{p+1},\; \cdots c_{p+\nu-1},\; \sum_g c_{p+g} f^{(g)}(x) \right| \qquad \binom{p=0,\, 1,\, \ldots \nu}{g=0,\, 1,\, \ldots n-1}$$

gesetzt wird, und da in diesem Determinanten-Ausdruck von $F(x)$ offenbar aus der Summe

$$\sum_g c_{p+g} f^{(g)}(x)$$

der auf $g = 0, 1, \ldots \nu - 1$ bezügliche Theil wegzulassen und die Summation nur auf die Werthe $g = \nu, \nu + 1, \ldots n - 1$ auszudehnen ist, so erhellt, dass $F(x)$ höchstens vom Grade $n - \nu - 1$ sein kann.

Aber diese Lösung der Aufgabe, die Functionen F, Φ, Ψ zu bestimmen, ist keine vollständige; denn die hier für F, Φ, Ψ erlangten Ausdrücke sind nur als den Bedingungen der Aufgabe genügende, nicht als nothwendige aufgezeigt worden. Es soll daher jetzt die hier entwickelte Methode vervollständigt und die allgemeinste Bestimmung von Functionen $F(x)$, $\Phi(x)$, $\Psi(x)$, die zu $f(x)$ und $f_1(x)$ in der Gleichung (C) gehören, hergeleitet werden, indem die Grössen c_i als die gegebenen Grössen betrachtet werden. Dieselben bestimmen sich durch die Differentialquotienten von $\frac{f_1(x)}{f(x)}$; auch ergeben sich die ersten n Grössen $c_0, c_1, \ldots c_{n-1}$ als die Coëfficienten der als homogene lineare Function von

$$f^{(0)}(x), \quad f^{(1)}(x), \quad \ldots f^{(n-1)}(x)$$

dargestellten Function $f_1(x)$, während alsdann die übrigen aus den Gleichungen

$$\sum_{\rho=0}^{\rho=s} b_\rho c_{p+\rho} = 0 \qquad (p=0,1,2,\ldots)$$

resultiren. Dass für ein Problem, bei dessen Lösung sich die gesuchten Functionen $\Phi(x)$, $\Psi(x)$ durch die Zähler und Nenner der Näherungsbrüche von $\frac{f_1(x)}{f(x)}$ bestimmen (vgl. Art. I), die Einführung der bei der Entwickelung

$$(\mathrm{O}'') \qquad \frac{f_1(x)}{f(x)} = \sum_{k=0}^{k=\infty} c_k x^{-k-1}$$

auftretenden Coëfficienten als gegebener Grössen vollkommen naturgemäss ist, erhellt unmittelbar daraus, dass die ersten $2n_k$ Entwickelungscoëfficienten des Näherungsbruches $\frac{\varphi_k(x)}{\psi_k(x)}$ mit denen von $\frac{f_1(x)}{f(x)}$ übereinstimmen. Nach Art. I (A'') ist nämlich

$$\frac{\varphi_k}{\psi_k} = \frac{1}{\psi_1} + \frac{1}{\psi_1\psi_2} + \frac{1}{\psi_2\psi_3} + \cdots + \frac{1}{\psi_{k-1}\psi_k},$$

und der Ausdruck rechts unterscheidet sich von $\frac{f_1(x)}{f(x)}$ für unendlich grosse Werthe von x nur um Glieder der Ordnung wie $\frac{1}{\psi_k\psi_{k+1}}$ d. h. um Glieder der Ordnung $n_k + n_{k+1}$, und $n_k + n_{k+1}$ ist grösser als $2n_k$. Es sind hiernach die ersten $2n$ Coëfficienten der Entwickelung eines rationalen Bruches nach fallenden Potenzen von x, wenn derselbe in der reducirten Form einen Nenner n^{ten} Grades und einen Zähler höchstens $(n-1)^{\mathrm{ten}}$ Grades hat, Invarianten für die Entwickelung aller derjenigen Functionen von x, deren Näherungswerth jener Bruch ist.

Bei der nunmehr darzulegenden allgemeinen Methode der Lösung der Gleichung (C) sind die $2n$ ersten Entwickelungscoëfficienten $c_0, c_1, \ldots c_{2n-1}$, deren man nur bedarf, die gegebenen und die Verhältnisse der $\nu + 1$ Coëfficienten von $\Psi(x)$ .die zu bestimmenden Grössen. Setzt man demgemäss

$$\Psi(x) = \sum_p \beta_p x^p \qquad (p=0,1,\ldots\nu),$$

so sind die Coëfficienten β einzig und allein an die Bedingung gebunden, dass — wie schon im Anfange dieses Abschnittes erwähnt ist — der Rest der Division von $f_1(x)\,\Psi(x)$ durch $f(x)$ höchstens vom Grade $n - \nu - 1$ sein soll, d. h. also dass bei der Entwickelung von $\dfrac{f_1(x)\,\Psi(x)}{f(x)}$ nach fallenden Potenzen von x die Coëfficienten von x^{-1}, x^{-2}, $\ldots x^{-\nu}$ gleich Null werden sollen.   Hieraus resultiren die ν Bedingungsgleichungen

$$(D) \qquad\qquad \sum_p \beta_p c_{p+q} = 0 \qquad\qquad (p=0, 1, \ldots \nu;\ q=0, 1, \ldots \nu-1),$$

welche nothwendig und hinreichend sind, damit $\sum \beta_p x^p$ eine der Aufgabe entsprechende Function $\Psi(x)$ darstelle.

Die Grössen β werden durch die Gleichung (D) als die Coëfficienten der allgemeinsten zwischen je $\nu + 1$ aufeinanderfolgenden Grössen c bestehenden linearen Relation definirt oder also als die Coëfficienten der allgemeinsten für die 2ν Grössen

$$c_0, \ c_1, \ \ldots c_{2\nu-1}$$

aufzustellenden „*linearen Recursionsformel*", welche von Anfang an und mindestens ν mal hintereinander Geltung hat, und deren „*Ordnung*" daher höchstens gleich ν ist.   Unter der Ordnung einer linearen Recursionsformel für eine Reihe von Grössen $c_0, c_1, c_2, \ldots$ soll nämlich die Zahl μ verstanden werden, wenn jedes Glied der Reihe vom $(\mu + 1)^{\text{ten}}$ ab durch die μ vorhergehenden Glieder mittels jener Formel linear ausdrückbar ist.   Die Gleichung (D) stellt hiernach eine lineare Recursionsformel μ^{ter} Ordnung für die $\mu + \nu$ Grössen

$$c_0, \ c_1, \ \ldots c_{\mu+\nu-1}$$

dar, wenn β_μ der letzte der von Null verschiedenen Coëfficienten β ist. Dabei können aber die *ersten* Coëfficienten β_0, β_1, $\ldots \beta_{\mu-1}$ gleich Null sein, so dass die Gleichung (D) sich auf die Gleichung

$$\sum_p \beta_p c_{p+q} = 0 \qquad\qquad (p=\mu,\ \mu+1, \ldots \mu;\ q=0, 1, \ldots \nu-1)$$

reduciren kann, welche zwar eine lineare Recursionsformel $(\mu - \varkappa)^{\text{ter}}$ Ordnung
für die $\mu + \nu - \varkappa$ Grössen

$$c_{\varkappa}, \; c_{\varkappa+1}, \; \ldots c_{\mu+\nu-1}$$

darstellt, aber doch, als Recursionsformel für die sämmtlichen $\mu + \nu$ Grössen

$$c_0, \; c_1, \; \ldots c_{\mu+\nu-1}$$

aufgefasst, eine solche von der Ordnung μ ist, in welcher die ersten $\varkappa$ Coëfficienten verschwinden.

Die Aufgabe der Bestimmung der allgemeinsten, der Gleichung (C) genügenden Function ν^{ten} Grades $\Psi(x)$ kommt hiernach mit der Aufgabe der Aufstellung der allgemeinsten linearen Recursionsformel für die ersten 2ν Grössen c vollkommen überein, und es muss sich daher bei der Auflösung dieser letzteren Aufgabe oder bei der des Gleichungssystems (D) direct eben dasselbe Resultat ergeben, welches am Schlusse des Art. I (C') aus der Kettenbruchsentwickelung von $\dfrac{f_1(x)}{f(x)}$ hergeleitet worden ist. Dies soll in der That durch eine eingehende Discussion des Gleichungssystems (D) gezeigt werden; doch bedarf es hierzu einiger vorbereitender Determinantensätze, welche der Uebersichtlichkeit wegen in einigen besonderen Abschnitten vorweg entwickelt werden sollen.

IV.

Sind die $\varkappa(\varkappa + 1)$ Grössen

$$a_{ih} \qquad\qquad (h = 0, 1, \ldots \varkappa; \; i = 1, 2, \ldots \varkappa)$$

so beschaffen, dass nur *eine* der daraus zu bildenden Determinanten $\varkappa^{\text{ter}}$ Ordnung, nämlich

$$|a_{ik}| \qquad\qquad (i, k = 1, 2, \ldots \varkappa)$$

von Null verschieden ist, so müssen die $\varkappa$ Elemente der ersten Verticalreihe, nämlich

$$a_{10}, \ a_{20}, \ \ldots a_{n0}$$

sämmtlich gleich Null sein. Die gemachte Voraussetzung kann bei Einführung von $n+1$ unbestimmten Grössen

$$a_{00}, \ a_{01}, \ \ldots a_{0n}$$

dahin formulirt werden, dass

$$|a_{\varrho\lambda}| = a_{00}\,|a_{i\lambda}| \gtreqless 0 \qquad \left(\begin{smallmatrix}\varrho,\ \lambda=0,\ 1,\ 2,\ \ldots\ n\\ i,\ k= \quad 1,\ 2,\ \ldots\ n\end{smallmatrix}\right),$$

also bei der Entwickelung der Determinante $|a_{\varrho\lambda}|$ nach den Elementen $a_{0\lambda}$ der Coëfficient des Elements a_{00} von Null verschieden, dagegen jeder der folgenden n Coëfficienten gleich Null sein soll. Diese n Coëfficienten sind n lineare homogene Functionen von

$$a_{10}, \ a_{20}, \ \ldots a_{n0},$$

und da deren Coëfficienten die n^2 Adjungirten der Grössen

$$a_{ik} \qquad (i,\ k=1,\ 2,\ \ldots\ n)$$

sind, also die Determinante der Voraussetzung nach von Null verschieden ist, so müssen die n Grössen $a_{10}, \ a_{20}, \ \ldots a_{n0}$ selbst gleich Null sein.

Hieraus folgt unmittelbar der allgemeinere Satz, dass, wenn die Determinante

$$|a_{\varrho\lambda}| \qquad (\varrho,\ \lambda=0,\ 1,\ 2,\ \ldots\ n)$$

eine lineare Function der ersten $m+1$ unbestimmten Grössen

$$a_{00}, \ a_{01}, \ \ldots a_{0m}$$

allein, und darin der Coëfficient von a_{0m} nicht gleich Null ist, nothwendig die sämmtlichen aus dem System

$$a_{ik} \qquad (i=1,\ 2,\ \ldots\ n;\ k=0,\ 1,\ \ldots\ m)$$

zu bildenden Determinanten $(m+1)^{\text{ter}}$ Ordnung verschwinden müssen. Der Voraussetzung nach soll nämlich

$$|a_{gh}| = b_0 a_{00} + b_1 a_{01} + \cdots + b_m a_{0m} \qquad (g,\,h=0,\,1,\,\ldots\,n)$$

und $b_m \gtreqless 0$ sein; wenn daher in der Determinante $|a_{gh}|$ an Stelle von a_{gm} die lineare Verbindung '

$$\frac{1}{b_m}\,(b_0 a_{g0} + b_1 a_{g1} + \cdots + b_m a_{gm})$$

gesetzt wird, so folgt aus den obigen Ausführungen, dass diese für $g=1,\,2,\,\ldots\,n$ gleich Null werden und also in der That jede aus den Elementen

$$a_{ih} \qquad (i=1,\,2,\,\ldots\,n;\ h=0,\,1,\,\ldots\,m)$$

zu bildende Determinante $(m+1)^{\text{ter}}$ Ordnung verschwinden muss.

V.

Bilden die Grössen a_{ik} für $i,\,k=1,\,2,\,\ldots\,n$ ein System von n^2 Grössen, für welches die sämmtlichen Determinanten $(m+1)^{\text{ter}}$ Ordnung verschwinden, während die Determinante

$$|a_{gh}| \qquad (g,\,h=1,\,2,\,\ldots\,m)$$

von Null verschieden ist, so kann die Auflösung der n Gleichungen

$$(\text{E}) \qquad \sum_{k=1}^{k=n} a_{ik} z_k = 0 \qquad (i=1,\,2,\,\ldots\,n)$$

dadurch dargestellt werden, dass die n Grössen z für unbestimmte Werthe von

$$a_{01},\ a_{02},\ \ldots\ a_{0n}$$

die Bedingung

$$(E')\quad \begin{vmatrix} a_{01}, & \cdots & a_{0m}, & a_{0,\,m+1}z_{m+1}+\cdots+a_{0n}z_n \\ a_{11}, & \cdots & a_{1m}, & a_{1,\,m+1}z_{m+1}+\cdots+a_{1n}z_n \\ \vdots & & & \\ a_{m1}, & \cdots & a_{mm}, & a_{m,\,m+1}z_{m+1}+\cdots+a_{mn}z_n \end{vmatrix} = (-1)^m \,|a_{gh}|\, \sum_{k=1}^{k=n} a_{0k}z_k$$

erfüllen, d. h. dass die Coëfficienten von a_{01}, a_{02}, $\ldots a_{0n}$ auf beiden Seiten der Gleichung mit einander übereinstimmen. Die Determinante auf der linken Seite stellt also eine lineare Function von a_{01}, a_{02}, $\ldots a_{0n}$ dar, deren Coëfficienten bezw. n solchen Grössen z_1, z_2, $\ldots z_n$ proportional sind, wie sie durch die Gleichungen

$$(E)\qquad\qquad \sum_{k=1}^{k=n} a_{ik}z_k = 0 \qquad\qquad {\scriptstyle(i=1,\,2,\,\ldots\,n)}$$

bestimmt werden. Die Grössen z_{m+1}, z_{m+2}, $\ldots z_n$ bleiben hierbei unbestimmt, während z_1, z_2, $\ldots z_m$ sich als lineare Functionen der übrigen $n-m$ Grössen z ergeben.

Dass die Gleichung (E') die nothwendige und hinreichende Bedingung für das Bestehen der n Gleichungen (E) enthält, zeigt sich unmittelbar, wenn man in der Determinante auf der linken Seite von (E') die erste Verticalreihe mit z_1, die zweite mit z_2 u. s. w., die m^{te} mit z_m multiplicirt und der letzten Verticalreihe hinzufügt. Alsdann wird nämlich das erste Element der letzten Verticalreihe identisch mit $\sum a_{0k}z_k$, die folgenden Elemente aber werden

$$\sum_{k=1}^{k=n} a_{ik}z_k \qquad\qquad\cdot\qquad\qquad {\scriptstyle(i=1,\,2,\,\ldots\,m)}\,,$$

und es ist darnach evident, dass die Gleichung (E') erfüllt ist, sobald die Gleichungen (E) bestehen. Andrerseits ergeben sich unter Benutzung der im Anfang des vorhergehenden Abschnittes (IV) enthaltenen Darlegung die m Gleichungen

$$\sum_{k=1}^{k=n} a_{ik}z_k = 0 \qquad\qquad {\scriptstyle(i=1,\,2,\,\ldots\,m)}$$

als eine *Folge* der Gleichung (E'), und aus diesen m Gleichungen resultiren dann die übrigen $n-m$ Gleichungen

$$\sum_{k=1}^{k=n} a_{ik}s_k = 0 \qquad\qquad (i=m+1, m+2, \ldots n).$$

Denn vermöge der gemachten Voraussetzungen ist jede der Determinanten $(m+1)^{\text{ter}}$ Ordnung

$$|a_{pq}| \qquad\qquad (p=1, 2, \ldots m, i; q=1, 2, \ldots m, k)$$

gleich Null und ergiebt daher, nach der letzten Verticalreihe entwickelt, eine Gleichung

$$|a_{gh}|\,a_{ik} = \sum_{g} a_{gk}b_{gi} \qquad\qquad (g, h=1, 2, \ldots m),$$

in welcher die Coëfficienten b_{gi} für alle Werthe $k=1, 2, \ldots n$ dieselben bleiben, so dass mit Hülfe dieser Gleichung eine beliebige von jenen $(n-m)$ Summen

$$\sum a_{m+1, k}s_k, \quad \sum a_{m+2, k}s_k, \quad \ldots \quad \sum a_{nk}s_k$$

sich als lineare Function der ersten m Summen

$$\sum a_{1k}s_k, \quad \sum a_{2k}s_k, \quad \ldots \quad \sum a_{mk}s_k$$

darstellen lasst.

VI.

Es seien die Grössen

$$c_{pt} \qquad\qquad (p=0, 1, \ldots n; t=0, 1, \ldots n, n+1, \ldots)$$

so beschaffen, dass jede daraus zu bildende Determinante $(n+1)^{\text{ter}}$ Ordnung verschwindet, und zwar seien die sämmtlichen durch die verschiedenen Werthe von t bezeichneten Verticalreihen lineare Functionen der n ersten, so dass Gleichungen

$$c_{pt} = \sum_{q} c_{pq}d_{qt} \qquad\qquad (p=0, 1, \ldots n; q=0, 1, \ldots n-1)$$

bestehen. Für die $n(n+1)$ Grössen

$$c_{pq} \qquad\qquad (p=0, 1, \ldots n; q=0, 1, \ldots n-1)$$

sind nun entweder nicht alle daraus zu bildenden Determinanten n^{ter} Ordnung gleich Null, oder es giebt eine Zahl $m < n$ von der Beschaffenheit, dass nicht alle Determinanten m^{ter} Ordnung, aber die sämmtlichen Determinanten $(m+1)^{\text{ter}}$ Ordnung verschwinden. Es muss also jedenfalls unter den $n(n+1)$ Grössen c_{pq} ein System von m^2 Grössen

$$c_{ik} \qquad\qquad (i = i_0, i_1 \ldots i_{m-1};\ k = k_0, k_1 \ldots k_{m-1})$$

enthalten sein, dessen Determinante von Null verschieden ist. Dabei ist $m \leqq n$, und die Indices i_0, i_1, ... sind gewisse m aus der Reihe der Zahlen $0, 1, \ldots n$, die Indices k_0, k_1, ... aber gewisse m aus der Reihe der Zahlen $0, 1, \ldots n-1$. Da nun jede aus den Grössen c_{pq} zu bildende Determinante $(m+1)^{\text{ter}}$ Ordnung verschwindet, also

$$|c_{pq}| = 0 \qquad\qquad (p = i_0, i_1 \ldots i_{m-1}, r;\ q = k_0, k_1 \ldots k_{m-1}, t)$$

ist, so führt die Entwickelung dieser Determinante nach den Elementen der durch $q = t$ bezeichneten Verticalreihe zu einer Gleichung

$$- c_{rt} = \sum_i \gamma_i^{(r)} c_{it} \qquad\qquad \begin{pmatrix} i = i_0,\ i_1 \ldots i_{m-1} \\ r = 0,\ 1,\ \ldots\ldots n \\ t = 0,\ 1,\ \ldots n-1 \end{pmatrix},$$

in welcher die Grössen $\gamma_i^{(r)}$ die in dem Systeme (c_{pq}) den Elementen c_{it} adjungirten Determinanten m^{ter} Ordnung, dividirt durch die Determinante

$$|c_{ik}| \qquad\qquad (i = i_0, i_1 \ldots i_{m-1};\ k = k_0, k_1 \ldots k_{m-1}),$$

bedeuten. Eben dieselbe Gleichung gilt auch für die ferneren Werthe

$$t = n,\ n+1,\ n+2,\ \ldots,$$

da sie für diese aus den Gleichungen

$$c_{rt} = \sum_q c_{rq} d_{qt}, \quad - c_{rq} = \sum_i \gamma_i^{(r)} c_{iq}, \quad c_{it} = \sum_q c_{iq} d_{qt}$$

$$(q = 0, 1, \ldots n-1;\ i = i_0, i_1 \ldots i_{m-1})$$

hervorgeht, und es zeigt sich daher,

dass jede der $n+1$ Horizontalreihen der Grössen c_{pt} eine lineare Function derjenigen m Horizontalreihen ist, welche durch die Indices

$$p = i_0, i_1, \ldots i_{m-1}$$

bezeichnet sind.

Für den Fall, dass es m Zahlen $h_0, h_1, \ldots h_{m-1}$ aus der Reihe $0, 1, \ldots n$ giebt, für welche

$$|c_{hk}| = 0 \qquad (h = h_0, h_1, \ldots h_{m-1}; \, k = k_0, k_1, \ldots k_{m-1})$$

ist, lassen sich m Grössen b bestimmen, welche die Gleichung

$$\sum_h b_h c_{hk} = 0 \qquad (h = h_0, h_1, \ldots h_{m-1})$$

für $k = k_0, k_1, \ldots k_{m-1}$ befriedigen. Da hiernach für eben diese Werthe von k

$$\sum_h \sum_i b_h \gamma_i^{(h)} c_{ik} = 0 \qquad (h = h_0, h_1, \ldots h_{m-1}; \, i = i_0, i_1, \ldots i_{m-1}),$$

und die Determinante $|c_{ik}|$ von Null verschieden ist, so muss für alle Werthe $i = i_0, i_1, \ldots i_{m-1}$

$$\sum_h b_h \gamma_i^{(h)} = 0 \qquad (h = h_0, h_1, \ldots h_{m-1}),$$

und also die Gleichung

$$\sum_h b_h c_{ht} = 0 \qquad (h = h_0, h_1, \ldots h_{m-1})$$

für *alle* Werthe $t = 0, 1, \ldots n, n+1, \ldots$ erfüllt sein, d. h.

es muss zwischen den m durch die Indices $h_0, h_1, \ldots h_{m-1}$ bezeichneten Horizontalreihen eine lineare Relation bestehen, sobald eine solche zwischen denjenigen Theilen dieser Horizontalreihen besteht, deren Glieder durch die zweiten Indices $k_0, k_1, \ldots k_{m-1}$ bezeichnet sind.

Sind die Grössen c_{pt} von der besonderen Art, dass

$$c_{pt} = c_{p+t} \quad\text{also}\quad c_{p+1,\,t} = c_{p,\,t+1}$$

ist, so kann zwischen den *ersten* m Horizontalreihen keine lineare Relation bestehen. Denn eine solche Relation

$$\sum_h b_h c_{ht} = 0 \qquad (h = 0, 1, \ldots m-1)$$

würde sich, da $c_{ht} = c_{h+r,\,t-r}$ ist, unter der Voraussetzung, dass r zugleich kleiner als $t+1$ und kleiner als $n-m+2$ ist, in folgender Weise darstellen lassen:

$$\sum_h b_h c_{h+r,\,t-r} = 0 \qquad (h = 0, 1, \ldots m-1),$$

oder, wenn t für $t-r$ gesetzt wird:

$$\sum_h b_{h-r} c_{ht} = 0 \qquad (h = r, r+1, \ldots r+m-1);$$

es müsste also zwischen *je* m aufeinanderfolgenden Horizontalreihen eine lineare Relation bestehen, und sogar schon zwischen je l, wenn für $l < m$

$$b_{m-1} = b_{m-2} = \cdots = b_l = 0$$

und erst b_{l-1} von Null verschieden wäre. Es würden hiernach alle $n+1$ Horizontalreihen lineare Functionen der $m-1$ oder der $l-1$ ersten Horizontalreihen und also die durch

$$i = i_0,\, i_1,\, \ldots i_{m-1}$$

bezeichneten m Horizontalreihen c_{ts} durch eine lineare Relation mit einander verbunden sein. Dies widerspricht aber der Voraussetzung, dass

$$|c_{ik}| \gtreqless 0 \qquad (i = i_0,\, i_1, \ldots i_{m-1};\ k = k_0,\, k_1, \ldots k_{m-1})$$

ist. — Ebenso wie die m ersten Horizontalreihen können auch die m ersten

Verticalreihen durch keine lineare Relation mit einander verbunden sein; denn aus jeder Gleichung

$$\sum_{h=0}^{h=m-1} b_h' c_{kh} = 0 \qquad (k=0, 1, \ldots n)$$

oder, da $c_{kh} = c_{hk}$ ist,

$$\sum_{h=0}^{h=m-1} b_h' c_{hk} = 0 \qquad (k=0, 1, \ldots n)$$

würde in der oben entwickelten Weise das Bestehen der Gleichung

$$\sum_{h=0}^{h=m-1} b_h' c_{ht} = 0$$

für *alle* Werthe $t = 0, 1, \ldots n, n+1, \ldots$ folgen.

Da sich alle Verticalreihen der Grössen c_{pt} von der besonderen Art, bei der $c_{pt} = c_{p+t}$ ist, durch gewisse m derselben linear ausdrücken lassen, und da die ersten m Verticalreihen von einander linear unabhängig sind, so sind die sämmtlichen Verticalreihen als lineare Functionen der m ersten darstellbar, und es kann daher

$$k_0 = 0, \quad k_1 = 1, \quad \ldots \quad k_{m-1} = m - 1$$

genommen werden. Ganz ebenso folgt aus der linearen Unabhängigkeit der m ersten Horizontalreihen, dass

$$i_0 = 0, \quad i_1 = 1, \quad \ldots \quad i_{m-1} = m - 1$$

genommen werden kann. Bei derartigen Grössen c_{pt} lasst sich also aus der Voraussetzung, dass sämmtliche Verticalreihen lineare Functionen der n ersten sind, die Folgerung ziehen, dass sämmtliche Horizontalreihen lineare Func-tionen der m ersten sein müssen, d. h. dass — unter Beibehaltung der oben für allgemeine Grössen c_{pt} gebrauchten Bezeichnungen — die Relationen

$$- c_{r+t} = \sum_{i} \gamma_i^{(r)} c_{i+t} \qquad \left(\begin{array}{l} i = 0, 1, \ldots m-1 \\ r = m, m+1, \ldots n \end{array} \right)$$

für alle Werthe von t bestehen müssen, und dass die aus den *ersten* m^2 Grössen c gebildete Determinante

$$\left| c_{i+k} \right| \qquad (i, k = 0, 1, \ldots m-1)$$

von Null verschieden sein muss.

VII.

Ist eine aus mindestens $2n$ Gliedern bestehende endliche oder eine unendliche Reihe von Grössen $c_0, c_1, c_2, \ldots$ so beschaffen, dass sich jedes Glied als eine und dieselbe lineare Function der n vorhergehenden darstellen lässt, dass also eine *„lineare Recursionsformel n^{ter} Ordnung"* für die Reihe $c_0, c_1, c_2, \ldots$ existirt, so ist die im vorigen Abschnitte über die Grössen c_{p+t} gemachte Voraussetzung erfüllt, wenn aus den Grössen $c_0, c_1, c_2, \ldots$ die n Horizontalreihen

$$
\begin{array}{cccc}
c_0 & , & c_1, & c_2 & , \ldots \\
c_1 & , & c_2, & c_3 & , \ldots \\
\vdots & & \vdots & \vdots \\
c_{n-1} & , & c_n, & c_{n+1}, & \ldots
\end{array}
$$

gebildet werden. Denn aus einer für alle Werthe von p geltenden Recursionsformel

$$c_{p+n} = \sum_q c_{p+q} d_{qn} \qquad (q = 0, 1, \ldots n-1),$$

folgt, indem nach einander $p+1, p+2, \ldots$ für p gesetzt wird, dass für jeden Werth von t Relationen

$$c_{p+t} = \sum_q c_{p+q} d_{qt} \qquad (p = 0, 1, 2 \ldots; q = 0, 1, \ldots n-1)$$

bestehen, vermöge deren die durch beliebige Werthe von t bezeichneten Verticalreihen sich als lineare Functionen der n ersten durch $q = 0, 1, \ldots n-1$ bezeichneten darstellen. Andrerseits ist aber im vorigen Abschnitte gezeigt worden, wie man, von dieser Voraussetzung ausgehend, zur Bestimmung der *kleinsten* Zahl m gelangt, die so beschaffen ist, dass schon zwischen je $m + 1$ aufeinanderfolgenden Grössen c eine lineare Relation, also eine lineare Recursionsformel m^{ter} Ordnung besteht; denn die Gleichung

$$- c_{r+i} = \sum_t \gamma_t^{(r)} c_{i+i} \qquad (i = 0, 1, \ldots m-1)$$

am Schlusse des vorigen Abschnittes liefert für $r = m$ eine solche Relation. Hiernach kann eine Reihe c_0, c_1, c_2, ... von der angegebenen Beschaffenheit

erstens dadurch charakterisirt werden, dass zwischen je $m + 1$ (aber nicht schon zwischen je m) aufeinanderfolgenden Gliedern eine und dieselbe lineare Relation besteht, in welcher der Coëfficient des letzten Gliedes gleich *Eins* ist, d. h. also, dass eine lineare Recursionsformel m^{ter} Ordnung, aber keine von niedrigerer Ordnung existirt,

zweitens dadurch, dass — wenn aus den Grössen c, wie oben, eine beliebige Anzahl Horizontalreihen gebildet und also c_{p+i} das t^{te} Glied der p^{ten} Horizontalreihe wird — jede Verticalreihe sich als eine lineare Function der m ersten (nicht aber der $m - 1$ ersten) darstellen lasst.

Drittens werden die Grössen c durch die Bedingungen

$$|c_{i+k}| \gtreqless 0, \qquad |c_{p+q}| = 0 \qquad \left(\begin{smallmatrix} i, \, k = 0, \, 1, \ldots m-1, \quad p = 0, \, 1, \ldots m \\ q = 0, \, 1, \ldots m-1, \, i; \; i = m, \, m+1, \ldots \end{smallmatrix} \right)$$

vollständig charakterisirt.

Denn die Bedingung $|c_{i+k}| \gtreqless 0$ ist schon am Schlusse des vorigen Abschnittes als nothwendig hervorgehoben worden, und unter dieser Bedingung sind die Gleichungen $|c_{p+q}| = 0$ mit der Voraussetzung, dass sich jede Verticalreihe der Grössen c_{p+i} als lineare Function der m ersten darstellen lasse, vollkommen äquivalent.

Setzt man für $2(m + r) + 1$ Grössen c_0, c_1, ... $c_{2(m+r)}$ unter Festhalten der Bedingung $|c_{i+k}| \gtreqless 0$ das Bestehen der Gleichungen

$$|c_{p+q}| = 0 \qquad (p=0, 1, \ldots m;\ q=0, 1, \ldots m-1, t),$$

also auch das Bestehen einer (bei Entwickelung von $|c_{p+q}|$ nach der durch t bezeichneten Verticalreihe sich ergebenden) Relation

$$(F^0) \qquad c_{m+t} + \gamma_{m-1} c_{m+t-1} + \gamma_{m-2} c_{m+t-2} + \cdots + \gamma_0 c_t = 0$$

für $t = m,\ m+1,\ \ldots m+r-1$ voraus, so werden in der Determinante $(m+r+1)^{\text{ter}}$ Ordnung

$$|c_{p+q}| \qquad (p, q=0, 1, \ldots m+r),$$

wenn man darin zu jeder der $r+1$ letzten Horizontalreihen die nächstvorhergehende, mit γ_{m-1} multiplicirt, die zweitvorhergehende, mit γ_{m-2} multiplicirt, u. s. f. hinzufügt, alle diejenigen Elemente dieser letzten $r+1$ Horizontalreihen gleich Null, deren Index kleiner als $2m+r$ ist. Es wird demnach

$$\pm |c_{p+q}| = |c_{i+k}| (c_{2m+r} + \gamma_{m-1} c_{2m+r-1} + \cdots + \gamma_0 c_{m+r})^{r+1},$$
$$(i, k=0, 1, \ldots m-1;\ p, q=0, 1, \ldots m+r)$$

oder, da für jeden Werth von t

$$|c_{p+q}| = |c_{i+k}| (c_{m+t} + \gamma_{m-1} c_{m+t-1} + \cdots + \gamma_0 c_t)$$
$$(i, k=0, 1, \ldots m-1;\ p=0, 1, \ldots m;\ q=0, 1, \ldots m-1, t)$$

ist,

$$\pm |c_{p+q}| \cdot |c_{i+k}|^r = |c_{p+q}|^{r+1} \qquad \left(\begin{matrix} i, k=0, 1, \ldots m-1;\ q=0, 1, \ldots m+r \\ p=0, 1, \ldots m;\ q=0, 1, \ldots m-1, m+r \end{matrix} \right),$$

so dass, da $|c_{i+k}| \gtrless 0$ ist, die beiden Determinanten

$$|c_{p+q}|, \quad |c_{p+q}|$$

nur gleichzeitig Null werden können. Die Bedingungen

$$|c_{i+k}| \gtrless 0, \quad |c_{p+q}| = 0 \qquad \left(\begin{matrix} p=0, 1, \ldots m;\ q=0, 1, \ldots m-1, t \\ t=m, m+1, \ldots m+r;\ i, k=0, 1, \ldots m-1 \end{matrix} \right)$$

sind also mit den Bedingungen

$$\left|c_{i+k}\right| \gtreqless 0, \quad \left|c_{p+q}\right| = 0 \qquad {\scriptstyle \left(\begin{array}{l} p,\,q=0,\,1,\,\ldots\,t;\ t=m,\,m+1,\,\ldots\,m+r \\ i,\,k=0,\,1,\,\ldots\,m-1 \end{array}\right)}$$

äquivalent, und man kann daher

> *viertens* die Grössen c dadurch charakterisiren, dass von den verschiedenen für $n = 1, 2, 3, \ldots$ aus den *ersten* h Horizontal- und Verticalreihen (c_{p+q}) zu bildenden Determinanten die der m^{ten} Ordnung, nämlich $\left|c_{i+k}\right|$, die letzte von Null verschiedene ist, dass also die der $(m+1)^{\text{ten}}$, $(m+2)^{\text{ten}}$ Ordnung u. s. w., d. h. die Determinanten

$$\left|c_{p+q}\right| \qquad\qquad {\scriptstyle (p,\,q=0,\,1,\,\ldots\,t)}$$

für $t \geqq m$ sämmtlich verschwinden.

Um eine Reihe $c_0, c_1, c_2, \ldots$ von der angegebenen Art zu bilden, können die ersten $2m$ Grössen beliebig gewählt werden, jedoch mit der Massgabe, dass

$$\left|c_{i+k}\right| \gtreqless 0 \qquad\qquad {\scriptstyle (i,\,k=0,\,1,\,\ldots\,m-1)}$$

ist. Die folgenden Grössen $c_{2m}, c_{2m+1}, \ldots$ werden alsdann der Reihe nach bestimmt, wenn in der obigen Recursionsformel (F°), welche für $t = 0, 1, \ldots m-1$ von selbst erfüllt ist, nach einander $t = m, m+1, \ldots$ genommen wird.

VIII.

Es seien $c_0, c_1, \ldots c_{2m-1}$ beliebige Grössen und $C^{(m)}(x)$, $D^{(m)}(x)$ dadurch definirt, dass die Determinante

$$\begin{vmatrix} U, & -c_0, & -c_1, & \cdots & -c_{m-1} \\ -c_0, & c_0 x - c_1, & c_1 x - c_2, & \cdots & c_{m-1} x - c_m \\ -c_1, & c_1 x - c_2, & c_3 x - c_3, & \cdots & c_m x - c_{m+1} \\ \vdots & & & & \\ -c_{m-1}, & c_{m-1} x - c_m, & c_m x - c_{m+1}, & \cdots & c_{2m-2} x - c_{2m-1} \end{vmatrix}$$

für ein unbestimmtes U gleich

$$- C^{(m)}(x) + U D^{(m)}(x)$$

werden soll. Wendet man auf diese Determinante jene bekannte (z. B. in *Baltzer's* Lehrbuch, IV. Auflage, § 7, 3 vorkommende) Relation an, welche, wenn die Elemente der Determinante mit a_{ik} bezeichnet werden, durch die Formel

$$- |a_{ik}| \frac{\partial^2 |a_{ik}|}{\partial a_{00} \partial a_{mm}} + \frac{\partial |a_{ik}|}{\partial a_{00}} \cdot \frac{\partial |a_{ik}|}{\partial a_{mm}} - \frac{\partial |a_{ik}|}{\partial a_{0m}} \cdot \frac{\partial |a_{ik}|}{\partial a_{m0}} \qquad (i, k = 0, 1, \ldots m)$$

dargestellt wird, so kommt[*])

$$(F) \qquad C^{(m)}(x) D^{(m-1)}(x) - C^{(m-1)}(x) D^{(m)}(x) = |c_{i+k}|^2 \qquad (i, k = 0, 1, \ldots m-1);$$

denn es ist offenbar

$$\frac{\partial |a_{ik}|}{\partial a_{00}} = D^{(m)}(x), \qquad \frac{\partial^2 |a_{ik}|}{\partial a_{00} \partial a_{mm}} = D^{(m-1)}(x)$$

$$\frac{\partial |a_{ik}|}{\partial a_{mm}} = - C^{(m-1)}(x) + U D^{(m-1)}(x)$$

$$\frac{\partial |a_{ik}|}{\partial a_{0m}} = \frac{\partial |a_{ik}|}{\partial a_{m0}} = |c_{p+q}| \qquad (p, q = 0, 1, \ldots m-1).$$

Wird die obige Determinante $U D^{(m)}(x) - C^{(m)}(x)$ in der Weise transformirt, dass zuerst die erste Horizontalreihe, mit x multiplicirt, der zweiten, alsdann die zweite, mit x multiplicirt, der dritten hinzugefügt wird u. s. f., so entsteht eine Determinante

$$(F') \qquad \left| \left(U - \sum_k c_{k-1} x^{-k} \right) x^k, \ -c_k, \ -c_{k+1}, \ \ldots \ -c_{k+m-1} \right| \qquad \binom{k=1, 2, \ldots k}{k=0, 1, \ldots m},$$

---

[*]) Dass die Gleichung (F) eigentlich mit jener Relation (Art. I, A') zwischen den Zählern und Nennern aufeinanderfolgender Näherungsbrüche identisch ist, folgt aus den Betrachtungen in meiner oben citirten Göttinger Notiz. (Band II S. 108—112 dieser Ausgabe.)

und man erhält also, wenn hierin die erste Verticalreihe an die letzte Stelle gebracht und für U die unendliche Reihe

$$\sum_{k=1}^{k=\infty} c_{k-1} x^{-k}$$

gesetzt wird, die Gleichung

$$(F'') \qquad - C^{(m)}(x) + D^{(m)}(x) \sum_{k=1}^{k=\infty} c_{k-1} x^{-k} = \left| c_\lambda, \ c_{\lambda+1}, \ \dots c_{\lambda+m-1}, \ \sum_l c_{\lambda+l} x^{-l-1} \right|$$

$$(\lambda = 0, 1, \dots m; \ t = m, m+1, \dots)$$

Aus dieser Gleichung erhellt unmittelbar, dass das Verschwinden aller Determinanten $(m+1)^{\text{ter}}$ Ordnung

$$\left| c_{\lambda+k} \right| \qquad (\lambda = 0, 1, \dots m; \ k = 0, 1, \dots m-1, t)$$

für $t = m, m+1, \dots$ die nothwendige und hinreichende Bedingung für das Bestehen der Gleichung

$$(G) \qquad C^{(m)}(x) = D^{(m)}(x) \sum_{k=1}^{k=\infty} c_{k-1} x^{-k}$$

ist. Die Gleichung (G) wird inhaltlos, wenn $C^{(m)}(x)$ und $D^{(m)}(x)$ identisch gleich Null sind. Dies tritt, wie sich bei der Determinante (F') unmittelbar zeigt, dann und nur dann ein, wenn alle $m+1$ aus dem Systeme von $m(m+1)$ Elementen

$$c_{\lambda+k} \qquad (\lambda = 0, 1, \dots m; \ k = 0, 1, \dots m-1)$$

zu bildenden Determinanten m^{ter} Ordnung verschwinden. Wird dieser Fall ausgeschlossen, so können die für das Bestehen der Gleichung (G) erforderlichen Bedingungen

$$\left| c_{\lambda+k} \right| = 0 \qquad (\lambda = 0, 1, \dots m; \ k = 0, 1, \dots m-1, t)$$

für $t = m, m+1, \dots$ nicht erfüllt sein, ohne dass

$$\left| c_{\iota+k} \right| \gtreqless 0 \qquad (\iota, k = 0, 1, \dots m-1)$$

ist. Wäre nämlich diese Determinante der ersten m^2 Grössen c_{i+k} gleich Null, also die Determinante $D^{(m)}(x)$ von niedrigerem als dem m^{ten} Grade, so müsste deren Entwickelung nach der letzten Verticalreihe eine Gleichung

$$\left| c_h, \; c_{h+1}, \; \cdots \; c_{h+m-1}, \; x^h \right| = b_l x^l + b_{l-1} x^{l-1} + \cdots + b_1 x + b_0$$
$$(h = 0, 1, \ldots m)$$

liefern, in welcher $l < m$ wäre. Wird hierin c_{i+h} an Stelle von x^h gesetzt, so kommt

$$b_l c_{i+l} + b_{l-1} c_{i+l-1} + \cdots + b_1 c_{i+1} + b_0 c_i = \left| c_{h+k} \right| \qquad \left(\begin{smallmatrix} h = 0, 1, \ldots \ldots \ldots m \\ k = 0, 1, \ldots m-1, i \end{smallmatrix}\right),$$

und da die Determinante rechts für $t = 0, 1, \ldots m-1$ an und für sich verschwindet, während deren Verschwinden für $t = m, m+1, \ldots$ für das Bestehen der Gleichung (G) erfordert wird, so müsste der Ausdruck links für alle Werthe von t gleich Null sein, es müsste also schon zwischen je $l + 1$ aufeinanderfolgenden Grössen c eine und dieselbe lineare Relation bestehen. Dann würde aber $D^{(m)}(x)$ identisch Null werden.

Jene Ungleichheit $\left| c_{i+k} \right| \gtrless 0$ ist also die nothwendige und hinreichende Bedingung dafür, dass die Gleichung (G) erfüllt wird, ohne dass beide Seiten derselben für sich Null werden, also auch die Bedingung dafür, dass gegebene Grössen $c_0, c_1, \ldots c_{2m-1}$ die $2m$ ersten Coëfficienten der Entwickelung von $\dfrac{C^{(m)}(x)}{D^{(m)}(x)}$ nach fallenden Potenzen von x bilden; die folgenden Coëfficienten $c_{2m}, c_{2m+1}, \ldots$ sind dann durch eine lineare Recursionsformel m^{ter} Ordnung, deren Coëfficienten denen von $D^{(m)}(x)$ proportional sind, nämlich durch die Gleichungen

$$\left| c_{h+k} \right| = 0 \qquad (h = 0, 1, \ldots m; \; k = 0, 1, \ldots m-1, i)$$

und ebenso durch die nach Art. VII hiermit äquivalenten Bedingungen

$$\left| c_{p+q} \right| = 0 \qquad (p, q = 0, 1, \ldots i)$$

für $t = m, m+1, \ldots$ d. h. also dadurch bestimmt, dass jede aus den *ersten* n^2 Grössen c_{p+q} gebildete Determinante verschwinden soll, sobald $n > m$ ist.

IX.

Die nothwendige und hinreichende Bedingung dafür, dass eine nach fallenden Potenzen von x fortschreitende Reihe

$$\sum_{k=1}^{k=\infty} c_{k-1} x^{-k}$$

aus der Entwickelung einer rationalen Function von x hervorgegangen sei, ist die Existenz einer linearen Recursionsformel d. h. das Bestehen einer und derselben linearen Relation zwischen je $n+1$ aufeinanderfolgenden Coefficienten c, auf Grund deren die Reihen selbst auch als recurrirende bezeichnet werden. Denn, wenn bei der Multiplication der Reihe $\sum c_{k-1} x^{-k}$ mit einer ganzen Function n^{ten} Grades

$$\sum_{h=0}^{h=n} b_h x^h \qquad (b_n \gtrless 0)$$

die sämmtlichen Glieder mit negativen Potenzen von x wegfallen sollen, so muss die Gleichung

$$\sum_{p=0}^{p=n} b_p c_{p+t} = 0 \qquad (b_n \gtrless 0)$$

für alle Werthe $t = 0, 1, 2, \ldots$ befriedigt sein. Es ist hiernach $c_0, c_1, c_2, \ldots$ eine Reihe Grössen von der Beschaffenheit, wie sie im Art. VII näher dargelegt worden, und die Coefficienten c sind also z. B. (gemäss Art. VII, 4) dadurch zu charakterisiren, dass die Reihe der Determinanten

$$|c_0|, \quad \begin{vmatrix} c_0 & c_1 \\ c_1 & c_2 \end{vmatrix}, \quad \begin{vmatrix} c_0 & c_1 & c_2 \\ c_1 & c_2 & c_3 \\ c_2 & c_3 & c_4 \end{vmatrix}, \quad \begin{vmatrix} c_0 & c_1 & c_2 & c_3 \\ c_1 & c_2 & c_3 & c_4 \\ c_2 & c_3 & c_4 & c_5 \\ c_3 & c_4 & c_5 & c_6 \end{vmatrix}, \quad \ldots$$

abbricht, d. h. dass die Glieder dieser Reihe, von einem gewissen Gliede an, sämmtlich gleich Null werden. Besteht die Reihe dieser Determinanten in diesem Sinne nur aus m Gliedern (von denen aber auch einige gleich Null sein können), so ist

$$(\mathrm{G}^{(m)}) \qquad |c_{i+k}| \gtrless 0, \qquad |c_{p+q}| = 0 \qquad (i, k = 0, 1, \ldots m-1;\; p, q = 0, 1, \ldots i;\; i \gtrless m),$$

und es finden sich daher jene Bedingungen erfüllt, welche am Schlusse des vorigen Abschnittes für das Bestehen der Gleichung

$$(\mathrm{G}') \qquad \frac{C^{(m)}(x)}{D^{(m)}(x)} = \sum_{k=1}^{k=\infty} c_{k-1} x^{-k}$$

aufgestellt worden sind. · Dabei ist $D^{(m)}(x)$ genau vom Grade m, da der Coëfficient von x^m in $D^{(m)}(x)$ jene Determinante $|c_{i+k}|$, also von Null verschieden ist; ferner haben, wie die Gleichung (F) im Art. VIII zeigt, $C^{(m)}(x)$ und $D^{(m)}(x)$ keinen gemeinsamen Factor,

es sind hiernach durch die Bedingungen $(\mathrm{G}^{(m)})$ (vgl. Art. VII, 4) sowie überhaupt durch jede der vier im VII. Abschnitt angegebenen Bestimmungsweisen die Grössen $c_0, c_1, c_2, \ldots$ als Coëfficienten der Entwickelung eines Bruches nach fallenden Potenzen von x charakterisirt, welcher in der reducirten Form einen Nenner m^{ten} Grades und einen Zähler von niedrigerem Grade hat, und dieser Bruch ist als Quotient zweier Determinanten $C^{(m)}(x)$, $D^{(m)}(x)$ darzustellen, deren Elemente nur die ersten $2m$ Grössen c enthalten.

X.

Geht man von einer gegebenen rationalen Function $\dfrac{f_1(x)}{f(x)}$ aus, in welcher $f(x)$ vom Grade n und $f_1(x)$ vom Grade $n - n_1 < n$ ist, so können die ersten $2n$ Coëfficienten $c_0, c_1, \ldots c_{2n-1}$ in der Entwickelung

$$\frac{f_1(x)}{f(x)} = \sum_{k=1}^{k=\infty} c_{k-1} x^{-k},$$

wie schon oben am Ende von Art. III erwähnt worden, einerseits durch die

Differentialquotienten von $\frac{f_1(x)}{f(x)}$, andrerseits durch eine dort näher charakterisirte Reihe von linearen Gleichungen aus den Coëfficienten von $f(x)$ und $f_1(x)$ bestimmt werden. Es können somit an Stelle dieser Coëfficienten jene $2n$ Entwickelungs-Coëfficienten $c_0, c_1, \ldots c_{2n-1}$ als gegebene Grössen eingeführt werden; in diesen drücken sich alsdann die nothwendigen und hinreichenden Bedingungen dafür, dass $f(x)$ und $f_1(x)$ einen gemeinsamen Theiler vom Grade $n - m$ haben, einfach durch die $n - m$ Gleichungen

$$|c_{p+q}| = 0 \qquad\qquad (p,\, q = 0, 1, \ldots l;\ l = m,\ m+1,\ \ldots n-1)$$

aus, denen aber noch die Ungleichheit

$$|c_{i+k}| \gtrless 0 \qquad\qquad (i,\, k = 0, 1, \ldots m-1)$$

hinzuzufügen ist, wenn dies der *grösste* gemeinsame Theiler sein soll. Denn dies sind, wie im vorigen Abschnitte gezeigt worden, Bedingungen dafür, dass jene Entwickelung von $\frac{f_1(x)}{f(x)}$ die eines Bruches ist, der in der reducirten Form einen Nenner m^{ten} Grades hat. Es sind dies freilich nicht *alle* Bedingungen, aber die übrigen, nämlich

$$|c_{p+q}| = 0 \qquad\qquad (p,\, q = 0, 1, \ldots l;\ l = n,\ n+1, \ldots),$$

sind bei der Entwickelung des Bruches $\frac{f_1(x)}{f(x)}$ von selbst erfüllt.

Genügen die Grössen c jenen angegebenen $n - m$ Bedingungsgleichungen, so sind nach Art. VI und VII alle Determinanten $(m+1)^{\text{ter}}$ Ordnung $|c_{p+q}|$ gleich Null, und es bestimmt sich daher eine ganze Function $f(x)$ oder

$$b_0 + b_1 x + \cdots + b_n x^n,$$

bei deren Multiplication mit $\sum c_{k-1} x^{-k}$ die negativen Potenzen von x wegfallen sollen, auf Grund der Gleichungen

$$\sum_{p=0}^{p=n} b_p c_{p+i} = 0 \qquad\qquad (i = 0, 1, 2, \ldots)$$

gemäss Art. V als Determinante

$$(\mathrm{H}) \quad \begin{vmatrix} c_0 & , & c_1 & , & \dots & c_{m-1} & , & b_m c_m & + b_{m+1} c_{m+1} + \cdots + b_n c_n \\ c_1 & , & c_2 & , & \dots & c_m & , & b_m c_{m+1} & + b_{m+1} c_{m+2} + \cdots + b_n c_{n+1} \\ \vdots & & & & & & & \\ c_{m-1} & , & c_m & , & \dots & c_{2m-2} & , & b_m c_{2m-1} + b_{m+1} c_{2m} + \cdots + b_n c_{m+n-1} \\ 1 & , & x & , & \dots & x^{m-1} & , & b_m x^m & + b_{m+1} x^{m+1} + \cdots + b_n x^n \end{vmatrix},$$

welche mit $\Delta(b_m,\ b_{m+1},\ \dots b_n)$ bezeichnet werden möge. Alsdann ist nach der im Art. VIII eingeführten Bedeutung von $C^{(m)}(x)$ und $D^{(m)}(x)$

$$D^{(m)}(x) = \Delta(1, 0, 0 \cdots 0),$$

wie unmittelbar aus dem dort mit (F') bezeichneten Determinanten-Ausdrucke erhellt, und ferner nach Art. IX

$$\frac{C^{(m)}(x)}{D^{(m)}(x)} = \frac{f_1(x)}{f(x)},$$

so dass $\Delta(b_m,\ b_{m+1},\ \dots b_n)$ eine beliebige durch $\Delta(1, 0, \dots 0)$ theilbare Function n^{ten} Grades darstellen muss. Um das, was hier indirect erschlossen worden ist, direct nachzuweisen, braucht nur gezeigt zu werden, dass jene Determinante (H) überhaupt durch $\Delta(1, 0, \dots 0)$ theilbar ist, da sie die erforderliche Allgemeinheit in den $n - m + 1$ Coëfficienten $b_m,\ b_{m+1},\ \dots b_n$ offenbar enthält.

Bezeichnet man die $(m+1)^2$ Elemente jener Determinante (H) mit

$$a_{ik} \qquad\qquad (i, k = 0, 1, \dots m),$$

fügt eine $(m+2)^{\text{te}}$ Verticalreihe, in welcher

$$a_{0,\, m+1} = c_m, \quad a_{1,\, m+1} = c_{m+1}, \quad \dots \quad a_{m-1,\, m+1} = c_{2m-1}, \quad a_{m,\, m+1} = x^m$$

ist, und eine $(m+2)^{\text{te}}$ Horizontalreihe

$$a_{m+1,0}, \quad a_{m+1,1}, \quad \cdots \quad a_{m+1,m}, \quad a_{m+1,m+1}$$

hinzu und bezeichnet die Adjungirten dieser $(m+2)^2$ Grössen

$$a_{gh} \quad \text{mit} \quad \alpha_{gh} \qquad\qquad (g,h=0,1,\ldots m+1),$$

so ist

$$\alpha_{m+1,m+1} = \Delta(b_m, b_{m+1}, \ldots b_n), \quad -\alpha_{m+1,m} = \Delta(1, 0, \ldots 0)$$

und

$$(-1)^{m+1}\alpha_{m+1,0} = \begin{vmatrix} c_1 , & c_2 , & \cdots & c_{m-1} , & c_m , & b_m c_m & +\cdots+ b_n c_n \\ c_2 , & c_3 , & \cdots & c_m , & c_{m+1}, & b_m c_{m+1} & +\cdots+ b_n c_{n+1} \\ \vdots & & & & & & \\ c_m , & c_{m+1}, & \cdots & c_{2m-2}, & c_{2m-1}, & b_m c_{2m-1} & +\cdots+ b_n c_{m+n-1} \\ x , & x^2 , & \cdots & x^{m-1} , & x^m , & b_m x^m & +\cdots+ b_n x^n \end{vmatrix},$$

oder, da in dieser Determinante mittels der aus den Gleichungen

$$|c_{p+q}| = 0 \qquad\qquad (p=0,1,\ldots m;\, q=0,1,\ldots m-1,\,l)$$

hervorgehenden Relation (F°) des VII. Abschnittes die m ersten Horizontal-reihen durch vorhergehende ersetzt, d. h. also alle Indices der Grössen c um eine Einheit vermindert werden können, wenn mit $-\gamma_0$ multiplicirt wird,

$$\alpha_{m+1,0} = \gamma_0 x \Delta(b_{m+1}, b_{m+2}, \ldots b_n, 0).$$

Nun ist nach einer schon oben im Anfang von Art. VIII citirten Determi-nanten-Formel

$$\alpha_{fl}\alpha_{gh} - \alpha_{fh}\alpha_{gl} = |a_{pq}| \frac{\partial\alpha_{fl}}{\partial a_{gk}} \quad . \qquad\qquad (p,q=0,1,\ldots m+1)$$

und also

$$\text{(I)} \qquad \alpha_{fh} \frac{\partial\alpha_{fl}}{\partial a_{gk}} - \alpha_{fl} \frac{\partial\alpha_{fh}}{\partial a_{gk}} + \alpha_{fk} \frac{\partial\alpha_{fh}}{\partial a_{gl}} = 0,$$

wie unmittelbar erhellt, wenn man die drei partiellen Ableitungen gemäss der vorhergehenden Determinanten-Formel durch die ihnen proportionalen Determinanten

$$\alpha_{fi}\alpha_{gh} - \alpha_{fh}\alpha_{gi}, \quad \alpha_{fh}\alpha_{gk} - \alpha_{fk}\alpha_{yh}, \quad \alpha_{fk}\alpha_{gi} - \alpha_{fi}\alpha_{gk}$$

ersetzt. Nimmt man in der Gleichung (I)

$$f = h = m+1, \quad g = i = m, \quad k = 0,$$

so erhält man eine lineare Relation zwischen

$$\Delta(b_m, b_{m+1}, \ldots b_n), \quad x\Delta(b_{m+1}, \ldots b_n, 0), \quad \Delta(1, 0, 0, \ldots 0)$$

mit von x unabhängigen Coëfficienten, welche zeigt, dass die erste der drei Determinanten durch die dritte theilbar sein muss, wenn es die zweite ist, und welche also durch Inductionsschluss zum Nachweise führt, dass für beliebige Werthe von b_m, b_{m+1}, $\ldots b_n$ in der That $\Delta(b_m, b_{m+1}, \ldots b_n)$ durch $\Delta(1, 0, \ldots 0)$ theilbar ist. — Eine nähere Discussion der Coëfficienten ergiebt übrigens für jene lineare Relation die einfache Form:

$$\Delta(b_m, b_{m+1}, \ldots b_n) - x\Delta(b_{m+1}, \ldots b_n, 0) = C \cdot \Delta(1, 0, \ldots 0),$$

wo C durch die Gleichung

$$|c_{i+k}| \cdot C = |c_h, \; c_{h+1}, \; \ldots c_{h+m-2}, \; b_m c_{h+m-1} + \cdots + b_n c_{h+n-1}|$$
$$(i = 0, 1 \ldots m-1; \; h, k = 1, 2 \ldots m)$$

bestimmt ist, und in dieser Form kann die Relation auch leicht verificirt werden.

XI.

Die schon am Schlusse von Art. III erwähnte Aufgabe der vollständigen Auflösung des Gleichungssystems

$$(D) \qquad\qquad \sum_{p} \beta_p c_{p+q} = 0 \qquad\qquad (p = 0, 1, \ldots r; \; q = 0, 1, \ldots r-1),$$

auf welche jetzt eingegangen werden soll, verlangt für die 2ν gegebenen Grössen

$$c_0, \quad c_1, \quad \cdots \quad c_{2\nu-1}$$

die Aufstellung einer zwischen je $\nu + 1$ aufeinanderfolgenden gültigen linearen Relation. Eine solche ist nur dann für die 2ν Grössen c eine Recursionsformel im eigentlichen Sinne, wenn β_ν von Null verschieden ist. Aber in allen Fällen hängt die besondere Natur der Auflösung jenes Gleichungssystems (D) wesentlich von den für die Grössen c oder nur für einen Theil derselben bestehenden Recursionsformeln ab.

Denkt man sich die 2ν Grössen c in $\nu + 1$ (durch die verschiedenen Werthe von p bezeichnete) Horizontalreihen von je ν Elementen

$$c_{p+q} \qquad\qquad {\scriptstyle (p=0,\,1,\,\ldots\,\nu;\ q=0,\,1,\,\ldots\,\nu-1)}$$

geordnet, so giebt es eine grösste Zahl λ, wofür

$$|c_{l+k}| \gtrless 0 \qquad\qquad {\scriptstyle (l,\,k=0,\,1,\,\ldots\,\lambda-1)}$$

ist. Falls $\lambda < \nu$ ist, verschwinden nach Art. VII die sämmtlichen aus den ersten $\lambda + 1$ Horizontalreihen zu bildenden Determinanten $(\lambda + 1)^{\text{ter}}$ Ordnung, d. h. es wird

$$|c_{p+q}| = 0 \qquad\qquad {\scriptstyle (p=0,\,1,\,\ldots\,\lambda;\ q=0,\,1,\,\ldots\,\lambda-1,\,l;\ l=\lambda,\,\lambda+1,\,\ldots\,\nu-1).}$$

Es können aber auch die sämmtlichen Determinanten $(\lambda + 1)^{\text{ter}}$ Ordnung verschwinden, welche bei Hinzunahme der folgenden $\mu - \lambda$ Horizontalreihen zu bilden sind. Die allgemeinste über die 2ν Grössen c zu machende Voraussetzung besteht hiernach darin,

dass erstens λ die grösste Zahl sei, wofür

$$|c_{l+k}| \gtrless 0 \qquad\qquad {\scriptstyle (l,\,k=0,\,1,\,\ldots\,\lambda-1)}$$

ist, und dass zweitens μ die grösste Zahl sei, wofür alle aus dem System

$$c_{p+q} \qquad\qquad {\scriptstyle (p=0,\,1,\,\ldots\,\mu;\ q=0,\,1,\,\ldots\,\nu-1)}$$

zu bildenden Determinanten $(\lambda + 1)^{\text{ter}}$ Ordnung verschwinden.

Hierbei ist $\lambda \leq \mu \leq \nu$. Entwickelt man die der Voraussetzung nach verschwindende Determinante

$$|c_{p+q}| \qquad (p=0, 1, \ldots \lambda;\ q=0, 1, \ldots \lambda-1, \tau-\lambda;\ \tau-\lambda=0, 1, \ldots \nu-1)$$

nach der letzten Verticalreihe, so erhält man eine Recursionsformel wie die im Art. VII mit (F°) bezeichnete

$$\text{(K)} \qquad c_\tau + \gamma_{\lambda-1} c_{\tau-1} + \cdots + \gamma_1 c_{\tau-\lambda+1} + \gamma_0 c_{\tau-\lambda} = 0,$$

wo $\tau < \lambda + \nu$ ist. Wird nun diese Formel bis $\tau = \varkappa + \nu - 2$ als gültig angenommen, so bleibt die Determinante

$$|c_{p+q}| \qquad (p=0, 1, \ldots \lambda-1, \varkappa;\ q=0, 1, \ldots \lambda-1, \nu-1)$$

ungeändert, wenn man jedem Gliede der letzten Horizontalreihe $c_{\varkappa+q}$ den Ausdruck

$$\gamma_{\lambda-1} c_{\varkappa+q-i} + \cdots + \gamma_1 c_{\varkappa-\lambda+q+1} + \gamma_0 c_{\varkappa-\lambda+q}$$

hinzufügt, da derselbe auf Grund jener Annahme als lineare Function der ersten λ Horizontalreihen darstellbar ist. Durch diese Hinzufügung werden aber die ersten λ Glieder der letzten Horizontalreihe gleich Null, und es resultirt also die Gleichung

$$|c_{p+q}| = |c_{i+k}|(c_{\varkappa+\nu-1} + \gamma_{\lambda-1} c_{\varkappa+\nu-2} + \cdots + \gamma_0 c_{\varkappa+\nu-\lambda-1}),$$
$$(p=0, 1, \ldots \lambda-1, \varkappa;\ q=0, 1, \ldots \lambda-1, \nu-1;\ i, k=0, 1, \ldots \lambda-1)$$

aus welcher man, da $|c_{i+k}| \gtreqless 0$ ist, erschliesst, dass die Gültigkeit der Recursionsformel (K) für $\tau = \varkappa + \nu - 1$ und das Verschwinden der Determinante $|c_{p+q}|$ sich gegenseitig bedingen. Wird diese Schlussweise bis zum Werthe $\varkappa = \mu$ fortgesetzt, so zeigt sich, dass das System von Bedingungen

$$\text{(K}^\circ)\qquad |c_{i+k}| \gtreqless 0\ , \qquad |c_{p+q}| = 0\ , \qquad |c_{p'+q'}| \gtreqless 0$$
$$(i, k=0, \ldots \lambda-1)\ , \qquad \begin{pmatrix} p=0, 1, \ldots \lambda-1, \varkappa;\ \varkappa \leq \mu \\ q=0, 1, \ldots \lambda-1, \nu-1 \end{pmatrix}, \qquad \begin{pmatrix} p'=0, 1, \ldots \lambda-1, \mu+1 \\ q'=0, 1, \ldots \lambda-1, \nu-1 \end{pmatrix}$$

mit dem Bedingungssystem

$$(\mathrm{K}')\qquad |c_{i+k}| \gtreqless 0\ ,\qquad |c_{\varrho+q}| = 0\ ,\qquad |c_{\varrho'+q'}| \gtreqless 0$$

$$\left(i,\,k=0,1,\ldots\lambda-1\right),\qquad \binom{\varrho=0,1,\ldots\lambda;\ 2\lambda\leqq\tau<\mu+\nu}{q=0,1,\ldots\lambda-1,\ \tau-\lambda},\qquad \binom{\varrho'=0,1,\ldots\ldots\lambda;}{q'=0,1,\ldots\lambda-1,\ \mu+\nu-\lambda}$$

vollständig äquivalent ist, und auf Grund der im Art. VII enthaltenen Entwickelung kann diesen beiden Bedingungssystemen das folgende

$$(\mathrm{K}'')\qquad |c_{i+k}| \gtreqless 0\ ,\qquad |c_{\varrho+q}| = 0\ ,\qquad |c_{\varrho'+q'}| \gtreqless 0$$

$$\left(i,\,k=0,1,\ldots\lambda-1\right),\qquad \left(\varrho,\,q=0,1,\ldots\tau-\lambda;\ 2\lambda\leqq\tau<\mu+\nu\right),\qquad \left(\varrho',\,q'=0,1,\ldots\mu+\nu-\lambda\right)$$

als drittes äquivalentes hinzugefügt werden, wenn man die gegebene Grössenreihe

$$c_0,\quad c_1,\quad \ldots\quad c_{2\nu-1}$$

in ganz beliebiger Weise bis $c_{2\mu+2\nu-2\lambda}$ fortsetzt.

Denkt man sich in den Bedingungen (K′) die Determinante $|c_{\varrho+q}|$ nach der letzten Verticalreihe entwickelt und durch die von Null verschiedene Determinante $|c_{i+k}|$ dividirt, so kommt

$$(\mathrm{K}_{\prime})\qquad \begin{aligned} c_\tau + \gamma_{\lambda-1}c_{\tau-1} + \cdots + \gamma_1 c_{\tau-\lambda+1} + \gamma_0 c_{\tau-\lambda} &= 0\\ c_{\mu+\nu} + \gamma_{\lambda-1}c_{\mu+\nu-1} + \cdots + \gamma_1 c_{\mu+\nu-\lambda+1} + \gamma_0 c_{\mu+\nu-\lambda} &\gtreqless 0 \end{aligned}\qquad (2\lambda\leqq\tau<\mu+\nu),$$

und da einerseits die Bedingungen (K″) aus den Eigenschaften der 2ν Grössen c, durch welche sie oben charakterisirt worden, unmittelbar hervorgehen, andrerseits die zweite dieser Eigenschaften eine offenbare Consequenz der Bedingungen (K$_\prime$) ist, so kann die Reihe der 2ν Grössen c ebensowohl durch diese Bedingungen (K$_\prime$), unter Hinzunahme der Bedingung $|c_{i+k}| \gtreqless 0$, also dadurch charakterisirt werden,

dass erstens die Determinante λ^{ter} Ordnung

$$|c_{i+k}|\qquad\qquad (i,\,k=0,1,\ldots\lambda-1)$$

von Null verschieden ist, und dass zweitens für die ersten $\mu + \nu$ Glieder der Reihe c, aber auch nur für diese, eine lineare Recursionsformel λ^{ter} Ordnung besteht.

Hierbei ist nochmals hervorzuheben, dass die unter den Bedingungen (K')
enthaltene Gleichung

$$|c_{p+q}| = 0 \qquad (p=0,1,\ldots\lambda;\; q=0,1,\ldots\lambda-1,\tau-\lambda)$$

für die Werthe

$$\tau = \lambda, \quad \lambda+1, \quad \ldots \mu+\nu-1$$

eine lineare, für die ersten $\mu+\nu$ Glieder der Reihe c geltende Recursionsformel darstellt, welche mit der Formel (K) übereinstimmt, da deren Coëfficienten γ den Unterdeterminanten proportional sind, welche die Coëfficienten
der Entwickelung von $|c_{p+q}|$ nach der letzten Verticalreihe bilden.

Um für die Reihe der 2ν hier charakterisirten Grössen c die *allgemeinste* Recursionsformel aufzustellen, welche von Anfang an und mindestens
ν mal hintereinander Geltung hat, bedarf es, wie schon am Schlusse des
Art. III bemerkt worden, der vollständigen Auflösung des dort mit (D) bezeichneten Gleichungssystems

$$\sum_{p} \beta_p c_{p+q} = 0 \qquad (p=0,1,\ldots\nu;\; q=0,1,\ldots\nu-1),$$

in welchem die Verhältnisse der $\nu+1$ Coëfficienten β die zu bestimmenden
Grössen sind. Ersetzt man jede der Gleichungen (D), welche einem Werthe
$q \geqq \lambda$ entspricht, durch das Aggregat

$$\text{(D')} \qquad \sum_{p} \beta_p c_{p+q} + \gamma_{\lambda-1} \sum_{p} \beta_p c_{p+q-1} + \cdots + \gamma_0 \sum_{p} \beta_p c_{p+q-\lambda} = 0 \qquad (p=0,1,\ldots\nu),$$

so gelangt man zu $\nu-\lambda$ Gleichungen (D'), von denen die ersten $\mu-\lambda$,
den Werthen $q = \lambda$, $\lambda+1$, $\ldots \mu-1$ entsprechenden, vermöge der bis zu
$\tau = \mu+\nu-1$ gültigen Recursionsformel (K) von selbst erfüllt sind, während
jede der folgenden $\nu-\mu$ Gleichungen (D'), die einem Werthe

$$q = \mu + \varkappa \qquad (\varkappa=0,1,\ldots\nu-\mu-1)$$

entspricht, sich auf die Glieder, welche mit β_ν, $\beta_{\nu-1}$, $\ldots \beta_{\nu-\varkappa}$ multiplicirt
sind, reducirt. Dabei hat $\beta_{\nu-\varkappa}$ den Factor

$$c_{\mu+\nu} + \gamma_{\lambda-1} c_{\mu+\nu-1} + \cdots + \gamma_0 c_{\mu+\nu-\lambda},$$

welcher von Null verschieden ist, da die Recursionsformel (K) der Voraussetzung nach für $\tau = \mu + \nu$ nicht mehr Geltung hat. Aus den Gleichungen (D') für $q = \mu, \mu + 1, \ldots \nu - 1$ ergeben sich daher nach einander die Werthe

$$\beta_\nu = 0, \quad \beta_{\nu-1} = 0, \quad \ldots \beta_{\mu+1} = 0,$$

und das Gleichungssystem (D) reducirt sich demgemäss auf das folgende

$$\text{(L)} \qquad \sum_\lambda \beta_\lambda c_{\lambda+k} = 0 \qquad (\lambda=0, 1, \ldots \mu; \; k=0, 1, \ldots \lambda-1),$$

aus welchem sich die $\mu + 1$ Grössen β, da nur λ Gleichungen vorhanden sind, mit einer $(\mu - \lambda + 1)$ fachen Unbestimmtheit ergeben.

Führt man an Stelle der $\mu + 1$ Grössen β ebenso viele Grössen α mittels der Gleichungen

$$\text{(M')} \qquad \beta_\lambda = \alpha_\lambda + \alpha_{\lambda+1} \gamma_{\lambda-1} + \alpha_{\lambda+2} \gamma_{\lambda-2} + \cdots + \alpha_{\lambda+\lambda} \gamma_0 \qquad (\lambda=0, 1, \ldots \mu)$$

ein, in denen diejenigen Grössen α, deren Index grösser als μ ist, gleich Null zu nehmen sind, so geht die Gleichung (L) in

$$\text{(L')} \qquad \sum_\lambda \alpha_\lambda c_{\lambda+k} + \gamma_{\lambda-1} \sum_\lambda \alpha_{\lambda+1} c_{\lambda+k} + \cdots + \gamma_0 \sum_\lambda \alpha_{\lambda+\lambda} c_{\lambda+k} = 0 \qquad (\lambda=0, 1, \ldots \mu)$$

über, und die $\mu + 1$ Grössen $\alpha_0, \alpha_1, \ldots \alpha_\mu$ sind demnach so zu bestimmen, dass diese Gleichung (L') für jeden der Werthe $k = 0, 1, \ldots \lambda - 1$ erfüllt wird. In der Gleichung (L') werden nun die Coëfficienten von

$$\alpha_\lambda, \quad \alpha_{\lambda+1}, \quad \cdots \alpha_\mu$$

vermöge der Recursionsformel (K) gleich Null, und zwar, da diese für die ersten $\mu + \nu$ Grössen c gilt, für jeden der Werthe $k = 0, 1, \ldots \nu - 1$; die Gleichung (L') reducirt sich daher auf die Gleichung

$$\text{(L'')} \qquad \sum_\lambda (\alpha_\lambda + \alpha_{\lambda+1} \gamma_{\lambda-1} + \alpha_{\lambda+2} \gamma_{\lambda-2} + \cdots + \alpha_{\lambda-1} \gamma_{\lambda+1}) c_{\lambda+k} = 0 \qquad (\lambda=0, 1, \ldots \lambda-1),$$

21*

in welcher $\gamma_\lambda = 1$ zu nehmen ist, und diese Gleichung (L') kann für die λ Werthe $k = 0, 1, \ldots \lambda - 1$, da die Determinante

$$|c_{h+k}| \qquad (h, k = 0, 1, \ldots \lambda - 1)$$

von Null verschieden ist, nur dadurch befriedigt werden, dass für jeden der Werthe $h = 0, 1, \ldots \lambda - 1$ der Ausdruck

$$\alpha_h + \alpha_{h+1}\gamma_{\lambda-1} + \alpha_{h+2}\gamma_{\lambda-2} + \cdots + \alpha_{\lambda-1}\gamma_{h+1}$$

und also jede der λ Grössen $\alpha_0, \alpha_1, \ldots \alpha_{\lambda-1}$ selbst gleich Null wird. Die allgemeine Auflösung der Gleichungen (L) wird hiernach durch die Gleichung (M°) gegeben, wenn darin $\alpha_\lambda, \alpha_{\lambda+1}, \ldots \alpha_\mu$ als willkürliche Grössen, die übrigen α aber, deren Index kleiner als λ oder grösser als μ ist, gleich Null angenommen werden. Da nun bei diesen Festsetzungen der Ausdruck auf der rechten Seite der Gleichung (M°) für die zwischen μ und ν liegenden Werthe von h verschwindet, für welche auch β_h in den Gleichungen (D) gleich Null zu setzen ist, so wird die allgemeine und vollständige Auflösung des Gleichungssystems

$$\text{(D)} \qquad \sum_p \beta_p c_{p+q} = 0 \qquad (p = 0, 1, \ldots \nu; \ q = 0, 1, \ldots \nu - 1),$$

von welchem ausgegangen wurde, durch die Formel

$$\text{(M)} \qquad \beta_p = \alpha_p + \alpha_{p+1}\gamma_{\lambda-1} + \alpha_{p+2}\gamma_{\lambda-2} + \cdots + \alpha_{p+\lambda}\gamma_0 \qquad (p = 0, 1, \ldots \nu)$$

gegeben, wenn

$$\alpha_0 = 0, \quad \alpha_1 = 0, \quad \ldots \alpha_{\lambda-1} = 0; \quad \alpha_{\mu+1} = 0, \quad \alpha_{\mu+2} = 0, \quad \ldots \alpha_{\nu+\lambda} = 0$$

gesetzt wird, die Grössen

$$\alpha_\lambda, \quad \alpha_{\lambda+1}, \quad \ldots \alpha_\mu$$

aber willkürlich bleiben, und auf Grund der Formel (M) werden die Grössen β_p den Determinanten $(\lambda + 1)^{\text{ter}}$ Ordnung

$$|c_h, \ c_{h+1}, \ \ldots c_{h+\lambda-1}, \ \alpha_{p-h+\lambda}| \qquad (h = 0, 1, \ldots \lambda)$$

proportional.

Der Ausdruck auf der linken Seite der Gleichung (D) wird, wenn man den Werth von β_p aus der Formel (M) entnimmt,

$$\sum_{p=\lambda}^{p=\mu} \alpha_p\left(c_{p+q} + \gamma_{\lambda-1}c_{p+q-1} + \cdots + \gamma_0 c_{p+q-\lambda}\right),$$

und jede der Gleichungen (D) selbst wird hiernach ein Aggregat von $\mu - \lambda + 1$ mit willkürlichen Coëfficienten α multiplicirten Recursionsformeln (K), welche $\mu - \lambda + 1$ aufeinanderfolgenden Werthen von τ entsprechen. Dies ist aber der vorstehenden Entwickelung zufolge die allgemeinste Art und Weise des Bestehens der Gleichungen (D), oder mit anderen Worten, die allgemeinste Art und Weise für die Reihe der Grössen c eine lineare Recursionsformel aufzustellen, welche vom Anfang an ν mal hinter einander Geltung hat und daher höchstens ν^{ter} Ordnung ist (vgl. den Schluss des Art. III). Es giebt also keine andern, ν mal nach einander auf die Grössenreihe c_0, c_1, c_2, ... anwendbaren Recursionsformeln als solche, die aus der Recursionsformel λ^{ter} Ordnung (K) entstehen, wenn darin für τ eine Anzahl aufeinanderfolgender Werthe genommen, jede der bezüglichen Formeln mit einem beliebigen Coëfficienten multiplicirt und alsdann ein Aggregat aus allen diesen Formeln gebildet wird. Die Recursionsformel (K) ist deshalb als eine *„primitive"* und jedes in der angegebenen Weise gebildete Aggregat als eine *„derivirte"* oder *„abgeleitete"* Recursionsformel zu bezeichnen. Auf Grund dessen ist dann die Reihe c_0, c_1, ... $c_{2\nu-1}$ endlich dadurch zu charakterisiren,

> dass für dieselbe eine primitive lineare Recursionsformel λ^{ter} Ordnung besteht, welche aber nur für die ersten $\mu + \nu$ Glieder Geltung hat.

Geht man von dieser Art der Charakterisirung der Reihe c_0, c_1, ... $c_{2\nu-1}$ aus, so ergiebt sich die primitive Recursionsformel selbst aus den λ Gleichungen, welche die Bedingung enthalten, dass jede der Grössen c_λ, $c_{\lambda+1}$, ... $c_{2\lambda-1}$ sich mittels der Formel (K) linear durch die λ unmittelbar vorhergehenden darstellen lasst. Die allgemeinste abgeleitete Recursionsformel, welche von der Ordnung μ ist, geht alsdann in der oben angegebenen Weise aus der primitiven hervor.

XII.

In dem besonderen Falle, wo $\lambda = \mu = \nu$ ist, bilden die 2ν Grössen c, wie am Schlusse des Art. VIII erwähnt worden, die ersten 2ν Coëfficienten der Entwickelung eines Bruches nach fallenden Potenzen von x, der in seiner reducirten Form einen Nenner ν^{ten} Grades hat. Es kann aber nunmehr auch für eine ganz beliebige Reihe von 2ν Grössen c der einfachste Bruch, d. h. ein solcher mit einem Nenner von möglichst niedrigem Grade bestimmt werden, dessen Entwickelung nach fallenden Potenzen von x mit

$$c_0 x^{-1} + c_1 x^{-2} + \cdots + c_{2\nu-1} x^{-2\nu}$$

beginnt, so dass die 2ν gegebenen Grössen c die ersten Entwickelungscoëfficienten bilden.

Gemäss den Ausführungen im Art. VIII und IX ist das Bestehen einer primitiven linearen Recursionsformel λ^{ter} Ordnung charakteristisch für die Coëfficienten der Entwickelung eines Bruches, welcher in der reducirten Form einen Nenner λ^{ten} Grades hat. Sind daher die 2ν Grössen c so beschaffen, dass $\mu = \nu$ ist, d. h. dass die primitive Recursionsformel λ^{ter} Ordnung (K) für alle 2ν Grössen c Geltung hat, so sind sie die ersten 2ν Coëfficienten für den Bruch $\dfrac{C^{(\lambda)}(x)}{D^{(\lambda)}(x)}$ nach der im Art. VIII angenommenen Bezeichnungsweise. Ist aber $\mu < \nu$, so kann die gegebene Grössenreihe $c_0, c_1, \ldots c_{2\nu-1}$ in ganz beliebiger Weise, wie schon oben im Art. XI bei den Bedingungen (K″) ausgeführt ist, bis zum $2(\mu + \nu - \lambda + 1)^{\text{ten}}$ Gliede fortgesetzt werden, um aus diesen $2(\mu + \nu - \lambda + 1)$ Coëfficienten c einen Bruch $\dfrac{C^{(m)}(x)}{D^{(m)}(x)}$ zu bilden, dessen Nenner vom Grade $m = \mu + \nu - \lambda + 1$ ist, und in dessen Entwickelung nach fallenden Potenzen von x jene 2ν Grössen c die ersten 2ν Coëfficienten sind. Der Nachweis, dass es keinen Bruch mit einem Nenner von niedrigerem Grade giebt, der die verlangte Eigenschaft besitzt, kann darauf gestützt werden, dass nach den Bedingungen $(G^{(m)})$ im Art. IX, wenn der Nenner vom m^{ten} Grade sein soll, die Determinante

$$\lvert c_{i+k} \rvert \qquad (i, k = 0, 1, \ldots m-1)$$

von Null verschieden sein, und dass ferner gemäss der ersten Bestimmungsweise im Art. VII eine lineare Recursionsformel m^{ter} Ordnung für *alle* Grössen c bestehen müsste. Da nämlich auf Grund der Bedingungen (K″) im Art. XI alle Determinanten $\lvert c_{i+k} \rvert$ für Werthe von m, die zwischen λ und $\mu + \nu - \lambda + 1$ liegen, gleich Null sind, so könnte, wenn $m < \mu + \nu - \lambda + 1$ sein soll, nur $m = \lambda$ sein, während auf Grund der zweiten Art der Charakterisirung der Grössen c im Art. XI die lineare Recursionsformel λ^{ter} Ordnung nicht für alle 2ν Glieder der Reihe c, sondern nur für die ersten $\mu + \nu$ derselben Geltung hat.

Die Zahl $\mu + \nu - \lambda$ giebt an, wie vielmal nacheinander die Recursionsformel λ^{ter} Ordnung auf die Grössenreihe c anwendbar ist; man kann also das obige Resultat folgendermassen formuliren:

„Der niedrigste Grad des Nenners eines Bruches, dessen Entwickelung nach fallenden Potenzen von x mit

$$c_0 x^{-1} + c_1 x^{-2} + \cdots + c_{2\nu-1} x^{-2\nu}$$

beginnt, bestimmt sich durch jene mindestens ν mal nacheinander anwendbare Recursionsformel, welche nach Art. XI einer jeden Grössenreihe $c_0, c_1, \ldots c_{2\nu-1}$ zugehört; und zwar ist der Grad gleich der Ordnung der Recursionsformel, wenn dieselbe für *alle* 2ν Grössen c besteht, wenn dies aber nicht der Fall ist, so ist der Grad um Eins grösser als die Zahl, welche angiebt, wie vielmal nacheinander die Recursionsformel Anwendung findet."

Schliesslich ist noch hervorzuheben, dass gemäss den am Ende des Art. III enthaltenen Darlegungen *alle* Brüche, deren Entwickelung mit jenen 2ν Gliedern anfängt, dadurch charakterisirt werden können, dass jene besonderen (mit Nennern niedrigsten Grades) Näherungsbrüche derselben sind.

XIII.

Setzt man die durch die Gleichungen (D) bestimmten Werthe der Coëfficienten β_p, wie sie sich aus der Formel (M) im Art. XI ergeben, in der nach Art. III für $\psi(x)$ zu nehmenden Function

$$\beta_0 + \beta_1 x + \beta_2 x^2 + \cdots + \beta_\nu x^\nu$$

ein, so wird dieselbe gleich dem Product

$$(\gamma_0 + \gamma_1 x + \cdots + \gamma_{\lambda-1} x^{\lambda-1} + x^\lambda)(\alpha_\lambda + \alpha_{\lambda+1} x + \cdots + \alpha_\mu x^{\mu-\lambda})$$

d. h., da die Grössen α willkürlich sind, gleich einer beliebigen, durch

$$\gamma_0 + \gamma_1 x + \cdots + \gamma_{\lambda-1} x^{\lambda-1} + x^\lambda$$

theilbaren ganzen Function μ^{ten} Grades. Dieser Ausdruck λ^{ten} Grades ist gleich der im Art. VIII mit $D^{(\lambda)}(x)$ bezeichneten Determinante, dividirt durch

$$|c_{i+k}| \qquad {\scriptstyle (i,\,k=0,\,1,\,\ldots\,\lambda-1)\,,}$$

und es wird daher

(N*) $$\psi(x) = D^{(\lambda)}(x) E^{(\mu-\lambda)}(x),$$

wo $E^{(\mu-\lambda)}(x)$ eine beliebige ganze Function vom Grade $\mu - \lambda$ bedeutet.

Die ganze Function $\sum \beta_p x^p$, deren Coëfficienten durch die Gleichungen

(D) $$\sum_p \beta_p c_{p+q} = 0 \qquad {\scriptstyle (p=0,\,1,\,\ldots\,\nu;\; q=0,\,1,\,\ldots\,\nu-1)}$$

bestimmt werden, lässt sich nach Art. V (E') direct durch eine Determinante der Ordnung $\nu - \mu + \lambda + 1$ darstellen. Geht man nämlich von jener ersten Art der Charakterisirung der Grössen c aus, so hat man in der darstellenden Determinante die Reihen wegzulassen, deren Index $q = \lambda,\ \lambda+1,\ \ldots\ \mu - 1$

ist, und man erhält, wenn man die Verticalreihen umstellt, zur Darstellung von $\Psi(x)$ eine Determinante, deren erste $\lambda+1$ Colonnen

$$
\begin{array}{llll}
1 & , x & , \ldots x^{\lambda-1} & , \beta_\lambda x^\lambda & + \cdots + \beta_\mu x^\mu \\[2pt]
c_0 & , c_1 & , \ldots c_{\lambda-1} & , \beta_\lambda c_\lambda & + \cdots + \beta_\mu c_\mu \\
\cdot & & \cdot & \cdot & \cdot \\
\cdot & & \cdot & \cdot & \cdot \\
\cdot & & \cdot & \cdot & \cdot \\
c_{\lambda-1}, & c_\lambda & , \ldots c_{2\lambda-2} & , \beta_\lambda c_{2\lambda-1} & + \cdots + \beta_\mu c_{\mu+\lambda-1} \\[2pt]
c_\mu & , c_{\mu+1}, & \ldots c_{\mu+\lambda-1}, & \beta_\lambda c_{\mu+\lambda} & + \cdots + \beta_\mu c_{2\mu} \\
\cdot & & \cdot & \cdot & \cdot \\
\cdot & & \cdot & \cdot & \cdot \\
\cdot & & \cdot & \cdot & \cdot \\
c_{\nu-1}, & c_\nu & , \ldots c_{\nu+\lambda-2} & , \beta_\lambda c_{\nu+\lambda-1} & + \cdots + \beta_\mu c_{\nu+\mu-1}
\end{array}
$$

sind, während

$$
\begin{array}{lll}
x^{\mu+1} , & x^{\mu+2} , & \ldots x^\nu \\[2pt]
c_{\mu+1} , & c_{\mu+2} , & \ldots c_\nu \\
\cdot & & \\
\cdot & & \\
\cdot & & \\
c_{\mu+\lambda} , & c_{\mu+\lambda+1}, & \ldots c_{\nu+\lambda-1} \\[2pt]
c_{2\mu+1} , & c_{2\mu+2} , & \ldots c_{\nu+\mu} \\
\cdot & & \\
\cdot & & \\
\cdot & & \\
c_{\nu+\mu} , & c_{\nu+\mu+1}, & \ldots c_{2\nu-1}
\end{array}
$$

die letzten $\nu - \mu$ Colonnen bilden. Da nun vermöge der charakteristischen Eigenschaften der Grössen c jede aus dem Systeme

$$
c_{p+q} \qquad\qquad (p=0, 1, \ldots \mu;\ q=0, 1, \ldots \nu-1)
$$

zu bildende Determinante $(\lambda+1)^{\mathrm{ter}}$ Ordnung verschwindet, so bestehen Relationen

$$c_{k+g} + \gamma^{(g)}_{\lambda-1} c_{k+\lambda-1} + \cdots + \gamma^{(g)}_{1} c_{k+1} + \gamma^{(g)}_{0} c_{k} = 0 \qquad (k=0,1,\ldots\mu+\nu-g-1)$$

für alle Indices g, und wenn also in jener Determinante der mit c_g beginnenden Horizontalreihe (für $g = \mu$, $\mu + 1$, $\ldots \nu - 1$) die λ^{te}, mit $\gamma^{(g)}_{\lambda-1}$ multiplicirt, die $(\lambda - 1)^{te}$, mit $\gamma^{(g)}_{\lambda-2}$ multiplicirt, u. s. w. hinzugefügt wird, so werden alle Elemente der $(\lambda + 2)^{ten}$ Horizontalreihe mit Ausnahme des letzten, alle Elemente der $(\lambda + 3)^{ten}$ Horizontalreihe mit Ausnahme der zwei letzten u. s. w. gleich Null, und die Determinante reducirt sich auf die aus den ersten $\lambda + 1$ Horizontal- und Verticalreihen gebildete Determinante $(\lambda + 1)^{ter}$ Ordnung

$$\begin{vmatrix} 1 & , x , & \ldots x^{\lambda-1}, & \beta_\lambda x^\lambda & + \cdots + \beta_\mu x^\mu \\ c_0 & , c_1, & \ldots c_{\lambda-1}, & \beta_\lambda c_\lambda & + \cdots + \beta_\mu c_\mu \\ \vdots & & \vdots \quad \vdots & & \vdots \\ c_{\lambda-1}, & c_\lambda, & \ldots c_{2\lambda-2}, & \beta_\lambda c_{2\lambda-1} & + \cdots + \beta_\mu c_{\mu+\lambda-1} \end{vmatrix},$$

multiplicirt mit dem Producte der Ausdrücke

$$c_{\nu+\mu} + \gamma^{(g)}_{\lambda-1} c_{\nu+\lambda-1} + \cdots + \gamma^{(g)}_{0} c_{\nu},$$

welche nach den über die Grössen c gemachten Annahmen sämmtlich von Null verschieden sind. Diese Determinante $(\lambda + 1)^{ter}$ Ordnung ist nach dem, was im Art. X von der analogen Determinante (H) bewiesen worden, gleich der mit $D^{(\lambda)}(x)$ bezeichneten Determinante, multiplicirt mit einer ganzen Function vom Grade $\mu - \lambda$, deren Coëfficienten lineare homogene Functionen von β_λ, $\beta_{\lambda+1}$, $\ldots \beta_\mu$ sind, und es resultirt daher auch auf diesem directen Wege, dass $\Psi(x)$ eine beliebige, durch die Determinante $D^{(\lambda)}(x)$ theilbare ganze Function μ^{ten} Grades sein muss.

Die hier durch Auflösung des Gleichungssystems (D) erlangte Bestimmung von $\Psi(x)$ ist nun noch dadurch zu vervollständigen, dass die in der Gleichung (C) zugehörige Function $\Phi(x)$ ebenfalls durch die Grössen c ausgedrückt wird. Zu diesem Behufe braucht man nur analog mit (N*)

$$(\mathrm{N}) \qquad \Psi(x) = D^{(\lambda)}(x)E^{(\mu-\lambda)}(x), \qquad \Phi(x) = O^{(\lambda)}(x)E^{(\mu-\lambda)}(x)$$

zu setzen; denn gemäss den Gleichungen (O'') im Art. III und (F'') im Art. VIII wird

$$(\mathrm{O}) \qquad f_1(x)D^{(\lambda)}(x) - f(x)O^{(\lambda)}(x) = f(x)\sum_t |c_{p+q}|\,x^{-t-1}$$

$$(p=0,1,\ldots\lambda;\ q=0,1,\ldots\lambda-1,\ t;\ t=\lambda,\lambda+1,\ldots),$$

und da vermöge der Eigenschaften der Grössen c die Determinanten $|c_{p+q}|$ für alle unter $\mu+\nu-\lambda$ liegenden Werthe von t verschwinden, so braucht man die Summation in Bezug auf t erst mit diesem Werthe beginnen zu lassen, so dass der Ausdruck rechts evident höchstens vom Grade $n-\nu-(\mu-\lambda)-1$ wird. Die mit einer beliebigen ganzen Function $(\mu-\lambda)^{\mathrm{ten}}$ Grades $E^{(\mu-\lambda)}(x)$ multiplicirte Gleichung (O) giebt also unmittelbar die zur Erfüllung der Gleichung

$$(\mathrm{C}) \qquad f_1(x)\Psi(x) - f(x)\Phi(x) = F(x)$$

genügenden Bestimmungen (N) für $\Phi(x)$ und $\Psi(x)$ nebst der Bestimmung

$$(\mathrm{N'}) \qquad F(x) = f(x)E^{(\mu-\lambda)}(x)\sum_t |c_{p+q}|\,x^{-t-1}$$

$$(p=0,1,\ldots\lambda;\ q=0,1,\ldots\lambda-1,\ t;\ t=\mu+\nu-\lambda,\mu+\nu-\lambda+1,\ldots)$$

durch die als gegeben betrachteten Grössen c, wenn diese nur gemäss der zweiten Art der Charakterisirung so beschaffen vorausgesetzt werden, dass die Bedingungen

$$|c_{i+k}| \gtreqless 0, \qquad\qquad |c_{p+q}| = 0$$
$$(i,k=0,1,\ldots\lambda-1) \qquad (p=0,1,\ldots\lambda;\ q=0,1,\ldots\lambda-1,\ t;\ t<\mu+\nu-\lambda)$$

erfüllt sind. Dass diese Bestimmungen von $F(x)$, $\Phi(x)$, $\Psi(x)$ nicht bloss genügende, sondern auch nothwendige sind, leuchtet ein, wenn man, wie im Art. I, aus zwei Gleichungen

$$f_1(x)\Psi(x) - f(x)\Phi(x) = F(x), \qquad f_1(x)\Psi_1(x) - f(x)\Phi_1(x) = F_1(x)$$

die Gleichung

$$f(x)\big(\Psi(x)\Phi_1(x) - \Psi_1(x)\Phi(x)\big) = F(x)\Psi_1(x) - F_1(x)\Psi(x)$$

und aus dieser wiederum erschliesst, dass, da der Ausdruck rechts von niedrigerem als dem n^{ten} Grade ist,

$$\frac{\Phi(x)}{\Psi(x)} = \frac{\Phi_1(x)}{\Psi_1(x)},$$

folglich auch

$$\frac{\Phi_1(x)}{\Psi_1(x)} = \frac{C^{(\lambda)}(x)}{D^{(\lambda)}(x)},$$

und also endlich

$$\Phi_1(x) = E_1^{(\mu-\lambda)}(x)\,C^{(\lambda)}(x), \qquad \Psi_1(x) = E_1^{(\mu-\lambda)}(x)\,D^{(\lambda)}(x)$$

sein muss, wenn $C^{(\lambda)}(x)$ und $D^{(\lambda)}(x)$ keinen gemeinsamen Theiler haben. Dies aber erhellt, wie schon im Art. IX erwähnt worden, aus der Gleichung (F) im Art. VIII mit Berücksichtigung der Voraussetzung, dass die aus den ersten λ Horizontal- und Verticalreihen der Grössen c_{i+k} gebildete Determinante von Null verschieden ist. *Hiernach ist es jene einfache im Art. VIII entwickelte Determinanten-Umformung allein, welche in der Gleichung (O) die vollständige Lösung der Aufgabe enthält, die der Gleichung (C) genügenden Functionen F, Φ, Ψ durch die ersten 2ν Coëfficienten der Entwickelung von $\frac{f_1(x)}{f(x)}$ auszudrücken.*

XIV.

Vergleicht man die am Schlusse des vorigen Abschnittes gegebene Bestimmung für eine der Gleichung (C) genügende Function ν^{ten} Grades $\Psi(x)$ mit derjenigen, welche am Schlusse des Art. I auf Grund der Kettenbruchsentwickelung von $\frac{f_1(x)}{f(x)}$ bei ($\overline{O}$) formulirt worden ist, so gelangt man zu dem Ergebniss, dass, wenn ν zwischen den beiden Zahlen

$$n_k - 1 \quad \text{und} \quad n_{k+1}$$

liegt, das Product

$$E^{(\mu-\lambda)}(x)\,D^{(\lambda)}(x)$$

eine beliebige durch den Nenner des k^{ten} Näherungsbruches $\psi_k(x)$ theilbare ganze Function darstellen muss, für welche der Grad des Quotienten kleiner als jeder der beiden Abstände der Zahl ν von den beiden Grenzen $n_k - 1$ und n_{k+1} ist. Es kann hiernach $\mu - \lambda$ nur genau um eine Einheit kleiner als der kleinere dieser beiden Abstände sein, und $D^{(\lambda)}(x)$ kann sich nur durch einen constanten Factor von $\psi_k(x)$ unterscheiden. Demgemäss ist

$$\lambda = n_k,$$

also, wenn mit η_k der Coëfficient der höchsten Potenz von x in $\psi_k(x)$ bezeichnet wird,

$$\text{(P)} \qquad \eta_k \cdot D^{(\lambda)}(x) = |\,c_{\lambda+\iota}\,| \cdot \psi_k(x) \qquad (\lambda,\iota=0,1,\ldots\lambda-1),$$

und

$$\text{für } \nu < \tfrac{1}{2}(n_k + n_{k+1}), \quad \mu - \lambda = \nu - n_k \qquad \text{also } \mu = \nu,$$
$$\text{für } \nu \geq \tfrac{1}{2}(n_k + n_{k+1}), \quad \mu - \lambda = n_{k+1} - \nu - 1 \quad \text{also } \mu = n_k + n_{k+1} - \nu - 1.$$

Da ferner für $\nu = n_{k+1} - 1$, ebenso wie für $\nu = n_k$, der Werth von μ gleich dem von λ und also $E^{(\mu-\lambda)}(x)$ gleich einer Constanten wird, so ist

$$\text{(P')} \qquad (-1)^{\nu+n_k}\,\eta_k \cdot D^{(\nu)}(x) = |\,c_{f+g}\,| \cdot \psi_k(x) \begin{pmatrix} f=0,1,\ldots\nu \text{ ausser } f=n_k \\ g=0,1,\ldots\nu-1;\ \nu=n_{k+1}-1 \end{pmatrix}.$$

Bei eben diesem Werthe $\nu = n_{k+1} - 1$ und für den Fall $n_{k+1} - 1 > n_k$ ergiebt sich ferner gemäss der ersten im Art. XI gegebenen Charakterisirung der Grössen c, da hier $\lambda = \mu = n_k$ ist, dass

alle aus dem Systeme

$$c_{p+q} \qquad (p=0,1,\ldots n_k;\ q=0,1,\ldots n_{k+1}-2)$$

$$\text{(Q')} \qquad \text{zu bildenden Determinanten der Ordnung } n_k + 1 \text{ verschwinden, und}$$

dass — wie schon die Gleichung (P) zeigt —

$$|\,c_{\lambda+\iota}\,| \gtrless 0 \qquad (\lambda,\iota=0,1,\ldots n_k-1)$$

ist.

Die 2ν Grössen $c_0, c_1, \ldots c_{2\nu-1}$ erfüllen also für den vorliegenden Fall $\nu = n_{k+1} - 1$ die Bedingungen

$$(Q) \qquad |c_{h+l}| \gtreqless 0 , \qquad\qquad |c_{p+q}| = 0$$
$$(h, l = 0, 1, \ldots n_k - 1), \qquad (p = 0, 1, \ldots n_k; \; q = 0, 1, \ldots n_k - 1, l; \; l < n_{k+1} - 1),$$

welche unmittelbar aus der zweiten Art der Charakterisirung im Art. XI mit Hülfe der Gleichung (K′) hervorgehen, wenn dort

$$\lambda = \mu = n_k, \quad \nu = n_{k+1} - 1, \quad \tau - \lambda = t$$

gesetzt wird, und es können auch an Stelle der Bedingungen (Q′) die folgenden treten:

$$(Q') \qquad |c_{h+l}| \gtreqless 0, \qquad\qquad |c_{p+q}| = 0$$
$$(h, l = 0, 1, \ldots n_k - 1), \qquad (p, q = 0, 1, \ldots t; \; n_k \leqq t < n_{k+1} - 1)$$

welche besagen, dass unter den Determinanten

$$|c_{p+q}| \qquad\qquad (p, q = 0, 1, \ldots t-1) ,$$

die den verschiedenen Ordnungen $t = 1, 2, 3, \ldots n_{k+1} - 1$ angehören, diejenige der Ordnung n_k die letzte von Null verschiedene ist.

Die Formulirung der Bedingungen (Q′), (Q), (Q′) knüpft an die im Art. I den Zahlen $n_1, n_2, \ldots$ beigelegte Bedeutung an, wonach dieselben als die Grade der verschiedenen Nenner der Näherungsbrüche $\psi_1(x), \psi_2(x), \ldots$ definirt sind. Die Bedingungen selbst constituiren jene Haupteigenschaften der Grössen c, die ich zuerst (unter der Voraussetzung, dass $f(x)$ nur aus ungleichen Factoren bestehe) im Art. IV meines im Eingang citirten Aufsatzes vom Februar 1873 entwickelt habe. Es ergiebt sich aus denselben unmittelbar, dass die Determinanten $D^{(m)}(x)$, für welche der Index m *zwischen* zwei Zahlen n_k und $n_{k+1} - 1$ liegt, für welche also

$$n_k < m < n_{k+1} - 1$$

ist, identisch gleich Null sind, weil die Determinanten, welche die Coëfficienten bilden, sämmtlich verschwinden; es folgt ferner daraus, namentlich aus den

Bedingungen (Q'), dass die ganze Reihe der durch die Gleichung (C'') im Art. III

$$\frac{f_1(x)}{f(x)} = \sum_{h=0}^{h=\infty} c_h x^{-h-1}$$

definirten Entwickelungscoëfficienten c dadurch charakterisirt wird, dass für alle von $n_1, n_2, n_3, \ldots$ verschiedenen Werthe von t

$$|c_{p+q}| = 0 \qquad (p, q = 0, 1, \ldots t-1)$$

ist. An Stelle der im Art. I den Zahlen $n_1, n_2, n_3, \ldots$ beigelegten Bedeutung kann daher auch die folgende Definition treten:

Es sind $n_1, n_2, n_3, \ldots$ die Ordnungszahlen derjenigen Determinanten

$$(R) \qquad |c_0|, \quad \begin{vmatrix} c_0 & c_1 \\ c_1 & c_2 \end{vmatrix}, \quad \begin{vmatrix} c_0 & c_1 & c_2 \\ c_1 & c_2 & c_3 \\ c_2 & c_3 & c_4 \end{vmatrix}, \quad \ldots \quad ,$$

welche von Null verschiedene Werthe haben.

Dabei ist zu bemerken, dass die Reihe dieser Zahlen, wie schon im Art. IX erwähnt ist, abbricht, und dass die letzte derselben gleich dem Grade von $f(x)$ abzüglich des Grades des grössten gemeinsamen Theilers von $f(x)$ und $f_1(x)$ sein muss. Aber die Uebereinstimmung der Ordnungszahlen der von Null verschiedenen Determinanten

$$|c_{p+q}| \qquad (p, q = 0, 1, \ldots t-1)$$

mit denen der Nenner der Näherungsbrüche eines die Reihe

$$\sum_{h=0}^{h=\infty} c_h x^{-h-1}$$

darstellenden Kettenbruchs findet natürlich auch dann noch statt, wenn der Werth der Reihe nicht rational ist, da ja an deren Stelle, wenn die Uebereinstimmung der Ordnungszahlen n_1, n_2, ... bis zu einer bestimmten Zahl n_ϱ nachgewiesen werden soll, die Reihe genommen werden kann, in welche einer der Näherungsbrüche höherer Ordnung zu entwickeln ist, d. h. ein solcher, deren Nenner von höherem Grade als n_ϱ ist.

XV.

Die im vorigen Abschnitte aus der allgemeinen und vollständigen Auflösung des Gleichungssystems

$$\text{(D)} \qquad \sum_p \beta_p c_{p+q} = 0 \qquad\qquad (p=0, 1, \ldots \nu;\ q=0, 1, \ldots \nu-1)$$

entwickelten Resultate können auch schon aus den einfachsten Fällen, wo ν gleich einer der Zahlen n_k ist, erschlossen werden, wenn man jene Fundamentalgleichung (F) im Art. VIII zu Hülfe nimmt, die überhaupt bei der Vergleichung der aus dem Kettenbruchsverfahren und der aus der Auflösung der linearen Gleichungen (D) · resultirenden Bestimmungen die wesentliche Grundlage bildet.

Das Gleichungssystem (D) enthält, wie schon am Schlusse des III. Abschnittes dargelegt ist, die nothwendigen und hinreichenden Bedingungen dafür, dass der Rest der Division von

$$f_1(x) \sum_p \beta_p x^p \qquad\qquad (p=0, 1, \ldots \nu)$$

durch $f(x)$ höchstens vom Grade $n - \nu - 1$ sein soll. Eine dieser Forderung entsprechende Function $\sum \beta_p x^p$ kann sich aber, wenn $\nu = n_k$ ist, nach Art. I von $\psi_k(x)$ nur durch einen constanten Factor unterscheiden, und es ergiebt sich daher, dass die Verhältnisse der Coëfficienten β durch die der Coëfficienten von $\psi_k(x)$ völlig bestimmt sind, dass also die dem Coëfficienten von x^{n_k} proportionale Determinante

$$\left| c_{k+i} \right| \qquad\qquad (k, i=0, 1, \ldots m-1;\ m=n_k)$$

von Null verschieden und, wie im vorigen Abschnitte,

(P)
$$\eta_k D^{(m)}(x) = \big|\, c_{h+i}\,\big|\, \psi_k(x) \qquad (h,\,i=0,\,1,\,\ldots\,m-1;\ m=n_k)$$

sein muss, wenn, wie a. a. O., η_k den Coëfficienten der höchsten Potenz von x in $\psi_k(x)$ bedeutet. Da nun gemäss der Gleichung (F″) im Art. VIII zwischen den Determinanten $C^{(m)}(x)$ und $D^{(m)}(x)$ die Relation

$$f_1(x) D^{(m)}(x) - f(x) C^{(m)}(x) = f(x) \sum_i \big|\, c_{h+i}\,\big|\, x^{-i-1}$$

$$(h=0,\,1,\,\ldots\,m;\ i=0,\,1,\,\ldots\,m-1,\,t;\ t=m,\,m+1,\,\ldots;\ m=n_k)$$

besteht, welche $C^{(m)}(x)$ als den Quotienten bei der Division von $f_1(x) D^{(m)}(x)$ durch $f(x)$ charakterisirt, und da $\varphi_k(x)$ der Quotient der Division von $f_1(x)\psi_k(x)$ durch $f(x)$ ist, so folgt aus der Gleichung (P) die analoge Gleichung

(P̄)
$$\eta_k C^{(m)}(x) = \big|\, c_{h+i}\,\big|\, \varphi_k(x) \qquad (h,\,i=0,\,1,\,\ldots\,m-1;\ m=n_k)\;.$$

Setzt man in der Relation (F) des Art. VIII

$$C^{(m)}(x) D^{(m-1)}(x) - C^{(m-1)}(x) D^{(m)}(x) = \big|\, c_{h+i}\,\big|^2 \qquad (h,\,i=0,\,1,\,\ldots\,m-1)$$

die aus den Gleichungen (P) und (P̄) zu entnehmenden Werthe von $C^{(m)}(x)$ und $D^{(m)}(x)$ ein, so erhält man die Gleichung

$$\varphi_k(x) D^{(m-1)}(x) - \psi_k(x) C^{(m-1)}(x) = \eta_k \big|\, c_{h+i}\,\big| \qquad (h,\,i=0,\,1,\,\ldots\,m-1;\ m=n_k),$$

aus deren Verbindung mit der Gleichung (B′) des Art. I,

$$\varphi_k(x)\psi_{k-1}(x) - \psi_k(x)\varphi_{k-1}(x) = 1\,,$$

folgt, dass

$$\varphi_k(x)\big(D^{(m-1)}(x) - \eta_k \big|\, c_{h+i}\,\big|\, \psi_{k-1}(x)\big) = \psi_k(x)\big(C^{(m-1)}(x) - \eta_k \big|\, c_{h+i}\,\big|\, \varphi_{k-1}(x)\big),$$

und also, da $\varphi_k(x)$ und $\psi_k(x)$ keinen gemeinsamen Theiler haben und der Factor von $\varphi_k(x)$ von niedrigerem Grade als $\psi_k(x)$ ist,

(P″)
$$C^{(m-1)}(x) = \eta_k \big|\, c_{h+i}\,\big|\, \varphi_{k-1}(x)\,, \qquad D^{(m-1)}(x) = \eta_k \big|\, c_{h+i}\,\big|\, \psi_{k-1}(x)$$

$$(h,\,i=0,\,1,\,\ldots\,m-1;\ m=n_k)$$

sein muss. Die Determinante $D^{(m-1)}(x)$ ist hiernach wie $\psi_{k-1}(x)$ vom Grade n_{k-1}, und es ist ebenso, wenn $k+1$ für k gesetzt wird,

$$D^{(t)}(x) \quad \text{vom Grade} \quad n_k, \quad \text{wenn} \quad t = n_{k+1} - 1 \quad \text{ist.}$$

Man kann also, falls $n_k + 1 < n_{k+1}$ ist, auf die Determinante $D^{(t)}(x)$ jene im zweiten Absatze des IV. Abschnittes entwickelte Deduction anwenden, wenn man dort

$$n = t = n_{k+1} - 1, \quad m = n_k$$

$$a_{0\lambda} = x^\lambda \quad \text{und, wenn} \quad i > 0 \quad \text{ist,} \quad a_{i\lambda} = c_{\lambda+i-1}$$

setzt. Es ergiebt sich dabei unmittelbar jene oben mit (Q°) bezeichnete Eigenschaft der Grössen c, dass alle aus dem System

$$c_{\lambda+i} \qquad\qquad (\lambda=0, 1, \ldots n_k;\; i=0, 1, \ldots n_{k+1}-2)$$

zu bildenden Determinanten der Ordnung $n_k + 1$ verschwinden, während die Determinante n_k^{ter} Ordnung

$$\left| c_{\lambda+i} \right| \qquad\qquad (\lambda, i=0, 1, \ldots n_k-1),$$

wie schon oben erschlossen worden, von Null verschieden ist.

Die Verbindung der Gleichungen (P) und (P″) führt zur Bestimmung der Coëfficienten η_k aus den Grössen c. Wird nämlich in der Gleichung (P) $k-1$ an Stelle von k gesetzt, so kommt

$$\eta_{k-1} D^{(t)}(x) = \left| c_{p+q} \right| \psi_{k-1}(x) \qquad (p, q=0, 1, \ldots t-1;\; t=n_{k-1}),$$

und es ergiebt sich also mit Hülfe der zweiten Gleichung (P″) die Formel

$$\text{(S)} \qquad \eta_{k-1}\eta_k \left| c_{\lambda+i} \right| D^{(t)}(x) = \left| c_{p+q} \right| D^{(m-1)}(x) \begin{pmatrix} \lambda, i=0, 1, \ldots m-1;\; m=n_k \\ p, q=0, 1, \ldots t-1;\; t=n_{k-1} \end{pmatrix},$$

mittels deren die Coëfficienten η_1, η_2, $\ldots$ sich der Reihe nach durch die Grössen c bestimmen lassen. Vergleicht man nur die Coëfficienten der höchsten Potenz von x d. i. von x^t auf beiden Seiten der Gleichung (S), so entsteht die einfachere Formel

$$(8')\qquad (-1)^{n_k + n_{k-1} - 1}\,\eta_{k-1}\,\eta_k = \left|\begin{matrix} c_{f+g} \\ c_{h+l} \end{matrix}\right| \qquad \left(\begin{matrix} f=0,1,\ldots n_k-1 \text{ ausser } n_{k-1} \\ g=0,1,\ldots n_k-3 \\ h,l=0,1,\ldots n_k-1 \end{matrix}\right),$$

mittels deren sich jeder Coëfficient η_k als Quotient von Determinanten durch die Grössen c ausdrücken lässt, und welche ihrem wesentlichen Inhalte nach mit der Formel (E) des Art. II in meinem Aufsatze vom 14. Febr. 1878 übereinstimmt.

XVI.

Benutzt man die dritte Art der Charakterisirung der Reihe c, welche am Schlusse des XI. Abschnittes gegeben worden ist, so zeigt sich, dass für die ersten $n_k + n_{k+1} - 1$ Glieder der Reihe c, aber nicht weiter, eine und dieselbe primitive lineare Recursionsformel der Ordnung n_k besteht. Denn es braucht zu diesem Behufe nur, wie im vorigen Abschnitte, der Fall $\nu = n_{k+1} - 1$ ins Auge gefasst zu werden, bei welchem die Ordnung λ der primitiven Recursionsformel gleich n_k und die Anzahl der Glieder $\mu + \nu$, für welche sie Geltung hat, gleich $n_k + n_{k+1} - 1$ wird. Die höchste Ordnung der überhaupt für die ersten 2ν Grössen c aufzustellenden (primitiven oder abgeleiteten) Recursionsformel übersteigt die Zahl $n_k - 1$ um diejenige Zahl, welche angiebt, aus wieviel primitiven die allgemeinste Recursionsformel zusammengesetzt werden kann. Diese ist nach Art. XI durch $\mu - \lambda + 1$, also nach Art. XIV durch

$$\nu - n_k + 1 \qquad \text{oder} \qquad n_{k+1} - \nu$$

ausgedrückt, wenn

$$n_k - 1 < \nu < n_{k+1}$$

ist, d. h. also durch den kleinsten Abstand der Zahl ν von den beiden Grenzen, zwischen denen sie liegt. Diese Zahl ist also für $\nu = n_k$ selbst gleich 1, die Zahl aber, welche die höchste Ordnung der Recursionsformeln angiebt, gleich n_k; beide Zahlen wachsen mit ν je um eine Einheit bis zur Mitte zwischen $n_k - 1$ und n_{k+1} und nehmen dann ebenso wieder ab, bis sie für $\nu = n_{k+1} - 1$ wieder dieselben Werthe 1 und n_k wie für $\nu = n_k$ erhalten.

Am Ende des III. Abschnittes ist bemerkt worden, dass die Aufgabe der Bestimmung der allgemeinsten dem Gleichungssysteme

(D) $$\sum_p \beta_p c_{p+q} = 0 \qquad (p=0, 1, \ldots \nu \mid q=0, 1, \ldots \nu-1)$$

genügenden Werthe von β_0, β_1, $\ldots \beta_\nu$ auch als Problem der Aufstellung der allgemeinsten linearen Recursionsformel für die Reihe der 2ν Grössen c_0, c_1, $\ldots c_{2\nu-1}$ aufgefasst werden kann, wenn man die Recursionsformel durch die Forderung beschränkt, dass sie von Anfang der Reihe an und mindestens ν mal hinter einander Geltung habe. Da die Ordnung einer solchen Recursionsformel höchstens gleich ν ist, so hat sie die Eigenschaft

(T)   vom Anfang der Reihe an und mindestens sovielmal nach einander, als ihre Ordnungszahl beträgt, Anwendung zu finden,

eine Eigenschaft, *bei welcher die Anzahl der Glieder der Reihe nicht mehr in Betracht kommt,* und welche dadurch ausgedrückt werden kann, dass eine Recursionsformel λ^{ter} Ordnung, wie jene im Art. XI mit (K) bezeichnete

$$c_{t+\lambda} = -\sum_p \gamma_p c_{p+t} \qquad (p=0, 1, \ldots \lambda-1)$$

für die Werthe $t = 0, 1, \ldots \lambda - 1$ bestehen müsse. Wenn man diese in der That wesentliche Eigenschaft linearer Recursionsformeln festhält, jene frühere im Art. III aufgestellte, an die Anzahl der Glieder der Reihe anknüpfende Forderung aber fallen lässt, so findet das Problem der Aufstellung *aller* linearen Recursionsformeln für die Reihe der durch die Gleichung (C'') im Art. III und im Art. XIII

$$\frac{f_1(x)}{f(x)} = \sum_{h=0}^{h=\infty} c_h\, x^{-h-1}$$

definirten Entwickelungscoëfficienten c gemäss dem Inhalte des vorigen Abschnittes folgende Lösung:

Sind n_1, n_2, n_3, $\ldots$, wie im Art. I, als die verschiedenen Grade der Näherungsbrüche von $\dfrac{f_1(x)}{f(x)}$ oder auch, wie im Art. XIV (R),

(U)   als Ordnungszahlen gewisser aus den Coëfficienten c gebildeten Determinanten definirt, so existiren *erstens primitive* lineare Recursionsformeln nur von eben diesen Ordnungen n_1, n_2, n_3, ..., *zweitens* aus jeder primitiven Recursionsformel der Ordnung n_k abgeleitete der Ordnungen n_k+1, n_k+2, ... mit der einzigen Bedingung, dass diese Ordnung kleiner als $\frac{1}{2}(n_k+n_{k+1})$ bleibt. Jede dieser Recursionsformeln der Ordnungen n_k, n_k+1, n_k+2, ... gilt bis zum $(n_k+n_{k+1}-1)^{ten}$ Gliede der Reihe c_0, c_1, c_2, ...

Offenbar erhält man nämlich die Gesammtheit der linearen Recursionsformeln von der Eigenschaft (T), wenn man, um der Reihe nach die Recursionsformeln erster, zweiter, dritter Ordnung u. s. w. aufzustellen, für alle Werthe $\nu=1, 2, 3, \ldots$ die dem Gleichungssysteme (D) im Art. III

$$\sum_p \beta_p c_{p+q} = 0 \qquad (p=0, 1,\ldots\nu;\ q=0, 1,\ldots\nu-1)$$

gemäss der Formel (M) im Art. XI genügenden Werthsysteme von β_0, β_1, ... β_ν bestimmt, hiervon aber nur diejenigen beibehält, für welche $\mu = \nu$ ist, da, vermöge der erwähnten Formel jedes β, dessen Index grösser als μ ist, gleich Null wird, und die Erfüllbarkeit des Gleichungssystems (D), mit der Bedingung $\beta_\nu \gtrless 0$, nothwendig und hinreichend für die Existenz einer linearen Recursionsformel ν^{ter} Ordnung mit der Eigenschaft (T) ist. Nun ist nach den Erörterungen im Eingange des XIV. Abschnittes für alle zwischen n_k-1 und $\frac{1}{2}(n_k+n_{k+1})$ liegenden Werthe von ν, und zwar nur für diese, $\mu = \nu$; es ist ferner für alle zwischen n_k-1 und n_{k+1} liegenden Werthe von ν der Werth von λ, d. h. die Ordnung der primitiven Recursionsformel gleich n_k, und der Werth von $\mu+\nu$ d. h. nach Art. XI die Anzahl der Glieder, für welche die primitive Recursionsformel Geltung hat, ist — wie schon im Eingange dieses Abschnittes bemerkt worden — gleich $n_k+n_{k+1}-1$, wenn $\nu = n_{k+1}-1$ oder wenn ν überhaupt nur grösser als $\frac{1}{2}(n_k+n_{k+1}-1)$ genommen wird.

Der Bedeutung von n_1 nach sind die ersten n_1-1 Coëfficienten c, deren Index also kleiner als n_1-1 ist, gleich Null. Die Reihe der Zahlen n_1, n_2, n_3, ... selbst schliesst mit derjenigen Zahl ab, welche den Grad des Nenners des reducirten Bruches angiebt, dessen Reihenentwickelung $\sum c_\lambda x^{-\lambda-1}$ ist.

Das oben durch die Bezeichnung (U) hervorgehobene Resultat knüpft zwar an die Bedeutung der Grössen c als Coëfficienten der Reihenentwickelung einer rationalen Function nach fallenden Potenzen von x an, giebt aber offenbar alle linearen Recursionsformeln für eine ganz beliebige Reihe von Grössen

$$c_0, c_1, \ldots c_{2n-1},$$

da diese stets als die ersten $2n$ Coëfficienten der Entwickelung einer rationalen Function von x, z. B. von $c_0 x^{-1} + c_1 x^{-2} + \cdots + c_{2n-1} x^{-2n}$ selbst, aufgefasst werden können. Um jenes Resultat in der einfachsten Weise für eine beliebige Reihe von $2n$ Grössen c zu benutzen, hat man nach den Ausführungen im Art. XII für $\dfrac{f_1(x)}{f(x)}$ einen Bruch zu nehmen, dessen Zähler $C^{(m)}(x)$ und dessen Nenner $D^{(m)}(x)$ gewisse aus den gegebenen Grössen c gebildete Determinanten-Ausdrücke sind. Dieser Bruch hat die Eigenschaft, dass seine Entwickelung nach fallenden Potenzen von x mit

$$c_0 x^{-1} + c_1 x^{-2} + \cdots + c_{2n-1} x^{-2n}$$

beginnt, und dass dabei der Nenner $D^{(m)}(x)$ von möglichst niedrigem Grade ist. Die Aufstellung aller linearen Recursionsformeln für beliebige Grössen $c_0, c_1, c_2, \ldots$ kann jedoch auch, ohne die Auffassung derselben als Entwickelungscoëfficienten zu Hülfe zu nehmen, in directer Weise erfolgen, wie im nächsten Abschnitte dargelegt werden soll.

XVII.

Bezeichnet man mit $n_1 - 1$ die Anzahl derjenigen aufeinanderfolgenden Grössen $c_0, c_1, c_2, \ldots,$ welche gleich Null sind, so dass die erste von Null verschiedene Grösse c den Index $n_1 - 1$ hat, so leuchtet unmittelbar ein, dass sich für die ersten $2n_1$ Grössen c eine lineare Recursionsformel n_1^{ter} Ordnung

$$(V) \qquad c_{n_1+q} + \sum_p \beta_p c_{p+q} = 0 \qquad\qquad (p, q = 0, 1, \ldots n_1 - 1)$$

aufstellen lässt, welche überdies primitiv sein muss. Da diese Recursionsformel noch weiter, d. h. also noch über den Werth $q = n_1 - 1$ hinaus Geltung haben kann, so sei $n_2 - 2$ der letzte dieser Werthe, so dass also die Recursionsformel der Ordnung n_1 genau bis zum $(n_1 + n_2 - 1)^{ten}$ Gliede hin Geltung behält. Dies vorausgesetzt, muss die nach Art. XI für die ersten 2ν Grössen c aufzustellende primitive lineare Recursionsformel, so lange ν kleiner als n_2 ist, eben jene Formel (V) sein, da dieselbe ja alsdann die im Art. XI enthaltene Bedingung, von Anfang der Reihe c an mindestens ν mal hinter einander anwendbar zu sein, d. h. also für $q = 0, 1, \ldots \nu - 1$ Geltung zu behalten, auf Grund der hier festgesetzten Bedeutung von n_2 offenbar erfüllt. Wäre nun auch für $\nu = n_2$ die nach Art. XI für die ersten 2ν Grössen c aufzustellende primitive Recursionsformel von einer Ordnung $\lambda' < n_2$, so müsste eben dieselbe Recursionsformel den ersten $2\lambda'$ Grössen c angehören; da aber jedem Werthe $\lambda' < n_2$, wie soeben nachgewiesen worden, die Recursionsformel λ^{ter} Ordnung (V) angehört, diese jedoch nur $n_2 - 1$ mal nach einander Geltung hat, also die Bedingungen des Art. XI für eine zu den ersten $2n_2$ Grössen c gehörende Recursionsformel nicht erfüllt, so kann die Ordnung dieser Recursionsformel nicht kleiner als n_2, sondern muss gleich n_2 sein. Die Zahl n_2 erhält hiernach die fernere Bedeutung, die nach n_1 nächstgrössere Ordnung einer für die Grössen c bestehenden primitiven linearen Recursionsformel zu sein. Wird nunmehr die Recursionsformel n_2^{ter} Ordnung

$$(V') \qquad c_{n_2+q} + \sum_p \beta'_p c_{p+q} = 0 \qquad\qquad (p, q = 0, 1, \ldots n_2 - 1),$$

welche wiederum primitiv sein muss, aufgestellt und der äusserste Werth $q = n_3 - 2$, bis zu welchem sie Geltung behält, ermittelt, so erweist sich wie oben die Zahl n_3 zugleich als die auf n_2 folgende Ordnungszahl der für die Grössen c bestehenden primitiven Recursionsformeln. Auf dieselbe Weise weiter schliessend gelangt man also direct zu folgendem Resultate:

> Wenn die Ordnungen der verschiedenen primitiven linearen Recursionsformeln, welche für die Grössenreihe c_0, c_1, c_2, $\ldots$ bestehen, mit n_1, n_2, n_3, $\ldots$ bezeichnet werden, und zwar so dass $n_1 < n_2 < n_3 < \ldots$

ist, so bleibt die Recursionsformel n_k^{ter} Ordnung genau $n_{k+1} - 1$ mal nach einander anwendbar und hat also für die ersten $n_k + n_{k+1} - 1$ Glieder der Reihe, aber auch nicht weiter, Geltung.

Dass eben dieselben Zahlen n_1, n_2, n_3, ... zugleich die Grade der Nenner der Näherungsbrüche der Reihe $c_0 x^{-1} + c_1 x^{-2} + \cdots$ angeben, dass also das hier entwickelte Resultat mit demjenigen, welches im vorhergehenden Abschnitte bei (U) formulirt worden ist, völlig übereinstimmt, geht aus der bekannten, schon am Schlusse des III. Abschnittes erwähnten Eigenschaft der Näherungsbrüche hervor, vermöge deren die Entwickelung von $\frac{\varphi_k(x)}{\psi_k(x)}$ nach fallenden Potenzen von x die ersten $n_k + n_{k+1} - 1$ Glieder mit der des folgenden Näherungsbruches $\frac{\varphi_{k+1}(x)}{\psi_{k+1}(x)}$, und also auch mit der Reihe $c_0 x^{-1} + c_1 x^{-2} + c_2 x^{-3} + \cdots$ selbst gemein hat, so dass die primitive lineare Recursionsformel n_k^{ter} Ordnung, durch welche die Coëfficienten der Reihenentwickelung des Näherungsbruches $\frac{\varphi_k(x)}{\psi_k(x)}$ charakterisirt sind, für die ersten $n_k + n_{k+1} - 1$ Coëfficienten der Reihe $c_0 x^{-1} + c_1 x^{-2} + c_2 x^{-3} + \cdots$ selbst Geltung hat.

Bei einer Grössenreihe c_0, c_1, c_2, ... der oben bezeichneten Art, d. h. bei einer solchen, für welche die Zahlen n_1, n_2, ... n_r die Ordnungen der primitiven linearen Recursionsformeln angeben, sind die ersten $n_1 - 1$ Glieder gleich Null, und für jede Zahl k sind die $n_{k+1} - n_k - 1$ Glieder mit den Indices $2n_k$, $2n_k + 1$, ... $n_k + n_{k+1} - 2$ durch die vorhergehenden bestimmt; es sind also, da die Gesammtzahl $2n_r$ beträgt,

$$2n_r - (n_1 - 1) - (n_2 - n_1 - 1) - \cdots - (n_r - n_{r-1} - 1)$$

d. h. $n_r + r$ Glieder der Reihe c von einander unabhängig, und diese Zahl ist genau gleich der Gesammtzahl der Coëfficienten der verschiedenen Potenzen von x in den r Theilnennern g_1, g_2, ... g_r bei der Kettenbruchsentwickelung der Reihe $c_0 x^{-1} + c_1 x^{-2} + c_2 x^{-3} + \cdots$, da hierbei der Grad von g_k (vgl. Art. I) durch die Zahl $n_k - n_{k-1}$ ausgedrückt wird.

XVIII.

Stellt eine Reihe $c_0 x^{-1} + c_1 x^{-2} + c_2 x^{-3} + \cdots$ eine rationale Function von x und also einen endlichen Kettenbruch mit den Theilnennern $g_1, g_2, \ldots g_r$ dar, so stehen mit derselben alle diejenigen nach fallenden Potenzen von x fortschreitenden Reihen, welche Kettenbrüche mit eben denselben Theilnennern $g_1, g_2, \ldots g_r$ — diese in irgend einer anderen Folge genommen — darstellen, in bemerkenswerther Beziehung. Versteht man unter $i_1, i_2, \ldots i_r$ die Zahlen $1, 2, \ldots r$ in irgend einer anderen Folge, d. h. also irgend eine andere Permutation der Zahlen $1, 2, \ldots r$, so drücken die Gleichungen

$$(\mathrm{W}) \qquad \sum_{\lambda=1}^{\lambda=\infty} c_{\lambda-1} x^{-\lambda} = \frac{1}{g_1} - \frac{1}{g_2} - \cdots - \frac{1}{g_r} , \qquad \sum_{\lambda=1}^{\lambda=\infty} c_{\lambda-1}^{(i)} x^{-\lambda} = \frac{1}{g_{i_1}} - \frac{1}{g_{i_2}} - \cdots - \frac{1}{g_{i_r}}$$

eine Beziehung der angegebenen Art zwischen den Coëfficienten c und $c^{(i)}$ aus, und es kann dies als eine Beziehung zwischen den beiden Reihen von je $2m$ Grössen

$$c_0, c_1, \ldots c_{2m-1} ; \qquad c_0^{(i)}, c_1^{(i)}, \ldots c_{2m-1}^{(i)}$$

aufgefasst werden, wenn m den Grad des Products $g_1 g_2 \cdots g_r$ d. h. also den Grad des nothwendigen Nenners bei der Darstellung beider Kettenbrüche durch einfache Brüche bedeutet, da nach Art. IX die folgenden Coëfficienten jeder der beiden Reihen in den Gleichungen (W) durch die $2m$ ersten rational darstellbar sind. Um von einer beliebigen Reihe von $2m$ Grössen $c_0, c_1, \ldots c_{2m-1}$ ausgehend die entsprechende Reihe $c_0^{(i)}, c_1^{(i)}, \ldots c_{2m-1}^{(i)}$ zu erhalten, hat man daher nur gemäss Art. VIII aus jenen $2m$ Grössen c den Ausdruck $\dfrac{C^{(m)}(x)}{D^{(m)}(x)}$ zu bilden, diesen in einen Kettenbruch zu entwickeln und alsdann den Kettenbruch mit eben denselben, aber in der vorgeschriebenen Weise permutirten Theilnennern in eine Reihe nach fallenden Potenzen von x zu transformiren; die ersten $2m$ Coëfficienten dieser Reihe sind dann die den $2m$ Grössen c entsprechenden. Uebrigens ergeben sich die bei der Kettenbruchsentwickelung

von $\dfrac{C^{(m)}(x)}{D^{(m)}(x)}$ auftretenden Theilnenner g_k auf Grund der Gleichungen (P) und
(P'') im Art. XV auch direct als die Quotienten der Division von $\eta_k^2 D^{(t)}(x)$
durch $D^{(t-1)}(x)$, wenn $t = n_k$ ist, da diese beiden Determinanten-Ausdrücke
den Näherungsnennern $\psi_k(x)$ und $\psi_{k-1}(x)$ proportional sind.

Die hier definirte Beziehung zwischen Reihen von je $2m$ Grössen ist
eine „rationale", d. h. jedes Glied der einen von zwei einander entsprechenden
Reihen ist als rationale Function der $2m$ Grössen der anderen Reihe darstellbar. Setzt man demgemäss

$$c_p^{(t)} = \theta_p^{(t)}(c_0, c_1, \ldots c_{2m-1}) \qquad (p = 0, 1, \ldots 2m-1),$$

wo $\theta_1^{(t)}, \theta_2^{(t)}, \ldots$ durch die Permutation $i_1, i_2, \ldots i_r$ bestimmte rationale
Functionen der eingeklammerten Grössen $c_0, c_1, \ldots c_{2m-1}$ bezeichnen, so
stellen die Grössen

$$\theta_p^{(h)}(c_0^{(t)}, c_1^{(t)}, \ldots c_{2m-1}^{(t)}) \qquad (p = 0, 1, \ldots 2m-1)$$

eine zur Permutation $h_{i_1}, h_{i_2}, \ldots h_{i_r}$ gehörige Reihe dar; das Functions-
zeichen $\theta^{(h)}\theta^{(t)}$ gehört also zu einer Permutation der Theilnenner g, welche
entsteht, wenn man die Permutationen

$$\begin{pmatrix} 1 & 2 \ldots r \\ i_1 & i_2 \ldots i_r \end{pmatrix}, \qquad \begin{pmatrix} 1 & 2 \ldots r \\ h_1 & h_2 \ldots h_r \end{pmatrix}$$

in der hier angegebenen Folge anwendet. Die durch die Kettenbruchs-
entwickelung vermittelten Beziehungen von Grössenreihen hängen daher aufs
Genaueste mit den Eigenschaften der Permutationen zusammen, und es ist
namentlich die Ordnung der Permutation (i) gleich derjenigen Zahl, welche
angiebt, nach wievielmaliger Wiederholung der rationalen Operation $\theta^{(i)}$ man
wieder zu der Grössenreihe (c) zurückgelangt, von der man ausgegangen ist.
Da die Grade der Theilnenner g gleich n_1, $n_2 - n_1$, $n_3 - n_2$, $\ldots$ sind, also
der Grösse nach mit den für die Zahl ν am Schlusse des Art. I unterschiedenen Intervallen übereinstimmen, so sind eben diese Intervalle für alle
mit einander in der oben definirten Beziehung stehenden Reihen (c) von

gleicher Grösse, d. h. die verschiedenen Intervalle in der Zahlenreihe 1, 2, ... m, welche keine die Ordnung einer primitiven Recursionsformel für eine bestimmte Reihe (c) bezeichnende Zahl enthalten, sind für jede der auf einander bezogenen Reihen gleich gross, aber anders und anders vertheilt.

Die besondere Beziehung zweier Reihen (c), welche dadurch definirt wird, dass die Theilnenner g in den Gleichungen (W) in entgegengesetzter Folge erscheinen, verdient sowohl wegen ihrer Einfachheit als auch desshalb eine nähere Darlegung, weil sie einen in der Einleitung berührten Punkt genauer beleuchtet. Er seien also

$$(\text{W}^\circ) \qquad \sum_{\lambda=1}^{\lambda=\infty} c_{\lambda-1} x^{-\lambda} = \frac{1}{g_1} - \frac{1}{g_2} - \cdots - \frac{1}{g_r} \,, \qquad \sum_{\lambda=1}^{\lambda=\infty} \bar{c}_{\lambda-1} x^{-\lambda} = \frac{1}{g_r} - \frac{1}{g_{r-1}} - \cdots - \frac{1}{g_1}$$

die für die Beziehung zwischen den beiden Reihen (c) und $(\bar{c})$ charakteristischen Relationen, welche bei Anwendung der im Art. I eingeführten Bezeichnungen in folgender Weise dargestellt werden können:

$$\frac{\varphi_r(x)}{\psi_r(x)} = \sum_{\lambda=1}^{\lambda=\infty} c_{\lambda-1} x^{-\lambda} \,, \qquad \frac{\psi_{r-1}(x)}{\psi_r(x)} = \sum_{\lambda=1}^{\lambda=\infty} \bar{c}_{\lambda-1} x^{-\lambda} \,.$$

Die letztere dieser beiden Gleichungen geht mit Hülfe der Relationen (P) und (P'') im Art. XV in die Gleichung

$$(\text{W}') \qquad \frac{1}{\eta_r^2} \frac{D^{(m-1)}(x)}{D^{(m)}(x)} = \sum_{\lambda=1}^{\lambda=\infty} \bar{c}_{\lambda-1} x^{-\lambda}$$

über, welche zeigt, dass bei der Entwickelung einer bestimmten rationalen Function von x, deren Coëfficienten aus den $2m$ Grössen c_0, c_1, ... c_{2m-1} rational gebildet sind, in eine nach fallenden Potenzen von x fortschreitende Reihe die entsprechenden Grössen $\bar{c}_0$, $\bar{c}_1$, ... $\bar{c}_{2m-1}$ sich als die $2m$ Coëfficienten von x^{-1}, x^{-2}, ... x^{-2m} ergeben. Die Bildungsweise von η_r geht aus der Gleichung (S') im Art. XV hervor. Vertauscht man die Grössen c und $\bar{c}$ mit einander, und bezeichnet man mit $\bar{D}(x)$ die den Functionen $D(x)$ analog aus den Grössen $\bar{c}$ gebildeten Ausdrücke, so kommt an Stelle von (W')

$$\frac{1}{\eta_r^2}\,\frac{\overline{D}^{(m-1)}(x)}{\overline{D}^{(m)}(x)} = \sum_{h=1}^{h=\infty} c_{h-1}\,x^{-h}\,;$$

da nun nach Art. VIII

$$\frac{C^{(m)}(x)}{D^{(m)}(x)} = \sum_{h=1}^{h=\infty} c_{h-1}\,x^{-h}\,,\qquad \frac{\overline{C}^{(m)}(x)}{\overline{D}^{(m)}(x)} = \sum_{h=1}^{h=\infty} \overline{c}_{h-1}\,x^{-h}$$

ist, so können sich die beiden Functionen $D^{(m)}(x)$ und $\overline{D}^{(m)}(x)$ nur durch einen constanten Factor von einander unterscheiden, und es resultiren die Proportionen

(W″)
$$\eta_r^2\,C^{(m)}(x) : \overline{D}^{(m-1)}(x) = D^{(m)}(x) : \overline{D}^{(m)}(x) = D^{(m-1)}(x) : \eta_r^2\,\overline{C}^{(m)}(x)$$

$$D^{(m)}(x) : \overline{D}^{(m)}(x) = \big|\,c_{i+h}\,\big| : \big|\,\overline{c}_{i+h}\,\big| \qquad (i,\,h=0,\,1,\,\ldots\,m-1)\,,$$

welche für die Beziehungen der beiden Reihen

$$c_0,\ c_1,\ \ldots\ c_{2m-1}\,;\qquad \overline{c}_0,\ \overline{c}_1,\ \ldots\ \overline{c}_{2m-1}$$

charakteristisch sind, und von denen die letztere zeigt, dass die Verhältnisse der $m+1$ aus den $m(m+1)$ Grössen

$$c_{h+i} \qquad (h=0,\,1,\,\ldots\,m;\ i=0,\,1,\,\ldots\,m-1)$$

zu bildenden Determinanten m^{ter} Ordnung für beide Grössenreihen denselben Werth haben.

Ist $f(x) = b_0 + b_1 x + \cdots + b_m x^m$ eine ganze Function, welche mit $D^{(m)}x$ bis auf einen constanten Factor übereinstimmt, ist ferner

$$f_1(x) = \sum_p a_p x^p\,,\qquad \mathfrak{f}_1(x) = \sum_p \mathfrak{a}_p x^p \qquad (p=0,\,1,\,\ldots\,m-1)$$

und wie in der Einleitung

$$\mathfrak{f}_1(x) f_1(x) - \mathfrak{f}(x) f(x) = 1\,,$$

$$\frac{f_1(x)}{f(x)} = \sum_{h=1}^{h=\infty} c_{h-1}\,x^{-h}\,,\qquad \frac{\mathfrak{f}_1(x)}{\mathfrak{f}(x)} = \sum_{h=1}^{h=\infty} s_{h-1}\,x^{-h}\,,$$

so beginnen die Entwickelungen der beiden Differenzen

$$\frac{f_1(x)}{f(x)} - \frac{f(x)}{f_1(x)}, \qquad \frac{f_1(x)}{f(x)} - \frac{f(x)}{f_1(x)}$$

nach fallenden Potenzen von x mit dem Gliede x^{-2m+1}, und die ersten $(2m-2)$ Coëfficienten der Entwickelung von $\frac{f(x)}{f_1(x)}$ müssen daher mit den Grössen s_0, s_1, $\ldots s_{2m-3}$, die ersten $(2m-2)$ Coëfficienten der Entwickelung von $\frac{f(x)}{f_1(x)}$ mit den Grössen c_0, c_1, $\ldots c_{2m-3}$ übereinstimmen. Diese je $2m-2$ Grössen s und c müssen sonach gemäss Art. IX den je $2m-3$ Gleichungen

$$(Z^{*}) \qquad \begin{aligned} &\sum_{k=0}^{k=m-1} a_k s_{h+k} = 0, \qquad &&\sum_{k=0}^{k=m} b_k s_{i+k} = 0 \\[2ex] &\sum_{k=0}^{k=m-1} a_k c_{h+k} = 0, \qquad &&\sum_{k=0}^{k=m} b_k c_{i+k} = 0 \end{aligned} \qquad \left(\begin{matrix} h=0,\,1,\ldots\ldots m-2 \\ i=0,\,1,\ldots m-3 \end{matrix}\right)$$

genügen, und die Gleichungen mit den Coëfficienten b bestehen überdies noch für alle folgenden Werthe von i, da sowohl die Grössen s als auch die Grössen c Entwickelungscoëfficienten von Brüchen mit dem Nenner $b_0 + b_1 x + \cdots + b_m x^m$ sind. Nun ist auf Grund der Proportionen (W'') und der Gleichung (F) im Art. VIII

$$\begin{aligned} \frac{f(x)}{b_m} &= \frac{D^{(m)}(x)}{\lvert c_{i+k}\rvert} = \frac{\overline{D}^{(m)}(x)}{\lvert \bar{c}_{i+k}\rvert} \\[2ex] \frac{\eta_r^2 f_1(x)}{b_m} &= \frac{\eta_r^2 O^{(m)}(x)}{\lvert c_{i+k}\rvert} = \frac{\overline{D}^{(m-1)}(x)}{\lvert \bar{c}_{i+k}\rvert} \\[2ex] b_m f_1(x) &= \frac{\eta_r^2 \overline{O}^{(m)}(x)}{\lvert \bar{c}_{i+k}\rvert} = \frac{D^{(m-1)}(x)}{\lvert c_{i+k}\rvert} \end{aligned} \qquad (i,\,k=0,\,1,\ldots m-1),$$

und hieraus folgt mit Rücksicht auf die Gleichung (W'), dass die sämmtlichen Entwickelungscoëfficienten s und $\bar{c}$ zu einander in dem constanten Verhältnisse

$$s_h : \bar{c}_h = \eta_r^2 : b_m^2$$

stehen, und dass also zwischen den zwei Verhältnissreihen

$$c_0 : c_1 : \cdots : c_{2m-1} ; \qquad s_0 : s_1 : \cdots : s_{2m-1}$$

eben jene oben erörterte Beziehung wie zwischen den beiden Grössenreihen

$$c_0, c_1, \ldots c_{2m-1} ; \qquad \bar{c}_0, \bar{c}_1, \ldots \bar{c}_{2m-1}$$

stattfindet. Es folgt ferner, dass die Coëfficienten b_0, b_1, … b_m den $m+1$ Coëfficienten von $D^{(m)}(x)$ und auch denen von $\bar{D}^{(m)}(x)$, die Coëfficienten a_0, a_1, … a_{m-1} denen von $C^{(m)}(x)$ und endlich die Coëfficienten a_0, a_1, … a_{m-1} denen von $\bar{C}^{(m)}(x)$ proportional sind. In den ersten beiden Gleichungen (Z′) können daher die Grössen a, b, beziehungsweise durch die Coëfficienten von $C^{(m)}(x)$, $D^{(m)}(x)$, die Grössen s aber durch die Grössen $\bar{c}$ ersetzt werden, und in den beiden folgenden Gleichungen können an Stelle der Grössen a, b, beziehungsweise die Coëfficienten von $\bar{C}^{(m)}(x)$, $\bar{D}^{(m)}(x)$ genommen werden. Da nun gemäss Art. VIII (F′)

$$C^{(m)}(x) = \left| c_k, c_{k+1}, \ldots c_{k+m-1}, \sum_{g=1}^{g=k} c_{g-1} x^{k-g} \right| ; \quad D^{(m)}(x) = \left| c_k, c_{k+1}, \ldots c_{k+m-1}, x^k \right|$$

$$(k = 0, 1, \ldots m)$$

ist, so erhält man die Gleichungen

$$(Z) \qquad \begin{aligned} \text{I,} \quad & \left| c_k, c_{k+1}, \ldots c_{k+m-1}, \sum_{g=1}^{g=k} c_{g-1} \bar{c}_{h+k-g} \right| = 0, \\[2mm] \text{II,} \quad & \left| c_k, c_{k+1}, \ldots c_{k+m-1}, \bar{c}_{l+k} \right| = 0, \end{aligned}$$

$$(\bar{Z}) \qquad \begin{aligned} \text{I,} \quad & \left| \bar{c}_k, \bar{c}_{k+1}, \ldots \bar{c}_{k+m-1}, \sum_{g=1}^{g=k} \bar{c}_{g-1} c_{h+k-g} \right| = 0, \\[2mm] \text{II,} \quad & \left| \bar{c}_k, \bar{c}_{k+1}, \ldots \bar{c}_{k+m-1}, c_{l+k} \right| = 0, \end{aligned}$$

$$(h = 0, 1, \ldots m-2; \quad l = 0, 1, \ldots m-1; \quad k = 0, 1, \ldots m)$$

welche die zwischen den beiden Verhältnissreihen

$$c_0 : c_1 : \cdots : c_{2m-1} ; \qquad \bar{c}_0 : \bar{c}_1 : \cdots : \bar{c}_{2m-1}$$

bestehende Reciprocitätsbeziehung darlegen. Wenn nämlich die Verhältnisse von $2m$ Grössen $\bar{c}$ aus denen der $2m$ Grössen c durch die $2m-1$ Gleichungen (Z) bestimmt werden, so sind, wie die Gleichungen (Z) zeigen, genau in derselben Weise umgekehrt die Verhältnisse der Grössen c durch die der Grössen $\bar{c}$ bestimmt. Dabei ist noch hervorzuheben, dass die je m Gleichungen (Z) II und $(\bar{Z})$ II mit einander insofern identisch sind, als die Coëfficienten der zu bestimmenden Grössen in beiden einander proportional sind; denn es sind, wie schon oben erwähnt worden, in beiden Gleichungen

$$\left| c_k, c_{k+1}, \ldots c_{k+m-1}, u_k \right| = 0, \qquad \left| \bar{c}_k, \bar{c}_{k+1}, \ldots \bar{c}_{k+m-1}, u_k \right| = 0$$
$$(k=0, 1, \ldots m)$$

die Coëfficienten von $u_0, u_1, \ldots u_m$ den mit $b_0, b_1, \ldots b_m$ bezeichneten Grössen proportional. Endlich ist noch zu bemerken, dass die Ordnungen der primitiven linearen Recursionsformeln, welche für die Grössenreihe $\bar{c}$ bestehen, durch die Zahlen $m - n_{r-1}, m - n_{r-2}, \ldots m - n_1, m$ ausgedrückt sind, also, abgesehen von m selbst, sich mit den analogen Ordnungszahlen der Grössenreihe c zu m ergänzen.

Schliesslich ist noch eine Bemerkung über die in der Einleitung erwähnte *Bézout*'sche Function hinzuzufügen, welche sich ergiebt, wenn dort die Functionen $f(x)$ durch die Determinanten-Ausdrücke $D(x)$ ersetzt werden. Da nämlich die Coëfficienten der *Bézout*'schen Function

$$\frac{D^{(m)}(x) D^{(m-1)}(y) - D^{(m)}(y) D^{(m-1)}(x)}{x - y}$$

den Adjungirten der Grössen

$$c_{g+h} \qquad\qquad (g, h = 0, 1 \ldots m-1)$$

proportional sein sollen, so muss diese *Bézout*'sche Function selbst, abgesehen von einem von x und y unabhängigen Factor, mit der Determinante

$$\begin{vmatrix} 0 & 1 & x & \cdots & x^{m-1} \\ 1 & c_0 & c_1 & \cdots & c_{m-1} \\ y & c_1 & c_2 & \cdots & c_m \\ \cdot & & & & \\ \cdot & & & & \\ \cdot & & & & \\ y^{m-1} & c_{m-1} & c_m & \cdots & c_{2m-2} \end{vmatrix}$$

übereinstimmen. Bezeichnet man nun diese Determinante mit $B^{(m-1)}(x, y)$, so resultirt nach Bestimmung des Factors die Determinanten-Formel

$$D^{(m)}(x) D^{(m-1)}(y) - D^{(m)}(y) D^{(m-1)}(x) = |c_{g+h}| (x - y) B^{(m-1)}(x, y)$$
$$_{(g,\, h\,=\,0,\, 1,\, \ldots\, m-1)},$$

welche auch direct in folgender Weise verificirt werden kann. Es sei

$$D^{(m)}(x) = \gamma_0 + \gamma_1 x + \gamma_2 x^2 + \cdots + \gamma_m x^m$$

und also

$$- \gamma_0 c_h = \gamma_1 c_{k+1} + \gamma_2 c_{k+2} + \cdots + \gamma_m c_{k+m} \qquad _{(k\,=\,0,\, 1,\, \ldots\, m-1)}$$

so wie

$$|c_{g+h}| = \gamma_m \qquad _{(g,\, h\,=\,0,\, 1,\, \ldots\, m-1)}.$$

Bildet man nun das Product

$$\gamma_m x B^{(m-1)}(x, y),$$

indem man die erste Horizontalreihe der Determinante $B^{(m-1)}(x, y)$ mit x und die letzte Verticalreihe mit γ_m multiplicirt und fügt dann die zweite Colonne, mit γ_1 multiplicirt, die dritte, mit γ_2 multiplicirt, u. s. w. der letzten Colonne hinzu, so entsteht eine Determinante, in welcher das letzte Element der ersten Horizontalreihe $- \gamma_0 + D^{(m)}(x)$ ist. Dieses Element ist bei der Entwickelung der Determinante mit $D^{(m-1)}(y)$ multiplicirt, und wenn man an Stelle des Elementes $- \gamma_0 + D^{(m)}(x)$ nur $- \gamma_0$ setzt, so ist die Determinante in Beziehung auf x und y symmetrisch. Es muss daher der Ausdruck

$$\gamma_m x B^{(m-1)}(x, y) - D^{(m)}(x) D^{(m-1)}(y)$$

in Beziehung auf x und y symmetrisch, also dem Ausdrucke

$$\gamma_m y B^{(m-1)}(x, y) - D^{(m)}(y) D^{(m-1)}(x)$$

gleich sein, und dies bildet den Inhalt der zu verificirenden Determinanten-Formel.

ÜBER DIE DISCRIMINANTE ALGEBRAISCHER FUNCTIONEN EINER VARIABELN.

VON

L. KRONECKER.

Crelle, Journal für die reine und angewandte Mathematik. Band 91. S. 301—384.

ÜBER DIE DISCRIMINANTE ALGEBRAISCHER FUNCTIONEN EINER VARIABELN.

Vorbemerkung.

Die Abhandlung, deren ersten Theil ich hier veröffentliche, ist von mir in der Sitzung der hiesigen Akademie der Wissenschaften am 16. Januar 1862 vorgetragen worden. Von anderen Untersuchungen, deren Resultate sich in den Monatsberichten desselben Jahres angegeben finden, aufs Lebhafteste in Anspruch genommen, habe ich damals unterlassen, die Abhandlung in den Denkschriften der Akademie, für welche sie bestimmt war, zum Abdruck zu bringen. Aber ich habe den wesentlichen Inhalt der darin gegebenen Entwickelungen schon in jener Zeit und seitdem regelmässig in meinen an der hiesigen Universität gehaltenen Vorlesungen mitgetheilt, die weitreichende Bedeutung des einfachen Princips derselben eingehend erörtert und das Interesse daran, wie ich von Manchen meiner Zuhörer im näheren persönlichen Verkehr erfahren habe, von Anfang an erweckt und in weiteren Kreisen verbreitet. So habe ich namentlich, um nur eine meiner älteren Universitäts-Vorlesungen anzuführen, im Wintersemester 1865/66 unter Zugrundelegung des Begriffs der ganzen algebraischen Grössen und Zahlen die allgemeinen Principien für die Zusammenfassung aller durch einander rational ausdrückbaren algebraischen Grössen sowie für deren Darstellung als homogene lineare Functionen einer gewissen Anzahl derselben vollständig dargelegt und im Wintersemester 1870/71 an die bezüglichen Erörterungen eine ausführliche Behandlung der algebraischen Functionen einer Variabeln, also des speciellen Gegenstandes der vorliegenden Abhandlung geknüpft. Unter meinen

Zuhörern von 1865/66 befanden sich die Herren *Brill, Kiepert, Lüroth, Schwarz,* unter denen von 1870/71 die Herren *Dantscher, Kiepert, Stickelberger, Stolz,* in der Zwischenzeit namentlich auch die Herren *Netto* und *Frobenius,* und Herr *Netto* hat erst neuerdings im vorigen Bande dieses Journals interessante Untersuchungen veröffentlicht, bei welchen der Inhalt jener Vorlesungen den Ausgangspunkt bildet[1]).

Auf das Princip, welches den folgenden, Entwickelungen zu Grunde liegt, wurde ich durch allgemeine, die Theorieen complexer Zahlen betreffende Untersuchungen im Jahre 1857 geführt. Die Allgemeinheit der Untersuchungen leitete unmittelbar auf den Begriff der ganzen algebraischen Zahlen als Wurzeln ganzzahliger Gleichungen $F(x) = 0$, d. h. solcher, in welchen der Coëfficient der höchsten Potenz von x gleich *Eins* und die übrigen Coëfficienten ganze Zahlen sind; bei der Behandlung specieller Theorieen complexer Zahlen bot sich die Auffassung derselben als ganzer ganzzahliger Functionen einer bestimmten ganzen algebraischen Zahl zunächst dar. Dabei erhoben sich aber gewisse Schwierigkeiten, die freilich einzig und allein die Bestimmung der complexen Discriminanten-Factoren betrafen, und auch nur dann auftraten, wenn die behandelten speciellen complexen Zahlen die Eigenschaft zeigten, dass dabei ganze algebraische Zahlen in der Form gebrochener complexer Zahlen, d. h. ganzer Functionen der zu Grunde gelegten algebraischen Zahl mit gebrochenen Zahlcoëfficienten erscheinen konnten. Diese Schwierigkeiten brachten mich nach einiger Ueberlegung in dem bezeichneten Jahre zu der Erkenntniss, dass es eine theils unnütze, theils schädliche Beschränkung ist, die rationalen Functionen einer durch eine algebraische Gleichung definirten Grösse x nur in der Form von ganzen Functionen von x, d. h. also, wenn n den Grad der Gleichung bezeichnet, als lineare homogene Functionen der n Grössen $1, x, x^2, \ldots x^{n-1}$ darzustellen, dass vielmehr die allgemeinere Darstellung derselben durch lineare homogene Formen von irgend welchen n rationalen von einander linear unabhängigen Functionen von x durch die Natur der Sache geboten ist. Hierdurch wird es nämlich ermöglicht, Formen complexer Zahlen aufzustellen, in denen jede ganze algebraische Zahl auch ganz erscheint, und damit die oben angedeuteten Schwierigkeiten zu be-

---

[1]) *E. Netto,* zur Theorie der Discriminanten; *Crelle's* Journal Bd 90. S. 164—185.   H.

seitigen. Die Zweckmässigkeit solcher Formen hatte sich auch schon bei den *Kummer*'schen Arbeiten über die aus den Perioden von Einheitswurzeln gebildeten complexen Zahlen gezeigt, und dabei war auch schon jenes Schema der bestimmenden Coëfficienten aufgetreten, welches durch die Bedingung gegeben wird, dass bei der Multiplication linearer Formen von n Elementen mit ganzzahligen Coëfficienten eine ebensolche Form resultirt. Durch diese Bedingung werden die Elemente unmittelbar als ganze algebraische Zahlen bestimmt, und zwar als solche, die sämmtlich durch eine derselben rational ausdrückbar sind, also einer und derselben „Gattung" angehören.

Damals schon in regem persönlichen Verkehr mit meinem Freunde *Weierstrass* stehend, machte ich demselben Schritt vor Schritt von dem Fortgange meiner arithmetischen Untersuchungen Mittheilung, und als ich ihm nach kurzer Zeit die neu gewonnene Erkenntniss darlegen konnte, dass in der Theorie specieller complexer Zahlen an Stelle der ganzen Functionen einer Grösse homogene lineare Functionen einer gewissen Anzahl zusammengehöriger Grössen zu Grunde gelegt werden müssen, damit alle Schwierigkeiten und Ausnahmen beseitigt würden, da forderte er mich auf, dieselben Principien auf algebraische Functionen einer Variabeln anzuwenden, um womöglich auch dabei die analogen umständlichen Betrachtungen entbehrlich zu machen, welche bei der Behandlung der Integrale algebraischer Functionen, wenn alle möglichen Singularitäten der zu Grunde gelegten Gleichung zugelassen werden, zunächst erforderlich erschienen. Dies ward mir der erste Anlass zu rein algebraischer, von geometrischer Interpretation wie von analytischen Hülfsmitteln absehender Behandlung der algebraischen Functionen einer Variabeln, und ich habe meinem Freunde *Weierstrass* auf seinen Wunsch eine schriftliche Auseinandersetzung der Resultate nebst deren Herleitung am 19. October 1858 (mit diesem Datum bezeichnet) übergeben, von welcher er auch damals bei seinen analytischen Untersuchungen Gebrauch machen konnte. Aber gerade die weiteren Ergebnisse dieser *Weierstrass*'schen analytischen Untersuchungen waren es, welche meine bezüglichen algebraischen in meinen Augen überflüssig machten, und mich — nachdem ich die Veröffentlichung im Jahre 1862 unterlassen hatte — später von der Publication abstehen liessen. Herr *Weierstrass* gelangte nämlich zu einer wirklichen Darstellung der von ihm so genannten Primfunctionen — welche den *Kummer*'schen idealen Primfactoren entsprechen —

in transcendenter Form, und damit wurde das eigentliche Fundament der Theorie der algebraischen Functionen bloss gelegt und jede auf algebraische Mittel beschränkte Behandlung überholt.

Der Anlass dazu, dass ich nunmehr dennoch, und nach so langer Zeit, meine Arbeit aus dem Jahre 1862 abdrucken lasse, liegt in einer Verabredung mit den Herren *Dedekind* und *Weber*. Als ich im vorigen Jahre eine willkommene Gelegenheit fand und ergriff, Herrn *Dedekind* meine, als eines Mitstrebenden, Anerkennung auszudrücken, und ihm dabei schrieb, dass ich schon seit lange im Besitze der den seinigen vielfach verwandten Principien der Theorieen complexer Zahlen*) sei und diese auch für algebraische Fragen benutzt habe, theilte er mir in richtiger Voraussetzung des speciellen Gegenstandes mit, dass auch er seinerseits in neuerer Zeit und zwar im Vereine mit Herrn *Weber* jene Principien auf die Behandlung algebraischer Functionen einer Variabeln angewendet habe. Als nun später Herr *Weber* die von ihm und Herrn *Dedekind* verfasste Arbeit für das Journal zusagte, entschloss ich mich im Einvernehmen mit denselben, meine eigene bezügliche Abhandlung vom Jahre 1862 kurz vor der ihrigen und, bevor ich von derselben Kenntniss nähme, zum Abdruck zu bringen. Ich habe desshalb die inzwischen von Herrn *Weber* eingesandte Arbeit uneröffnet in die Hände des Herrn Prof. *Lampe* gelangen lassen, der seit lange den speciellen Redactionsgeschäften vorsteht, und dieselbe wird im nächsten Bande dieses Journals Aufnahme finden.

Ich habe geglaubt an meinem Manuscript vom Jahre 1862 keinerlei Veränderungen vornehmen zu sollen, wenngleich die Breite der Behandlung mir heute wenig zusagt. Auch die Bezeichnung „wesentlicher und ausser-

---

*) Gemeinsam ist Herrn *Dedekind's* und meiner Behandlungsweise das oben dargelegte Princip der Darstellung complexer Zahlen und Alles, was daraus fliesst; aber die Auffassung und Erklärung der Divisoren, von der ich ausgehe, ist von der des Herrn *Dedekind* verschieden, wenn auch natürlich die schliesslichen, von jeder Definition der complexen Divisoren unabhängigen Resultate dieselben sind. Ueberdies besteht auch eine Verschiedenheit in Bezug auf die Frage einer naturgemässen Darstellung der Divisoren, deren Erledigung mir, bei meiner Art des Eintretens in die bezüglichen Untersuchungen, von Anfang an als letztes Ziel erscheinen musste, während dies bei Herrn *Dedekind's* Ausgangspunkt nicht der Fall war.

wesentlicher Theiler der Discriminante" habe ich, obgleich ich davon später seltneren Gebrauch gemacht habe*), unverändert beibehalten, weil sie von jener Zeit her aus meinen Universitäts-Vorlesungen und privaten Mittheilungen vielfach Aufnahme und Verbreitung gefunden haben. Schon bei Abfassung der Arbeit habe ich absichtlich, um den an die zahlentheoretische Entstehung anknüpfenden Charakter der Entwickelungen nicht zu ändern, den Gesichtspunkt durchaus festgehalten, die eine der Variabeln v als eine „unbestimmte" Grösse, die andere x als deren algebraische Function zu betrachten, obgleich es begreiflicherweise sachgemässer ist, die gegenseitige Abhängigkeit der beiden Variabeln, das durch ihren Zusammenhang constituirte algebraische Gebilde in das Auge zu fassen. Ich möchte es als eines der Hauptergebnisse der Arbeit — welches ich schon im Jahre 1858 *Riemann* mitgetheilt habe — bezeichnen, dass die Behandlung jenes so zu sagen allgemeinen oder regulären Falles algebraischer Gleichungen zwischen zwei Veränderlichen, auf den sich *Riemann* mit dem Bemerken beschränkt hat (Theorie der *Abel*'schen Functionen Bd. 54 S. 127*), dass sich „die Resultate auf die übrigen als Grenzfälle leicht ausdehnen lassen", auch desshalb genügt, weil sich die anderen Gleichungen in solche transformiren lassen. Durch die bezüglichen Darlegungen gewinnt man auch erst für das von *Riemann* citirte Verfahren von *Lagrange* festen Boden, da sonst die Bestimmung fehlt, bis zu welchem Gliede man die Reihe zu untersuchen hat, um über die Verschiedenheit der Reihenentwickelungen eine Entscheidung zu erlangen. Endlich wird damit jene Mannigfaltigkeit der bei den Reihenentwickelungen algebraischer Functionen vorkommenden Besonderheiten, welche die Behandlung derselben so complicirt erscheinen lässt, völlig entwirrt, indem vorher die Gleichung in eine solche zu transformiren ist, für welche $v - a$, wenn v die unabhängige Variable ist und nach Potenzen von $v - a$ entwickelt werden soll, nicht zu den ausserwesentlichen Factoren der Discriminante gehört. Die ursprünglich verlangte Reihenentwickelung ergiebt sich dann als eine rationale Function der neuen „regulären", und es offenbart sich hierin der Grund der vielen Complicationen, welche die

---

*) Die modificirten Bezeichnungen finden sich in einem später folgenden Aufsatze[1].

[1] Grundzüge einer arithmetischen Theorie der algebraischen Grössen. Bd. II. S. 237 dieser Ausgabe von *L. Kronecker's* Werken.   H.

[2] *B. Riemann's* gesammelte Werke. I. Aufl. S. 108.   H.

Reihenentwickelungen algebraischer Functionen darbieten können. Schliesslich möchte ich das werthvolle methodische Hülfsmittel der unbestimmten Coëfficienten hervorheben, welches ich schon in früher Zeit, z. B. in einem kleinen, im XIX. Bande von *Liouville's* Journal abgedruckten Aufsatze[1]), und seitdem stets bei meinen algebraischen und arithmetischen Untersuchungen in der umfassendsten Weise benutzt habe. Bei den Entwickelungen, welche in den §§ 5, 6 und 8 dieses Aufsatzes enthalten sind, bei der Theorie der Elimination, wie ich sie in meinen Universitäts-Vorlesungen zu geben pflege und durch den Druck zu veröffentlichen im Begriffe stehe[2]), bei der Theorie der verschiedenen „Classen" von Gleichungen, die im *Galois'*schen Sinne besondere Gruppen von Substitutionen haben, endlich zumal bei der allgemeinen Theorie algebraischer Grössen, wie sie in einem folgenden Aufsatze skizzirt werden soll[3]), findet jenes methodische Hülfsmittel die ausgedehnteste und erfolgreichste Verwendung.

Berlin, August 1881.

---

[1]) *L. Kronecker*, Note sur les fonctions semblables des racines d'une équation. Band IV dieser Ausgabe von *L. Kronecker's* Werken.
                                                                                                         H.
[2]) *L. Kronecker*, Grundzüge einer arithmetischen Theorie der algebraischen Grössen. § 10.
                                                                                                         H.

[3]) Vgl. die in der vorigen Anmerkung citirte Arbeit.
                                                                                                         H.

§ 1.

Wenn eine Grösse x von gewissen Variabeln $v, v', v'', \ldots$ in der Weise abhängt, dass sie Wurzel einer Gleichung n^{ten} Grades ist, deren Coëfficienten die Grössen v nur rational enthalten, so wird x im Allgemeinen als algebraische Function der Variabeln v bezeichnet. Denkt man sich die irreductible Gleichung

$$F(x, v, v', \ldots) = 0,$$

durch welche x als algebraische Function von $v, v', v'', \ldots$ definirt wird, auf die Form gebracht, dass darin der Coëfficient von x^n gleich Eins ist, so werden die übrigen Coëfficienten rationale, ganze oder gebrochene Functionen der Variabeln v sein. Da es nun für die Natur der algebraischen Function x einen wesentlichen Unterschied bedingt, ob $F(x, v, v', v'', \ldots)$ auch in Bezug auf die Grössen v eine ganze Function ist oder nicht, so soll im ersteren Falle — analog der herkömmlichen Ausdrucksweise für die rationalen Functionen — x als *ganze* algebraische Function von $v, v', v'', \ldots$ bezeichnet werden. Eine Grösse x ist demnach eine „ganze algebraische Function" gewisser Variabeln, wenn dieselbe einer irreductibeln Gleichung genügt, in welcher der Coëfficient der höchsten Potenz von x gleich Eins ist, während die übrigen Coëfficienten ganze rationale Functionen der unabhängigen Variabeln sind.

Aus der gegebenen Definition folgt unmittelbar, dass jede ganze algebraische Function die Eigenschaft hat, für endliche Werthe der unabhängigen Variabeln niemals unendlich werden zu können, sowie andererseits, dass jede algebraische Function, welche diese Eigenschaft hat, nothwendig eine *ganze* algebraische Function sein muss. Aus dieser charakteristischen Eigenschaft geht ferner hervor, dass jede ganze algebraische Function von ganzen algebraischen Functionen wiederum eine solche ist, sowie dass, wenn eine ganze algebraische Function von $v, v', v'', \ldots$ rational ist, dieselbe eine *ganze* rationale Function eben dieser Variabeln sein muss. Endlich sieht man leicht, dass man in gewisser Hinsicht von der Voraussetzung der Irreductibilität abstrahiren kann, welche in Bezug auf jene die ganze algebraische Function definirende Gleichung gemacht worden ist; denn eine Grösse x erweist sich schon dadurch als ganze algebraische Function von $v, v', v'', \ldots$, dass dieselbe irgend einer, wenn auch reductibeln, Gleichung $F(x) = 0$ genügt, in welcher der Coëfficient der höchsten Potenz von x gleich Eins ist, während die übrigen Coëfficienten ganze rationale Functionen der Variabeln $v, v', v'', \ldots$ sind. Aber die definirende Gleichung musste um desswillen als irreductibel angenommen werden, weil eine reductible Gleichung überhaupt nicht *eine* algebraische Function mit ihren verschiedenen Werthen, sondern mehrere algebraische Functionen als Wurzeln enthält. Die Voraussetzung der Irreductibilität war also durch den Begriff der algebraischen Function überhaupt, nicht aber durch die besondere Eigenschaft der *ganzen* algebraischen Function geboten.

Ist $F(x, v, v', v'', \ldots) = 0$ die irreductible Gleichung n^{ten} Grades, durch welche x als ganze algebraische Function von $v, v', v'', \ldots$ definirt wird, so lässt sich jede rationale Function von x und $v, v', v'', \ldots$, welche zugleich eine ganze algebraische Function der Grössen v ist, auf die Form $\frac{\varphi(x)}{F'(x)}$ bringen, wo φ eine ganze rationale Function von $x, v, v', v'', \ldots$ und $F'(x)$ die Ableitung von $F(x, v, v', \ldots)$ nach x bedeutet. Wenn nämlich $\psi(x)$ jene darzustellende Function ist, wenn ferner mit $x_0, x_1, \ldots x_{n-1}$ die verschiedenen Werthe der algebraischen Function x und mit $\psi_0, \psi_1, \ldots \psi_{n-1}$ die zugehörigen Werthe von $\psi(x)$ bezeichnet werden und alsdann

$$F(z, v, v', \ldots) \cdot \left(\frac{\psi_0}{z - x_0} + \frac{\psi_1}{z - x_1} + \cdots + \frac{\psi_{n-1}}{z - x_{n-1}} \right) = \varphi(z)$$

gesetzt wird, so ist φ offenbar eine rationale Function von $z, v, v', v'', \ldots$, da der in Klammern eingeschlossene Ausdruck in Beziehung auf $x_0, x_1, \ldots x_{n-1}$ symmetrisch ist. Die einzelnen Summanden dieses Ausdrucks multiplicirt mit $F(z)$ sind aber andererseits in Folge der über $\psi(x)$ gemachten Voraussetzung ganze algebraische Functionen von $z, v, v', v'', \ldots$. Also ist $\varphi(z)$ auch eine ganze algebraische Function, und, da es zugleich rational ist, eine ganze rationale Function der Grössen z und $v, v', v'', \ldots$. Für jeden Werth $z = x_k$

reducirt sich $\varphi(x)$ auf den Werth $\psi(x_k) \cdot F'(x_k)$, und es ist daher allgemein für die durch die Gleichung $F(x) = 0$ erklärte Function x:

$$\psi(x, v, v', \ldots) = \frac{\varphi(x, v, v', \ldots)}{F'(x, v, v', \ldots)}\,.$$

Demzufolge wird auch, wenn man das Product:

$$F'(x_0) \cdot F'(x_1) \cdots F'(x_{n-1})$$

als ganze rationale Function der Grössen v mit $D(v, v', v'', \ldots)$ bezeichnet, $D(v, v', \ldots) \cdot \psi(x, v, v', \ldots)$ gleich einer *ganzen* rationalen Function von $x, v, v', \ldots$. Da nun $D(v, v', \ldots)$ die gewöhnlich so genannte Discriminante der Gleichung $F = 0$ ist, welche ich im Folgenden auch als „Discriminante der ganzen algebraischen Function x" bezeichnen will, so ergiebt die vorstehende Ausführung,

> „dass jede durch $x, v, v', \ldots$ rational ausdrückbare ganze algebraische Function der Variabeln v, multiplicirt mit der Discriminante von x, als *ganze* rationale Function von $x, v, v', \ldots$ dargestellt werden kann".

§ 2.

Wenn nunmehr x eine ganze algebraische, durch die Gleichung

$$F(x, v) = 0$$

definirte Function einer einzigen Variabeln v, und $D(v)$ die Discriminante derselben bedeutet, so werden alle ganzen algebraischen Functionen von v, welche zugleich rationale Functionen von x und v sind, in der Form:

$$A_0(v) + A_1(v) \cdot x + A_2(v) \cdot x^2 + \cdots + A_{n-1}(v) \cdot x^{n-1}$$

enthalten sein, wenn auch für die Coëfficienten $A_0(v)$, $A_1(v)$, … nur solche rationale Functionen von v genommen werden, deren Nenner Theiler der Discriminante $D(v)$ sind. Man wähle nun unter denjenigen ganzen algebraischen Functionen, welche in dieser Form dargestellt in Bezug auf x vom m^{ten} Grade sind, eine solche aus, für die der Nenner der rationalen Function $A_m(v)$ von möglichst hohem Grade ist. Wird alsdann dieser Nenner mit $N_m(v)$, der Zähler mit $M(v)$ bezeichnet, so giebt es, da diese beiden Functionen ohne gemeinschaftlichen Factor vorausgesetzt werden, zwei ebenfalls ganz rationale Functionen $P(v)$ und $Q(v)$, für welche die Gleichung:

$$P(v) \cdot M(v) + Q(v) \cdot N_m(v) = 1$$

stattfindet. Demnach wird man, wenn die ganze algebraische Function $A_m(v) \cdot x^m + \cdots$ mit $P(v)$ multiplicirt und alsdann $Q(v) \cdot x^m$ dazu addirt wird, wiederum eine ganze algebraische Function erhalten, welche als ganze rationale Function von x dargestellt nur vom m^{ten} Grade, und in welcher der Coëfficient von x^m gleich $\dfrac{1}{N_m(v)}$ ist. Bezeichnet man die auf diese Weise erhaltenen ganzen algebraischen Functionen für die verschiedenen Werthe des m von 1 bis $(n-1)$ mit:

$$f_1(x, v), \quad f_2(x, v), \quad \ldots \quad f_{n-1}(x, v)$$

und setzt der Gleichförmigkeit halber $1 = f_0(x, v)$, so soll das System der Functionen $f_0, f_1, f_2, \ldots f_{n-1}$ ein *Fundamentalsystem* heissen, weil dasselbe die Eigenschaft hat, dass sich jede ganze algebraische Function von v, welche durch x und v rational ausdrückbar ist, als lineare Function von $f_0, f_1, \ldots f_{n-1}$ darstellen, d. h. auf eine Form:

(I.) $B_0(v) \cdot f_0(x, v) + B_1(v) \cdot f_1(x, v) + B_2(v) \cdot f_2(x, v) + \cdots + B_{n-1}(v) \cdot f_{n-1}(x, v)$

bringen lässt, in welcher $B_0, B_1, \ldots$ *ganze* rationale Functionen von v bedeuten.

Wenn nämlich $\varphi(x, v)$ eine beliebige ganze algebraische Function von v und, als ganze rationale Function von x dargestellt, vom m^{ten} Grade ist, so kann die rationale Function von v, welche den Coëfficienten von x^m bildet, in ihrem Nenner nur einen Theiler der oben mit $N_m(v)$ bezeichneten Function enthalten. Sonst würde nämlich die ganze algebraische Function $\varphi(x, v) + f_m(x, v)$ offenbar ebenfalls in Bezug auf x vom m^{ten} Grade sein, und der Coëfficient von x^m würde einen Nenner von höherem Grade als $N_m(v)$ haben. Dies widerspricht aber der über die Wahl der Function $f_m(x, v)$ gemachten Voraussetzung. Da also der Coëfficient von x^m in $\varphi(x, v)$ auf die Form $\dfrac{R(v)}{N_m(v)}$ gebracht werden kann, wo auch $R(v)$ eine ganze Function bedeutet, so ist $\varphi(x, v) - R(v) \cdot f_m(x, v)$ eine ganze algebraische Function, welche als ganze rationale Function von x dargestellt nur vom $(m-1)^{\text{ten}}$ Grade ist. Da sich diese nun wiederum durch Subtraction von $R_1(v) \cdot f_{m-1}(x, v)$, bei geeigneter Wahl der ganzen rationalen Function $R_1(v)$, auf eine ganze algebraische Function reducirt, welche in Bezug auf x vom $(m-2)^{\text{ten}}$ Grade ist u. s. f., so sieht man, dass $\varphi(x, v)$ auf die Form

$$R(v) \cdot f_m(x, v) + R_1(v) \cdot f_{m-1}(x, v) + \cdots + R_m(v)$$

gebracht werden kann, und dass demnach der in Bezug auf die Functionen f lineare Ausdruck (I.) in der That sämmtliche durch x und v rational darstellbaren ganzen algebraischen Functionen von v und zwar *nur* solche enthält. Ferner lässt sich offenbar jede beliebige rationale Function von x und v als lineare Function von f_0, f_1, $\ldots$ f_{n-1} darstellen, und je nachdem hierbei die Coëfficienten ganze oder gebrochene Functionen von v werden, wird die dargestellte Function sich als eine *ganze* oder *nicht ganze* algebraische Function von v erweisen. Denn jene Linearform (I.) ist insofern eine „nothwendige" Form jeder durch dieselbe repräsentirten algebraischen Function, als bei dieser Darstellung die Coëfficienten $R(v)$ vollkommen bestimmt werden. Es folgt nämlich unmittelbar aus der Irreductibilität der Gleichung $F(x, v) = 0$, dass zwei Ausdrücke von der Form (I.) nur dann einander gleich sein können, wenn die Coëfficienten beider mit einander übereinstimmen, d. h. wenn die Ausdrücke identisch sind.

Die Nenner $N_1(v)$, $N_2(v)$, $\ldots$ $N_{n-1}(v)$, welche beziehungsweise in den Functionen $f_1(x, v)$, $f_2(x, v)$, $\ldots$ $f_{n-1}(x, v)$ auftreten, lassen sich noch näher charakterisiren, wenn man sich jede dieser Functionen durch die vorhergehende ausgedrückt denkt. Da nämlich das Product $x \cdot f_{m-1}(x, v)$ eine ganze algebraische Function von v und als ganze Function von x vom m^{ten} Grade ist, so muss es, ebenso wie oben $\varphi(x, v)$, auf die Form

$$R^{(m)}(v) f_m(x, v) + R_1^{(m)}(v) f_{m-1}(x, v) + \cdots + R_m^{(m)}(v)$$

gebracht werden können. Da nun hierin der Coëfficient von x^m, wenn nach Potenzen von x entwickelt wird, $\frac{R^{(m)}(v)}{N_m(v)}$, aber in $x \cdot f_{m-1}(x, v)$ offenbar $\frac{1}{N_{m-1}(v)}$ ist, so resultirt die Gleichung

$$N_m(v) = R^{(m)}(v) N_{m-1}(v),$$

und wenn nach einander $m = 1, 2, 3, \ldots$ genommen wird:

$$N_m(v) = R^{(1)}(v) R^{(2)}(v) \cdots R^{(m)}(v).$$

Bei der hier angegebenen Darstellung der Functionen f, nämlich:

$$f_m(x, v) = \frac{1}{R^{(m)}(v)}\left(x f_{m-1}(v) - R_1^{(m)}(v) f_{m-1}(x, v) - \cdots - R_m^{(m)}(v)\right),$$

ist offenbar auch die Annahme zulässig, dass jeder der Coëfficienten $R_1^{(m)}(v)$, $R_2^{(m)}(v)$, $\ldots R_m^{(m)}(v)$ von niedrigerem Grade als der Nenner $R^{(m)}(v)$ sei; denn anderenfalls kann man statt der Coëfficienten $R(v)$ im Zähler den bei der Division durch den Nenner $R^{(m)}(v)$ verbleibenden Rest setzen, ohne dass die hierdurch entstehende Function $f_m(x, v)$ eine derjenigen Eigenschaften verliert, durch welche dieselbe oben charakterisirt worden ist.

§ 3.

Bezeichnet man die n verschiedenen Wurzeln der irreductibeln Gleichung $F(x, v) = 0$, d. h. also die n verschiedenen Werthe der ganzen algebraischen Function x mit $x_0, x_1, x_2, \ldots x_{n-1}$, so ist die Determinante des Systems n^{ter} Ordnung:

$$
\begin{array}{lllll}
f_0(x_0, v) , & f_1(x_0, v) , & f_2(x_0, v) , & \cdots & f_{n-1}(x_0, v) \\
f_0(x_1, v) , & f_1(x_1, v) , & f_2(x_1, v) , & \cdots & f_{n-1}(x_1, v) \\
f_0(x_2, v) , & f_1(x_2, v) , & f_2(x_2, v) , & \cdots & f_{n-1}(x_2, v) \\
\cdot & \cdot & \cdot & \cdots & \cdot \\
\cdot & \cdot & \cdot & \cdots & \cdot \\
f_0(x_{n-1}, v) , & f_1(x_{n-1}, v) , & f_2(x_{n-1}, v) , & \cdots & f_{n-1}(x_{n-1}, v)
\end{array}
$$

eine alternirende Function der Grössen x_0, x_1, ... x_{n-1} und zugleich eine *ganze* algebraische Function von v, also ist das Quadrat dieser Determinante eine ganze rationale Function von v und soll mit $\Delta(v)$ bezeichnet werden.

Nach demjenigen, was über die Bildungsweise der Functionen f vorausgesetzt worden, hat jede derselben die Form:

$$f_m(x, v) = \frac{1}{N_m(v)} \cdot x^m + R_1(v) \cdot x^{m-1} + \cdots + R_m(v).$$

Die Determinante des aus den Functionen f gebildeten Systems, nämlich $\sqrt{\Delta(v)}$, ist demnach gleich dem reciproken Werke des Products $N_1(v) \cdot N_2(v) \cdots N_{n-1}(v)$, multiplicirt mit der Determinante des Systems:

$$\begin{array}{ccccc}
1, & x_0 & , & x_0^2 & , & \cdots & x_0^{n-1} \\
1, & x_1 & , & x_1^2 & , & \cdots & x_1^{n-1} \\
1, & x_2 & , & x_2^2 & , & \cdots & x_2^{n-1} \\
\cdot & \cdot & \cdot & \cdot & \cdot & \cdot & \cdot \\
\cdot & \cdot & \cdot & \cdot & \cdot & \cdot & \cdot \\
1, & x_{n-1} & , & x_{n-1}^2 & , & \cdots & x_{n-1}^{n-1} \cdot
\end{array}$$

Da aber das Quadrat dieser letzteren Determinante dem absoluten Werthe nach gleich der Discriminante der Gleichung $F = 0$ ist, welche mit $D(v)$ bezeichnet worden ist, so hat man:

$$\pm D(v) = \Delta(v) \cdot \big(N_1(v) \cdot N_2(v) \cdots N_{n-1}(v)\big)^2,$$

woraus auch hervorgeht, dass $\Delta(v)$ nicht verschwinden kann.

Wenn nun $\varphi_0(x)$, $\varphi_1(x)$, $\varphi_2(x)$, ... $\varphi_{n-1}(x)$ irgend welche rationalen Functionen von x und v bedeuten, die sich also sämmtlich auf die Form:

$$\varphi_m(x) = \Phi_{m,0}(v) \cdot f_0(x, v) + \Phi_{m,1}(v) \cdot f_1(x, v) + \cdots + \Phi_{m,n-1}(v) \cdot f_{n-1}(x, v)$$

bringen lassen, so wird die Determinante des aus den n^2 Functionen $\varphi_k(x_i, v)$

gebildeten Systems gleich der Determinante des aus den rationalen Functionen $\Phi_{k,i}(v)$ gebildeten Systems, multiplicirt mit $\sqrt{\varDelta(v)}$. Sind die Functionen φ sämmtlich *ganze* algebraische Functionen von v, so ist das Quadrat der Determinante des durch $\varphi_k(x_i, v)$ repräsentirten Systems eine ganze rationale Function von v, welches mit $D_\varphi(v)$ bezeichnet werden möge. Alsdann sind ferner die rationalen Functionen $\Phi_{k,i}(v)$ sämmtlich ganz, und es ist also die betreffende Determinante eine ganze rationale Function $R(v)$. Man hat daher die Gleichung:

$$D_\varphi(v) = \varDelta(v) \cdot (R(v))^2,$$

welche zeigt, dass das Quadrat der Determinante jedes durch $\varphi_k(x_i, v)$ repräsentirten Systems eine ganze rationale durch $\varDelta(v)$ theilbare Function von v ist, wenn $\varphi_0(x, v)$, $\varphi_1(x, v)$, ... $\varphi_{n-1}(x, v)$ *ganze* algebraische Functionen von v bedeuten, und dass demnach eben dieses Quadrat der Determinante, wenn es von möglichst niedrigem Grade, aber nicht gleich Null sein soll, von $\varDelta(v)$ sich nur durch einen constanten Factor unterscheiden kann. Das Fundamentalsystem der Functionen f ergiebt daher die Determinante niedrigsten Grades, und umgekehrt hat, wie leicht zu sehen, jedes System von ganzen algebraischen Functionen φ, welches zu einer Determinante *desselben* Grades führt, für welches also $D_\varphi(v) = c \cdot \varDelta(v)$ ist, ebenfalls die charakteristische Eigenschaft eines Fundamentalsystems, dass sich jede ganze algebraische Function von v, welche durch x und v rational ausdrückbar ist, als lineare Function der n Grössen φ darstellen lässt, deren Coëfficienten ganze rationale Functionen von v sind.

Es sei nunmehr $\varphi_0(x, v) = 1$, ferner sei y irgend eine ganze algebraische Function n^{ter} Ordnung $\varphi_1(x, v)$, so dass $y_i = \varphi_1(x_i, v)$ ist, endlich setze man $y^k = \varphi_k(x, v)$, also $y_i^k = \varphi_k(x_i, v)$. Alsdann wird das Quadrat der Determinante des durch $\varphi_k(x_i, v)$ repräsentirten Systems, d. h. also $D_\varphi(v)$ gleich der Discriminante der Gleichung n^{ten} Grades $F_1(y, v) = 0$, durch welche die algebraische Function y definirt wird. Man hat also, wenn diese Discriminante mit $D_1(v)$ bezeichnet wird:

$$D_1(v) = \varDelta(v) \cdot (R(v))^2,$$

während oben für die Discriminante von x die ähnliche Beziehung

$$\pm D(v) = \varDelta(v)\,(N_1(v) \cdot N_2(v) \cdots N_{n-1}(v))^2$$

sich ergeben hatte. Es ist demnach $\varDelta(v)$ nicht bloss ein Theiler der Discriminante der Gleichung $F(x, v) = 0$ sondern auch ein Theiler der Discriminanten aller derjenigen irreductibeln Gleichungen n^{ten} Grades, durch welche
ganze algebraische Functionen von v definirt werden, die zugleich rationale
Functionen von x und v sind. Ich nenne desshalb diesen Divisor der Discriminante der Gleichung $F(x, v) = 0$ den „wesentlichen Theiler" derselben und
bezeichne im Gegensatz dazu den übrigen Theil der Discriminante, welcher
ein vollständiges Quadrat ist, als „ausserwesentlichen Theiler". Diese letztere
Bezeichnung wird sich nämlich rechtfertigen, insofern gezeigt wird, dass eben
nur der als wesentlicher Theiler bezeichnete Ausdruck $\varDelta(v)$ gemeinsamer
Divisor aller erwähnten Discriminanten, d. h. also der *grösste* gemeinschaftliche Factor derselben ist.

Wenn es im Folgenden nöthig werden wird, die einzelnen Linearfactoren des wesentlichen und ausserwesentlichen Theilers der Discriminante
zu berücksichtigen, so werde ich dieselben kurzweg als „wesentliche" und
resp. „ausserwesentliche Factoren" der Discriminante der algebraischen Function x bezeichnen. Es ist ferner zu erwähnen, dass im Vorhergehenden der
wesentliche und ausserwesentliche Theiler der Discriminante nur abgesehen
von einer Constanten erklärt und bestimmt worden ist. Für die vorliegende
Untersuchung ist dies auch hinreichend, so lange x eben nur als algebraische
Function der Variabeln v betrachtet und demnach von den in der Gleichung
$F(x, v) = 0$ ausserdem noch vorkommenden und als constant bezeichneten
Grössen abgesehen wird. Auf diesem Standpunkte, wo man die besondere
Natur und Beschaffenheit, welche der algebraischen Function x durch die in
der definirenden Gleichung enthaltenen Constanten gegeben wird, nicht in
Rücksicht zieht, kann auch nur eine solche Unterscheidung zwischen den
verschiedenen Theilern der Discriminante gewonnen werden, welche deren
Linearfactoren in v betrifft. Desshalb ist es hier auch ganz gleichgültig,
welche Bestimmung man über eine der Function $\varDelta(v)$ hinzuzufügende Constante
treffen möge. Aber es ist vortheilhaft, hierüber in irgend einer bestimmten
Weise zu disponiren, um die folgenden Resultate einfacher präcisiren zu
können. Aus diesem Grunde will ich annehmen, dass $\varDelta(v)$ selbst, d. h. der

wesentliche Theiler von $D(v)$ so bestimmt sei, dass der Coëfficient der höchsten Potenz von v darin gleich $+1$ wird. Das oben erlangte Resultat lässt sich alsdann in folgender Form aussprechen:

> Der wesentliche Theiler der Discriminante einer mit x bezeichneten ganzen algebraischen Function von v ist, abgesehen von einer so eben bestimmten Constanten, gleich dem Quadrate der Determinante eines durch $f_k(x_i, v)$ repräsentirten Systems, wenn die Functionen $f_0(x, v)$, $f_1(x, v)$, $\ldots$ $f_{n-1}(x, v)$ irgend eines der Fundamentalsysteme bilden;

und es kann dies als erste charakteristische Eigenschaft des wesentlichen Theilers der Discriminante angesehen werden. Der ausserwesentliche Theiler derselben ist auch in Bezug auf seinen constanten Factor dadurch vollkommen definirt, dass das Product des wesentlichen und ausserwesentlichen Theilers genau gleich der Discriminante selber sein soll. Die erste Eigenschaft des letzteren aber, welche ebenfalls aus den obigen Ausführungen hervorgeht und eine für die Unterscheidung der beiden Theiler charakteristische Beziehung enthält, lässt sich dahin formuliren:

> Der ausserwesentliche Theiler der Discriminante einer ganzen algebraischen Function x ist stets das Quadrat einer ganzen rationalen Function der unabhängigen Variabeln v, und zwar ist derselbe gleich dem Quadrate der Determinante des Substitutionssystems, welches man erhält, wenn man die n ganzen algebraischen Functionen 1, x, x^2, $\ldots$ x^{n-1} linear durch die n Functionen eines Fundamentalsystems ausdrückt.

Es muss also andererseits das Substitutionssystem, vermittelst dessen die Functionen eines Fundamentalsystems als lineare Functionen von 1, x, x^2, $\ldots$ x^{n-1}, d. h. als ganze rationale Functionen von x dargestellt werden, eine Determinante haben, deren Quadrat gleich dem reciproken Werthe des ausserwesentlichen Theilers ist. Wenn dieser nicht etwa eine Constante ist, so müssen also irgend welche der Elemente jenes Substitutionssystems gebrochene Functionen von v sein, und jeder einzelne ausserwesentliche Factor $(v - \alpha)$ muss in irgend welchem der Elemente als nothwendiger Nenner vorkommen. Für jeden ausserwesentlichen Factor $(v - \alpha)$ ist es desshalb eine zweite charakteristische Eigenschaft,

> dass ganze algebraische Functionen von v existiren, die sich nur als gebrochene rationale Functionen von x und v und zwar mit dem Nenner $(v - \alpha)$ darstellen lassen, oder mit anderen Worten, dass es ganze rationale Functionen von x und v giebt, welche in Bezug auf x höchstens vom $(n - 1)^{\text{ten}}$ Grade und durch $(v - \alpha)$ nicht algebraisch theilbar sind, und welche dennoch, durch $(v - \alpha)$ dividirt, eine ganze algebraische Function von v ergeben.

Es ist hierbei zu bemerken, dass ein durch die erwähnte Eigenschaft als ausserwesentlicher Factor charakterisirter Linearfactor der Discriminante ausserdem zugleich in dem wesentlichen Theiler derselben enthalten sein kann. Endlich ist noch zu erwähnen, dass, wie aus der Bildung der Functionen f leicht zu ersehen ist, ein ausserwesentlicher Factor $(v - \alpha)$ mindestens zur $2m^{\text{ten}}$ Potenz erhoben in der Discriminante enthalten sein muss, wenn es ganze algebraische Functionen von v giebt, die sich als ganze rationale Functionen $(n - m)^{\text{ten}}$ Grades von x darstellen lassen, und zwar so, dass irgend eine der rationalen Functionen von v, welche die Coëfficienten bilden, im Nenner den Factor $(v - \alpha)$ enthält.

§ 4.

In den vorstehenden Ausführungen ist nicht eigentlich von der Voraussetzung der Irreductibilität der Gleichung $F(x, v) = 0$ Gebrauch gemacht worden. Nur insofern eine reductible Gleichung nicht *eine* sondern *mehrere algebraische Functionen zugleich* definirt, würden die obigen Resultate anders zu formuliren sein, wenn man für die zu Grunde gelegte Gleichung die Voraussetzung der Irreductibilität fallen lässt. Bedeutet

$$\overline{F}(x, v) = 0$$

eine *reductible* Gleichung r^{ten} Grades, in welcher der Coëfficient von x^r gleich *Eins* ist, während die übrigen Coëfficienten ganze rationale Functionen von v

sind, so definirt diese Gleichung so viel ganze algebraische Functionen von v (nebst ihren conjugirten), als die Anzahl ihrer irreductibeln Factoren beträgt. Diese algebraischen Functionen sind sämmtlich von einander verschieden, sobald — wie vorausgesetzt werden soll — die Discriminante von $\overline{F}(x, v) = 0$, welche mit $\overline{D}(v)$ bezeichnet werden möge, nicht verschwindet. Analog den Functionen

$$A_0(v) + A_1(v) \cdot x + A_2(v) \cdot x^2 + \cdots + A_{n-1}(v) \cdot x^{n-1},$$

welche im § 2 den Ausgangspunkt bildeten, können Ausdrücke von der Form

$$\overline{A}_0(v) + \overline{A}_1(v) \cdot x + \overline{A}_2(v) \cdot x^2 + \cdots + \overline{A}_{r-1}(v) \cdot x^{r-1}$$

nur dann algebraische Functionen von v darstellen, welche für *alle* durch die Gleichung $\overline{F}(x, v) = 0$ definirten Werthe von x *ganz* sind, wenn die rationalen Functionen $\overline{A}(v)$ keine anderen Nenner als Theiler von $\overline{D}(v)$ enthalten. Dies geht aus den im § 1 gegebenen Entwickelungen unmittelbar hervor, wenn dabei von der Voraussetzung der Irreductibilität der zu Grunde gelegten Gleichung abgesehen wird. Hiernach lasst sich ganz ebenso wie im § 2 ein System von Functionen

$$\overline{f}_0(x, v), \quad \overline{f}_1(x, v), \quad \overline{f}_2(x, v), \quad \ldots \quad \overline{f}_{r-1}(x, v)$$

bilden, welche den dort mit $f(x, v)$ bezeichneten genau entsprechen und folgende Eigenschaften haben:

I. Sie sind sämmtlich ganze Functionen $(r-1)^{\text{ten}}$ Grades von x, welche als Coëfficienten nur solche rationale Functionen von v haben, deren Nenner Theiler der Discriminante $\overline{D}(v)$ sind.

II. Sie stellen *ganze* algebraische Functionen von v dar, sobald für x *irgend eine* der verschiedenen durch die Gleichung $\overline{F}(x, v) = 0$ definirten algebraischen Functionen von v gesetzt wird, so dass auch der Ausdruck

$$\overline{B}_0(v)\overline{f}_0(x, v) + \overline{B}_1(v)\overline{f}_1(x, v) + \overline{B}_2(v)\overline{f}_2(x, v) + \cdots + \overline{B}_{r-1}(v)\overline{f}_{r-1}(x, v),$$

in welchem $\bar{B}_0(v)$, $\bar{B}_1(v)$, ... $\bar{B}_{r-1}(v)$ ganze rationale Functionen von v bedeuten, für alle der Gleichung $\bar{F}(x, v) = 0$ genügenden Werthe von x nur *ganze* algebraische Functionen von v darstellt.

III. Es lässt sich andererseits *jede* rationale Function von x und v, welche für *alle* durch $\bar{F}(x, v) = 0$ definirten Functionen x algebraisch ganze Functionen von v ergiebt, durch die angegebene in $\bar{f}_0$, $\bar{f}_1$, $\bar{f}_2$, ... $\bar{f}_{r-1}$ lineare Form darstellen, und zwar in *dem* Sinne, dass die darzustellende Function mit dieser Form für sämmtliche der Gleichung $\bar{F}(x, v) = 0$ genügenden Werthe von x übereinstimmt.

Die zuletzt angeführte Eigenschaft des Systems der Functionen f charakterisirt dasselbe als ein Fundamentalsystem, und es folgt nunmehr ganz wie im § 8, dass das Quadrat der Determinante

$$\left| \bar{f}_i(x_k, v) \right| \qquad (i,\, k = 0, 1, \ldots r-1),$$

in welcher x_0, x_1, ... x_{r-1} die verschiedenen Wurzeln der Gleichung $\bar{F}(x, v) = 0$ bedeuten, eine ganze Function von v und zwar ein Theiler von $\bar{D}(v)$ ist. Bezeichnet man, wie im § 8, diesen Theiler der Discriminante der Gleichung $\bar{F}(x, v) = 0$ als den „wesentlichen", den anderen aber als den „ausserwesentlichen", so leuchtet ein, dass der letztere ein vollständiges Quadrat ist. Beide Theiler aber lassen sich aus den wesentlichen und ausserwesentlichen Theilern der Discriminanten der einzelnen Factoren von $\bar{F}(x, v)$ leicht zusammensetzen. Es ist nämlich, genau wie im § 8, zu zeigen, dass der wesentliche Theiler der Discriminante von $\bar{F}(x, v) = 0$ zugleich Theiler des Quadrates jeder Determinante

$$\left| g_i(x_k, v) \right| \qquad (i,\, k = 0, 1, \ldots r-1)$$

ist, wenn die r^2 Functionen $g_i(x_k, v)$ sämmtlich, d. h. für alle Werthe der Indices i und k ganze algebraische Functionen von v darstellen. Ist nun

$$\bar{F}(x, v) = \Phi(x, v) \cdot \Psi(x, v),$$

wo Φ und Ψ ganze Functionen von x, beziehungsweise von den Graden m und n bedeuten, deren Coefficienten ganze Functionen sind, werden ferner mit

$$x_0, x_1, \ldots x_{m-1} \qquad \text{die Wurzeln von} \qquad \Phi(x, v) = 0$$

und mit

$$x_m, x_{m+1}, \ldots x_{r-1} \qquad \text{die Wurzeln von} \qquad \Psi(x, v) = 0$$

bezeichnet, und sind endlich

$$\varphi_0(x, v), \qquad \varphi_1(x, v), \qquad \ldots \varphi_{m-1}(x, v),$$
$$\psi_m(x, v), \qquad \psi_{m+1}(x, v), \qquad \ldots \psi_{r-1}(x, v)$$

(beziehungsweise für die Gleichungen $\Phi(x, v) = 0$, $\Psi(x, v) = 0$) Fundamentalsysteme im Sinne der obigen, auch für reductible Gleichungen geltenden Erklärung, so lassen sich rationale Functionen

$$g_0(x, v), \quad g_1(x, v), \quad g_2(x, v), \quad \ldots g_{r-1}(x, v)$$

so bestimmen, dass

$$g_i(x_k, v) = \varphi_i(x_k, v)$$

wird, wenn beide Indices i und k kleiner als m sind, dass hingegen

$$g_i(x_k, v) = \psi_i(x_k, v)$$

wird, wenn beide Indices grösser als $m - 1$ sind, und dass endlich

$$g_i(x_k, v) = 0$$

wird, wenn einer der beiden Indices kleiner als m ist, der andere aber nicht. In der That braucht man zu diesem Behufe nur zwei ganze Functionen von x mit Coefficienten, die rationale Functionen von v sind,

$$P(x, v), \quad Q(x, v)$$

so zu wählen, dass

$$P(x, v)\Phi(x, v) + Q(x, v)\Psi(x, v) = 1$$

wird, und alsdann für $h = 0, 1, \ldots m-1$

$$g_h(x, v) = \varphi_h(x, v)Q(x, v)\Psi(x, v),$$

aber für $i = m, m+1, \ldots r-1$

$$g_i(x, v) = \psi_i(x, v)P(x, v)\Phi(x, v)$$

zu setzen. Das Quadrat der aus diesen r^2 Functionen $g_i(x_k, v)$ gebildeten Determinante, welches nach einer bereits oben gemachten Bemerkung den wesentlichen Theiler der Discriminante von $\overline{F}(x, v) = 0$ als Theiler enthalten muss, ist offenbar gleich dem Quadrate des Productes der beiden aus den m^2 Elementen φ und den n^2 Elementen ψ gebildeten Determinanten, d. h. gleich dem Producte der wesentlichen Theiler der Discriminanten von $\Phi(x, v)$ und $\Psi(x, v)$. Es muss daher das Product der wesentlichen Theiler der Discriminanten von $\Phi(x, v)$ und $\Psi(x, v)$ durch den wesentlichen Theiler der Discriminante des Productes $\Phi(x, v) \cdot \Psi(x, v)$ theilbar sein. Andererseits lässt sich aber zeigen, dass der wesentliche Theiler der Discriminante von $\overline{F}(x, v)$ durch das Product derjenigen von $\Phi(x, v)$ und $\Psi(x, v)$ theilbar sein muss. Denn die mit $\overline{f}_i(x, v)$ bezeichneten Functionen des Fundamentalsystems für $\overline{F}(x, v) = 0$ lassen sich als homogene ganze lineare Functionen der r Elemente $g_0(x, v)$, $g_1(x, v)$, $\ldots g_{r-1}(x, v)$ so darstellen, dass die Coëfficienten ganze rationale Functionen von v sind, da die Gleichung

$$f_i(x, v) = C_{0i}(v)g_0(x, v) + C_{1i}(v)g_1(x, v) + \cdots + C_{r-1, i}(v)g_{r-1}(x, v)$$

offenbar für alle r Werthe $x = x_0, x_1, \ldots x_{r-1}$ erfüllt ist, wenn die Coëfficienten C so bestimmt werden, dass für die ersten m Werthe von x

$$f_i(x, v) = C_{0i}(v)\varphi_0(x, v) + C_{1i}(v)\varphi_1(x, v) + \cdots + C_{m-1, i}(v)\varphi_{m-1}(x, v),$$

für die folgenden n Werthe aber

$$f_i(x, v) = C_{mi}(v)\psi_m(x, v) + C_{m+1, i}(v)\psi_{m+1}(x, v) + \cdots + C_{r-1, i}(v)\psi_{r-1}(x, v)$$

wird. Das gewonnene Resultat lässt sich daher, wenn der constante Factor des wesentlichen Theilers in der oben angegebenen Weise bestimmt wird, folgendermassen formuliren:

„Der wesentliche Theiler der Discriminante einer reductibeln Gleichung ist gleich dem aus den wesentlichen Theilern der Discriminanten ihrer Factoren gebildeten Producte." ·

Ueber den ausserwesentlichen Theiler der Discriminante einer reductibeln Gleichung mag hier nur bemerkt werden, dass derselbe stets durch das Quadrat der Eliminations-Resultante ihrer Factoren theilbar ist. Wenn nämlich wie oben $\overline{F}(x, v) = \Phi(x, v) \cdot \Psi(x, v)$ angenommen und die Discriminante von $\overline{F}(x, v)$ mit $\overline{D}(v)$ bezeichnet wird, so findet die Gleichung

$$\overline{D}(v) = D_1(v) \cdot D_2(v) \cdot R(v)^2$$

statt, in welcher $D_1(v)$, $D_2(v)$, $R(v)$ beziehungsweise die Resultanten der Elimination von x aus

$$\Phi(x, v) = 0, \qquad \frac{\partial \Phi(x, v)}{\partial x} = 0,$$

$$\Psi(x, v) = 0, \qquad \frac{\partial \Psi(x, v)}{\partial x} = 0,$$

$$\Phi(x, v) = 0, \qquad \Psi(x, v) = 0$$

bedeuten. Da nun $D_1(v)$, $D_2(v)$ beziehungsweise die Discriminanten von $\Phi(v)$ und $\Psi(v)$ sind, und da der wesentliche Theiler von $\overline{D}(v)$ nur gleich dem Producte der wesentlichen Theiler von $D_1(v)$ und $D_2(v)$ ist, so muss der Factor $R(v)^2$, d. h. das Quadrat der Eliminations-Resultante von $\Phi(x, v) = 0$ und $\Psi(x, v) = 0$ in der That als Theiler im ausserwesentlichen Theiler der Discriminante $\overline{D}(v)$ enthalten sein.

§ 5.

Versteht man unter $w_0, w_1, \ldots w_{n-1}$ unbestimmte Grössen und setzt

$$z_k = w_0 \cdot f_0(x_k, v) + w_1 \cdot f_1(x_k, v) + \cdots + w_{n-1} \cdot f_{n-1}(x_k, v),$$

so genügen $z_0, z_1, \ldots z_{n-1}$ einer irreductibeln Gleichung n^{ten} Grades, in welcher der Coëfficient von x^n gleich Eins ist, während die übrigen Coëfficienten ganze rationale Functionen von $v, w_0, w_1, \ldots w_{n-1}$ sind. Wenn die

Discriminante dieser Gleichung mit D_s bezeichnet wird, so ist also auch D_s eine ganze rationale Function von v und den n Unbestimmten w, und nach dem, was im vorigen Paragraphen bewiesen worden, durch den wesentlichen Theiler der Discriminante von x, d. h. durch $\varDelta(v)$ theilbar, da s_x eine *ganze* algebraische Function von v ist. Die Discriminante D_s enthält also einen von den Grössen w unabhängigen Factor, d. h. wenn D_s nach den verschiedenen Potenzen von $w_0, w_1, \ldots w_{n-1}$ entwickelt gedacht wird, so enthalten sämmtliche Coëfficienten der verschiedenen Terme von der Form $w_0^\alpha \cdot w_1^\beta \ldots w_{n-1}^m$ einen grössten gemeinsamen Factor, der eine ganze rationale Function von v und jedenfalls durch $\varDelta(v)$ theilbar ist. Wird dieser grösste gemeinschaftliche Factor mit $\varDelta_1(v)$ bezeichnet, so dass also:

$$D_s = \varDelta_1(v) \cdot V(v, w_0, w_1, \ldots w_{n-1})$$

ist, so muss, da D_s durch $\varDelta(v)$ dividirt als Quotienten das vollständige Quadrat einer ganzen rationalen Function von v ergeben soll, sowohl $\dfrac{\varDelta_1(v)}{\varDelta(v)}$ als $V(v, w_0, \ldots)$ ein vollständiges Quadrat sein. Es wird desshalb:

$$D_s = \varDelta(v) \cdot \big(\delta(v)\big)^2 \cdot \big(W(v, w_0, w_1, \ldots w_{n-1})\big)^2$$

sein, wo $\delta(v)$ eine ganze rationale Function von v allein und W eine ganze rationale Function von v und den Grössen w bedeutet, welche keinen von den letzteren unabhängigen Factor mehr enthält. Dass nämlich W nicht nur in Bezug auf v sondern auch in Bezug auf $w_0, w_1, \ldots w_{n-1}$ ganz und rational ist, geht unmittelbar daraus hervor, dass $\delta(v) \cdot W(v, w_0, w_1, \ldots w_{n-1})$, abgesehen von einem in Rücksicht auf $v, w_0, w_1, \ldots w_{n-1}$ constanten Factor, gleich der Determinante des Substitutionssystems ist, vermittelst dessen $1, s, s^2, \ldots s^{n-1}$ linear durch die Functionen f ausgedrückt werden. Nach der oben angenommenen Ausdrucksweise ist daher $\varDelta(v)$ der wesentliche, $\delta(v)^2 \cdot W^2$ aber der ausserwesentliche Theiler der Discriminante D_s und jeder Factor von $\delta(v)$ ein ausserwesentlicher Factor derselben. Wenn nun $(v - \alpha)$ einer dieser Factoren und also α eine Constante, d. h. eine von v und $w_0, w_1, \ldots w_{n-1}$ unabhängige Grösse ist, so muss es — auf Grund der zweiten Eigenschaft der ausserwesentlichen Factoren — ganze rationale Functionen von s und v geben, welche in Bezug auf s höchstens vom

$(n-1)^{\text{ten}}$ Grade und durch $(v-\alpha)$ nicht theilbar sind, und welche dennoch, durch $(v-\alpha)$ dividirt, algebraisch ganz bleiben. Es sei nun $\psi(s)$ eine derjenigen Functionen dieser Art, welche von möglichst niedrigem Grade in Bezug auf s sind. Dann ist also

$$\psi(s) = \psi_m \cdot s^m + \psi_{m-1} \cdot s^{m-1} + \cdots + \psi_0,$$

wo die Coëfficienten der verschiedenen Potenzen von s ganze rationale Functionen von v, w_0, w_1, ... w_{n-1} und nicht sämmtlich durch $(v-\alpha)$ theilbar sind; es ist ferner $m < n$, $\frac{\psi(s)}{v-\alpha}$ eine ganze algebraische Function von v und endlich ψ_m nicht durch $(v-\alpha)$ theilbar, da sonst entgegen der gemachten Voraussetzung eine ganze rationale Function $\psi_{m-1}s^{m-1} + \cdots + \psi_0$ existirte, welche dieselben Eigenschaften wie $\psi(s)$ hätte. Bedeutet nun y eine unbestimmte Grösse, so ist auch $ys - \frac{\psi(s)}{v-\alpha}$ eine ganze algebraische Function von v, welche sich, wie s selbst, mit Hülfe von x rational darstellen lässt. Dieselbe kann daher als lineare Function von f_0, f_1, ... f_{n-1} ausgedrückt, d. h. in die Form:

$$ys - \frac{\psi(s)}{v-\alpha} = u_0 \cdot f_0(x, v) + u_1 \cdot f_1(x, v) + \cdots + u_{n-1} \cdot f_{n-1}(x, v)$$

gesetzt werden, in welcher die Coëfficienten u ganze rationale Functionen von v, w_0, w_1, ... w_{n-1} und y bedeuten. Die Discriminante von $ys - \frac{\psi(s)}{v-\alpha}$ ist nun offenbar nach der obigen Bezeichnungsweise gleich:

$$\Delta(v) \cdot \delta(v)^2 \cdot W(v, u_0, u_1, \ldots u_{n-1})^2,$$

d. h. gleich dem Ausdrucke, den man erhält, wenn man in der obigen Darstellung der Discriminante von s die unbestimmten Grössen w durch die Grössen u ersetzt. Andererseits wird aber die Discriminante von $ys - \frac{\psi(s)}{v-\alpha}$, abgesehen vom Vorzeichen, durch das Product:

$$\Pi\left(y(s_k - s_i) - \frac{\psi(s_k) - \psi(s_i)}{v-\alpha}\right)^2$$

oder

$$\Pi(z_k - z_i)^2 \cdot \Pi\left(y - \frac{\psi(z_k) - \psi(z_i)}{(v - \alpha)(z_k - z_i)}\right)^2$$

dargestellt, wenn man darin den Indices k und i sämmtliche Werthe beilegt, bei welchen $k > i$ ist. Da nun das Product $\Pi(z_k - z_i)^2$ bei richtiger Bestimmung des Vorzeichens die Discriminante von z, welche mit D_z bezeichnet wurde, ausdrückt, so hat man:

$$\Delta(v) \cdot \delta(v)^2 \cdot \left(W(v, u_0, u_1, \ldots u_{n-1})\right)^2 = D_z \cdot \Pi\left(y - \frac{\psi(z_k) - \psi(z_i)}{(v - \alpha)(z_k - z_i)}\right)^2,$$

oder indem man den oben angegebenen Werth von D_z einsetzt, alsdann den gemeinsamen Factor $\Delta(v) \cdot \delta(v)^2$ auf beiden Seiten der Gleichung weglässt und endlich die Quadratwurzel nimmt:

$$\pm W(v, u_0, u_1, \ldots u_{n-1}) = W(v, w_0, w_1, \ldots w_{n-1}) \cdot \Pi\left(y - \frac{\psi(z_k) - \psi(z_i)}{(v - \alpha)(z_k - z_i)}\right).$$

Nach der über die Function $W(v, w_0, w_1, \ldots w_{n-1})$ gemachten Voraussetzung, dass sie keinen von den Grössen w unabhängigen Factor enthalte, kann dieselbe nicht durch $(v - \alpha)$ theilbar sein, also für $v = \alpha$ nicht verschwinden. Es muss also, ebenso wie die linke Seite jener Gleichung, auch der zweite Factor auf der rechten Seite, nämlich das Product:

$$\Psi(y) = \Pi\left(y - \frac{\psi(z_k) - \psi(z_i)}{(v - \alpha)(z_k - z_i)}\right)$$

für $v = \alpha$ endlich bleiben, und da dasselbe überdies offenbar für alle anderen Werthe von v endlich und in Beziehung auf v rational ist, so muss es eine ganze rationale Function von v, also überhaupt eine ganze rationale Function von $v, w_0, w_1, \ldots w_{n-1}$ und y sein. Da ferner der Coëfficient der höchsten Potenz von y in $\Psi(y)$ gleich Eins ist, so stellt $\Psi(y) = 0$ eine Gleichung dar, deren Wurzeln sämmtlich ganze algebraische Functionen von v sind, d. h. es muss

$$\frac{1}{v-\alpha}\cdot\frac{\psi(s_h)-\psi(s_i)}{s_h-s_i}$$

für alle von einander verschiedenen Werthe der Indices h und i eine ganze algebraische Function von v sein. Wenn dies aber wirklich der Fall wäre, so müsste auch

$$\frac{1}{v-\alpha}\sum_{i=1}^{i=n-1}\frac{\psi(s_0)-\psi(s_i)}{s_0-s_i}$$

oder der damit übereinstimmende Ausdruck

$$-\frac{\psi'(s_0)}{v-\alpha}+\frac{1}{v-\alpha}\sum_{i=0}^{i=n-1}\frac{\psi(s_0)-\psi(s_i)}{s_0-s_i}$$

eine ganze algebraische Function darstellen. Da aber

$$\psi(s)=\psi_m s^m+\psi_{m-1}s^{m-1}+\cdots+\psi_0$$

ist, so erhält dieser Ausdruck die Form

$$\frac{1}{v-\alpha}\left((n-m)\psi_m\cdot s_0^{m-1}+\left(\psi_m\sum_{i=0}^{i=n-1}s_i+(n-m+1)\psi_{m-1}\right)s_0^{m-2}+\cdots\right),$$

aus welcher man ersieht, dass derselbe keine ganze algebraische Function darstellen kann. Denn es würde dies, weil jener Ausdruck in Bezug auf s vom $(m-1)^{\text{ten}}$ Grade und der Coëfficient von s^{m-1} nicht durch $(v-\alpha)$ theilbar ist, den Bedingungen widersprechen, welche für die Wahl von $\psi(s)$ festgesetzt worden sind. Es zeigt sich also durch diesen Widerspruch, dass jene Bedingungen unerfüllbar sind, dass demnach keine Function $\psi(s)$ und desshalb auch kein ausserwesentlicher Factor $(v-\alpha)$, d. h. kein Factor von $\delta(v)$ existiren kann, dass also $\delta(v)$ selbst sich auf eine von v unabhängige Constante reduciren muss. Da nun diese Constante mit der Function W vereinigt werden kann, so haben wir schliesslich für die Discriminante der durch den Ausdruck:

$$w_0 f_0(x, v) + w_1 f_1(x, v) + \cdots + w_{n-1} f_{n-1}(x, v)$$

dargestellten ganzen algebraischen Function z die Gleichung:

$$D_z = \Delta(v) \cdot \left(W(v, w_0, w_1, \ldots w_{n-1}) \right)^2,$$

in welcher W eine ganze rationale Function von $v, w_0, w_1, \ldots w_{n-1}$ bedeutet, die keinen von den Grössen w unabhängigen Factor $(v - \alpha)$ enthält.

Die so eben angeführte Eigenschaft der Function W macht es offenbar möglich, für die bisher unbestimmt gebliebenen Grössen w derartige ganze rationale Functionen von v zu wählen, dass $W(v, w_0, w_1, \ldots w_{n-1})$ irgend welche gegebenen Factoren $(v - \alpha), (v - \alpha'), \ldots$ *nicht* enthält. In der That lassen sich z. B. immer constante, d. h. von v unabhängige Werthe für die Grössen w finden, durch welche der erwähnten Bedingung Genüge geleistet wird, da hierzu nur erforderlich ist, die Grössen w so zu bestimmen, dass die Gleichung:

$$W(\alpha, w_0, w_1, \ldots w_{n-1}) \cdot W(\alpha', w_0, w_1, \ldots w_{n-1}) \cdots = 0$$

nicht befriedigt werde. Dies ist aber stets möglich, weil diese Gleichung — wie bewiesen worden ist — durch unbestimmte Grössen w, d. h. also identisch niemals erfüllt ist, welche Werthe auch $\alpha, \alpha', \ldots$ haben mögen. Denkt man sich nun namentlich die Grössen $w_0, w_1, \ldots w_{n-1}$ so bestimmt, dass die Function W keinen ausserwesentlichen Factor der Discriminante von x enthält, so wird die Discriminante der ganzen algebraischen Function

$$w_0 f_0(x, v) + w_1 f_1(x, v) + \cdots + w_{n-1} f_{n-1}(x, v)$$

mit der Discriminante von x *nur* den Factor $\Delta(v)$ gemein haben. Wir haben hiermit für den *wesentlichen* Theiler der Discriminante einer ganzen algebraischen Function x die zweite Eigenschaft erlangt,

dass derselbe der grösste gemeinschaftliche Theiler der Discriminanten aller derjenigen ganzen algebraischen Functionen n^{ter} Ordnung ist, welche sich durch x und v rational ausdrücken lassen.

Der *ausserwesentliche* Theiler ist dagegen im Allgemeinen für alle diese algebraischen Functionen verschieden und erhält für jede derselben den Werth $W(v, w_0, w_1, \ldots w_{n-1})^2$, wenn man darin für $w_0, w_1, \ldots w_{n-1}$ solche ganzen rationalen Functionen von v setzt, dass die betreffende algebraische Function durch den Ausdruck $w_0 f_0 + w_1 f_1 + \cdots + w_{n-1} f_{n-1}$ dargestellt wird. Bezeichnet man ferner diesen Ausdruck für unbestimmte Grössen w wie oben mit s, so ist vermöge der oben erwähnten ersten Eigenschaft des ausserwesentlichen Theilers jede der Functionen $f_0, f_1, \ldots f_{n-1}$, also auch jede andere durch x rational ausdrückbare ganze algebraische Function von v, als ganze rationale Function von s, v und $w_0, w_1, \ldots w_{n-1}$, dividirt durch $W(v, w_0, w_1, \ldots w_{n-1})$, darzustellen.

Es verdient hervorgehoben zu werden, dass $W(v, w_0, w_1, \ldots w_{n-1})$ keine von v unabhängige ganze Function der Grössen w als Theiler enthalten kann, sobald $n > 2$ ist. Wäre dies nämlich der Fall, so würde wenigstens einer der in Beziehung auf die Grössen w linearen Factoren von W

$$w_0\big(f_0(x_i, v) - f_0(x_k, v)\big) + w_1\big(f_1(x_i, v) - f_1(x_k, v)\big) + \cdots$$
$$\cdots + w_{n-1}\big(f_{n-1}(x_i, v) - f_{n-1}(x_k, v)\big)$$

einen von v unabhängigen Factor haben müssen, d. h. es müsste dieser Ausdruck, dividirt durch einen der Coëfficienten von $w_0, w_1, \ldots$ oder w_{n-1}, von v unabhängig sein. Haben nun die Functionen f dieselbe Bedeutung wie oben, so dass $f_0 = 1$ und $f_m(x, v)$ in Beziehung auf x vom m^{ten} Grade ist, so wird jener Ausdruck, abgesehen von dem Factor $\dfrac{w_i - w_k}{N_1(v)}$, gleich:

$$w_1 + w_2\big(\varphi_0 + \varphi_1(x_i + x_k)\big) + w_3\big(\psi_0 + \psi_1(x_i + x_k) + \psi_2(x_i^2 + x_i x_k + x_k^2)\big) + \cdots,$$

wo $\varphi_0, \varphi_1, \psi_0, \psi_1, \psi_2, \ldots$ rationale Functionen von v bedeuten. Damit alle Coëfficienten der verschiedenen Grössen w von v unabhängig seien, müssten daher die symmetrischen Functionen von x_i und x_k rationale Functionen von v sein, d. h. $F(x, v)$ müsste, als Function von x allein betrachtet, einen in v rationalen Factor zweiten Grades enthalten, und dies widerspricht für den Fall $n > 2$ der Voraussetzung, dass die Gleichung $F(x, v) = 0$ irreductibel sei.

§ 6.

Die Function $W(v, w_0, w_1, \ldots w_{n-1})$ hat, als ganze rationale Function von v betrachtet, mit ihrer nach v genommenen Ableitung $W'(v, w_0, w_1, \ldots w_{n-1})$ keinen Factor gemein, so lange nämlich $w_0, w_1, \ldots w_{n-1}$ noch unbestimmte Grössen bedeuten. Denn wenn man sich W als ganze rationale Function aller darin enthaltenen Grössen in ihre irreductibeln Factoren zerlegt denkt, d. h. in solche, die nicht wiederum ganze rationale Functionen von v und den Grössen w zu Theilern haben, so kann nach dem Inhalt des vorigen Paragraphen keiner derselben von den Grössen w unabhängig sein. Bedeutet nun $U(v, w_0, w_1, \ldots w_{n-1})$ irgend einen dieser irreductibeln Factoren, mit dem W' einen gemeinsamen Factor haben soll, so muss der grösste gemeinsame Theiler von W' und U eine ganze rationale Function von v und den Grössen w, also wegen der Irreductibilität der Function U eben diese selbst sein. Da also, wenn W ausser U noch den Factor V enthält, so dass:

$$W = U \cdot V, \qquad W' = U'V + V'U$$

zu setzen ist, das Product $U'V$ durch U theilbar sein muss und U' wegen der Irreductibilität von U keinen Factor mit U gemein haben kann, so muss nothwendig V noch den Factor U enthalten, d. h. W muss durch U^2 theilbar sein. Diese Theilbarkeit bezieht sich zwar zuvörderst nur auf die Variable v, in dem Sinne, dass W durch U^2 dividirt als Quotienten eine ganze rationale Function von v ergiebt; aber da U auch in Bezug auf die Grössen w irreductibel angenommen worden, so ist leicht zu sehen, dass jener Quotient zugleich eine ganze rationale Function von $w_0, w_1, \ldots w_{n-1}$ sein muss. Bezeichnet man denselben mit Q, so dass $W = U^2 \cdot Q$ ist, so hat sich also gezeigt, dass, wenn W und $\frac{\partial W}{\partial v}$ einen gemeinsamen Factor U hätten, derselbe auch in $\frac{\partial W}{\partial w_0}, \frac{\partial W}{\partial w_1}, \ldots \frac{\partial W}{\partial w_{n-1}}$ enthalten wäre. Unter dieser Annahme müsste daher, weil

$$W \cdot \sqrt{\varDelta(v)} = \pm \varPi \left\{ w_0\big(f_0(x_k) - f_0(x_i)\big) + w_1\big(f_1(x_k) - f_1(x_i)\big) + \cdots \right.$$
$$\left. \cdots + w_{n-1}\big(f_{n-1}(x_k) - f_{n-1}(x_i)\big) \right\}$$

ist, irgend einer der in Beziehung auf die Grössen w linearen Factoren dieses Productes einem anderen gleich sein, oder doch nur durch einen von den Grössen w unabhängigen Factor sich von demselben unterscheiden. Die Functionen f_0, f_1, f_2, ... sind aber resp. ganze Functionen des nullten, ersten, zweiten etc. Grades von x, also von der Form:

$$f_1 = a + a_1 x, \quad f_2 = b + b_1 x + b_2 x^2, \quad f_3 = c + c_1 x + c_2 x^2 + c_3 x^3, \quad \ldots,$$

wo die Coëfficienten a, a_1, b, ... rationale Functionen von v bedeuten. Soll nun derjenige Factor jenes Productes, welcher die Indices k und i enthält, nach Multiplication desselben mit einer von w_0, w_1, ... unabhängigen Grösse λ, gleich demjenigen Factor sein, welcher die Indices r und s enthält, so bekommt man durch Vergleichung der verschiedenen Coëfficienten der einzelnen Unbestimmten w die Bedingungen:

$$\lambda a_1 (x_k - x_i) = a_1 (x_r - x_s), \quad \lambda b_2 (x_k^2 - x_i^2) + \lambda b_1 (x_k - x_i) = b_2 (x_r^2 - x_s^2) + b_1 (x_r - x_s),$$

$$\lambda c_3 (x_k^3 - x_i^3) + \lambda c_2 (x_k^2 - x_i^2) + \lambda c_1 (x_k - x_i) = c_3 (x_r^3 - x_s^3) + c_2 (x_r^2 - x_s^2) + c_1 (x_r - x_s),$$

und aus diesen ergeben sich leicht, wenn man berücksichtigt, dass a_1, b_2, c_3 jedenfalls von Null verschieden sind, die einfacheren Relationen:

$$x_k + x_i = x_r + x_s \quad \text{und} \quad x_k^2 + x_k x_i + x_i^2 = x_r^2 + x_r x_s + x_s^2.$$

Hieraus folgt durch Elimination von x_s die Bedingung: $(x_k - x_r)(x_i - x_r) = 0$, welche offenbar nicht erfüllt ist, und es hat sich daher die Annahme, dass W und W' einen gemeinsamen Factor haben, als unmöglich erwiesen.

Da nun W und W', so lange die Grössen w unbestimmt sind, keinen gemeinsamen Factor in v haben, so lassen sich auch specielle Werthe, d. h. specielle ganze rationale Functionen von v für w_0, w_1, ... w_{n-1} setzen, für welche jene Eigenschaft bestehen bleibt. Denn wenn man sich in W und W' für w_0, w_1, ... w_{n-1} ganze rationale Functionen von v irgend eines beliebigen Grades mit noch unbestimmten Coëfficienten gesetzt und dann die durch Elimination von v aus W und W' entstehende Gleichung gebildet denkt, so kann dieselbe nach dem oben Ausgeführten nicht identisch, d. h. für beliebige Werthe jener unbestimmten Coëfficienten befriedigt werden; diese Coëfficienten können also stets so gewählt werden, dass eben jene Eliminationsgleichung *nicht* erfüllt wird. Man sieht hieraus auch, dass es stets von v unabhängige, constante Werthe $c_0, c_1, \ldots c_{n-1}$ giebt, für welche $W(v, c_0, c_1, \ldots c_{n-1})$ und $W'(v, c_0, c_1, \ldots c_{n-1})$ keinen gemeinsamen Factor haben.

Wählt man dem Inhalte dieses und des vorigen Paragraphen gemäss für $w_0, w_1, \ldots w_{n-1}$ irgend welche Werthe $w_0', w_1', \ldots w_{n-1}'$, welche die Eigenschaft haben, dass $W(v, w_0', w_1', \ldots w_{n-1}')$ weder mit $W'(v, w_0', w_1', \ldots w_{n-1}')$ noch mit $\varDelta(v)$ einen Factor gemein hat, so wird

$$\xi = w_0' f_0(x, v) + w_1' f_1(x, v) + \cdots + w_{n-1}' f_{n-1}(x, v)$$

eine ganze algebraische Function von v, für welche die Quadratwurzel des ausserwesentlichen Theilers der Discriminante eine ganze rationale Function von v ist, deren lineare Factoren sämmtlich sowohl unter einander als von denen des wesentlichen Theilers verschieden sind.

Hierbei könnte die Bestimmung der für $w_0', w_1', \ldots w_{n-1}'$ zu nehmenden Werthe noch weiter dahin beschränkt werden, dass der ausserwesentliche Theiler von möglichst niedrigem Grade wird, aber es soll im Folgenden, wenn von der algebraischen Function ξ die Rede ist, ein derartiger besonderer Charakter derselben nicht vorausgesetzt werden. Die obigen Bestimmungen allein genügen, wie aus den bisherigen Ausführungen hervorgeht, dafür,

> dass jede durch x rational ausdrückbare ganze algebraische Function von v sich als ganze rationale Function von ξ darstellen lasse, deren in v rationale Coëfficienten in ihren Nennern nur Linearfactoren enthalten, welche sowohl unter einander als von denen des wesentlichen Theilers der Discriminante verschieden sind;

und man kann hierbei unter dem Ausdruck „Discriminante" ebensowohl die von x als die von ξ verstehen, weil der wesentliche Theiler für beide identisch ist.

§ 7.

Mit Hülfe der erlangten Resultate kann nunmehr die Unterscheidung zwischen wesentlichem und ausserwesentlichem Theiler auf die Discriminante von Gleichungen ausgedehnt werden, in welchen der erste Coëfficient *nicht* gleich Eins ist. Wenn nämlich unter $\psi_0, \psi_1, \ldots \psi_n$ ganze rationale Functionen von v verstanden werden, welche nicht sämmtlich einen gemeinsamen Factor haben, und wenn ferner

$$\Psi(y, v) = \psi_n y^n + \psi_{n-1} y^{n-1} + \cdots + \psi_1 y + \psi_0$$

gesetzt wird, so will ich jene ganze Function, welche gewöhnlich als „Discriminante" der in Beziehung auf X und Y homogenen Function:

$$\psi_n Y^n + \psi_{n-1} Y^{n-1} X + \cdots + \psi_1 Y X^{n-1} + \psi_0 X^n$$

bezeichnet wird, die Discriminante der Gleichung $\Psi(y, v) = 0$ oder auch, vorausgesetzt, dass $\Psi(y, v)$ irreductibel ist, die Discriminante der durch dieselbe Gleichung definirten algebraischen Function y nennen. — Bedeutet nun $\theta(v)$ eben diese Discriminante und Ψ' die Ableitung von Ψ nach y, so ist bekanntlich:

$$\theta(v) = \psi_n^{n-2} \cdot \Psi'(y_0, v) \cdot \Psi'(y_1, v) \cdots \Psi'(y_{n-1}, v),$$

wenn unter $y_0, y_1, \ldots y_{n-1}$ die verschiedenen Wurzeln der Gleichung $\Psi(y, v) = 0$ verstanden werden. Die Discriminante $\theta(v)$ bleibt offenbar ungeändert, wenn man y durch $y + r$ ersetzt; das letzte Glied in der Entwickelung von $\Psi(y + r)$ wird aber alsdann gleich $\Psi(r)$, also gleich einer ganzen rationalen Function von v, die für beliebige Werthe der Constanten r keinen gemeinsamen Factor mit ψ_n hat. Man kann daher der Grösse r auch einen *speciellen* Werth beilegen, für welchen diese Eigenschaft von $\Psi(y + r)$ bestehen bleibt, und desshalb unbeschadet der Allgemeinheit voraussetzen, dass für $\Psi(y)$ selbst eben diese Bedingung schon erfüllt sei, d. h. dass ψ_n und ψ_0 keinen gemeinsamen Factor haben.

Setzt man $x = \psi_n \cdot y$ und:

$$F(x, v) = x^n + \psi_{n-1} \cdot x^{n-1} + \psi_n \cdot \psi_{n-2} \cdot x^{n-2} + \cdots + \psi_n^{n-2} \cdot \psi_1 x + \psi_n^{n-1} \cdot \psi_0,$$

so wird x als ganze algebraische Function von v durch die Gleichung $F(x, v) = 0$ bestimmt, wenn y diejenige algebraische Function ist, welche durch die Gleichung $\Psi(y, v) = 0$ definirt und welche daher, sobald ψ_n sich nicht auf eine Constante reducirt, *nicht* ganz ist. Man hat ferner:

$$F(x, v) = \psi_n^{n-1} \cdot \Psi(y, v), \qquad F'(x, v) = \psi_n^{n-2} \cdot \Psi'(y, v),$$

also, wenn, wie oben, die Discriminante von x mit $D(v)$ bezeichnet wird:

$$D(v) = \psi_n^{n^2 - 3n + 2} \cdot \theta(v).$$

Es soll nunmehr gezeigt werden, dass der Factor von $\theta(v)$, nämlich $\psi_n^{(n-1)(n-2)}$, als Factor in dem *ausserwesentlichen* Theiler der Discriminante $D(v)$ enthalten ist, und ich werde zu diesem Zwecke zuvörderst nachweisen, dass für jede Zahl m von 1 bis $(n - 1)$ der Ausdruck:

$$\frac{\psi_0^{n-m}}{\psi_n^{m-1}} \cdot (x^m + \psi_{n-1} \cdot x^{m-1} + \psi_n \cdot \psi_{n-2} x^{m-2} + \cdots + \psi_n^{m-2} \cdot \psi_{n-m+1} \cdot x)$$

eine *ganze* algebraische Function von v darstellt. Wenn man nämlich der Kürze halber diesen Ausdruck mit $\varphi_m(x)$ und $\dfrac{\psi_n \cdot \psi_0}{x}$ mit η bezeichnet, so ist vermöge der Gleichung $F(x, v) = 0$:

$$-\varphi_m(x) = \psi_0^{n-m} \cdot \psi_{n-m} + \psi_0^{n-m-1} \cdot \psi_{n-m-1} \cdot \eta + \psi_0^{n-m-2} \cdot \psi_{n-m-2} \cdot \eta^2 + \cdots$$
$$\cdots + \psi_0 \psi_1 \eta^{n-m-1} + \psi_0 \cdot \eta^{n-m}.$$

Ferner hat man, da $\eta = \dfrac{\psi_0}{y}$ ist, vermöge der Gleichung $\Psi(y, v) = 0$:

$$\eta^n + \psi_1 \eta^{n-1} + \psi_2 \psi_0 \eta^{n-2} + \psi_3 \psi_0^2 \eta^{n-3} + \cdots + \psi_{n-1} \psi_0^{n-2} \eta + \psi_n \psi_0^{n-1} = 0.$$

Durch diese Gleichung wird offenbar η als *ganze* algebraische Function von v

definirt, und da in der vorhergehenden Gleichung $\varphi_m(x)$ als ganze rationale Function von η und v dargestellt worden ist, so ist auch $\varphi_m(x)$ als *ganze* algebraische Function von v erwiesen. — Die Determinante des Substitutionssystems, durch welches die n Grössen $1, x, x^2, \ldots x^{n-1}$ als eben so viele lineare Functionen der n Grössen $1, \varphi_1(x), \varphi_2(x), \ldots \varphi_{n-1}(x)$ dargestellt werden, ist offenbar gleich Eins, dividirt durch das Product der Coëfficienten der höchsten Potenzen von x in den verschiedenen n Functionen φ, d. h. also gleich:

$$\frac{\psi_n^{\frac{1}{2}(n-1)(n-2)}}{\psi_0^{\frac{1}{2}n(n-1)}},$$

Nennt man nun $\partial(v)$ die Determinante desjenigen Substitutionssystems, mit Hülfe dessen die n Grössen $1, \varphi_1(x), \varphi_2(x), \ldots \varphi_{n-1}(x)$ linear durch die Functionen des Fundamentalsystems $f_0, f_1, \ldots f_{n-1}$ ausgedrückt werden, so ist

$$\frac{\psi_n^{\frac{1}{2}(n-1)(n-2)}}{\psi_0^{\frac{1}{2}n(n-1)}} \cdot \partial(v)$$

die Determinante des Substitutionssystems, vermittelst dessen sich $1, x, x^2, \ldots x^{n-1}$ als lineare Functionen von $f_0, f_1, \ldots f_{n-1}$ darstellen lassen, d. h. also diejenige Determinante, deren Quadrat im § 3 als ausserwesentlicher Theiler der Discriminante von x charakterisirt worden ist. Offenbar muss nun, da ψ_n und ψ_0 ohne gemeinsamen Factor sind, der Quotient $\dfrac{\partial(v)}{\psi_0^{\frac{1}{2}n(n-1)}}$ für sich eine ganze rationale Function von v sein. Wird dieser Quotient mit $\delta(v)$ bezeichnet, so ist demnach $\psi_n^{(n-1)(n-2)} \cdot \delta(v)^2$ der ausserwesentliche Theiler der Discriminante $D(v)$. Folglich ist, wenn $\varDelta(v)$, wie früher, den wesentlichen Theiler derselben bedeutet:

$$D(v) = \psi_n^{(n-1)(n-2)} \cdot \delta(v)^2 \cdot \varDelta(v)$$

und also:

$$\theta(v) = \delta(v)^2 \cdot \varDelta(v).$$

Hierdurch wird es gerechtfertigt, dass $\varDelta(v)$ auch der wesentliche Theiler der Discriminante $\theta(v)$ genannt wird, und $\delta(v)^2$ der ausserwesentliche Theiler derselben, d. h. *dass unter dem wesentlichen Theiler der Discriminante einer beliebigen algebraischen Function y gradezu der wesentliche Theiler der Discriminante* irgend einer *ganzen* algebraischen Function verstanden wird, welche durch y dividirt eine ganze rationale Function der unabhängigen Variabeln ergiebt. Auf Grund der im § 5 angeführten zweiten Eigenschaft des wesentlichen Theilers erhält man demnach für den wesentlichen Theiler der Discriminante einer *beliebigen* algebraischen Function n^{ter} Ordnung y die charakteristische Eigenschaft,

> dass derselbe der grösste gemeinsame Factor der Discriminanten aller derjenigen algebraischen Functionen n^{ter} Ordnung ist, welche sich durch y und die unabhängige Variable rational ausdrücken lassen.

Diese bemerkenswerthe Beziehung zeigt deutlich die Analogie mit der Invarianten-Eigenschaft der Discriminante selbst. Aber während vermöge dieser letzteren die gesammte Discriminante von y nur unverändert bleibt, wenn y durch eine *lineare* Function $\dfrac{y+\varphi}{\psi y+\varphi\psi+1}$ ersetzt wird, haben wir in dem wesentlichen Theiler der Discriminante von y das Bleibende und zwar den einzig bleibenden Theil derselben für *alle rationalen* Functionen von y und v erkannt.

§ 8.

Wenn unter Beibehaltung der in den vorigen Paragraphen gebrauchten Bezeichnungen $v-\alpha$ ein ausserwesentlicher Factor der Discriminante von y, also ein Factor von $\delta(v)$ ist, so muss $v-\alpha$ auch ein ausserwesentlicher Factor der Discriminante der ganzen algebraischen Function x sein, deren gesammter ausserwesentlicher Theiler durch

$$\psi_n^{(n-1)(n-2)}\,\delta(v)^2$$

dargestellt worden ist. Es müssen demnach gemäss § 3 ganze rationale

Functionen von x und v existiren, welche durch $v - \alpha$ dividirt algebraisch ganz bleiben, d. h. wenn irgend eine derselben mit $\mathfrak{f}(x, v)$ bezeichnet wird, so muss $\dfrac{\mathfrak{f}(x, v)}{v - \alpha}$ eine ganze algebraische Function von v sein, während $\mathfrak{f}(x, v)$ selbst eine ganze Function höchstens $(n - 1)^{\text{ten}}$ Grades von x ist, deren Coefficienten ganze rationale, nicht durch $v - \alpha$ theilbare Functionen von v sind. Demzufolge muss auch $\dfrac{\mathfrak{f}(x, \alpha)}{v - \alpha}$ eine ganze algebraische Function von v sein. Andererseits ist aber auch, da x durch die Gleichung $F(x, v) = 0$ definirt wird,

$$\frac{F(x, \alpha)}{v - \alpha} \qquad \text{übereinstimmend mit} \qquad \frac{F(x, \alpha) - F(x, v)}{v - \alpha}$$

algebraisch ganz; wenn daher $\varphi(x)$ der grösste gemeinsame Theiler von $\mathfrak{f}(x, \alpha)$ und $F(x, \alpha)$ ist, so muss auch

$$\frac{\varphi(x)}{v - \alpha}$$

eine ganze algebraische Function von v sein und für $v = \alpha$ endlich bleiben. Die Function $\varphi(x)$ muss daher für jeden der verschiedenen Werthe von x verschwinden, für den $F(x, \alpha) = 0$ wird, d. h. also, $\varphi(x)$ muss jeden der von einander verschiedenen Linearfactoren von $F(x, \alpha)$ enthalten. — Es sei nunmehr $\psi(x)$ der Quotient der Division von $F(x, \alpha)$ durch $\varphi(x)$, so dass also $\psi(x)$ keine anderen als die bereits in $\varphi(x)$ vorkommenden Linearfactoren enthält; es seien ferner $F_1, F_2, F_3, \ldots$ die erste, zweite, dritte, u. s. w. Ableitung von $F(x, v)$ nach v, so besteht die Gleichung

$$F(x, v) = \varphi(x) \cdot \psi(x) + (v - \alpha) F_1(x, \alpha) + \tfrac{1}{2}(v - \alpha)^2 F_2(x, \alpha) + \cdots = 0,$$

und es ist also für $v = \alpha$:

$$\psi(x) \cdot \frac{\varphi(x)}{v - \alpha} = - F_1(x, \alpha).$$

Da nun $\dfrac{\varphi(x)}{v - \alpha}$ als ganze algebraische Function von v für $v = \alpha$ und sämmtliche zugehörigen Werthe von x endlich bleibt, so muss $F_1(x, \alpha)$ für alle Wurzeln der Gleichung $\psi(x) = 0$, d. h. also für mindestens eine von den

Wurzeln der Gleichung $F(x, \alpha) = 0$ verschwinden, da $\psi(\alpha)$ mindestens vom ersten Grade ist. Da überdies durch Differentiation der obigen Gleichung nach x für den Werth $v = \alpha$ die Gleichung

$$F'(x, \alpha) = \varphi'(x)\psi(x) + \varphi(x)\psi'(x),$$

entsteht, wenn mit $F'(x, \alpha)$, φ', ψ' in üblicher Weise die Ableitungen von $F(x, \alpha)$, $\varphi(x)$ und $\psi(x)$ bezeichnet werden, und da für jede Wurzel a der Gleichung $\psi(x) = 0$ auch $\varphi(a) = 0$ wird, so sind für

$$x = a, \qquad v = \alpha$$

die drei Gleichungen

$$F(x, v) = 0, \qquad F'(x, v) = 0, \qquad F_1(x, v) = 0$$

gleichzeitig erfüllt, d. h. es verschwindet für die Werthe $x = a$, $v = \alpha$ gleichzeitig die Function $F(x, v)$ selbst mit ihren beiden nach x und v genommenen Derivirten.

Andererseits soll nun gezeigt werden, dass, wenn dies der Fall ist, wenn also die drei Functionen

$$F(x, \alpha), \qquad F'(x, \alpha), \qquad F_1(x, \alpha)$$

den gemeinschaftlichen Theiler $x - a$ haben, nothwendig $v - \alpha$ ein ausserwesentlicher Factor der Discriminante sein muss.

Setzt man $y = x - (v - \alpha)w$, wo w eine beliebige Grösse bedeutet, so ist

$$F(x, v) - F(y, \alpha) - (v - \alpha)\left(wF'(y, \alpha) + F_1(y, \alpha)\right)$$

eine durch $(v - \alpha)^2$ theilbare ganze Function von y und v. Wird dieselbe durch

$$(v - \alpha)^2 G(y, v)$$

bezeichnet, so ist daher

$$F(y, \alpha) + (v - \alpha)wF'(y, \alpha) + (v - \alpha)F_1(y, \alpha) + (v - \alpha)^2 G(y, v) = 0,$$

und wenn diese Gleichung durch $(y - a)(v - a)$ dividirt und für $F(y, a)$, welches durch $y - a$ theilbar ist, $(y - a)\,\mathfrak{f}(y)$ gesetzt wird,

$$\frac{\mathfrak{f}(y)}{v - a} + \frac{w F'(y, a) + F_1(y, a)}{y - a} + \frac{v - a}{y - a}\,G(y, v) = 0\,.$$

Der Voraussetzung nach haben $F'(x, a)$ und $F_1(x, a)$ den gemeinschaftlichen Theiler $x - a$ und folglich $F'(y, a)$ und $F_1(y, a)$ den gemeinschaftlichen Theiler $y - a$. Das mittlere Glied der Gleichung ist also algebraisch ganz, und es muss daher auch das erste Glied $\frac{\mathfrak{f}(y)}{v - a}$ algebraisch ganz sein, wenn der Bruch $\frac{v - a}{y - a}$ für keinen endlichen Werth von v unendlich wird. Der Werth dieses Bruches wird aber für $y = a$, $v = a$ gleich

$$-\frac{F'(a, a)}{F_1(a, a) + w F'(a, a)}\,,$$

und dieser Werth ist endlich, wenn die Grösse w, wie es offenbar möglich ist, so bestimmt wird, dass die Summe

$$F_1(x, a) + w F'(x, a)$$

den beiden Theilen gemeinsamen Factor $x - a$ nicht öfter enthält als $F'(x, a)$. Da endlich mit

$$\frac{\mathfrak{f}(y)}{v - a} \qquad \text{d. i.} \qquad \frac{\mathfrak{f}\big(a - (v - a)w\big)}{v - a} \qquad \text{auch} \qquad \frac{\mathfrak{f}(a)}{v - a}$$

eine ganze algebraische Function von v ist, so besitzt der Factor $v - a$ in der That jene im § 8 erwähnte Eigenschaft, welche denselben als ausserwesentlichen Factor der Discriminante kennzeichnet.

Die hiermit erlangte dritte charakteristische Eigenschaft eines ausserwesentlichen Factors $v - a$, dass den drei Gleichungen

$$F(x, v) = 0\,, \qquad F'(x, v) = 0\,, \qquad F_1(x, v) = 0$$

durch den Werth $v = \alpha$ und einen zugehörigen Werth von x genügt werden kann, soll nunmehr noch näher bestimmt, beziehungsweise erweitert werden.

Bezeichnet man mit U, V beliebige oder unbestimmte Grössen und bildet das Product

$$\prod_k \big(U F'(x_k, v) + V F_1(x_k, v) \big) \qquad \text{\tiny($k=0, 1, \dots n-1$)} ,$$

so erhält man eine ganze homogene Function n^{ter} Ordnung von U und V, deren Coëfficienten sämmtlich *durch $(v - \alpha)^2$ theilbare* ganze Functionen von v sind. Setzt man nämlich, wie oben, $y = x - (v - \alpha)w$ und berücksichtigt, dass

$$F'(x, v) - F'(y, \alpha) \qquad \text{und} \qquad F_1(x, v) - F_1(y, \alpha)$$

durch $v - \alpha$ und andererseits

$$F'(y, \alpha) \qquad \text{und} \qquad F_1(y, \alpha)$$

durch $y - a$ theilbar sind, so sieht man, dass sich jeder Factor jenes Productes auf die Form

$$(y_k - a)\,\varphi_k + (v - \alpha)\,\psi_k$$

bringen lässt, wo φ_k und ψ_k ganze rationale Functionen von x_k und v bedeuten, in deren Coëfficienten noch U und V linear vorkommen. Das Product selbst, welches mit $P(U, V)$ bezeichnet werden möge, wird demnach in der That durch $(v - \alpha)^2$ theilbar sein, wenn die ganze rationale Function von v, U, V

$$\prod_k (y_k - a) \prod_k \varphi_k \left\{ 1 + \sum_k \frac{\psi_k (v - \alpha)}{\varphi_k (y_k - a)} \right\} \qquad \text{\tiny($k=0, 1, \dots n-1$)}$$

den Theiler $(v - \alpha)^2$ enthält. Und dies ist wirklich der Fall; denn erstens fallen in der Entwickelung des Productes $\prod (y_k - a)$ nach Potenzen von $(v - \alpha)$ die ersten beiden Glieder weg, da

$$\prod_{k} (y_k - a) = \pm F(a + (v - \alpha)w, v)$$

ist, und es ist daher dieses Product durch $(v - \alpha)^2$ theilbar; zweitens ist der mit diesem Producte multiplicirte Ausdruck eine rationale Function von v, welche — wie dies oben von $\frac{v - \alpha}{y - \alpha}$ gezeigt ist — für $v = \alpha$ nicht unendlich wird.

Die ganze homogene Function $P(U, V)$ enthält, wie soeben bewiesen worden, jeden ausserwesentlichen Factor der Discriminante zweimal, und offenbar nicht *mehr* als zweimal, wenn die Discriminante selbst, welche in $P(U, V)$ als Coëfficient von U^n erscheint, denselben Factor nicht öfter enthält. Es ist ferner $P(U, V)$ durch keinen anderen Factor $v - \alpha$ theilbar als durch einen solchen, der ausserwesentlicher Factor der Discriminante ist; denn die Bedingung $P(U, V) = 0$ für $v = \alpha$ zieht offenbar die Relationen

$$F'(x_k, v) = 0, \quad F_1(x_k, v) = 0 \quad \text{für} \quad v = \alpha$$

nach sich, d. h. es muss für $v = \alpha$ den drei Gleichungen

$$F(x, v) = 0, \quad F'(x, v) = 0, \quad F_1(x, v) = 0$$

gleichzeitig genügt werden können, und dies ist, wie oben gezeigt worden, nur möglich, wenn $v - \alpha$ ein ausserwesentlicher Factor der Discriminante der Gleichung $F(x, v)$ ist.

Wendet man das erlangte Resultat auf die Gleichung an, welcher die im § 5 mit x_1 bezeichnete Function

$$w_0 f_0(x_k, v) + w_1 f_1(x_k, v) + \cdots + w_{n-1} f_{n-1}(x_k, v)$$

genügt, und deren ausserwesentlicher Theiler nach der dortigen Bezeichnung das Quadrat von

$$W(v, w_0, w_1, \ldots w_{n-1})$$

ist, so muss, wenn

$$\prod_k (s - s_k) = G(s, v)$$

gesetzt wird, das auf alle n Werthe $s = s_0, s_1, \ldots s_{n-1}$ erstreckte Product

$$\prod\left(U\frac{\partial G(s, v)}{\partial s} + V\frac{\partial G(s, v)}{\partial v} \right)$$

durch das Quadrat jedes Linearfactors von $W(v)$ und also, da für unbestimmte Werthe von $w_0, w_1, \ldots w_{n-1}$ diese Linearfactoren sämmtlich unter einander verschieden sind, durch das Quadrat von $W(v)$ selbst theilbar sein. Es wird nun bei geeigneter Bestimmung von $w_0, w_1, \ldots w_{n-1}$ jener mit s_k bezeichnete Ausdruck gleich x_k selbst; für diese besonderen Werthe der Grössen w geht dann $G(x, v)$ in $F(x, v)$ über, und $W(v)^2$ wird der gesammte ausserwesentliche Factor der Discriminante der Gleichung $F(x, v) = 0$. Hieraus geht also schliesslich hervor, dass der mit $P(U, V)$ bezeichnete Ausdruck durch den ganzen quadratischen ausserwesentlichen Factor der Discriminante theilbar sein muss und dass, da derselbe, wie oben nachgewiesen ist, keine anderen von U, V unabhängigen Factoren enthalten kann,

> der ausserwesentliche Theiler der Discriminante der Gleichung $F(x, v) = 0$ als der grösste von U, V unabhängige Theiler des über alle n Wurzeln der Gleichung erstreckten Productes
>
> $$\prod\left(U\frac{\partial F(x, v)}{\partial x} + V\frac{\partial F(x, v)}{\partial v} \right)$$
>
> zu charakterisiren ist.

Diese Eigenschaft des ausserwesentlichen Theilers entspricht in gewisser Hinsicht der obigen zweiten Eigenschaft des wesentlichen Theilers. Während der wesentliche Theiler bei rationaler Transformation von x erhalten bleibt, d. h. wenn die Gleichung $F(x, v) = 0$ in eine andere $G(y, v) = 0$ transformirt wird, deren Wurzel y eine rationale Function von x und v ist, bleiben die ausserwesentlichen Factoren der Discriminante bei linearer Transformation von v erhalten, da

$$F(x, v' + ux), \qquad \frac{\partial F(x, v' + ux)}{\partial x}, \qquad \frac{\partial F(x, v' + ux)}{\partial v'}$$

gleichzeitig für die Werthe $x = a$, $v' + ux = \alpha$ verschwinden, wenn

$$F(x, v), \qquad \frac{\partial F(x, v)}{\partial x}, \qquad \frac{\partial F(x, v)}{\partial v}$$

gleichzeitig für die Werthe $x = a$, $v = \alpha$ Null werden. Es sind dies bekanntlich die Werthepaare, welche die Doppelpunkte der durch $F(x, v) = 0$ dargestellten Curve bezeichnen, wenn x und v als Punktcoordinaten in der Ebene aufgefasst werden.

GRUNDZÜGE
EINER ARITHMETISCHEN THEORIE
DER ALGEBRAISCHEN GRÖSSEN.

VON

L. KRONECKER.

Festschrift zu Herrn Ernst Eduard Kummer's fünfzigjährigem Doctor-Jubiläum
am 10. September 1881.

Crelle, Journal für die reine und angewandte Mathematik. Band 92. S. 1—122.

GRUNDZÜGE

EINER ARITHMETISCHEN THEORIE
DER ALGEBRAISCHEN GRÖSSEN.

FESTSCHRIFT

ZU

HERRN ERNST EDUARD KUMMER'S

FÜNFZIGJÄHRIGEM DOCTOR-JUBILÄUM,

10. SEPTEMBER 1881,

VON

L. KRONECKER.

ANGEFÜGT IST EINE NEUE AUSGABE DER AM 10. SEPT. 1845 ERSCHIENENEN INAUGURAL-DISSERTATION:
DE UNITATIBUS COMPLEXIS.

BERLIN.
DRUCK UND VERLAG VON G. REIMER.
1882.

HERRN ERNST EDUARD KUMMER

zum 10. September 1881.

Lieber Freund! Seit siebenundvierzig Jahren Dein Schüler und beinahe ebenso lange Dein Freund, glaube ich mich berechtigt, zu Deinem Doctor-Jubiläum diese Festschrift zu veröffentlichen. Ihr Inhalt weniger als ihre Bestimmung motivirt wohl auch die Anfügung einer neuen, vollständigen Ausgabe meiner Doctor-Dissertation, welche Dir am 10. September 1845 von mir gewidmet, aber damals nicht bis zu Ende abgedruckt worden ist. Beide Arbeiten berichten auf ihren Blättern von dem, was ich Dir verdanke. Aber nur unvollkommen. In Wahrheit verdanke ich Dir mein mathematisches Dasein; ich verdanke Dir in der Wissenschaft, der Du mich früh zugewendet, wie in der Freundschaft, die Du mir früh entgegengebracht hast, einen wesentlichen Theil des Glückes meines Lebens.

LEOPOLD KRONECKER.

INHALTS-VERZEICHNISS.

I. Theil.

II. Theil.

GRUNDZÜGE EINER ARITHMETISCHEN THEORIE DER ALGEBRAISCHEN GRÖSSEN.

Gleichzeitige Beschäftigung mit algebraischen und zahlentheoretischen Studien hat mich schon früh dazu geleitet, die arithmetische Seite der Algebra besonders ins Auge zu fassen. So führte mich die Untersuchung der aus Wurzeln *Abel*'scher Gleichungen gebildeten complexen Zahlen auf jenes algebraisch-arithmetische Problem, alle *Abel*'schen Gleichungen für irgend einen Rationalitäts-Bereich aufzustellen, dessen Lösung ich im Juni 1853 der hiesigen Akademie mitgetheilt habe[1]). Seitdem habe ich stets in gedruckten Publicationen wie in meinen Universitäts-Vorlesungen die arithmetischen Gesichtspunkte in der Algebra besonders hervorgehoben und auch vielfach die arithmetischen Methoden auf einzelne algebraische Fragen angewendet. Doch war es mir kaum möglich, über diese meine Arbeiten Mittheilung zu machen, ohne mich auf die allgemeine Theorie berufen zu können, und ich habe mich desshalb seit längerer Zeit mit dem Gedanken getragen, eine ausführliche Arbeit darüber zu veröffentlichen. Aber mannigfache Hindernisse, vor Allem der Wunsch die vielen noch vorhandenen Lücken der Untersuchung auszufüllen, haben mich davon zurückgehalten, bis jetzt der Wunsch überwog, meinem Freunde und Lehrer zu seinem Festtage die Ergebnisse anhaltender Forschungen gesammelt und geordnet darzubringen, obgleich ich mir beim Anfange ebenso der Schwierigkeit meines Vorhabens wie nachher beim Abschlusse der Unvollkommenheit des Werkes bewusst gewesen bin.

---

[1]) *L. Kronecker*, Ueber die algebraisch auflösbaren Gleichungen. Band IV. S. 1 dieser Ausgabe von *L. Kronecker's* Werken.　　　　　　　　　　H.

Da der Umfang der Arbeit über das Maass einer Abhandlung angewachsen ist, habe ich sie der Uebersicht wegen in zwei Theile gesondert. In dem ersten werden die weiteren und engeren Sphären der Existenz der algebraischen Grössen fixirt, es wird die Art ihrer Existenz genauer dargelegt und zwar auch in dem Falle, wo mehrere derselben zugleich durch irgend eine Anzahl algebraischer Gleichungen definirt oder eigentlich nur gefordert werden. Im zweiten Theile werden die arithmetischen Eigenschaften der *ganzen* algebraischen Grössen, d. h. diejenigen, welche auf ihre Theilbarkeit Bezug haben, entwickelt. — Während im ersten Theile von der unendlichen Menge algebraischer Grössen einer Sphäre ausgegangen wird und ihre zunächst nur begriffliche Zusammenfassung in Gattungen und Arten durch eine gemeinschaftliche Darstellung concreten Ausdruck erhält, wird im zweiten Theile von einer beliebigen endlichen Anzahl ganzer algebraischer Grössen ausgegangen und dem zunächst nur durch Analogie mit den ganzen rationalen Grössen geforderten Begriffe des gemeinsamen Theilers durch einen algebraischen Ausdruck entsprochen. Wie jener elementareren Aufgabe der Darstellung aller ganzen algebraischen Grössen einer Gattung nur dadurch genügt werden konnte, dass an die Stelle ganzer Functionen *einer* algebraischen Grösse lineare Functionen von mehreren genommen, d. h. dass den Potenzen einer einzigen algebraischen Grösse noch andere Elemente der Gattung associirt wurden, um die gebrochenen „idealen“ Grössen zu wirklichen zu machen*), so erforderte das höhere Problem der Darstellung des gemeinschaftlichen Theilers ganzer algebraischer Grössen die Association der „ganzen algebraischen Formen“, um diesen aus der Sphäre blosser Abstraction in die Wirklichkeit algebraischer Gebilde zu versetzen. Aus der Vereinigung dieser beiden Darstellungs-Principien werden im Schlussparagraphen die Fundamentalgleichungen hergeleitet, mit Hülfe deren sich die gesammte

---

*) Diese Darstellungsweise hat in dem speciellen Falle der algebraischen Zahlen auch Herr *Dedekind* angewendet und vor mir 1871 durch den Druck veröffentlicht (vgl. die Vorbemerkung zu meiner Abhandlung im Journ. f. Math. Bd. 91, S. 301[1]). Die Bedeutung gebrochener idealer Zahlen ist schon auf S. 31 der *Kummer*'schen Abhandlung „Ueber die allgemeinen Reciprocitätsgesetze“ aus dem Jahre 1859 dargelegt.

[1]) Ueber die Discriminante algebraischer Functionen einer Variabeln. Band II S. 193—286 dieser Ausgabe von *L. Kronecker's* Werken. H.

Theorie der algebraischen Grössen auf die der rationalen Functionen von Variabeln reduciren lässt, und da bei dieser Reduction sich die Anzahl der Variabeln und die Stufenzahl der Formen erhöht, so zeigt sich, dass jener mit den Formen selbst zugleich eingeführte Begriff ihrer verschiedenen Stufen den Begriff der algebraischen Irrationalität zu ersetzen geeignet ist.

Dass viele zum Thema gehörige Fragen noch unerledigt geblieben, viele behandelte Punkte näher auszuführen sind, habe ich an den einzelnen Stellen der Arbeit selbst hervorgehoben und schon durch den Titel angedeutet. Ich habe hier nur die „Grundzüge" einer im Wesentlichen neuen Behandlungsweise der algebraischen Grössen geben wollen oder können.

Erster Theil.

§ 1.

Die Rationalitäts-Bereiche.

Ich fixire, wie in meinen früheren Aufsätzen, z. B. in denjenigen, welche in den Monatsberichten der Berliner Akademie vom Juni 1858, vom Februar 1878 und vom März 1879 abgedruckt sind[1]), durch die Grössen $\Re'$, $\Re''$, $\Re'''$, ... einen bestimmten Rationalitäts-Bereich $(\Re', \Re'', \Re''', ...)$. In dem ersten von jenen erwähnten Aufsätzen sind die den Rationalitäts-Bereich charakterisirenden Grössen mit A, B, C, ... bezeichnet. Die dort zuerst eingeführte Fixirung eines solchen Bereichs war, wie a. a. O. näher dargelegt ist, für die Klärung der Theorie der algebraischen Gleichungen durchaus nothwendig. Das Bedürfniss einer Präcisirung dessen, was bei einer bestimmten Untersuchung als rational zu betrachten sei, tritt bei *Galois* und auch schon bei *Abel*, namentlich in der Einleitung zu seinem unvollendeten Aufsatze „sur la résolution algébrique des équations" (Oeuvres complètes, Tome II p. 185), deutlich hervor. Doch geht *Abel* in seinen betreffenden Ausführungen, wie sich dann zeigt, nicht bis auf das nothwendige Fundament rationaler Functionen mit ganzzahligen Coëfficienten zurück, sondern behält im Gegentheil die nähere Bestimmung der Coëfficienten vor, und bei *Galois* macht die weitere Entwickelung die Präcisirung des „Rationalen" überflüssig. In dem letzten meiner oben erwähnten Aufsätze habe ich, wie auch stets in meinen Universitäts-Vorlesungen, den Ausdruck „Rationalitäts-Bezirk" gebraucht, um dessen in gewisser Hinsicht willkürliche Ab-

---

[1]) Ueber die algebraisch auflösbaren Gleichungen. Band IV. S. 1 dieser Ausgabe.

Ueber die verschiedenen *Sturm*'schen Reihen und ihre gegenseitigen Beziehungen. Band I. S. 303—348 dieser Ausgabe. Vgl. S. 311—312.

Zur Theorie der algebraischen Gleichungen. Band IV dieser Ausgabe von *L. Kronecker's* Werken. H.

grenzung zu kennzeichnen; doch glaube ich den hier gewählten Ausdruck „Bereich“ um desswillen vorziehen zu sollen, weil darin der Begriff des Räumlichen weniger scharf ausgeprägt ist, und weil er sich in Folge dessen den anderen in meinen Arbeiten und Universitäts-Vorlesungen eingeführten, durchweg nach *Gauss'* klassischem Muster der Systematik der beschreibenden Naturwissenschaften entlehnten Bezeichnungen näher anschliesst. Ueberdies findet sich auch im gewöhnlichen Sprachgebrauch bei dem Begriffe eines „Bereichs“ die Möglichkeit einer verschiedenen Abgrenzung nicht geradezu ausgeschlossen, wenn sie auch darin weniger — als in dem Ausdruck „Bezirk“ — hervorgehoben ist.

Der Rationalitäts-Bereich ($\Re'$, $\Re''$, $\Re'''$, ...) enthält, wie schon die Bezeichnung deutlich erkennen lässt, alle diejenigen Grössen, welche rationale Functionen der Grössen $\Re'$, $\Re''$, $\Re'''$, ... mit ganzzahligen Coëfficienten sind. Diese Bestimmung, dass die Coëfficienten ganzzahlig sein sollen, ist nur hier im Anfange, um jedes Missverständniss auszuschliessen, hinzugefügt. Im Folgenden soll stets, wie in allen meinen früheren Aufsätzen, der Begriff „der rationalen Function der Grössen $\Re$“, auch ohne weitere Hinzufügung, in seiner ursprünglichen, einzig präcisen Bedeutung als der einer rationalen Function mit ganzzahligen Coëfficienten gebraucht werden. Wenn an einzelnen Stellen der Untersuchung bei rationalen Functionen der Grössen $\Re$ von der Beschaffenheit der Coëfficienten abgesehen werden soll, so ist es geeigneter, sie als solche zu bezeichnen, welche die Elemente $\Re$ in rationaler Weise enthalten oder durch rationale Operationen aus denselben gebildet sind.

Durch den „Rationalitäts-Bereich ($\Re'$, $\Re''$, $\Re'''$, ...)“ sollen die sämmtlichen rationalen Functionen der Elemente $\Re$ — nur zur Erleichterung der Ausdrucksweise bei der Darstellung der Theorie — begrifflich zusammengefasst werden, und in derselben Weise soll auch noch weiterhin die Einordnung von „Grössen“ nach bestimmten, besonders darzulegenden, gemeinsamen Eigenschaften in geschlossene Kreise oder Kategorieen erfolgen. Der Ausdruck „Grösse“ ist hierbei in der weitesten arithmetisch-algebraischen Bedeutung zu nehmen, und es sind im Allgemeinen auch Grössengebilde wie „rationale Functionen unbestimmter Grössen“, sogenannte „Formen be-

liebig vieler Veränderlicher" u. s. w. mit darunter zu verstehen, denen der
Begriff der Maassgrösse, der des „grösser oder kleiner Seins" gänzlich fremd
ist. Aber die gewöhnlichen Zahlengrössen, die rationalen wie die algebraischen irrationalen Zahlen, gehören mit in die Kategorie der zu behandelnden Grössen, und es ist desshalb ausdrücklich hervorzuheben, dass,
obgleich hier das „grösser oder kleiner Sein" volle Bedeutung hat, dennoch
bei allen im Folgenden vorkommenden Gruppirungen, weil sie nach allgemeineren Gesichtspunkten vorzunehmen sind, die Maassgrösse keinerlei Rücksicht bilden wird. Bei der in § 8 erfolgenden Einführung des Gattungs-
begriffs liegt z. B. die zu einer besonderen Gattung gehörige Grösse $\sqrt{2}$
„begrifflich" weit ab von irgend einer der Quadratwurzel aus *zwei* noch so
nahe liegenden rationalen Zahl; ebenso tritt bei der späteren Unterscheidung
der ganzen und gebrochenen Zahlen für die der Grösse nach benachbarten
Zahlen der beiden Kategorieen eine begriffliche Trennung ein. Eben desshalb,
und weil man doch gewohnt ist, sich die Zahlengrössen ihrer Maassgrösse
nach, nicht aber ihren algebraischen Eigenschaften nach, an einander gereiht
oder irgend wie räumlich gruppirt vorzustellen, halte ich es für angemessen,
in der Terminologie die Ausdrücke mit entschieden räumlichem Gepräge zu
vermeiden und nur solche, kaum zu umgehende allgemeine Ausdrücke — wie
eben jenes Wort „Bereich" — oder allgemeine Bilder zu gebrauchen, welche
die ursprünglich räumliche Bedeutung bei ihrer vielfachen Verwendung im
gewöhnlichen Sprachgebrauche schon fast verloren haben. Aus diesem Gesichtspunkte habe ich auch geglaubt, von der Adoption der *Dedekind*'schen
Bezeichnung „Körper" absehen und meine ältere Bezeichnungsweise im Wesentlichen beibehalten zu sollen, zumal gerade — wenigstens für die vorliegenden
Untersuchungen — mir eine ganz neue Begriffsbildung zur Zusammenfassung
der rationalen Functionen bestimmter Grössen $\Re'$, $\Re''$, $\Re'''$, ... nicht erforderlich und diese Zusammenfassung selbst durch das Wort „Rationalitäts-
Bereich" in schlichter, ungezwungener Weise ausdrückbar erschien.

Mit der Fixirung des Rationalitäts-Bereichs wird die Frage der Zerlegbarkeit ganzer Functionen von einer oder mehreren Veränderlichen, deren
Coëfficienten jenem Bereich angehören, zu einer völlig bestimmten, insofern
dabei verlangt wird, dass auch die Coëfficienten der Factoren eben demselben Bereich angehören sollen. In diesem Sinne soll nun stets eine ganze

Function von beliebig vielen Veränderlichen mit Coëfficienten aus dem Rationalitäts-Bereich ($\Re'$, $\Re''$, $\Re'''$, ...) schlechthin als „irreductibel" oder „unzerlegbar" bezeichnet werden, wenn sie keine eben solche ganze Function, d. h. keine ganze Function derselben Veränderlichen mit Coëfficienten aus demselben Rationalitäts-Bereich als Factor enthält (vgl. § 4). Die von den Veränderlichen unabhängigen Factoren werden hierbei vorläufig ausser Acht gelassen, da sie erst mit der Betrachtung der *ganzen* Functionen von $\Re'$, $\Re''$, $\Re'''$, ..., d. h. der *ganzen* Grössen des Bereichs zu fixiren sind.

§ 2.

Die algebraischen Grössen; ihre Eintheilung in Gattungen.

Jede Wurzel einer irreductibeln Gleichung n^{ten} Grades, deren Coëfficienten dem Rationalitäts-Bereich ($\Re'$, $\Re''$, $\Re'''$, ...) angehören, heisst eine algebraische Function n^{ter} Ordnung der Grössen $\Re'$, $\Re''$, $\Re'''$, ... Die n Wurzeln einer und derselben Gleichung sind „conjugirte algebraische Functionen" von $\Re'$, $\Re''$, $\Re'''$, ...

Wenn man eine bestimmte algebraische Function n^{ter} Ordnung von $\Re'$, $\Re''$, $\Re'''$, ... zu eben diesen Grössen $\Re$ hinzunimmt oder „adjungirt", so constituirt die Gesammtheit derjenigen dem neuen Rationalitäts-Bereich angehörigen Grössen, welche algebraische Functionen n^{ter} Ordnung sind, eine bestimmte „*Gattung*" *(genus)* algebraischer Functionen n^{ter} Ordnung von $\Re'$, $\Re''$, $\Re'''$, ..., also eine besondere, dem Bereich ($\Re'$, $\Re''$, $\Re'''$, ...) „*entstammende*" Grössengattung. Die Zahl n soll auch die „*Ordnung der Gattung*" bezeichnen. Sind $\mathfrak{G}$, $\mathfrak{G}'$ zwei algebraische Functionen verschiedener Gattungen von der Beschaffenheit, dass sämmtliche Functionen der Gattung $\mathfrak{G}$ zum Rationalitäts-Bereich ($\mathfrak{G}'$, $\Re'$, $\Re''$, $\Re'''$, ...) gehören, so soll die Beziehung der beiden Gattungen dadurch zum Ausdruck gebracht werden, dass die Gattung $\mathfrak{G}$ als unter der Gattung $\mathfrak{G}'$ „*enthalten*" bezeichnet wird. — Die Ordnung der enthaltenen Gattung $\mathfrak{G}$ ist ein Divisor der Ordnung der enthaltenden Gattung $\mathfrak{G}'$. Denn wenn $f(x)$ eine rationale Function von x bedeutet und mit x_1, x_2, ... x_n die n conjugirten algebraischen Functionen x bezeichnet werden, so muss *jeder* irreductible Factor des Products

32*

$$\prod_k \big(y - f(x_k)\big) \qquad (k=1, 2, \ldots n)$$

offenbar für *jeden* der conjugirten Werthe $y = f(x_k)$ verschwinden, und diese irreductibeln Factoren müssen also sämmtlich identisch sein. Die Anzahl der unter einander *verschiedenen* Werthe $f(x_k)$, d. h. die Ordnung der algebraischen Function $f(x)$, ist demnach ein Theiler von n (vgl. meinen citirten Aufsatz vom März 1879). — Wenn conjugirte algebraische Functionen zu verschiedenen Gattungen gehören, so werden diese Gattungen selbst als „*conjugirt*" bezeichnet. Es giebt also höchstens so viel einander conjugirte Gattungen, als ihre Ordnung beträgt. Wenn die Anzahl nur *Eins* ist, d. h. also, wenn die Gattung keine conjugirten hat, so ist sie eine „*Galois*'sche Gattung".

Der Rationalitäts-Bereich $(\mathfrak{G}', \mathfrak{R}', \mathfrak{R}'', \mathfrak{R}''', \ldots)$ umfasst ausser den algebraischen Functionen der Gattung $\mathfrak{G}'$ noch alle diejenigen, welche den unter $\mathfrak{G}'$ enthaltenen Gattungen angehören, und dazu sind auch die rationalen Functionen von $\mathfrak{R}', \mathfrak{R}'', \mathfrak{R}''', \ldots$ zu rechnen, da sie gewissermassen die Gattung erster Ordnung bilden. Der bezeichnete Bereich soll „*der Bereich der Gattung $\mathfrak{G}'$*" genannt werden, und es wird also durch den Zusatz des Wortes „Bereich" dem Gattungsbegriff eine erweiterte Bedeutung beigelegt. Die Gesammtheit der algebraischen Functionen höchster Ordnung, welche in dem Gattungs*bereich* enthalten sind, bildet die Gattung selbst, im engeren Sinne des Wortes. Das Verhältniss der Gattungen zu dem Bereich $(\mathfrak{R}', \mathfrak{R}'', \mathfrak{R}''', \ldots)$, aus welchem sie entstammen, kann füglich dadurch zum Ausdruck kommen, dass dieser als der „*Stammbereich*" der daraus hervorgegangenen Gattungen bezeichnet wird. Jeder Gattungsbereich enthält seinen Stammbereich.

Sind $\mathfrak{G}', \mathfrak{G}'', \mathfrak{G}''', \ldots$ beliebige Gattungen algebraischer Functionen von $\mathfrak{R}', \mathfrak{R}'', \mathfrak{R}''', \ldots$, so bildet die Gesammtheit der Grössen des Rationalitäts-Bereichs $(\mathfrak{G}', \mathfrak{G}'', \mathfrak{G}''', \ldots \mathfrak{R}', \mathfrak{R}'', \mathfrak{R}''', \ldots)$ wiederum einen Gattungsbereich $(\mathfrak{G}, \mathfrak{R}', \mathfrak{R}'', \mathfrak{R}''', \ldots)$, wie in dem zweiten Absatze des folgenden Paragraphen näher dargelegt wird. Die bestimmende Gattung $\mathfrak{G}$ ist hierbei ebensowohl dadurch charakterisirt, dass sie durch die algebraischen Functionen höchster Ordnung des Bereichs $(\mathfrak{G}', \mathfrak{G}'', \mathfrak{G}''', \ldots \mathfrak{R}', \mathfrak{R}'', \mathfrak{R}''', \ldots)$ gebildet wird, als dadurch, dass sie die Gattung niedrigster Ordnung ist, unter welcher die sämmtlichen Gattungen $\mathfrak{G}', \mathfrak{G}'', \mathfrak{G}''', \ldots$ enthalten sind.

§ 8.

Die natürlichen Rationalitäts-Bereiche und die Gattungs-Bereiche.

Die Wahl der Grössen $\mathfrak{R}', \mathfrak{R}'', \mathfrak{R}''', \ldots$, d. h. also der Elemente eines Rationalitäts-Bereichs, unterliegt an sich keinerlei Beschränkung, doch ist es für die Behandlung der algebraischen Grössen völlig bedeutungslos, transcendente Zahlengrössen oder transcendente Functionen von Variabeln unter die Elemente mit aufzunehmen; denn die Resultate bleiben ungeändert, wenn an Stelle solcher transcendenten neue unabhängige Veränderliche gesetzt werden. Sind nämlich die Resultate der Theorie algebraischer Functionen von $\mathfrak{R}', \mathfrak{R}'', \mathfrak{R}''', \ldots$ erst für diesen Fall, wo die transcendenten $\mathfrak{R}$ durch unabhängige Variable ersetzt sind, entwickelt, so können dieselben, ihrer Natur und Herleitung nach, nur durch solche Specialisation von Grössen $\mathfrak{R}$ alterirt oder modificirt werden, bei welcher *algebraische* Beziehungen zwischen denselben eintreten[*]. Es kann daher, unbeschadet der Allgemeinheit, angenommen werden, *dass die Elemente eines Rationalitäts-Bereichs nur aus einer Anzahl veränderlicher oder unbestimmter Grössen und algebraischer Functionen derselben bestehen.*

Es ist an sich klar, dass man zu den Elementen eines Rationalitäts-Bereichs, ohne denselben zu ändern, jede beliebige rationale Function derselben hinzufügen, sowie auch andererseits jede der Grössen $\mathfrak{R}$, welche eine rationale Function der übrigen ist, weglassen kann. Wenn ferner eine der Grössen $\mathfrak{R}$ eine *algebraische* Function der übrigen ist, so kann eine beliebige andere Function derselben Gattung dafür gesetzt werden. Da nun für zwei

---

[*] In dem oben erwähnten, unvollendeten Aufsatze *Abel's* (Oeuvres complètes 1889 Tome II p. 185) kommen Stellen vor, z. B. auf S. 188 und S. 196, aus welchen hervorzugehen scheint, dass *Abel* bei seiner ersten Beschäftigung mit dem Gegenstande noch glaubte, den Fall transcendenter Grössen $\mathfrak{R}$ mit in Betracht ziehen zu müssen.

algebraische Functionen verschiedener Gattungen $\mathfrak{G}'$, $\mathfrak{G}''$ stets auf unendlich viele Weisen lineare Functionen mit ganzzahligen Coëfficienten $\mathfrak{R}'\mathfrak{G}' + \mathfrak{R}''\mathfrak{G}''$ bestimmt werden können, welche die Gattung niedrigster Ordnung repräsentiren, unter denen beide Gattungen enthalten sind, so kann, wenn $\mathfrak{G}'$ und $\mathfrak{G}''$ unter den Elementen vorkommen, erst $\mathfrak{R}'\mathfrak{G}' + \mathfrak{R}''\mathfrak{G}''$ hinzugefügt, alsdann aber sowohl $\mathfrak{G}'$ als $\mathfrak{G}''$ weggelassen werden, und man gelangt auf diese Weise allmählich zu dem am Schlusse des § 2 angegebenen Resultat, dass der Rationalitäts-Bereich $(\mathfrak{G}', \mathfrak{G}'', \mathfrak{G}''', \ldots \mathfrak{R}', \mathfrak{R}'', \mathfrak{R}''', \ldots)$ mit einem Rationalitäts-Bereich $(\mathfrak{G}, \mathfrak{R}', \mathfrak{R}'', \mathfrak{R}''', \ldots)$ identisch ist, in welchem $\mathfrak{G}$ als Gattung niedrigster Ordnung bestimmt ist, unter der die sämmtlichen Gattungen $\mathfrak{G}', \mathfrak{G}'', \mathfrak{G}''', \ldots$ enthalten sind. Man kann sich hiernach schliesslich auf die Annahme solcher Rationalitäts-Bereiche $(\mathfrak{R}', \mathfrak{R}'', \mathfrak{R}''', \ldots)$ beschränken, in welchen die Elemente eine Anzahl veränderlicher oder unbestimmter Grössen sind, zu denen höchstens *eine* algebraische Function derselben tritt. Für ein solches Hinzutreten von Grössen $\mathfrak{R}$, die den Rationalitäts-Bereich in einer für die algebraische Betrachtung wesentlichen Weise modificiren, bedient man sich seit *Galois* des technischen Ausdrucks der Adjunction. Die allgemeinste Annahme kann also dahin formulirt werden, dass für die Grössen $\mathfrak{R}$ eine Anzahl Variabler zu setzen und denselben höchstens *eine* algebraische Function zu adjungiren ist. Hierin ist auch der Fall mit inbegriffen, wo die Grössen $\mathfrak{R}$ überhaupt fehlen, d. h. der Fall, in welchem der Rationalitäts-Bereich derjenige der rationalen Zahlen, also der *„absolute"* Rationalitäts-Bereich ist, und dieser kann offenbar auch dadurch bezeichnet werden, dass nur *eine* Grösse $\mathfrak{R}$ und diese gleich *Eins* angenommen wird. Die algebraischen Functionen der Grössen $\mathfrak{R}$, d. h. die aus dem Rationalitäts-Bereich hervorgehenden algebraischen Grössen sind in diesem Falle *„algebraische Zahlen"*; sie sind es offenbar auch in dem Falle, wenn nur *ein* Element $\mathfrak{R}$, und dieses selbst gleich einer bestimmten algebraischen Zahl angenommen wird.

Wenn für den allgemeinen Fall, wo die Elemente $\mathfrak{R}$ eine Anzahl veränderlicher oder unbestimmter Grössen enthalten, unbedenklich von algebraischen Functionen der Grössen $\mathfrak{R}$ die Rede sein konnte, so erscheint doch diese Ausdrucksweise nicht mehr völlig zutreffend, wenn nur *eine* Grösse $\mathfrak{R} = 1$ vorhanden ist. Um diesen besonderen Fall auch in der *Ausdrucksweise* mit zu umfassen, ist es vorzuziehen, die algebraischen Functionen der

Grössen $\mathfrak{R}$ auch im allgemeinen Falle veränderlicher oder unbestimmter Grössen $\mathfrak{R}$ als algebraische, dem Rationalitäts-Bereich $(\mathfrak{R})$ entstammende *Grössen* zu bezeichnen. Da jedoch die Anwendung des Begriffs der algebraischen Functionen auf den besonderen Fall $\mathfrak{R} = 1$ nur in ganz äusserlicher Hinsicht bedenklich erscheint, so kann dieser Begriff und die dem entsprechende Ausdrucksweise neben der anderen, welche sich dem Falle $\mathfrak{R} = 1$ besser anpasst, gebraucht werden.

Ein Rationalitäts-Bereich ist im Allgemeinen ein *willkürlich* abgegrenzter Grössenbereich, doch nur, so weit es der Begriff gestattet. Da nämlich ein Rationalitäts-Bereich nur durch Hinzufügung beliebig gewählter Elemente $\mathfrak{R}$ vergrössert werden kann, so erfordert jede willkürliche Ausdehnung seiner Begrenzung zugleich die Umschliessung *aller* durch das neue Element rational ausdrückbaren Grössen. Es giebt aber auch *natürlich* abgegrenzte Rationalitäts-Bereiche, so das Reich der gewöhnlichen rationalen Zahlen, welches als das absolute in allen Rationalitäts-Bereichen enthalten ist und, wie es durch $\mathfrak{R} = 1$ bezeichnet worden, auch gewissermassen die absolute Einheit des Rationalitäts-Begriffs repräsentirt. Auch das Reich der rationalen Functionen von $\mathfrak{R}'$, $\mathfrak{R}''$, $\mathfrak{R}'''$, ..., wenn diese sämmtlich unabhängige Variable bedeuten, ist ein „*natürlich*" abgegrenztes; es ist darin das Reich der rationalen Zahlen sowie überhaupt das der rationalen Functionen von einem *Theile* der Variabeln $\mathfrak{R}'$, $\mathfrak{R}''$, $\mathfrak{R}'''$, ... mit enthalten.

Aus einem Rationalitäts-Bereich „gehen die verschiedenen Gattungen algebraischer Functionen hervor"; sie können wieder ganz oder theilweise in einen grösseren Bereich zusammengefasst werden, in welchem dann nothwendig der ursprüngliche Rationalitäts-Bereich enthalten ist. Es ist an sich klar, dass, wenn die Elemente $\mathfrak{R}'_0$, $\mathfrak{R}''_0$, ... zu einem Rationalitäts-Bereich $(\mathfrak{R}', \mathfrak{R}'', ...)$ gehören, der Rationalitäts-Bereich $(\mathfrak{R}'_0, \mathfrak{R}''_0, ...)$ ein Theilbereich dessen mit den Elementen $\mathfrak{R}'$, $\mathfrak{R}''$, ... ist. Sind die Elemente $\mathfrak{R}'_0$, $\mathfrak{R}''_0$, ... und $\mathfrak{R}'$, $\mathfrak{R}''$, ... *gegenseitig* durch einander rational ausdrückbar, so sind die beiden dadurch bestimmten Rationalitäts-Bereiche identisch.

Die *sämmtlichen* aus einem natürlichen Rationalitäts-Bereich hervorgehenden Gattungen algebraischer Grössen bilden zusammen ein geschlossenes,

den Stammbereich mit einschliessendes Grössenreich, so z. B. das Gesammtreich der algebraischen Zahlen, oder das Gesammtreich aller algebraischen
Functionen von unabhängigen Variabeln $\Re'$, $\Re''$, ..., welches das erstere
in sich schliesst. Man kann aber auch ein solches kleineres *Gesammt*reich
($\Re_0'$, $\Re_0''$, ...) einem grösseren Rationalitäts-Bereich ($\Re_0'$, $\Re_0''$, ..., $\Re'$, $\Re''$, ...)
anschliessen und also z. B. im Falle $\Re_0 = 1$ einen aus variabeln Elementen
$\Re$ gebildeten Rationalitäts-Bereich ($\Re'$, $\Re''$, ...) mit dem Reiche aller algebraischen Zahlen verbinden, d. h. also bei der Behandlung algebraischer
Functionen der Variabeln $\Re'$, $\Re''$, ... von den „Constanten“ absehen. Dies
geschieht z. B. in der Regel bei analytisch-geometrischen Untersuchungen,
wenn $\Re'$, $\Re''$, ... die Coordinaten bedeuten. So kommt es bei der Frage
nach der Zerlegbarkeit einer ganzen rationalen Function $F(x, y, z)$, wenn man
$F(x, y, z) = 0$ als die Gleichung einer algebraischen Fläche betrachtet, in
der Regel nicht darauf an, ob die Coëfficienten der Factoren rationale Zahlen
sind oder nicht. Aber man braucht, wie dieses Beispiel zeigt, bei bestimmten
Fragen doch nur die Adjunction *bestimmter* Grössen, und anstatt von vorn
herein unendlich viele Grössen zu adjungiren, genügt es daher, sich nur die
Adjunction besonderer, aus der Untersuchung selbst sich ergebender Grössen
vorzubehalten. — Im Allgemeinen hat sich also, wie oben dargelegt worden,
die arithmetische Behandlung der algebraischen Grössen auf Rationalitäts-
Bereiche mit lauter unabhängigen Variabeln und solche, bei denen überdies
noch eine Gattung algebraischer Functionen derselben adjungirt ist, also auf
„*natürliche Stammbereiche und Gattungsbereiche*“ zu beschränken (vgl. meinen
Aufsatz „Ueber die verschiedenen *Sturm*'schen Reihen“ im Monatsbericht der
Berliner Akademie vom Febr. 1878, S. 122 und 123[1]).

§ 4.

Die Zerlegung ganzer Functionen von Variabeln in irreductible Factoren.

Die im Art. 1 aufgestellte Definition der Irreductibilität entbehrt so
lange einer sicheren Grundlage, als nicht eine Methode angegeben ist, mittels
deren bei einer bestimmten, vorgelegten Function entschieden werden kann,

---

[1] Band I S. 811 und 812 dieser Ausgabe.   H.

ob dieselbe der aufgestellten Definition gemäss irreductibel ist oder nicht[*]). Die zunächst sich darbietende Methode, die Coëfficienten der Theiler einer ganzen Function von Veränderlichen durch Elimination aus den dafür bestehenden Gleichungen zu bestimmen, empfiehlt sich schon um desswillen nicht, weil bei naturgemässer und vollständiger Entwickelung der Theorie der Elimination die Zerlegung ganzer Functionen in ihre Factoren gebraucht wird. Desshalb soll hier eine neue Methode dargelegt werden, welche nur einfache, hier bereits verwendbare Hülfsmittel in Anspruch nimmt.

Ist erstens zu entscheiden, ob eine ganze ganzzahlige Function einer Variabeln x rationale Divisoren hat oder nicht, so braucht man, wenn dieselbe vom Grade $2n$ oder $2n+1$ ist, offenbar nur die etwaigen Theiler n^{ten} oder niedrigeren Grades zu ermitteln. Sind nun $r_0, r_1, r_2, \ldots r_n$ beliebige, von einander verschiedene, positive oder negative ganze Zahlen, und setzt man

$$g_0(x) = \frac{(x-r_1)(x-r_2)\cdots(x-r_n)}{(r_0-r_1)(r_0-r_2)\cdots(r_0-r_n)}, \quad g_1(x) = \frac{(x-r_0)(x-r_2)\cdots(x-r_n)}{(r_1-r_0)(r_1-r_2)\cdots(r_1-r_n)}, \quad \ldots,$$

so ist jede ganze ganzzahlige Function $f(x)$, deren Grad höchstens gleich n ist, als ganze ganzzahlige lineare Function der $n+1$ Functionen $g(x)$ darstellbar, und zwar ist

$$f(x) = f(r_0)g_0(x) + f(r_1)g_1(x) + \cdots + f(r_n)g_n(x).$$

Soll also $f(x)$ ein Theiler der vorgelegten Function $F(x)$ sein, so muss bei dieser Darstellungsweise der Coëfficient von $g_\lambda(x)$ ein Divisor der ganzen Zahl $F(r_\lambda)$ sein, und man hat daher nur eine endliche Anzahl von Coëfficienten-Systemen zu discutiren, um alle Theiler von $F(x)$ zu erhalten oder der Irreductibilität von $F(x)$ gewiss zu sein. — Eben dasselbe Verfahren kann nun direct auf ganze Functionen mehrerer Variabeln ausgedehnt oder beim allmählichen Uebergange zu zwei, drei und mehr Variabeln angewendet werden.

----

[*]) Das analoge Bedürfniss, welches freilich häufig unbeachtet geblieben ist, zeigt sich auch in vielen anderen Fällen, bei Definitionen wie bei Beweisführungen, und ich werde bei einer anderen Gelegenheit in allgemeiner und eingehender Weise darauf zurückkommen.

Aber es ist schon an sich (theoretisch) auch für Functionen mehrerer Variabeln vollkommen ausreichend, da eine ganze Function von x, x', x'', x''', ... $x^{(n)}$, wenn

$$x' = c_1 x^g, \quad x'' = c_2 x^{g^2}, \quad x''' = c_3 x^{g^3}, \quad \ldots \quad x^{(n)} = c_n x^{g^n}$$

gesetzt und g hinreichend gross genommen wird, in eine ganze Function der einzigen Variabeln x übergeht, welche in Beziehung auf ihre Zerlegbarkeit so wie überhaupt in algebraischer Hinsicht die transformirte Function von x, x', x'', ... $x^{(n)}$ durchaus zu ersetzen geeignet ist. Bei genügender Grösse der Zahl g werden nämlich die verschiedenen Producte von Potenzen der $n+1$ Variabeln x in ganze Functionen der einzigen Variabeln x verwandelt, welche von lauter verschiedenen Graden und also linear unabhängig sind. (Vgl. meine Mittheilung im Monatsbericht der Berliner Akademie vom Nov. 1880, S. 938, 939[1].)

Nachdem hiermit eine Methode angegeben worden, mittels deren eine ganze ganzzahlige Function von beliebig vielen Veränderlichen in ihre irreductibeln Factoren zerlegt werden kann, wenn für den Begriff der Irreductibilität der natürliche Rationalitäts-Bereich festgehalten wird, bleibt nur noch übrig, die Zerlegung auch für den Fall, wo eine der Grössen $\mathfrak{R}$ eine algebraische Grösse ist, zu bewirken. Dies geschieht in folgender Weise, wenn der Einfachheit halber eine der Variabeln hervorgehoben wird und also nur die Zerlegung einer ganzen Function $F(x)$ zu bewirken ist, deren Coefficienten einem Rationalitäts-Bereich $(\mathfrak{R}, \mathfrak{R}', \mathfrak{R}'', \ldots)$ angehören, in welchem $\mathfrak{R}$ eine algebraische Function der übrigen Grössen $\mathfrak{R}'$, $\mathfrak{R}''$, $\mathfrak{R}'''$, ... ist. Dabei kann angenommen werden, dass die Function $F(x)$ keine gleichen Factoren enthält; denn anderenfalls würde man dieselbe von gleichen Factoren dadurch befreien können, dass man sie durch den grössten Theiler, den die Function $F(x)$ mit ihrer Ableitung gemein hat, dividirt. Man setze nun zuvörderst $x + u\mathfrak{R}$ an Stelle von x in $F(x)$, wo u eine unbestimmte Grösse bedeutet; man betrachte ferner F selbst als Function von x und der zum Rationalitäts-Bereich gehörigen algebraischen Grösse $\mathfrak{R}$, welche also auch in

---

[1] Ueber die symmetrischen Functionen. Band IV dieser Ausgabe von *L. Kronecker's* Werken.

H.

den Coëfficienten vorkommen kann, bezeichne demnach die Function F durch $F(x, \Re)$ und bilde das Product aller mit einander conjugirten Ausdrücke

$$F(s + u\Re, \Re),$$

d. h. aller derjenigen, welche entstehen, wenn man die mit $\Re$ conjugirten algebraischen Grössen an Stelle von $\Re$ setzt. Dieses Product ist eine ganze Function von s, deren Coëfficienten rationale Functionen der Variabeln $\Re'$, $\Re''$, $\Re'''$, ... sind, kann also nach dem Vorhergehenden in irreductible Factoren zerlegt werden. Sind diese Factoren: $F_1(s)$, $F_2(s)$, ..., so bilden, wie leicht zu sehen, die grössten gemeinschaftlichen Theiler von

$$F(s + u\Re, \Re). \quad \text{und} \quad F_h(s)$$

für $h = 1, 2, \ldots$ die irreductibeln Factoren von $F(s + u\Re, \Re)$, aus denen die Factoren von $F(x)$ selbst unmittelbar hervorgehen, wenn wieder $x - u\Re$ an Stelle von s gesetzt wird. Es ist noch zu bemerken, dass die Einführung von $s + u\Re$ an Stelle von x zu dem Zwecke erfolgt ist, das Vorkommen von $\Re$ in den Coëfficienten zu sichern.

Für jede ganze Function beliebig vieler Veränderlicher, deren Coëfficienten einem festgesetzten Rationalitäts-Bereich $(\Re', \Re'', \Re''', \ldots)$ angehören, ist hiermit die Möglichkeit ihrer Zerlegung in irreductible Factoren dargethan. Dass eine solche Zerlegung nur in einer einzigen Weise möglich, also vollkommen bestimmt ist, beruht — da man sich aus dem oben angeführten Grunde auf Functionen einer Variabeln beschränken kann — einfach auf dem Satze, dass ein Product von zwei ganzen Functionen von x nur dann durch einen irreductibeln Factor theilbar sein kann, wenn eine der beiden Functionen diesen Factor enthält. Für den absoluten Rationalitäts-Bereich behält dieser Satz auch noch seine Geltung, wenn der irreductible Factor eine Function *nullten* Grades ist, also x gar nicht enthält. Ein solcher irreductibler Factor ist demnach eine gewöhnliche Primzahl, und es ist schon in Art. 42 von *Gauss'* Disqq. Arithm.[1]) nachgewiesen, dass ein Product $\varphi(x)\psi(x)$ nicht durch eine Primzahl p theilbar sein kann, ohne dass einer der

---

[1]) *O. F. Gauss*, gesammelte Werke; Band I. S. 34—35.

Factoren $\varphi(x)$ und $\psi(x)$ durch p theilbar ist. In dem angenommenen Falle $\Re = 1$ sind die Functionen, deren Zerlegung entwickelt worden ist, *ganze ganzzahlige Functionen beliebig vieler Veränderlicher*, und die obigen Ausführungen enthalten daher die Methode, wie jede solche Function in irreductible Factoren zerlegt werden kann, und zugleich den Nachweis, dass dies nur auf eine einzige völlig bestimmte Weise möglich ist.

§ 5.

Die ganzen algebraischen Grössen; ihre Eintheilung in Arten.

Wenn der Rationalitäts-Bereich $(\Re', \Re'', \Re''', \ldots)$ ein natürlicher ist, d. h. wenn es der Bereich $\Re = 1$ ist, oder wenn die Elemente $\Re$ sämmtlich unabhängige Variable sind, so bilden die ganzen ganzzahligen Functionen von $\Re', \Re'', \Re''', \ldots$ einen in sofern wieder in sich geschlossenen Theilbereich, als die sämmtlichen ganzen ganzzahligen Functionen der darin enthaltenen Grössen ebenfalls mit darin enthalten sind. Diese ganzen Functionen von $\Re', \Re'', \Re''', \ldots$ sollen kurzweg als die „*ganzen*" Grössen des Rationalitäts-Bereichs bezeichnet werden. Für den dieselben umfassenden Theilbereich könnte auch füglich, nach Analogie des Ausdrucks „Rationalitäts-Bereich", die Benennung „*Integritäts-Bereich*" eingeführt werden. Doch werde ich in der vorliegenden Arbeit von dieser Benennung kaum Gebrauch machen, sondern nur die Bezeichnung des Theilbereichs der „*ganzen*" Grössen eines Rationalitäts-Bereichs mit den Elementen $\Re', \Re'', \Re''', \ldots$, durch eckige Parenthesen anwenden und denselben demgemäss als den Bereich $[\Re', \Re'', \Re''', \ldots]$ von dem gesammten Rationalitäts-Bereich $(\Re', \Re'', \Re''', \ldots)$ unterscheiden. Dies vorausgeschickt, kann die Definition der *ganzen algebraischen* Functionen in einfacher Form gegeben werden.

Eine Grösse x soll eine „*ganze algebraische Function der Variabeln $\Re$*" oder eine „*ganze algebraische Grösse*" genannt werden, wenn sie einer Gleichung genügt, in welcher der Coëfficient der höchsten Potenz von x gleich *Eins* ist, und die übrigen Coëfficienten ganze ganzzahlige Functionen der Variabeln $\Re$, also Grössen des Bereichs $[\Re', \Re'', \Re''', \ldots]$ sind. Für den Fall $\Re = 1$ sollen die ganzen algebraischen Grössen auch als „*ganze algebraische Zahlen*" bezeichnet werden. Für den Fall veränderlicher $\Re$ ist eine Grösse als ganze algebraische Function einer der Variabeln $\Re$ dadurch charakterisirt, dass sie für endliche Werthe derselben niemals unendlich wird. Da ganze algebraische Functionen von ganzen algebraischen Grössen offenbar selbst ganze algebraische Grössen sind, so bildet die Gesammtheit der aus einem natürlichen Stammbereich $[\Re', \Re'', \Re''', \ldots]$ hervorgehenden ganzen algebraischen Grössen ein in sich geschlossenes algebraisches Grössenreich.

Für jeden natürlichen Rationalitäts-Bereich $(\Re', \Re'', \Re''', \ldots)$ gilt der Satz, dass eine ganze algebraische Grösse, wenn sie rational ist, auch eine ganze ganzzahlige Function von $\Re', \Re'', \Re''', \ldots$ sein muss. Soll nämlich eine gebrochene rationale Function von $\Re', \Re'', \Re''', \ldots$ einer Gleichung n^{ten} Grades genügen, in welcher der Coëfficient von x^n gleich *Eins* ist, und die übrigen Coëfficienten ganze ganzzahlige Functionen von $\Re', \Re'', \Re''', \ldots$ sind, so muss offenbar die n^{te} Potenz des Zählers der gebrochenen rationalen Functionen durch den Nenner theilbar sein. Dies ist aber, da Zähler und Nenner nach § 4 in ihre irreductibeln Factoren zerlegt vorausgesetzt werden können, unmöglich, wenn nicht der Nenner gleich *Eins* ist. Falls eine der Grössen $\Re$ eine algebraische Function der übrigen und also der Rationalitäts-Bereich ein Gattungsbereich ist, hat der Satz — genau in der obigen Form — nicht mehr unbeschränkte Geltung; so ist z. B. für $\Re = \sqrt{-3}$ die dritte Wurzel der Einheit $\tfrac{1}{2}(-1+\sqrt{-3})$, obgleich in Bruchform erscheinend, algebraisch ganz.

Bezeichnet $(\Re', \Re'', \Re''', \ldots)$, wie durchweg in diesem und dem folgenden Paragraphen, einen natürlichen Rationalitäts-Bereich, und sind $\mathfrak{S}', \mathfrak{S}'', \mathfrak{S}''', \ldots$ irgend welche jenem Bereich entstammende, *ganze* algebraische Grössen der Gattung $\mathfrak{S}$, so bilden diejenigen ganzen ganzzahligen Functionen von

$$\Re', \Re'', \Re''', \ldots; \quad \mathfrak{S}', \mathfrak{S}'', \mathfrak{S}''', \ldots,$$

welche der Gattung angehören, eine besondere „Art" oder „*Species*" derselben. Ebenso wie der Begriff der Gattung in § 2 durch den des Gattungsbereichs erweitert worden ist, soll auch der Begriff der Art erweitert und im „*Art-Bereich*" $[\Re', \Re'', \Re''', \ldots; \mathfrak{S}', \mathfrak{S}'', \mathfrak{S}''', \ldots]$ die *Gesammtheit* der ganzen ganzzahligen Functionen der „Elemente" ℜ und 𝔖 zusammengefasst werden. Der Art-Bereich schliesst also auch ganze algebraische Grössen von Gattungen, die nicht zur Gattung 𝔖 gehören, sondern nur unter derselben enthalten sind, in sich ein, aber er ist vollständig in dem *Gattungsbereich* (𝔖) enthalten, bildet also einen Theilbereich desselben. Auch verschiedene Arten einer und derselben Gattung stehen, wie die Gattungen selbst, in der Beziehung zu einander, dass eine unter der anderen enthalten, dass also ein Art-Bereich von dem anderen eingeschlossen ist. Die sämmtlichen Bereiche der besonderen Arten einer Gattung sind, wie sich von selbst versteht, in dem Gesammtbereich der ganzen algebraischen Grössen der Gattung enthalten. Dass aber auch dieser Gesammtbereich selber ein „Art-Bereich" im oben definirten Sinne des Wortes ist, d. h. also, dass ganze algebraische Grössen 𝔖′, 𝔖″, 𝔖‴, ... existiren, durch welche im Verein mit den Grössen ℜ sich alle ganzen algebraischen Grössen der Gattung ganz und rational darstellen lassen, bedarf eines besonderen Beweises; es ist dies eines der Fundamente der arithmetischen Theorie der algebraischen Grössen. Die durch solche Grössen 𝔖 bestimmte Art soll, um ihrem Verhältniss zu den übrigen Arten Ausdruck zu geben, als die *„Haupt-Art"* oder *„Haupt-Species"* bezeichnet werden.

Nach den gegebenen Begriffsbestimmungen enthalten die verschiedenen Arten algebraischer Grössen überhaupt *nur ganze* algebraische Grössen; dennoch soll zur Erinnerung in der Regel das Beiwort „ganz" hinzugefügt werden. Es ist ferner hervorzuheben, dass die „Grössen der Haupt-Art" mit den „ganzen algebraischen Grössen der Gattung" identisch sind, und es soll nur, je nachdem auf den Gattungs- oder Art-Begriff mehr Gewicht zu legen ist, die eine oder die andere Ausdrucksweise vorgezogen werden.

Die Bezeichnung der hier unterschiedenen Kategorieen ganzer algebraischer Grössen als „Arten" oder „Species" ist *Dirichlet* entlehnt. Im zweiten Theile seiner berühmten Abhandlung „Recherches sur diverses applications de l'Analyse infinitésimale à la Théorie des Nombres" (Journal für Mathematik, Bd. 21 S. 2[1]) hat er die von *Gauss* „eigentlich und uneigentlich primitiv" genannten quadratischen Formen als solche von erster und zweiter

---

[1] *G. Lejeune-Dirichlet*, gesammelte Werke; Band I. S. 411—496. Vgl. S. 462.　　　H.

Art (formes de première et de seconde espèce) bezeichnet. Geht man von den quadratischen Formen zu den complexen Zahlen über, welche aus ihren Linearfactoren entstehen, so entsprechen den beiden *Dirichlet*'schen „Arten" eben diejenigen, für welche oben diese Benennung eingeführt ist. Im Uebrigen aber sind es die verschiedenen „Ordnungen" der quadratischen Formen, denen die hier unterschiedenen „Arten" der zugehörigen complexen Zahlen entsprechen, und es erscheint mir als ein Vortheil, dass der *Gauss*'sche Ausdruck „Ordnung", welcher schon so viele Bedeutungen hat, durch die in erweitertem Sinne gebrauchte *Dirichlet*'sche Bezeichnung umgangen wird.

§ 6.

Lineare Darstellung der Grössen der Hauptart durch eine endliche Anzahl von Elementen.

Um den Nachweis zu führen, dass die Gesammtheit der ganzen algebraischen Grössen einer dem natürlichen Rationalitäts-Bereich $(\Re', \Re'', \Re''', \ldots)$ entstammenden Gattung $\mathfrak{G}$ in der That, wie im vorigen Paragraphen gesagt ist, eine „Art" und zwar die „Hauptart" bildet, soll nunmehr gezeigt werden, dass sich jede ganze algebraische Grösse der Gattung $\mathfrak{G}$ als homogene ganze lineare Function einer endlichen Anzahl solcher Grössen mit Coëfficienten aus dem Bereich $[\Re', \Re'', \Re''', \ldots]$ darstellen lässt, d. h. so, dass die Coëfficienten ganze ganzzahlige Functionen von $\Re', \Re'', \Re''', \ldots$ sind. Dabei stütze ich mich in erster Linie darauf, dass jede Grösse einer Gattung n^{ter} Ordnung als homogene ganze lineare Function von n linear unabhängigen Grössen der Gattung ausdrückbar ist, d. h. von n Grössen, zwischen denen keine lineare Relation mit rationalen, dem Bereich $(\Re', \Re'', \Re''', \ldots)$ angehörigen Coëfficienten besteht. Bei einer solchen Darstellung brauchen aber die Coëfficienten der homogenen linearen Function nicht nothwendig ganz zu sein, selbst dann nicht, wenn jede der n Grössen und auch die dargestellte Grösse ganz ist. Indessen tritt in diesem Falle offenbar nur die aus den n zur Darstellung verwendeten Grössen und ihren Conjugirten gebildete Determinante als Nenner der Coëfficienten auf. Es lassen sich daher alle ganzen algebraischen Grössen der Gattung als homogene ganze lineare Functionen von n ganzen Grössen der Gattung so darstellen, dass die Coëfficienten gebrochene Functionen von

$\Re'$, $\Re''$, $\Re'''$, ... mit einem bestimmten Nenner werden, welcher das Quadrat jener Determinante, also, als ganze symmetrische Function von conjugirten ganzen algebraischen Grössen, eine ganze Function von $\Re'$, $\Re''$, $\Re'''$, ... ist und als *„die Discriminante der n Grössen"* bezeichnet werden soll. Da nun aber nicht *alle* linearen Functionen der *n* Grössen mit solchen Coëfficienten *ganze* algebraische Grössen der Gattung sind, so handelt es sich nur noch darum, die Bedingungen für die Coëfficienten festzustellen, unter denen die dargestellte Grösse algebraisch ganz wird. Hierbei genügt es offenbar, wie hier und im vorigen Paragraphen durchweg geschehen ist, nur natürliche Rationalitäts-Bereiche in Betracht zu ziehen, wo die Grössen $\Re$ lediglich unabhängige Veränderliche sind, also keine algebraische Grösse enthalten. In dem einfachsten Falle, wo die Anzahl dieser Veränderlichen gleich Null oder also $\Re = 1$ ist, reicht es hin, für die Coëfficienten alle echten Brüche zu setzen, deren Nenner die Discriminante ist, und alle auf diese Weise resultirenden algebraischen Zahlen darauf hin zu prüfen, ob sie *ganz* sind oder nicht. Nimmt man alsdann diejenigen derselben, welche sich als algebraisch ganz erweisen, als neue Elemente zu den ursprünglichen *n* Elementen der Darstellung hinzu, so leuchtet ein, dass eine homogene lineare ganzzahlige Function aller dieser Elemente an sich eine ganze algebraische Zahl der Gattung ist und auch zur Darstellung *aller* ausreicht. — Für den Fall, wo die Grössen $\Re'$, $\Re''$, $\Re'''$, ... Variable sind, ist die allgemeine Theorie der Elimination zu Hülfe zu nehmen (vgl. § 10). Sind z. B. nur zwei Veränderliche $\Re' = v$, $\Re'' = w$ vorhanden, so kann vorausgesetzt werden, dass die Zahl, welche den Grad der Discriminante in Beziehung auf v bezeichnet, zugleich die Dimension in Beziehung auf v und w angiebt, da sich dies durch lineare Transformation der beiden Variabeln stets erreichen lässt. Alsdann ist eine homogene lineare Function der *n* linear unabhängigen algebraischen Grössen, die zunächst als Elemente der Darstellung dienen, zu bilden, deren Coëfficienten als ganze Functionen von v, dividirt durch die Discriminante, anzunehmen sind, und zwar so, dass der Grad dieser ganzen Functionen kleiner als der Grad der Discriminante ist. Die Coëfficienten dieser *n* ganzen Functionen von v sind nun als ganze Functionen von w so zu bestimmen, dass jene angenommene homogene lineare Function der *n* Elemente algebraisch ganz wird. Dadurch erhält man für die zu bestimmenden ganzen Functionen von w ein System von Bedingungsgleichungen, in welchem die Coëfficienten ganze Functionen von w sind, und welches — wie aus der Entstehung erhellt — so beschaffen sein muss, dass, wenn zwei verschiedene Systeme von Functionen

$$\varphi_1(w),\ \varphi_2(w),\ \ldots;\qquad \psi_1(w),\ \psi_2(w),\ \ldots$$

demselben genügen würden, auch deren lineare Verbindungen

$$\lambda\varphi_1(w) + \mu\psi_1(w),\qquad \lambda\varphi_2(w) + \mu\psi_2(w),\ \ldots$$

das Gleichungssystem befriedigen müssten. Man erschliesst hierdurch aus der Natur des Problems selbst, dass die Resolvente des Gleichungssystems (vgl. § 10) linear sein muss, und dass sich eine Anzahl der zu bestimmenden Functionen von w als lineare Functionen der übrigen in der Form

$$\varphi_1\theta_1 + \varphi_2\theta_2 + \cdots + \varphi_m\theta_m = \varphi_{m+1}\theta,\qquad \varphi_1\theta_1' + \varphi_2\theta_2' + \cdots + \varphi_m\theta_m' = \varphi_{m+2}\theta,\ \ldots$$

ergiebt, wenn $\varphi_1,\ \varphi_2,\ \ldots$ die zu bestimmenden, und $\theta,\ \theta_1,\ \theta_2,\ \ldots,\ \theta_1',\ \theta_2',\ldots$ bestimmte ganze Functionen von w bedeuten. Die Functionen $\varphi_1,\ \varphi_2,\ \ldots$ sind hiernach nur der Bedingung unterworfen, dass die Ausdrücke

$$\varphi_1\theta_1 + \varphi_2\theta_2 + \cdots + \varphi_m\theta_m,\qquad \varphi_1\theta_1' + \varphi_2\theta_2' + \cdots + \varphi_m\theta_m',\ \ldots$$

sämmtlich durch θ theilbar sein sollen, und daraus resultiren, wenn die Functionen φ sämmtlich von niedrigerem Grade als θ angenommen werden, lineare Gleichungen für die Coëfficienten der m Functionen $\varphi_1,\ \varphi_2,\ \ldots\varphi_m$. Bei dieser Methode zur Bestimmung einer allgemeinen Form der ganzen algebraischen Grössen einer Gattung ist der Einfachheit halber von den Zahlcoëfficienten abgesehen und nur dafür gesorgt worden, dass die dargestellte Grösse in Beziehung auf die Variabeln v und w ganz, d. h. also für endliche Werthe derselben niemals unendlich werde. Die Methode selbst ist aber auch anzuwenden, um aus jener allgemeinen Form diejenige speciellere zu ermitteln, welche nur ganze algebraische Grössen, im vollen Sinne des Wortes, enthält; sie führt ganz unmittelbar zu einer Reihe von solchen Grössen, welche als Elemente zur Darstellung aller ganzen algebraischen Grössen der Gattung in der oben bezeichneten Weise dienen können, nämlich so, dass eine homogene ganze lineare Function der Elemente mit Coëfficienten, die ganze rationale Functionen von v und w sind, jede ganze algebraische der Gattung angehörige Function von v und w repräsentirt.

<h3 style="text-align:center">§ 7.</h3>

Besondere Fälle, in denen die lineare Darstellung der Grössen der Art nur eine der Ordnungszahl gleiche Anzahl von Elementen erfordert.

In besonderen Fällen genügen zur Darstellung der sämmtlichen Grössen einer bestimmten Art solche Systeme von Elementen, deren Anzahl die Ordnung der Gattung nicht übersteigt. Dies findet namentlich durchweg für den Bereich $\Re = 1$ und auch für den Fall einer einzigen Variabeln $\Re$ statt, sofern alsdann von den Zahlcoëfficienten abgesehen wird; es findet ferner unter derselben Bedingung — es bleibe dahin gestellt, ob die Bedingung *nothwendig* ist — im Bereich von n unabhängigen Variabeln ($\Re'$, $\Re''$, ... $\Re^{(n)}$) für alle Gattungen statt, die durch irgend eine rationale Function der n Wurzeln der Gleichung

$$x^n + \Re' x^{n-1} + \Re'' x^{n-2} + \cdots + \Re^{(n)} = 0$$

repräsentirt werden (vgl. § 12). Um ein zur Reduction der Anzahl der Elemente dienendes Verfahren darzulegen, wähle ich den Fall, wo nur eine Variable $\Re = v$ vorhanden ist. Bedeutet n die Ordnung der Gattung, und bilden die $n + m$ ganzen algebraischen Grössen x', x'', ... $x^{(n+m)}$ ein zur Darstellung aller ganzen algebraischen Grössen der Species ausreichendes System von Elementen, so kann man sich diese so geordnet denken, dass die Discriminante der *ersten* n Grössen von möglichst niedrigem Grade, d. h. dass jede der übrigen Discriminanten von höherem oder gleich hohem Grade in v ist. Die m letzten Elemente lassen sich nun als homogene lineare Functionen der n ersten darstellen, und zwar so, dass die Coëfficienten gebrochene rationale Functionen von v werden, deren Nenner jene Discriminante der ersten n Elemente oder ein Theiler derselben ist. Durch Hinzufügung homogener linearer Functionen von x', x'', ... $x^{(n)}$, deren Coëfficienten *ganze* Functionen von v sind, können daher die folgenden Elemente x so modificirt werden, dass bei ihrer Darstellung durch x', x'', ... $x^{(n)}$ die Zähler der Coëffi-

cienten von niedrigerem Grade sind als die bezüglichen Nenner, und *dass
ganze* Functionen von v als Coëfficienten gar nicht vorkommen. Nach dieser
Modification, durch welche die Zahl der Elemente und auch der Grad der
Discriminanten sich vermindert haben kann, sind die Elemente, also die
n ersten nebst denjenigen von den m letzten, welche geblieben sind, zusammen von Neuem in der angegebenen Weise zu ordnen. Wird hierauf
das obige Verfahren auf das neue Elementen-System und alsdann wiederholt
angewendet, so muss einmal der Fall eintreten, dass die ersten n Elemente
— weil ihre Discriminante schon von möglichst niedrigem Grade ist — an
ihrer ersten Stelle verbleiben. In diesem Falle können keine weiteren Elemente mehr vorkommen; denn ein solches Element $x^{(n+1)}$ müsste bei der
Darstellung durch die ersten n Elemente wenigstens *einen* Coëfficienten haben,
dessen Grad in Bezug auf v negativ wäre, und wenn dies der Coëfficient
von x' ist, so würde die Discriminante der n Elemente x'', x''', ... $x^{(n+1)}$ von
niedrigerem Grade sein als die der Elemente x', x'', ... $x^{(n)}$. Ich bemerke
noch, dass genau dieselbe Deduction für den Fall $\Re = 1$ mit der Massgabe
anwendbar ist, dass an Stelle der Grösse des Grades in Bezug auf v die
Grösse der Zahlen selbst tritt (vgl. § 24).

§ 8.

Die Discriminanten der Gattungen und Arten.

Ein System von ganzen algebraischen Grössen x', x'', ... $x^{(n+m)}$ einer
bestimmten Art oder Species, welches so beschaffen ist, dass sich alle Grössen
derselben in der Form

$$\varphi' x' + \varphi'' x'' + \cdots + \varphi^{(n+m)} x^{(n+m)}$$

darstellen lassen, wo φ', φ'', ... $\varphi^{(n+m)}$ ganze ganzzahlige Functionen von
$\Re'$, $\Re''$, $\Re'''$, ... bedeuten, soll als ein „Fundamentalsystem der Art" und
wenn es die Haupt-Art ist, auch als ein „Fundamentalsystem der *Gattung*"
bezeichnet werden.

Damit auch für einen *Gattungs*-Bereich $(\Re', \Re'', \Re''', ...)$ die in § 5
aufgestellte Begriffsbestimmung einer „ganzen algebraischen Grösse" oder

einer „ganzen algebraischen Function der Elemente $\mathfrak{R}$" Geltung behalte, müssen die der adjungirten Gattung entnommenen Elemente so gewählt werden, dass sich alle aus dem Stammbereich hervorgehenden ganzen algebraischen Grössen des Gattungs-Bereichs als *ganze* Functionen derselben ausdrücken lassen; dies ist z. B. der Fall, wenn die sämmtlichen Elemente eines Fundamentalsystems der adjungirten Gattung unter die Elemente $\mathfrak{R}$ mit aufgenommen werden.

Jedes Fundamentalsystem kann auf seine nothwendigen Elemente beschränkt angenommen werden, d. h. auf diejenigen, von denen keines sich als homogene ganze lineare Function der übrigen so darstellen lasst, dass die Coëfficienten ganze Functionen der Grössen $\mathfrak{R}$ werden. Die sämmtlichen Discriminanten von je n Elementen eines Fundamentalsystems bilden ein System von Discriminanten, welches — als Ganzes betrachtet — selbst, so zu sagen, fundamental ist. Auch gelangt man, wenn man das Quadrat der Determinante

$$\left| x_i^{(h)} \right| \qquad (h_i = 1, 2, \ldots n+m)$$

bildet, in welcher $x_1^{(h)}$, $x_2^{(h)}$, $\ldots x_n^{(h)}$ unter einander conjugirte algebraische Grössen und aber $x_{n+1}^{(h)}$, $x_{n+2}^{(h)}$, $\ldots x_{n+m}^{(h)}$ unbestimmte oder variable Grössen bedeuten, zu einer ganzen homogenen „Form" dieser $m(m+n)$ Variabeln, deren Coëfficienten ein fundamentales System von Discriminanten bilden, und welche also dieses System vertritt. Ebenso wird dieses System von Discriminanten durch irgend eine lineare homogene Function derselben mit unbestimmten Coëfficienten u', u'', $\ldots$, d. h. also durch eine lineare homogene Form der Variabeln u repräsentirt, deren Coëfficienten die verschiedenen Discriminanten eines Fundamentalsystems sind. Eine solche Linearform sowie überhaupt — wenn von jeder Darstellungsweise abstrahirt wird — *die Gesammtheit dessen, was den Discriminanten eines Fundamentalsystems und zugleich den als ganze homogene Functionen derselben* (mit ganzen rationalen dem Bereich [$\mathfrak{R}'$, $\mathfrak{R}''$, $\mathfrak{R}'''$, $\ldots$] angehörigen Coëfficienten) *darstellbaren Grössen gemeinsam ist*, d. h. der Complex aller derjenigen Eigenschaften jener Discriminanten, welche für ganze homogene Verbindungen derselben erhalten bleiben, gehört offenbar *jeder* Discriminante von je n Functionen der Art, oder — wenn es die Haupt-Art ist — der Gattung an und· bildet somit einen

Complex von Eigenschaften, welche der Art oder der Gattung als solcher angehören, also einen Complex von „Invarianten" der Art oder Gattung im höheren Sinne des Wortes*).

Sind die Grössen $\Re$ die Elemente eines natürlichen Rationalitäts-Bereichs, d. h. also, kommen unter den Grössen $\Re$ keine algebraischen Grössen sondern nur unabhängige Variable vor, so giebt es stets eine ganze ganzzahlige Function derselben (für $\Re = 1$ eine ganze von *Eins* verschiedene Zahl), welche gemeinsamer Theiler aller Discriminanten des Fundamental-systems und deshalb füglich (wie in meinem citirten Aufsatze vom April 1874*) als „Discriminante der Art oder Gattung" bezeichnet werden kann. Dies findet nicht mehr immer statt, wenn eine Gattung algebraischer Grössen zum Rationalitäts-Bereich gehört, wenn dieser also ein Gattungs-Bereich ist. So haben, wie ich schon im Monatsberichte der Berliner Akademie vom Juni 1862 S. 368 erwähnt habe*), die Gattungen singulärer Moduln der elliptischen Func-tionen die merkwürdige Eigenschaft, bei Adjunction von gewissen Quadrat-wurzeln, bei welcher die Gleichung der Moduln in Theilgleichungen zerfällt, keine „Discriminante der Gattung" mehr zu besitzen; so hat ferner die von mir im Monatsberichte der Berliner Akademie vom Juni 1861 S. 611*) auf-gestellte Gleichung

$$x^6 + 4ax^5 + 10bx^3 + 4cx - 4ac + 5b^2 = 0$$

die Eigenschaft, dass ihre Discriminante abgesehen vom Factor *Fünf* das Quadrat einer ganzen ganzzahligen Function der Grössen a, b, c ist, und dass bei Adjunction der Quadratwurzel aus dieser ganzen Function von a, b, c

---

*) Vgl. § 25 und auch die Darlegung des allgemeinen Invarianten-Begriffs am Schlusse meines im Monatsbericht der Berliner Akademie vom April 1874 abgedruckten Aufsatzes[1]).

[1]) Ueber die congruenten Transformationen der bilinearen Formen. Band I S. 421—488 dieser Ausgabe von *L. Kronecker's* Werken. Vgl. S. 479—483.   H.
[2]) Band I S. 483 dieser Ausgabe.   H.
[3]) Ueber die complexe Multiplication der elliptischen Functionen. Band IV dieser Ausgabe von *L. Kronecker's* Werken.   H.
[4]) Ueber die Gleichungen 5ten Grades. Band IV dieser Ausgabe von *L. Kronecker's* Werken.   H.

die durch eine Wurzel der Gleichung repräsentirte Gattung algebraischer Functionen der Grössen a, b, c keine Discriminante hat.

Giebt es Fundamentalsysteme von n Elementen, d. h. von genau so vielen als die Ordnung beträgt, so ist die Discriminante der Elemente des Fundamentalsystems selbst die Discriminante der Art oder Gattung, und diese allein repräsentirt dann die „Invariante". Ist die Anzahl der unabhangigen Variabeln $\Re$ gleich ν, so repräsentirt eine bestimmte Gattung algebraischer Functionen derselben eine ν-fache Mannigfaltigkeit, und die Discriminante der Gattung, gleich Null gesetzt, eine $(\nu - 1)$-fache Mannigfaltigkeit. Aber nicht bloss diese $(\nu - 1)$-fache Mannigfaltigkeit, sondern auch alle diejenigen weniger ausgedehnten Mannigfaltigkeiten, d. h. die $(\nu - 2)$-fachen, $(\nu - 3)$-fachen u. s. w., in welchen sämmtliche Discriminanten eines Fundamentalsystems von mehr als n Elementen zugleich Null werden, sind Invarianten der Gattung. Doch bleibt dahingestellt, ob solche Invarianten wirklich vorkommen.

Da jede einem Bereich $(\Re', \Re'', \Re''', \ldots)$ entstammende algebraische Grösse sich als homogene lineare Function von n linear unabhangigen algebraischen Grössen der Gattung so ausdrücken lässt, dass die Coëfficienten zum Rationalitäts-Bereich $(\Re', \Re'', \Re''', \ldots)$ gehören, so stehen die Discriminanten von je n algebraischen Grössen der Gattung zu einander in quadratischen Verhältnissen, d. h. in Verhältnissen von Quadraten rationaler Grössen des Bereichs. Was nach *Sylvester*'scher Weise als Discriminante einer homogenen Form

$$c_n x^n + c_{n-1} x^{n-1} y + \cdots + c_1 x y^{n-1} + c_0 y^n$$

oder als Discriminante der Gleichung

$$c_n x^n + c_{n-1} x^{n-1} + \cdots + c_1 x + c_0 = 0$$

bezeichnet wird, ist nach den obigen Definitionen die Discriminante der n algebraischen Grössen

$$c_n x^{n-1} + c_{n-1} x^{n-2} + \cdots + c_1, \quad c_n x^{n-2} + c_{n-1} x^{n-3} + \cdots + c_2, \quad \ldots, \quad c_n x + c_{n-1}, \quad 1,$$

welche sämmtlich *ganze* algebraische Functionen der $n+1$ Grössen c sind, wenn x eine Wurzel jener Gleichung n^{ten} Grades bedeutet. Die Discriminante aller derselben Gattung angehörigen Gleichungen[*)]

$$c_n x^n + c_{n-1} x^{n-1} + \cdots + c_1 x + c_0 = 0,$$

in welchen die Coëfficienten c offenbar als *ganze* rationale Grössen des Bereichs vorausgesetzt werden können, stehen also zu einander in quadratischen Verhältnissen und enthalten sämmtlich die Discriminante der Gattung als gemeinsamen Theiler. Dies ist freilich nicht immer der *grösste* gemeinsame Theiler; aber es lässt sich zeigen, dass nur ein Divisor einer gewissen *Potenz* der Discriminante der Gattung grösster gemeinsamer Theiler aller Gleichungs-Discriminanten sein kann. Der Nachweis dieser für die Theorie der algebraischen Gleichungen höchst wichtigen Eigenschaft der Discriminanten beruht auf folgendem elementaren Determinantensatze.

Wird das Product der $n(n-1)$ Differenzen von n homogenen linearen Functionen der Variabeln $u_1, u_2, \ldots u_n$

$$a_{11} u_1 + a_{12} u_2 + \cdots + a_{1n} u_n, \quad \ldots, \quad a_{n1} u_1 + a_{n2} u_2 + \cdots + a_{nn} u_n$$

nach den verschiedenen Producten von Potenzen der Grössen u entwickelt, so besteht für die dabei auftretenden Coëfficienten $\Phi(a_{11}, \ldots a_{nn})$, welche ganze ganzzahlige Functionen der Coëfficienten a_{ik} sind, eine Gleichung

$$\sum \Phi(a_{11}, \ldots a_{nn}) \Psi(a_{11}, \ldots a_{nn}) = \left| a_{ik} \right|^{n(n-1)} \qquad (i, k = 1, 2, \ldots n),$$

in welcher auch die Multiplicatoren Ψ ganze ganzzahlige Functionen der

---

[*)] Der Begriff der Gattung ist hier, wie im Monatsbericht der Berliner Akademie vom März 1879 S. 214[1]), von den algebraischen Grössen auf die Gleichungen übertragen, durch welche sie definirt werden. — Die Discriminante der Gleichung, welcher eine ganze algebraische Grösse x genügt, habe ich früher kurz als Discriminante der Grösse x und den mit der Discriminante der Gattung identischen Theiler derselben als ihren „wesentlichen", den anderen als „ausserwesentlichen" Theiler bezeichnet.

[1]) Zur Theorie der algebraischen Gleichungen. Band IV dieser Ausgabe von *L. Kronecker's* Werken. Vgl. auch Band II S. 199 und 209 dieser Ausgabe.   H.

Coëfficienten a_{ik} sind, und in welcher die Summation auf alle Coëfficienten Φ zu erstrecken ist. Dabei ist zu bemerken, dass die Functionen Φ und Ψ in Beziehung auf die verschiedenen Horizontalreihen der Coëfficienten a_{ik} symmetrisch sind. Der Beweis dieses Satzes ergiebt sich unmittelbar, wenn

$$\sum_k a_{ik} u_k = |\,a_{ik}\,|\, v_i \qquad (i, k = 1, 2, \ldots n)$$

gesetzt wird, so dass, wenn die Grössen α_{ik} die Adjungirten der Grössen a_{ik} bedeuten, die Variabeln u sich durch die neuen Variabeln v mittels der Gleichungen

$$\sum_k \alpha_{ik} v_k = u_i \qquad (i, k = 1, 2, \ldots n)$$

bestimmen. Dann ist nämlich

$$|\,a_{ik}\,|^{n(n-1)} \Pi\,(v_g - v_h) = \sum \Phi_{r_1, r_2, \ldots r_n} u_1^{r_1} u_2^{r_2} \cdots u_n^{r_n} \qquad (i, k = 1, 2, \ldots n),$$

wo sich das Productzeichen links auf alle unter einander verschiedenen Werthe $g, h = 1, 2, \ldots n$ und das Summationszeichen rechts auf alle Exponenten-Systeme $r_1, r_2, \ldots r_n$ bezieht, und diese Gleichung wird eine Identität, wenn man die Grössen u auf der rechten Seite durch die linearen Functionen $\sum \alpha_{1k} v_k$, $\sum \alpha_{2k} v_k$, $\ldots$ ersetzt. Werden alsdann auf beiden Seiten die Coëfficienten des Gliedes $v_1^{n-1} \cdot v_2^{n-2} \cdots v_{n-1}$ mit einander verglichen, so resultirt jene Gleichung

$$|\,a_{ik}\,|^{n(n-1)} = \sum \Phi(a_{11}, \ldots a_{nn})\, \Psi(a_{11}, \ldots a_{nn}),$$

da auf der rechten Seite jeder der Coëfficienten $\Phi_{r_1, r_2 \ldots r_n}$ mit einer ganzen ganzzahligen Function der Adjungirten von $a_{11}, \ldots a_{nn}$, also in der That mit einer ganzen ganzzahligen Function dieser Grössen selbst multiplicirt erscheint.

Nimmt man nunmehr an Stelle der n^2 Grössen a_{ik} die ganzen algebraischen Grössen $x_i^{(k)}$, d. h. n conjugirte Reihen von je n Elementen, so bilden die mit Φ bezeichneten Ausdrücke die Coëfficienten der Entwickelung der Discriminante von

$$u_1 x' + u_2 x'' + \cdots + u_n x^{(n)}$$

nach Producten der Potenzen von $u_1,\ u_2,\ \ldots u_n$. Die Grössen $\varPhi$ sind demnach *ganze* rationale Grössen des Bereichs, und deren grösster gemeinsamer Theiler muss nach obigem Satze ein Theiler der $\tfrac{1}{2}n(n-1)^{\text{ten}}$ Potenz der Discriminante der n Elemente

$$x',\ x'',\ \ldots\ x^{(n)}$$

sein. Bilden ferner, wie oben, die $n+m$ ganzen algebraischen Grössen

$$x',\ x'',\ \ldots\ x^{(n+m)}$$

ein Fundamentalsystem, so repräsentirt der lineare Ausdruck mit unbestimmten Coëfficienten

$$u_1 x' + u_2 x'' + \cdots + u_{n+m} x^{(n+m)}$$

die allgemeinste ganze algebraische Grösse der Gattung, und die Discriminante der Gleichung, der dieser Ausdruck genügt, kann keinen von den Grössen u unabhängigen Theiler haben, der nicht ein Divisor der $\tfrac{1}{2}n(n-1)^{\text{ten}}$ Potenzen aller Discriminanten von je n Elementen x, d. h. also ein Divisor der $\tfrac{1}{2}n(n-1)^{\text{ten}}$ Potenz der Discriminante der Gattung wäre. Dies ist der eigentliche Zielpunkt der vorstehenden Entwickelung. Es folgt daraus, dass alle Discriminanten der verschiedenen Gleichungen der Gattung, d. h. alle die Discriminanten, welche man erhält, wenn man den Grössen u alle möglichen Werthe beilegt, keinen Divisor gemein haben können, der nicht zugleich Divisor der $\tfrac{1}{2}n(n-1)^{\text{ten}}$ Potenz der Discriminante der Gattung wäre, sofern nämlich eine ganze Function der unbestimmten Grössen u, welche keinen von denselben unabhängigen Theiler enthält, durch geeignete Bestimmung von $u_1, u_2, \ldots u_{n+m}$ so eingerichtet werden kann, dass sie mit einer gegebenen ganzen rationalen Function von $\mathfrak{R}', \mathfrak{R}'', \mathfrak{R}''', \ldots$ keinerlei gemeinsamen Theiler hat. Dies ist stets möglich, wenn wenigstens eine Variable unter den Grössen $\mathfrak{R}$ vorkommt, während allerdings für $\mathfrak{R}=1$ z. B. der Ausdruck $u^p - u$, obgleich ohne einen von u unabhängigen Factor, doch falls p Primzahl ist, für jeden ganzzahligen Werth von u durch p theilbar wird (vgl. § 25).

Im Vorhergehenden ist vielfach von Theilern und namentlich von „grössten gemeinschaftlichen Theilern" ganzer rationaler Functionen von $\Re'$, $\Re''$, $\Re'''$, ... die Rede gewesen. Für natürliche Rationalitäts-Bereiche ist dies durch die in § 4 nachgewiesene Möglichkeit der Zerlegung ganzer ganzzahliger Functionen von Variabeln in irreductible Factoren völlig gerechtfertigt; für die Gattungs-Bereiche aber bedarf es des Hinweises auf die erst im zweiten Theile folgende Begründung.

§. 9.

Die Beziehungen zwischen Discriminanten verschiedener Gattungen, von denen die eine unter der anderen enthalten ist.

Repräsentirt die ganze algebraische Grösse x eine Gattung n^{ter} Ordnung und die ganze algebraische Grösse y eine Gattung mn^{ter} Ordnung, unter welcher die erstere enthalten ist, so theilen sich die mn conjugirten Grössen y in n Gruppen von je m Grössen. Jede von diesen n Gruppen besteht aus denjenigen m Grössen y, welche bei Adjunction einer bestimmten der n conjugirten Grössen x mit einander conjugirt bleiben. Die Gleichung mn^{ten} Grades, welcher y genügt, zerfällt nämlich in n Gleichungen m^{ten} Grades, welche gewissermassen mit einander conjugirt sind; denn es ist, wenn die zu x_k gehörige Gruppe von Grössen y mit y_{1k}, y_{2k}, ... y_{mk} bezeichnet wird,

$$(y - y_{1k})(y - y_{2k}) \cdots (y - y_{mk}) = G(y, x_k),$$

wo $G(y, x)$ eine ganze Function von y und x bedeutet, deren Coëfficienten dem Rationalitäts-Bereich $(\Re', \Re'', \Re''', ...)$ angehören, und die Gleichung

$$\prod_k G(y, x_k) = 0 \qquad (k = 1, 2, \ldots n)$$

ist also diejenige Gleichung mn^{ten} Grades, durch welche die algebraische Grösse y definirt wird. Bildet man nun für irgend eine Reihe ganzer algebraischer Grössen y', y'', y''', ... $y^{(r)}$ der durch y bezeichneten Gattung die mn Reihen conjugirter Grössen

$$y'_{ik}, \; y''_{ik}, \; y'''_{ik}, \; \ldots y^{(r)}_{ik} \qquad (i = 1, 2, \ldots m; \; k = 1, 2, \ldots n)$$

und ersetzt alsdann in diesem Grössensystem jede der n Reihen

$$y'_{1k}, \; y''_{1k}, \; y'''_{1k}, \; \ldots y^{(r)}_{1k} \qquad (k=1, 2, \ldots n)$$

durch die Reihe von Summen

$$\sum_{i=1}^{i=m} y'_{ik}, \quad \sum_{i=1}^{i=m} y''_{ik}, \quad \sum_{i=1}^{i=m} y'''_{ik}, \quad \ldots \sum_{i=1}^{i=m} y^{(r)}_{ik} \qquad (k=1, 2, \ldots n),$$

welche sämmtlich Grössen der Gattung x_k sind, so entsteht ein System von mn Reihen von je r Elementen, unter' denen n Reihen beziehungsweise den n conjugirten Gattungen $x_1, x_2, \ldots x_n$ angehören. Hieraus geht hervor, dass die Discriminante von je mn ganzen algebraischen Grössen der Gattung y sich als lineare homogene Function von Discriminanten der Gattung x so darstellen lässt, dass die Coëfficienten ganze algebraische Grössen sind. Jede der „Invarianten" der Gattung x ist also gewissermassen in den „Invarianten" der Gattung y enthalten, und namentlich ist *die Discriminante der Gattung x ein Theiler der Discriminante der Gattung y, unter welcher jene enthalten ist.* Da ferner jede Discriminante von je mn Grössen der Gattung y durch die Discriminante der Gattung theilbar ist, so folgt, *dass die Discriminante einer Gattung algebraischer Grössen x Divisor der Discriminante einer jeden (auch reductibeln) Gleichung ist, welche die Eigenschaft hat, dass sich durch eine ihrer Wurzeln die Grössen jener Gattung x rational ausdrücken lassen.*

§ 10.

Die Systeme von Gleichungen; ihre Discriminanten und ihre verschiedenen Resolventen.

Der oben entwickelte Begriff der Discriminante der Gattung findet vielfache Anwendung in der Theorie der Elimination, und eine der wichtigsten dieser Anwendungen soll hier kurz erwähnt werden. — Bedeuten

$$F_1, \; F_2, \; \ldots F_n$$

ganze homogene Functionen der $n+1$ Variabeln $x^0, x', x'', \ldots x^{(n)}$, welche vollständige Ausdrücke der Dimensionen r_1, r_2, ...r_n sind, so werden durch das Gleichungssystem

$$F_1 = 0, \quad F_2 = 0, \quad \ldots F_n = 0$$

die Verhältnisse der $n+1$ Grössen x als algebraische Functionen der Coëfficienten von F_1, F_2, ...F_n definirt. Alle diese algebraischen Functionen gehören einer bestimmten Gattung an, und die Discriminante dieser Gattung ist eine ganze ganzzahlige Function jener Coëfficienten, welche auch in folgender Weise, unabhängig von den obigen allgemeinen Entwickelungen, erklärt werden kann. Bedeutet F_0 eine ganz beliebige (z. B. eine lineare) homogene Function der $n+1$ Grössen x mit unbestimmten Coëfficienten, so hat die Eliminations-Resultante der $n+1$ homogenen Gleichungen

$$F_1 = 0, \quad F_2 = 0, \quad \ldots F_n = 0, \quad |F_{\rho\lambda}| = 0 \qquad (\rho, \lambda = 0, 1, \ldots n)$$

einen von den Coëfficienten der Function F_0 unabhängigen Factor, welcher füglich als die Discriminante des Functionen-Systems $(F_1, F_2, \ldots F_n)$ oder des Gleichungssystems

$$F_1 = 0, \quad F_2 = 0, \quad \ldots F_n = 0$$

zu bezeichnen ist und mit jener Discriminante der Gattung genau übereinstimmt. Nur für das Vorzeichen derselben bedürfte es noch einer besonderen Bestimmung.

Die Discriminante des Functionen-Systems $(F_1, F_2, \ldots F_n)$ ist irreductibel, wie ich in einer anderen Abhandlung beweisen werde. Das Verschwinden derselben enthält die nothwendige und hinreichende Bedingung dafür, dass zwei den Gleichungen $F = 0$ genügende Werthsysteme mit einander identisch werden.

Die Behandlung ganz allgemeiner Gleichungssysteme, welche hier einen zu grossen Raum einnehmen würde, behalte ich einem besonderen Aufsatze vor; doch muss hier eine Andeutung der Methode und eine Angabe der Hauptresultate ihren Platz finden, weil ich mich in den folgenden Paragraphen darauf zu beziehen haben werde. Ein System von beliebig vielen algebraischen Gleichungen für z^{0}, z', z'', $\ldots z^{(n-1)}$, in welchen die Coëfficienten dem Rationalitäts-Bereich $(\mathfrak{R}', \mathfrak{R}'', \mathfrak{R}''', \ldots)$ angehören, definirt algebraische Beziehungen zwischen den Grössen z und $\mathfrak{R}$, deren Erkenntniss und Darlegung den Zielpunkt der Theorie der Elimination bildet. Die m Functionen G_{1}, G_{2}, $\ldots G_{m}$, welche, gleich Null gesetzt, die Gleichungen bilden, sind als ganze rationale Functionen der n Grössen z vorauszusetzen, deren Coëfficienten aber nur als rationale (ganze oder gebrochene) Functionen der Grössen $\mathfrak{R}$ mit ganzzahligen Coëfficienten. Für die Anzahl der Functionen, welche mit m bezeichnet ist, soll keinerlei Beschränkung angenommen werden; sie kann, wie im obigen speciellen — dem sogenannten allgemeinen — Falle, gleich n, d. h. gleich der Anzahl der zu bestimmenden Grössen z, aber auch grösser oder kleiner als diese Zahl n sein. Werden die Grössen z als unbeschränkt veränderlich aufgefasst, so constituiren die Gleichungen $G = 0$ eine gewisse Beschränkung dieser Variabilität, deren nähere Charakterisirung als die Aufgabe der Elimination bezeichnet werden kann. Dabei ist aber die Unbestimmtheit der etwaigen unbestimmten Grössen $\mathfrak{R}'$, $\mathfrak{R}''$, $\mathfrak{R}'''$, $\ldots$ oder, falls diese als Variable aufgefasst werden, die uneingeschränkte Variabilität derselben festzuhalten, d. h. es ist nur diejenige Beschränkung der Variabilität der Grössen z zu charakterisiren, welche keinerlei Beschränkung der Variabilität der Grössen $\mathfrak{R}$ erfordert. Die hier präcisirte Unterscheidung zwischen den Variabeln z und denen, die unter den Grössen $\mathfrak{R}$ vorkommen, ist von der grössten Wichtigkeit; sie involvirt keinerlei Beschränkung der Allgemeinheit, sondern sie scheidet nur die verschiedenen Aufgaben, welche bei der Elimination gestellt werden können, nach ihrem begrifflichen Inhalt. (Vgl. die Unterscheidung zwischen den Unbestimmten u und den Variabeln $\mathfrak{R}$ in den Conclusionen des § 22.)

Um die Functionen G von Zufälligkeiten zu befreien, ist auf die Grössen z eine allgemeine lineare Transformation anzuwenden, deren Specialisation vorbehalten bleibt. Werden die n transformirten Variabeln mit x', x'', $\ldots x^{(n)}$ bezeichnet, so ist nunmehr an Stelle von $x^{(n)}$ eine lineare Function

$$u_{1}x' + u_{2}x'' + \cdots + u_{n}x^{(n)}$$

mit unbestimmten Coëfficienten u einzuführen, die mit x bezeichnet werden möge. Hiernach treten an Stelle der m Gleichungen $G = 0$ ebensoviel Gleichungen

$$H_1 = 0, \quad H_2 = 0, \quad \ldots \quad H_m = 0,$$

in welchen H_1, H_2, $\ldots$ H_m ganze Functionen von x, x', x'', $\ldots$ $x^{(n-1)}$ und deren Coëfficienten rationale Functionen der Grössen u und $\Re$ sind. Diese können überdies als *ganz* in Beziehung auf u_1, $\ldots$ u_n vorausgesetzt werden, da, um diese Voraussetzung zu erfüllen, nur mit einer Potenz von u_n multiplicirt zu werden braucht. Jede der Functionen H kann ferner von etwaigen gleichen Factoren befreit gedacht werden. Endlich kann der grösste gemeinsame Theiler aller Functionen H herausgehoben werden. Dieser sei

$$F_1(x, x', x'', \ldots x^{(n-1)}),$$

und der Quotient der Division von H_a durch F_1 sei K_a; alsdann ist das System der Gleichungen $H = 0$, abgesehen von dem Inhalte der Gleichung $F_1 = 0$, äquivalent dem Systeme der Gleichungen $K = 0$. Bildet man nun zwei lineare Verbindungen der letzteren m Gleichungen

$$U_1 K_1 + U_2 K_2 + \cdots + U_m K_m = 0, \quad V_1 K_1 + V_2 K_2 + \cdots + V_m K_m = 0,$$

entwickelt die aus der Elimination von $x^{(n-1)}$ hervorgehende Resultante nach Producten von Potenzen der unbestimmten Grössen U, V, und setzt alle einzelnen Coëfficienten gleich Null, so gelangt man zu einem Gleichungssystem für die $n-1$ Grössen x, x', x'', $\ldots$ $x^{(n-2)}$, welches zum neuen Ausgangspunkt genommen werden kann. Es wird demgemäss der grösste gemeinsame Theiler aller jener Coëfficienten der Resultante, nachdem derselbe von etwaigen gleichen Factoren befreit ist, mit $F_2(x, x', x'', \ldots x^{(n-2)})$ zu bezeichnen sein, und allmählich bei wiederholter Anwendung des angegebenen Verfahrens eine Reihe von Functionen

$$F_1(x, x', x'', \ldots x^{(n-1)}), \quad F_2(x, x', x'', \ldots x^{(n-2)}), \quad \ldots \quad F_n(x)$$

sich ergeben, welche, gleich Null gesetzt, ein dem ursprünglichen System $G = 0$ äquivalentes Gleichungssystem bilden. Die Productgleichung

$$F_1 \cdot F_2 \cdots F_n = 0$$

ist die Gesammtresolvente des Gleichungssystems $\dot{G} = 0$; jede Theilresolvente

$F_k = 0$ repräsentirt eine durch die Gleichungen $G = 0$ aus der gesammten n-fachen Mannigfaltigkeit (s) ausgeschiedene $(n - k)$-fache Mannigfaltigkeit, also ein $(n - k)$-fach ausgedehntes Gebilde, und es kann daher im Allgemeinen durch irgend ein Gleichungssystem $G = 0$ eine Anzahl von Gebilden jeglicher Ausdehnung, Punkten, Linien u. s. w., d. h. eine Anzahl nullfacher, einfacher, zweifacher, ... $(n - 1)$-facher Mannigfaltigkeiten (s) *simultan* definirt werden.

Die Functionen F_k sind sämmtlich, als Functionen von $u_1, u_2, \ldots u_n$, in lineare Factoren zerlegbar. Jeder Linearfactor von F_k ergiebt, gleich Null gesetzt, die letzten k Grössen x, nämlich $x^{(n-k+1)}, x^{(n-k+2)}, \ldots x^{(n)}$ als algebraische Functionen der ersten $n - k$ Grössen $x', x'', \ldots x^{(n-k)}$; denn ein solcher Linearfactor hat die Form

$$x - u_1 \varphi' - u_2 \varphi'' - \cdots - u_n \varphi^{(n)},$$

wo $\varphi', \varphi'', \ldots \varphi^{(n)}$ algebraische Functionen von $x', x'', \ldots x^{(n-k)}$ bedeuten, und es sind dabei die ersten $n - k$ Grössen φ beziehungsweise mit den ersten $n - k$ Grössen x selbst identisch, so dass bei Einsetzung des Werthes von x nur ein Aggregat

$$u_{n-k+1}(x^{(n-k+1)} - \varphi^{(n-k+1)}) + \cdots + u_n(x^{(n)} - \varphi^{(n)})$$

verbleibt, welches, gleich Null gesetzt, wegen der Unbestimmtheit der Grössen u den Complex der k Gleichungen

$$x^{(n-k+1)} = \varphi^{(n-k+1)}, \quad \ldots \quad x^{(n)} = \varphi^{(n)}$$

und also eine $(n - k)$-fache Mannigfaltigkeit darstellt. Weil hiernach die Theilresolvente $F_k = 0$ ein System von k Gleichungen vertritt, soll die Function F_k so wie die Gleichung $F_k = 0$ als eine von „k^{ter} *Stufe*" bezeichnet werden.

Die einzelnen Functionen F_k können, als Functionen von $x, x', \ldots x^{(n-k)}$ betrachtet, mit Berücksichtigung des Rationalitäts-Bereichs $(\mathfrak{R}', \mathfrak{R}'', \mathfrak{R}''', \ldots)$ in irreductible Factoren zerlegt gedacht werden. Jeder dieser irreductibeln Factoren, sowie überhaupt jeder Theiler Φ des Products $F_1 F_2 \cdots F_n$ stellt, gleich Null gesetzt, die Gesammtresolvente eines gewissen Gleichungssystems dar. Man erhält dasselbe, indem man in dem herausgehobenen Theiler jenes Products Φ die Grösse x wieder durch ihren Werth

$$u_1 x' + \cdots + u_{n-1} x^{(n-1)} + u_n x^{(n)}$$

ersetzt und alsdann den Grössen u eine Anzahl bestimmter Werthsysteme beilegt. Man sieht dabei leicht, dass stets $n+1$ solcher Werthsysteme ausreichen, damit die hieraus entstehenden Gleichungen

$$\Phi_1 = 0, \quad \Phi_2 = 0, \quad \ldots \quad \Phi_{n+1} = 0$$

die Gesammtresolvente $\Phi = 0$ haben, und es ergiebt sich daher das Resultat,

> dass der gesammte Inhalt jedes Theilers der Resolvente eines Gleichungssystems für n Grössen z durch ein System von nur $n+1$ Gleichungen dargestellt, also auch jedes System von beliebig vielen Gleichungen durch ein solches von nur $n+1$ Gleichungen ersetzt werden kann.

Die „Ordnung" eines Gleichungssystems wird durch den Grad seiner Resolvente bezeichnet. Das Gleichungssystem heisst irreductibel, wenn die Resolvente irreductibel ist. Stellt das irreductible Gleichungssystem ein $(n-k)$-fach ausgedehntes Gebilde dar, so ist es unmöglich, nur einen ebenfalls $(n-k)$-fach ausgedehnten *Theil* desselben durch ein algebraisches Gleichungssystem auszudrücken. Auch für eine Resolvente $F_n = 0$, welche nur einzelne Punkte der n-fachen Mannigfaltigkeit (z) darstellt, behält der Begriff der Irreductibilität mit Rücksicht auf den angenommenen Rationalitäts-Bereich seine Bedeutung. Nur von den Potenzen irreductibler Resolventen ist bei der vorstehenden Betrachtung gänzlich abgesehen, da ja schon bei der Methode der Bildung die Befreiung von gleichen Factoren Bedingung war.

Derjenige Theil der Resolvente eines beliebigen Gleichungssystems, welcher eine $(n-k)$-fache Mannigfaltigkeit (z) repräsentirt, drückt eine zwischen $n-k+1$ Grössen x bestehende Beziehung

$$F_k(x, x', x'', \ldots x^{(n-k)}) = 0$$

aus, während die n Variabeln z durch diese $n - k + 1$ Grössen x und durch die Grössen u und $\Re$ rational darstellbar sind. Auch können den unbestimmten Grössen u solche *speciellen* Werthe beigelegt werden, dass diese Art der Darstellbarkeit erhalten bleibt. Bezeichnet man die Function F_k für derartige specielle Werthe der Grössen u mit Φ, so repräsentirt die Gleichung $\Phi = 0$ eine aus der $(n - k + 1)$-fachen Mannigfaltigkeit $x, x', x'', \ldots x^{(n-k)}$ ausgesonderte $(n - k)$-fache Mannigfaltigkeit, auf welche jene aus der n-fachen Mannigfaltigkeit (z) ausgesonderte $(n - k)$-fache Mannigfaltigkeit eindeutig bezogen ist. Es lässt sich daher jedes m-fach ausgedehnte Gebilde einer beliebig grossen Mannigfaltigkeit auf ein solches eindeutig beziehen, das aus einer nur $(m + 1)$-fachen Mannigfaltigkeit entnommen ist.

Es ist schliesslich als ein Hauptresultat der allgemeinen Eliminationstheorie hervorzuheben, dass der in § 2 an die Betrachtung einer einzigen Gleichung geknüpfte Begriff der algebraischen Grösse keinerlei Erweiterung bedarf, wenn Systeme von Gleichungen mit in den Kreis der Betrachtung gezogen werden. Sind nämlich eine Anzahl Grössen zusammen durch eine beliebige Anzahl von algebraischen Gleichungen definirt, deren Coëfficienten dem Rationalitäts-Bereich $(\Re', \Re'', \Re''', \ldots)$ angehören, so ist, wie aus der Theorie der Elimination hervorgeht, jede einzelne der so definirten Grössen eine algebraische Function von $\Re', \Re'', \Re''', \ldots$ auch in dem *engeren* in § 2 angegebenen Sinne des Wortes.

§ 11.

Die besonderen Gleichungssysteme, durch welche conjugirte algebraische Grössen definirt werden. Das Galois'sche algebraische Princip.

Die allgemeine Theorie der Elimination, wie sie im vorhergehenden Paragraphen skizzirt worden ist, zeigt die eigentliche Quelle des neuen Lichts, welches gerade vor einem halben Jahrhundert durch *Galois* in die Theorie der algebraischen Gleichungen gebracht worden ist.

Es seien $c_1, c_2, \ldots c_n$ Grössen des Rationalitäts-Bereichs $(\Re', \Re'', \Re''', \ldots)$ und

$$(A) \qquad x^n - c_1 x^{n-1} + c_2 x^{n-2} - \cdots \pm c_n = 0$$

eine irreductible Gleichung mit den Wurzeln ξ_1, ξ_2, $\ldots \xi_n$, welche also conjugirte algebraische Functionen der Grössen $\mathfrak{R}$ sind. Es seien ferner

$$\mathfrak{f}_1(x_1, x_2, \ldots x_n), \qquad \mathfrak{f}_2(x_1, x_2, \ldots x_n), \qquad \cdots \qquad \mathfrak{f}_n(x_1, x_2, \ldots x_n)$$

die n durch die identische Gleichung

$$(x - x_1)(x - x_2) \cdots (x - x_n) = x^n - \mathfrak{f}_1 x^{n-1} + \mathfrak{f}_2 x^{n-2} - \cdots \pm \mathfrak{f}_n$$

definirten „elementaren symmetrischen" Functionen von x_1, x_2, $\ldots x_n$. Alsdann kann man die n Grössen ξ, ebenso wie durch die *eine* Gleichung (A), auch durch das System von n Gleichungen

$$(B) \qquad \mathfrak{f}_k(\xi_1, \xi_2, \ldots \xi_n) = c_k \qquad\qquad (k=1, 2, \ldots n)$$

bestimmt ansehen, und es ist diese höhere Auffassung der in einer algebraischen Gleichung enthaltenen Bestimmungen, welche — wenn auch nicht geradezu ausgesprochen — der *Galois*'schen Behandlung der algebraischen Gleichungen zu Grunde liegt. Um dies zu erkennen, braucht man nur das besondere, n *conjugirte* algebraische Grössen definirende Gleichungssystem

$$(C) \qquad \mathfrak{f}_k(x_1, x_2, \ldots x_n) = c_k \qquad\qquad (k=1, 2, \ldots n)$$

nach der allgemeinen im vorhergehenden Paragraphen entwickelten Methode zu behandeln.

Das Gleichungssystem

$$(C) \qquad \mathfrak{f}_k(x_1, x_2, \ldots x_n) = c_k \qquad\qquad (k=1, 2, \ldots n)$$

kann nur eine Resolvente n^{ter} Stufe haben, da ja aus diesem Gleichungssystem auch das folgende hervorgeht

$$(\tilde{A}) \qquad x_k^n - c_1 x_k^{n-1} + c_2 x_k^{n-2} - \cdots \pm c_n = 0 \qquad\qquad (k=1, 2, \ldots n).$$

Hierbei ist jedoch hervorzuheben, dass die beiden Gleichungssysteme (C)

und $(\bar{A})$ keineswegs äquivalent sind; sondern das letztere, welches von der Ordnung n^n ist, enthält das erstere, welches nur von der Ordnung $n!$ ist.

Bedeutet nun $F(x) = 0$ die Resolvente des Gleichungssystems (C) und ist

$$x = u_1 x_1 + u_2 x_2 + \cdots + u_n x_n,$$

so sind die Coëfficienten von $F(x)$ ganze Functionen der Unbestimmten $u_1, u_2, \ldots u_n$ und rationale Functionen der Grössen $\Re$. Da die Gleichungen (C) nur durch Werthsysteme

$$x_1 = \xi_{r_1}, \qquad x_2 = \xi_{r_2}, \qquad \ldots \qquad x_n = \xi_{r_n}$$

erfüllt werden können, wo $r_1, r_2, \ldots r_n$ gewisse Permutationen der Zahlen $1, 2, \ldots n$ bedeuten, so muss $F(x)$ gleich dem über alle diese Permutationen erstreckten Producte

$$\Pi(x - u_1 \xi_{r_1} - u_2 \xi_{r_2} - \cdots - u_n \xi_{r_n})$$

sein. Aber nicht bloss das Gleichungssystem (C) selbst, sondern auch jedes andere, welches durch Hinzufügung irgend welcher Gleichungen entsteht und mit $(\bar{C})$ bezeichnet werden möge, kann nur eine eben solche Resolvente

$$\Pi(x - u_1 \xi_{r_1} - u_2 \xi_{r_2} - \cdots - u_n \xi_{r_n}) = 0$$

haben. Also, welche Gleichungen auch für $x_1, x_2, \ldots x_n$ bestehen mögen, stets muss, sobald nur n Gleichungen (C) daraus abzuleiten sind, die Resolvente von der angegebenen Art sein. Bezeichnet man nunmehr mit

$$G(x, \mathfrak{f}_1, \mathfrak{f}_2, \ldots \mathfrak{f}_n) = 0$$

die *Galois*'sche Gleichung, deren $n!$ Wurzeln durch

$$x = u_1 x_{i_1} + u_2 x_{i_2} + \cdots + u_n x_{i_n}$$

für sämmtliche $n!$ Permutationen $i_1, i_2, \ldots i_n$ repräsentirt werden, so sind die Coëfficienten der mit G bezeichneten Function von $x, \mathfrak{f}_1, \mathfrak{f}_2, \ldots \mathfrak{f}_n$ ganze ganzzahlige Functionen von u_1, u_2, ... u_n. Irgend einer der irreductibeln Factoren von $G(x, c_1, c_2, ... c_n)$ muss daher, gleich Null gesetzt, die Resolvente des Gleichungssystems (C) repräsentiren. Ein solcher Factor ist also eine ganze Function von x und den Unbestimmten u_1, u_2, ... u_n mit Coefficienten des Rationalitäts-Bereichs $(\mathfrak{R}', \mathfrak{R}'', \mathfrak{R}''', ...)$ und möge mit

$$g(x, u_1, u_2, ... u_n)$$

bezeichnet werden. Dann ist gemäss den oben eingeführten Bezeichnungen

$$g(x, u_1, u_2, ... u_n) = \Pi\,(x - u_1 \xi_{r_1} - u_2 \xi_{r_2} - \cdots - u_n \xi_{r_n}),$$

oder wenn die Linearfactoren des Products — statt nach u_1, u_2, ... u_n — nach ξ_1, ξ_2, ... ξ_n geordnet werden,

$$g(x, u_1, u_2, ... u_n) = \Pi\,(x - u_{r_1} \xi_1 - u_{r_2} \xi_2 - \cdots - u_{r_n} \xi_n).$$

Es ist daher

> $g(x, u_1, u_2, ... u_n)$, als Function der Unbestimmten u_1, u_2, ... u_n betrachtet, eine solche, die bei gewissen durch r_1, r_2, ... r_n bezeichneten Permutationen ungeändert bleibt,

und man gelangt somit, von irgend einer *speciellen* Gleichung (A) ausgehend, zu allgemeinen Functionen von n unbestimmten Grössen, welche die Eigenschaft haben, bei gewissen Permutationen derselben ihren Werth unverändert beizubehalten. Hierin liegt die grosse Bedeutung des *Galois'*schen algebraischen Princips, anstatt einer einzigen Gleichung das die conjugirten Wurzeln gleichzeitig definirende *Gleichungssystem* der Untersuchung zu Grunde zu legen. *Galois* selbst hat es klar erkannt, dass seine neue Auffassung der algebraischen Gleichungen es möglich macht, von jeder einzelnen Gleichung mit ganz speciellen Coefficienten, z. B. von jeder Zahlengleichung, die für die algebraische Theorie einzig wesentlichen Eigenschaften*) zu abstrahiren, und er hat diese

---

*) Die Bedingungen, unter denen die nach dem *Galois'*schen Princip sich ergebenden Eigenschaften der algebraischen Gleichungen, welche ich als „Affecte" bezeichne, in der That die einzigen sind, werde ich in einem folgenden Aufsatze vollständig entwickeln.

zur wahren Erkenntniss führende Methode dadurch vollständig dargelegt, dass er gezeigt hat, wie jeder speciellen Gleichung eine von der Werth-Bedeutung der Coëfficienten oder Wurzeln unabhängige Eigenschaft in der von ihm so genannten „Gruppe der Substitutionen" zukommt. Nur scheint mir, dass der *Galois*'schen Theorie noch eine weitere *formale* Ausbildung durch die leichte hier eingeführte Modification zu geben ist, bei welcher an Stelle der abstracten Substitutionen und deren Gruppen die concreten bei einer Gruppe von Permutationen unveränderlichen Functionen behandelt werden.

§ 12.

Die Gattungen rationaler Functionen mehrerer unbestimmten Grössen.

Nachdem gezeigt worden ist, wie das *Galois*'sche Princip für jede specielle algebraische Gleichung eine für dieselbe charakteristische ganze Function von n Unbestimmten u ergiebt, können diese Functionen selbst zum Ausgangspunkt der Entwickelung genommen werden. Setzt man $x_1, x_2, \ldots x_n$ an Stelle der Unbestimmten $u_1, u_2, \ldots u_n$, so sind also ganze Functionen der n unbestimmten Grössen x in Beziehung auf die Veränderungen zu untersuchen, welche sie erfahren, wenn die Grössen x darin auf alle möglichen Weisen permutirt werden. Diese Untersuchung ordnet sich aber naturgemäss in die arithmetische Theorie der algebraischen Grössen ein, sobald man die ganzen Functionen von $x_1, x_2, \ldots x_n$ als algebraische Functionen der n elementaren symmetrischen Functionen $f_1, f_2, \ldots f_n$ auffasst, und hiermit wird also die Stelle bezeichnet, an welcher die *Galois*'schen Resultate sich in die allgemeine Theorie einfügen.

Werden die n Functionen $f_1, f_2, \ldots f_n$ an Stelle von $\Re', \Re'', \Re''', \ldots$ genommen, so dass $(f_1, f_2, \ldots f_n)$ den Rationalitäts-Bereich bezeichnet, so ist jede rationale Function von $x_1, x_2, \ldots x_n$ eine aus dem Bereich hervorgehende algebraische Function und gehört als solche einer bestimmten Gattung an, welche nun einfach als „*Gattung von Functionen von* $x_1, x_2, \ldots x_n$" bezeichnet werden soll*). Der Begriff „conjugirt", sowie der Begriff der Ordnung soll

---

*) Vgl. meinen mehrerwähnten Aufsatz im Monatsbericht vom März 1879, aus welchem hier auch einige Stellen wörtlich aufgenommen sind.

auf diese Gattungen von Functionen übertragen werden, und auch der Begriff der „Art" kann bei den *ganzen* Functionen von x_1, x_2, ... x_n Anwendung finden.

Jede der einzelnen Grössen x repräsentirt eine Gattung n^{ter} Ordnung; durch eine lineare Function

$$u_1 x_1 + u_2 x_2 + \cdots + u_n x_n$$

mit unbestimmten Coëfficienten u wird die „*Galois*'sche Gattung" repräsentirt, welche von der Ordnung $n!$ ist und alle andern Gattungen unter sich enthält. Die Ordnungen der einzelnen Gattungen sind hiernach Theiler von $n!$, und wenn eine Gattung mit $\mathfrak{g}$, deren Ordnung mit ϱ und der Quotient $\frac{n!}{\varrho}$ mit r bezeichnet wird, so ist r die Anzahl der „*Permutationen der Gattung* $\mathfrak{g}$", d. h. die Anzahl *derjenigen Permutationen von* x_1, x_2, ... x_n, bei denen eine Function der Gattung $\mathfrak{g}$ ungeändert bleibt. Ist die Gattung $\mathfrak{g}$ unter der Gattung $\mathfrak{g}'$ enthalten, so ist ϱ ein Theiler von ϱ' und also r', d. h. die Anzahl der Permutationen von $\mathfrak{g}'$, ein Theiler der mit r bezeichneten Anzahl der Permutationen von $\mathfrak{g}$, und es sind offenbar die ersteren Permutationen selbst unter den letzteren enthalten.

Die Gattungen scheiden sich in „*eigentliche*" Gattungen von Functionen von n Grössen und in „*uneigentliche*", je nachdem unter deren Adjunction die Gleichung $x^n - \mathfrak{f}_1 x^{n-1} + \mathfrak{f}_2 x^{n-2} - \cdots \pm \mathfrak{f}_n = 0$ irreductibel bleibt oder reductibel wird. Die uneigentlichen Gattungen lassen sich also auf Gattungen von Functionen von weniger als n Grössen zurückführen.

Werden die einer *eigentlichen* Gattung $\mathfrak{g}$ angehörigen Functionen den symmetrischen adjungirt, und wird demgemäss an Stelle des Rationalitäts-Bereichs $(\mathfrak{f}_1, \mathfrak{f}_2, \ldots \mathfrak{f}_n)$ der erweiterte Bereich $(\mathfrak{f}_1, \mathfrak{f}_2, \ldots \mathfrak{f}_n, \mathfrak{g})$ festgesetzt, so ändert sich damit der algebraische Charakter der durch die Gleichung

$$x^n - \mathfrak{f}_1 x^{n-1} + \mathfrak{f}_2 x^{n-2} - \cdots \pm \mathfrak{f}_n = 0$$

definirten algebraischen Function, und sie tritt damit in eine besondere „Classe" von algebraischen Grössen ein. Die auf diese Weise definirten

Classen algebraischer Functionen umfassen die einzelnen Gattungen. Ueberträgt man die Begriffe der Gattung und Classe von den algebraischen Functionen auf die Gleichungen, denen sie genügen, so gehören bei Festsetzung eines bestimmten Rationalitäts-Bereichs ($\mathfrak{R}'$, $\mathfrak{R}''$, $\mathfrak{R}'''$, ...) alle diejenigen irreductibeln Gleichungen $\Phi(x) = 0$ in eine und dieselbe Gattung, welche durch rationale Substitution von x aus einander entstehen, und alle diejenigen in dieselbe Classe, bei welchen die einer bestimmten Gattung g angehörigen Functionen der Wurzeln zugleich dem festgesetzten Rationalitäts-Bereich ($\mathfrak{R}'$, $\mathfrak{R}''$, $\mathfrak{R}'''$, ...) angehören. Die Classe der algebraischen Grössen und Gleichungen wird daher ebenso wie die Gattung und Ordnung durch den angenommenen Rationalitäts-Bereich bedingt. Ist aber dieser Bereich festgesetzt, so wird die Classe durch eine *wesentliche*, bei allen rationalen Transformationen von x bleibende, besondere Eigenschaft der Gleichung charakterisirt, welche ich desshalb nach einer von *Jacobi*, wenn auch in anderem Sinne, gebrauchten Ausdrucksweise als den „*Affect*" der Gleichung zum Unterschiede von anderen Eigenschaften derselben bezeichne. Eine irreductible Gleichung

$$(A) \qquad x^n - c_1 x^{n-1} + c_2 x^{n-2} - \cdots \pm c_n = 0,$$

deren Coëfficienten c dem Rationalitäts-Bereich ($\mathfrak{R}'$, $\mathfrak{R}''$, $\mathfrak{R}'''$, ...) angehören, hat also einen besonderen Affect, wenn eine bestimmte Gattung von Functionen ihrer Wurzeln, welche die „Affect-Gattung" heissen soll, ebenfalls dem festgesetzten Rationalitäts-Bereich angehört. Die Gruppe der Permutationen der Affect-Gattung ist die *Galois*'sche „Gruppe der Gleichung". Wird die Affect-Gattung durch $g(x_1, x_2, \ldots x_n)$ reprasentirt, so ist es das System der $n+1$ Gleichungen

$$(B) \qquad g(\xi_1, \xi_2, \ldots \xi_n) = c_0, \qquad f_k(\xi_1, \xi_2, \ldots \xi_n) = c_k \qquad (k=1, 2, \ldots n),$$

welches nach dem *Galois*'schen Princip an die Stelle der einen Gleichung (A) tritt, und wenn x_1, x_2, $\ldots x_n$ als die Unbekannten eines Gleichungssystems aufgefasst werden, so ist das System der n Gleichungen

$$(C) \qquad g(x_1, x_2, \ldots x_n) = c_0, \qquad f_k(x_1, x_2, \ldots x_n) = c_k \qquad (k=1, 2, \ldots n)$$

so beschaffen, dass es nur durch die r Werthsysteme

$$x_1 = \xi_{r_1}, \qquad x_2 = \xi_{r_2}, \qquad \ldots \qquad x_n = \xi_{r_n}$$

befriedigt wird, welche durch die r Permutationen $(r_1, r_2, \ldots r_n)$ der Gattung $\mathfrak{g}$ charakterisirt sind. Es ist also von der Ordnung r und bildet den irreductibeln Theil des oben mit (C) bezeichneten Gleichungssystems

$$f_k(x_1, x_2, \ldots x_n) = c_k \qquad\qquad (k = 1, 2, \ldots n),$$

welches von der Ordnung $n!$ ist. Die Zahl r soll auch die Ordnung des Affects und der durch denselben bestimmten Classe genannt werden.

> Alsdann gehört also — immer bei festgesetztem Rationalitäts-Bereich — eine algebraische Grösse n^{ter} Ordnung und die Gleichung, durch welche sie definirt wird, in eine bestimmte Classe der Ordnung r, wenn das Gleichungssystem, durch welches die n conjugirten algebraischen Grössen zugleich definirt werden, von der Ordnung r und durch $n + 1$ Gleichungen $(\overline{C})$ darstellbar ist, von denen die erste eine Function einer besonderen für die Classe bestimmenden Gattung, jede der übrigen n aber nur je eine der elementaren symmetrischen Functionen enthält.

Dass, wie hier entwickelt worden ist, jeder irreductible Theil eines Gleichungssystems, welches n conjugirte algebraische Grössen definirt, durch $n + 1$ Gleichungen, und zwar — mit Ausnahme des Falles, wo die Ordnung $n!$ ist — nicht durch weniger Gleichungen dargestellt werden kann, fällt unter den allgemeinen für beliebige Gleichungssysteme geltenden Satz, welcher im vorhergehenden Paragraphen aufgestellt worden ist. Aber es bildet eine höchst bemerkenswerthe Eigenthümlichkeit dieser $n + 1$ Gleichungen, dass sie auf jene, so zu sagen, „separirte Form" $(\overline{C})$ gebracht werden können, bei welcher die einen Seiten der Gleichungen nur ganze ganzzahlige, von den gegebenen Grössen $\mathfrak{R}$ unabhängige Functionen der Unbekannten, die anderen Seiten lediglich rationale Functionen der Grössen $\mathfrak{R}$ enthalten.

An die eigenthümliche „separirte Form" der Gleichungen $(\overline{C})$ lässt sich die Darlegung des principiellen Unterschiedes der *Abel*'schen und *Galois*-

schen Behandlung der algebraischen Gleichungen am besten anknüpfen. *Abel* bleibt nämlich bei den durch die specielle Gleichung gegebenen oder zu ermittelnden rationalen Functionen $\mathfrak{R}'$, $\mathfrak{R}''$, $\mathfrak{R}'''$, ... stehen, welche in dem Systeme $(\overline{O})$ die rechte Seite bilden, während *Galois*, wenigstens implicite durch die Aufstellung der Gruppe, von dem speciellen Gleichungsproblem die theoretisch allein wichtigen Functionen auf der linken Seite des Systems $(\overline{O})$ abstrahirt. Freilich entgeht *Galois* eben durch diese vollständige Abstraction auch eines der interessantesten Probleme, welches *Abel* in der Theorie der algebraischen Gleichungen findet und auch behandelt. Es ist das Problem der Aufstellung aller Gleichungen einer bestimmten Classe für einen gegebenen Rationalitäts-Bereich, und ich will dasselbe hier auch desshalb näher darlegen, weil dabei die arithmetische Natur algebraischer Fragen deutlich hervortritt.

Wenn mit g, wie oben, eine Function einer Gattung ϱ^{ter} Ordnung bezeichnet wird, so besteht zwischen g und den elementaren symmetrischen Functionen $\mathfrak{f}_1$, $\mathfrak{f}_2$, ... $\mathfrak{f}_n$ eine Gleichung

$$\Phi(g, \mathfrak{f}_1, \mathfrak{f}_2, \ldots \mathfrak{f}_n) = 0,$$

in welcher Φ eine ganze ganzzahlige Function der $n+1$ Grössen g, $\mathfrak{f}_1$, $\mathfrak{f}_2$, ... $\mathfrak{f}_n$ bedeutet, die in Bezug auf g vom Grade ϱ ist. Soll es nun für einen Rationalitäts-Bereich $(\mathfrak{R}', \mathfrak{R}'', \mathfrak{R}''', \ldots)$ Gleichungen einer durch die Gattung g bestimmten Classe geben, so müssen $n+1$ rationale Functionen der Grössen $\mathfrak{R}$

$$\varphi_0, \varphi_1, \varphi_2, \ldots \varphi_n$$

existiren, für welche die Gleichung

$$\Phi(\varphi_0, \varphi_1, \varphi_2, \ldots \varphi_n) = 0$$

erfüllt wird. Die Aufgabe, alle Gleichungen eines bestimmten Affects aufzustellen, ist hiernach durchaus arithmetischer Art, sie ist eine sogenannte Diophantische Aufgabe für den gegebenen Rationalitäts-Bereich, die freilich ebenso schwierig wie interessant zu sein scheint. Selbst für den einfachsten Fall, wo g eine alternirende Function bedeutet, ist die Aufgabe für ein allgemeines n, so viel ich weiss, noch nicht gelöst worden. In diesem Falle ist der Grad von Φ in Bezug auf g möglichst klein, nur gleich *Zwei*; die Schwierigkeit der Aufgabe scheint aber nicht mit der *Grösse des Grades* zu wachsen; denn für den Fall, wo g eine cyclische Function darstellt, und also jener Grad so gross als möglich ist, habe ich die Lösung schon in meiner oben citirten Mittheilung vom Juni 1858 gegeben. Damals hatte ich allerdings für allgemeine Rationalitäts-Bereiche den Fall, wo n eine Potenz von *Zwei* ist, noch ausschliessen müssen, ich habe aber später auch diesen Fall erledigt und dabei gefunden, dass die Aufgabe in der That für $n = 8, 16, 32, \ldots$ einen ganz anderen Charakter hat als für die übrigen Zahlen n.

Da die ganzen rationalen Functionen $x_1, x_2, \ldots x_n$ als algebraische Functionen von $f_1, f_2, \ldots f_n$ aufgefasst werden können und als solche eben jene Gattungen bilden, welche zur Definition der Functions-Gattungen gedient haben, so müssen alle zu einer Gattung gehörigen ganzen Functionen, welche also die Haupt-Art bilden, gemäss § 6 durch eine bestimmte Anzahl von Elementen linear darstellbar sein, und es ist schon in § 7 erwähnt, dass die ausreichende Anzahl in diesem Falle nicht grösser ist als die Ordnung der Gattung. Ich habe diesen Fundamentalsatz zuerst in meinen im Winter 1870/71 gehaltenen Universitäts-Vorlesungen vorgetragen und will hier die damals gegebene Entwickelung in Kürze mittheilen.

Das Fundamentalsystem für die *Galois*'sche Gattung kann durch die $n!$ Elemente

$$x_1^{h_1} x_2^{h_2} \cdots x_{n-1}^{h_{n-1}} \qquad (h_k = 0, 1, \ldots n-k; \ k = 1, 2, \ldots n-1)$$

dargestellt werden. Ich habe dies zuerst in meinem schon oben citirten Aufsatz „Ueber die verschiedenen *Sturm*'schen Reihen" im Monatsbericht der Berliner Akademie vom Febr. 1873 nachgewiesen[1]). Da nämlich das Product

$$(x - x_k)(x - x_{k+1}) \cdots (x - x_n)$$

für jeden der n Werthe $k = 1, 2, \ldots n$ eine ganze Function $(n-k+1)^{\text{ten}}$ Grades von x ist, deren Coëfficienten ganze ganzzahlige Functionen von

----

[1]) Band I S. 323 und 324 dieser Ausgabe.   H.

$$x_1,\ x_2,\ \ldots x_{k-1};\ \ \mathfrak{f}_1,\ \mathfrak{f}_2,\ \ldots \mathfrak{f}_n$$

sind, so stellt dasselbe, gleich Null gesetzt, eine Gleichung für x_k dar, mit deren Hülfe sich jede höhere als die $(n-k)^{\text{te}}$ Potenz von x_k durch niedrigere so ausdrücken lässt, dass die Coëfficienten ganze ganzzahlige Functionen von $x_1,\ x_2,\ \ldots x_{k-1}$ und $\mathfrak{f}_1,\ \mathfrak{f}_2,\ \ldots \mathfrak{f}_n$ werden. Indem man dies nun der Reihe nach für $k = n,\ n-1,\ n-2,\ \ldots$ ausführt, kann man jede ganzzahlige Function von $x_1,\ x_2,\ \ldots x_n$ auf eine solche reduciren, welche in Beziehung auf jedes x_k nur vom Grade $n-k$ ist, und deren Coëfficienten ganze ganzzahlige Functionen der elementaren symmetrischen Functionen $\mathfrak{f}$ sind. Eine solche „reducirte Form" einer ganzen Function von $x_1,\ x_2,\ \ldots x_n$ ist offenbar völlig bestimmt und eben nichts Anderes als die Darstellung durch das angegebene Fundamentalsystem der *Galois*'schen Gattung. Dabei ergiebt sich übrigens in einfachster, naturgemässer Weise die Darstellbarkeit jeder ganzen symmetrischen Function von $x_1,\ x_2,\ \ldots x_n$ als ganze ganzzahlige Function von $\mathfrak{f}_1,\ \mathfrak{f}_2,\ \ldots \mathfrak{f}_n$.

Denkt man sich die obigen Elemente eines Fundamentalsystems der *Galois*'schen Gattung nach ihrer Dimension geordnet, diejenigen von gleicher Dimension aber in je eine Gruppe vereinigt, und bezeichnet man dieselben der Reihe nach mit $\gamma',\ \gamma'',\ \gamma''',\ \ldots$, so kann man entsprechende ganze Functionen einer gegebenen Gattung $\mathfrak{g}',\ \mathfrak{g}'',\ \mathfrak{g}''',\ \ldots$ daraus bilden, indem man diejenigen aus einem Element γ durch die r Permutationen der Gattung entstehenden Functionen, welche unter einander verschieden sind, zu einander addirt. Dann lässt sich offenbar jede ganze Function der Gattung $\mathfrak{g}$ als lineare ganze Function von $\mathfrak{g}',\ \mathfrak{g}'',\ \mathfrak{g}''',\ \ldots$ so darstellen, dass die Coëfficienten ganze ganzzahlige Functionen von $\mathfrak{f}_1,\ \mathfrak{f}_2,\ \ldots \mathfrak{f}_n$ sind; die $n!$ Elemente bilden also im vollen Sinne des Wortes ein Fundamentalsystem der Gattung $\mathfrak{g}$. Es soll aber nunmehr nachgewiesen werden, dass sich alle diese $n!$ Elemente durch nur ϱ derselben linear darstellen lassen, wenn man als Coëfficienten ganze Functionen von $\mathfrak{f}_1,\ \mathfrak{f}_2,\ \ldots \mathfrak{f}_n$ mit bloss rationalen, d. h. auch mit gebrochenen Zahlcoëfficienten zulässt, dass also für ein Fundamentalsystem in diesem nicht ganz vollen Sinne des Wortes eine die Ordnungszahl ϱ nicht übersteigende Anzahl von Elementen genügt (vgl. den Anfang des § 7).

Bei jeder Darstellung einer Function $\mathfrak{g}$ durch die Functionen γ

$$(\Gamma) \qquad \mathfrak{g}^{(k)} = \varphi_k' \gamma' + \varphi_k'' \gamma'' + \varphi_k''' \gamma''' + \cdots,$$

wobei φ_k', φ_k'', φ_k''', $\ldots$ ganze ganzzahlige Functionen von $\mathfrak{f}_1$, $\mathfrak{f}_2$, $\ldots \mathfrak{f}_n$ bedeuten, können nur Functionen γ von der durch $\mathfrak{g}$ selbst repräsentirten oder von voranstehenden Gruppen vorkommen. Addirt man alle diejenigen Gleichungen (Γ), welche bei den r Permutationen der Gattung daraus entstehen, zu einander, so resultirt eine Gleichung

$$(G) \qquad r\mathfrak{g}^{(k)} = m' \varphi_k' \mathfrak{g}' + m'' \varphi_k'' \mathfrak{g}'' + m''' \varphi_k''' \mathfrak{g}''' + \cdots,$$

in welcher m', m'', m''', $\ldots$ ganze Zahlen und zwar Theiler von r bedeuten, da $\sum \gamma$, wenn in Beziehung auf alle r Permutationen summirt wird, die entsprechende Function $\mathfrak{g}$ mehrmals ergiebt. Die Gleichung (G) zeigt, dass alle diejenigen Functionen $\mathfrak{g}^{(k)}$, bei deren Darstellung (Γ) durch die Elemente γ nur solche von voranstehenden Gruppen vorkommen, sich zugleich auf lineare Functionen von *Gattungs-Elementen* $\mathfrak{g}$ der voranstehenden Gruppen reduciren. Die Coëfficienten dieser linearen Functionen sind ganze Functionen von $\mathfrak{f}_1$, $\mathfrak{f}_2$, $\ldots \mathfrak{f}_n$ mit rationalen Zahlcoëfficienten. Alle auf die angegebene Weise reducirbaren Elemente $\mathfrak{g}$ können also weggelassen werden, und es bleiben dann nur solche Functionen $\mathfrak{g}^{(k)}$ übrig, welche bei der Darstellung (Γ) auch Elemente γ von derselben Gruppe wie die dargestellte Function $\mathfrak{g}$ und zwar diese mit ganzzahligen Coëfficienten enthalten. Bezeichnet man diese linearen Aggregate von Elementen γ der höchsten Dimension, welche nur ganzzahlige Coëfficienten haben, mit $\Gamma^{(k)}$, so ist $\mathfrak{g}^{(k)} - \Gamma^{(k)}$ eine Function, welche bei ihrer Darstellung durch die Elemente γ nur solche von geringerer Dimension enthält. Nimmt man nun die einzelnen Functionen $\mathfrak{g}^{(k)}$, welche einer und derselben Gruppe angehören, in einer beliebigen Reihenfolge, so lässt sich, wenn eines der Aggregate $\Gamma^{(k)}$ durch Aggregate $\Gamma^{(k-1)}$, $\Gamma^{(k-2)}$, $\ldots$ von voranstehenden Elementen $\mathfrak{g}^{(k-1)}$, $\mathfrak{g}^{(k-2)}$, $\ldots$ linear darstellbar ist, das Element $\mathfrak{g}^{(k)}$ selbst als eine lineare Function voranstehender Elemente $\mathfrak{g}^{(k-1)}$, $\mathfrak{g}^{(k-2)}$, $\ldots$ ausdrücken. Ist nämlich

$$\Gamma^{(k)} = c' \Gamma^{(k-1)} + c'' \Gamma^{(k-2)} + \cdots,$$

so wird

$$\mathfrak{g}^{(k)} = c' \mathfrak{g}^{(k-1)} + c'' \mathfrak{g}^{(k-2)} + \cdots + (\mathfrak{g}^{(k)} - \Gamma^{(k)})$$
$$- c'(\mathfrak{g}^{(k-1)} - \Gamma^{(k-1)}) - c''(\mathfrak{g}^{(k-2)} - \Gamma^{(k-2)}) - \cdots,$$

und ebenso, wie jedes einzelne Glied $\mathfrak{g} - \Gamma$, enthält der ganze zweite Theil auf der rechten Seite dieser Gleichung bei der Darstellung durch die Elemente γ nur solche von geringerer Dimension als $\mathfrak{g}^{(\lambda)}$, und erfüllt daher, als Function der Gattung $\mathfrak{g}$, diejenigen Bedingungen, für welche oben nachgewiesen worden, dass sich eine solche Function linear durch Gattungselemente $\mathfrak{g}$ von geringerer Dimension darstellen lässt. Nach Weglassung aller solcher Elemente $\mathfrak{g}^{(\lambda)}$, deren zugehörige Aggregate $\Gamma^{(\lambda)}$ durch Aggregate voranstehender linear ausdrückbar sind, bleiben nur Elemente $\mathfrak{g}_1, \mathfrak{g}_2, \mathfrak{g}_3, \ldots$ übrig, welche in dem Sinne linear unabhängig von einander sind, dass keine Relation

$$\psi_1 \mathfrak{g}_1 + \psi_2 \mathfrak{g}_2 + \psi_3 \mathfrak{g}_3 + \cdots = 0$$

besteht, in welcher $\psi_1, \psi_2, \psi_3, \ldots$ ganze Functionen von $\mathfrak{f}_1, \mathfrak{f}_2, \ldots \mathfrak{f}_n$ sind. Denn schon zwischen den entsprechenden Aggregaten der höchsten Dimension $\Gamma_1, \Gamma_2, \Gamma_3, \ldots$ kann keine lineare Relation mit Coëfficienten ψ bestehen. Die Anzahl der übrig gebliebenen Functionen $\mathfrak{g}$ muss demnach genau gleich ϱ sein, da dies die Anzahl der von einander linear unabhängigen Functionen der Gattung $\mathfrak{g}$ ist.

Wird die Discriminante der durch x_λ bezeichneten Gattung, nämlich das Product

$$\Pi\,(x_i - x_k) \qquad (i, k = 1, 2, \ldots n;\ i \gtrless k)$$

mit $\mathfrak{D}$ bezeichnet, so ist die Discriminante der *Galois*'schen Gattung $\mathfrak{D}^{\frac{1}{2}n!}$. Nach § 8 ist also auch die Discriminante jeder anderen Gattung eine Potenz von $\mathfrak{D}$. Denn jede solche Gattung ist unter der *Galois*'schen enthalten; ihre Discriminante muss daher Theiler einer Potenz von $\mathfrak{D}$ und also, da $\mathfrak{D}$ im Rationalitäts-Bereich $(\mathfrak{f}_1, \mathfrak{f}_2, \ldots \mathfrak{f}_n)$ irreductibel ist, selbst eine Potenz von $\mathfrak{D}$ sein.

Bedeuten $\mathfrak{g}_1, \mathfrak{g}_2, \mathfrak{g}_3, \ldots$ ganze ganzzahlige Functionen von $x_1, x_2, \ldots x_n$, welche der Gattung $\mathfrak{g}$ angehören, und in dem oben angegebenen Sinne ein Fundamentalsystem dieser Gattung bilden, so kann nach § 8 die Discriminante der Gleichung, welcher

$$u_1 \mathfrak{g}_1 + u_2 \mathfrak{g}_2 + u_3 \mathfrak{g}_3 + \cdots$$

genügt, keinen anderen von den unbestimmten Grössen u unabhängigen Factor enthalten als einen solchen, der Theiler einer Potenz der Discriminante der Gattung $\mathfrak{g}$ ist; es kann daher, wenn jene Discriminante nach Producten von Potenzen der unbestimmten Grössen u entwickelt wird, der grösste gemeinsame Theiler sämmtlicher dabei auftretender Coëfficienten nur eine Potenz von $\mathfrak{D}$ sein. Hieraus folgt, dass sich für irgend welche gegebenen Werthe von $\mathfrak{f}_1$, $\mathfrak{f}_2$, $\ldots \mathfrak{f}_n$ — vorausgesetzt nur, dass der Werth von $\mathfrak{D}$ dafür nicht verschwindet — stets unendlich viele specielle Functionen jeder Gattung $\mathfrak{g}$ bestimmen lassen, deren sämmtliche conjugirte unter einander verschieden sind, und durch die sich daher jede andere Function derselben Gattung rational ausdrücken lässt.

§ 18.

Begründung der arithmetischen Existenz der algebraischen Grössen.

Die am Schlusse des vorigen Paragraphen entwickelte Eigenschaft der Gattungen algebraischer Functionen von $\mathfrak{f}_1$, $\mathfrak{f}_2$, $\ldots \mathfrak{f}_n$ bildet die wesentlichste Grundlage bei einem dem *Gauss*'schen Beweise von 1815[1]) nachgebildeten Existenzbeweise für die Wurzeln algebraischer Gleichungen, welchen ich schon in meiner an der hiesigen Universität gehaltenen Wintervorlesung von 1870/71 vorgetragen und seitdem in meinen Vorlesungen über die Theorie der algebraischen Gleichungen stets fast in derselben Weise gegeben habe. — Der Beweis stützt sich auf „uneigentliche" Functionsgattungen, welche entstehen, wenn man aus einer Gattung $\mathfrak{g}(x_1, x_2, \ldots x_h)$, falls $h < \tfrac{1}{2} n$ ist, eine neue bildet, die durch

$$\big(u - \mathfrak{g}(x_1, x_2, \ldots x_h)\big) \big(u - \mathfrak{g}(x_{h+1}, x_{h+2}, \ldots x_{2h})\big)$$

repräsentirt wird. Nimmt man nämlich nach einander $h = 1, 2, 4, \ldots 2^\nu$, und bezeichnet die entsprechenden Gattungen mit $\mathfrak{g}_0$, $\mathfrak{g}_1$, $\mathfrak{g}_2$, $\ldots \mathfrak{g}_\nu$, so enthält die Zahl, welche die Ordnung der Gattung $\mathfrak{g}_\mu$ angiebt, genau die $(\nu - \mu)^{\text{te}}$ Potenz

---

[1]) *C. F. Gauss'* Werke Band III S. 31—56.

H.

von 2, wenn die Zahl n keine höhere als die ν^{te} Potenz von 2 enthält. Die Ordnung von g_ν ist also ungrade. Es ist ferner $g_{\mu-1}$ Wurzel einer quadratischen Gleichung, deren Coëfficienten der Gattung g_μ angehören, so dass

$$g_{\mu-1} = \varphi(g_\mu) + \sqrt{\psi(g_\mu)}$$

wird. Hierbei bedeuten φ und ψ ganze Functionen von g_μ, deren Coëfficienten rationale Functionen von $f_1, f_2, \ldots f_n$ sind, und es kann darin nur die Discriminante der Gleichung, welcher die als Repräsentant der Gattung gewählte, bestimmte Function g_μ genügt, oder ein Theiler derselben als Nenner vorkommen. Die Kette jener Gleichungen für $\mu = 1, 2, \ldots \nu$ giebt hiernach g_0 oder, was dafür genommen werden kann, x_1 als explicite, lediglich Quadratwurzeln enthaltende, ganze algebraische Function von g_ν und $f_1, f_2, \ldots f_n$, dividirt durch eine ganze Function von $f_1, f_2, \ldots f_n$, welche nur ein Theiler des Products gewisser Discriminanten sein kann. Wird dieses Product mit p bezeichnet, so existirt daher eine lediglich durch Quadratwurzeln aus ganzen ganzzahligen Functionen von $y, f_1, f_2, \ldots f_n$ zu bildende algebraische Function $\theta(y)$, welche, wenn darin $y = g_\nu$ genommen wird, $p x_1$ ergiebt. Die algebraische Function $\theta(y)$ ist von der Ordnung 2^ν; es besteht daher eine Gleichung $\mathfrak{P}(x, y) = 0$ des Grades 2^ν, welche durch den Werth $x = \dfrac{\theta(y)}{p}$ befriedigt wird, und, wenn der Coëfficient der höchsten Potenz von x gleich Eins ist, in ihren übrigen Coëfficienten nur ganze Functionen von $y, f_1, f_2, \ldots f_n$, dividirt durch Potenzen von p, enthält. Nun ist

$$\prod_h (x - x_h) = \mathfrak{P}(x, g_\nu) \qquad (h = 1, 2, 3, \ldots 2^\nu)$$

und folglich

$$\mathfrak{F}(x) = \mathfrak{P}(x, g_\nu)\mathfrak{Q}(x, g_\nu),$$

wo auch $\mathfrak{Q}$ ganz ebenso wie $\mathfrak{P}$ eine ganze Function von x, g_ν bedeutet, deren Coëfficienten rationale, nur Potenzen von p im Nenner enthaltende Functionen der Grössen f sind. Wenn also $\mathfrak{G}(y) = 0$ die Gleichung ist, durch welche g_ν als algebraische Function der Grössen f definirt wird, so muss eine identische Gleichung

$$\mathfrak{F}(x) = \mathfrak{P}(x, y)\mathfrak{Q}(x, y) + \mathfrak{G}(y)\mathfrak{R}(x, y)$$

bestehen, in welcher auch $\mathfrak{R}(x, y)$ eine Function von derselben Beschaffenheit wie $\mathfrak{P}$ und $\mathfrak{Q}$ bedeutet. Setzt man hierin $x = \frac{\theta(y)}{\mathfrak{p}}$, so wird $\mathfrak{P}(x, y) = 0$, und es resultirt die identische, d. h. für jeden beliebigen Werth von y geltende Gleichung

$$\mathfrak{F}\left(\frac{\theta(y)}{\mathfrak{p}}\right) = \mathfrak{G}(y)\mathfrak{R}\left(\frac{\theta(y)}{\mathfrak{p}}, y\right),$$

welche zeigt, dass die Gleichung $\mathfrak{F}(x) = 0$ durch die algebraische Grösse $\frac{\theta(y)}{\mathfrak{p}}$ befriedigt wird, wenn y der Gleichung $\mathfrak{G}(y) = 0$ genügt und $\mathfrak{p}$ nicht verschwindet. Da nun am Ende des vorigen Paragraphen der diesen letzten Schluss einzig ermöglichende Nachweis geführt ist, dass für solche Werthe von $\mathfrak{f}_1$, $\mathfrak{f}_2$, ... $\mathfrak{f}_n$, für welche die Discriminante der Gleichung $\mathfrak{F}(x) = 0$ von Null verschieden ist, stets die Functionen $\mathfrak{g}_1$, $\mathfrak{g}_2$, ... $\mathfrak{g}_\nu$ so gewählt werden können, dass jede der betreffenden Discriminanten und also auch deren Product $\mathfrak{p}$ einen von Null verschiedenen Werth hat, so folgt, dass jeder Gleichung durch eine explicite algebraische, nur Quadratwurzeln enthaltende Function einer Grösse y genügt wird, welche selbst Wurzel einer Gleichung ungraden Grades ist.

Es verdient hervorgehoben zu werden, dass in dieser Entwickelung, wie in der citirten *Gauss*'schen Abhandlung von 1815, eine viel *speciellere* Art der Existenz algebraischer Grössen dargelegt wird, als bei allen anderen Beweismethoden. Dieser Unterschied tritt besonders deutlich hervor, wenn man den oben für Gleichungen ungraden Grades vorausgesetzten Begriff der reellen Wurzeln algebraischer Gleichungen genauer analysirt, wie ich es in meinen Universitäts-Vorlesungen regelmässig gethan habe; und ich gedenke auch diese Analyse bei einer nächsten Gelegenheit durch den Druck zu veröffentlichen. Der hier entwickelte Beweis enthält recht eigentlich eine Begründung der *arithmetischen* Existenz der algebraischen Grössen und fügt sich desshalb in die systematische Darstellung, welche ich in der vorliegenden Arbeit zu geben versucht habe, vollständig ein.

Zweiter Theil.

§ 14.

Die grössten gemeinschaftlichen Theiler von ganzen algebraischen Grössen.

Mit dem Begriffe der ganzen algebraischen Grössen (vgl. § 5) ist der Begriff der Theilbarkeit unmittelbar gegeben. Eine ganze algebraische Grösse x ist durch eine andere x' theilbar, wenn der Quotient der Division von x durch x' wiederum eine ganze algebraische Grösse ist. Hierbei ist der Divisor x' als gegeben zu betrachten. Aber auch die andere Frage der Auffindung oder Aufstellung der Divisoren gegebener algebraischer Grössen lässt eine höchst einfache Behandlung zu. In der That hat man zu den algebraischen Grössen einer bestimmten Art oder Species $\mathfrak{S}$ nur *lineare Functionen derselben mit unbestimmten Coëfficienten* hinzu zu nehmen, um ohne alle Symbolik und ohne alle Mittel der Abstraction die grössten gemeinsamen Theiler je zweier algebraischer Grössen der gesammten Art $\mathfrak{S}$ wirklich darzustellen. Bedeuten nämlich $u', u'', \ldots$ unbestimmte Grössen und $x, x', x'', \ldots$ ganze algebraische Grössen einer bestimmten Art $\mathfrak{S}$, so ist das über alle conjugirten Werthe erstreckte Product

$$\varPi(x + u'x' + u''x'' + \cdots),$$

welches auch nach der üblichen Ausdrucksweise als die „Norm" von $x + u'x' + u''x'' + \cdots$ und demnach mit

$$\mathrm{Nm}(x + u'x' + u''x'' + \cdots)$$

bezeichnet werden kann, eine ganze Function der Grössen u, deren Coëfficienten ganze rationale Grössen des Bereichs sind. Wird nun zunächst — wie unbeschadet der Allgemeinheit geschehen kann — von dem Falle abstrahirt, wo nicht sämmtliche Grössen $\Re$ von einander unabhängig sind, wird also ein natürlicher Rationalitäts-Bereich angenommen, so ist der Begriff des grössten gemeinsamen Theilers aller jener Coëfficienten ohne Weiteres begründet, da diese Coëfficienten alsdann nur ganze Zahlen oder ganze ganzzahlige Functionen unabhängiger Veränderlichen sind. Eben derselbe Theiler kann auch als der grösste von den Unbestimmten u unabhängige Theiler der Norm von $x + u'x' + u''x'' + \cdots$ charakterisirt werden, und der nach Absonderung dieses Theilers verbleibende Theil der Norm ist eine ganze Function von u', u'', ..., deren Coëfficienten ganze rationale Grössen des Bereichs sind, die nicht sämmtlich einen und denselben gemeinsamen Theiler haben. Nennt man diese ganze Function, obwohl sie nicht homogen ist, doch in *Gauss*'scher Weise eine in Linearfactoren zerlegbare „*primitive Form n^{ten} Grades von u', u'', ...*", deren „*abgeleitete*" die Norm von $x + u'x' + u''x'' + \cdots$ ist, und bezeichnet dieselbe mit

$$\mathrm{Fm}(x + u'x' + u''x'' + \cdots),$$

so besteht, der Definition gemäss, zwischen der „Norm" und der „Form" eine Relation

$$P \cdot \mathrm{Fm}(x + u'x' + u''x'' + \cdots) = \mathrm{Nm}(x + u'x' + u''x'' + \cdots),$$

in welcher P eine ganze rationale Grösse des Bereichs ist. Dies vorausgeschickt, kann „*der grösste gemeinschaftliche Theiler*" beliebig vieler ganzer algebraischer Grössen x, x', x'', ... durch den Bruch

$$\frac{x + u'x' + u''x'' + \cdots}{\mathrm{Fm}(x + u'x' + u''x'' + \cdots)}$$

vollkommen dargestellt werden, da jede lineare Function $x + v'x' + v''x'' + \cdots$ mit beliebigen Coëfficienten v durch jenen Bruch theilbar ist, der Quotient der Division aber keinen solchen Bruch mehr als Theiler enthalten kann. Um das Erstere einzusehen, braucht man nur die Gleichung zu bilden, welcher der Quotient

$$\frac{x + v'x' + v''x'' + \cdots}{x + u'x' + u''x'' + \cdots} \cdot \mathrm{Fm}(x + u'x' + u''x'' + \cdots)$$

genügt, d. h. also, wenn dieser Quotient mit $Q(\omega, \omega', \omega'', \ldots)$ bezeichnet wird, die Gleichung

$$\mathrm{Nm}\big(X - Q(\omega, \omega', \omega'', \ldots)\big) = 0\,,$$

in welcher X die Unbekannte bedeutet. Die Norm auf der linken Seite der Gleichung nimmt nämlich, wenn zur Abkürzung erst

$$\mathrm{Fm}(\omega + u'\omega' + u''\omega'' + \cdots) = F$$

und dann

$$X - F = w, \qquad u'X - v'F = w', \qquad u''X - v''F = w'', \qquad \ldots$$

gesetzt wird, die Gestalt an

$$\frac{\mathrm{Fm}(w\omega + w'\omega' + w''\omega'' + \cdots)}{\mathrm{Fm}(\omega + u'\omega' + u''\omega'' + \cdots)}\,,$$

und es wird hiermit evident, dass dieser Ausdruck eine ganze ganzzahlige Function der Grössen X, $\mathfrak{R}'$, $\mathfrak{R}''$, $\mathfrak{R}'''$, $\ldots$, u', u'', $\ldots$ v', v'', $\ldots$ ist, welcher überdies als Coëfficienten der höchsten Potenz von X die Zahl Eins und also, gleich Null gesetzt, *ganze* algebraische Grössen zu Wurzeln hat. Dass nun zweitens der mit $Q(\omega, \omega', \omega'', \ldots)$ bezeichnete Quotient nicht noch durch einen Bruch

$$\frac{\omega_1 + u_1'\omega_1' + u_1''\omega_1'' + \cdots}{\mathrm{Fm}(\omega_1 + u_1'\omega_1' + u_1''\omega_1'' + \cdots)}$$

theilbar sein kann, erhellt unmittelbar, wenn man nach erfolgter Division die Norm bildet. Diese Norm wird nämlich, wenn

$$P_1 \cdot \mathrm{Fm}(\omega_1 + u_1'\omega_1' + u_1''\omega_1'' + \cdots) = \mathrm{Nm}(\omega_1 + u_1'\omega_1' + u_1''\omega_1'' + \cdots)$$

ist, gleich

$$\frac{1}{P_1}\, \mathrm{Fm}(\omega + v'\omega' + v''\omega'' + \cdots) \cdot \big(\mathrm{Fm}(\omega + u'\omega' + u''\omega'' + \cdots) \cdot \mathrm{Fm}(\omega_1 + u_1'\omega_1' + u_1''\omega_1'' + \cdots)\big)^{n-1}\,,$$

also nur dann ganz, wenn $P_1 = 1$ ist.

Dass die Divisoren der ganzen algebraischen Grössen in Bruchform dargestellt sind, kann keinen Anstoss erregen; denn die Uebertragung des ursprünglichsten Begriffes der Division mit ganzen Zahlen auf die mit gebrochenen gehört schon den Elementen an. *Complexe* gebrochene Zahlen habe ich als Moduln oder Divisoren zuerst in § 6 meiner Doctordissertation „De unitatibus complexis" (Berlin 1845[1]) genau so angewendet, wie sie wenige Jahre darauf in der *Kummer*'schen Definition der idealen Zahlen benutzt werden (vgl. die Anmerk. in § 19), und sie haben namentlich auch in den *Exponenten* der Einheiten wesentliche Dienste geleistet. Aber erst viel später wurde ich beim Uebergang von den complexen Zahlen zu den zerlegbaren Formen (vgl. § 19) darauf geführt, das Hülfsmittel der gebrochenen Divisoren mit jenem „methodischen Hülfsmittel der unbestimmten Coëfficienten" combinirt anzuwenden, um alle unnützen und theilweise auch verwirrenden Specialitäten abzustreifen. Damit erschienen dann in der That die Divisoren der ganzen algebraischen Grössen in einfacher, übersichtlicher, naturgemässer Gestalt, in welcher für den speciellen Fall der gewöhnlichen Zahlen, d. h. für den Fall $\Re = 1$, alle sowohl bei der *Kummer*'schen Begriffsbestimmung der idealen Zahlen als auch bei der *Dedekind*'schen Definition der „Ideale" benutzten abstracten Eigenschaften an einem concreten algebraischen Gebilde vereinigt sind. Der Grund dieses Erfolges liegt einfach darin, dass mit jenen Divisoren das Gebiet der algebraischen Grössen, welche den Ausgangspunkt bilden, genügend erweitert wird, um den bei ganzen Zahlen und bei ganzen rationalen Functionen von Variabeln geltenden einfachen Gesetzen der Theilbarkeit, welche beim Uebergang zu den ganzen algebraischen Grössen modificirt werden, wiederum Raum zur vollen Wirksamkeit zu schaffen. Es ist also ein von den bisher angewendeten Methoden principiell verschiedenes Verfahren, welches ich bei Einführung jener Divisoren eingeschlagen habe, es ist das „*Princip der Association neuer Grössengebilde zu der gegebenen Gattung und Species algebraischer Grössen*", welches hierbei die Grundlage bildet*).

---

*) Vgl. die weiteren Ausführungen über die „Association" in § 22.

[1]) Band I S. 5—74 dieser Ausgabe von *L. Kronecker's* Werken. S. S. 25. H.

§ 15.

Die algebraischen Divisoren.

Eine ganze algebraische Grösse, deren Norm gleich Eins und durch welche also jede ganze algebraische Grösse theilbar ist, soll eine „algebraische Einheit" genannt werden. Diese Einheiten sind durch keine anderen ganzen algebraischen Grössen theilbar. Ebendieselbe Eigenschaft besitzen auch die „primitiven Formen", welche die Nenner jener „Divisoren ganzer algebraischer Grössen" bilden, und es könnten desshalb die Zähler allein schon als Repräsentanten der Divisoren gebraucht werden, wenn bei den Quotienten der Division von solchen Nennern, die durch keine ganze algebraische Grösse theilbar sind, abgesehen wird. Diese Betrachtungsweise wird später (in § 22) systematisch angewendet werden; hier im Anfang der Entwickelung glaube ich der obigen Darstellung der Divisoren den Vorzug geben zu sollen, weil sie *keinerlei* Abstraction erfordert. Nur eine der Sache entsprechende abgekürzte Ausdrucks- und Bezeichnungsweise einzuführen erscheint wohl statthaft. Um nämlich nicht jedes Mal für die *Form* eines linearen Ausdrucks $x + u'x' + u''x'' + \cdots$ ein besonderes Zeichen zu benutzen, soll unter dem „Modul $[x + u'x' + u''x'' + \cdots]$" oder „dem Divisor $[x + u'x' + u''x'' + \cdots]$" der lineare Ausdruck selbst, dividirt durch die daraus entstehende primitive Form, verstanden und mit

$$\mathrm{mod}\,[x + u'x' + u''x'' + \cdots] \qquad \text{oder} \qquad \mathrm{div}\,[x + u'x' + u''x'' + \cdots]$$

bezeichnet werden. Im Sinne des in dieser Arbeit vielfach benutzten „methodischen Hülfsmittels der unbestimmten Coëfficienten", welches zu der obigen Bildungsweise der Divisoren geführt hat, sind die Ausdrücke $x + u'x' + u''x'' + \cdots$ dabei als lineare Functionen der Grössen x mit unbestimmten Coëfficienten u bezeichnet worden; doch ist es von allgemeinerem Gesichtspunkte aus geeigneter, die Grössen x als die Coëfficienten der Unbestimmten u und also jene algebraischen Ausdrücke als „lineare Formen" mit ganzen algebraischen Coëfficienten aufzufassen. Denn ausser den bereits eingeführten, aus *linearen* Formen hervorgegangenen algebraischen Divisoren können noch allgemeinere aus Formen beliebiger Grade gebildet werden, und es ist sogar *nothwendig,* diese mit in den Kreis der Betrachtung zu ziehen, weil bei der Division einer linearen Form durch einen der oben eingeführten Divisoren der Quotient eine ganze Function der Unbestimmten von höherem Grade, also eine „Form" höheren Grades wird.

Zum Zwecke der Definition der allgemeineren Divisoren muss nunmehr die der Formen vorausgeschickt werden.

> I. Eine ganze rationale Function beliebig vieler unbestimmter Grössen u, v, w, ... soll, wenn die Coëfficienten *ganze* Grössen des natürlichen Rationalitäts-Bereichs $(\mathfrak{R}', \mathfrak{R}'', \mathfrak{R}''', \ldots)$, also Grössen des in § 5 mit $[\mathfrak{R}', \mathfrak{R}'', \mathfrak{R}''', \ldots]$ bezeichneten Bereichs sind, eine *„ganze" (rationale) Form des Bereichs* $[\mathfrak{R}', \mathfrak{R}'', \mathfrak{R}''', \ldots]$ *mit den Unbestimmten* u, v, w, ..., und, wenn die Coëfficienten ganze algebraische Grössen eines Gattungs-Bereichs $(\mathfrak{G})$ und eines Art-Bereichs $(\mathfrak{S})$ sind und wenigstens einer derselben der Art $\mathfrak{S}$ selbst angehört, eine *„ganze algebraische Form der Gattung* $\mathfrak{G}$ *und der Art* $\mathfrak{S}$*"* genannt werden.

Die ganzen algebraischen Formen, im weiteren Sinne des Wortes, umfassen auch die ganzen rationalen Formen, ebenso wie die ganzen algebraischen Grössen die ganzen rationalen mit umfassen.

> II. Enthalten die Formen die Unbestimmten nur linear, so sollen sie als „ganze rationale" oder „ganze algebraische *Linearformen"* bezeichnet werden.

> III. Die ganzen rationalen Formen heissen *„primitiv"*, wenn ihre Coëfficienten keinen gemeinsamen Theiler haben. Eine ganze algebraische Form ist als primitiv zu bezeichnen, wenn ihre Norm primitiv ist.

Eine weitere Unterscheidung der primitiven Formen in eigentlich und uneigentlich primitive wird später in § 22 gegeben werden.

Die Uebertragung der üblichen Bezeichnung „Form" auf nicht homogene ganze Functionen scheint mir keinem Bedenken zu unterliegen. Das Zutreffende an der Bezeichnung ist, dass sie, im Gegensatz zur Benennung *„Function der Grössen* u, v, w, ...*"*, die Coëfficienten als das Wesentliche, die Unbestimmten als das Unwesentliche kennzeichnet. Da hier, genau so wie im gewöhnlichen Sinne, das Wort „Form" schon an sich einen Ausdruck bedeutet, welcher in Bezug auf die Unbestimmten der Form ganz und rational ist, so konnten in den aufgestellten Definitionen jene Bezeichnungen „ganze rationale", „ganze algebraische" Formen, welche die Natur der *Coëfficienten* charakterisiren sollen, unbedenklich als adjektivische den Formen selbst beigelegt werden. Auch die Begriffe des Conjugirt-Seins, der Norm u. s. w. sollen im Folgenden, ebenso wie der Begriff der Gattung und Art, von den *Coëfficienten* auf die algebraischen Formen selbst übertragen werden.

IV. Wird eine ganze algebraische Form durch diejenige primitive Form dividirt, deren abgeleitete die Norm der algebraischen Form ist, so repräsentirt der Quotient einen allgemeinen *„algebraischen Modul oder Divisor"*, dessen *„Elemente"* durch die Coëfficienten der algebraischen Form gebildet werden.

Es verdient hervorgehoben zu werden, dass diese Definition auch für den besonderen Fall Geltung behält, wo die ganze algebraische Form sich auf eine ganze *rationale* reducirt, also die Anzahl der Conjugirten gleich Eins, und die Norm daher mit der ganzen rationalen Form selbst identisch wird.

Nach den gegebenen Definitionen sind die ganzen algebraischen Grössen selbst ebenso in den ganzen algebraischen Formen wie in den algebraischen Divisoren mit inbegriffen, und eben, damit dies der Fall sei, hat die Beschränkung auf homogene Formen aufgegeben werden müssen. Das Verhältniss der ganzen algebraischen Grössen zu den Formen und Divisoren, unter denen sie mit inbegriffen sind, ist in folgender Weise einfach zu charakterisiren:

V. In einer bestimmten Art oder Species bilden die ganzen algebraischen *Grössen* die „Hauptclasse" der algebraischen Divisoren; sie gehören auch zur Hauptclasse der ganzen algebraischen Formen (vgl. § 22, VII), sowie die algebraischen Einheiten gewissermassen die Hauptclasse der *primitiven* algebraischen Formen ausmachen.

Mit Hülfe der obigen Definitionen kann der Begriff der Theilbarkeit der Formen und Divisoren genau und einfach präcisirt werden.

VI. Eine ganze algebraische Form ist durch einen algebraischen Divisor theilbar, wenn der Quotient ebenfalls eine ganze algebraische Form ist.

VII. Ein algebraischer Divisor soll als theilbar durch einen anderen Divisor bezeichnet werden, wenn die Form, welche den Zähler des ersteren bildet, durch den letzteren theilbar ist.

Der hier aufgestellte Begriff der Theilbarkeit ist in der gewöhnlichen Weise nach *Gauss* für den Congruenzbegriff zu benutzen, und es soll auch das *Gauss*'sche Congruenzzeichen zuweilen gebraucht werden.

Da die Brüche, welche in der obigen Definition (IV) als algebraische Divisoren definirt sind, nur in ihrer Eigenschaft als Divisoren Anwendung finden, so sind alle diejenigen, welche einander in dieser Eigenschaft vollkommen ersetzen, als äquivalent zu betrachten; und, um dies ausdrücklich zu formuliren, sei hier der Satz angefügt:

VIII. Zwei algebraische Divisoren sind „absolut äquivalent", wenn jeder von beiden durch den anderen theilbar ist.

Ein algebraischer Divisor ist dann und nur dann äquivalent Eins, also überhaupt kein Divisor in der eigentlichen Bedeutung des Wortes, wenn die ganze algebraische Form, aus welcher derselbe gebildet worden, primitiv ist.

Das Beiwort „absolut" ist um desswillen hinzugefügt, weil später (S. 319) auch ein Begriff „relative Aequivalenz" eingeführt werden soll.

An die entwickelten Begriffsbestimmungen ist nun zunächst ein Satz zu knüpfen, welcher den Einheitscharakter der primitiven Formen darlegt und somit ein Fundamentaltheorem für die algebraischen Formen und Divisoren bildet.

IX. Wenn das Product von zwei ganzen algebraischen Formen, deren
eine primitiv ist, für einen algebraischen Divisor congruent Null ist,
so muss die andere Form selbst durch den Divisor theilbar sein.

Der aufgestellte Satz fällt unter die bereits in § 4 enthaltenen Entwickelungen, wenn in demselben ganze *rationale* Formen und Grössen an
die Stelle der *algebraischen* gesetzt werden; denn alsdann sind Formen und
Grössen nichts Anderes als ganze ganzzahlige Functionen von Variabeln und
somit in irreductible Factoren zerlegbar. Auf diesen besonderen Fall kann
aber der allgemeine Satz leicht zurückgeführt werden. Der Voraussetzung
nach soll nämlich, wenn der Divisor der Hauptclasse angehört, eine Gleichung

$$(A) \qquad F(u, v, w, \ldots) \cdot G(u, v, w, \ldots) = X \cdot H(u, v, w, \ldots)$$

bestehen, in welcher X eine ganze algebraische Grösse und F, G, H ganze
algebraische Formen bedeuten, von denen die erste primitiv ist. Mit u, v, w, $\ldots$
sind die Unbestimmten der Formen bezeichnet. Aus der Gleichung (A) geht
unmittelbar die folgende hervor:

$$(B) \qquad \mathrm{Nm}\left(s - \frac{G(u, v, w, \ldots)}{X}\right) = \mathrm{Nm}\left(s - \frac{H(u, v, w, \ldots)}{F(u, v, w, \ldots)}\right),$$

in welcher das Zeichen Nm, wie oben, das über alle conjugirten algebraischen
Grössen und Formen erstreckte Product andeutet. Wird dieser Gleichung (B)
die Gestalt gegeben

$$
\begin{aligned}
(C) \qquad &\mathrm{Nm}\, F(u, v, w, \ldots) \cdot \mathrm{Nm}\left(s X - G(u, v, w, \ldots)\right) \\
&= \mathrm{Nm}\, X \cdot \mathrm{Nm}\left(s F(u, v, w, \ldots) - H(u, v, w, \ldots)\right),
\end{aligned}
$$

so sieht man, dass sie genau die oben erwähnten Voraussetzungen des zu
beweisenden Satzes für den Fall rationaler Formen und Grössen enthält;
denn an die Stelle der in der Gleichung (A) vorkommenden Formen und
Grössen

$$F, \qquad G, \qquad X, \qquad H$$

sind in der Gleichung (C) die Ausdrücke

$$\mathrm{Nm}\, F, \qquad \mathrm{Nm}\,(sX - G), \qquad \mathrm{Nm}\, X, \qquad \mathrm{Nm}\,(sF - H)$$

getreten, von denen der erste eine primitive ganze rationale Form mit den Unbestimmten u, v, w, ..., der zweite und vierte eine ganze rationale Form mit den Unbestimmten s, u, v, w, ... und der dritte eine ganze rationale Grösse des Bereichs darstellt. Mit Hülfe der Entwickelungen in § 4 ist daher aus der Gleichung (C) zu erschliessen, dass der zweite Factor auf der linken Seite durch den ersten Factor auf der rechten theilbar, also die linke Seite der Gleichung (B) *ganz* sein muss. Die Gleichung für s:

$$\mathrm{Nm}\left(s - \frac{G(u, v, w, \ldots)}{X}\right) = 0$$

ist somit eine solche, deren Coëfficienten sämmtlich algebraisch ganz sind, und es ist also

$$\frac{G(u, v, w, \ldots)}{X}$$

algebraisch ganz, oder, der Behauptung des Satzes gemäss, $G(u, v, w, \ldots)$ durch X theilbar. — Wird nun endlich an Stelle der ganzen algebraischen Grösse X ein Divisor, mod $[\varphi x + \varphi' x' + \varphi'' x'' + \cdots]$, genommen, in welchem x, x', x'', ... ganze algebraische Grössen und φ, φ', φ'', ... die verschiedenen Producte von Potenzen unbestimmter Grössen $\mathfrak{v}$, $\mathfrak{w}$, ... bedeuten, so folgt aus der darnach modificirten Gleichung (A) die Relation

$$(A') \qquad\qquad\qquad FG\Phi = PH,$$

in welcher Φ und P durch die Gleichung

$$(\varphi x + \varphi' x' + \varphi'' x'' + \cdots)\Phi = P \cdot \mathrm{Fm}(\varphi x + \varphi' x' + \varphi'' x'' + \cdots)$$

erklärt und zur Vereinfachung die Unbestimmten der verschiedenen Formen weggelassen sind. Die Gleichung (A') geht in (A) über, wenn G an Stelle von $G\Phi$ und X an Stelle von P gesetzt wird. Aus der obigen Entwickelung folgt daher, dass die Congruenz

$$G\Phi \equiv 0 \qquad (\mathrm{mod}.\, P)$$

bestehen muss, dass also, da

$$P = \Phi \cdot \bmod [\varphi x + \varphi' x' + \varphi'' x'' + \cdots]$$

ist, G in der That, wie im obigen Satze behauptet worden, durch den mit mod $[\varphi x + \varphi' x' + \varphi'' x'' + \cdots]$ bezeichneten Divisor theilbar sein muss.

§ 16.

Die algebraischen Divisoren, welche aus Linearformen gebildet sind.

Jeder der allgemeineren Divisoren ist, wie nachher gezeigt werden wird, einem aus Linearformen gebildeten Divisor absolut äquivalent. Es genügt desshalb, die Eigenschaften dieser besonderen Divisoren darzulegen, welche in § 14 zuerst eingeführt worden sind, und es ist nothwendig, die Entwickelung damit zu beginnen, weil bei jenem Nachweise der Aequivalenz mit den allgemeineren Divisoren davon Gebrauch zu machen ist.

Die aus Linearformen entstandenen Divisoren haben, wie bereits in § 14 gezeigt worden ist, die Haupteigenschaft, dass *jede* Linearform durch einen Divisor theilbar ist, dessen Elemente die Coëfficienten der Linearform bilden. Dies ist nach den in § 15 aufgestellten Definitionen in den Satz zu fassen:

I. Divisoren, welche dieselben Elemente haben, sind einander absolut äquivalent.

Hierbei sind, wie überhaupt zunächst, unter den Divisoren nur solche zu verstehen, die aus Linearformen hervorgehen. Mit der Begriffsbestimmung dieser besonderen Divisoren sind folgende Eigenschaften unmittelbar gegeben:

II. Jede Grösse, welche durch den algebraischen Divisor theilbar ist, kann dessen Elementen hinzugefügt werden, und es kann jedes Element weggelassen werden, welches für den aus den übrigen Elementen gebildeten Divisor congruent Null ist; d. h. bei den angegebenen Veränderungen wird der Divisor nur in einen absolut äquivalenten transformirt.

39*

III. Der grösste gemeinsame Theiler von zwei algebraischen Divisoren wird durch einen dritten dargestellt, der die Elemente beider als Elemente enthält, so dass

$$\mathrm{mod}\,[x + u'x' + u''x'' + \cdots + vy + v'y' + v''y'' + \cdots]$$

der grösste gemeinsame Theiler von

$$\mathrm{mod}\,[x + u'x' + u''x'' + \cdots] \quad \text{und} \quad \mathrm{mod}\,[y + v'y' + v''y'' + \cdots]$$

ist, wenn die Theilbarkeit eines Divisors in dem oben (§ 15, VII) definirten Sinne, d. h. als wirkliche Theilbarkeit seines Zählers aufgefasst wird.

Hieraus folgt jene Eigenschaft der algebraischen Divisoren, von welcher in § 14, S. 298 bei der Bildung derselben ausgegangen wurde, nämlich, dass jeder algebraische Divisor den grössten gemeinschaftlichen Theiler seiner Elemente darstellt. — Ist der grösste gemeinsame Theiler von zwei Divisoren äquivalent Eins, so haben sie „keinen gemeinsamen Theiler" in der eigentlichen Bedeutung des Wortes und können auch als „gegen einander relativ prim" bezeichnet werden.

IV. Das Product von zwei algebraischen Divisoren entsteht durch wirkliche Multiplication der Zähler, d. h. es ist

$$\mathrm{mod}\,[x + u'x' + u''x'' + \cdots] \cdot \mathrm{mod}\,[y + v'y' + v''y'' + \cdots]$$
$$\sim \mathrm{mod}\,[xy + w'xy' + w''x'y + \cdots],$$

da in der That erstens jedes einzelne Element des linearen Ausdrucks rechts

$$xy + w'xy' + w''x'y + \cdots,$$

also dieser Ausdruck selbst durch das Product links theilbar ist, und da zweitens jedes Glied des entwickelten Products

$$(x + u'x' + u''x'' + \cdots) \cdot (y + v'y' + v''y'' + \cdots)$$

ein Element des Moduls rechts bildet und also durch denselben
theilbar ist.

V. Ist das Product von zwei algebraischen Divisoren durch einen dritten
theilbar, und hat der erste Divisor mit dem dritten keinen gemeinsamen Theiler, so ist der zweite durch den dritten theilbar. Denn
wenn die Elemente der drei Divisoren

$$x, x', x'', \ldots; \qquad y, y', y'', \ldots; \qquad z, z', z'', \ldots$$

sind, so ist für $\mathrm{mod}\,[z + w'z' + w''z'' + \cdots]$ der Voraussetzung nach

$$(x + u'x' + u''x'' + \cdots)\cdot(y + v'y' + v''y'' + \cdots) \equiv 0,$$

also auch

$$(x + u'x' + u''x'' + \cdots + wz + w'z' + w''z'' + \cdots)\cdot(y + v'y' + v''y'' + \cdots) \equiv 0,$$

und der aus dem ersteren dieser beiden Factoren zu bildende Modul
ist der Voraussetzung nach äquivalent Eins.

§ 17.

**Die allgemeinen algebraischen Divisoren; ihre Aequivalenz mit den besonderen, welche
aus Linearformen gebildet sind.**

Abgesehen von der Definition der Hauptclasse (§ 15, V) ist bei den
bisherigen Darlegungen über die „algebraischen Divisoren“ vom Begriffe der
Art oder Gattung kein Gebrauch gemacht worden. In der That bedarf es
einzig und allein der Feststellung des Begriffs der mit einander „conjugirten“ Ausdrücke $x + u'x' + u''x'' + \cdots$, um die Norm und daraus den
mit $\mathrm{Fm}\,(x + u'x' + u''x'' + \cdots)$ bezeichneten Nenner des Divisors bilden zu
können. Der Begriff der speciellen *Art* und damit auch der *Gattung* tritt
aber von selbst auf, wenn man eine Anzahl ganzer algebraischer Grössen
zusammen betrachtet, nämlich der Begriff derjenigen Art und Gattung
niedrigster Ordnung, unter welcher dieselben enthalten sind, und in diesem
Sinne ist mit dem Begriffe des grössten gemeinsamen Theilers von ganzen

algebraischen Grössen x, x', x'', ... auch der Begriff der Art gegeben, welche durch die Elemente x, x' x'', ... bestimmt ist, sowie der Gattung, welcher die Art angehört.

Erst mit Festsetzung der Art oder eigentlich der Gattung, zu welcher die Art gehört, wird für einen algebraischen Divisor der Begriff der Irreductibilität bestimmbar, und dieser soll vorläufig in folgender Weise definirt werden, indem dabei — wie auch weiterhin — nur die *Haupt-Arten*, also diejenigen, welche *alle* ganzen Grössen einer Gattung umfassen, zu Grunde gelegt werden sollen.

I. Ein algebraischer Divisor ist „irreductibel" oder „prim" (Primmodul, Primtheiler, Primdivisor), wenn er durch keinen anderen „eigentlichen" Divisor der festgesetzten Art oder Gattung theilbar ist, d. h. also, wenn er nur durch solche Divisoren der Art theilbar ist, die ihm selbst oder der Eins äquivalent sind.

Ich hebe ausdrücklich hervor, dass bei dieser Erklärung nur der Begriff der Theilbarkeit der Divisoren (nach § 15, VII), nicht der ihrer Zerlegbarkeit, d. h. ihrer Darstellbarkeit als Product von anderen Divisoren zur Anwendung kommt. Doch genügt diese beschränkte Definition zur Herleitung eines zweiten Fundamentalsatzes der Divisoren-Theorie, mit Hülfe dessen alsdann die Definition der Irreductibilität vervollständigt werden soll.

II. Algebraische Divisoren, welche dieselben Elemente haben, sind absolut äquivalent im Sinne der in § 15, VIII gegebenen Definition.

Um den Satz allgemein zu beweisen, genügt es offenbar, den Fall zu behandeln, wo einer der beiden Divisoren aus einer linearen Form hervorgegangen ist. Dass jeder andere algebraische Divisor durch einen solchen theilbar ist, folgt unmittelbar daraus, dass nach § 14 und § 16, I jedes einzelne Element eines Divisors, welcher aus einer Linearform gebildet ist, denselben als Theiler enthält. Es ist also nur noch andererseits der Nachweis zu führen, dass $x + u'x' + u''x'' + \cdots$ durch mod $[\varphi x + \varphi'x' + \varphi''x'' + \cdots]$ theilbar ist, wenn x, x', x'', ..., wie oben, ganze algebraische Grössen und

φ, φ', φ'', ... die verschiedenen Producte von Potenzen irgend welcher unbestimmten Grössen v, w, ... bedeuten.

Gemäss der unter No. I gegebenen Definition der Irreductibilität und auf Grund des in § 16, V aufgestellten Satzes kann ein Product ganzer algebraischer Grössen einer bestimmten Gattung $\mathfrak{G}$ nur dann durch einen irreductibeln aus einer Linearform gebildeten Divisor theilbar sein, wenn einer der Factoren des Products durch denselben theilbar ist. Dieser Satz gilt ebenso für ganze algebraische *Formen* mit beliebig vielen Unbestimmten; denn wenn man denselben für den Fall von $m-1$ Unbestimmten als erwiesen voraussetzt und beide Factoren des Products nach steigenden Potenzen der m^{ten} Unbestimmten u entwickelt denkt, so ist aus der Annahme, dass in dem einen Factor nur die ersten h Coëfficienten, in dem anderen nur die ersten k Coëfficienten durch einen irreductibeln Divisor theilbar seien, unmittelbar zu erschliessen, dass in dem Product der beiden Factoren der Coëfficient von u^{h+k} den irreductibeln Divisor nicht enthalten kann, da ja dieser Coëfficient — nur in Bezug auf die Theilbarkeit durch den Divisor betrachtet — sich auf das Product der beiden Coëfficienten von u^h in dem einen, und von u^k in dem anderen Factor, die beide als nicht theilbar angenommen worden, reducirt. — Bedeutet nun $\mathfrak{G}$ irgend eine Gattung, unter welcher alle conjugirten algebraischen Formen $x + u'x' + u''x'' + \cdots$ enthalten sind, und $\mathfrak{D}$ einen im Sinne dieser Gattung irreductibeln, aus einer Linearform gebildeten algebraischen Divisor von $\mathrm{Nm}\,(\varphi x + \varphi'x' + \varphi''x'' + \cdots)$, d. h. also einen Divisor desjenigen Theilers dieser Norm, welcher von den in φ, φ', φ'', ... enthaltenen Unbestimmten v, w, ... unabhängig ist, so muss nach jenem eben bewiesenen Satze einer der conjugirten des Ausdrucks $\varphi x + \varphi'x' + \varphi''x'' + \cdots$ durch $\mathfrak{D}$ theilbar sein, und es muss daher dieser Ausdruck $\varphi x + \varphi'x' + \varphi''x'' + \cdots$ selbst einen der conjugirten des Divisors $\mathfrak{D}$ als Theiler enthalten. Dividirt man demnach $\varphi x + \varphi'x' + \varphi''x'' + \cdots$ durch den bezüglichen Divisor, so erhält man als Quotienten wiederum eine ganze algebraische Form der Gattung $\mathfrak{G}$, und diese Divisionen sind so lange fortzusetzen, bis der Quotient eine primitive Form wird. Durch ein solches Verfahren erhält man also den Ausdruck $\varphi x + \varphi'x' + \varphi''x'' + \cdots$, von welchem ausgegangen wurde, als ein Product von irreductibeln, aus Linearformen hervorgegangenen algebraischen Divisoren und einer primitiven Form der

Gattung $\mathfrak{G}$ dargestellt, und es wird daher, wenn man das Product der irreductibeln Divisoren nach der Multiplications-Regel (§ 16, IV) zu einem einzigen, aus einer Linearform gebildeten, algebraischen Divisor der Gattung $\mathfrak{G}$, mod $[u\mathfrak{x} + u'\mathfrak{x}' + u''\mathfrak{x}'' + \cdots]$, vereinigt:

$$(A) \qquad \varphi x + \varphi' x' + \varphi'' x'' + \cdots = \mathrm{mod}\,[u\mathfrak{x} + u'\mathfrak{x}' + u''\mathfrak{x}'' + \cdots] \cdot \mathfrak{F}(u, u', \ldots v, w, \ldots),$$

wo $\mathfrak{F}$ eine primitive Form ist. Nur der *zweite* Factor rechts enthält die Unbestimmten v, w, ... und ist daher eine lineare homogene Function der verschiedenen Producte von Potenzen derselben, welche mit φ, φ', φ'', ... bezeichnet sind. Die Gleichung (A) repräsentirt daher lauter Gleichungen

$$(A') \qquad x^{(\lambda)} = \mathrm{mod}\,[u\mathfrak{x} + u'\mathfrak{x}' + u''\mathfrak{x}'' + \cdots] \cdot \mathfrak{F}^{(\lambda)}(u, u', \ldots) \qquad {\scriptstyle (\lambda = 0, 1, 2, \ldots)},$$

in welchen $\mathfrak{F}^{(\lambda)}$ ganze algebraische Formen der Gattung $\mathfrak{G}$ mit den Unbestimmten u, u', ... sind, oder lauter Congruenzen

$$x^{(\lambda)} \equiv 0 \quad (\mathrm{mod}\,[u\mathfrak{x} + u'\mathfrak{x}' + u''\mathfrak{x}'' + \cdots]) \qquad {\scriptstyle (\lambda = 0, 1, 2, \ldots)}.$$

Sind u', u'', ... neue Unbestimmte, so besteht also die Congruenz

$$x + u'x' + u''x'' + \cdots \equiv 0 \quad (\mathrm{mod}\,[u\mathfrak{x} + u'\mathfrak{x}' + u''\mathfrak{x}'' + \cdots]),$$

welche, verbunden mit der Gleichung (A) zeigt, dass

$$(x + u'x' + u''x'' + \cdots) \cdot \mathfrak{F}(u, u', \ldots v, w, \ldots)$$

durch $\varphi x + \varphi' x' + \varphi'' x'' + \cdots$, also auch durch den mit mod $[\varphi x + \varphi' x' + \varphi'' x'' + \cdots]$ zu bezeichnenden allgemeineren algebraischen Divisor theilbar ist, und da $\mathfrak{F}$ eine *primitive* Form ist, so folgt aus jenem in § 15, IX aufgestellten ersten Fundamentaltheorem, dass in der That die Congruenz

$$x + u'x' + u''x'' + \cdots \equiv 0 \quad (\mathrm{mod}\,[\varphi x + \varphi' x' + \varphi'' x'' + \cdots])$$

und also die Aequivalenz

$$\mathrm{mod}\,[x + u'x' + u''x'' + \cdots] \sim \mathrm{mod}\,[\varphi x + \varphi' x' + \varphi'' x'' + \cdots]$$

besteht, welche den Inhalt des zu beweisenden zweiten Fundamentaltheorems bildet.

Da *jeder* algebraische Divisor, wie eben nachgewiesen worden, einem
solchen äquivalent ist, der aus einer Linearform entsteht, so braucht man
keine anderen als diese besonderen Divisoren anzuwenden. Der zweite
Fundamentalsatz zeigt, dass, wenn man sich auf das Gebiet dieser besonderen
Divisoren beschränken will, man auch bei der *Division* innerhalb desselben
bleiben kann. Denn wenn ein Divisor mod $[z + w'z' + w''z'' + \cdots]$ durch
einen anderen, mod $[y + v'y' + v''y'' + \cdots]$, theilbar sein soll, so muss nach
der Definition (§ 15, VI) der Quotient, abgesehen vom Nenner des ersten
Moduls, eine ganze algebraische Form sein, und der aus einer solchen gebildete Divisor ist eben stets einem Linearform-Divisor äquivalent. Um aber
diesen entscheidenden Punkt noch genauer darzulegen, sei

$$\mathrm{Nm}\,(y + v'y' + v''y'' + \cdots) = Q \cdot \mathrm{Fm}(y + v'y' + v''y'' + \cdots) .$$

Wenn nun der Modul mit den Elementen z durch den Modul mit den Elementen y theilbar sein soll, so muss nach der Definition (§ 15, V und VI)
der Ausdruck

$$(B) \qquad \frac{z + w'z' + w''z'' + \cdots}{y + v'y' + v''y'' + \cdots} \cdot \mathrm{Fm}(y + v'y' + v''y'' + \cdots)$$

oder der damit übereinstimmende Ausdruck

$$(B') \qquad \frac{1}{Q}\,(z + w'z' + w''z'' + \cdots) \cdot \frac{\mathrm{Nm}\,(y + v'y' + v''y'' + \cdots)}{y + v'y' + v''y'' + \cdots}$$

eine ganze algebraische Form sein. In dieser letzteren Gestalt (B') ist es
evident, dass der Ausdruck *ganz* in Bezug auf die Unbestimmten v, w ist.
Denkt man sich denselben nach den verschiedenen Producten von Potenzen
der Unbestimmten v, w entwickelt und bezeichnet alle diese verschiedenen
Producte der Einfachheit halber mit $\varphi, \varphi', \varphi'', \ldots$, so nimmt der Ausdruck
die Gestalt an

$$\varphi x + \varphi' x' + \varphi'' x'' + \cdots,$$

und die Coëfficienten der von einander linear unabhängigen Functionen

φ, φ', φ'', ..., welche mit x, x', x'', ... bezeichnet sind, müssen nach der Voraussetzung *ganze* algebraische Grössen sein. Die Congruenz

$$(C) \qquad z + w'z' + w''z'' + \cdots \equiv 0 \quad (\mathrm{mod}\,[y + v'y' + v''y'' + \cdots]),$$

welche die Voraussetzung der Theilbarkeit des einen Divisors durch den anderen enthält, hat also eine Gleichung

$$(\overline{C}) \qquad (\varphi x + \varphi'x' + \varphi''x'' + \cdots)\cdot \mathrm{mod}\,[y + v'y' + v''y'' + \cdots] = z + w'z' + w''z'' + \cdots$$

zur Folge, und aus dieser Gleichung soll nun die Aequivalenz

$$(D) \quad \mathrm{mod}\,[x + u'x' + u''x'' + \cdots]\cdot\mathrm{mod}\,[y + v'y' + v''y'' + \cdots] \sim \mathrm{mod}\,[z + w'z' + w''z'' + \cdots]$$

abgeleitet werden. Dass der Divisor auf der rechten Seite durch das Product der beiden Divisoren links theilbar ist, folgt aus der ersten Grundeigenschaft der Divisoren. Denn da jedes Element x durch $\mathrm{mod}\,[x + u'x' + u''x'' + \cdots]$ theilbar ist (vgl. § 16, I), so muss das Product auf der linken Seite der Gleichung $(\overline{C})$ und also auch $z + w'z' + w''z'' + \cdots$ durch das Product auf der linken Seite der Aequivalenz (D) theilbar sein. Damit aber auch andererseits das Product der beiden Divisoren auf der linken Seite der Aequivalenz (D) durch den Divisor auf der rechten theilbar sei, ist nothwendig und hinreichend, dass

$$(x + u'x' + u''x'' + \cdots)(y + v'y' + v''y'' + \cdots)\cdot \mathrm{Fm}\,(z + w'z' + w''z'' + \cdots)$$

durch $z + w'z' + w''z'' + \cdots$, oder also, mit Rücksicht auf die Gleichung $(\overline{C})$, durch

$$(\varphi x + \varphi'x' + \varphi''x'' + \cdots)\cdot \mathrm{mod}\,[y + v'y' + v''y'' + \cdots]$$

theilbar sei. Es ist also nachzuweisen, dass der Ausdruck

$$\frac{x + u'x' + u''x'' + \cdots}{\varphi x + \varphi'x' + \varphi''x'' + \cdots}\cdot \mathrm{Fm}\,(y + v'y' + v''y'' + \cdots)\cdot \mathrm{Fm}\,(z + w'z' + w''z'' + \cdots)$$

ganz, d. h. eine ganze algebraische Form ist. Bezeichnet man diesen Ausdruck mit Φ und setzt

$$\frac{\mathrm{Nm}\,(z + w'z' + w''z'' + \cdots)}{\mathrm{Fm}\,(z + w'z' + w''z'' + \cdots)} = R,$$

so wird mit Hülfe der Gleichung $(\breve{C})$

$$\Phi R = G,$$

wo G die ganze algebraische Form

$$(x + u'x' + u''x'' + \cdots)(y + v'y' + v''y'' + \cdots) \cdot \frac{\mathrm{Nm}\,(z + w'z' + w''z'' + \cdots)}{z + w'z' + w''z'' + \cdots}$$

bedeutet. Da nun nach dem obigen zweiten Fundamentalsatz die Congruenz

$$x + u'x' + u''x'' + \cdots \equiv 0 \quad (\mathrm{mod}\ [\varphi x + \varphi'x' + \varphi''x'' + \cdots])$$

besteht, also $\Phi \cdot \mathrm{Fm}\,(\varphi x + \varphi'x' + \varphi''x'' + \cdots)$ oder

$$\frac{G}{R}\,\mathrm{Fm}\,(\varphi x + \varphi'x' + \varphi''x'' + \cdots)$$

eine ganze algebraische Form ist, so folgt aus dem ersten Fundamentalsatz
(§ 15, IX), dass G selbst durch R theilbar sein muss, und dass daher Φ in
der That eine ganze algebraische Form ist. Hiermit ist also der Nachweis
geführt, dass aus der Congruenz (C) die Aequivalenz (D) hervorgeht, dass
also, wenn ein algebraischer Divisor durch einen anderen theilbar ist, auch
der Quotient wieder als ein eben solcher, aus einer Linearform gebildeter
Divisor dargestellt werden kann.

Nunmehr kann auch an Stelle der obigen Irreductibilitäts-Definition (I)
die folgende gesetzt werden:

> I′. Ein algebraischer Divisor ist irreductibel oder prim, wenn er nicht
> einem Product algebraischer Divisoren der festgesetzten Gattung
> äquivalent ist.

Ferner kann als ein Corollar des obigen zweiten Fundamentaltheorems der
Satz aufgestellt werden:

40*

II′. Jedes Element eines beliebigen allgemeinen algebraischen Divisors
ist durch denselben theilbar,

durch welchen jene erste Grundeigenschaft der in § 14 eingeführten besonderen Divisoren auf die allgemeineren ausgedehnt wird.

§ 18.

Die Zerlegung der algebraischen Divisoren in irreductible Factoren.

Zur vollen Begründung der in No. I des vorigen Paragraphen gegebenen Irreductibilitäts-Erklärung fehlt noch der Nachweis, dass es stets
möglich ist, bei einem gegebenen algebraischen Divisor zu ermitteln, ob derselbe die Bedingungen der Irreductibilität erfüllt oder nicht. Es wird nun zwar
später in § 25 noch gezeigt werden, wie die irreductibeln Divisoren einer
gegebenen algebraischen Grösse mit Hülfe weiterer Entwickelungen der
Theorie direct aufzustellen sind, aber es erscheint doch angemessen, darzulegen, wie diese nothwendige Ergänzung der im vorigen Paragraphen enthaltenen Grundlagen der Theorie auch gleich Anfangs, wenn auch in einer
weniger einfachen und eleganten Weise, erfolgen kann. Die Aufstellung der
irreductibeln Divisoren braucht nur für die Haupt-Art, d. h. also für die
Gattung zu erfolgen.

Um alle irreductibeln Divisoren einer gegebenen algebraischen Grösse
aufzufinden, braucht man offenbar nur diejenigen zu suchen, die in ihrer
Norm enthalten sind. Es genügt daher zu zeigen, wie die sämmtlichen
irreductibeln Divisoren einer irreductibeln, ganzen rationalen Grösse des
Bereichs ($\Re'$, $\Re''$, $\Re'''$, ...) zu bestimmen sind*). Für den Fall $\Re = 1$ ist dies
eine Primzahl p, und man hat alsdann zuvörderst alle ganzen algebraischen
Zahlen der Gattung aufzustellen, bei denen die Coëfficienten der Elemente des
Fundamentalsystems nicht negativ und kleiner als p sind. Hierauf denke

---

*) Es ist kaum nöthig zu bemerken, dass der Ausdruck „Irreductibilität" sich bei
„irreductibeln, ganzen, *rationalen* Grössen des Bereichs ($\Re'$, $\Re''$, $\Re'''$, ...)", wie schon in
§ 1 hervorgehoben worden, auf diesen Bereich selbst bezieht, dass also solche Grössen
keine ganzen rationalen, wohl aber *algebraische* Divisoren haben können.

man sich, wenn x alle jene algebraischen Zahlen repräsentirt, die sämmtlichen Divisoren div $[x + up]$, und von denjenigen, die nicht äquivalent Eins sind, alle grössten gemeinsamen Theiler gebildet. Die Reihe dieser Divisoren enthält dann alle, durch welche p theilbar ist, und wenn man aus derselben diejenigen weglässt, welche äquivalent Eins sind, sowie diejenigen, welche andere Divisoren der Reihe als Theiler enthalten, so bleiben *alle verschiedenen algebraischen Primdivisoren von p* übrig. Denn sie genügen den hierfür aufgestellten Kriterien, nämlich durch keinen anderen Divisor — der ja ebenfalls ein Divisor von p sein müsste — theilbar und nicht äquivalent Eins zu sein. — Für den Fall von Variabeln $\Re$ erfolgt, im Anschluss an das so eben für $\Re = 1$ auseinandergesetzte Verfahren, die Bestimmung der irreductibeln Divisoren einer beliebigen irreductibeln, ganzen rationalen Grösse des Bereichs ganz analog, wie in § 6 die Bestimmung der Elemente eines Fundamentalsystems gegeben worden ist.

Dividirt man einen aus einer Linearform gebildeten algebraischen Divisor der Gattung $\mathfrak{G}$ durch einen der in ihm enthaltenen algebraischen Divisoren, so ist der Quotient gemäss den am Ende des vorigen Paragraphen gegebenen Entwickelungen wieder ein solcher algebraischer Divisor; *man gelangt daher durch fortgesetzte Division zur vollständigen Zerlegung eines algebraischen Divisors der Gattung $\mathfrak{G}$ in seine irreductibeln Divisoren, und diese ist auf Grund des Satzes § 16, V eine völlig bestimmte.* Es ist also im Besonderen auch jede irreductible ganze rationale Grösse des Bereichs als ein Product irreductibler algebraischer Divisoren der Gattung $\mathfrak{G}$ darstellbar, und zwar kommt darin dann und nur dann wenigstens einer der Primdivisoren mehrfach vor, wenn jene ganze rationale Grösse ein Theiler der Discriminante der Gattung ist (vgl. § 25). Die *verschiedenen* irreductibeln algebraischen Divisoren einer und derselben irreductibeln ganzen rationalen Grösse des Bereichs sollen „*verbundene algebraische Divisoren*" oder „*Factoren*" (divisores conjuncti*) genannt werden, während nach der bereits oben (S. 303) getroffenen

---

*) Da der Ausdruck „conjugirt" bereits seine bestimmte Bedeutung hat, musste für den neu auftretenden Begriff eine davon verschiedene Bezeichnung gewählt werden, und ich habe dafür in dem nächstverwandten und auch von *Gauss* bei den Grössen $a + bi$ angewendeten Ausdruck „numeri conjuncti" eine geeignete Bezeichnung zu finden

Festsetzung zwei algebraische Divisoren *„conjugirte"* (divisores conjugati) heissen, wenn die Elemente des einen die (im gewöhnlichen Sinne) conjugirten des anderen sind. Das Product der verschiedenen, verbundenen Divisoren eines irreductibeln, ganzen rationalen Factors P der Discriminante der Gattung hat — da ein solcher Factor P, wie eben erwähnt, mindestens einen der verbundenen Divisoren mehrfach enthält — die Eigenschaft, dass es, zu einer gewissen Potenz erhoben, durch jene ganze rationale Grösse des Bereichs, welche mit P bezeichnet ist, theilbar wird. — Die Norm eines irreductibeln algebraischen Divisors ist der Potenz einer irreductibeln ganzen (rationalen) Grösse des Bereichs ($\Re'$, $\Re''$, $\Re'''$, ...) äquivalent; der Exponent dieser Potenz soll die „Ordnung" des irreductibeln Divisors bezeichnen. Für eine Gattung n^{ter} Ordnung ist daher die Summe der Ordnungen sämmtlicher verbundener irreductibler Divisoren einer irreductibeln ganzen rationalen Grösse gleich n, wenn diese nicht Theiler der Discriminante ist und also keinen der verbundenen algebraischen Divisoren mehrfach enthält.

Im Falle $\Re = 1$ lässt sich für jeden algebraischen Divisor der Gattung $\mathfrak{G}$ und der Art $\mathfrak{S}$ ein System solcher Zahlen aufstellen, die ein vollständiges Restsystem bilden. Die Anzahl der verschiedenen Zahlen dieses Systems ist der Norm des Divisors gleich oder äquivalent. Dies folgt, wenn es keine zu $\mathfrak{G}$ conjugirten Gattungen giebt, d. h. wenn $\mathfrak{G}$ eine *Galois*'sche Gattung ist, unmittelbar daraus, dass erstens die Anzahl der Elemente eines Restsystems für ein Product von Divisoren stets gleich dem Producte der Zahlen ist, welche die Anzahl der Elemente für die einzelnen Divisoren bezeichnen, dass zweitens die Anzahl der Elemente für conjugirte Divisoren dieselbe ist, und dass drittens die Anzahl der Elemente eines Restsystems für einen Divisor m, wenn m eine gewöhnliche Zahl bedeutet, offenbar gleich m^n ist, da das Restsystem alsdann aus allen denjenigen Zahlen besteht, welche man erhält, wenn man den n Coëfficienten der Elemente eines

---

geglaubt. Dass bei *diesen* Grössen, wie auch bei den aus Wurzeln der Einheit gebildeten Zahlen, im Lateinischen der Ausdruck „numeri conjuncti", im Deutschen und Französischen das Wort „conjugirt" gebraucht wird, konnte keinen Gegengrund für jene Einführung bilden, weil in diesen Fällen — wie überhaupt in allen Fällen, wo die Gattung keine conjugirten hat und also eine *Galois*'sche Gattung ist, — die beiden unterschiedenen Begriffe selbst sich decken.

Fundamentalsystems alle modulo m incongruenten Werthe beilegt. Der allgemeine Satz über die Anzahl der Elemente eines Restsystems für eine *beliebige* Gattung lässt sich aus dem für eine *Galois*'sche Gattung herleiten; er kann aber auch direct auf die besondere Art und Weise gegründet werden, wie sich für die Primdivisoren die Restsysteme aufstellen lassen. Mittels eben jenes Verfahrens, welches zur Aufstellung eines Fundamentalsystems einer Art und Gattung führt, lässt sich nämlich das Restsystem für einen Primdivisor h^{ten} Ordnung, dessen Norm p^h ist, so aufstellen, dass alle Zahlen nur lineare Functionen von h Elementen des Fundamentalsystems sind, und hieraus folgt dann, dass die Anzahl dieser in Bezug auf den Primdivisor incongruenten Zahlen genau p^h ist.

§ 19.

Die ganzen algebraischen Zahlen und ihre Divisoren. Das Kummer'sche Princip der Aequivalenz.

Die in § 14 eingeführten, aus Linearformen gebildeten algebraischen Divisoren, deren Eigenschaften in den darauf folgenden Paragraphen entwickelt worden sind, genügen für den einfachsten Fall $\Re = 1$ vollkommen, um die Theorie der aus dem Rationalitäts-Bereich hervorgehenden algebraischen Grössen, d. h. also die Theorie der *algebraischen Zahlen* zu erledigen. Man braucht nur noch jene Aequivalenz-Bestimmung, welche Herr *Kummer* für seine idealen Divisoren aufgestellt hat, auf diese *wirklichen* algebraischen Divisoren zu übertragen, um auch die Theorie der einzelnen besonderen „Arten" (Species) von algebraischen Zahlen zu vervollständigen. Da jedoch für die algebraischen Divisoren schon oben (§ 15, VIII) eine Aequivalenz-Bestimmung gegeben worden ist, so erscheint es nothwendig bei der Anwendung des

„Kummer'schen Princips der Aequivalenz"

die neue „*weitere* Aequivalenz", welche durch die besondere „Art" der behandelten algebraischen Zahlen bedingt wird, mittels der Zusatzbestimmung „relativ" von jener *engeren* „absoluten" Aequivalenz zu unterscheiden.

Wenn zwei Divisoren φ und ψ die Eigenschaft haben, dass beide, mit einem und demselben Divisor χ multiplicirt, einem Divisor der Hauptclasse absolut äquivalent sind, so begründet dies eine speciell auf die „Art" bezügliche „relative Aequivalenz" der Divisoren φ und ψ. An die Stelle der angegebenen Bedingung für die relative Aequivalenz kann auch *die* gesetzt werden, dass zwei Divisoren der Hauptclasse, also zwei algebraische *Grössen* η, θ existiren, welche zur festgesetzten Art gehören und für welche die Divisorenproducte $\theta\varphi$ und $\eta\psi$ absolut äquivalent sind, so dass sich der Quotient relativ äquivalenter Divisoren $\frac{\varphi}{\psi}$ durch den Quotienten ganzer algebraischer Grössen $\frac{\eta}{\theta}$, multiplicirt mit einem Quotienten primitiver Formen, darstellen lässt. Relativ äquivalente Divisoren sind also solche, die sich im Sinne der absoluten Aequivalenz nur durch Factoren von einander unterscheiden, welche ganze algebraische Grössen der festgesetzten Art sind, und es sind also absolut äquivalente Divisoren a fortiori relativ äquivalent.

Die Gesammtheit der einander relativ äquivalenten Divisoren ganzer algebraischer Grössen einer Art constituirt eine „*Classe*". Für den hier behandelten Fall der algebraischen Zahlen ($\Re = 1$) folgt nun unmittelbar nach der in § 6 meiner Doctordissertation angewendeten Methode (vgl. das Citat in § 14), dass die Anzahl der Classen endlich ist. Diese Methode beruht einzig und allein auf der Kenntniss der Anzahl der Elemente eines vollständigen Restsystems für einen complexen Modul, ob dieser nun — wie eben in meiner Dissertation — eine wirkliche gebrochene complexe Zahl, ob er ein Modulsymbol und zwar nach der *Kummer*'schen Theorie eine „ideale Zahl" oder nach der *Dedekind*'schen ein „Ideal" sei. Die allgemeine Anwendbarkeit jener Methode ist an sich einleuchtend; sie bildete den Ausgangspunkt meiner Untersuchungen über die allgemeineren complexen Zahlen, und ich hatte *Dirichlet* schon *vor* meiner Dissertation eine Arbeit übergeben, in welcher nach jener Methode die Endlichkeit der Anzahl der Multiplicatoren für die Darstellung von Zahlen als Normen ganzer complexer Zahlen bewiesen war, allerdings nur für solche complexe Zahlen, die als ganze ganzzahlige Functionen einer ganzen algebraischen Zahl definirt sind.

Bedeutet N die der Norm irgend eines Divisors φ (absolut) äquivalente ganze Zahl, bestimmt man ferner eine ganze Zahl k gemäss der Bedingung

$$k^n \leqq N < (k+1)^n,$$

wo n, wie immer, die Ordnung der Gattung ist, und denkt man sich alle ganzen algebraischen Zahlen der Haupt-Art oder der Gattung gebildet, in denen die Coëfficienten der n Elemente eines Fundamentalsystems nur die Werthe 0, 1, 2, ... k haben, so müssen mindestens zwei darunter sein, welche für den Modul φ einander congruent sind, da das gesammte Restsystem nur N, also weniger als $(k+1)^n$ Zahlen enthält. Es giebt daher ganze algebraische, durch den Divisor φ theilbare Zahlen der Haupt-Art, deren Coëfficienten sämmtlich ihrem absoluten Werthe nach kleiner als k sind. Die Norm einer solchen Zahl ist kleiner als $M \cdot N$, wenn M so beschaffen ist, dass die Normen aller algebraischen Zahlen, bei denen die Coëfficienten der Elemente echte Brüche sind, die Zahl M nicht übersteigen. Hieraus folgt, dass die Anzahl der Divisoren-Classen endlich ist, und daraus wiederum, dass jeder Divisor zu einer gewissen Potenz erhoben, deren Exponent ein Theiler der Classenanzahl ist, ein Divisor der Hauptclasse wird. Diese Divisoren sind ganzen algebraischen Zahlen der Gattung $\mathfrak{G}$ absolut äquivalent; man kann also *jeden* Divisor durch eine Wurzel aus einer ganzen algebraischen Zahl der Gattung $\mathfrak{G}$ darstellen, und es genügt schon eine endliche Anzahl von solchen ganzen algebraischen Zahlen höherer Gattung, um jeden algebraischen Divisor der Gattung $\mathfrak{G}$ durch ein Product einer dieser Zahlen und einer *gebrochenen* algebraischen Zahl der Gattung $\mathfrak{G}$ auszudrücken. Sollen aber nur *ganze* algebraische Zahlen zur Darstellung der algebraischen Divisoren einer Gattung $\mathfrak{G}$ verwendet werden, so kann dies freilich auf unendlich vielfache Weise geschehen, doch lässt die bezügliche Frage eine nähere Präcisirung zu. Zuvörderst sei bemerkt, dass das Hinzunehmen ganzer algebraischer Zahlen anderer Gattungen zum Zwecke der Darstellung der Divisoren von $\mathfrak{G}$ nur in einer besonderen Weise, nämlich multiplicatorisch, zu erfolgen hat. Dieses Hinzunehmen ist also eine gewisse beschränkte Weise des „Adjungirens" und möge demgemäss, im Anschluss an *Eisenstein**),

---

*) Vergl. *Crelle's* Journal Bd. 28 S. 318. Der Association der Formen, im Sinne *Eisenstein's*, entspricht, nach der hier eingeführten Terminologie, in der Theorie

als ein „*Associiren*" bezeichnet werden. Da alle nur durch Einheiten von einander verschiedenen ganzen algebraischen Zahlen, als Divisoren, einander „absolut äquivalent" sind, so kann jede associirte Zahl durch eine ihr absolut äquivalente ersetzt werden. Ferner sind bei Uebertragung der oben eingeführten Begriffsbestimmung zwei associirte Zahlen als relativ äquivalent zu bezeichnen, sobald sie sich nur durch Factoren von einander unterscheiden, welche Zahlen der Gattung $\mathfrak{G}$ sind. Wenn sich nun zunächst als zu associirende Zahlen gewisse Wurzeln aus ganzen algebraischen Zahlen der Gattung $\mathfrak{G}$ darbieten, so ist doch dabei zu beachten, dass diese — wenn *alle* Divisoren damit dargestellt werden sollen — nicht in einer Gattung zusammengefasst werden können. Es tritt daher die Frage auf, ob es dennoch eine bestimmte Gattung Γ giebt, welche zur Darstellung aller Divisoren genügt. Ist dies der Fall, so müssen sich alle jene Wurzeln aus unendlich vielen ganzen algebraischen Zahlen der Gattung $\mathfrak{G}$ durch Zahlen der Gattung Γ, multiplicirt mit Einheiten, darstellen lassen; diese Gattung Γ muss also, in *naturgemässer* Weise der Gattung $\mathfrak{G}$ associirt, den vollständigsten Aufschluss über alle Theilbarkeits-Fragen derselben geben. Aber nicht um das für die Behandlung der complexen Zahlen geeignetste *Mittel* zu erlangen*) — denn ich habe die in § 14 eingeführte Darstellung der Divisoren, welche einer anderen Art von Association ihre Entstehung verdankt, von Anfang an als ein durchaus naturgemässes, äusserst werthvolles Mittel angesehen — sondern weil es mir von vorn herein als ein erstrebenswerthes höchstes *Ziel* der Theorie der algebraischen Zahlen erschien, habe ich mich bemüht, die Frage der *zu associirenden Gattungen* zu ergründen. Auf die Wichtigkeit dieser Frage bin ich schon bei meiner ersten Beschäftigung mit den singulären Moduln der elliptischen Functionen aufmerksam geworden, und dieselbe fand sich alsdann bei der Erledigung der analogen Frage für algebraische Functionen einer Variabeln durch die *Weierstrass*'sche transcendente Darstellung der Primfunctionen bestätigt. Die Auffindung aller derjenigen Resultate in

---

einer bestimmten Species algebraischer Zahlen genau die Association algebraischer Divisoren.

*) Vergl. Herrn *Dedekind's* Aufsatz „Sur la théorie des nombres entiers algébriques" im Bulletin des Sciences mathématiques et astronomiques, 2me série, t. I, 1 p. 88. S. 50 der Separatausgabe.

der Theorie der allgemeinen complexen Zahlen, welche in der Theorie der aus quadratischen Gleichungen entstehenden Zahlen, oder also in der Theorie der binären quadratischen Formen ihr vollkommenes Analogon haben, bot — sobald einmal die unzerlegbaren Divisoren in genügender Weise begrifflich fixirt und definirt waren — keinerlei Schwierigkeiten dar, da die von *Gauss* aufgestellten Principien mit Benutzung der *Dirichlet*'schen Methoden dazu vollständig ausreichten, und ich habe schon im Jahre 1858 in einer Arbeit über die allgemeinen complexen Zahlen eben jene Resultate entwickelt*). Nur für die Frage der Association der Gattungen gab es in früheren Untersuchungen nichts Analoges; es war ein ganz neues, überraschendes und interessantes Phänomen, als mir bei der Beschäftigung mit der complexen Multiplication der elliptischen Functionen (im Winter 1856) Gattungen algebraischer Zahlen vor die Augen traten, welche in der angegebenen Weise mit den Gattungen von Quadratwurzeln negativer ganzer Zahlen associirt sind. Eine solche der Gattung $\sqrt{-n}$ associirte Gattung Γ liefert, wie ich schon in einer im Monatsbericht vom October 1857 abgedruckten Mittheilung hervorgehoben habe[1]), die sämmtlichen, nach der *Kummer*'schen Bezeichnung, idealen Divisoren der Gattung $\sqrt{-n}$; ihre Ordnung ist gleich der Classenanzahl für die Gattung $\sqrt{-n}$, und es haben überhaupt alle tieferen, auf die Composition und Classeneintheilung bezüglichen Eigenschaften der Gattung $\sqrt{-n}$ in den elementaren Eigenschaften der associirten Gattung Γ, so zu sagen, ihr Abbild. Durch dieses Beispiel belehrt, glaubte ich meine Arbeiten über die complexen Zahlen nicht eher veröffentlichen zu sollen, als bis ich denselben durch Erledigung jener Frage den eigentlichen Abschluss zu geben

---

*) Auf die erwähnte Arbeit bezieht sich die Stelle in der *Kummer*'schen Abhandlung über die allgemeinen Reciprocitätsgesetze: *„Ich kann in Betreff dieser, so wie überhaupt der allgemeinen Sätze, welche allen Theorieen complexer Zahlen gemein sind, auch auf eine Arbeit von Herrn Kronecker verweisen, welche nächstens erscheinen wird, in welcher die Theorie der allgemeinsten complexen Zahlen, in ihrer Verbindung mit der Theorie der zerlegbaren Formen aller Grade, vollständig und in grossartiger Einfachheit entwickelt ist.“* (Abhandlungen der Königl. Akademie der Wissenschaften zu Berlin 1859 S. 57.) Ich hatte dieselbe Arbeit schon im Sommer 1858 *Dirichlet*, bei einer zu diesem Zwecke verabredeten Zusammenkunft in Ilsenburg, vorgelegt und deren Resultate näher erläutert.

[1]) Ueber complexe Multiplication. Band IV dieser Ausgabe von *L. Kronecker's* Werken.
H.

41*

vermöchte, und ich habe eben darum auch die im *Kummer*'schen Citat erwähnte Publication damals zurückgehalten. Aber ich habe mich nunmehr auf Grund anderweitiger Erwägungen (vergl. die Einleitung) um so eher dazu entschlossen, meine Methode der Behandlung der algebraischen Grössen und Zahlen hier zu entwickeln, als ich neuerdings, d. h. im Anfang des vorigen Jahres, zur aprioristischen Erkenntniss, nämlich zu einer von der analytischen Entstehung unabhängigen Auffassung der Natur jener den Gattungen $\sqrt{-n}$ associirten Gattungen gelangt bin und damit Gesichtspunkte für das Studium der allgemeinen Frage dieser Art der Association gewonnen habe.

Das *Kummer*'sche Princip der Aequivalenz oder Classeneintheilung für die idealen Zahlen, welches im Anfange dieses Paragraphen erwähnt worden, ist für die Theorie der algebraischen Zahlen und in seiner weiteren Ausbildung auch für die allgemeine arithmetische Theorie der algebraischen Grössen von fundamentaler Bedeutung. Freilich lag es schon als Grundgedanke in der *Gauss*'schen Theorie der Composition der quadratischen Formen verborgen; aber eben diesen Gedankenkern aus der formalen Umhüllung, mit welcher ihn *Gauss* umgeben hatte, herausgelöst und den etwas umständlichen Apparat mittels einer neuen Begriffsbestimmung entbehrlich gemacht zu haben, ist, was *Kummer's* Einführung der idealen Zahlen den grossen und dauernden Werth verleiht. Die *Kummer*'sche, dem ursprünglichen abstracten Begriffe idealer Theiler adäquate *Ausdrucksweise* passt freilich nicht für jene wirklichen Divisoren, sei es, dass sie in der Form von Brüchen, sei es, dass sie als associirte ganze Zahlen, sei es, dass sie, wie in § 22, als associirte Formen erscheinen, aber die Idee des Idealen bleibt in der Anwendung des *Kummer*'schen *Aequivalenz-Princips* für die — wie immer — definirten Divisoren erhalten. Dieses Princip der Aequivalenz oder der Classeneintheilung bildet den ganzen eigentlichen und neuen Inhalt der Theorie der idealen Zahlen. Als *Divisoren* hatte ich schon vorher in meiner Doctordissertation, sowie in allgemeineren oben erwähnten Untersuchungen, ideale Zahlen in der Form als wirkliche gebrochene Zahlen angewendet, und zwar, wie schon oben erwähnt, genau so, wie sie bei der *Kummer*'schen Definition gebraucht werden*); aber die Idee, derartige Divi-

---

*) Vgl. die *Kummer*'sche Abhandlung im 35. Bande des *Crelle*'schen Journals S. 342. Die Theilbarkeit einer complexen Zahl $f(\alpha)$ durch einen Primfactor von q ist

soren nun auch selbständig zu betrachten und eine Begriffsbestimmung der Aequivalenz daran zu knüpfen, lag von der Auffassung der Divisoren als solcher weit ab. Ich meinerseits habe bei meinen Arbeiten über complexe Zahlen in den Jahren 1843 bis 1846 zu einer solchen Erkenntniss nicht durchzudringen vermocht. Als ich dann später in den Jahren 1856 und 1857 durch das Studium der complexen Multiplication der elliptischen Functionen veranlasst wurde, auf meine früheren Untersuchungen über complexe aus Wurzeln beliebiger ganzzahliger Gleichungen $F(x) = 0$ gebildete Zahlen zurückzukommen, konnte ich mich auf das bereits seit einem Jahrzehnt bekannte *Kummer*'sche Princip stützen und bediente mich bei dessen Anwendung zuerst jenes in § 25 für allgemeine algebraische Grössen dargelegten Mittels der Zerlegung der *Congruenz* $F(x) \equiv 0$ für die verschiedenen Primzahlmoduln zur Erklärung der Theilbarkeit durch einen idealen Primfactor oder Divisor. Die Darstellung der Divisoren mit Hülfe von Linearformen benutzte ich nur zum Uebergang von den „idealen" Zahlen zu den zerlegbaren Formen. Die Schwierigkeit, welche die ausserwesentlichen Primfactoren der Discriminante — die ich wegen dieses unregelmässigen Verhaltens damals als „irregulär" bezeichnete — bei der Zerlegung der Congruenz $F(x) \equiv 0$ darboten, suchte ich Anfangs dadurch zu beseitigen, dass ich andere Gleichungen derselben Gattung zu Grunde legte. Bald aber nahm ich zu jenem „methodischen Hülfsmittel der unbestimmten Coëfficienten" meine Zuflucht und legte, um jegliche Zufälligkeit der besonderen Wahl einer Gleichung auszuschliessen, eine „Fundamentalgleichung" (vgl. § 25), d. h. eine solche Gleichung zu Grunde, deren n Wurzeln lineare Functionen unbestimmter Grössen $u_1, u_2, \ldots u_n$ sind, und welche alle ganzzahligen Gleichungen der Gattung repräsentirt, sobald man sich für $u_1, u_2, \ldots u_n$ alle möglichen ganzen Zahlen gesetzt denkt.

---

daselbst mit Hülfe einer complexen Zahl $\psi(\eta)$, deren Norm die Primzahl q nur in der ersten Potenz als Factor enthält, durch die Congruenz

$$f(\alpha)\, \Psi(\eta) \equiv 0 \quad (\mathrm{mod}\ q), \qquad \text{wo} \qquad \Psi(\eta) = \frac{N\psi(\eta)}{\psi(\eta)} \quad \text{ist,}$$

definirt. Als *Divisor* ist der so definirte ideale Primfactor von q nichts Anderes als der Bruch $\frac{q}{\Psi(\eta)}$, und dieser geht in den Bruch $\frac{p}{\varphi(z)}$ über, welcher in § 6 meiner Doctordissertation als Modul eingeführt ist, wenn p an die Stelle von q gesetzt und die Periode mit z, statt mit η, bezeichnet wird.

So bildete die Aufstellung der „Fundamentalgleichungen" den ursprünglichen Zweck einer Untersuchung, welche in ihrem Verlauf den richtigen *Ausgangspunkt* der Theorie, die wahre allgemeine Form der complexen Zahlen zeigte und zugleich auf die Methode führte, durch Association von linearen Formen und Divisoren die *Ziele* der Theorie „*vollständig*" und „*auf die einfachste Weise*" zu erreichen (vgl. § 22).

Zur Begründung der Definition der relativen Aequivalenz gehört noch die Angabe eines Verfahrens, mittels dessen entschieden werden kann, ob zwei gegebene Divisoren äquivalent sind oder nicht. Die Frage der relativen Aequivalenz ist aber unmittelbar auf die Frage zurückzuführen, ob eine gegebene Zahl sich als Norm einer complexen Zahl darstellen lässt, und diese ist nach Ermittelung der Einheiten durch Discussion einer endlichen Anzahl von Normen·complexer Zahlen zu erledigen.

§ 20.

Einführung von Divisoren-Systemen verschiedener Stufen.

Die in § 14 bis § 17 enthaltenen Entwickelungen zeigen, dass auch für Gattungs-Bereiche ($\Re'$, $\Re''$, $\Re'''$, ...), d. h. auch wenn zwischen den Grössen $\Re$ algebraische Beziehungen statthaben, der grösste gemeinschaftliche Theiler je zweier ganzen rationalen Grössen des Bereichs, also jeder nothwendige Divisor — ohne irgend welche Verallgemeinerung des Begriffes der Division und ohne irgend welche Uebertragung seiner eigentlichen Bedeutung — in Wirklichkeit dargestellt werden kann. Der Uebergang aus der Sphäre der ganzen *rationalen* Zahlen oder der ganzen *rationalen* Functionen von Variabeln in die Sphäre der ganzen *algebraischen* Grössen einer Gattung macht eben keine Erweiterung des Begriffes der Division erforderlich. Wohl aber zeigt sich eine solche Erweiterung als geboten, sobald man von den Bereichen, in denen keine Variable $\Re$ vorhanden ist, zu solchen mit Variabeln $\Re$, oder, falls von den Zahlen abgesehen wird, von Bereichen, wo nur eine Variable $\Re$ vorhanden ist, zu solchen mit zwei oder mehr Variabeln $\Re$ übergeht, während auch hier wieder der Schritt von den rationalen zu den algebraischen Grössen keinerlei neue Einführung nothwendig macht. *Diese Erhaltung der Begriffsbestimmungen beim Uebergang vom Rationalen zum Algebraischen* war die Forderung, welche mir von vorn herein als leitendes Princip bei der Behandlung der algebraischen Grössen gedient hat.

Ganze rationale Functionen mehrerer Variabeln können, wenn sie zu Systemen von zwei oder mehreren Functionen zusammengefasst werden, zwar auch noch einen allen gemeinsamen Theiler haben, aber sie können überdies „*Gemeinsames*“ haben, welches sich, wenn sämmtliche Functionen gleich Null gesetzt werden, als ein Gebilde von gewisser Ausdehnung oder als eine Zusammenfassung, ein „Complex“ mehrerer algebraischer Gebilde verschiedener Ausdehnung charakterisiren lässt. Dieses „Gemeinsame“ kann mit Hülfe der allgemeinen Eliminations-Theorie auch als eine Eigenschaft der Functionen selbst definirt werden, d. h. ohne die Werthsysteme der Variabeln, wofür die Functionen gleichzeitig verschwinden, und die sich daran knüpfende Anschauungsweise zu benutzen, ohne also denjenigen „*arithmetischen*“ Boden zu verlassen, der für alle Rationalitäts-Bereiche ($\Re'$, $\Re''$, $\Re'''$, . . .), wenn die Grössen $\Re'$, $\Re''$, $\Re'''$, . . . nicht als veränderliche sondern als unbestimmte und in ihrer Unbestimmtheit zu erhaltende Grössen aufgefasst werden, derselbe ist, wie für den der gewöhnlichen rationalen Zahlen. Das Studium des einer beliebigen Anzahl von ganzen Functionen mehrerer Variabeln „Gemeinsamen“ war es, wodurch ich im Jahre 1865 zu einer erneuten Behandlung der Eliminations-Theorie geführt worden bin, und es hat sich dabei jene „Interpolationsformel für ganze Functionen mehrerer Variabeln*)“ ergeben, welche die Bedeutung dessen, was als einer Anzahl von Functionen gemeinsam zu betrachten ist, in klares Licht treten liess. Die *Lagrange*'sche Interpolationsformel war bis dahin nur in der, so zu sagen, trivialen Weise verallgemeinert worden, dass eine ganze Function von *mehreren* Variabeln x_1, x_2, . . . x_n aufgestellt wurde, welche vorgeschriebene Werthe annimmt, wenn der Variabeln x_1 einer der ν_1 Werthe beigelegt wird, für welche $F_1(x_1) = 0$ wird, der Variabeln x_2 einer der ν_2 Werthe, für welche $F_2(x_2) = 0$

---

*) Vgl. meine Mittheilung im Monatsbericht der Akademie der Wissenschaften vom December 1865 [1]).

[1]) Ueber einige Interpolationsformeln für ganze Functionen mehrer Variabeln. Band I S. 138—142 dieser Ausgabe von *L. Kronecker's* Werken.   H.

wird, u. s. f. Aber bei dieser Weise der Verallgemeinerung zeigte sich weder irgend welche Schwierigkeit noch auch irgend welche Besonderheit; erst beim Wegfall der Beschränkung, die darin liegt, dass jede der Functionen F nur *eine* der Variabeln enthält, gewann die Frage an Interesse und die Lösung an Bedeutung. Soll nämlich eine ganze Function von $x_1, x_2, \ldots x_n$ gebildet werden, welche für die m durch die n Gleichungen

$$F_i(x_1,\, x_2,\, \ldots x_n) = 0 \qquad (i=1,2,\ldots n)$$

definirten Werthsysteme

$$x_1 = \xi_{1k}, \qquad x_2 = \xi_{2k}, \qquad \ldots \; x_n = \xi_{nk} \qquad (k=1,2,\ldots m)$$

m vorgeschriebene Werthe annimmt, so bedarf man dazu — genau wie im Falle, wo $n = 1$ ist — nur der Lösung der Aufgabe unter der speciellen Voraussetzung, dass $m - 1$ der vorgeschriebenen Werthe Null sind. Eine ganze Function von $x_1, x_2, \ldots x_n$, welche für die $m - 1$ Werthsysteme

$$x_1 = \xi_{1k}, \qquad x_2 = \xi_{2k}, \qquad \ldots \; x_n = \xi_{nk} \qquad (k=2,3,\ldots m)$$

verschwindet, repräsentirt aber offenbar eine Verallgemeinerung des im Falle $n = 1$ aus der Division von $F_1(x_1)$ durch $x_1 - \xi_1$ hervorgehenden Resultats; mit der Herstellung einer solchen Function war daher diejenige Erweiterung des Begriffes der Division gegeben, welche beim Uebergang von ganzen Functionen einer Variabeln zu Functionen mehrerer Variabeln erfordert wird. Denkt man sich die Functionen F_i als ganze homogene lineare Functionen von $x_1 - \xi_{1k}$, $x_2 - \xi_{2k}$, $\ldots$ dargestellt, so dass

$$F_i = (x_1 - \xi_{1k})F_{1i}^{(k)} + (x_2 - \xi_{2k})F_{2i}^{(k)} + \cdots + (x_n - \xi_{nk})F_{ni}^{(k)}$$

wird, so sind $F_{1i}^{(k)}, F_{2i}^{(k)}, \ldots$ ganze Functionen von $x_1, x_2, \ldots x_n$ und $\xi_{1k}, \xi_{2k}, \ldots \xi_{nk}$. Die Determinante

$$\left| F_{ki}^{(1)} \right| \qquad (k, i=1,2,\ldots n)$$

ist dann eine ganze Function von $x_1, x_2, \ldots x_n$ und $\xi_{11}, \xi_{21}, \ldots \xi_{n1}$, welche für die $m - 1$ Werthsysteme

$$x_1 = \xi_{1k}, \qquad x_2 = \xi_{2k}, \qquad \ldots x_n = \xi_{nk} \qquad (k=2,3,\ldots m)$$

verschwindet und daher unmittelbar zur Herstellung einer allgemeinen Interpolationsformel verwendet werden kann. Eben diese Determinante hat nun offenbar die Eigenschaft, dass sie, mit einem der Ausdrücke $x_i - \xi_{i1}$ multiplicirt, eine homogene lineare Function von $F_1, F_2, \ldots F_n$ ergiebt; an Stelle der Theilbarkeit durch eine ganze Function $F(x)$ — im Falle einer Variabeln — tritt also für den Fall von mehreren Variabeln *die Darstellbarkeit als homogene lineare Function von mehreren ganzen Functionen* $F(x_1, x_2, \ldots x_n)$.

Bei der Analogie mit der einfachen Division erscheint es wohl gerechtfertigt, zur Abkürzung der Ausdrucksweise, wie ich es in meinen Universitäts-Vorlesungen öfters gethan habe, das System der Elemente $F_1, F_2, \ldots F_n$ in Bezug auf die daraus gebildeten homogenen linearen Functionen als ein

Divisoren-System oder *Modulsystem* n^{ter} *Stufe* $(F_1, F_2, \ldots F_n)$

zu bezeichnen und der Congruenz

$$G(x_1, x_2, \ldots x_n) \equiv 0 \qquad (\text{modd. } F_1, F_2, \ldots F_n)$$

die Bedeutung beizulegen, dass die ganze Function $G(x_1, x_2, \ldots x_n)$ sich als ganze homogene lineare Function von $F_1, F_2, \ldots F_n$ darstellen lässt, in welcher die Coëfficienten ebenfalls ganze Functionen von $x_1, x_2, \ldots x_n$ sind. Jene Congruenz bezeichnet also das Bestehen einer Gleichung

$$G(x_1, x_2, \ldots x_n) = \sum_{h=1}^{h=n} P_h(x_1, x_2, \ldots x_n) \cdot F_h(x_1, x_2, \ldots x_n),$$

in welcher $P_1, P_2, \ldots P_n$ ganze Functionen der n Variabeln x bedeuten. Zwei Modulsysteme sind als „äquivalent" zu betrachten, wenn jede Function des einen mit Beziehung auf das andere congruent Null ist. Die Aequivalenz

$$(F_1, F_2, \ldots F_n) \sim (\Phi_1, \Phi_2, \ldots \Phi_n)$$

ist demnach durch das System von Congruenzen

$$F_h \equiv 0 \ (\text{modd. } \Phi_1, \Phi_2, \ldots \Phi_n), \qquad \Phi_h \equiv 0 \ (\text{modd. } F_1, F_2, \ldots F_n) \qquad (h=1,2,\ldots n)$$

definirt.

Wird die Voraussetzung festgehalten, welche meinen Entwickelungen in der erwähnten Mittheilung vom Dec. 1865 zu Grunde liegt, nämlich dass die Discriminante des Gleichungssystems $F_1 = 0$, $F_2 = 0$, ... $F_n = 0$ von Null verschieden ist, so ist nicht bloss das System der Gleichungen

$$G(\xi_{1h},\ \xi_{2h},\ \ldots \xi_{nh}) = 0 \qquad (h = 1, 2, \ldots m)$$

eine *Folge* der Congruenz

$$G(x_1,\ x_2,\ \ldots x_n) \equiv 0 \quad (\mathrm{modd.}\ F_1,\ F_2,\ \ldots F_n),$$

sondern es geht auch umgekehrt diese Congruenz aus jenem System von Gleichungen hervor. Dies beruht darauf, dass sich die Resultante von $n + 1$ ganzen Functionen von n Variabeln als ganze homogene lineare Function der $n + 1$ Functionen darstellen lasst. Denkt man sich nämlich die $n + 1$ Functionen F_0, F_1, ... F_n als *vollständige* ganze Functionen von x_1, x_2, ... x_n, d. h. als vollständige Ausdrücke der Dimensionen ν_0, ν_1, ... ν_n mit unbestimmten Coëfficienten $c^{(0)}$, $c^{(1)}$, ... $c^{(n)}$, so ist die Resultante eine ganze ganzzahlige Function aller dieser Coëfficienten c, welche verschwindet, sobald die Coëfficienten c irgend welche Werthe erhalten, wofür die $n + 1$ Functionen F gleichzeitig Null werden können. Ersetzt man nun in der Resultante die Coëfficienten $c_{000\ldots}^{(h)}$, welche die von x_1, x_2, ... x_n unabhängigen Glieder der Functionen F_h bilden, durch die Differenzen $c_{000\ldots}^{(h)} - F_h$, so werden die n Gleichungen $F = 0$ identisch erfüllt, und es ist daher auch die Resultante *identisch* gleich Null. Entwickelt man dieselbe nunmehr nach F_1, F_2, ... F_n, so gelangt man zu dem oben bezeichneten Satze, dass sich die Resultante ganzer Functionen als homogene lineare Function derselben darstellen lässt, und zwar so, dass die Coëfficienten ganze Functionen von x_1, x_2, ... x_n sind. Setzt man $F_0 = x - (u_1 x_1 + u_2 x_2 + \cdots + u_n x_n)$, so wird die Resultante eine ganze Function von x. Wenn diese mit $F(x)$ bezeichnet wird, so ist also

$$F(u_1 x_1 + u_2 x_2 + \cdots + u_n x_n) \equiv 0 \quad (\mathrm{modd.}\ F_1,\ F_2,\ \ldots F_n),$$

und die *Gleichung*

$$F(u_1 x_1 + u_2 x_2 + \cdots + u_n x_n) = 0$$

stellt die Resolvente des Gleichungssystems

$$F_1 = 0, \quad F_2 = 0, \quad \ldots \; F_n = 0$$

dar.

Wenn man die Resultante der allgemeinen $n+1$ Functionen $F_0, F_1, \ldots F_n$, nachdem darin wie oben die Coëfficienten $c_{000\ldots}^{(k)}$ durch die Differenzen $c_{000\ldots}^{(k)} - F_k$ ersetzt worden, nach einem beliebigen Coëfficienten $c_{k_1, k_2, \ldots k_n}^{(i)}$, welcher mit $x_1^{k_1} x_2^{k_2} \cdots x_n^{k_n}$ multiplicirt ist, differentiirt, so erhält man eine identische Gleichung

$$- R' x_1^{k_1} x_2^{k_2} \cdots x_n^{k_n} + \bar{R} = 0,$$

in welcher R' die partielle Ableitung der Resultante nach $c_{000\ldots}^{(i)}$ und $\bar{R}$ die partielle Ableitung nach $c_{k_1, k_2, \ldots k_n}^{(i)}$ bedeutet. Dabei sind aber immer noch in R' und $\bar{R}$ an Stelle der Coëfficienten $c_{000\ldots}^{(k)}$, und zwar für alle n Werthe $k = 1, 2, \ldots n$, die Differenzen $c_{000\ldots}^{(k)} - F_k$ zu denken. Lässt man nunmehr diese Differenzen wieder in die Coëfficienten $c_{000\ldots}^{(k)}$ selbst übergehen, so geht jene Gleichung offenbar in eine Congruenz für das Modulsystem $(F_0, F_1, \ldots F_n)$ über, und für den obigen Fall $F_0 = x - (u_1 x_1 + u_2 x_2 + \cdots + u_n x_n)$ resultirt daher eine Congruenz

$$P \cdot x_1^{k_1} x_2^{k_2} \cdots x_n^{k_n} \equiv Q \qquad (\mathrm{modd.} \; F_1, F_2, \ldots F_n),$$

in welcher P und Q ganze Functionen von $u_1 x_1 + u_2 x_2 + \cdots + u_n x_n$ bedeuten. Wenn endlich $P_1(x)$ so bestimmt wird, dass für jede Wurzel der Gleichung $F(x) = 0$

$$P(x) P_1(x) = 1$$

wird, so ist

$$P(x) P_1(x) \equiv 1 \qquad (\mathrm{modd.} \; F_1, F_2, \ldots F_n),$$

also

$$x_1^{k_1} x_2^{k_2} \cdots x_n^{k_n} \equiv P_1(x) Q(x) \qquad (\mathrm{modd.} \; F_1, F_2, \ldots F_n),$$

und es geht hieraus hervor, *dass jede ganze Function von $x_1, x_2, \ldots x_n$ für das Modulsystem $(F_1, F_2, \ldots F_n)$ einer ganzen Function der einen linearen Verbindung $u_1 x_1 + u_2 x_2 + \cdots + u_n x_n$ congruent wird, und dass sich hierdurch jede*

*Congruenz für dieses Modulsystem in eine solche für den einfachen Modul $F(x)$
verwandeln lässt.*

Die vorstehende Entwickelung, bei welcher *allgemeine* Functionen
F_1, F_2, ... F_n zu Grunde gelegt werden, gilt auch noch für alle speciellen
Functionen, sobald nur die Discriminante von Null verschieden ist; denn in
diesem Falle ist R' nicht mit der Resultante zugleich Null und also $P(x)$
nicht congruent Null modd. F_1, F_2, ... F_n. Unter der Voraussetzung, dass
die oben mit $F(x) = 0$ bezeichnete Resolvente des Gleichungssystems

$$F_1 = 0, \quad F_2 = 0, \quad ... \ F_n = 0$$

nicht gleiche Factoren enthält, kann also die Zerlegung der ganzen Function
einer Variabeln $F(x)$ unmittelbar auf die „Zerlegung des Divisoren-Systems
$(F_1$, F_2, ... $F_n)$" übertragen werden, wenn man die einzelnen den verschiedenen Factoren der Resolvente entsprechenden Gleichungssysteme bildet.
Sobald eines dieser Gleichungssysteme mehr als n Gleichungen erfordert[*]),
braucht man nur n lineare Verbindungen mit unbestimmten Coëfficienten
einzuführen, um zu erschliessen, dass die ganze Function von x, welche —
gleich Null gesetzt — die Resolvente bildet, congruent Null für ein Modulsystem ist, dessen (mehr als n) Elemente — gleich Null gesetzt — jene
Gleichungen bilden. Ist nämlich $F(x) = \Phi(x)\,\Psi(x)$, ist ferner

$\Phi(x) = 0$ die Resolvente des Gleichungssystems $\Phi_1 = 0$, $\Phi_2 = 0$, ... $\Phi_r = 0$,

$\Psi(x) = 0$ die Resolvente des Gleichungssystems $\Psi_1 = 0$, $\Psi_2 = 0$, ... $\Psi_r = 0$,

ist endlich $V(x,\, v_1,\, v_2,\, ...) = 0$ die Resolvente von n Gleichungen

$$v_1\Phi_1 + v_2\Phi_2 + \cdots + v_r\Phi_r = 0, \quad v_1'\Phi_1 + v_2'\Phi_2 + \cdots + v_r'\Phi_r = 0, \quad ...,$$

und ebenso $W(x,\, w_1,\, w_2,\, ...) = 0$ die Resolvente von n Gleichungen

$$w_1\Psi_1 + w_2\Psi_2 + \cdots + w_r\Psi_r = 0, \quad w_1'\Psi_1 + w_2'\Psi_2 + \cdots + w_r'\Psi_r = 0, \quad ...,$$

so ist $\Phi(x)$ der grösste von den unbestimmten Grössen v unabhängige

---

[*]) Dass $n + 1$ stets genügen, ist oben in § 10 nachgewiesen worden.

Theiler von $V(x, v_1, v_2, \ldots)$ und $\Psi(x)$ der grösste von den unbestimmten Grössen w unabhängige Theiler von $W(x, w_1, w_2, \ldots)$. Ferner ist gemäss den obigen Darlegungen $V(x, v_1, v_2, \ldots)$ congruent Null für das Modulsystem

$$(v_1 \Phi_1 + v_2 \Phi_2 + \cdots + v_r \Phi_r, \quad v_1' \Phi_1 + v_2' \Phi_2 + \cdots + v_r' \Phi_r, \quad \ldots),$$

also auch

$$V(x, v_1, v_2, \ldots) \equiv 0 \quad (\text{modd. } \Phi_1, \Phi_2, \ldots \Phi_r);$$

endlich ist, wenn die verschiedenen Coefficienten der Glieder $v_1^k v_2^k \cdots$ in $V(x, v_1, v_2, \ldots)$ mit $\Phi(x) P_1(x)$, $\Phi(x) P_2(x)$, $\ldots$ bezeichnet werden,

$$\Phi(x) P_1(x) \equiv 0, \qquad \Phi(x) P_2(x) \equiv 0, \qquad \ldots \qquad (\text{modd. } \Phi_1, \Phi_2, \ldots \Phi_r)$$

und daher, weil der Voraussetzung nach nicht alle Functionen $P(x)$ einen und denselben gemeinsamen Theiler haben und desshalb Functionen $Q(x)$ existiren, für welche

$$P_1(x) Q_1(x) + P_2(x) Q_2(x) + \cdots = 1$$

wird,

$$\Phi(x) \equiv 0 \quad (\text{modd. } \Phi_1, \Phi_2, \ldots \Phi_r),$$

und ebenso

$$\Psi(x) \equiv 0 \quad (\text{modd. } \Psi_1, \Psi_2, \ldots \Psi_r).$$

Das Gleichungssystem

$$\Phi_i \Psi_k = 0 \qquad \qquad (i, k = 1, 2, \ldots r),$$

welches aus r^2 Gleichungen besteht, wird offenbar nur erfüllt, wenn eines oder das andere der beiden Gleichungssysteme

$$\Phi_k = 0 \qquad \text{oder} \qquad \Psi_k = 0 \qquad \qquad (k = 1, 2, \ldots r)$$

erfüllt wird, d. h. also, wenn die Resolvente $\Phi = 0$ oder $\Psi = 0$ befriedigt wird. Die Functionen Φ und Ψ haben aber der Voraussetzung nach keinen gemeinsamen Theiler, da $F(x)$ oder $\Phi(x) \Psi(x)$ keine gleichen Factoren enthält; es muss daher $\Phi\Psi = 0$ oder $F = 0$ die Resolvente des Gleichungssystems

$$\Phi_i\,\Psi_k = 0 \qquad\qquad (i,\,k=1,\,2,\,\ldots r)$$

sein, ebenso wie diejenige des Gleichungssystems

$$F_k = 0 \qquad\qquad (k=1,\,2,\ldots r),$$

und die beiden Modulsysteme

$$(\Phi_i\cdot\Psi_k) \quad\text{und}\quad (F_k) \qquad\qquad (i,\,k=1,\,2,\,\ldots r)$$

sind demnach einander äquivalent. Hieraus geht als Regel für die Composition zweier Modulsysteme hervor, dass man die einzelnen Elemente des einen Systems mit je einem Elemente des anderen Systems zu multipliciren hat, um die sämmtlichen Elemente des componirten Systems zu erhalten.

Immer unter der Voraussetzung, dass die Discriminante von Null verschieden ist, muss der vorstehenden Darlegung gemäss das Modulsystem $(F_1,\,F_2,\,\ldots F_n)$ in ebensoviel „Factoren" zerlegbar sein wie die Function $F(x)$. Es gilt daher auch für Functionen mehrerer Variabeln der Satz, dass eine ganze Function $G(x_1,\,x_2,\,\ldots x_n)$, wenn sie für irgend ein Werthsystem zugleich mit den n ganzen Functionen $F_1,\,F_2,\,\ldots F_n$ verschwindet, nothwendig für das Modulsystem $(F_1,\,F_2,\,\ldots F_n)$ congruent Null sein muss, falls dieses irreductibel ist.

§ 21.

Die Eigenschaften der Divisoren-Systeme.

Die im vorigen Paragraphen aus der Eliminations-Theorie entwickelten Begriffsbestimmungen beruhen einzig und allein darauf, dass auch bei der Betrachtung homogener linearer Functionen *mehrerer* Elemente ganz ebenso von den Coëfficienten abstrahirt wird, wie dies im Falle eines einzigen Elements durch die Construction des Congruenzbegriffes erfolgt und durch die *Gauss*'sche Bezeichnungsweise zum Ausdruck gebracht ist. Wenn man nun diese Begriffsbestimmungen in die allgemeine Sphäre eines *beliebigen* Rationalitäts-Bereichs $(\Re', \Re'', \Re''', \ldots)$ überträgt, so gelangt man zu folgenden Definitionen, welche der arithmetischen Behandlung der ganzen rationalen Functionen von $\Re', \Re'', \Re''', \ldots$, d. h. also der ganzen rationalen Grössen eines beliebigen Bereichs zu Grunde zu legen sind, um eine erschöpfende Darlegung alles dessen geben zu können, was einer beliebigen Anzahl solcher Grössen $M_1, M_2, M_3, \ldots$ gemeinsam ist und also dem, im Falle $\Re = 1$, allein vorhandenen, grössten gemeinschaftlichen Theiler einer beliebigen Reihe ganzer Zahlen $m_1, m_2, m_3, \ldots$ entspricht.

I. Jede homogene lineare ganze Function von $M_1, M_2, M_3, \ldots$ mit ganzen, dem Bereich $(\Re', \Re'', \Re''', \ldots)$ angehörigen Coefficienten wird als „das Modulsystem $(M_1, M_2, M_3, \ldots)$ enthaltend" oder auch als „congruent Null für dieses Modulsystem" bezeichnet, und es ist

$$M \equiv M' \qquad (\text{modd. } M_1, M_2, M_3, \ldots),$$

wenn die Differenz $M - M'$ das Modulsystem $(M_1, M_2, M_3, \ldots)$ enthält. Bei der vollkommenen Analogie mit dem einfachen Falle, wo die Anzahl der Elemente des Systems gleich Eins ist, erscheint es auch unbedenklich, wie schon oben, die Bezeichnung „Divisoren-System" an Stelle von „Modulsystem" zu gebrauchen, welche jener Analogie unmittelbareren Ausdruck giebt.

II. Ein Modulsystem $(M_1, M_2, \ldots)$ enthält ein anderes $(M_1', M_2', \ldots)$, wenn jedes Element des ersteren das Modulsystem $(M_1', M_2', \ldots)$ enthält. Wenn jedes der beiden Modulsysteme das andere enthält, so sind sie einander äquivalent, und dies wird durch $(M_1, M_2, \ldots) \sim (M_1', M_2', \ldots)$ bezeichnet.

III. Jede ein Modulsystem $(M_1, M_2, \ldots)$ enthaltende Grösse kann dessen Elementen hinzugefügt werden, und es kann ebenso jedes Element eines Modulsystems weggelassen werden, welches für das durch die übrigen gebildete Modulsystem congruent Null ist; d. h. bei den angegebenen Veränderungen wird das Modulsystem nur in ein äquivalentes transformirt. Wenn daher die Zahl Eins für ein Modulsystem $(M_1, M_2, \ldots)$ congruent Null ist, so ist dieses äquivalent Eins und also überhaupt kein Modulsystem im eigentlichen Sinne des Wortes.

IV. Das zwei Modulsystemen $(M_1, M_2, \ldots)$, $(M_1', M_2', \ldots)$ gemeinsame, d. h. in beiden zugleich enthaltene Modulsystem wird durch die Elemente beider gebildet, ist also durch das System $(M_1, M_2, \ldots, M_1', M_2', \ldots)$ repräsentirt, da offenbar *jedes* in den beiden ersten zugleich enthaltene Modulsystem auch in diesem dritten enthalten ist.

V. Ein Modulsystem $(M_1, M_2, \ldots)$, dessen einzelne Elemente durch die verschiedenen Producte von je zwei Elementen $M_i' M_k''$ zweier Modulsysteme $(M_1', M_2', \ldots)$, $(M_1'', M_2'', \ldots)$ gebildet werden, heisst „aus diesen beiden Systemen zusammengesetzt oder componirt", und diese beiden Systeme sollen, wegen der Analogie der Composition mit der Multiplication, auch als „Factoren" bezeichnet werden.

Der Ausdruck „Composition" soll ohne Weiteres auf äquivalente Systeme übertragen und demnach auch jedes dem System $(M_i' M_k'')$ äquivalente System als aus den beiden Systemen (M') und (M'') componirt bezeichnet werden, so dass die Elemente des componirten Systems als *bilineare* Functionen der beiderseitigen Elemente M', M'' mit ganzen dem Bereich angehörigen Coëfficienten zu charakterisiren sind.

Ein Modulsystem $(M \cdot M', M_1, M_2, \ldots)$ ist aus den beiden Systemen

$$(M, M_1, M_2, \ldots), \quad (M', M_1, M_2, \ldots)$$

zusammengesetzt, wenn das Modulsystem $(M, M') \sim 1$ ist, da dann stets je zwei bei der Composition entstehende Elemente $M_i M$, $M_k M'$ durch M_k zu ersetzen sind.

VI. Ein Modulsystem heisst irreductibel (oder ein Primmodulsystem), wenn es nicht aus zwei anderen zusammengesetzt ist, deren jedes ein Modulsystem im eigentlichen Sinne des Wortes ist.

VII. Enthalten die Grössen $\Re'$, $\Re''$, $\Re'''$, $\ldots$ nur genau $n-1$ von einander unabhängige variable oder unbestimmte Grössen $\Re'$, $\Re''$, $\ldots \Re^{(n-1)}$, so giebt es Modulsysteme erster, zweiter, $\ldots$ n^{ter} „*Stufe*", und daher auch Modulsysteme, die aus solchen verschiedener Stufe zusammengesetzt sind.

Die Modulsysteme m^{ter} Stufe sind an sich m-fältige Systeme und können nicht aus weniger als m Elementen gebildet werden.

Bei der Zerlegung eines Modulsystems in seine den verschiedenen Stufen angehörigen Factoren ist genau so wie bei der Elimination zu verfahren, nur dass auch noch die Zahlengrössen zu beachten sind. Es ist zuerst der grösste gemeinsame Divisor (im engeren Sinne des § 14), also der Divisor erster Stufe, aus allen Elementen herauszuheben; aus den vom grössten gemeinsamen Theiler befreiten Elementen sind nunmehr zwei lineare Functionen mit unbestimmten Coëfficienten U zu bilden, und alsdann ist für eine der Variabeln $\Re'$, $\Re''$, ... z. B. für $\Re^{(n-1)}$ eine lineare Function aller mit unbestimmten Coëfficienten u einzuführen. Wird diese mit $\Re$ bezeichnet, so enthält die nach Elimination von $\Re^{(n-2)}$ aus jenen beiden linearen Functionen entstehende Resultante nur noch die $n-2$ Variabeln $\Re$, $\Re'$, ... $\Re^{(n-3)}$. Von dieser Resultante ist der grösste von den Grössen U unabhängige Theiler, falls sie einen solchen hat, abzusondern, und es zerfällt alsdann das Modulsystem gemäss der unter No. V gegebenen Vorschrift — vorausgesetzt, dass die dort angegebene Bedingung erfüllt ist — in zwei Systeme, von denen das eine dem abgesonderten, das andere dem übrig gebliebenen Theiler der Resultante entspricht. Das erstere bildet das gesammte in dem ursprünglichen enthaltene Modulsystem zweiter Stufe, während das andere nur noch Modulsysteme höherer Stufen enthalten kann. Mit diesem ist alsdann ebenso zu verfahren. — Sind $\mathfrak{M}_1$, $\mathfrak{M}_2$, ... die Elemente eines Modulsystems m^{ter} Stufe, und zwar eines solchen, welchem auch keine Systeme höherer Stufen beigemischt sind, so ist die Resultante von m linearen Verbindungen mit unbestimmten Coëfficienten U eine ganze Function von $\Re$, $\Re'$, ... $\Re^{(n-m-1)}$ und von den unbestimmten Grössen U, für den Fall $m=n$ also *nur* von diesen letzteren. Bezeichnet man nun den nach Absonderung des gesammten von den Grössen U unabhängigen Factors verbleibenden Theil der Resultante mit $\Re$, so bilden jene m linearen Verbindungen der Elemente $\mathfrak{M}$, dividirt durch $\Re$, die m Elemente eines Divisoren-Systems m^{ter} Stufe, welches dem ursprünglichen aus beliebig vielen Elementen $\mathfrak{M}$ bestehenden System aequivalent ist. Dabei ist indessen vorausgesetzt, dass jener von der Resultante abgesonderte Factor aus lauter ungleichen Factoren besteht. Es ist ferner zu bemerken, dass die Resultante

— falls noch algebraische Grössen $\mathfrak{R}$ vorhanden sind — immer mit Benutzung der bezüglichen Gleichung zu bilden ist.

Die angegebene Art, Modulsysteme $\mathfrak{m}^{\text{ter}}$ Stufe aus nur $\mathfrak{m}$ Elementen zu bilden, ist vollkommen analog jener Art, einfache Divisoren mit Hülfe linearer Functionen in Bruchform darzustellen. Sollen nur ganze rationale Grössen des Bereichs zu Elementen des Systems verwendet werden, so genügt im Allgemeinen und zwar selbst bei natürlichen Rationalitäts-Bereichen nicht die der Stufenzahl gleiche Anzahl von Elementen, sondern es giebt auch Systeme, die mehr Elemente erfordern, ganz ähnlich wie es Gattungen algebraischer Grössen giebt, für welche die nothwendige Anzahl der Elemente des Fundamentalsystems die Ordnungszahl der Gattung übersteigt. Es erscheint daher angemessen, diejenigen irreductibeln Divisoren-Systeme, welche eine Darstellung durch eine der Stufenzahl gleiche Anzahl von Elementen gestatten, als zur „Hauptclasse“ gehörig zu bezeichnen. Alsdann gehören offenbar, wenn unter den Grössen $\mathfrak{R}$ keine von den übrigen algebraisch abhängige vorkommen, alle irreductibeln Divisoren erster Stufe zur Hauptclasse. Wenn ferner die Anzahl der Grössen $\mathfrak{R}$ gleich Eins ist, wenn also die ganzen ganzzahligen Functionen *einer* unbestimmten Grösse $\mathfrak{R}'$ arithmetisch behandelt werden, so hat man noch Divisoren-Systeme zweiter Stufe zu betrachten, in denen eines der Elemente eine ganze Zahl, die übrigen aber ganze ganzzahlige Functionen von $\mathfrak{R}'$ sind. Diese Systeme sind also unmittelbar in solche zu zerlegen, bei denen die ganze Zahl die Potenz einer Primzahl p^m ist, und die übrigen Elemente sind hiernach nur im Sinne der Congruenz für den Modul p^m zu behandeln. Für $m = 1$ wird alsdann ein solches Divisoren-System zweiter Stufe nach der aus der Theorie der Congruenzen bekannten Weise als Product irreductibler Systeme von zwei Elementen $\left(F(\mathfrak{R}'),\ p\right)$ dargestellt, wo $F(\mathfrak{R}')$ eine ganze nach dem Modul p irreductible Function von $\mathfrak{R}'$ bedeutet. Diese Betrachtung zeigt die Theorie der höheren Congruenzen in einem neuen Lichte und bringt dieselbe mit ganz anderen zahlentheoretischen Gebieten in Verbindung. Es finden sich auch in dieser Theorie, sowohl in der von Herrn *Dedekind* aus *Gauss*' Nachlass publicirten Arbeit als in den *Schönemann*'schen früher veröffentlichten Aufsätzen die ersten Andeutungen von Divisoren-Systemen zweiter Stufe, wenngleich nur unter beschränkterem Gesichtspunkte. Die naturgemässe und weitreichende Unterscheidung der Modulsysteme nach ihren verschiedenen Stufen, die Sonderung der in *Wahrheit* mehrfaltigen Divisoren-Systeme von denjenigen, die nur einfache Divisoren vertreten, konnte sich erst bei der arithmetischen Behandlung ganzer Functionen *mehrerer* Variabeln ergeben, und über diese ist bisher meines Wissens nichts bekannt gemacht worden. Wohl beruhen auch die *Dedekind'*schen, nur den Fall $\Re = 1$ betreffenden Entwickelungen — nach der hier angenommenen Terminologie ausgedrückt — wesentlich auf der Betrachtung ganzer homogener linearer Functionen mehrerer Elemente mit ganzen, dem Rationalitäts-Bereich angehörigen Coëfficienten, also implicite auch auf der Betrachtung von „Divisoren-Systemen"; aber es sind dies — da bei algebraischen Zahlen überhaupt nur Divisoren erster Stufe vorhanden sind — doch nur solche, die die Stelle einfacher Divisoren vertreten. Ueberdies liegt grade darin, dass bei der *Dedekind'*schen Auffassung die homogene lineare Function selbst, bei der meinigen aber das System der Elemente derselben als Divisoren-System den Ausgangspunkt bildet, noch eine gedankliche Verschiedenheit. In der That stellt Herr *Dedekind*, die Abweichung von der *Kummer'*schen Auffassung selbst hervorhebend, den Inbegriff der durch einen idealen Divisor theilbaren wirklichen Zahlen an die Spitze der Entwickelung, während meine Begriffsbestimmungen von jeher, sowohl vor der Einführung der *Kummer'*schen idealen Divisoren als nachher, in Uebereinstimmung mit der *Kummer'*schen Gedankenrichtung auf die Erhaltung des Divisoren-Begriffes selbst zielten. Und dafür war gerade in den Elementen der homogenen linearen Functionen, wie sie bei der Behandlung von Functionen mehrerer Variabeln mit Nothwendigkeit an Stelle dessen auftraten, was der Divisor bei Functionen einer einzigen Variabeln ist, ein deutlicher Fingerzeig gegeben.

Divisoren-Systeme, welche die Stelle einfacher Divisoren vertreten, also nicht selbst Systeme höherer Stufe sind, können ebenso wie die gebrochenen Divisoren als Mittel der Untersuchung verwendet werden, aber die obige Zusammenfassung in Linearformen entspricht begrifflich und formal dem Zwecke am Besten. Die Beziehung der verschiedenen Darstellungsweisen der Divisoren lässt sich an den *Kummer'*schen idealen Zahlen am Einfachsten erläutern. Sind nämlich nach den *Kummer'*schen Bezeichnungen $\varphi(\alpha)$ und $\psi(\alpha)$ zwei äquivalente ideale Zahlen, die beide, mit derselben idealen Zahl $f(\alpha)$ multiplicirt, die wirklichen Zahlen $\Phi(\alpha)$ und $\Psi(\alpha)$ ergeben, und sind je zwei der drei idealen Zahlen ohne gemeinsamen Theiler, so kann offenbar der Bruch

$$\frac{\Phi(\alpha)}{\Psi(\alpha)} \qquad \text{an Stelle des idealen Moduls} \quad \varphi(\alpha),$$

und das Divisoren-System

$$\big(\Phi(\alpha),\ \Psi(\alpha)\big) \qquad \text{an Stelle des idealen Moduls} \quad f(\alpha)$$

verwendet werden. Dieses System von zwei Elementen ist aber nicht ein Modulsystem *zweiter Stufe*, da es nach der in § 14 dargelegten Weise, wenn

$$\mathrm{Nm}\big(u\,\Phi(\alpha) + v\,\Psi(\alpha)\big) = \mathrm{Nm}\,f(\alpha)\cdot F(u,\,v)$$

ist, durch den einfachen Divisor

$$\frac{u\,\Phi(\alpha) + v\,\Psi(\alpha)}{F(u,\,v)}$$

ersetzt werden kann. Indessen lässt sich doch auch ein Ursprung jenes Divisoren-Systems von zwei Elementen in einem eigentlichen Modulsystem zweiter Stufe nachweisen. Bezeichnet man nämlich mit $X(x) = 0$ die irreductible Gleichung, welcher α genügt, so kommen in der arithmetischen Theorie der ganzen ganzzahligen Functionen von x Divisoren-Systeme zweiter Stufe mit in Betracht, in denen $X(x)$ eines der Elemente ist. Alle diese besonderen Systeme sind, von einem anderen Gesichtspunkte aus betrachtet, Gegenstand der Theorie der complexen aus α gebildeten Zahlen, und die Zerlegung dieser Systeme in ihre irreductibeln Factoren stimmt mit der Zerlegung der complexen Zahlen in ihre idealen Primfactoren vollkommen überein (vgl. § 25). Das Verhältniss der einzelnen Theorieen complexer Zahlen zu der arithmetischen Theorie der ganzen ganzzahligen Functionen einer Variabeln, in der sie sämmtlich inbegriffen sind, lässt sich — wie überhaupt die besondere Natur der Modulsysteme höherer Stufen — am Deutlichsten darlegen, wenn die oben mit $n-1$ bezeichnete Anzahl der unabhängigen Variabeln $\mathfrak{R}$ grösser als Eins genommen wird. Nimmt man z. B. $n = 4$ und denkt sich die drei Variabeln $\mathfrak{R}$ als irgend welche Coordinaten

des Raumes, so sind die Divisoren erster Stufe entweder Zahlen oder ganze
Functionen der Coordinaten, deren Verschwinden also Flächen repräsentirt.
Unter den Divisoren-Systemen zweiter Stufe kommen hier solche vor, bei
denen überhaupt nicht die sämmtlichen Elemente gleichzeitig verschwinden
können und eines der Elemente als eine Zahl gewählt werden kann, aber
auch solche, bei denen das gleichzeitige Verschwinden sämmtlicher Elemente
eine Curve repräsentirt; unter den Modulsystemen dritter Stufe sind solche,
die in ähnlicher Weise Punktsysteme darstellen. In die Hauptclasse jener
Divisoren-Systeme zweiter Stufe gehören dann diejenigen Curven, welche den
vollständigen Durchschnitt von zwei Flächen bilden, und man findet hierbei
in überraschender Weise einen höheren Gesichtspunkt, von welchem aus die
Frage der Darstellung ganzer Zahlen als Normen complexer Zahlen mit der
Frage der isolirten Darstellung geometrischer Gebilde in der unmittelbarsten
Beziehung erscheint. Endlich zeigt sich die Analogie jenes oben berührten
Verhältnisses der arithmetischen Theorie der ganzen ganzzahligen Functionen
einer Variabeln zu den einzelnen Theorieen complexer Zahlen für den Fall
$n = 4$ z. B. in dem Verhältnisse der analytischen Geometrie des Raumes zu
den einzelnen „Geometrieen" auf besonderen algebraischen Flächen.

Die vorstehenden Entwickelungen enthalten nur die Einführung,
keineswegs aber eine erschöpfende Behandlung der Modulsysteme höherer
Stufen. So ist oben die Zerlegung solcher Modulsysteme nicht ganz allgemein sondern nur unter gewissen Einschränkungen erfolgt, deren Beseitigung
vorbehalten bleiben muss. Die Erläuterung der hierbei auftretenden Fragen
lässt sich schon an den einfachsten Fall der Divisoren-Systeme zweiter Stufe
für den Fall einer einzigen Variabeln $\mathfrak{R}'$ anknüpfen, und es bietet sich dabei
zugleich die Möglichkeit, die Besonderheiten der Divisoren-Systeme höherer
Stufen im Vergleich mit den einfachen Divisoren principiell darzulegen. Setzt
man die Variable x an Stelle von $\mathfrak{R}'$, so kommen in der Theorie der ganzen
ganzzahligen Functionen von x die Divisoren-Systeme zweiter Stufe

$$(x, p), \quad (x^2, px, p^2), \quad (x^2 + p, p^2), \quad (x, pq)$$

vor, wo p und q zwei verschiedene ungerade Primzahlen bedeuten sollen.
Die drei letzten Modulsysteme enthalten offenbar das erste, und das zweite

und vierte lässt sich auch als das Product je zweier Factoren darstellen, von denen der eine (x, p) ist; denn es ist in der That

$$(x^2,\ px,\ p^2) \sim (x, p)^2, \qquad (x,\ pq) \sim (x, p)(x, q),$$

da $(x^2,\ px,\ qx,\ pq) \sim (x,\ pq)$ wird. Aber das dritte Modulsystem $(x^2 + p,\ p^2)$ ist, obgleich das erste im Sinne der oben gegebenen Definition „enthaltend", doch zugleich der bezüglichen oben entwickelten Begriffsbestimmung nach unzerlegbar; es enthält also das erste System nicht in der Weise, wie eine gewöhnliche Zahl einen ihrer Divisoren enthält, sondern etwa in der Weise, wie ein Gattungs-Bereich höherer Ordnung einen von niederer Ordnung enthält. Dieses von den Gesetzen der gewöhnlichen Theilbarkeit abweichende Verhalten bildet eine Besonderheit der Modulsysteme höherer Stufen. Behandelt man auch die Divisoren erster Stufe als Divisoren-*Systeme*, so muss nachgewiesen werden, dass sie eben diese Besonderheit *nicht* haben. Dies ist auch Herrn *Dedekind* nicht entgangen; in seiner höchst sorgfältigen und scharfsinnigen Art der Deduction, die bei seinen ganz abstracten Begriffsbestimmungen ebenso nothwendig als bewundernswerth erscheint, hat er in § 172 seiner „allgemeinen Zahlentheorie"*) den erwähnten Umstand ausdrücklich hervorgehoben.

§ 22.

Die ganzen algebraischen Formen der verschiedenen Stufen; ihre absolute Aequivalenz; ihre Zerlegung in irreductible Factoren.

Für irgend einen Rationalitäts-Bereich oder eigentlich Integritäts-Bereich $[\Re',\ \Re'',\ \Re''', \ldots]$, sei es ein natürlicher oder ein Gattungs-Bereich, ist nach der obigen Definition (§ 15, III) eine Form des Bereichs $[\Re',\ \Re'',\ \Re''', \ldots]$ *primitiv*, wenn ihre Coëfficienten keinen gemeinsamen Theiler haben. Aber nach den Ergebnissen der in §§ 20 und 21 gegebenen Entwickelungen bedeutet diese Bedingung nur, dass die Coëfficienten keinen gemeinsamen Theiler *erster Stufe* haben sollen. Während also durch die in § 15, III auf-

---

*) Vorlesungen über Zahlentheorie, III. Auflage, Braunschweig 1879. Supplement XI. S. 521.

gestellte Bedingung eine Form nur in Beziehung auf Divisoren erster Stufe primitiv wird, ist nunmehr mit Hülfe der Entwickelungen in den beiden vorhergehenden Paragraphen der Begriff des „Primitiven" enger zu fassen, und

> eine *eigentlich* primitive Form ist dadurch zu charakterisiren, dass ihre Coëfficienten überhaupt keinen Divisor irgend einer Stufe mit einander gemein haben sollen.

Der Einfachheit halber sind hier bei dem Ausdruck „Form" die Beiwörter „ganz" und „algebraisch" weggelassen worden, und dies soll auch weiter in diesem Paragraphen geschehen, weil keinerlei Unklarheit dadurch entstehen kann. Ist F eine Form des Bereichs $[\mathfrak{R}', \mathfrak{R}'', \mathfrak{R}''', \ldots]$ mit den Unbestimmten $u', u'', u''', \ldots$, und sind $U', U'', U''', \ldots$ die verschiedenen Producte von Potenzen der Unbestimmten $u', u'', u''', \ldots$ in der Entwickelung von F, so dass

$$F = M' U' + M'' U'' + M''' U''' + \cdots$$

ist, wo die Coëfficienten M „ganze" Grössen des Bereichs $[\mathfrak{R}', \mathfrak{R}'', \mathfrak{R}''', \ldots]$ sind, so ist die Bedingung dafür, dass F eigentlich primitiv sei, die Aequivalenz

$$(M', M'', M''', \ldots) \sim 1,$$

nach den in § 21 gegebenen Begriffsbestimmungen. Eine Form ist also eigentlich primitiv, wenn das Modulsystem, dessen Elemente durch ihre Coëfficienten gebildet werden, äquivalent Eins ist. Die hierbei hervortretende Beziehung der beiden Betrachtungsweisen, nämlich der einen, wonach die Grössen M ganz abstract als Elemente eines Systems betrachtet, und der anderen, wonach sie als Coëfficienten einer Form zur Construction eines concreten Grössengebildes verwendet werden, soll nun zur Uebertragung der in § 21 enthaltenen Definitionen auf die Formen leiten, deren Coëfficienten die Grössen M sind.

I. Eine Form soll als eine andere Form „*enthaltend*" bezeichnet werden, wenn das Coëfficienten-System der letzteren in dem der ersteren (nach der in § 21, II gegebenen Bestimmung) enthalten ist.

II. Ist die Form F in der Form F_0, aber auch umgekehrt F_0 in F enthalten, so sind die beiden Formen einander „absolut äquivalent" (vgl. § 21, II).

III. Jede eigentlich primitive Form ist absolut äquivalent Eins.

IV. Die Form $uF + F_0'$, welche durch eine lineare Verbindung von irgend zwei Formen F und F_0 mit dem unbestimmten Coëfficienten u entsteht, ist in jeder der beiden Formen F und F_0 enthalten, und bildet deren grössten gemeinsamen Inhalt (vgl. § 21, IV). Ist daher F in F_0 enthalten, so ist F der Form $uF + F_0$ absolut äquivalent.

V. Eine Form, welche durch wirkliche Multiplication von zwei anderen Formen entsteht, und jede einem solchen Product zweier Formen äquivalente Form soll auch, im Anschluss an die in § 21, V eingeführte Ausdrucksweise, die aus den beiden ersten zusammengesetzte oder componirte Form genannt werden.

VI. Eine Form wird als *„nicht zerlegbar“*, *„irreductibel“*, oder als *„Primform“* bezeichnet, wenn sie keinem Producte von zwei *nicht primitiven* Formen des festgesetzten Bereichs $[\mathfrak{R}', \mathfrak{R}'', \mathfrak{R}''', \ldots]$ äquivalent ist (vgl. § 21, VI).

VII. Enthalten die Grössen $\mathfrak{R}', \mathfrak{R}'', \mathfrak{R}''', \ldots$ nur genau $n - 1$ von einander unabhängige Variable $\mathfrak{R}', \mathfrak{R}'', \ldots \mathfrak{R}^{(n-1)}$, so giebt es Formen erster, zweiter, $\ldots$ n^{ter} Stufe und auch Formen, die aus solchen verschiedener Stufen zusammengesetzt sind (vgl. § 21, VII).

Formen zweiter oder höherer Stufe und überhaupt solche, die keine Formen erster Stufe enthalten, sind zwar in dem früheren, weiteren Sinne primitiv, aber *uneigentlich* primitiv, und diese Eigenschaft des „uneigentlich Primitiven“ ist offenbar, wie die Formen selbst, verschieden „abgestuft“.

Formen m^{ter} Stufe bestehen aus m oder mehr Gliedern; diejenigen, welche nicht mehr als m Glieder haben, deren Coëfficienten-System also auch nur aus m Elementen besteht, bilden nebst allen, die solchen Formen äquivalent sind, die Hauptclasse. In natürlichen Rationalitäts-Bereichen sind sämmtliche Formen erster Stufe zur Hauptclasse gehörig, nicht aber alle Formen höherer Stufe (vgl. § 21).

VIII. Verschiedene Formen mit *denselben Coëfficienten* sind einander absolut äquivalent, da die oben (unter I und II) gegebenen Definitionen überhaupt nur auf die Coëfficienten der Form Bezug nehmen. Jede Form ist also einer *linearen* absolut äquivalent.

IX. Ist eine homogene lineare Form F in einer anderen F_0 enthalten, so lässt sich die erstere in die letztere dadurch transformiren, dass für die Unbestimmten von F Formen des Bereichs substituirt werden; diese Formen sind selbst linear, sobald auch F_0 eine lineare Form ist. In diesem Falle lässt sich also die enthaltene lineare Form F in die enthaltende Form F_0 durch eine lineare Substitution mit *ganzen* Coëfficienten transformiren, und es ist dies zugleich eine *hinreichende* Bedingung für das Enthalten-Sein von F in F_0.

Die „lineare Substitution" bezieht sich natürlich auf die *Unbestimmten* der Formen, und unter „ganzen" Coëfficienten sind solche zu verstehen, welche ganze rationale Functionen von $\Re'$, $\Re''$, $\Re'''$, ..., also *ganze* Grössen des Bereichs $[\Re', \Re'', \Re''', ...]$ sind. Als Corollar des Satzes IX muss noch der Satz hervorgehoben werden:

X. Aequivalente homogene lineare Formen sind durch Substitutionen mit ganzen Coëfficienten in einander transformirbar.

Wenn die Formen F, F_0 beziehungsweise die Elemente M, M_0 haben und also

$$(A) \qquad F_0 = \sum_\lambda M_0^{(\lambda)} u_0^{(\lambda)}, \quad F = \sum_k M^{(k)} u^{(k)} \qquad (\lambda = 1, 2, \ldots; k = 1, 2, \ldots)$$

ist, so bestehen gemäss der Definition I Relationen

$$(B) \qquad M_0^{(\lambda)} = \sum_k C_{\lambda k} M^{(k)} \qquad (\lambda = 1, 2, \ldots; k = 1, 2, \ldots).$$

Es wird also

$$(C) \qquad F_0 = \sum_\lambda \sum_k C_{\lambda k} M^{(k)} u_0^{(\lambda)} \qquad (\lambda = 1, 2, \ldots; k = 1, 2, \ldots),$$

und die Form F wird demzufolge durch die Substitution

$$(\bar{U}) \qquad u^{(k)} = \sum_h C_{h,k} u_0^{(h)} \qquad (h=1, 2, \ldots; k=1, 2, \ldots)$$

in die Form F_0 transformirt, wie es in dem mit IX bezeichneten Satze ausgesprochen ist.

Da nach § 14 oder § 17, II' jedes Element M durch den aus F gebildeten algebraischen Divisor theilbar ist, so hat, wie die Gleichung (C) zeigt, auch die Form F_0 diese Eigenschaft, d. h. es ist

$$(D) \qquad \mathrm{Fm}(M'u' + M''u'' + M'''u''' + \cdots) \cdot F_0 \equiv 0 \qquad (\mathrm{mod.}\ F).$$

Die Form F charakterisirt sich als reine Form erster Stufe dadurch, dass die mit $\mathrm{Fm}(M'u' + M''u'' + M'''u''' + \cdots)$ bezeichnete Form eigentlich primitiv ist, da sonst die Norm von F ausser dem Divisor erster Stufe, welchen alle ihre Coëfficienten mit einander gemein haben, noch Divisoren-Systeme höherer Stufen enthält. Wenn also eine solche Form F durch eine lineare Substitution mit ganzen Coëfficienten in F_0 transformirt werden kann, so ist die Form F_0, multiplicirt mit einer eigentlich primitiven Form, durch F theilbar. Es lässt sich aber auch andererseits jene Transformirbarkeit aus dem, was sich hier als Consequenz ergeben hat, ableiten, wie jetzt gezeigt werden soll.

Es seien E, F, F_0 lineare oder nicht lineare Formen des Bereichs, und zwar E eine *eigentlich* primitive Form und F_0 eine *reine Form erster Stufe*; es sei ferner

$$F_0 = \sum_i M_0^{(i)} U_0^{(i)}, \qquad F = \sum_k M^{(k)} U^{(k)},$$

wo $U_0^{(i)}$, $U^{(k)}$ Producte von Potenzen der Unbestimmten der Formen bedeuten. Nun soll angenommen werden, dass die Congruenz

$$(E) \qquad E F_0 \equiv 0 \qquad (\mathrm{mod.}\ F)$$

bestehe, so dass also auch F eine reine Form erster Stufe sein muss. Die angenommene Congruenz kann nach den in § 14 eingeführten Bezeichnungen auch in folgender Weise dargestellt werden:

$$(E') \quad E \cdot \mathrm{Fm}(M_0' U_0' + M_0'' U_0'' + \cdots) \cdot \mathrm{mod}\,[M_0' U_0' + M_0'' U_0'' + \cdots] \equiv 0 \quad (\mathrm{mod}.\,F),$$

und hierbei ist $\mathrm{Fm}(M_0' U_0' + M_0'' U_0'' + \cdots)$ eine *eigentlich* primitive Form, weil F_0 als eine reine Form erster Stufe vorausgesetzt worden ist. Auch das Product $E \cdot \mathrm{Fm}(M_0' U_0' + M_0'' U_0'' + \cdots)$ ist also eine eigentlich primitive Form, und diese möge, nach den Producten von Potenzen der Unbestimmten entwickelt, gleich $L' V' + L'' V'' + L''' V''' + \cdots$ sein. Alsdann geht die Congruenz (E') in

$$\mathrm{mod}\,[M_0' U_0' + M_0'' U_0'' + \cdots] \cdot \sum_{\hbar} L^{(\hbar)} V^{(\hbar)} \equiv 0 \quad (\mathrm{mod}.\,F)$$

über. Da auf Grund jenes zweiten Fundamentalsatzes (§ 17, II oder II') jedes Element der Form F_0 durch $\mathrm{mod}\,[M_0' U_0' + M_0'' U_0'' + \cdots]$ theilbar ist, so ergiebt sich für jedes dieser Elemente $M_0^{(l)}$ die Congruenz

$$M_0^{(l)} \sum_{\hbar} L^{(\hbar)} V^{(\hbar)} \equiv 0 \quad (\mathrm{mod}\,F),$$

aus welcher die Congruenzen nach dem *Modulsystem* der Coëfficienten von F

$$M_0^{(l)} L^{(\hbar)} \equiv 0 \quad (\mathrm{modd}.\,M', M'', M''', \ldots)$$

und endlich, da das Modulsystem $(L', L'', L''', \ldots)$ äquivalent Eins ist, die Congruenzen

$$M_0' \equiv 0, \quad M_0'' \equiv 0, \quad M_0''' \equiv 0, \quad \ldots \quad (\mathrm{modd}.\,M', M'', M''', \ldots)$$

hervorgehen. Diese Congruenzen enthalten die nothwendige und hinreichende Bedingung dafür, dass die Form F in F_0 enthalten und also F in F_0 durch eine Substitution mit ganzen Coëfficienten transformirbar ist.

Aus der vorstehenden Entwickelung ergiebt sich, dass für reine Formen erster Stufe die obige Definition IX durch folgende ersetzt werden kann:

IX'. Eine Form F ist in F_0 enthalten, wenn eine eigentlich primitive Form E existirt, für welche das Product $E F_0$ wirklich durch F theilbar wird.

44*

Für den Fall, dass diese Beziehung der beiden Formen eine gegenseitige ist, sind dieselben äquivalent, und man gelangt somit zu der neuen Aequivalenz-Bestimmung:

> X′. Zwei Formen sind absolut äquivalent, wenn sie sich nur durch Factoren von einander unterscheiden, welche eigentlich primitive Formen sind.

Von den beiden verschiedenen Aequivalenz-Bestimmungen X und X′ ist die erstere auf die Transformation, die letztere auf die Composition· der Formen gegründet; die erstere stützt sich also auf das *Gauss'*sche Princip der Aequivalenz, mit welchem die Theorie der quadratischen Formen in der V. Section der Disqq. Arithm. art. 157 beginnt, die letztere auf das *Kummer'*sche Princip der Aequivalenz, welches in seiner Theorie der idealen Zahlen den Ausgangspunkt bildet, während es bei *Gauss* erst in der weiteren Entwickelung der Theorie (Disqq. Arithm. art. 284 sqq.) zur Anwendung kommt. Dass die beiden verschiedenen Definitionen, welche unter No. X und X′ für die Aequivalenz der ganzen algebraischen Formen gegeben worden sind, sich vollkommen decken, bildet den Kernpunkt der obigen Auseinandersetzungen, und diese selbst basiren — wie wohl zu beachten ist — wesentlich auf jenem in § 17, II entwickelten zweiten Fundamentaltheorem.

Es ist offenbar der vollständige Einheitscharakter der *eigentlich* primitiven Formen, welcher durch jene zweite Definition der absoluten Aequivalenz X′ zum natürlichen Fundament der arithmetischen Theorie der ganzen algebraischen Grössen und Formen gemacht wird, und auf diesem natürlichen Fundamente lässt sich auch die ganze Theorie am einfachsten aufbauen. So lassen sich z. B. die Hauptresultate, welche in den §§ 14 bis 18 an den Begriff der algebraischen Divisoren geknüpft worden sind, in der übersichtlichsten Weise als Hauptsätze der Formentheorie aussprechen, wenn man dabei die eigentlich primitiven Formen wirklich als Einheiten oder „Einheitsformen" betrachtet und einfach

> eine Form F als Factor oder Divisor einer Form F_0 bezeichnet, sobald diese Theilbarkeit von F_0 durch F im Sinne der absoluten

Aequivalenz stattfindet, d. h. also, sobald F_0 multiplicirt mit einer eigentlich primitiven Form wirklich durch F theilbar wird.

Die beiden Fundamentalsätze (§ 15, IX und § 17, II) lauten alsdann folgendermassen:

XI. Absolut äquivalente Formen haben dieselben Theiler.

XII. Formen mit denselben Coëfficienten sind äquivalent.

Die beiden Sätze legen also dar, dass erstens äquivalente Formen in Bezug auf die Division durch andere Formen einander ersetzen können, und dass zweitens die ganzen algebraischen Grössen, welche die Coëfficienten der Formen bilden, das einzig Wesentliche derselben sind (vgl. No. VIII).

Endlich aber ist die in § 18 angegebene Zerlegbarkeit der Divisoren in den Satz zu fassen:

XIII. Jede ganze algebraische Form ist im Sinne der absoluten Aequivalenz als Product von irreductibeln Formen (Primformen) darstellbar und zwar nur auf eine einzige, also völlig bestimmte Weise.

Sowohl die Aequivalenz-Definition X' als die hier daran geknüpften Darlegungen beziehen sich ausschliesslich auf reine Formen erster Stufe, d. h. also auf solche Formen

$$M'u' + M''u'' + M'''u''' + \cdots,$$

für welche die (schon in § 14) mit $Fm\,(M'u' + M''u'' + M'''u''' + \cdots)$ bezeichnete Form *eigentlich* primitiv ist. Sie genügen aber vollständig für den einfachsten Fall der algebraischen Zahlen, wo keine Divisoren höherer Stufen existiren; sie genügen ferner, um die allgemeine Bedeutung zu würdigen, welche die Einführung der ganzen algebraischen Formen für die Theorie der algebraischen Grössen hat, und auch um die Art und Weise zu erkennen, in welcher die Resultate auf die Formen höherer Stufen auszudehnen sind.

Die „ganzen" Grössen irgend eines natürlichen Rationalitäts-Bereichs mit den Elementen $\mathfrak{R}'$, $\mathfrak{R}''$, $\mathfrak{R}'''$....., d. h. also die ganzen ganzzahligen

Functionen beliebig vieler unabhängiger Variabeln $\Re$ sind, wie in § 4 dargelegt ist, in irreductible Factoren zerlegbar, und zwar nur auf eine einzige, also bestimmte Weise. Der Nachweis hierfür beruht einzig und allein darauf, dass

> erstens ein Verfahren angegeben wird, mittels dessen die Zerlegung einer solchen Grösse in Factoren, die dem festgesetzten Grössenbereich angehören, bewirkt, also auch die Irreductibilität erkannt werden kann, und dass

> zweitens der grösste gemeinsame Theiler zweier Grössen, also wenn sie gegen einander relativ prim sind, die Zahl Eins als lineare homogene Function derselben dargestellt werden kann und zwar mit Coëfficienten, welche ebenfalls dem festgesetzten Grössenbereich entnommen sind.

Bezeichnet man dies als die beiden Erfordernisse der eindeutigen Zerlegung in irreductible Factoren, so ist bekanntlich das zweite nicht mehr allgemein erfüllt, sobald man von einem natürlichen Rationalitäts-Bereich zu Gattungs-Bereichen übergeht, und die dadurch bestimmten Grössenbereiche nicht weiter verändert. Erweitert man aber diesen Grössenbereich durch die Gesammtheit der ganzen algebraischen *Formen* des Gattungs-Bereichs, so wird dem zweiten Erforderniss entsprochen, und es wird in dieser erweiterten Sphäre algebraischer Gebilde immer noch sowohl jenem ersten als auch dem allgemeineren Erforderniss *der Erhaltung der algebraischen Rechnungsgesetze* vollkommen genügt, mit der einzigen Massgabe, dass durchweg an Stelle der Gleichheit die absolute Aequivalenz treten muss. So bildet z. B. die Gesammtheit der Formen mit beliebig vielen Unbestimmten, deren Coëfficienten ganze algebraische *Zahlen* einer bestimmten Gattung sind, einen Bereich, in welchem alle Rechnungsoperationen sowie die einfachen Gesetze der gewöhnlichen ganzen Zahlen in vollem Umfange Geltung haben. Ebenso bleibt beim Uebergang von ganzen rationalen Functionen variabler $\Re$ zu ganzen algebraischen Functionen die eindeutige Zerlegbarkeit in irreductible Divisoren (erster Stufe) bestehen (vgl. XIII), wenn die Gesammtheit der Formen erster Stufe, unter welche die ganzen algebraischen Functionen selbst mit gehören, assoclirt wird. Wenn endlich zur vollständigen Entwickelung der Theorie der ganzen (rationalen und algebraischen) Functionen variabler Grössen $\Re$ auch die *Systeme* von Divisoren mit in Betracht gezogen werden, so ist die Association der Formen für die Erhaltung der Gesetze der Zerlegbarkeit erforderlich und ausreichend und zwar, was wohl zu beachten ist, ebenso bei natürlichen wie bei Gattungs-Bereichen, so dass der Uebergang vom Rationalen zum Algebraischen auch hierin keinen Unterschied bedingt.

Bei der Definition der algebraischen Divisoren in §§ 14 und 15 und also auch bei deren Zerlegung ist von Divisoren höherer Stufen abstrahirt; die dort als primitiv bezeichneten Formen sind nicht *eigentlich* primitiv und können daher noch Divisoren höherer Stufen enthalten, und die Definition (§ 15, VIII) der Aequivalenz algebraischer Divisoren begründet also für die Formen, aus denen sie gebildet sind, nur eine „Aequivalenz *erster Stufe*". Bei jenen ersten Entwickelungen in Bezug auf die Divisoren sollte eben zur Erleichterung der Uebersicht nur der eine Schritt aus dem Gebiete der ganzen rationalen Functionen in das der algebraischen und nicht zugleich der andere Schritt von den Divisoren erster zu denen zweiter Stufe gemacht werden. Aber nachdem in den §§ 20 und 21 erst für natürliche und dann für beliebige Rationalitäts-Bereiche die Divisoren der verschiedenen Stufen eingeführt und behandelt worden sind, können auch die obigen Definitionen und Ergebnisse von den Formen erster Stufe auf die Formen höherer Stufe übertragen werden. An die Stelle der Definitionen IX′, X′ treten die allgemeineren für reine Formen $\mathfrak{m}^{\text{ter}}$ Stufe:

IX⁰. Bedeuten F_1, F_2, ... F_m ganze algebraische Formen, welche sämmtlich dieselben Coëfficienten haben und sich also nur durch die Systeme der Unbestimmten von einander unterscheiden, so ist eine dieser Formen in einer Form F_0 enthalten, wenn F_0 einer ganzen homogenen Function der $\mathfrak{m}$ Formen F_1, F_2, ... F_m im Sinne der Definition X′ absolut äquivalent ist.

X⁰. Zwei Formen sind absolut äquivalent, wenn sie sich gegenseitig enthalten.

In der Definition IX° ist die für die Formen erster Stufe gegebene Aequivalenz-Bestimmung X' benutzt, implicite also auch in der Definition X°, welche auf jene erstere zurückgreift; aber jene Aequivalenz-Bestimmung X' würde für Divisoren m^{ter} Stufe zu eng und also nicht ausreichend sein. Die Aequivalenz-Bestimmung im Sinne der Definition X° ist eine Folge derjenigen nach der Definition X', aber nicht umgekehrt diese eine Folge jener.

Da bei jeder naturgemässen Aequivalenz-Bestimmung alle Formen mit denselben Coëfficienten einander äquivalent sein müssen, so kann die Definition X° auf zwei solche Formen angewendet werden. Alsdann muss eine Form m^{ter} Stufe F, welche für andere und andere Systeme von Unbestimmten, wie oben in IX° mit F_1, F_2, $\ldots F_m$ bezeichnet werden möge, im Sinne der Aequivalenz-Bestimmung X' als homogene lineare Function von F_1, F_2, $\ldots F_m$ darstellbar sein. Dies kann zugleich als Definition für die Stufenzahl m einer reinen Form F gelten, wenn nur noch hinzugefügt wird, dass keine kleinere Zahl als m bei jener Darstellung ausreicht. Die allgemeine auf Formen aller Stufen bezügliche Aequivalenz-Bestimmung X° ist ebenso wie jene speciellere X', welche für Formen erster Stufe gegeben worden ist, mit der früheren auf die Transformation gegründeten Definition der Aequivalenz in genauer Uebereinstimmung; sie gestattet auf Grund der Entwickelungen in den §§ 20 und 21 und nur, wie dort, mit Ausschliessung der Formen, die mehrfache Factoren enthalten, die Aufstellung des allgemeinen Satzes über die Zerlegung ganzer algebraischer Formen in ihre irreductibeln Factoren der verschiedenen Stufen, welcher als ein Hauptresultat hervorzuheben ist:

XIII°. Jede ganze algebraische Form ist im Sinne der absoluten Aequivalenz X° als Product von irreductibeln Formen (Primformen) darstellbar, und zwar nur auf eine einzige, also völlig bestimmte Weise.

Dieser Satz zeigt, dass die Fundamentalgesetze der gewöhnlichen Zahlen auch in der allgemeinsten Sphäre algebraischer Grössen — bei Association der algebraischen Formen — noch Geltung behalten, und er legt zugleich jenes allgemeine Resultat der Eliminations-Theorie, welches in § 10 entwickelt worden ist, in dem umfassenderen Sinne der arithmetischen Theorie der algebraischen Grössen dar. Denn wenn G', G'', G''', $\ldots$ ganze ganzzahlige Functionen von $n-1$ unabhängig veränderlichen Grössen $\Re'$, $\Re''$, $\Re'''$, $\ldots$

und U', U'', U''', ... die verschiedenen Producte von Potenzen unbestimmter Grössen u', u'', u''', ... bedeuten, so ist

$$(F) \qquad\qquad G'U' + G''U'' + G'''U''' + \cdots$$

nach § 15, I eine ganze rationale Form des Bereichs $[\mathfrak{R}', \mathfrak{R}'', \mathfrak{R}''', \ldots]$, und durch die Gleichung

$$G'U' + G''U'' + G'''U''' + \cdots = 0,$$

welche das Gleichungssystem

$$(G) \qquad\qquad G' = 0, \quad G'' = 0, \quad G''' = 0, \quad \ldots$$

repräsentirt, werden nach § 10 algebraische Beziehungen zwischen den Veränderlichen $\mathfrak{R}$ hergestellt, deren nähere Darlegung a. a. O. als die Aufgabe der Eliminations-Theorie bezeichnet ist. Wird nun die Form (F) nach XIII° als Product von Primformen dargestellt, so sind diese insofern von zweierlei Charakter, als die einen für besondere Werthe der Variabeln $\mathfrak{R}$ gleich Null werden, die anderen aber nicht. Zu den letzteren gehören z. B. Primzahlen, welche etwa Divisoren von (F) sind. Die ersteren Primformen aber, welche nur von den ersten $n-1$ Stufen sein können, ergeben, gleich Null gesetzt, die verschiedenen irreductibeln Resolventen des Gleichungssystems (G), und die Systeme von Gleichungen, welche dadurch entstehen, dass die einzelnen Coëfficienten je einer der Primformen gleich Null gesetzt werden, bilden die einzelnen, den verschiedenen Stufen angehörigen irreductibeln Theile jenes ursprünglichen Systems (G).

Die Association der ganzen algebraischen Formen, zu welcher die weitere Ausbildung jenes „methodischen Hülfsmittels der unbestimmten Coëfficienten" geführt hat, bewirkt, wie das obige Hauptresultat XIII° zeigt, „die Erhaltung der Begriffsbestimmungen und Gesetze beim Uebergang vom Rationalen zum Algebraischen", welche im Anfange des § 20 als Forderung aufgestellt worden ist; sie gewährt den „einfachsten" erforderlichen und hinreichenden Apparat, um die arithmetischen Eigenschaften der allgemeinsten algebraischen Grössen „vollständig" und „auf die einfachste Weise" darzulegen.

Die hervorgehobenen Ausdrücke sind dem ersten Satze von Herrn *Kirchhoff's* Mechanik entnommen, in welchem als die Aufgabe der Mechanik bezeichnet wird, die in der Natur vor sich gehenden Bewegungen *vollständig* und *auf die einfachste Weise* zu beschreiben. In dem Worte „beschreiben" wird hierbei mit Recht ein Hinweis auf den zu benutzenden wissenschaftlichen Apparat gegeben, und die *Kirchhoff'*sche Forderung der Einfachheit ist ebensowohl auf die Mittel der Beschreibung als auf diese selbst zu beziehen. An sich könnte freilich die einfachste Darlegung mechanischer Vorgänge, auch wenn sie die ausgebildetsten Mittel der Analysis in Anspruch nimmt, genügend erscheinen, aber jener andere Vorzug der einfachsten Mittel, wie ihn *Dirichlet's* Anfsatz über die Stabilität des Gleichgewichts*) zeigt, erfüllt, was die zweite *Kirchhoff'*sche Forderung im höheren Sinne verlangt, dass die einfachsten Quellen der Erkenntniss aufzusuchen sind.

Die Association der Formen hat in der arithmetischen Theorie der algebraischen Grössen genau dieselbe Nothwendigkeit für sich wie die Association der imaginären zu den reellen Grössen in der Analysis und ist überhaupt in vielfacher Hinsicht damit vergleichbar. Ganz ähnlich wie die Linie der reellen Zahlen durch die „laterale Einheit"**) zur Ebene der complexen Zahlen sich ausdehnt, wird ein Grössenbereich $[\mathfrak{R}', \mathfrak{R}'', \mathfrak{R}''', \ldots]$ durch die Unbestimmten der ganzen algebraischen Formen gewissermassen in Bezug auf seine „Dimension" erweitert, und *genau* ebenso wie der biquadratische Restcharakter in der Linie der reellen Zahlen nur von Punkten zu beiden Seiten derselben zu erkennen ist, sind die Gesetze der Erscheinungen an der Grenze des *Formengebietes*, welche durch den ursprünglichen *Grössen*bereich gebildet wird, in der einfachsten Weise nur von Standpunkten aus darzulegen, welche im Innern des Gebietes der den Grössen associirten Formen liegen. So wie es ferner wohl angeht, die Eigenschaften der Functionen von $x + yi$ auch als solcher von x und y „vollständig" zu entwickeln, so können auch an Stelle der Formen erster Stufe die Systeme ihrer Coëfficienten als Modulsysteme nach § 21 „vollständig" behandelt werden. In dem

---

*) Journal f. Mathematik Bd. 82, S. 85[1]).
**) *Gauss'* Werke Bd. II, S. 178.

[1]) *G. L. Dirichlet*, gesammelte Werke. Band II.   H.

einen wie im anderen Falle würde jedoch bei solcher Behandlungsweise der zweiten *Kirchhoff*'schen Forderung nicht genügt und das Wesentlichste der Einsicht und Erkenntniss entgangen sein.

Wenn einerseits die Zweckmässigkeit der Association der Formen durch die fast überraschende Einfachheit und Allgemeinheit der erzielten Resultate dargethan wird, so erscheint sie andererseits bei Bereichen mit variabeln Grössen $\Re$ auch vollkommen *angemessen,* weil die hinzugefügten algebraischen Gebilde ganz in der Sphäre der Betrachtung bleiben, und zwar so sehr, dass es vielmehr Sorgfalt erfordert, die Unbestimmten der Formen (u) von den Unbestimmten oder Variabeln ($\Re$), welche die Elemente des Bereichs bilden, nach ihren ganz verschiedenen Stellungen in der Entwickelung gehörig aus einander zu halten*). Aber für die aus dem absoluten Rationalitäts-Bereich $\Re = 1$ hervorgehenden Gattungs-Bereiche, d. h. also für Bereiche algebraischer *Zahlen,* hat die Association der Formen mit ganzen algebraischen Coëfficienten auf den ersten Blick etwas Fremdartiges; jedoch braucht man nur an die *Gauss*'sche Einführung der quadratischen Formen in die reine Arithmetik zu erinnern, um den Schein des Fremdartigen aufzuheben. Vor *Gauss.* kannte man nur quadratische Formen der *Zahlen;* erst *Gauss* hat bei den quadratischen Formen den früheren beschränkten Gesichtspunkt, bei welchem nur die Darstellbarkeit der Zahlen ins Auge gefasst wurde, fallen gelassen und Formen mit wirklichen „Unbestimmten" (indeterminatae) in die Arithmetik eingeführt. Diese ganz neue und von der früheren völlig abweichende Auffassung der quadratischen Formen ist eine der bewundernswerthesten Conceptionen seines weit- und scharfblickenden Geistes. Welche Wichtigkeit er selbst der Einführung der Unbestimmten in die Arithmetik beigelegt hat, zeigt sich an vielen Stellen seiner neuen, in ihren Haupttheilen darauf gegründeten, systematischen Behandlung der quadratischen Formen, und es sind namentlich die späteren Theile der Entwickelung, die Composition der Formen, die Darstellung der ternären durch binäre Formen, welche darauf beruhen. Die Nebenstellung, welche *Gauss* den Unbestimmten x, y in der Form $ax^2 + 2bxy + cy^2$ anweist, charakterisirt

---

*) In § 10 kommt eine ähnliche Unterscheidung zwischen den Variabeln s und $\Re$ vor.

er gleich Anfangs durch die Bezeichnung (a, b, c), welche er für die Form einführt. Und in der That könnte die ganze *Gauss'*sche Theorie der binären quadratischen Formen $ax^2 + 2bxy + cy^2$, nachdem die Aequivalenz durch die Transformationsgleichungen der Coëfficienten erklärt ist, als eine Theorie der Systeme von drei Zahlen (a, b, c) aufgefasst und behandelt werden; aber wenn man so das Rechnungs-Substrat der Unbestimmten x und y ganz wegliesse, würde die Uebersicht der Operationen und Resultate bedeutend erschwert sein, und es würden auch wesentliche theoretische Gesichtspunkte damit verloren gehen. — Diese Darlegung kann auch zugleich als erläuterndes Beispiel für das oben erwähnte Verhältniss dienen, in welchem eine Theorie der abstracten Modulsysteme zur Theorie der mit dem Rechnungs-Substrat der Unbestimmten versehenen Formen steht.

Irgend eine Art der Association ist erforderlich; entweder der „analytische" oder der „dimensionale" Charakter der algebraischen Grössen muss erweitert werden, wenn beim Uebergange von der rationalen zur algebraischen Sphäre die Gesetze bezüglich der Zerlegung in Factoren vollständige Geltung behalten sollen. Während in der obigen Association der *Formen* eine dimensionale Erweiterung des ursprünglichen Grössenbereichs liegt, enthält jene Art der Association, welche in § 19 erwähnt worden ist, eine Modification des analytischen Charakters; denn die *Weierstrass'*schen *transcendenten* Primfunctionen waren den *algebraischen* Functionen einer Variabeln, und die singulären Moduln der elliptischen Functionen waren den aus Quadratwurzeln gebildeten, also durch Kreistheilungsgrössen rational darstellbaren, algebraischen Zahlen zu associiren. Auch die *Kummer'*schen idealen Zahlen sind, wenigstens begrifflich, associirte Gebilde, und dass hierbei, wie bei der obigen Association der Formen, an Stelle der Gleichheit eine gewisse Aequivalenz tritt, findet sich ganz ebenso bei *jeder* stufenweisen Gebietserweiterung der Arithmetik*), welche durch das Hinzunehmen neuer Gebilde, also durch „Associiren" erfolgt.

---

*) *Gauss'* Werke Bd. II, S. 175.

§ 28.

Die relative Aequivalenz der ganzen algebraischen Formen.

Im vorigen Paragraphen ist ein ganz beliebiger Rationalitäts-Bereich zu Grunde gelegt und von jeder Unterscheidung der natürlichen und Gattungs-Bereiche abgesehen worden; es war dies nicht nur zulässig, sondern auch angemessen, um deutlich zu zeigen, dass die dort gegebenen Entwickelungen keinerlei Unterscheidung zwischen rationalen und algebraischen Functionen erheischen. Aber für die in diesem und in den folgenden Paragraphen enthaltenen Darlegungen ist eine solche Unterscheidung wesentlich, und es soll für dieselben desshalb ein natürlicher Rationalitäts-Bereich $[\mathfrak{R}', \mathfrak{R}'', \mathfrak{R}''', \ldots]$ und eine bestimmte daraus hervorgegangene Gattung $\mathfrak{G}$ und Species $\mathfrak{S}$ algebraischer Grössen von vorn herein festgesetzt werden. Nunmehr lässt sich nach dem *Kummer*'schen Princip der Aequivalenz (vgl. § 19) für die allgemeinsten ganzen algebraischen Formen in analoger Weise, wie es in § 19 für die algebraischen Zahlen und Divisoren erster Stufe geschehen ist, der Begriff relativer (durch die besondere Art $\mathfrak{S}$ bedingter) Aequivalenz aufstellen.

I. Zwei Formen irgend welcher Stufe sind relativ äquivalent, wenn beide, mit derselben Form zusammengesetzt (§ 22, V), einer ganzen algebraischen Grösse der Art $\mathfrak{S}$, also einer nach § 15, V der Hauptclasse zugehörigen Form absolut äquivalent sind.

Die hier aufgestellte Bedingung der relativen Aequivalenz ist stets hinreichend, aber nur für Formen erster Stufe zugleich nothwendig, und es wird unten für Formen höherer Stufen die allgemeinere gegeben werden. Aber um dahin zu leiten, muss diese erste beschränktere Bedingung noch etwas modificirt werden.

Zwei Formen F und F', welche die aufgestellte Bedingung erfüllen, müssen Gleichungen

$$F \cdot \bar{F} \cdot \Phi = X\Psi, \qquad F' \cdot \bar{F} \cdot \Phi' = X'\Psi'$$

genügen, in denen X, X' ganze algebraische Grössen und $\bar{F}$, Φ, Ψ, Φ', Ψ'

ganze algebraische Formen der Species $\mathfrak{S}$ bedeuten, von denen die vier letzteren eigentlich primitiv sind. Hieraus folgt die Relation

$$F X' \Phi \Psi' = F' X \Phi' \Psi,$$

oder also, da $\Phi \Psi'$ und $\Phi' \Psi$ eigentlich primitive Formen der Species $\mathfrak{S}$ sind, die *absolute* Aequivalenz

$$F X' \sim F' X,$$

und zwar in dem engeren Sinne, *welcher bei der Benutzung der absoluten Aequivalenz für die relative überhaupt durchweg festzuhalten ist*)*, dass die primitiven — als Factoren zur Verwandlung der Aequivalenz in eine Gleichung dienenden — Formen ebenfalls der für den Begriff der *relativen* Aequivalenz massgebenden Species angehören. Rechnet man nun zur *Hauptclasse* der Formen von $\mathfrak{S}$ alle diejenigen, welche den (schon nach § 15, V dazu gehörigen) ganzen algebraischen *Grössen* der Species $\mathfrak{S}$ in dem angegebenen engeren Sinne absolut äquivalent sind, so kann an Stelle der obigen Definition I eine Modification derselben gesetzt werden, welche der in § 22, X' gegebenen Begriffsbestimmung der absoluten Aequivalenz vollkommen analog ist.

> I'. Ganze algebraische Formen sind relativ äquivalent, wenn sie sich nur durch Factoren von einander unterscheiden, welche der Hauptclasse angehören. Im Sinne der relativen Aequivalenz verhalten sich also Formen der Hauptclasse wie Einheiten.

Diese Begriffsbestimmung der relativen Aequivalenz reicht auch für Formen höherer Stufe aus, wenn man darin die weiteren und allgemeineren, in § 22, VII und X° gegebenen Bestimmungen der Hauptclasse und der absoluten Aequivalenz für die engeren (§ 15, V u. § 22, X') substituirt.

Für die Formen *erster* Stufe ergeben sich ferner den in § 22, II und X aufgestellten Bedingungen der absoluten Aequivalenz entsprechende, nämlich:

---

*) Auch oben im § 19 (S. 320) ist die bei der relativen Aequivalenz benutzte absolute Aequivalenz der algebraischen Divisoren in dem engeren Sinne zu nehmen, dass der Zähler je eines algebraischen Divisors, dividirt durch den andern Divisor, gleich einer ganzen algebraischen Form *der festgesetzten Art* wird.

II. Zwei ganze algebraische Formen erster Stufe F, F' sind relativ äquivalent, wenn die Coëfficienten von F, multiplicirt mit einer ganzen algebraischen Grösse X', und die Coëfficienten von F', multiplicirt mit einer ganzen algebraischen Grösse X, so beschaffen sind, dass sich die einen als homogene lineare Functionen der anderen und zwar so darstellen lassen, dass die Coëfficienten der linearen Ausdrücke zum festgesetzten Art-Bereich ($\mathfrak{S}$) gehören.

III. *Lineare* ganze algebraische Formen erster Stufe sind relativ äquivalent, wenn sie, multiplicirt mit je einer ganzen algebraischen Grösse der Art $\mathfrak{S}$, durch lineare Substitutionen mit ganzen, dem Art-Bereich ($\mathfrak{S}$) angehörigen Coëfficienten in einander transformirt werden können.

Die Aufstellung analoger Transformations-Bedingungen für die relative Aequivalenz von Formen höherer Stufen muss noch vorbehalten bleiben. Diese Bedingungen werden sich wohl einfacher aus derjenigen Auffassung ergeben, welche in § 25 dargelegt ist, wonach ganze *algebraische* Formen m^{ter} Stufe eines Bereichs mit $\mathfrak{n} - 1$ Variabeln $\mathfrak{R}$ durch ganze *rationale* Formen $(m + 1)^{\text{ter}}$ Stufe eines Bereichs mit $\mathfrak{n}$ Variabeln $\mathfrak{R}$ zu ersetzen sind.

§ 24.

Die Fundamentalformen, insbesondere die linearen des algebraischen Zahlenreichs.

Um zu zeigen, dass die Darlegung der *allgemeinen* Eigenschaften der ganzen algebraischen Formen nur die einfachsten Mittel und namentlich keinerlei formalen Apparat erfordert, ist bisher von jeder „Reduction" der Formen abgesehen worden. Nunmehr soll aber eine solche Reduction auf gewisse „Grundformen" angegeben werden, um einige *speciellere* Entwickelungen daran knüpfen zu können.

Multiplicirt man die Elemente eines Modulsystems $(M', M'', M''', \ldots)$ der Gattung $\mathfrak{G}$ mit den sämmtlichen Elementen eines Fundamentalsystems von ($\mathfrak{G}$), so resultirt ein äquivalentes Modulsystem $(M_0', M_0'', M_0''', \ldots)$, welches die Eigenschaft hat, dass jede das Modulsystem (M_0) enthaltende ganze Grösse des Gattungs-Bereichs $\mathfrak{G}$ sich als homogene lineare ganze Function von M_0', M_0'', M_0''', ... mit ganzen dem Rationalitäts-Bereich $[\mathfrak{R}'$, $\mathfrak{R}''$, $\mathfrak{R}'''$, ...], also dem *Stammbereich* angehörigen Coëfficienten darstellen lässt. *Alle* durch diese Eigenschaft charakterisirten Systeme (M_0) — und es existiren solche auch in jeder besonderen *Species* $\mathfrak{S}$ — gestatten hiernach eine speciellere als die bisher angewendete Darstellungsweise, bei welcher Coëfficienten der Gattung oder der Species selbst zugelassen wurden, und wenn diese auch, wie sich zeigen wird, von besonderem Interesse ist, so darf man sich doch nicht auf die Anwendung der specielleren Systeme (M_0) beschränken, weil man sich dadurch mannigfacher Vortheile begeben würde. Die Systeme (M_0) können nach der in §§ 6 und 7 angegebenen Weise auf äquivalente mit möglichst wenig Elementen reducirt werden, und die Anzahl der Elemente dieser reducirten Systeme ist für $\mathfrak{R}=1$ immer gleich n, d. h. gleich der Zahl, welche die Ordnung der Art $\mathfrak{S}$ bezeichnet. Irgend eine daraus gebildete Form, d. h. also eine Form, deren Coëfficienten die Elemente jenes Modulsystems (M_0) sind, soll als „*Grundform*" oder „*Fundamentalform*" bezeichnet werden. Eine Form, deren Coëfficienten die verschiedenen Elemente eines Fundamental-systems der Species $\mathfrak{S}$ sind, ist demnach eine „*eigentlich primitive Funda-mentalform*".

Für den Fall des absoluten Rationalitäts-Bereichs $\mathfrak{R}=1$, auf welchen jetzt näher eingegangen werden soll, existiren für alle Formen äquivalente lineare Grundformen von n Gliedern

$$u'x' + u''x'' + \cdots + u^{(n)}x^{(n)},$$

in welchen x', x'', x''', ... ganze algebraische Zahlen des Art-Bereichs $(\mathfrak{S})$ bedeuten. Dies geht unmittelbar aus den vorstehenden allgemeineren Aus-einandersetzungen hervor; doch soll die dem Gedanken nach höchst einfache Entwickelung, welche zu solchen Grundformen führt, zur besseren Uebersicht für den vorliegenden elementarsten Fall $\mathfrak{R}=1$, hier noch ausführlich dar-gelegt werden.

Bedeuten $\mathfrak{x}'$, $\mathfrak{x}''$, $\mathfrak{x}'''$, ... irgend welche ganze algebraische Zahlen eines Gattungs-Bereichs $(\mathfrak{G})$, von denen wenigstens eine, z. B. $\mathfrak{x}'$, zur Gattung $\mathfrak{G}$ selbst gehört und also von der Ordnung n ist, so bilden nach § 5 die ganzen ganzzahligen Functionen von $\mathfrak{x}'$, $\mathfrak{x}''$, $\mathfrak{x}'''$, ... einen bestimmten mit $[\mathfrak{x}', \mathfrak{x}'', \mathfrak{x}''', ...]$ zu bezeichnenden Art-Bereich $(\mathfrak{S})$ des Gattungs-Bereichs $(\mathfrak{G})$; die *homogenen* ganzen Functionen von $\mathfrak{x}'$, $\mathfrak{x}''$, $\mathfrak{x}'''$, ..., d. h. diejenigen, welche bei der Darstellung als ganze Functionen kein von $\mathfrak{x}'$, $\mathfrak{x}''$, $\mathfrak{x}'''$, ... unabhängiges Glied haben und also homogene ganze *lineare* Functionen der Grössen $\mathfrak{x}$ mit Coëfficienten des Art-Bereichs $(\mathfrak{S})$ sind, füllen entweder den ganzen Bereich $(\mathfrak{S})$ aus, oder sie bilden einen Theilbereich $(\overline{\mathfrak{S}})$ von $(\mathfrak{S})$. Da schon die n^{te} Potenz jedes der Elemente $\mathfrak{x}$ sich als ganze ganzzahlige Function $(n-1)^{ten}$ Grades von $\mathfrak{x}$ darstellen lässt, so genügen alle diejenigen Producte von Potenzen der Elemente $\mathfrak{x}$, in welchen der Exponent kleiner als n ist, um jene homogenen Functionen sämmtlich als homogene ganze ganzzahlige lineare Functionen derselben auszudrücken. Bezeichnet man diese neuen, zur *linearen* Darstellung ausreichenden Elemente mit $\mathfrak{x}_0'$, $\mathfrak{x}_0''$, $\mathfrak{x}_0'''$, ..., so bildet das System $(\mathfrak{x}_0', \mathfrak{x}_0'', \mathfrak{x}_0''', ...)$ ein Modulsystem von jener besonderen schon oben erwähnten Beschaffenheit, vermöge welcher sich jede das Modulsystem enthaltende Zahl der Art $\mathfrak{S}$ als homogene lineare Function der Elemente mit ganzzahligen, also dem Stammbereich $\mathfrak{R} - 1$ angehörigen Coëfficienten darstellen lässt, und es ist auch für den Zweck dieser besonderen Darstellung offenbar jedem anderen $(\mathfrak{x}_1', \mathfrak{x}_1'', \mathfrak{x}_1''', ...)$ äquivalent, welches die Eigenschaft hat, dass jedes der Elemente des einen Systems eine homogene ganze ganzzahlige lineare Function des anderen ist. Denkt man sich nun in dem System $(\mathfrak{x}_0', \mathfrak{x}_0'', \mathfrak{x}_0''', ...)$ jedes der Elemente als homogene lineare Function von irgend welchen n derselben $\mathfrak{x}_0', \mathfrak{x}_0'', ... \mathfrak{x}_0^{(n)}$, die nur linear unabhängig sein müssen, dargestellt, so sind die Coëfficienten rationale, ganze oder gebrochene Zahlen; und wenn man in allen diesen Ausdrücken die ganzzahligen Coëfficienten durch Null ersetzt und die gebrochenen Coëfficienten auf die durch ganzzahlige Differenzen von ihnen verschiedenen, positiven, echten Brüche reducirt, so resultirt ein äquivalentes System $(\mathfrak{x}_0', \mathfrak{x}_0'', ... \mathfrak{x}_0^{(n)}, \mathfrak{x}_1^{(n+1)}, ...)$, welches die ersten n Elemente mit dem ursprünglichen System gemein hat. Falls dieses System überhaupt noch aus mehr als n Elementen besteht, so muss der lineare Ausdruck von $\mathfrak{x}_1^{(n+1)}$ durch $\mathfrak{x}_0', \mathfrak{x}_0'', ... \mathfrak{x}_0^{(n)}$ wenigstens *eines* dieser n Elemente, z. B. $\mathfrak{x}_0'$, wirklich enthalten. Der Coëfficient von $\mathfrak{x}_0'$ in dem linearen Ausdrucke ist dann ein echter Bruch, und es ist also die Discriminante der n ganzen algebraischen Zahlen $\mathfrak{x}_0'', \mathfrak{x}_0''', \ldots \mathfrak{x}_1^{(n+1)}$ kleiner als die Discriminante der ersten n Elemente $\mathfrak{x}_0', \mathfrak{x}_0'', \ldots \mathfrak{x}_0^{(n)}$. Da nun schon in dem System $(\mathfrak{x}_0', \mathfrak{x}_0'', \mathfrak{x}_0''', \ldots)$, von welchem ausgegangen wird, die ersten n Elemente als diejenigen angenommen werden können, deren Discriminante möglichst klein ist, so lässt sich das Resultat der obigen Deduction dahin formuliren,

> dass ein System von $n + 1$ oder mehr ganzen algebraischen Zahlen $(\mathfrak{x}_0', \mathfrak{x}_0'', \mathfrak{x}_0''', \ldots)$ entweder durch ein solches ersetzt werden kann, welches nur n von den Elementen $\mathfrak{x}_0$ enthält, oder durch ein solches, in welchem eine der Discriminanten kleiner ist als die kleinste von allen, die aus den Elementen des ersteren Systems zu bilden sind.

Da indessen die Möglichkeit der Verkleinerung der Discriminanten einmal aufhören muss, so folgt schliesslich, dass *jedes* Modulsystem von ganzen algebraischen Zahlen n^{ter} Ordnung $(\mathfrak{x}_0', \mathfrak{x}_0'', \mathfrak{x}_0''', \ldots)$ durch ein Fundamentalsystem $(x', x'', \ldots x^{(n)})$ von nur n Elementen zu ersetzen ist. Für den Fall, dass die Zahl Eins das fundamentale Modulsystem $(x', x'', \ldots x^{(n)})$ enthält, ist dasselbe ein Fundamentalsystem der Art $\mathfrak{S}$ oder des Art-Bereichs $(\mathfrak{S})$.

Wird der Inhalt der vorstehenden Auseinandersetzungen gemäss § 22 von den „Modulsystemen" auf die „Formen" übertragen, so ergiebt sich, dass in dem hier behandelten Falle jede Grundform einer linearen mit nur n Coëfficienten absolut äquivalent ist, und es kommt damit für die Theorie der ganzen algebraischen Formen, welche aus dem absoluten Rationalitäts-Bereich $\mathfrak{R} = 1$ hervorgehen, ein neues Element der Entwickelung hinzu. Um dies näher darzulegen, soll hier eine kurze übersichtliche Aufstellung dieser Theorie folgen, welche auch zeigen mag, dass die allgemeineren Resultate sich in der Anwendung auf diesen besonderen Fall vollständig bewähren.

Aus dem absoluten Rationalitäts-Bereich der rationalen Zahlen geht das Gesammtreich der ganzen algebraischen Formen hervor, deren Coëfficienten irgend welche ganze algebraische Zahlen sind. Alle ganzen rationalen Functionen von Formen des bezeichneten Formenreichs, speciell auch alle ganzen algebraischen Zahlen, gehören selbst dazu, und man bleibt also bei jeder ganzen rationalen Operation innerhalb des bezeichneten Gebiets. Diesem gesammten Formenreiche selbst, nicht den einzelnen Gattungs- und Art-Bereichen von ganzen algebraischen Formen, welche dasselbe in sich schliesst, gehören die Begriffe des Conjugirt-Seins, der Norm*), des Enthalten-Seins und der absoluten Aequivalenz der Formen an, den einzelnen Art-Bereichen aber die Begriffe der relativen Aequivalenz und der Fundamentalform, und für den Begriff der Irreductibilität der Form ist der Gattungs-Bereich massgebend.

Eine ganze rationale Form ist primitiv, wenn ihre Coëfficienten nicht sämmtlich einen gemeinsamen Theiler haben; eine ganze algebraische Form ist primitiv, wenn ihre Norm primitiv ist. In dem hier betrachteten Formenreiche sind alle primitiven Formen *eigentlich* primitiv. Die algebraischen Einheiten werden von der Gesammtheit der primitiven Formen mit umfasst, welche oben auch als Einheitsformen bezeichnet wurden. Eine Form F ist in einer anderen Form F_0 enthalten, wenn jeder Coëfficient von F_0 sich als eine ganze lineare homogene Function der Coëfficienten von F so darstellen lässt, dass die Coëfficienten dieser Function ganze algebraische Zahlen werden (vgl. § 22, I und § 21, II). Die zweite hiermit sich völlig deckende Begriffsbestimmung für das Enthalten-Sein von F in F_0 ist hier fast wörtlich nach § 22, IX' anzufügen: Eine Form F ist in F_0 enthalten, wenn eine primitive Form (Einheitsform) E existirt, für welche das Product $E \cdot F_0$ durch F, im gewöhnlichen Sinne des Wortes, theilbar wird. Zwei Formen sind absolut äquivalent, wenn sie sich gegenseitig enthalten. Jedes der Coëfficienten-Systeme äquivalenter Formen ist also durch das andere in linearer homogener Weise mit ganzen algebraischen Coëfficienten darstellbar, und der Quotient von zwei äquivalenten Formen ist gleich dem Quotienten von zwei primitiven. Dass Formen mit denselben Coëfficienten, die sich also nur durch die Unbestimmten von einander unterscheiden, absolut äquivalent sind, folgt unmittelbar aus der ersteren der beiden Aequivalenz-Bedingungen. Jede primitive Form (Einheitsform) ist äquivalent Eins, also eine „Einheit" im Sinne der absoluten Aequivalenz. In demselben Sinne ist alsdann eine

---

*) Nur der Begriff der „Partialnorm" gehört der einzelnen Gattung an.

46*

Form F, die in F_0 enthalten ist, als ein Theiler von F_0, und eine lineare homogene Function von zwei oder mehreren Formen $u'F' + u''F'' + \cdots$ mit den unbestimmten Coëfficienten u', u'', ... als der grösste gemeinschaftliche Theiler von F', F''', ... zu bezeichnen.

Bei Festsetzung eines bestimmten Gattungs-Bereichs ($\mathfrak{G}$) ist jede ganze algebraische Form nach § 22, XIII einem unveränderlichen Product irreductibler Formen (Primformen) äquivalent. Bei Festsetzung eines bestimmten *Art-Bereichs* ($\mathfrak{S}$) der Ordnung n ist jede ganze algebraische Form einer linearen Grundform desselben Bereichs absolut äquivalent, also auch speciell einer solchen, die eine lineare Function von nur n Unbestimmten u', u'', ... $u^{(n)}$ mit ganzen algebraischen dem Art-Bereich ($\mathfrak{S}$) angehörigen Zahlcoëfficienten ist, und es soll fernerhin in diesem Paragraphen der Ausdruck „Grundform" *nur* in der angegebenen engeren Bedeutung gebraucht werden. Primitive lineare Grundformen sind diejenigen, deren Coëfficienten ein Fundamentalsystem des Art-Bereichs ($\mathfrak{S}$) bilden und zwar ein solches von nur n Elementen. Ist eine lineare Grundform F in irgend einer Form F_0 enthalten, so lasst sie sich nach § 22, IX in F_0 dadurch transformiren, dass für die Unbestimmten von F *ganzzahlige Formen* mit den Unbestimmten von F_0 substituirt werden, d. h. Formen, deren Coëfficienten gewöhnliche ganze Zahlen sind. Wenn F_0 ebenfalls eine lineare Grundform ist, so sind auch die substituirten Formen linear, und es findet daher die Transformirbarkeit in dem gewöhnlichen Sinne des Wortes statt, dass die Form F in F_0 durch eine lineare ganzzahlige Substitution übergeführt werden kann. Für die absolute Aequivalenz linearer Grundformen ergiebt sich hieraus als nothwendige und hinreichende Bedingung, dass die eine in die andere durch eine ganzzahlige Substitution mit der Determinante Eins transformirt werden kann. Die Vergleichung mit der obigen auf die Composition gegründeten Aequivalenz-Bedingung führt daher zu dem Schluss, dass die Existenz einer Transformation von

$$\sum_h u^{(h)} x^{(h)} \quad \text{in} \quad \sum_k v^{(k)} y^{(k)} \qquad (h,\, k = 1,\, 2,\, \ldots\, n)$$

durch eine Substitution

$$u^{(h)} = \sum_k c_{hk} v^{(k)} \qquad (h,\, k = 1,\, 2,\, \ldots\, n)$$

oder

$$y^{(k)} = \sum_{h} c_{hh} x^{(h)} \qquad (h, k = 1, 2, \ldots n)$$

mit ganzzahligen Coëfficienten c, deren Determinante gleich Eins ist, zugleich die Existenz von zwei primitiven Formen E, E' mit den Unbestimmten u, v bedingt, für welche die Gleichung

$$(u'x' + u''x'' + \cdots + u^{(n)}x^{(n)}) \cdot E = (v'y' + v''y'' + \cdots + v^{(n)}y^{(n)}) \cdot E'$$

besteht. Eine solche Gleichung begründet nach § 15 die Aequivalenz der beiden aus den Linearformen gebildeten Divisoren

$$\mathrm{mod}\,[u'x' + u''x'' + \cdots + u^{(n)}x^{(n)}] \quad \text{und} \quad \mathrm{mod}\,[v'y' + v''y'' + \cdots + v^{(n)}y^{(n)}],$$

und die Entwickelungen a. a. O. geben das Mittel, geeignete primitive Formen E und E' zu bestimmen. Das Product

$$(u'x' + u''x'' + \cdots + u^{(n)}x^{(n)}) \cdot \mathrm{Fm}(v'y' + v''y'' + \cdots + v^{(n)}y^{(n)})$$

muss nämlich durch $v'y' + v''y'' + \cdots + v^{(n)}y^{(n)}$ theilbar und der Quotient alsdann, ebenso wie die mit Fm bezeichnete Form, primitiv sein. So sind, um ein einfaches Beispiel aus der durch $\sqrt{-31}$ bezeichneten Species ganzer algebraischer Formen anzuführen, die drei Formen

$$5u + (2 + \sqrt{-31})u', \quad (1 + 3\sqrt{-31})v + (1 - 2\sqrt{-31})v', \quad 5w + (1 - 2\sqrt{-31})w'$$

einander absolut äquivalent. Nur die ersten beiden sind Grundformen der Species, die dritte gehört einer darin enthaltenen Species an; desshalb sind auch die Substitutions-Coëfficienten bei den Transformationen der ersten beiden in einander und in die dritte gewöhnliche ganze Zahlen, aber bei der Transformation der dritten in eine der beiden ersten sind es ganze algebraische Zahlen der Species. In der That sind

$$\begin{aligned} u &= -v + v' & v &= 2u + u' & u &= w + w' & w &= u + 2(6 + \sqrt{-31})u' \\ u' &= 3v - 2v' & v' &= 3u + u' & u' &= -2w' & w' &= (4 - \sqrt{-31})u' \end{aligned}$$

die betreffenden Substitutionen; und die Gleichung

$$\frac{5u + (2 + \sqrt{-31})u'}{5w + (1 - 2\sqrt{-31})w'} = \frac{5uw + (2 + \sqrt{-31})u'w + (1 + 2\sqrt{-31})uw' - (12 - \sqrt{-31})u'w'}{5w^2 + 2ww' + 25w'^2}$$

legt den Quotienten der ersten und dritten Form als Quotienten von zwei primitiven Formen dar.

Die ganzen algebraischen *Zahlen* der Art $\mathfrak{S}$ und alle ihnen absolut äquivalenten Formen bilden die Hauptclasse derselben. Zwei Formen der Art $\mathfrak{S}$ sind einander relativ äquivalent, wenn sie, mit Formen der Hauptclasse multiplicirt, einander absolut äquivalent werden, d. h. also wenn sie sich im Sinne der absoluten Aequivalenz nur durch algebraische Zahlfactoren von einander unterscheiden. Im Sinne der relativen Aequivalenz verhalten sich also die Formen der Hauptclasse wie Einheiten (vgl. § 28, I'). Die Gesammtheit unter einander relativ äquivalenter Formen bildet je eine Formenclasse der Art $\mathfrak{S}$. Nach der zweiten, in § 28, II gegebenen Definition sind zwei Formen relativ äquivalent, wenn die *Verhältnisse* der Coëfficienten je einer derselben in diejenigen der Coëfficienten der anderen durch eine lineare Substitution mit ganzen algebraischen Zahlcoëfficienten des Art-Bereichs $(\mathfrak{S})$ transformirbar sind. Wendet man diese Aequivalenz-Bestimmung auf die linearen Grundformen mit n Coëfficienten an, so ergiebt sich als nothwendige und hinreichende Bedingung dafür, dass

$$u'x' + u''x'' + \cdots + u^{(n)}x^{(n)} \quad \text{relat. äqu.} \quad v'y' + v''y'' + \cdots + v^{(n)}y^{(n)}$$

ist, die Existenz einer Substitution

$$x' : x'' : \cdots : x^{(n)} = \sum_k c_{1k}y^{(k)} : \sum_k c_{2k}y^{(k)} : \cdots : \sum_k c_{nk}y^{(k)} \qquad (k=1, 2, \ldots n),$$

bei welcher die n^2 Coëfficienten c ganze Zahlen mit der Determinante Eins sind. Diese Aequivalenz-Bedingung ist besonders hervorzuheben, insofern eine völlig neue Auffassungs- und Behandlungsweise der ganzen algebraischen Zahlen eines bestimmten Art-Bereichs $(\mathfrak{S})$ darauf gegründet werden kann. Die ganze Theorie charakterisirt sich dann als eine solche der *Proportionen* von n Zahlen der festgesetzten Species, welche begrifflich in Systeme zusammen zu fassen sind. Ich beabsichtige in einer nächsten Abhandlung, in welcher ich die *speciellere* Theorie der ganzen algebraischen Zahlen entwickeln werde, auch auf diese Theorie der Proportionen näher einzugehen, und bemerke hier nur noch, dass ich durch meine Untersuchungen über die singulären Moduln der elliptischen Functionen zuerst auf den hier angegebenen Gesichtspunkt aufmerksam geworden bin; denn dort drängten sich mir die (im Allgemeinen) gebrochenen, durch Gleichungen $ax^2 + bx + c = 0$ definirten algebraischen Zahlen x, also die Verhältnisse zweier *ganzen* algebraischen Zahlen bestimmter Art, als Gegenstand arithmetischer Behandlung auf, und zwar in der Weise, dass die Aequivalenz-Bestimmung zweier durch die Gleichungen $ax^2 + bx + c = 0$, $a_0 x_0^2 + b_0 x_0 + c_0 = 0$ erklärten algebraischen Zahlen x und x_0 mit derjenigen der quadratischen Formen (a, b, c), (a_0, b_0, c_0) übereinkommt.

Gemäss der *dritten* in § 28, III aufgestellten Definition sind zwei lineare Grundformen (von n Gliedern) relativ äquivalent, wenn sie nach Multiplication mit ganzen algebraischen Zahlen der Species $\mathfrak{S}$ durch lineare Substitutionen, deren Coëfficienten gewöhnliche ganze Zahlen sind, in einander transformirt werden können. Diese Definition ist unmittelbar auf die zerlegbaren homogenen Formen n^{ten} Grades anzuwenden, welche aus den linearen Grundformen entstehen. Es seien nämlich

$$u'x' + u''x'' + \cdots + u^{(n)}x^{(n)}, \quad v'y' + v''y'' + \cdots + v^{(n)}y^{(n)}$$

einander relativ äquivalente lineare Grundformen der Species $\mathfrak{S}$; ferner seien x^0, y^0 ganze algebraische Zahlen der Species $\mathfrak{S}$, und es gehe

$$y^0(u'x' + u''x'' + \cdots + u^{(n)}x^{(n)})$$

in

$$x^0(v'y' + v''y'' + \cdots + v^{(n)}y^{(n)})$$

mittels einer Substitution

$$u^{(\lambda)} = c_{\lambda 1}v' + c_{\lambda 2}v'' + \cdots + c_{\lambda n}v^{(n)} \qquad (\lambda = 1, 2, \ldots n)$$

über, bei welcher die n^2 Substitutions-Coëfficienten $c_{\lambda k}$ gewöhnliche ganze Zahlen mit der Determinante *Eins* sind, so dass die Gleichung

$$(A) \qquad y^0 \cdot \sum_\lambda u^{(\lambda)}x^{(\lambda)} = x^0 \cdot \sum_k v^{(k)}y^{(k)} \qquad (\lambda, k = 1, 2, \ldots n)$$

unter der Transformations-Bedingung

$$(B) \qquad u^{(\lambda)} = \sum_k c_{\lambda k}\, v^{(k)}, \qquad |c_{\lambda k}| = 1 \qquad (\lambda,\, k = 1,\, 2,\, \ldots\, n)$$

besteht. Wird nun in (A) auf beiden Seiten die Norm genommen und zur Abkürzung

$$\mathrm{Nm}\, x^0 = X, \qquad \mathrm{Nm}\, y^0 = Y,$$

ferner gemäss den Bezeichnungen in § 14:

$$\mathrm{Nm}\,(u'x' + u''x'' + \cdots + u^{(n)}x^{(n)}) = P \cdot \mathrm{Fm}\,(u'x' + u''x'' + \cdots + u^{(n)}x^{(n)}),$$
$$\mathrm{Nm}\,(v'y' + v''y'' + \cdots + v^{(n)}y^{(n)}) = Q \cdot \mathrm{Fm}\,(v'y' + v''y'' + \cdots + v^{(n)}y^{(n)})$$

gesetzt, so resultirt die Gleichung

$$P \cdot Y \cdot \mathrm{Fm}\,(u'x' + u''x'' + \cdots + u^{(n)}x^{(n)}) = Q \cdot X \cdot \mathrm{Fm}\,(v'y' + v''y'' + \cdots + v^{(n)}y^{(n)}),$$

und es muss daher, da beide mit Fm bezeichneten Formen primitiv sind,

$$\mathrm{Fm}\,(u'x' + u''x'' + \cdots + u^{(n)}x^{(n)}) = \mathrm{Fm}\,(v'y' + v''y'' + \cdots + v^{(n)}y^{(n)})$$

sein, d. h. die eine dieser Formen muss in die andere durch die Substitution (B) übergehen. Die primitiven Formen

$$\mathrm{Fm}\,(u'x' + u''x'' + \cdots + u^{(n)}x^{(n)})$$

sind nichts Anderes als die „*allgemeinen, in Linearfactoren zerlegbaren, homogenen ganzen ganzzahligen Formen mit einer ihrer Dimension gleichen Anzahl von Unbestimmten*"; es sind dies diejenigen Formen, welche bisher hauptsächlich für die Verallgemeinerung der binären quadratischen Formen ins Auge gefasst worden sind. Da jedoch die Theorie derselben aus derjenigen der linearen Grundformen unmittelbar resultirt, so charakterisirt sie sich nur als ein gewisser *Theil* der allgemeinen Theorie der „*ganzen algebraischen Formen*". Aber diese Theorie hat nicht bloss den Vortheil grösserer Allgemeinheit für sich, sondern sie entspricht auch nicht minder den leitenden Gedanken der *Gauss*'schen Einführung von Unbestimmten in die Arithmetik als denjenigen der *Kummer*'schen Schöpfung der idealen Zahlen, und indem sie einerseits die Anwendung der unbestimmten Grössen überhaupt weiter entwickelt, andererseits die idealen Divisoren zu wirklichen algebraischen Ausdrücken mit unbestimmten Grössen umbildet, vermittelt sie die beiden „entgegengesetzten" Auffassungen der Theorie der zerlegbaren Formen und derjenigen der complexen Zahlen. Mit derselben Uebersichtlichkeit wie bei den *Kummer*schen idealen Zahlen lassen sich bei den ganzen algebraischen Formen alle aus der Compositions-Theorie hervorgehenden Resultate entwickeln, und ich habe dies schon in einer an Herrn *Schering's* Abhandlung über die Fundamentalclassen*) anknüpfenden Arbeit**) gezeigt, in welcher — nach der hier eingeführten Terminologie ausgedrückt — gewisse Beziehungen zwischen der Classenanzahl ganzer algebraischer Formen einer Gattung und derjenigen von Formen „enthaltener" Gattungen dargelegt sind. Aus denselben Principien lässt sich die einer elementareren Sphäre angehörige Bestimmung des Verhältnisses der Classenanzahlen für die verschiedenen Arten einer Gattung herleiten, und zwar desshalb in so einfacher Weise, weil die zu den Fundamentalclassen der Haupt-Art $\mathfrak{S}$ bei irgend einer anderen Art $\overline{\mathfrak{S}}$ hinzukommenden Classen nur Formen enthalten, welche Producte von primitiven Formen und von solchen ganzen algebraischen Zahlen der Haupt-Art $\mathfrak{S}$ sind, die sich in der Art $\overline{\mathfrak{S}}$ nur als gebrochene Zahlen darstellen lassen.

Die verschiedene Dichtigkeit in verschiedenen Classen zerlegbarer Formen wird in der ersten *Kummer'*schen Abhandlung mit Recht als ein wesentlicher Mangel der Theorie der zerlegbaren Formen gegenüber der Theorie der complexen Zahlen bezeichnet. Dieser Mangel rührt davon her, dass die Linearfactoren, welche als „ganze algebraische Formen" für sich zu behandeln sind, in den zerlegbaren Formen durch die Multiplication confundirt werden. Die ganzen algebraischen Formen haben also mit den *Kummer'*schen idealen Zahlen auch den Vorzug gemein, dass ihre Dichtigkeit

---

*) „Die Fundamentalclassen der zusammensetzbaren arithmetischen Formen" von *Ernst Schering* (Abhandlungen d. Königl. Gesellsch. d. Wissensch. zu Göttingen, Bd. XIV, 1869).

**) Monatsbericht der Berliner Akad. d. Wissensch. 1. Dec. 1870[1]).

[1]) Band I, S. 271 dieser Ausgabe von *L. Kronecker's* Werken.   H.

in jeder Classe dieselbe ist. Diese Vorbedingung eines sachgemässen Begriffes der Classenanzahl findet sich nämlich bei zerlegbaren Formen nicht erfüllt, wenn die conjugirten Linearfactoren nicht sämmtlich verschiedenen Gattungen angehören, und wenn die gewöhnliche (auf die lineare Transformation mit der Substitutions-Determinante Eins basirte) Aequivalenz-Bestimmung nicht modificirt wird. *Gauss* hat bei den quadratischen Formen eine solche Modification eingeführt, indem er die „*eigentliche* Aequivalenz" durch die Bedingung positiver Substitutions-Determinanten beschränkt; diese Weise der Beschränkung passt freilich nicht für Formen, welche mehr als zwei Unbestimmte enthalten, aber es lassen sich dann andere geeignete Beschränkungen aufstellen, und das massgebende Princip für die einzuführende Aequivalenz-Bestimmung ist,

> dass auf Grund derselben jede der Classen gleich dicht und ihre Anzahl möglichst klein werde.

Die ganzen algebraischen Formen haben endlich vor den zerlegbaren Formen das voraus, dass sie allen rationalen Rechnungsoperationen — nicht, wie diese, bloss dem in der Composition enthaltenen Multiplications-Verfahren — unterworfen werden können; sie können also, genau so wie gewöhnliche ganze Zahlen oder wie ganze Functionen von Variabeln, zu einander addirt, mit einander multiplicirt und auch durch einander dividirt werden, und wenn alsdann die Rechnungsresultate, d. h. die aus der Rechnung hervorgehenden Formen durch die ihnen absolut äquivalenten linearen Grundformen ersetzt werden, so tritt an die Stelle der Gleichheit die Aequivalenz.

§ 25.

Die Fundamentalgleichungen; die Discriminanten-Formen und ihre Divisoren der verschiedenen Stufen.

Wenn mit x', x'', ... $x^{(n+m)}$, wie in § 8, die Elemente eines Fundamentalsystems der Art $\mathfrak{S}$ bezeichnet und die n Conjugirten jedes Elements durch untere Indices von einander unterschieden werden, so bilden die $n(n+m)$ ganzen algebraischen Grössen

$$x_i^{(k)} \qquad (i=1, 2, \ldots n; \quad k=1, 2, \ldots n+m)$$

ein System, aus welchem das fundamentale System der Discriminanten hervorgeht, wenn man die verschiedenen Determinanten n^{ter} Ordnung des Systems $x_i^{(k)}$ bildet und jede derselben zum Quadrat erhebt. Nun ist schon a. a. O. eine „Form" gebildet worden, welche dieses Discriminanten-System vertritt, indem ein System von $m(m+n)$ „Unbestimmten"

$$x_h^{(k)} \qquad (h=n+1, n+2, \ldots n+m; \quad k=1, 2, \ldots n+m)$$

eingeführt und alsdann das Determinanten-Quadrat

$$\left| x_{h,}^{(k)} \right|^2 \qquad (h, k'=1, 2, \ldots n+m)$$

gebildet wurde. Es ist dies gemäss der Definition § 15, I eine ganze (rationale) Form des natürlichen Bereichs $[\mathfrak{R}', \mathfrak{R}'', \mathfrak{R}''', \ldots]$ mit den $m(m+n)$ Unbestimmten $x_{n+1}^{(k)}, x_{n+2}^{(k)}, \ldots x_{n+m}^{(k)}$, und diese kann durch jede ihr absolut äquivalente Form, z. B. auch durch eine lineare, ersetzt werden. Eine solche Form soll nunmehr als „*Discriminanten-Form* der Art $\mathfrak{S}$ oder des Art-Bereichs $(\mathfrak{S})$" bezeichnet werden; denn sie repräsentirt — wie die Darlegungen in § 8, verbunden mit den Entwickelungen in § 22, ergeben — den Complex der sämmtlichen Discriminanten des Art-Bereichs. Nämlich:

I. Die Discriminanten-Form ist der grösste gemeinschaftliche Theiler aller Discriminanten von je n ganzen algebraischen *Formen* des Art-Bereichs und als solcher dessen vollständige Invariante.

Wenn für einen Art-Bereich $(\mathfrak{S})$ ein Fundamentalsystem von nur n Elementen existirt, so gehört die Discriminanten-Form der Hauptclasse an, und an ihre Stelle tritt dann jene ganze rationale Form von $\mathfrak{R}', \mathfrak{R}'', \mathfrak{R}''', \ldots$, welche in § 8 „die Discriminante der Art" genannt worden ist.

Nach der im Anfange des vorigen Paragraphen aufgestellten Definition repräsentirt der Ausdruck

$$u'x' + u''x'' + \cdots + u^{(n+m)}x^{(n+m)}$$

eine „lineare, eigentlich primitive Fundamentalform" mit den Unbestimmten u, und soll, weil er die Art $\mathfrak{S}$ repräsentirt, wenn an Stelle der Unbestimmten u ganze Grössen des natürlichen Bereichs $[\mathfrak{R}', \mathfrak{R}'', \mathfrak{R}''', \ldots]$ treten, einfach mit $\mathfrak{S}$ bezeichnet werden. Wird das Product

$$\prod_i (x - u' x_i' - u'' x_i'' - \cdots - u^{(n+m)} x_i^{(n+m)}) \qquad (i=1, 2, \ldots n)$$

mit $\mathfrak{F}(x)$ und das Product

$$\prod_h (x - u' x_h' - u'' x_h'' - \cdots - u^{(n+m)} x_h^{(n+m)}) \qquad (h=n+1, n+2, \ldots n+m),$$

in welchem die Grössen x_h, wie oben, $m(m+n)$ Unbestimmte bedeuten, mit $F(x)$ bezeichnet, so genügt jene mit $\mathfrak{S}$ bezeichnete eigentlich primitive Fundamentalform der Gleichung

$$\mathfrak{F}(\mathfrak{S}) = 0,$$

welche desshalb die „*Fundamentalgleichung* des Art-Bereichs $(\mathfrak{S})$" genannt werden soll.

Dem in § 8 aufgestellten Determinantensatze kann auf Grund der späteren Entwickelungen eine einfachere Fassung gegeben werden. Dort lautete nämlich der Satz so, dass die $n(n-1)^{\text{te}}$ Potenz der Determinante von n linearen Ausdrücken

$$\sum_k a_{ik} u_k \qquad (i, k=1, 2, \ldots n)$$

eine lineare ganze homogene Function der Coëfficienten Φ ist, welche bei der Entwickelung des Productes

$$\prod_{h, i} \left(\sum_k a_{hk} u_k - \sum_k a_{ik} u_k \right) \qquad (h, i, k=1, 2, \ldots n;\ h \gtrless i)$$

auftreten. Da hiernach $|a_{ik}|^{n(n-1)}$ für das „Modulsystem" Φ congruent Null, also auch durch jede *Form* theilbar ist, deren Coëfficienten die Elemente dieses Modulsystems sind, so ist

$$|a_{ik}|^{n(n-1)} \qquad theilbar\ durch \qquad \prod_{h, i} \left(\sum_k a_{hk} u_k - \sum_k a_{ik} u_k \right) \qquad (h, i, k=1, 2, \ldots n),$$

im Sinne der absoluten Aequivalenz.

Die Discriminante der Gleichung $\mathfrak{F}(x) = 0$ ist ein Theiler der Discriminante der Gleichung $\mathfrak{F}(x) \cdot F(x) = 0$, und diese wiederum, gemäss jenem Determinantensatze, wie er hier formulirt worden ist, ein Theiler von

$$\left| x_k^{(h)} \right|^{\nu(\nu-1)} \qquad\qquad \left({}^{h,\,h'=1,\,2,\,\ldots\,\nu}_{\nu=n+m} \right).$$

Mit Benutzung des obigen Satzes I folgt also der Satz:

> II. Für jeden Art-Bereich ist die Discriminante der Fundamentalgleichung ein Theiler einer Potenz der Discriminanten-Form, und enthält daher ausser der Discriminanten-Form selbst nur noch Theiler derselben.

Werden alle einzelnen Elemente des Fundamentalsystems x', x'', x''', $\ldots$ als ganze Functionen $(n-1)^{\text{ten}}$ Grades von $\mathfrak{S}$ ausgedrückt, so erscheinen die Coëfficienten als Brüche, und zwar als ganze rationale Formen des Bereichs $[\mathfrak{R}', \mathfrak{R}'', \mathfrak{R}''', \ldots]$, dividirt durch die Discriminante der Fundamentalgleichung. In der reducirten Gestalt haben diese Brüche also nur solche Nenner, welche Theiler der Discriminante der Fundamentalgleichung sind. Denkt man sich alle diese Nenner, welche ganze ganzzahlige Functionen der Variabeln $\mathfrak{R}$ und der Unbestimmten u sind, nach § 4 in ihre irreductibeln Factoren zerlegt, und dieselben in zwei Gruppen gesondert, von denen die eine die (eigentlich oder uneigentlich) primitiven *Formen* (mit den Unbestimmten u), die andere die rationalen *Grössen* des Bereichs $[\mathfrak{R}', \mathfrak{R}'', \mathfrak{R}''', \ldots]$ umfasst, so kann die Discriminante der Fundamentalgleichung nur in *dem* Falle, nach Division durch die Discriminanten-Form, noch Theiler derselben enthalten, wenn überhaupt Factoren jener zweiten Gruppe vorkommen. Ist dies also nicht der Fall, so ist die Discriminante der Fundamentalgleichung der Discriminanten-Form äquivalent, wenigstens in jenem früheren weiteren Sinne, dass sich die eine von der anderen nur durch Factoren unterscheidet, welche (eigentlich oder uneigentlich) primitive Formen sind. Man findet aber leicht Beispiele von Art-Bereichen, für welche eine solche Aequivalenz nicht besteht, also die Discriminante der Fundamentalgleichung einzelne irreductible Divisoren der Discriminanten-Form, und zwar solche erster Stufe, in grösserer Anzahl enthält, als die Discriminanten-Form selbst. Anders verhält es sich bei der Haupt-Art, welche nunmehr allein betrachtet werden soll.

Sind x', x'', ... $x^{(n+m)}$ die Elemente des Fundamentalsystems der Haupt-Art $\mathfrak{S}$ oder der Gattung $\mathfrak{G}$, so soll die lineare eigentlich primitive Fundamentalform

$$u'x' + u''x'' + \cdots + u^{(n+m)}x^{(n+m)},$$

weil sie alle ganzen algebraischen Grössen der Gattung repräsentirt, mit $\mathfrak{G}$ bezeichnet werden. Wird nun für eine Variable $\mathfrak{R}$

$$\mathfrak{F}(\mathfrak{R}) = \prod_i (\mathfrak{R} - u'x_i' - u''x_i'' - \cdots - u^{(n+m)}x_i^{(n+m)}) \qquad (i=1,\,2,\,\ldots\,n)$$

gesetzt, die Discriminante der Gleichung $\mathfrak{F}(\mathfrak{R}) = 0$ mit $\mathfrak{D}$ und das Determinanten-Quadrat

$$\left| x_{h,}^{(k)} \right|^2 \qquad \left(\substack{h,\,k'=1,\,2,\,\ldots\,\nu \\ \nu=n+m} \right)$$

mit D bezeichnet, so soll

$\mathfrak{F}(\mathfrak{R}) = 0$ die „Fundamentalgleichung *der Gattung*",

$\mathfrak{D}$ die „Discriminante der Fundamentalgleichung *der Gattung*" und

D die „Discriminanten-Form *der Gattung*"

genannt werden. Nach dem obigen Satz I ist alsdann D der grösste gemeinschaftliche Theiler aller Discriminanten der Gattung, also auch ein Theiler von $\mathfrak{D}$, und nach dem Satze II ist $\mathfrak{D}$ wiederum ein Theiler von $D^{\frac{1}{2}\nu(\nu-1)}$. Bedeutet nun $\mathfrak{H}$ eine ganze algebraische Form, welche aus der Form $\mathfrak{G}$ entsteht, wenn die Unbestimmten u', u'', ... durch v', v'', ... ersetzt werden, unterscheidet man ferner die Conjugirten von $\mathfrak{G}$ und $\mathfrak{H}$, den conjugirten Werthen der Elemente x entsprechend, durch untere Indices von einander, so ist

$$\mathfrak{H}_i - \mathfrak{H}_k = \sum_h v^{(h)}(x_i^{(h)} - x_k^{(h)}) \qquad (h=1,\,2,\,\ldots\,n+m).$$

Dieser Ausdruck stellt eine ganze algebraische Form dar, welche nach § 17, II durch den algebraischen Divisor

$$\mod\left[\sum_h u^{(h)}(x_i^{(h)} - x_k^{(h)}) \right] \qquad \text{oder} \qquad \mod[\mathfrak{G}_i - \mathfrak{G}_k] \qquad (h=1,\,2,\,\ldots\,n+m)$$

theilbar ist, und nach der in § 14 eingeführten Bezeichnungsweise ist daher

$$\frac{\mathfrak{H}_i - \mathfrak{H}_k}{\mathfrak{G}_i - \mathfrak{G}_k} \cdot Fm\,(\mathfrak{G}_i - \mathfrak{G}_k)$$

eine ganze algebraische Form. Demgemäss ist auch

$$Fm\,(\mathfrak{G}_i - \mathfrak{G}_k) \cdot \sum_k \frac{\mathfrak{H}_i - \mathfrak{H}_k}{\mathfrak{G}_i - \mathfrak{G}_k} \qquad (k=1,2,\ldots i-1, i+1,\ldots n)$$

eine ganze algebraische Form und zwar von der Gattung $\mathfrak{G}_i$. Denkt man
sich $\mathfrak{H}$ als ganze Function $(n-1)^{\text{ten}}$ Grades von $\mathfrak{G}$ dargestellt, so erscheinen,
wie oben erwähnt, die Coëfficienten als Brüche mit Nennern, deren irre-
ductible Factoren dort in zwei Gruppen gesondert worden sind. Die Factoren
der ersten Gruppe, welche in den Nennern vorkommen, können nun, da sie
primitive Formen sind, weggeschafft werden, wenn $\mathfrak{H}$ mit einer dazu erforderlichen primitiven Form multiplicirt wird. Nachdem dies geschehen,
mögen alle diejenigen Glieder der Form weggelassen werden, in welchen
die Coëfficienten der Potenzen von $\mathfrak{G}$ *gans* sind. Ist alsdann $\mathfrak{G}^m$ die höchste
Potenz von $\mathfrak{G}$, welche in der resultirenden Form, die mit $\mathfrak{H}^0$ bezeichnet
werden möge, vorkommt, so ist der Coëfficient von $\mathfrak{G}^m$ ein Bruch, dessen
Nenner N, da er nur Factoren jener zweiten Gruppe enthält, eine Grösse
des Bereichs $[\mathfrak{R}', \mathfrak{R}'', \mathfrak{R}''', \ldots]$ ist. Derselbe Coëfficient bildet aber, multiplicirt mit $(n-m)$, den Coëfficienten von $\mathfrak{G}^{m-1}$, d. h. der höchsten Potenz
von $\mathfrak{G}$, in der Form

$$Fm\,(\mathfrak{G}_i - \mathfrak{G}_k) \cdot \sum_k \frac{\mathfrak{H}_i^0 - \mathfrak{H}_k^0}{\mathfrak{G}_i - \mathfrak{G}_k} \qquad (k=1,2,\ldots i-1, i+1,\ldots n),$$

und wenn also der Nenner N nicht eine in $(n-m)$ enthaltene Zahl ist, so
kann aus dieser Form auf die angegebene Weise eine neue gebildet werden,
welche in Beziehung auf $\mathfrak{G}$ nur vom $(m-2)^{\text{ten}}$ Grade ist. Solche Formen
können aber nicht von beliebig kleinem Grade m existiren, namentlich nicht
solche, für welche $m=0$ ist, und es ergiebt sich demnach, dass, wenn die
mit x', x'', $\ldots$ bezeichneten Elemente der Form $\mathfrak{H}$ als ganze Functionen
von $\mathfrak{G}$ dargestellt werden, in den Coëfficienten als Nenner nur eigentlich
primitive Formen und solche Factoren der Discriminanten-Form auftreten

können, welche uneigentlich primitive Formen mit den Unbestimmten u oder ganze Zahlen aus der Reihe 2, 3, ... $n-2$ sind. Diese Zahlenreihe kann noch weiter beschränkt werden, aber statt hierauf näher einzugehen, soll die wichtigere Bemerkung angefügt werden, dass diese Zahlenreihe und demnach die zweite Alternative überhaupt wegfällt, wenn die Gattung $\mathfrak{G}$ keine Conjugirte hat, also eine *Galois*'sche Gattung ist. In diesem Falle kann nämlich die Form

$$\frac{\mathfrak{H}_i^0 - \mathfrak{H}_k^0}{\mathfrak{G}_i - \mathfrak{G}_k} \cdot Fm\,(\mathfrak{G}_i - \mathfrak{G}_k)$$

selbst, weil sie alsdann ebenfalls zur Gattung $\mathfrak{G}$ gehört, an Stelle der oben daraus gebildeten Summe, zur Reduction verwendet werden, und wenn man diese aus $\mathfrak{H}^0$ gebildete Form mit $\mathfrak{H}'$ bezeichnet, dann aus $\mathfrak{H}'$ ebenso eine Form $\mathfrak{H}''$ u. s. w. bildet, so reducirt sich $\mathfrak{H}^{(m)}$ einfach auf den Coëfficienten, welcher in $\mathfrak{H}^0$ mit $\mathfrak{G}^m$ multiplicirt ist. Da dieser Coëfficient hiernach eine ganze rationale Grösse des Bereichs sein muss, so kann ein Nenner N der zweiten Gruppe überhaupt nicht vorkommen. Die vorstehende Deduction stimmt ihrem wesentlichen Inhalte nach mit derjenigen überein, welche ich in § 5 meiner Abhandlung „über die Discriminante algebraischer Functionen einer Variabeln*)" gegeben habe; aber mit Hülfe der in der vorliegenden Arbeit enthaltenen Entwickelungen konnte die Darstellung vereinfacht und der Kern der Sache bloss gelegt werden. Die Deduction zeigt,

III. dass für irgend eine Gattung $\mathfrak{G}$ die Discriminante der Fundamentalgleichung $\mathfrak{D}$ entweder mit der Discriminanten-Form der Gattung D im Sinne der vollständigen absoluten Aequivalenz (§ 22, X°) übereinstimmt oder doch, in demselben Sinne der Aequivalenz, ausser D selbst nur noch solche Divisoren von D enthalten kann, welche Formen höherer als erster Stufe oder — falls die Gattung $\mathfrak{G}$ Conjugirte hat — Zahlen aus der Reihe 2, 3, ... $n-2$ sind.

Ob in Wirklichkeit solche überflüssigen Zahlentheiler in der Discriminante

---

*) Journal für Mathematik, Bd. 91, S. 301 sqq.[1]).

[1]) Band II S. 193—236 dieser Ausgabe von *L. Kronecker's* Werken.　　　　H.

der Fundamentalgleichung vorkommen, habe ich noch nicht ermitteln können; ich habe mich vergeblich bemüht ein Beispiel dafür aufzufinden, habe aber ebensowenig vermocht das Gegentheil zu beweisen. Jene Beschränkung ist also vielleicht unnöthig; im Wesentlichen hat das aus dem obigen (III) abzuleitende fernere Resultat,

> IV. dass die gesammte arithmetische Theorie der algebraischen Grössen auf eine Theorie der ganzen ganzzahligen Functionen von Variabeln und Unbestimmten zurückgeführt werden kann,

seine Geltung; es ist für die früher allein betrachteten Divisoren erster Stufe auch von jeder Einschränkung zu befreien, und weil es auf diese angewendet und an denselben näher erläutert werden soll, möge es hiermit specieller formulirt werden:

> IV°. Die arithmetische Theorie der algebraischen Grössen eines durch $(\mathfrak{G}, \mathfrak{R}', \mathfrak{R}'', \ldots \mathfrak{R}^{(n-1)})$ bezeichneten Gattungs-Bereichs ist durch die Theorie der ganzen rationalen *„Formen"* eines natürlichen Rationalitäts-Bereichs von $\mathfrak{n}$ Variabeln $(\mathfrak{R}^0, \mathfrak{R}', \ldots \mathfrak{R}^{(n-1)})$ zu ersetzen, und zwar so, dass dabei an die Stelle der jenem Gattungs-Bereich angehörigen ganzen *algebraischen* Formen $\mathfrak{m}^{ter}$ Stufe diejenigen ganzen *rationalen* Formen dieses natürlichen Rationalitäts-Bereichs treten, deren Stufenzahl $\mathfrak{m}+1$ ist.

Einzig und allein die Formen höherer als erster Stufe, welche Factoren der Discriminanten-Form von $\mathfrak{G}$ sind, würden da, wo die obige zweite Alternative eintritt, eine besondere Behandlung (z. B. ein Zurückgehen auf eine höhere Gattung) erfordern; für die Formen erster Stufe aber soll jene principiell wichtige Reduction vom Algebraischen auf das Rationale hier vollständig dargelegt werden.

Es bedeute $\mathfrak{F}(\mathfrak{R})=0$, wie oben, die Fundamentalgleichung der durch $\mathfrak{G}$ bezeichneten Gattung, so dass $\mathfrak{F}(\mathfrak{G})=0$ wird; es sei ferner P eine irreductible ganze rationale Function der Variabeln $\mathfrak{R}', \mathfrak{R}'', \mathfrak{R}''', \ldots$, also eine Grösse des Rationalitäts-Bereichs $[\mathfrak{R}', \mathfrak{R}'', \mathfrak{R}''', \ldots]$, und es sei endlich mit $F(\mathfrak{R})$ irgend eine ganze Function von $\mathfrak{R}$, deren Coëfficienten Grössen desselben

Bereichs $[\mathfrak{R}', \mathfrak{R}'', \mathfrak{R}''', \ldots]$ sind, d. h. also eine ganze ganzzahlige Function von $\mathfrak{R}, \mathfrak{R}', \mathfrak{R}'', \mathfrak{R}''', \ldots$ bezeichnet. Alsdann lässt sich die nothwendige und hinreichende Bedingung dafür, dass

$$\mathrm{Nm}\, F(\mathfrak{G}) \equiv 0 \quad (\mathrm{mod.}\, P)$$

sei, dadurch ausdrücken, dass die beiden Formen

$$P + v\mathfrak{F}(\mathfrak{R}), \qquad P + vF(\mathfrak{R})$$

einen gemeinschaftlichen Theiler zweiter Stufe haben. Ist dies nämlich nicht der Fall, so kann die Resultante der Elimination von $\mathfrak{R}$ aus $\mathfrak{F}(\mathfrak{R})$ und $F(\mathfrak{R})$ nicht durch P theilbar sein, und da dieselbe in der Form

$$\Phi(\mathfrak{R})F(\mathfrak{R}) + \Psi(\mathfrak{R})\mathfrak{F}(\mathfrak{R})$$

dargestellt werden kann, so ist sie auch gleich $\Phi(\mathfrak{G})F(\mathfrak{G})$. Die Norm dieses Products $\mathrm{Nm}\,\Phi(\mathfrak{G}) \cdot \mathrm{Nm}\, F(\mathfrak{G})$ ist also die n^{te} Potenz der Resultante und folglich $\mathrm{Nm}\, F(\mathfrak{G})$ nicht durch P theilbar. Wenn aber andererseits jene beiden Formen einen gemeinsamen Theiler zweiter Stufe haben, so muss wenigstens einer der irreductibeln Factoren von $P + v\mathfrak{F}(\mathfrak{R})$ in $P + vF(\mathfrak{R})$ enthalten sein. Die erstere der beiden Formen ist eine Form zweiter Stufe, und ihre irreductibeln Factoren sind, wie nachher (S. 381) gezeigt werden soll, sämmtlich von einander verschieden. Wird von Formen höherer als zweiter Stufe abgesehen, d. h. werden diese äquivalent Eins angenommen, so wie es bei den algebraischen Divisoren in §§ 14 sqq. schon mit den Formen zweiter Stufe geschah, so lässt sich die Zerlegung durch folgende Aequivalenz darstellen:

$$(A) \qquad P + v\mathfrak{F}(\mathfrak{R}) \sim \big(P + v_1\mathfrak{F}_1(\mathfrak{R})\big)\big(P + v_2\mathfrak{F}_2(\mathfrak{R})\big)\cdots,$$

und es ist hiernach die auf alle Wurzeln der Gleichung $\mathfrak{F}_1(\mathfrak{R}) = 0$ bezogene Norm von $\mathfrak{F}(\mathfrak{R})$ durch P theilbar. Diese Norm ist ihrem absoluten Werthe nach mit $\mathrm{Nm}\,\mathfrak{F}_1(\mathfrak{G})$ identisch, so dass die Congruenz

$$(B) \qquad \mathrm{Nm}\big(P + v_1\mathfrak{F}_1(\mathfrak{G})\big) \equiv 0 \quad (\mathrm{mod.}\, P)$$

besteht. Die Voraussetzung, dass die Form $P + v\mathfrak{F}(\mathfrak{R})$ in $P + vF(\mathfrak{R})$ enthalten sei, hat demnach in der That die Congruenz

$$\mathrm{Nm}\big(P + v F(\mathfrak{G})\big) \equiv 0 \quad (\mathrm{mod.}\ P)$$

und also schliesslich auch die Congruenz

$$\mathrm{Nm}\, F(\mathfrak{G}) \equiv 0 \quad (\mathrm{mod.}\ P)$$

zur Folge.

Die obige Zerlegung der Form $P + v\mathfrak{F}(\mathfrak{R})$ in irreductible Formen zweiter Stufe kann aus der Zerlegung der Congruenz $\mathfrak{F}(\mathfrak{R}) \equiv 0$ (mod. P) in ihre (mod. P) irreductibeln Factoren hergeleitet werden. Wird nämlich eine solche Zerlegung durch die Congruenz

$$(C) \qquad \mathfrak{F}(\mathfrak{R}) \equiv f_1(\mathfrak{R})^{n_1} f_2(\mathfrak{R})^{n_2} \cdots \quad (\mathrm{mod.}\ P)$$

dargestellt, in welcher unter den Functionen $f_1(\mathfrak{R})$, $f_2(\mathfrak{R})$, ... irreductible, im Sinne der Congruenz modulo P, zu verstehen sind, so bedeutet diese Congruenz nichts Anderes als eine Gleichung

$$(C^o) \qquad \mathfrak{F}(\mathfrak{R}) = f_1(\mathfrak{R})^{n_1} f_2(\mathfrak{R})^{n_2} \cdots + P \cdot \bar{\mathfrak{F}}(\mathfrak{R}).$$

Da $\mathfrak{F}(\mathfrak{R})$ irreductibel ist, so kann der grösste gemeinschaftliche Theiler von $\bar{\mathfrak{F}}(\mathfrak{R})$ und $f_1(\mathfrak{R})^{n_1}$, im Sinne der Congruenz modulo P, nur eine Potenz von $f_1(\mathfrak{R})$ sein, deren Exponent kleiner als n_1 ist, und die Zerlegung von $\bar{\mathfrak{F}}(\mathfrak{R})$ liefert daher eine Gleichung

$$\bar{\mathfrak{F}}(\mathfrak{R}) = f_1(\mathfrak{R})^{m_1} f_2(\mathfrak{R})^{m_2} \cdots + P \cdot \bar{\bar{\mathfrak{F}}}(\mathfrak{R}),$$

in welcher $n_1 > m_1$, $n_2 > m_2$, ... ist. Zerlegt man hier wieder $\bar{\bar{\mathfrak{F}}}(\mathfrak{R})$ und fährt dann in derselben Weise fort, so gelangt man schliesslich zu einer Gleichung, in welcher die mit P multiplicirte Function von $\mathfrak{R}$, im Sinne der Congruenz modulo P, keinen der Factoren $f_1(\mathfrak{R})$, $f_2(\mathfrak{R})$, ... mehr enthält. Für einen dieser Factoren z. B. für $f_1(\mathfrak{R})$ resultirt daher eine Gleichung

$$(D) \qquad \mathfrak{F}(\mathfrak{R}) = f_1(\mathfrak{R})^{n_1} \varphi(\mathfrak{R}) + P f_1(\mathfrak{R})^{m_1} \varphi_1(\mathfrak{R}) + P^2 f_1(\mathfrak{R})^{h} \varphi_2(\mathfrak{R}) + \cdots + P^r \varphi_r(\mathfrak{R}),$$

in welcher $\varphi_r(\mathfrak{R})$, nach dem Modul P betrachtet, keinen Factor mit $\mathfrak{F}(\mathfrak{R})$

gemein hat, also $\mathrm{Nm}\,\varphi_r(\mathfrak{G})$ nicht durch P theilbar ist, und in welcher überdies die Bedingungen

$$n_1 \geqq r, \qquad m_1 \geqq r-1, \qquad l_1 \geqq r-2, \quad \ldots$$

erfüllt sind. Wenn nun in der Gleichung (D) für die Variable $\mathfrak{R}$ der Werth $\mathfrak{G}$ substituirt wird, so resultirt eine Gleichung für den Bruch

$$\frac{P}{f_1(\mathfrak{G})}\,\mathrm{Nm}\,\varphi_r(\mathfrak{G})\,,$$

welche denselben als *ganze* algebraische Form charakterisirt, und da dieser Bruch auch als ein solcher mit dem Nenner P dargestellt werden kann, so folgt, dass P ein Theiler der Discriminanten-Form und zwar, da P eine ganze rationale Grösse des Bereichs ist, zur zweiten Gruppe gehörig sein muss. Nach dem obigen Satze (III) existiren aber solche Theiler nicht, ausser etwa — falls die Gattung $\mathfrak{G}$ Conjugirte hat — Zahlen aus der Reihe $2, 3, \ldots n-2$. Wenn ferner P nicht Theiler der Discriminanten-Form und also auch nicht Theiler der Discriminante der Fundamentalgleichung ist, so ist überhaupt keiner der Exponenten $n_1, n_2, \ldots$ in der Congruenz (C) grösser als Eins. Es ergiebt sich also aus vorstehender Entwickelung, dass — abgesehen von dem Falle, wo P eine der Zahlen $2, 3, \ldots n-2$ und zugleich Theiler der Discriminanten-Form ist, und wo überdies die Gattung $\mathfrak{G}$ Conjugirte hat — stets

> die durch die Gleichung (C^0) definirte Function $\overline{\mathfrak{F}}(\mathfrak{R})$, im Sinne der Congruenz modulo P, relativ prim gegen die Function $\mathfrak{F}(\mathfrak{R})$ und daher $\mathrm{Nm}\,\overline{\mathfrak{F}}(\mathfrak{G})$ nicht durch P theilbar ist.

Das hier entwickelte Resultat begründet die vollkommene Regularität der durch die Congruenz (C) oder durch die Gleichung (C^0) dargestellten Zerlegung der Congruenz $\mathfrak{F}(\mathfrak{R}) \equiv 0 \ (\mathrm{mod.}\ P)$ in ihre irreductibeln Factoren. Es ergiebt sich daraus unmittelbar die Zerlegung von P in die irreductibeln algebraischen Divisoren der Gattung $\mathfrak{G}$, auf welche im Anfange des § 18 (S. 316) hingewiesen worden ist, nämlich

$$(A^0) \qquad P \sim \mathrm{mod}\,[P + \mathfrak{v}_1 f_1(\mathfrak{G})]^{n_1} \cdot \mathrm{mod}\,[P + \mathfrak{v}_2 f_2(\mathfrak{G})]^{n_2} \cdots,$$

so wie auch die Zerlegung der Form zweiter Stufe $P + \mathfrak{v}\,\mathfrak{F}(\mathfrak{R})$ in ihre irreductibeln Factoren:

$$(A') \qquad P + \mathfrak{v}\,\mathfrak{F}(\mathfrak{R}) \sim \big(P + \mathfrak{v}_1 f_1(\mathfrak{R})^{n_1}\big)\big(P + \mathfrak{v}_2 f_2(\mathfrak{R})^{n_2}\big)\cdots,$$

und es ist also in jener Aequivalenz (A)

$$\mathfrak{F}_1(\mathfrak{R}) = f_1(\mathfrak{R})^{n_1}, \qquad \mathfrak{F}_2(\mathfrak{R}) = f_2(\mathfrak{R})^{n_2}, \quad \ldots$$

zu nehmen. Hieraus ist auch, wenn $F(\mathfrak{R})$, wie oben, irgend eine ganze ganzzahlige Function von $\mathfrak{R}, \mathfrak{R}', \mathfrak{R}'', \ldots$ bedeutet, die Zerlegung der Formen

$$(E) \qquad\qquad F(\mathfrak{R}) + \mathfrak{v}\,\mathfrak{F}(\mathfrak{R})$$

(wie bei (A), im Sinne der Aequivalenz) herzuleiten. Unter den irreductibeln Formen zweiter Stufe, welche bei Fixirung von $\mathfrak{F}(\mathfrak{R})$ als Factoren der unendlich vielen Formen (E) auftreten, bilden diejenigen die Hauptclasse (im Sinne der relativen durch Fixirung von $\mathfrak{F}(\mathfrak{R})$ bedingten Aequivalenz, genau übereinstimmend mit der in § 28, I gegebenen Definition), welche unter den Formen (E) selbst vorkommen, also aus zwei Gliedern bestehen, deren eines $\mathfrak{F}(\mathfrak{R})$ selbst zum Coëfficienten hat. Im Uebrigen sind es nämlich Formen $P + \mathfrak{v}_\lambda f_\lambda(\mathfrak{R})^{n_\lambda}$, welche die irreductibeln Factoren der Formen (E) bilden.

Es ist wohl zu beachten, dass die Formen zweiter Stufe $P + \mathfrak{v}_\lambda f_\lambda(\mathfrak{R})^{n_\lambda}$, auch wenn $n_\lambda > 1$ ist, irreductibel sind. Die Zerlegung (A') der Formen $P + \mathfrak{v}\,\mathfrak{F}(\mathfrak{R})$ ergiebt also, wie oben (S. 878) schon im Voraus erwähnt worden ist, stets ungleiche irreductible Factoren; aber bei der Zerlegung (A^0) von P in algebraische Divisoren kommen dann und nur dann Divisoren mehrfach vor, wenn P ein irreductibler Factor der Discriminanten-Form ist. Ist dies nämlich nicht der Fall, so sind — wie schon oben (S. 380) hervorgehoben worden — die Zahlen $n_1, n_2, \ldots$ sämmtlich nur gleich Eins. Wenn andererseits P Factor der Discriminanten-Form ist, so muss wenigstens eine der Zahlen grösser als Eins sein, weil dann die Function $\mathfrak{F}(\mathfrak{R})$ mit ihrer nach $\mathfrak{R}$ genommenen Ableitung, im Sinne der Congruenz modulo P, einen gemeinsamen Theiler hat. Der hier bewiesene Satz kann dahin formulirt werden,

dass von den sämmtlichen irreductibeln ganzen rationalen Grössen eines Bereichs $[\mathfrak{R}', \mathfrak{R}'', \mathfrak{R}''', \ldots]$ nur alle diejenigen, welche Theiler der Discriminanten-Form der Gattung $\mathfrak{G}$ sind, irreductible algebraische Divisoren der Gattung mehrfach enthalten.

Für den Fall, wo die Gattung $\mathfrak{G}$ Conjugirte hat, kann der Satz ohne Weiteres aus der Geltung des Satzes für eine die Gattung $\mathfrak{G}$ enthaltende *Galois*'sche Gattung erschlossen werden.

Tritt an Stelle eines beliebigen Rationalitäts-Bereichs $[\mathfrak{R}', \mathfrak{R}'', \mathfrak{R}''', \ldots]$ der absolute der gewöhnlichen ganzen Zahlen, so ist P Primzahl und die oben eingeführte Grösse $\mathfrak{R}$ die einzige Variable; es existiren also keine Formen höherer als zweiter Stufe, und jene Zerlegung (A') der Form zweiter Stufe $P + \mathfrak{v}\mathfrak{F}(\mathfrak{R})$ in ihre irreductibeln Factoren gilt also im Sinne der vollständigen absoluten Aequivalenz (§ 22, X°). Der Sache nach stimmt jene Zerlegung mit derjenigen der Congruenz $\mathfrak{F}(\mathfrak{R}) \equiv 0 \pmod{P}$ überein, und die Benutzung *dieser* für die Zerlegung (A'') einer Primzahl P in ihre algebraischen Primtheiler oder (nach der *Kummer*'schen Ausdrucksweise) in ihre idealen Primfactoren ist ebenso einfach als natürlich. Wie schon in § 19 (S. 825) erwähnt, habe ich gleich im Anfange meiner Beschäftigung mit der Theorie der algebraischen Zahlen den Versuch gemacht, die Theorie der höheren Congruenzen dafür zu benutzen, und wenn man von den Factoren der Discriminante absieht, so gelingt dies auch in der elementarsten und leichtesten Weise. Denn bei der Uebertragung der *Kummer*'schen Definition der idealen Zahlen auf ganzzahlige Functionen einer Wurzel einer ganzzahligen Gleichung $\varphi(x) = 0$ handelt es sich nur darum, für die Coëfficienten einer ganzen ganzzahligen Function $\psi(x)$ die linearen Congruenz-Bedingungen aufzustellen, unter denen die Eliminations-Resultante von $\varphi(x)$ und $\psi(x)$ durch eine Primzahl p theilbar wird; offenbar müssen aber dann $\varphi(x)$ und $\psi(x)$, modulo p betrachtet, einen gemeinsamen Theiler haben, und jene Congruenz-Bedingungen bestehen also einfach darin, dass $\psi(x)$ irgend einen der modulo p irreductibeln Factoren von $\varphi(x)$, im Sinne einer Congruenz modulo p, als Theiler enthalten muss. Es ist dies fast nur eine andere Einkleidung jener elementaren Resultate, welche in der schon in § 21 (S. 338) citirten *Schönemann*'schen Abhandlung*) entwickelt sind. Ganz anders verhält es sich aber,

---

*) Journal f. Mathematik Bd. 31, S. 269.

wenn die Primfactoren der Discriminante mit in Betracht gezogen werden. Ein Versuch, auch diese in einer Theorie mit zu umfassen, welche auf jener beschränkten Darstellungsweise der complexen Zahlen (als ganze Functionen einer einzigen ganzen algebraischen Zahl) aufgebaut ist, liegt in der *Zolotareff*'schen Arbeit vor, die im neuesten Bande des *Resal*'schen Journals veröffentlicht ist. Dieser Versuch ist aber, wie ich glaube, verfehlt; und nach den von *Zolotareff* im Eingange seiner Arbeit citirten *Dedekind*'schen Publicationen aus dem Jahre 1871, in welchen mit voller Klarheit und Schärfe die Nothwendigkeit dargethan ist, jene beschränkte Grundlage der complexen Zahlentheorie aufzugeben, musste ein Versuch, dieselbe dennoch beizubehalten, von vorn herein, als der Natur der Sache widersprechend, aussichtslos erscheinen. Nicht bei irgend einer speciellen Gleichung einer Gattung algebraischer Zahlen, sondern nur bei der *Fundamentalgleichung*, deren Bildung sich einerseits auf die Construction des Fundamentalsystems und andererseits auf die Association der „Formen" stützt, ist jene Anknüpfung an die Theorie der höheren Congruenzen von Erfolg. Da in dem hier betrachteten Falle des absoluten Rationalitäts-Bereichs die Discriminanten-Form einer gewöhnlichen ganzen Zahl äquivalent ist, so kann diese selbst unter D verstanden werden, und der Quotient $\frac{\mathfrak{D}}{D}$ ist alsdann eine primitive Form mit den Unbestimmten u, welche nur, falls die Gattung $\mathfrak{G}$ Conjugirte hat, noch mit Potenzen von Primfactoren von D, die kleiner als $n-1$ sind, multiplicirt sein kann. Ist dies wirklich der Fall, so hat natürlich auch die Discriminante jeder speciellen Zahlengleichung der Gattung $\mathfrak{G}$ dieselben überflüssigen Factoren, aber auch wenn es nicht der Fall und der Quotient $\frac{\mathfrak{D}}{D}$ also nur eine primitive Form ohne Zahlenfactor ist, kann dieselbe doch für alle ganzzahligen Werthe der Unbestimmten u einen und denselben Theiler enthalten; denn dies tritt z. B. ein (vgl. § 8 am Schlusse, S. 273), wenn die primitive Form sich als ganze homogene Function von lauter Ausdrücken $u^p - u$ darstellen lässt und p Primzahl ist. Ein solcher Fall liegt bei einer von Herrn *Dedekind* angegebenen Gattung algebraischer Zahlen vor, die durch die kubische Gleichung $\alpha^3 - \alpha^2 - 2\alpha - 8 = 0$ definirt wird*). Hierbei ist,

---

*) *R. Dedekind*, „Ueber den Zusammenhang zwischen der Theorie der Ideale und der Theorie der höheren Congruenzen." Abhandlungen der Königl. Gesellschaft der Wissensch. zu Göttingen. Bd. 23, S. 30.

wenn u eine Unbestimmte bedeutet, $\alpha + \frac{4u}{u}$ Wurzel einer Fundamentalgleichung, und deren Discriminante enthält ausser D nur das Quadrat der primitiven Form $2u^3 + u^2 + u - 2$, welche allerdings für alle ganzzahligen Werthe von u durch 2 theilbar wird. Ich selbst habe bei meiner ersten Beschäftigung mit dieser Theorie im Jahre 1858 ein ähnliches Beispiel bei den dreizehnten Wurzeln der Einheit gefunden. Diese Beispiele zeigen eben nur, dass die Association der Formen nicht bloss in der allgemeinen Theorie der algebraischen Grössen, sondern selbst in der specielleren der algebraischen Zahlen der Natur der Sache entspricht. Doch darf hier nicht unerwähnt bleiben, dass merkwürdiger Weise auch bei dieser elementareren Frage der Darstellung der complexen Zahlen, ganz analog wie bei der höheren Frage der Darstellung ihrer Primtheiler, eine zweite Art der Association, nämlich die von algebraischen Zahlen höherer Ordnung, zu demselben Ziele führt. In der That sieht man leicht, dass die Unbestimmten jener primitiven Form, welche eine Wurzel der Fundamentalgleichung darstellt, stets als ganze *algebraische* Zahlen dem angegebenen Zwecke gemäss bestimmt werden können, und wenn man z. B. oben für u eine dritte Wurzel der Einheit setzt, so wird die primitive Form ihrem absoluten Werthe nach gleich Eins.

Kommen im Rationalitäts-Bereich überhaupt Variable $\Re$ vor, so enthält die Discriminanten-Form stets Formen höherer Stufen als mehrfache Theiler; sie bilden „die Singularitäten" der Discriminanten-Form, deren Untersuchung das grösste Interesse aber auch wohl grosse Schwierigkeiten bietet. Um so mehr ist es hervorzuheben, dass in einer von Herrn *Netto* neuerdings veröffentlichten Arbeit*), welche die algebraischen Probleme ebenfalls, wie es hier geschehen, im Geiste der Arithmetik behandelt, schon eine Reihe von Resultaten jener Art entwickelt sind. Um deren Bedeutung für die allgemeine Theorie der algebraischen Grössen darzulegen, muss ich an die aus einem Rationalitäts-Bereich $(\mathfrak{f}_1, \mathfrak{f}_2, \ldots \mathfrak{f}_n)$ hervorgehenden Gattungen anknüpfen, welche den Gegenstand der Erörterungen des § 12 bilden. Die ganzen alge-

---

*) *E. Netto*, „Zur Theorie der Discriminanten." Journal f. Mathematik, Bd. 90, S. 164.

braischen Grössen dieser Gattungen sind ganze Functionen der Variabeln x_1, x_2, ... x_n und also algebraische Functionen der mit f_1, f_2, ... f_n bezeichneten elementaren symmetrischen Functionen derselben n Variabeln x. In jeder dieser Gattungen existiren Fundamentalsysteme von nur ebenso viel Elementen, als die Ordnung der Gattung beträgt (vgl. § 12, S. 290), und diese Ordnung ist oben (§ 12, S. 286), wie auch a. a. O. von Herrn *Netto*, mit ϱ bezeichnet worden. An die Stelle der Discriminanten-Form tritt demnach[*]) eine „Discriminante der Gattung", und diese ist eine Potenz der Discriminante der Gleichung

$$x^n - f_1 x^{n-1} + f_2 x^{n-2} - \cdots \pm f_n = 0,$$

deren Exponent in der *Netto*'schen Arbeit bestimmt wird. Die Discriminante jeder einzelnen Gleichung der Gattung ist durch diese Discriminante der Gattung theilbar, und überdies enthält, wie von Herrn *Netto* gezeigt wird, jede der Gleichungs-Discriminanten (nach der hier angenommenen Terminologie) noch Divisoren-Systeme oder Formen höherer Stufe als Theiler, welche zugleich mehrfache Theiler der Discriminanten-Form selbst sind. Wenn diese *Netto*'schen Resultate sich, wie es mir wahrscheinlich ist, auch für die hier eingeführte Fundamentalgleichung verwenden lassen, so würden sie Beiträge zur Erkenntnis jener primitiven Form $\frac{\mathfrak{D}}{D}$ (namentlich in Bezug auf ihre Divisoren höherer Stufe) liefern, welche einen Hauptgegenstand der obigen Entwickelung (vgl. den Satz III) bildet.

Für einen natürlichen Rationalitäts-Bereich von $n-1$ Variabeln $(\mathfrak{R}', \mathfrak{R}'', \ldots \mathfrak{R}^{(n-1)})$ repräsentirt eine bestimmte Gattung algebraischer Grössen insofern eine $(n-1)$-fache Mannigfaltigkeit, als jedem System reeller Werthe der $n-1$ Variabeln $\mathfrak{R}$ eine Gattung algebraischer Grössenwerthe $\mathfrak{G}$ entspricht. Das Gleichungssystem, welches dadurch entsteht, dass die Discriminanten-Form D gleich Null gesetzt wird, definirt den „Ort" derjenigen Punkte der $(n-1)$-fachen Mannigfaltigkeit $\mathfrak{R}$, für welche alle Elemente des Fundamentalsystems und daher *alle* Grössen der Gattung mit conjugirten zusammenfallen, wo also der Gattungsbegriff eigentlich aufhört. Dieser Ort

---

[*]) Vgl. den oben (S. 371) an den Satz I angeschlossenen Zusatz.

ist im Allgemeinen eine $(n-2)$-fache Mannigfaltigkeit, aber es können auch „isolirte" Mannigfaltigkeiten geringerer Ausdehnung dazu gehören, wie ich schon an dem Beispiele der durch biquadratische Gleichungen definirten Gattungen gezeigt habe*). Die Mannigfaltigkeiten geringerer Ausdehnung werden von denjenigen Punkten $\Re$ erfüllt, ·für welche mehr als zwei conjugirte Reihen von Elementen des Fundamentalsystems, z. B. also drei Reihen oder zwei Paare von Reihen, mit einander identisch werden, und alle diese besonderen Mannigfaltigkeiten bilden die „Singularitäten" jener gesammten durch $D=0$ repräsentirten $(n-2)$-fachen Mannigfaltigkeit. Die für irgend eine Gattung $\mathfrak{G}$ — also allgemeiner als für eine einzelne *Gleichung* — zu bildenden *Sturm*'schen Reihen haben keine andere Bestimmung als die weitere Sonderung der durch die $(n-2)$-fache Mannigfaltigkeit $D=0$ von einander abgetrennten $(n-1)$-fach ausgedehnten Gebiete, gemäss der Anzahl reeller oder complexer Reihen conjugirter Elemente des Fundamentalsystems, und da diese Gebietstheile nur durch jene Singularitäten von einander geschieden sind, so ist für die Bildung einer *Sturm*'schen Reihe ganzer rationaler Functionen der Variabeln $\Re$ allein der Gesichtspunkt massgebend, dass sie, gleich Null gesetzt, $(n-2)$-fache Mannigfaltigkeiten darstellen sollen, welche bestimmte von jenen Singularitäten enthalten und im Uebrigen mit der Mannigfaltigkeit $D=0$ nichts gemeinsam haben. *Die ganze theoretische Bedeutung der Sturm'schen Reihen geht hiernach in jenen „Singularitäten der Discriminantenform" vollständig auf***); und diese Singularitäten selbst sind — von jenen Hülfsmitteln der Anschauung losgelöst und rein arithmetisch aufgefasst — nichts Anderes als

---

*) Vgl. meine beiden im Monatsbericht der Berliner Akademie vom Febr. 1878 veröffentlichten Mittheilungen, in denen überhaupt den obigen verwandte Entwickelungen gegeben sind [1]).

**) Es ist wohl zu unterscheiden zwischen dem ursprünglichen, klassischen *Sturm*schen *Verfahren* und den später so viel behandelten *Sturm*'schen Reihen oder Functionen. Jenes Verfahren bewährt sich gerade auch in denjenigen Entwickelungen, welche über den beschränkten Standpunkt der *Sturm*'schen Reihen hinaus führen. (Vgl. meine citirte Mittheilung im Monatsbericht d. Berl. Akademie vom Febr. 1878 S. 149[2].)

[1]) Ueber *Sturm*'sche Functionen. Bd. II S. 37—70. Ueber die Charakteristik von Functionensystemen. Band II S. 71—82 dieser Ausgabe von *L. Kronecker's* Werken.   H.
[2]) Band II S. 78 und 79 dieser Ausgabe.   H.

V. *die in der Discriminantenform als mehrfache Theiler enthaltenen Formen höherer Stufe.*

Aber diese arithmetische Auffassung greift in derselben Weise über jene „geometrische“ hinaus wie in § 22 XIII° (S. 852) bei der Zerlegung einer Form in ihre irreductibeln Factoren, wenn hier wie dort unter den Formen auch solche vorkommen, die für keinerlei Werthsysteme der Variabeln $\Re$ gleich Null werden und sich also der bildlichen geometrischen Darstellung entziehen. Dass aber gerade auch derartige Formen, unter diesen auch reine *Zahlen*, als Discriminanten-Theiler wirklich vorkommen und von wesentlicher Bedeutung sein können, dafür habe ich bei meinen arithmetischen Untersuchungen über die singulären Moduln ein Beispiel in den Gleichungen gefunden, von denen die Theilung der elliptischen Functionen mit unbestimmten Moduln abhängt.

Der eigentliche Ausgangspunkt für die vorliegende arithmetische Behandlung der algebraischen Grössen wurde in § 3 durch die Einschränkung der allgemeinsten Rationalitäts-Bereiche gewonnen; aber es mussten dabei die Gattungs-Bereiche noch neben den natürlichen in Betracht gezogen werden. Gleich nach Einführung der Gattungen wurden alsdann in § 8 die charakteristischen Invarianten derselben in den fundamentalen Systemen der Discriminanten ermittelt; aber der dortige Standpunkt gestattete noch keinen Einblick in ihren ganz verschiedenartigen Inhalt. Wenn jetzt in diesem Schlussparagraphen oben (IV) die weitere Einschränkung der Rationalitäts-Bereiche und hier (V) die Erkenntniss der verschiedenen Stufen der in der Discriminanten-Form enthaltenen Divisoren dargelegt werden konnte, so hat die arithmetische Theorie der algebraischen Grössen, indem sie in ihrer weiteren Entwickelung zur grösstmöglichen Vereinfachung und vollständigsten Klärung der eigenen Grundlagen geführt hat, ihre innere Wahrheit und Folgerichtigkeit dargethan.

DIE SUBDETERMINANTEN SYMMETRISCHER SYSTEME.

VON

L. KRONECKER.

Monatsberichte der Königlich Preussischen Akademie der Wissenschaften zu Berlin
vom Jahre 1882. S. 821—824.

DIE SUBDETERMINANTEN SYMMETRISCHER SYSTEME.

[Gelesen in der Akademie der Wissenschaften am 27. Juli 1882.]

I.

Bei Gelegenheit der Vorlesungen über die Theorie der Determinanten, welche ich in diesem Sommer an der hiesigen Universität halte, bin ich zu einigen, wie ich glaube, neuen Resultaten bezüglich der symmetrischen Systeme gelangt, die ich nebst ihren Anwendungen auf die algebraische Theorie der quadratischen Formen im Folgenden mittheilen will. Ich schicke zu diesem Zwecke Einiges über die Subdeterminanten *beliebiger* Systeme voraus.

Ich bezeichne zwei Systeme von n^2 Grössen

$$(a_{ik}), \quad (a'_{ik}) \qquad (i, k = 1, 2, \ldots n)$$

als „*reciprok*", wenn deren Zusammensetzung das „Einheitssystem" (δ_{ik}) ergiebt, das heisst also, wenn

$$\sum_i a_{hi} a'_{ik} = \delta_{hk} \qquad (h, i, k = 1, 2, \ldots n)$$

ist und $\delta_{hk} = 0$ oder $\delta_{hk} = 1$ ist, je nachdem die beiden Indices von einander verschieden oder einander gleich sind. Hiernach wird die Summe von Determinanten-Producten

$$\sum |a_{gi}| \cdot |a'_{ih}| \qquad \left(\begin{matrix} g = g_1, g_2 \ldots g_m \\ h = h_1, h_2 \ldots h_m \\ i = i_1, i_2 \ldots i_m \end{matrix} \right),$$

wenn dieselbe auf alle Combinationen von je m Zahlen $i_1, i_2, \ldots i_m$ erstreckt wird, offenbar gleich der durch die Index-Systeme $(g_1, g_2, \ldots g_m; h_1, h_2, \ldots h_m)$ charakterisirten Subdeterminante des Systems δ_{gh}, also gleich Eins oder Null, je nachdem die beiden Systeme $g_1, g_2, \ldots g_m$ und $h_1, h_2, \ldots h_m$ mit einander vollständig übereinstimmen oder nicht. Daraus ergiebt sich unmittelbar jener *Jacobi*'sche Hauptsatz über die Subdeterminanten (vergl. *Baltzer's* Determinanten-Buch V. Auflage, § 7, 2 S. 68), welcher sich folgendermaassen aussprechen lässt:

> Zwei Systeme entsprechender Subdeterminanten von reciproken Systemen sind selbst einander reciprok, und da andererseits auch das System der *adjungirten* Subdeterminanten, dividirt durch die Determinante, das reciproke eines Subdeterminanten-Systems ist, so ist die Adjungirte einer jeden Subdeterminante, dividirt durch die Determinante, gleich der entsprechenden Subdeterminante des reciproken Systems.

Bei dieser Fassung des *Jacobi*'schen Satzes erhellt übrigens, dass die scheinbar allgemeineren *Franke*'schen Entwickelungen im 61. Bande des Journals für Mathematik (vergl. *Baltzer's* Determinanten-Buch V. Auflage S. 68 und 69) vollständig darin enthalten sind. Derselbe Satz lässt sich auch einfach aus der Gleichung

$$\sum_i (u_{hi} + a_{hi}) a'_{ik} = \delta_{hk} + \sum_i u_{hi} a'_{ik} \qquad (h, i, k = 1, 2, \ldots n)$$

herleiten, wenn darin die n^2 Grössen u_{hi} als Unbestimmte aufgefasst werden. Denn wenn man auf beiden Seiten die Determinante nimmt, so kommt

$$|u_{gh} + a_{gh}| \cdot |a'_{ik}| = |\delta_{gk} + \sum_h u_{gh} a'_{hk}| \qquad (g, h, i, k = 1, 2, \ldots n),$$

und indem man die Coëfficienten des Products $u_{g_1 h_1} u_{g_2 h_2} \cdots u_{g_m h_m}$ auf beiden Seiten mit einander vergleicht, erlangt man die Relation

$$|a'_{ik}| \cdot \operatorname{adj} |a_{gh}| = |a'_{gh}| \qquad \left(\begin{array}{l} g = g_1, g_2, \ldots g_m \\ h = h_1, h_2, \ldots h_m \\ i, k = 1, 2, \ldots \ldots n \end{array}\right),$$

welche jenen Satz über die Subdeterminanten enthält.

---

[1]) E. Franke, Ueber Determinanten aus Unterdeterminanten. Crelles Journal. Bd. 61. S. 350—355. H.

Bedeutet nunmehr (a_{ik}) ein symmetrisches System, so dass also $a_{ik} = a_{ki}$ ist, und setzt man

$$U_{ik} = \sum_{g,h} a_{gh} u_{gi} u_{hk} \qquad (g, h, i, k = 1, 2, \ldots n),$$

so repräsentiren die Grössen U_{ik} die allgemeinen Transformirten der Grössen a_{ik}, da sie durch Substitution mit den *unbestimmten* Coëfficienten u_{ik} daraus gebildet sind. Für die Subdeterminanten des Systems U_{ik} besteht die Gleichung:

$$|U_{ik}| = \sum_{(g)(h)} |a_{gh}| \cdot |u_{gi}| \cdot |u_{hk}| \qquad \begin{pmatrix} g = g_1, g_2 \ldots g_m \\ h = h_1, h_2 \ldots h_m \\ i = i_1, i_2 \ldots i_m \\ k = k_1, k_2 \ldots k_m \end{pmatrix},$$

wo sich die Summation auf alle Systeme von je m Indices $(g_1, g_2, \ldots g_m; h_1, h_2, \ldots h_m)$ bezieht. Jede Subdeterminante der Grössen U_{ik} ist also eine „*Form*" der Unbestimmten u_{ik}, deren einzelne Coëfficienten durch die sämmtlichen verschiedenen Subdeterminanten (m^{ter} Ordnung) des Systems (a_{ik}) gebildet werden. Zwischen den verschiedenen Ausdrücken·

$$|u_{gi} \cdot \cdot u_{hk}|, \qquad \begin{pmatrix} g = g_1, g_2, \ldots g_m \\ h = h_1, h_2, \ldots h_m \\ i, k = 1, 2, \ldots m \end{pmatrix},$$

welche mit den verschiedenen Subdeterminanten $|a_{gh}|$ multiplicirt sind, existiren aber lineare Relationen und zwar genau dieselben, welche zwischen diesen Subdeterminanten selbst bestehen, wenn die Grössen a_{ik} ebenfalls als *unbestimmte* Grössen betrachtet werden. Da nämlich bei der Transformation der quadratischen Form

$$\sum_{g,h} a_{gh} x_g x_h \qquad (g, h = 1, 2, \ldots n)$$

in eine Summe von n Quadraten die Grössen a_{gh} die Gestalt

$$a_{gh} = \sum_r \frac{f_{gr} f_{hr}}{\varphi_r} \qquad (g, h, r = 1, 2, \ldots n)$$

annehmen, in welcher f_{gr}, φ_r ganze ganzzahlige Functionen der Grössen a_{gh} selbst bedeuten, und da also

$$|a_{gh}| = \sum_{(r)} \frac{|f_{gr}| \cdot |f_{hr}|}{\varphi_{r_1}\,\varphi_{r_2}\cdots\varphi_{r_m}} \qquad \begin{pmatrix} g=g_1,\,g_2,\ldots g_m \\ h=h_1,\,h_2,\ldots h_m \\ r=r_1,\,r_2,\ldots r_m \end{pmatrix}$$

wird, so erscheinen die Subdeterminanten $|a_{gh}|$ als Aggregate von Ausdrücken:

$$|u_{gi}| \cdot |u_{hk}| \qquad \begin{pmatrix} g=g_1,\,g_2,\ldots g_m \\ h=h_1,\,h_2,\ldots h_m \\ i,\,k=1,\ 2,\ldots m \end{pmatrix},$$

und jede zwischen diesen Ausdrücken bestehende lineare Relation hat demnach eine ebensolche für die entsprechenden Subdeterminanten $|a_{gh}|$ zur Folge. Andererseits muss aber auch jede Relation zwischen den Subdeterminanten $|a_{gh}|$ eine ebensolche für die Producte $|u_{gi}| \cdot |u_{hk}|$ zur Folge haben, da man ja an Stelle des symmetrischen Systems a_{gh} das symmetrische System

$$\sum_k u_{gk} u_{hk}$$

nehmen und dabei die Summation auf die Werthe $k = 1, 2, \ldots m$ beschränken kann.

Setzt man der Einfachheit halber A_1, A_2, A_3, $\ldots A_\nu$ für die verschiedenen Subdeterminanten $|a_{gh}|$ und P_1, P_2, P_3, $\ldots P_\nu$ für die entsprechenden verschiedenen Producte

$$|u_{gi}| \cdot |u_{hk}| \qquad \begin{pmatrix} g=g_1,\,g_2,\ldots g_m \\ h=h_1,\,h_2,\ldots h_m \\ i,\,k=1,\ 2,\ldots m \end{pmatrix},$$

so wird

$$|U_{ik}| = A_1 P_1 + A_2 P_2 + A_3 P_3 + \cdots + A_\nu P_\nu \qquad (i, k = 1, 2, \ldots m),$$

und wenn A_1', A_2', $\ldots A_\mu'$ irgend welche von einander linear-unabhängige lineare Functionen der Subdeterminanten A bedeuten, durch welche sie sich sämmtlich linear ausdrücken lassen, so dass also

$$A_h = \sum_\varrho c_{h\varrho} A'_\varrho \qquad\qquad \left(\begin{smallmatrix}\varrho=1,2,\ldots\mu\\ h=1,2,\ldots\nu\end{smallmatrix}\right)$$

und analog

$$P_h = \sum_\varrho c_{h\varrho} P'_\varrho \qquad\qquad \left(\begin{smallmatrix}\varrho=1,2,\ldots\mu\\ h=1,2,\ldots\nu\end{smallmatrix}\right)$$

wird, so ist

$$|U_{ik}| = \sum_{h,\,h,\,\varrho'} c_{h\varrho} c_{h\varrho'} A'_\varrho P'_{\varrho'} \qquad\qquad \left(\begin{smallmatrix}\varrho,\varrho'=1,2,\ldots\mu\\ h=1,2,\ldots\nu\end{smallmatrix}\right);$$

jede Haupt-Subdeterminante

$$|U_{ik}| \qquad\qquad (i,\,k=1,2,\ldots m)$$

erscheint demnach dargestellt als eine lineare homogene Function der sämmtlichen von einander linear-unabhängigen Subdeterminanten des Systems (a_{ik})
und zwar so, dass die Coëfficienten *von einander linear-unabhängige* ganze
Functionen der Unbestimmten u_{ik} sind. Diese wesentliche Eigenschaft der
Subdeterminanten des Systems U_{ik} folgt nämlich unmittelbar daraus, dass
die Determinante

$$\left|\sum_h c_{h\varrho} c_{h\varrho'}\right| \qquad\qquad \left(\begin{smallmatrix}\varrho,\varrho'=1,2,\ldots\mu\\ h=1,2,\ldots\nu\end{smallmatrix}\right),$$

als Summe von Quadraten, von Null verschieden ist, und sie ist eine Eigen-
schaft *aller* Subdeterminanten $|U_{ik}|$, nicht bloss derjenigen, welche als Haupt-
Subdeterminanten bezeichnet worden sind, d. h. für welche i und k *übereinstimmende* m Werthe haben, weil *jede* Subdeterminante sich leicht als ein
Aggregat von Subdeterminanten eines transformirten Systems so darstellen
lässt, dass darin eine Haupt-Subdeterminante mit einem unbestimmten Coëfficienten multiplicirt erscheint.

Dass zwischen den Subdeterminanten allgemeiner symmetrischer
Systeme identische lineare Relationen bestehen, scheint nicht bemerkt worden
zu sein. Ich habe folgende Relationen gefunden:

$$|a_{\varrho h}| = \sum_r |a_{ik}|$$

$$\scriptstyle (\varrho=1,2,\ldots m;\ h=m+1,\ldots 2m);\ (i=1,2,\ldots m-1,\ r;\ k=m+1,\ldots r-1,\ m,\ r+1,\ldots 2m),$$

wo sich die Summation rechts auf die Werthe $\ r = m+1,\ m+2,\ldots 2m$

bezieht. Die Richtigkeit der Relation erhellt unmittelbar, wenn man die sämmtlichen $m+1$ Subdeterminanten nach den Gliedern der letzten Horizontalreihe entwickelt, nämlich nach derjenigen, welche in den $m+1$ Subdeterminanten durch die $m+1$ Werthe $i=m, m+1, \ldots 2m$ charakterisirt sind.

Ich bemerke noch, dass die Haupt-Subdeterminanten:

$$|U_{ik}| \qquad (i, k = 1, 2, \ldots m)$$

in jene Determinanten $(n+p)^{ter}$ Ordnung übergehen, welche Herr *Darboux* in seiner Abhandlung in *Liouville's* Journal (II. Sér. Tome XIX. S. 347) aufgestellt und mit Φ_p bezeichnet hat, wenn man $p = n - m$ setzt und für die dort mit X_k^i bezeichneten Grössen die Reciproken der Unbestimmten u_{ik} nimmt. Die von Herrn *Darboux* entwickelten Eigenschaften der Determinanten Φ_p treten durch diese Bemerkung in Evidenz.

ZUR ARITHMETISCHEN THEORIE DER ALGEBRAISCHEN FORMEN.

VON

L. KRONECKER.

Crelle, Journal für die reine und angewandte Mathematik. Band 93. S. 365—366.

ZUR ARITHMETISCHEN THEORIE DER ALGEBRAISCHEN FORMEN.

I. Sind F_0, F, F_1 ganze algebraische Formen irgend welcher Stufe, und sind F und F_1 in F_0 enthalten, so ist offenbar die componirte Form $F \cdot F_1$ in $(uF + F_1) \cdot F_0$ enthalten. Da nun die Form $uF + F_1$, gemäss § 22, IV meiner Festschrift zu Herrn *Kummer's* Doctor-Jubiläum (vgl. Bd. 92 dieses Journals[1]), den grössten gemeinsamen Inhalt der Formen F und F_1 bildet, so zeigt sich, dass eine Form, welche zwei andere Formen enthält, nach Multiplication mit deren grösstem gemeinsamen Inhalt, durch das Product derselben theilbar wird. Auch in *dieser* Beziehung behalten also die Gesetze der gewöhnlichen Zahlen für die Formen ihre Gültigkeit.

II. Bedeuten x_0', x_0'', ... die Elemente eines Fundamentalsystems der Species $\mathfrak{S}$, so kann die charakteristische Eigenschaft einer Fundamentalform von $(\mathfrak{S})$ mit den Coëfficienten x', x'', ... nach § 24 meiner Festschrift dahin formulirt werden, dass jedes der Producte $x_0^{(h)} \cdot x^{(l)}$ als homogene lineare ganze Function von x', x'', ... *selbst*, mit ganzen dem *Stammbereich* angehörigen Coëfficienten darstellbar sein muss.

Durch Multiplication einer Fundamentalform mit einer beliebigen Form entsteht hiernach wiederum eine Fundamentalform.

Denn, wenn y irgend eine ganze Grösse des Art-Bereichs $(\mathfrak{S})$ bedeutet, so ist offenbar jedes der Producte $x_0^{(h)} x^{(l)} y$ eine homogene lineare ganze Function der Producte $x^{(l)} y$ mit Stammbereich-Coëfficienten, da jedes der Producte $x_0^{(h)} x^{(l)}$

---

[1] Band II S. 237—337 dieser Ausgabe von *L. Kronecker's* Werken. Vgl. S. 344.　H.

eine ebensolche Function der Grössen $x^{(i)}$ ist. Sind nun die beiden Fundamentalformen *erster Stufe*

$$\sum_{h,\,i} u^{(h)} v^{(i)} x^{(h)} y^{(i)}\,, \qquad \sum_{k} w^{(k)} z^{(k)} \qquad\qquad (h,\,i,\,k = 1,\,2,\,\ldots)$$

einander relativ äquivalent, so wird dies nach § 23, II meiner citirten Festschrift durch Gleichungen

$$x^{(h)} y^{(i)} z^0 = x^0 \cdot \sum_{k} a_{hik}\, z^{(k)}\,, \qquad x^0 z^{(k)} = z^0 \cdot \sum_{h,\,i} b_{hik}\, x^{(h)} y^{(i)} \qquad (h,\,i,\,k = 1,\,2,\,\ldots)$$

charakterisirt, in welchen x^0, z^0 ganze, dem Art-Bereich (𝔖) angehörige Grössen, die Coefficienten a_{hik}, b_{hik} aber ganze Grössen des Stammbereichs bedeuten. Ist die Form $\sum w^{(k)} z^{(k)}$ eine Grundform von nur n Gliedern, wo n die Ordnung der Species 𝔖 bezeichnet, so sind die n den Werthen $k = 1, 2, \ldots n$ entsprechenden Functionen der Unbestimmten u, v:

$$\sum_{h,\,i} a_{hik}\, u^{(h)} v^{(i)} \qquad\qquad (h,\,i = 1,\,2,\,\ldots)$$

von einander unabhängig, und es können also dafür ebensoviel unabhängige Variable oder Unbestimmte w', w'', $\ldots w^{(n)}$ gesetzt werden. Unter den gemachten Voraussetzungen wird daher

$$z^0 \cdot \sum_{h} u^{(h)} x^{(h)} \cdot \sum_{i} v^{(i)} y^{(i)} \quad \text{in} \quad x^0 \cdot \sum_{k} w^{(k)} z^{(k)} \qquad \binom{h,\,i = 1,\,2,\,\ldots}{k = 1,\,2,\,\ldots\,n}$$

durch die Substitution

$$w^{(k)} = \sum_{h,\,i} a_{hik}\, u^{(h)} v^{(i)} \qquad \binom{h,\,i = 1,\,2,\,\ldots}{k = 1,\,2,\,\ldots\,n}$$

transformirt. Bei dieser Substitution besteht aber auch die Gleichung (vgl. S. 105 meiner Festschrift[1]):

$$\mathrm{Nm}\, z^0 \cdot \mathrm{Nm} \sum_{h} u^{(h)} x^{(h)} \cdot \mathrm{Nm} \sum_{i} v^{(i)} y^{(i)} = \mathrm{Nm}\, x^0 \cdot \mathrm{Nm} \sum_{k} w^{(k)} z^{(k)},$$

und also, nach Weglassung der grössten gemeinsamen Theiler auf beiden Seiten:

---

[1] Band II S. 368 dieser Ausgabe. H.

$$\mathrm{Fm}\sum_{\lambda} u^{(\lambda)} x^{(\lambda)} \cdot \mathrm{Fm}\sum_{\iota} v^{(\iota)} y^{(\iota)} = \mathrm{Fm}\sum_{\lambda} w^{(\lambda)} s^{(\lambda)}.$$

Die Substitution, mittels deren das Product zweier primitiver Grundformen von beliebig vielen Gliedern

$$\mathrm{Fm}\sum_{\lambda} u^{(\lambda)} x^{(\lambda)}, \qquad \mathrm{Fm}\sum_{\iota} v^{(\iota)} y^{(\iota)} \qquad (\lambda, \iota = 1, 2, \ldots)$$

in eine primitive Fundamentalform von nur n Gliedern

$$\mathrm{Fm}\sum_{\lambda} w^{(\lambda)} s^{(\lambda)} \qquad (\lambda = 1, 2, \ldots n)$$

transformirt wird, bestimmt sich hiernach unmittelbar als diejenige, mittels welcher die aus den beiden algebraischen Formen $\sum u^{(\lambda)} x^{(\lambda)}$, $\sum v^{(\iota)} y^{(\iota)}$ componirte Form in irgend eine ihr relativ aquivalente lineare Grundform von nur n Gliedern, $\sum w^{(\lambda)} s^{(\lambda)}$, übergeführt wird.

ÜBER DIE BERNOULLISCHEN ZAHLEN.

VON

L. KRONECKER.

Crelle, Journal für die reine und angewandte Mathematik. Band 94. S. 268—269.

51*

ÜBER DIE BERNOULLI'SCHEN ZAHLEN[1].

I. Man kann, wie ich es öfters in meinen Universitätsvorlesungen gethan habe, die ganze Function n^{ten} Grades von x, welche für alle positiven ganzzahligen Werthe von x der Summe $1 + 2^{n-1} + \cdots + (x-1)^{n-1}$ gleich wird, in sehr eleganter Weise mit Hülfe der *Lagrange*'schen Interpolationsformel darstellen. Es erscheinen dabei als Coëfficienten die Werthe der darzustellenden Function für $n+1$ verschiedene Argumentwerthe, also hier $n+1$ Reihen: $1 + 2^{n-1} + \cdots + (x-1)^{n-1}$ für $n+1$ verschiedene Zahlen x. Nimmt man speciell $x = 0, 1, 2, \ldots, n$ und berücksichtigt, dass die darzustellende Function für $x = 0$ und $x = 1$ verschwindet, so erhält man für dieselbe den Ausdruck:

$$\frac{x(x-1)(x-2)\cdots(x-n)}{1\cdot 2\cdot 3\cdots n}\,\sum_{h,\,k}\,\frac{n(n-1)(n-2)\cdots(n-k+1)}{1\cdot 2\cdot 3\cdots k}\cdot\frac{(-1)^{n-k}}{x-k}\cdot h^{n-1}$$

$$(h = 1, 2, \ldots, k-1;\ k = 2, 3, \ldots, n\ \text{ oder }\ 0 < h < k \leq n).$$

Vergleicht man den Coëfficienten von x in diesem Ausdrucke mit demjenigen, welcher bei der Entwickelung von $1 + 2^{n-1} + \cdots + (x-1)^{n-1}$ nach Potenzen von x erscheint (vgl. S. 206, (1.) oder auch *Eisenlohr*'s Abhandlung Bd. 28, S. 196 dieses Journals[2]), so ergiebt sich, dass

---

[1] Im Original steht unter dem Titel der Zusatz „Bemerkungen zur Abhandlung des Herrn *Worpitzky* S. 203 u. fgde." [Studien über die *Bernoulli*'schen und *Euler*'schen Zahlen von J. *Worpitzky*: *Crelle*'s Journal Band 94 S. 203—232.]   H.

[2] O. *Eisenlohr*, Entwicklung der Functionsweise der *Bernoulli*'schen Zahlen (die andere Verweisung bezieht sich auf die *Worpitzky*'sche Abhandlung).   H.

$$\sum_{h,k} \frac{n(n-1)(n-2)\cdots(n-k+1)}{1\cdot 2\cdot 3\cdots k}\cdot\frac{(-1)^k}{k}\cdot h^{n-1} = 0 \quad\text{oder}\quad (-1)^{\frac{1}{2}(n-1)}B_{\frac{1}{2}(n-1)},$$
$$(0 < h < k \leqq n)$$

ist, je nachdem n grade oder ungrade ist. Hierin ist die bekannte independente Darstellung der *Bernoulli*'schen Zahlen enthalten. Mit B_1, B_2, ... sind nämlich hier die *Bernoulli*'schen Zahlen bezeichnet, für welche

$$1 - x \cot x = \sum_n B_n \frac{(2x)^{2n}}{2n!}, \qquad \tan x = \sum_n B_n \frac{2(2^{2n}-1)(2x)^{2n-1}}{2n!} \qquad (n=1,2,\ldots)$$

wird, und es ist also z. B. für $n = 5$ und $n = 6$:

$$10\cdot\tfrac{1}{2} - 10\cdot\tfrac{1}{4}(1+2^4) + 5\cdot\tfrac{1}{4}(1+2^4+3^4) - \tfrac{1}{4}(1+2^4+3^4+4^4) = \tfrac{1}{30},$$
$$15\cdot\tfrac{1}{2} - 20\cdot\tfrac{1}{4}(1+2^5) + 15\cdot\tfrac{1}{4}(1+2^5+3^5) - 6\cdot\tfrac{1}{4}(1+2^5+3^5+4^5) + \tfrac{1}{4}(1+2^5+3^5+4^5+5^5) = 0$$

II. Dass die Zahlen $2^{2n-1}(2^{2n}-1)B_n$, wie in der *Worpitzky*'schen Abhandlung bemerkt ist, ganze Vielfache von n sind, geht unmittelbar daraus hervor, dass eben jene Zahlen, dividirt durch n, die Coëfficienten von $\frac{x^{2n-1}}{(2n-1)!}$ in der Entwickelung von $\tan x$, oder also die Werthe der $(2n-1)^{\text{ten}}$ Derivirten von $\tan x$, und daher die Werthe ganzer ganzzahliger Functionen von $\cos x$, dividirt durch $\cos x^{2n}$, für $x = 0$ sind. Aber auch in den recurrirenden Formeln, welche man durch die Gleichung:

$$\sum_{m=0}^{\infty}\frac{(-x^2)^m}{2m!}\sum_{n=1}^{\infty}\frac{2^{2n-1}(2^{2n}-1)B_n}{n}\cdot\frac{x^{2n-1}}{(2n-1)!} = \sum_{r=1}^{\infty}\frac{(-1)^{r-1}x^{2r-1}}{(2r-1)!}$$

erhält, tritt jene Eigenschaft der Zahlen $2^{2n-1}(2^{2n}-1)B_n$ in Evidenz. Eben dieselbe Eigenschaft ist endlich auch an den eigenthümlichen independenten Ausdrücken für die *Bernoulli*'schen Zahlen zu erkennen, welche ich aus allgemeineren Recursionsformeln erlangt und im Jahre 1856 im I. Bande der 2. Serie des *Liouville*'schen Journals veröffentlicht habe[1]). Die eine der beiden a. a. O. aufgestellten Formeln ist:

---

[1]) Sur quelques fonctions symétriques et sur les nombres de *Bernoulli*. Band IV dieser Ausgabe von *L. Kronecker's* Werken.   H.

$$2^{4n}(2^{2n}-1)B_n = (-1)^{n-1}\sum\left(\sum_h \pm\, e^{\frac{h\pi i}{n}}\right)^{2n} \qquad (h=0,1,2,\ldots,2n-1),$$

wo sich die erste Summation rechts auf alle Combinationen der Zeichen $\pm$ bezieht, deren Anzahl offenbar 2^{2n} ist. Berücksichtigt man, dass die über alle $2n$ Werthe von h erstreckte Summe $\sum e^{\frac{h\pi i}{n}}$ gleich Null ist, so lässt sich die Formel folgendermassen darstellen:

$$2^{3n}(2^{2n}-1)B_n = (-1)^{n-1}\sum c\cdot\left(e^{\frac{r\pi i}{n}}+e^{\frac{s\pi i}{n}}+e^{\frac{t\pi i}{n}}+\cdots\right)^{2n},$$

wo die Summation auf alle verschiedenen Systeme von höchstens n aus der Reihe 0, 1, 2, ..., $2n-1$ zu entnehmenden *ungleichen* Zahlen r, s, t, ... auszudehnen und $c=1$ oder 2 zu nehmen ist, je nachdem die Anzahl der Zahlen r, s, t, ... gleich n oder kleiner als n ist. So sind z. B. für $n=2$:

$$r=0,\ 1,\ 2,\ 3;\quad (r,s)=(0,1),\ (0,2),\ (0,3),\ (1,2),\ (1,3),\ (2,3),$$

alle in die Formel einzusetzenden Werthsysteme, und es kommt darnach:

$$2^4(2^4-1)B_2 = -[2(1+1+1+1)+(1+i)^4+(1-i)^4+(-1+i)^4+(-1-i)^4].$$

DIE ZERLEGUNG DER GANZEN GRÖSSEN EINES NATÜRLICHEN RATIONALITÄTS-BEREICHS IN IHRE IRREDUCTIBELN FACTOREN.

VON

L. KRONECKER.

Crelle, Journal für die reine und angewandte Mathematik. Band 94. S. 344—348.

DIE ZERLEGUNG DER GANZEN GRÖSSEN EINES NATÜRLICHEN RATIONALITÄTS-BEREICHS IN IHRE IRREDUCTIBELN FACTOREN.

Im § 4 meiner „Grundzüge einer arithmetischen Theorie der algebraischen Grössen" (Bd. 92, S. 10 u. flgde.[1]) habe ich den Inductionsbeweis für die Möglichkeit und die völlige Bestimmtheit der Zerlegung ganzer Grössen eines natürlichen Rationalitäts-Bereichs in irreductible Factoren angedeutet. Ich will diesen Beweis hier vollständig ausführen, und zwar in derselben Weise, in welcher ich ihn bereits im Wintersemester 1861/62 in meinen ersten über die Theorie der algebraischen Gleichungen an der hiesigen Universität gehaltenen Vorlesungen, und seitdem regelmässig, gegeben habe.

Es seien

$$\Re, \Re', \Re'', \ldots \Re^{(n-1)}$$

unbestimmte oder von einander unabhängige veränderliche Grössen, so dass die ganzen ganzzahligen Functionen derselben die sämmtlichen „*ganzen*" Grössen des „*natürlichen Rationalitäts-Bereichs* $(\Re, \Re', \Re'', \ldots \Re^{(n-1)})$" repräsentiren, d. h. desjenigen Bereichs, den ich im § 5 meiner citirten Arbeit mit $[\Re, \Re', \Re'', \ldots \Re^{(n-1)}]$ bezeichnet habe. Ferner sei vorausgesetzt, dass jede ganze Grösse des natürlichen Bereichs von nur $n-1$ Elementen $\Re', \Re'', \ldots \Re^{(n-1)}$ in irreductible Factoren zerlegt werden kann, und zwar nur auf eine einzige Weise. Alsdann lässt sich die Möglichkeit und die

---

[1] Band II S. 237—387 dieser Ausgabe von *L. Kronecker's* Werken. S. S. 256 flgde.   H.

Bestimmtheit der Zerlegung der ganzen Grössen des natürlichen aus $\mathfrak{n}$ Elementen $\mathfrak{R}, \mathfrak{R}', \mathfrak{R}'', \ldots \mathfrak{R}^{(\mathfrak{n}-1)}$ gebildeten Rationalitäts-Bereichs in irreductible Factoren folgendermassen nachweisen.

I. Bedeuten $r_0, r_1, \ldots r_\mathfrak{n}$ beliebige, von einander verschiedene, positive oder negative ganze Zahlen, und definirt man die ganzen Functionen:

$$G_0(\mathfrak{R}), \qquad G_1(\mathfrak{R}), \qquad G_2(\mathfrak{R}), \qquad \ldots G_\mathfrak{n}(\mathfrak{R})$$

durch die Gleichungen:

$$(\mathfrak{R} - r_h) G_h(\mathfrak{R}) = \prod_h (\mathfrak{R} - r_h) \qquad {\scriptstyle (h,\, k = 0,\, 1,\, 2,\, \ldots\, n)}\,,$$

so ist jede ganze Grösse $F(\mathfrak{R}, \mathfrak{R}', \ldots \mathfrak{R}^{(\mathfrak{n}-1)})$ des Bereichs $[\mathfrak{R}, \mathfrak{R}', \ldots \mathfrak{R}^{(\mathfrak{n}-1)}]$, deren Grad in Beziehung auf $\mathfrak{R}$ nicht grösser als $\mathfrak{n}$ ist, in der Form:

$$F(\mathfrak{R}, \mathfrak{R}', \ldots \mathfrak{R}^{(\mathfrak{n}-1)}) = \sum_k F(r_k, \mathfrak{R}', \ldots \mathfrak{R}^{(\mathfrak{n}-1)}) \cdot \frac{G_k(\mathfrak{R})}{G_k(r_k)} \qquad {\scriptstyle (k = 0,\, 1,\, 2,\, \ldots\, n)}$$

darstellbar. Bei einer solchen Darstellung des Divisors $F(\mathfrak{R}, \mathfrak{R}', \ldots \mathfrak{R}^{(\mathfrak{n}-1)})$ einer ganzen Grösse $\Phi(\mathfrak{R}, \mathfrak{R}', \ldots \mathfrak{R}^{(\mathfrak{n}-1)})$ des Bereichs $[\mathfrak{R}, \mathfrak{R}', \ldots \mathfrak{R}^{(\mathfrak{n}-1)}]$ ist offenbar $F(r_k, \mathfrak{R}', \ldots \mathfrak{R}^{(\mathfrak{n}-1)})$ ein Divisor von $\Phi(r_k, \mathfrak{R}', \ldots \mathfrak{R}^{(\mathfrak{n}-1)})$, und man braucht, um alle Divisoren F einer ganzen Grösse $\Phi(\mathfrak{R}, \mathfrak{R}', \ldots \mathfrak{R}^{(\mathfrak{n}-1)})$ des Bereichs $[\mathfrak{R}, \mathfrak{R}', \ldots \mathfrak{R}^{(\mathfrak{n}-1)}]$ zu finden, die Zahl n nicht grösser als die Hälfte derjenigen Zahl anzunehmen, welche den Grad von Φ in Beziehung auf $\mathfrak{R}$ bezeichnet; denn alsdann ist sicher je *einer* von zwei complementären Divisoren von Φ gleich einem der verschiedenen Ausdrücke:

$$\sum_k D_k(\mathfrak{R}', \mathfrak{R}'', \ldots \mathfrak{R}^{(\mathfrak{n}-1)}) \cdot \frac{G_k(\mathfrak{R})}{G_k(r_k)} \qquad {\scriptstyle (k = 0,\, 1,\, 2,\, \ldots\, n)}\,,$$

welche man erhält, wenn man für $D_k(\mathfrak{R}', \mathfrak{R}'', \ldots \mathfrak{R}^{(\mathfrak{n}-1)})$ nach einander die sämmtlichen verschiedenen Divisoren von $\Phi(r_k, \mathfrak{R}', \mathfrak{R}'', \ldots \mathfrak{R}^{(\mathfrak{n}-1)})$ nimmt. Die Möglichkeit der Aufstellung aller dieser Ausdrücke ist aber durch die Voraussetzung gegeben, dass die zu einem Bereiche von nur $\mathfrak{n} - 1$ Elementen $[\mathfrak{R}', \mathfrak{R}'', \ldots \mathfrak{R}^{(\mathfrak{n}-1)}]$ gehörigen Grössen $\Phi(r_k, \mathfrak{R}', \mathfrak{R}'', \ldots \mathfrak{R}^{(\mathfrak{n}-1)})$ in irreductible

Factoren zerlegt und also die sämmtlichen Divisoren von $\Phi(r_k, \Re', \Re'', \ldots \Re^{(n-1)})$ gefunden werden können, und die Untersuchung, ob einer derjenigen dieser Ausdrücke, durch welche Grössen des Bereichs $[\Re, \Re', \Re'', \ldots \Re^{(n-1)}]$ dargestellt, d. h. in denen die sämmtlichen Coëfficienten der verschiedenen Producte von Potenzen der Unbestimmten $\Re$ ganze Zahlen sind, in der That ein Divisor von Φ ist, erfordert nur die algebraische in Beziehung auf die Variable $\Re$ allein auszuführende Division und ferner für den Fall, dass der Quotient sich dabei als ganze Function von $\Re$ ergiebt, die weitere Untersuchung, ob die Coëfficienten *ganze* Grössen des Bereichs von nur $n-1$ Elementen $[\Re', \Re'', \ldots \Re^{(n-1)}]$ sind. Die Möglichkeit dieser letzteren Untersuchung ist aber ebenfalls durch jene Voraussetzung über die Zerlegbarkeit der ganzen Grössen des Bereichs $[\Re', \Re'', \ldots \Re^{(n-1)}]$ in irreductible Factoren gegeben.

Durch die hiermit dargelegte Methode, alle Theiler einer gegebenen ganzen Grösse des Bereichs $[\Re, \Re', \ldots \Re^{(n-1)}]$ aufzufinden, ist die Möglichkeit nachgewiesen, zu erkennen, ob eine ganze Grösse eines natürlichen Rationalitäts-Bereichs von n Elementen überhaupt einen Theiler hat oder nicht. Man kann demnach diejenigen ganzen Grössen eines natürlichen Rationalitäts-Bereichs von n Elementen, welche keine *andere* ganze Grösse (die Einheit ausgenommen) zum Theiler haben, als *„irreductibel"* definiren, da nunmehr gezeigt ist, wie entschieden werden kann, ob eine gegebene Grösse der aufgestellten Definition gemäss irreductibel ist oder nicht.

II. Bedeuten F, Φ, Ψ ganze Grössen des natürlichen Rationalitäts-Bereichs $[\Re, \Re', \ldots \Re^{(n-1)}]$, und ist F irreductibel, so ist aus den beiden Voraussetzungen, dass das Product $\Phi \cdot \Psi$ durch F theilbar, Φ selbst aber durch F *nicht* theilbar sei, zu erschliessen, dass Ψ durch F theilbar sein muss.

Dieser Satz ist, wenn man die oben nachgewiesene Möglichkeit der Zerlegung jeder ganzen Grösse in irreductible Factoren hinzunimmt, völlig äquivalent der *„Bestimmtheit"* eben dieser Zerlegung. Denn wenn diese Bestimmtheit vorausgesetzt und der Quotient der Division von $\Phi\Psi$ durch F mit G bezeichnet wird, so folgt aus der Gleichung $\Phi\Psi = FG$, dass die irreductible Grösse F unter den irreductibeln Factoren von Φ oder unter denen von Ψ vorkommen muss. Wenn aber andrerseits der obige Satz vorausgesetzt wird, so folgt unmittelbar, dass zwei Producte irreductibler Factoren nicht einander gleich sein können, ohne dass jeder dieser Factoren in jedem der beiden Producte gleich oft enthalten ist. Da nun die Bestimmtheit der Zerlegung in irreductible Factoren für Bereiche von $n-1$ Elementen vorausgesetzt ist, so kann der obige Satz für eben solche Bereiche als gültig angenommen werden, und da nur noch die Bestimmtheit der Zerlegung in irreductible Factoren für Bereiche von n Elementen darzuthun ist, so kann statt dessen der obige Satz für eben solche Bereiche als gültig nachgewiesen werden. Dieser Nachweis sondert sich in drei Theile:

1. Ist F eine Grösse des Bereichs von nur $n-1$ Elementen $[\Re', \Re'', \ldots \Re^{(n-1)}]$ und

$$\Phi = \Phi_0 + \Phi_1\Re + \Phi_2\Re^2 + \cdots, \qquad \Psi = \Psi_0 + \Psi_1\Re + \Psi_2\Re^2 + \cdots,$$

so muss gemäss der Voraussetzung, dass Φ nicht durch F theilbar ist, wenigstens *eine* der Grössen $\Phi_0, \Phi_1, \Phi_2, \ldots$ nicht durch F theilbar sein. Ist nun Φ_λ die *erste* dieser Grössen, welche nicht durch F theilbar ist, und sind demnach $\Phi_0, \Phi_1, \ldots \Phi_{\lambda-1}$ durch F theilbar und ebenso auch $\Psi_0, \Psi_1, \ldots \Psi_{\lambda-1}$, so ist gemäss der Voraussetzung, dass $\Phi\Psi$ durch F theilbar ist, das Product

$$(\Phi_\lambda\Re^\lambda + \Phi_{\lambda+1}\Re^{\lambda+1} + \cdots)(\Psi_\lambda\Re^\lambda + \Psi_{\lambda+1}\Re^{\lambda+1} + \cdots)$$

durch F theilbar. Es ist also $\Phi_\lambda\Psi_\lambda$ durch F theilbar, und da Φ_λ als nicht durch F theilbar, der zu beweisende Satz aber für die dem Bereich $[\Re', \Re'', \ldots \Re^{(n-1)}]$ angehörigen Grössen $F, \Phi_\lambda, \Psi_\lambda$ als gültig angenommen ist, so folgt, dass Ψ_λ durch F theilbar sein muss. Es müssen daher *alle* Coëfficienten $\Psi_0, \Psi_1, \Psi_2, \ldots$ den Factor F enthalten, und die Grösse Ψ selbst muss demnach in der That durch F theilbar sein.

2. Ist X eine Grösse des Bereichs von n Elementen $[\Re, \Re', \ldots \Re^{(n-1)}]$, welche keinen von $\Re$ unabhängigen Divisor enthält, und ist der Quotient $\frac{\Psi}{X}$ eine ganze Function von $\Re$, so sind auch deren Coëfficienten ganze ganz-

zahlige Functionen von $\Re'$, $\Re''$, ... $\Re^{(n-1)}$, d. h. es ist der Quotient $\frac{\Psi}{X}$ eine *ganze* Grösse des Bereichs $[\Re, \Re', \ldots \Re^{(n-1)}]$. Wäre nämlich:

$$\frac{\Psi}{X} = \frac{\theta_0 + \theta_1 \Re + \theta_2 \Re^2 + \cdots}{G},$$

wo G, θ_0, θ_1, θ_2, ... ganze Grössen des Bereichs $[\Re', \Re'', \ldots \Re^{(n-1)}]$ bedeuten, welche nicht sämmtlich einen und denselben Factor gemein haben, so wäre das Product $(\theta_0 + \theta_1 \Re + \theta_2 \Re^2 + \cdots) \cdot X$ durch jeden irreductibeln Factor von G theilbar. Da aber X der Voraussetzung nach keinen solchen Factor enthält, so müsste nach dem, was unter No. 1 bewiesen ist, $\theta_0 + \theta_1 \Re + \theta_2 \Re^2 + \cdots$ selbst durch jeden solchen Factor theilbar sein, d. h. es hätten, der gemachten Annahme entgegen, die sämmtlichen Grössen G, θ_0, θ_1, θ_2, ... einen und denselben irreductibeln Factor mit einander gemein. Die Grösse G kann also gar keinen irreductibeln Factor haben und muss demnach gleich Eins sein.

3. Ist die irreductible Grösse F *nicht* (wie unter No. 1 angenommen war) von $\Re$ unabhängig, und setzt man wieder das Product $\Phi \Psi$ als durch F theilbar, Φ selbst aber als durch F *nicht* theilbar voraus, so kann gemäss No. 2 der Quotient $\frac{\Phi}{F}$ auch nicht ganz in $\Re$ allein sein. Nach der Definition der Irreductibilität kann F nicht gleich einem Product *ganzer* Grössen des Bereichs $[\Re, \Re', \ldots \Re^{(n-1)}]$ sein; es kann aber auch nicht gleich dem Product ganzer Functionen von $\Re$ sein, deren Coëfficienten *rationale* Functionen von $\Re'$, $\Re''$, ... $\Re^{(n-1)}$ waren. Denn ist:

$$F = \frac{\theta X}{G},$$

wo θ und X ganze Grössen des Bereichs $[\Re, \Re', \ldots \Re^{(n-1)}]$ bedeuten und G von $\Re$ unabhängig also eine ganze Grösse des Bereichs $[\Re', \Re'', \ldots \Re^{(n-1)}]$ ist, so kann X irreductibel vorausgesetzt werden, und es ist alsdann nach No. 2 zu erschliessen, dass $G = 1$ sein muss.

Da hiernach F, auch als Function von $\Re$ allein betrachtet, irreductibel und nicht als Factor in Φ enthalten ist, so ergiebt jenes Verfahren successiver

Divisionen, mittels dessen man den grössten gemeinsamen Theiler zweier Functionen von $\mathfrak{R}$ findet, auf Φ und F angewendet, eine Gleichung:

$$\Phi_1 F + F_1 \Phi = 1,$$

in welcher F_1 und Φ_1 ganze Functionen von $\mathfrak{R}$ bedeuten, deren Coëfficienten dem Rationalitäts-Bereich $(\mathfrak{R}', \mathfrak{R}'', \ldots \mathfrak{R}^{(n-1)})$ angehören, d. h. rationale (ganze oder gebrochene) Functionen von $\mathfrak{R}', \mathfrak{R}'', \ldots \mathfrak{R}^{(n-1)}$ sind. Multiplicirt man diese Gleichung mit $\frac{\Psi}{F}$, so kommt:

$$\frac{\Psi}{F} = \Phi_1 \Psi + \frac{\Phi \Psi}{F} F_1$$

und es muss also, da $\Phi \Psi$ durch F theilbar ist, der Quotient $\frac{\Psi}{F}$ eine ganze Function von $\mathfrak{R}$ sein. Alsdann muss aber (gemäss No. 2) eben dieser Quotient auch eine *ganze* Grösse des Bereichs $[\mathfrak{R}, \mathfrak{R}', \mathfrak{R}'', \ldots \mathfrak{R}^{(n-1)}]$ sein, d. h. es muss in der That, wie bewiesen werden sollte, die mit Ψ bezeichnete ganze Grösse des natürlichen Rationalitäts-Bereichs $[\mathfrak{R}, \mathfrak{R}', \mathfrak{R}'', \ldots \mathfrak{R}^{(n-1)}]$ durch die demselben Bereich angehörige *irreductible* ganze Grösse F theilbar sein.

ZUR THEORIE
DER FORMEN HÖHERER STUFEN.

VON

L. KRONECKER.

Monatsberichte der Königlich Preussischen Akademie der Wissenschaften zu Berlin
vom Jahre 1883. S. 957—960.

ZUR THEORIE DER FORMEN HÖHERER STUFEN.

[Gelesen in der Akademie der Wissenschaften am 26. Juli 1882.]

Das Streben nach Erforschung der einfachsten Grundlagen der Theorie der Formen hat mich schon vor langer Zeit auf eine Frage geführt, die dem Anscheine nach ganz elementar ist, und die ich dennoch früher nicht zu erledigen vermochte. Als sich mir aber vor Kurzem bei anderen algebraischen Untersuchungen jene Frage von Neuem aufdrängte, fand ich die Lösung durch höchst einfache Betrachtungen, die mir durch die Ideensphäre, in welcher sich diese Untersuchungen bewegten, sehr nahe gelegt wurden.

Bedeuten

$$M_0, \; M_1, \; M_2, \; \ldots \; M_{n+1}$$

ganze Grössen irgend eines Rationalitäts-Bereichs $[\Re', \Re'', \Re'', \ldots]$, so werden durch die Gleichung:

$$\sum_h M_h U^h \cdot \sum_l M_{m+l} U^{l-1} = \sum_k M_k' U^k \qquad \left(\begin{matrix} h=0, \, 1, \ldots m \\ l=1, \, 2, \ldots n-m+1 \\ k=0, \, 1, \ldots n \end{matrix} \right),$$

wenn U eine Unbestimmte ist, $n+1$ demselben Bereich $[\Re', \Re'', \Re''', \ldots]$ angehörige Grössen $M_0', M_1', \ldots M_n'$ definirt. Da nun das Product:

$$\sum_h M_h U_h \cdot \sum_l M_{m+l} U_{m+l} \qquad \left(\begin{matrix} h=0, \, 1, \ldots m \\ l=1, \, 2, \ldots n-m+1 \end{matrix} \right),$$

in welchem $U_0, \; U_1, \; \ldots \; U_{n+1}$ verschiedene Unbestimmte bedeuten, offenbar nur für dieselben Werthe der Variabeln $\mathfrak{R}'$, $\mathfrak{R}''$, $\mathfrak{R}'''$, ... gleich Null werden kann, wie das Product:

$$\sum_h M_h U^h \cdot \sum_i M_{m+i} U^{i-1} \qquad \left(\begin{matrix} h=0,\,1,\,\ldots\,m \\ i=1,\,2,\,\ldots\,n-m+1 \end{matrix}\right),$$

so folgt, dass die beiden Gleichungs-Systeme:

$$M_h M_{m+i} = 0, \quad M_h' = 0 \qquad \left(\begin{matrix} h=0,\,1,\,\ldots\,m \\ i=1,\,2,\,\ldots\,n-m+1 \\ k=0,\,1,\,\ldots\,n \end{matrix}\right)$$

genau dieselben Bestimmungen für die Grössen $\mathfrak{R}'$, $\mathfrak{R}''$, $\mathfrak{R}'''$, ... enthalten, dass sie also — obgleich das eine System aus $m(n-m)+n+1$, das andere nur aus $n+1$ Gleichungen besteht — einander vollständig äquivalent sein müssen. Dies deutet offenbar darauf hin, dass auch die beiden aus den Elementen $M_h M_{m+i}$ und M_h' zu bildenden Modul- oder Divisoren-Systeme einander vollständig äquivalent sein müssen, und führt demnach zu der Aufgabe, eine genaue Begriffsbestimmung für diese vollständige Aequivalenz zu ermitteln.

Nimmt man an Stelle der beiden Summenausdrücke:

$$\sum_h M_h U^h, \qquad \sum_i M_{m+i} U^{i-1} \qquad \left(\begin{matrix} h=0,\,1,\,\ldots\,m \\ i=1,\,2,\,\ldots\,n-m+1 \end{matrix}\right)$$

die beiden Productausdrücke:

$$g_0 \prod_h (1 + x_h u), \qquad g_0' \prod_i (1 + x_{m+i} u) \qquad \left(\begin{matrix} h=1,\,2,\,\ldots\,m \\ i=1,\,2,\,\ldots\,n-m \end{matrix}\right)$$

und setzt:

$$g_0 \prod_h (1 + x_h u) \;=\; g_0 + g_1 u + g_2 u^2 + \cdots + g_m u^m \qquad (h=1,\,2,\,\ldots\,m),$$

$$g_0' \prod_i (1 + x_{m+i} u) = g_0' + g_1' u + g_2' u^2 + \cdots + g_{n-m}' u^{n-m} \qquad (i=1,\,2,\,\ldots\,n-m),$$

$$f_0 \prod_k (1 + x_k u) \;=\; f_0 + f_1 u + f_2 u^2 + \cdots + f_n u^n \qquad (k=1,\,2,\,\ldots\,n),$$

so ist:

$$\sum_{h,\,i} g_h g_i' u_{hi} \qquad\qquad (h=0,1,\ldots m;\ i=0,1,\ldots n-m)$$

eine „*Form*" mit den $m(n-m)+n+1$ Unbestimmten u_{hi}, deren Coefficienten ganze rationale Functionen von $x_1, x_2, \ldots x_n$, und zwar in Beziehung auf jede derselben nur linear sind. Es ist daher, wenn man jene Form mit G_0 und die durch Permutationen der n Grössen x daraus entstehenden Formen mit $G_1, G_2, \ldots G_{\varrho-1}$ bezeichnet, das Product:

$$\prod_r (G - G_r) \qquad\qquad (r=0,1,\ldots \varrho-1)$$

gleich einer ganzen Function von G:

$$G^\varrho - \mathfrak{F}_1 G^{\varrho-1} + \mathfrak{F}_2 G^{\varrho-2} - \cdots \pm \mathfrak{F}_\varrho,$$

in welcher die Coefficienten $\mathfrak{F}_r$ homogene, ganze, ganzzahlige Functionen von $f_0, f_1, f_2, \ldots f_n$ sind, deren Dimensionen gleich den entsprechenden Indices r sind. Ueberdies sind die Coefficienten $\mathfrak{F}_r$ zugleich ganze Functionen der Unbestimmten u_{hi}; $\mathfrak{F}_r$ ist also eine „*Form mit den Unbestimmten* u_{hi}, *welche das Formenproduct*:

$$\prod_h (f_0 v_{h0} + f_1 v_{h1} + f_2 v_{h2} + \cdots + f_n v_{hn}) \qquad\qquad (h=1,2,\ldots r)$$

enthält", — das „*Enthalten*" in dem Sinne genommen, wie es im § 22, I meiner Festschrift definirt ist[1]).

Setzt man für die Grössen f_h, g_h, g_{i-1}' beziehungsweise die Grössen M_k', M_h, M_{m+i}, so folgt aus der angegebenen Entwickelung, dass das Formenproduct:

$$\sum_h M_h U_h \cdot \sum_i M_{m+i} U_{m+i} \qquad\qquad \left(\begin{array}{l} h=0,1,\ldots m \\ i=1,2,\ldots n-m+1 \end{array}\right)$$

einer algebraischen Gleichung ϱ^{ten} Grades genügt, in welcher der Coefficient

---

[1]) Band II S. 343 dieser Ausgabe.

der ϱ^{ten} Potenz gleich Eins, aber derjenige der r^{ten} Potenz *eine das Formen-product*

$$\prod_h \sum_k M_k' V_{hk} \qquad \left(\begin{smallmatrix} h = 1,\, 2,\, \ldots\, r \\ k = 0,\, 1,\, \ldots\, n \end{smallmatrix}\right)$$

enthaltende Form ist.

Der hier bewiesene Satz löst die gestellte Aufgabe, indem er auf eine wesentliche Erweiterung der in meiner Festschrift gegebenen Begriffsbestimmungen für das „Enthalten-Sein" sowie für die „Aequivalenz" der Divisoren-Systeme und Formen höherer Stufe führt. Man hat nämlich zuvörderst den Begriff des Enthalten-Seins dahin zu erweitern, dass ein Divisoren-System:

$$(M_0^0,\; M_1^0,\; M_2^0,\; \ldots)$$

als „das Divisoren-System $(M_0',\; M_1',\; M_2',\; \ldots)$ enthaltend" angesehen werden muss, wenn die aus dem ersteren gebildete Form:

$$M_0^0 U_0 + M_1^0 U_1 + M_2^0 U_2 + \cdots$$

Wurzel einer algebraischen Gleichung ϱ^{ten} Grades ist, in welcher der Coëfficient der ϱ^{ten} Potenz gleich Eins und der Coëfficient der $(\varrho - r)^{\text{ten}}$ Potenz eine das Formenproduct:

$$\prod_h (M_0' V_{h0} + M_1' V_{h1} + M_2' V_{h2} + \cdots) \qquad (h = 1,\, 2,\, \ldots\, r),$$

im früheren *engeren* Sinne des Wortes enthaltende Form ist. Demgemäss soll nun auch die Form:

$$M_0^0 U_0 + M_1^0 U_1 + M_2^0 U_2 + \cdots$$

als die Form:

$$M_0' V_0 + M_1' V_1 + M_2' V_2 + \cdots$$

im *weiteren* Sinne des Wortes enthaltend bezeichnet werden, und aus dem erweiterten Begriffe des Enthalten-Seins der Divisoren-Systeme und Formen folgt unmittelbar der erweiterte Begriff der *Aequivalenz*, wenn dieser ebenso wie der frühere, engere auf das *gegenseitige* Enthalten-Sein von Divisoren-Systemen oder Formen gegründet wird.

Der erweiterte Begriff des Enthalten-Seins genügt ebenso, wie der frühere engere, der Bedingung, dass aus dem Enthalten-Sein eines Modulsystems (M') in (M^0) und aus dem von (M'') in (M') das Enthalten-Sein von (M'') in (M^0) folgt. Auch kann die Bedeutung der Congruenz:

$$M \equiv M' \quad (\text{modd. } M_1^0, M_2^0, M_3^0, \cdots)$$

darauf ausgedehnt werden, dass die Differenz $M - M'$ das Modulsystem $(M_1^0, M_2^0, M_3^0, \ldots)$, im *weiteren* Sinne des Wortes, enthält. Endlich kann nunmehr, im Anschluss an die bei *Grössen* eines Bereichs üblichen Bezeichnungen, auch der Quotient zweier *Formen* des Bereichs $[\Re', \Re'', \Re''', \ldots]$ als *„ganz im Sinne der Aequivalenz"* bezeichnet werden, wenn die Form, welche den Nenner bildet, in der Form des Zählers, im *weiteren* Sinne des Wortes, enthalten ist. Es zeigt sich alsdann die fundamentale Bedeutung des oben bewiesenen Satzes darin, dass durch ihn die eingeführten Begriffsbestimmungen gerechtfertigt werden; denn jener Satz besagt, dass das Product zweier, im Sinne der Aequivalenz „ganzen" Formen-Ausdrücke ebenfalls „ganz", im Sinne der Aequivalenz, ist, und hieraus folgt alsdann, dass überhaupt bei Bildung von ganzen ganzzahligen Functionen die Sphäre der „ganzen" Formen-Ausdrücke nicht verlassen wird.

Es muss hervorgehoben werden, dass für Formen, die im weiteren Sinne einander äquivalent sind, gemäss der in meiner Festschrift entwickelten allgemeinen Eliminationstheorie auch eine Aequivalenz im engeren Sinne besteht; aber es kann dies bloss eine Aequivalenz einer gewissen *Stufe* sein. Diese beiden verschiedenen Arten der Aequivalenz lassen sich schon an einem ganz einfachen Beispiele darlegen. Nimmt man nämlich oben $m = 1$, $n = 2$ und bezeichnet die alsdann sich ergebenden beiden Formen von wesentlich zweiter Stufe:

$$(M_0 + M_1 U)(M_2 + M_3 U), \quad (M_0 U_0 + M_1 U_1)(M_2 U_2 + M_3 U_3)$$

mit $F(U)$, $G(U_0, U_1, U_2, U_3)$, so sind einerseits die Coëfficienten von F

lineare homogene Functionen der Coëfficienten von G, und es ist daher G in F (im engeren Sinne) enthalten. Andrerseits ist F in dem Product:

$$(M_0 V_0 + M_1 V_1 + M_2 V_2 + M_3 V_3)\, G(U_0,\ U_1,\ U_2,\ U_3),$$

dessen erster Factor eine Form vierter Stufe (also für Formen zweiter Stufe uneigentlich primitiv) ist, enthalten, und zwar ebenfalls im engeren Sinne; es ist aber auch G Wurzel der Gleichung;

$$G^2 - PG + Q = 0,$$

in welcher:

$$P = G(U_0,\ U_1,\ U_2,\ U_3) + G(U_1,\ U_2,\ U_0,\ U_1)$$

$$Q = G(U_0,\ U_1,\ U_2,\ U_3) \cdot G(U_2,\ U_3,\ U_0,\ U_1)$$

ist, so dass P die Form F selbst und Q sogar das Product zweier aus den Coëfficienten von F gebildeten Formen:

$$(M_0' U_0 + M_1' U_1 + M_2' U_2)(M_0' V_0 + M_1' V_1 + M_2' V_2)$$

im engeren Sinne des Wortes enthält.

ÜBER
BILINEARE FORMEN MIT VIER VARIABELN.

VON

L. KRONECKER.

Abhandlungen der Königlich Preussischen Akademie der Wissenschaften zu Berlin
vom Jahre 1883. II, zweite Abhandlung. S. 1—60.

ÜBER BILINEARE FORMEN MIT VIER VARIABELN.

[Der Akademie übergeben am 19. Juli 1888. Sitzungsberichte St. XXXVI S. 923.]

* Wenn die Analysis auf zahlentheoretische Resultate geführt hat, sei es in gewissermassen zufälliger Weise, sei es durch jene directen Methoden, welche die Wissenschaft dem Genie *Dirichlet's* verdankt, so waren es fast immer ganz ungeahnte, überraschende arithmetische Relationen, welche auf solchen Wegen entdeckt wurden. Arithmetische Bestimmungen, welche keinerlei Zusammenhang zu haben schienen, sind durch Vermittelung der Analysis mit einander verknüpft und die zahlentheoretischen Forschungen selbst sind dadurch in ganz neue Bahnen gelenkt worden. Und in diesem Hinweis auf die Richtung, in der die Fortschritte der Zahlentheorie zu suchen sind, besteht vielleicht der wichtigste Nutzen, den die Anwendung der Analysis auf die höhere Arithmetik gewährt, da bei Beschäftigung mit dieser Disciplin die Gefahr sehr nahe liegt, sich in müssige Speculationen zu verlieren, falls man nicht den Weg systematischer Untersuchung einschlägt, wie er von *Gauss* der Wissenschaft vorgezeichnet ist. Aber so werthvoll auch die durch die Analysis gewonnenen arithmetischen *Resultate* sind, so ist doch die auf diesem Wege gewonnene *Erkenntniss* in gewisser Hinsicht mangelhaft. Grade das Wunderbare, welches den mit Hülfe der Analysis erlangten Resultaten anhaftet, zeigt, dass die natürliche Quelle der Erkenntniss

---

* Anmerkung. Die vorliegende Abhandlung habe ich in der Gesammtsitzung der Akademie am 13. December 1866 vorgetragen (vgl. Monatsbericht vom December 1866). Ich habe beim jetzigen Abdruck des damals vorgelegten Manuscriptes nur einige erläuternde Ausführungen hinzugefügt (vgl. Sitzungsbericht vom 19. Juli 1888).

noch nicht gefunden ist, und um diesen den analytischen Methoden an-
haftenden Mangel zu beheben — nicht um bloss eine neue Herleitung bekannter Resultate zu gewinnen — lohnt es den rein arithmetischen Weg
zur Ergründung derselben zu suchen. Dass hierdurch die wissenschaftliche
Erkenntniss in der That wesentlich gefördert wird, zeigt sich am deutlichsten bei jenen *Dirichlet*'schen Ausdrücken für die Anzahl der verschiedenen
Classen quadratischer Formen und bei ähnlichen Beziehungen zwischen verschiedenen Zahlen, welche unter dem Begriffe der „Anzahl" gewisser zahlen-
theoretischer Bestimmungen auftreten. Ein solcher Zusammenhang zwischen
der Anzahl verschiedener Arten von Bestimmungen lässt nämlich eine Beziehung zwischen diesen Bestimmungen selbst vermuthen, und wenn diese
wichtigere Beziehung gefunden ist, so ergiebt sich die für die Anzahl als
blosses Corollar. Freilich ist bisher bei den *Dirichlet*'schen Ausdrücken für
die Classenanzahl der quadratischen Formen vergebens nach solchen Beziehungen gesucht worden, aber bei denjenigen, welche mir die Theorie der
complexen Multiplication der elliptischen Functionen geliefert hat, ist mir
durch die Analysis selbst zugleich ein Hinweis auf die arithmetische Quelle
der erlangten Resultate gegeben worden. Ich habe dadurch einen rein arithmetischen Beweis jener Formeln für die Classenanzahlen quadratischer Formen
von negativer Determinante gefunden, welche ich auf Grund der *analytischen*
Herleitung in früheren Mittheilungen gegeben habe, und ich habe die Beweis-
methode selbst nach mannigfachen Bemühungen der Fremdartigkeit ihres
analytischen Ursprungs in ähnlicher Weise entkleidet, wie es *Dirichlet* bei
der Vereinfachung des *Jacobi*'schen Beweises für die Darstellung der Zahlen
als Summen von vier Quadraten gethan hat*).

---

*) Sur l'équation $t^2 + u^2 + v^2 + w^2 = 4m$. Extrait d'une lettre de M. *Lejeune-
Dirichlet* à M. *Liouville*. *Liouville's* Journal, 2. Ser. I. Band 1856.

§ 1.

Man kann die bilinearen Formen in arithmetischer Beziehung ebenso behandeln, wie die quadratischen, vorausgesetzt, dass man nur solche Transformationen zulässt, welche für beide Systeme von Variabeln identisch sind. Auf diese Transformationen bin ich erst bei allgemeineren Untersuchungen gekommen, über welche ich der Akademie am 15. October d. J. eine Mittheilung gemacht habe*), aber sie haben auch schon für den einfachsten Fall der Formen mit zwei Systemen von je zwei Variabeln eine interessante Bedeutung.

Wenn die bilineare Form:

$$A x_1 y_1 + B x_1 y_2 - C x_2 y_1 + D x_2 y_2$$

durch die Substitution $\begin{pmatrix} \alpha & \beta \\ \gamma & \delta \end{pmatrix}$ in die Form:

$$A' x_1 y_1 + B' x_1 y_2 - C' x_2 y_1 + D' x_2 y_2$$

übergeht, so gelten zwischen den Coëfficienten der beiden Formen folgende Relationen:

$$A \alpha^2 + (B - C)\alpha\gamma + D\gamma^2 = A',$$
$$A \alpha\beta + B\alpha\delta - C\beta\gamma + D\gamma\delta = B',$$
$$A \alpha\beta + B\beta\gamma - C\alpha\delta + D\gamma\delta = -C',$$
$$A \beta^2 + (B - C)\beta\delta + D\delta^2 = D'.$$

Bezeichnet man die Determinante der bilinearen Formen mit $\varDelta$, so ist:

---

*) Vgl. den Monatsbericht vom October 1866, S. 597 u. flgde.[1]).

[1]) Ueber bilineare Formen. Band I S. 145—162 dieser Ausgabe von *L. Kronecker's* Werken.
H.

$$\Delta' = (\alpha\delta - \beta\gamma)^2 \cdot \Delta;$$

es ist aber ausserdem noch derjenige aus den Coëfficienten der Form gebildete Ausdruck zu berücksichtigen, auf welchen die vorhin erwähnte allgemeine Theorie der bilinearen Formen geführt hat, nämlich die Determinante:

$$\begin{vmatrix} A(u+v), & Bu-Cv \\ Bv-Cu, & D(u+v) \end{vmatrix}$$

d. h.

$$\Delta(u+v)^2 - (B+C)^2 uv$$

oder

$$(\Delta - \theta)(u-v)^2 + \theta(u+v)^2,$$

wenn θ die negative Determinante der quadratischen Form $\left(A, \tfrac{1}{2}(B-C), D\right)$ bedeutet. Diess ist also eine „*determinirende quadratische* Form", welche bei der Untersuchung der bilinearen Formen hinzuzunehmen ist.

Nennt man zwei bilineare Formen mit ganzzahligen Coëfficienten äquivalent, sobald sie durch eine Substitution mit der Determinante 1 in einander übergehen, und unterscheidet man hierbei genau wie bei den quadratischen Formen durch das Vorzeichen der Determinante die eigentliche und die uneigentliche Aequivalenz, so sieht man, dass das zu einer und derselben determinirenden Form gehörige System unter einander nicht äquivalenter bilinearer Formen mit dem Systeme quadratischer Formen der Determinante θ im Wesentlichen übereinkommt. Da nun die Anzahl der Werthe von θ, welche bei gegebenem Werthe von Δ eine *positive* determinirende Form ergeben, begrenzt ist, so folgt, dass die Gesammtanzahl aller unter einander nicht äquivalenter bilinearer Formen einer bestimmten positiven Determinante endlich ist, wenn man nur diejenigen nimmt, für welche auch die determinirende Form positiv ist. Die arithmetische Herleitung dieser Classenanzahl bilinearer Formen ist es, welche den Gegenstand der folgenden Paragraphen bildet, und es leuchtet schon nach den bisherigen Ausführungen ein, dass diese Classenanzahl nichts anderes ist, als die Summe von Classenanzahlen quadratischer Formen für eine gewisse Reihe negativer Determinanten, die sich nur um vollständige Quadrate von der Determinante der bilinearen Form unterscheiden. Diese Betrachtung wirft ein ganz neues Licht auf den Zusammenhang der einzelnen Determinanten jener Reihe, sie liefert dafür eine unmittelbare zahlentheoretische Bedeutung und zeigt die naturgemässe Verbindung zwischen den einzelnen Gliedern der Reihe von Determinanten auf, zu welcher mich lange vorher die Methoden der Analysis geführt hatten. Aber diese Methoden haben zugleich die Anleitung dazu gegeben, die Unterscheidungen in besondere Arten von Aequivalenz der quadratischen oder der bilinearen Formen noch weiter zu führen, als es durch *Gauss* im Gegensatz zu *Legendre* geschehen ist, und es wird diese weitere Unterscheidung jetzt vor allen Dingen anzugeben sein, um darnach den wahren Begriff der Classenanzahl festzustellen. Es dürfte hier auch der Ort sein, mit kurzen Worten die allgemeinsten Gesichtspunkte für die Unterscheidungen zu entwickeln, welche man bei dem arithmetischen Begriffe der Aequivalenz von Formen überhaupt machen kann.

Ich knüpfe hierbei an die Methode an, welche ich in meiner Mittheilung vom 15. October d. J. für die Zerlegung eines beliebigen ganzzahligen Substitutionssystems in elementare gegeben habe*). Wenn ein solches Substitutionssystem von der n^{ten} Ordnung die Determinante $+1$ hat, aber sonst keinerlei einschränkenden Bedingungen unterworfen ist, so kann es in eine Folge von n elementaren Systemen zerlegt werden, von denen $n-1$ nur eine Permutation der Variabeln $x_1, \ldots x_n$ bewirken, während das n^{te} die Transformation $x_1 + x_2$ für x_1 ergiebt. Da nun jede Unterscheidung in verschiedene Arten von Aequivalenz auch für diese elementaren Systeme gelten muss, andrerseits aber wegen der Zerlegung jedes beliebigen Systems in elementare eine solche Unterscheidung der elementaren Systeme selbst auch für die *allgemeine* Bestimmung der Aequivalenz hinreichend ist, so brauchen eben nur diese letzteren untersucht zu werden. Zu diesem Behufe werde ich die verschiedenen Arten von Aequivalenz als „unvollständige" bezeichnen, um diese neue Begriffsbestimmung von der *Gauss*'schen „uneigentlichen Aequivalenz" zu unterscheiden. Eine Zusammensetzung einer endlichen Anzahl bestimmter Systeme, welche unvollständige Aequivalenz constituiren,

---

*) Vgl. den Monatsbericht vom October 1866, S. 608 u. flgde.[1]).

[1]) Band I S. 158 flgde. dieser Ausgabe. H.

muss stets ein solches ergeben, für welches vollständige Aequivalenz stattfindet, denn die Anzahl der Arten soll *endlich* sein, und das identische
System ($x_2' = x_2$) muss natürlich stets als ein System für vollständige Aequivalenz gelten. Hiernach bleiben nur folgende Bestimmungen möglich: *erstens*
kann erst die Zusammensetzung von v Systemen ($x_1' = x_1 + x_2$) vollständige
Aequivalenz ergeben, und *zweitens* kann erst eine gewisse Folge von Systemen
der ersten Art zu einem Systeme für vollständige Aequivalenz führen. Die
erstere Bestimmung liefert eine Unterscheidung der Transformationssysteme
nach den verschiedenen Resten, welche die Zahlenelemente modulo v lassen,
die letztere Bestimmung ergiebt eine Unterscheidung nach den verschiedenen
Permutationen der Variabeln, welche man erhält, wenn man nach der Zerlegung eines beliebigen Systems in elementare alle diejenigen weglässt, welche
zu der Transformation $x_1' = x_1 + x_2$ gehören. Grade diese letztere Weise der
Unterscheidung vollständiger und unvollständiger Aequivalenz ist sehr be-
merkenswerth, weil sie bei der Behandlung der Formen einem wesentlichen
Mangel abhilft, den dieselbe gegenüber der Theorie der complexen Zahlen
bisher gehabt hat, und weil sie auch auf die nicht zerlegbaren Formen aller
Grade gleichmässig Anwendung findet. Das *Bedürfniss* zu dieser oder jener
Weise der Unterscheidung verschiedener Arten von Aequivalenz ist freilich
einzig und allein aus der behandelten Theorie zu entnehmen, und zwar in
der Weise, dass man jene Unterscheidung so weit zu entwickeln hat, bis
fernere Unterscheidungen nur eine Vervielfachung — aber keine andere Modification — der Classenanzahl ergeben*).

In dem hier zu behandelnden Falle ist nur eine Unterscheidung nach
der ersteren von den oben angegebenen Weisen nöthig, und zwar eine solche,
welcher die verschiedenen Charaktere der Substitutionselemente modulo 2
zum Grunde liegen, genau so wie es bei der Transformation der elliptischen
Functionen erforderlich ist. Nur die *arithmetische* Bedeutung dieser verschiedenen Arten von Aequivalenz tritt durch die vorstehenden allgemeineren
Ausführungen ans Licht, und es zeigt sich namentlich, dass zwar für die Be-

---

*) Vgl. die Ausführungen am Schlusse des § 24 (S. 107) in meiner Festschrift
zu Herrn *Kummer's* Doctor-Jubiläum. Journal für Math. Bd. 92[1]).

[1]) Band II S. 370 dieser Ausgabe. H.

trachtung quadratischer Formen einer und derselben Determinante, wie sie eben bei *Gauss* nur vorkommt, die von ihm gemachte Unterscheidung genügt, dass aber die Anzahl der verschiedenen Classen *bilinearer* Formen einer und derselben Determinante, welche zugleich ein Aggregat von Classenanzahlen quadratischer Formen verschiedener Determinanten ist, bei Einführung jener Arten von unvollständiger Aequivalenz noch alterirt, und dass desshalb nach dem oben Gesagten eben diese Einführung nöthig wird.

§ 2.

Wenn man die Substitutionssysteme $\left(\begin{smallmatrix}\alpha\,\beta\\\gamma\,\delta\end{smallmatrix}\right)$ je nach den verschiedenen Resten unterscheidet, welche die Elemente modulo 2 haben, so giebt es *sechs* verschiedene Arten solcher Systeme, welche durch folgende, ihnen modulo 2 congruente, charakterisirt sind:

$$\left(\begin{smallmatrix}1,\;0\\0,\;1\end{smallmatrix}\right),\;\left(\begin{smallmatrix}0,\;-1\\1,\;0\end{smallmatrix}\right),\;\left(\begin{smallmatrix}1,\;1\\-1,\;0\end{smallmatrix}\right),\;\left(\begin{smallmatrix}-1,\;1\\0,\;-1\end{smallmatrix}\right),\;\left(\begin{smallmatrix}0,\;-1\\1,\;1\end{smallmatrix}\right),\;\left(\begin{smallmatrix}1,\;0\\-1,\;1\end{smallmatrix}\right).$$

Diese haben sämmtlich die Determinante $+1$, und jedes System $\left(\begin{smallmatrix}\alpha\,\beta\\\gamma\,\delta\end{smallmatrix}\right)$ kann aus demjenigen dieser sechs Systeme, durch welches es charakterisirt wird, und aus einem durch $\left(\begin{smallmatrix}1\,0\\0\,1\end{smallmatrix}\right)$ charakterisirten Systeme zusammengesetzt werden. Denn wenn $\left(\begin{smallmatrix}\alpha_0\,\beta_0\\\gamma_0\,\delta_0\end{smallmatrix}\right)$ dasjenige von den sechs Systemen bezeichnet, welches dem gegebenen Systeme $\left(\begin{smallmatrix}\alpha\,\beta\\\gamma\,\delta\end{smallmatrix}\right)$ modulo 2 congruent ist, d. h. für welches:

$$\alpha \equiv \alpha_0, \qquad \beta \equiv \beta_0, \qquad \gamma \equiv \gamma_0, \qquad \delta \equiv \delta_0 \qquad (\text{mod. 2})$$

ist, so lässt sich offenbar ein System $\left(\begin{smallmatrix}\alpha_1\,\beta_1\\\gamma_1\,\delta_1\end{smallmatrix}\right)$ bestimmen, für welches:

$$\left(\begin{smallmatrix}\alpha\;\beta\\\gamma\;\delta\end{smallmatrix}\right) = \left(\begin{smallmatrix}\alpha_0\,\beta_0\\\gamma_0\,\delta_0\end{smallmatrix}\right)\left(\begin{smallmatrix}\alpha_1\,\beta_1\\\gamma_1\,\delta_1\end{smallmatrix}\right)$$

d. h.

$$\alpha = \alpha_0\alpha_1 + \beta_0\gamma_1, \qquad \beta = \alpha_0\beta_1 + \beta_0\delta_1,$$
$$\gamma = \gamma_0\alpha_1 + \delta_0\gamma_1, \qquad \delta = \gamma_0\beta_1 + \delta_0\delta_1,$$

und dabei:

$$\alpha_1 \equiv 1, \quad \beta_1 \equiv 0, \quad \gamma_1 \equiv 0, \quad \delta_1 \equiv 1 \quad (\mathrm{mod.}\,2)$$

wird.

Ebenso wie für die Determinante $+1$, giebt es auch sechs mod. 2 verschiedene Arten von Substitutionssystemen mit der Determinante -1; diese sind durch die Systeme:

$$\begin{pmatrix}0, & 1\\ 1, & 0\end{pmatrix}, \quad \begin{pmatrix}-1, & 0\\ 0, & 1\end{pmatrix}, \quad \begin{pmatrix}1, & 1\\ 0, & -1\end{pmatrix}, \quad \begin{pmatrix}1, & -1\\ -1, & 0\end{pmatrix}, \quad \begin{pmatrix}-1, & 0\\ 1, & 1\end{pmatrix}, \quad \begin{pmatrix}0, & 1\\ 1, & -1\end{pmatrix}$$

charakterisirt.

Die aufgestellten zwölf Systeme bezeichnen zugleich die verschiedenen Arten der Aequivalenz der mittels derselben transformirten Formen; und es soll demgemäss ausser jener von *Gauss* herrührenden Unterscheidung zwischen eigentlicher und uneigentlicher Aequivalenz noch eine fernere Unterscheidung von „*vollständiger*" und „*unvollständiger*" Aequivalenz eingeführt werden. Es sollen nämlich zwei Formen einander *vollständig* äquivalent genannt werden, wenn sie mittels einer durch das erste der ersteren sechs Systeme charakterisirten, also dem Systeme $\begin{pmatrix}1 & 0\\ 0 & 1\end{pmatrix}$ *modulo 2* congruenten Substitution in einander transformirt werden können. Andernfalls soll die Aequivalenz als eine *unvollständige*, und zwar als eine eigentliche oder uneigentliche unvollständige Aequivalenz bezeichnet werden, je nachdem die Determinante der Substitution, mittels deren die eine Form in die andere transformirt wird, den Werth $+1$ oder -1 hat.

Wendet man diese Begriffsbestimmung auf binäre quadratische Formen negativer Determinante an, so gehören zu jeder Form:

$$ax^2 + 2bxy + cy^2 \qquad \text{oder} \qquad (a, b, c),$$

in welcher alle drei Coëfficienten a, b, c positiv vorausgesetzt werden, folgende 5 ihr eigentlich aber unvollständig äquivalente Formen:

$$(\mathfrak{A}') \qquad \begin{array}{l} (c, -b, a);\ (a, b-a, a-2b+c);\ (c, c-b, a-2b+c); \\ (a-2b+c, a-b, a);\ (a-2b+c, b-c, c); \end{array}$$

sowie die 6 der Form (a, b, c) uneigentlich und unvollständig äquivalenten Formen:

$$(\mathfrak{A}'') \qquad \begin{array}{l} (a, -b, c);\ (c, b, a);\ (a, a-b, a-2b+c);\ (c, b-c, a-2b+c); \\ (a-2b+c, b-a, a);\ (a-2b+c, c-b, c). \end{array}$$

Unter diesen Formen können einige nur dann zugleich einander vollständig äquivalent sein, wenn sie überhaupt Transformationen in sich selbst zulassen. Es sind also nur die Ambigen zu untersuchen. Von den 12 einander im Allgemeinen nicht vollständig oder eigentlich äquivalenten Formen sind nun für Ambige je zwei einander vollständig äquivalent; aber in den Fällen, wo $a = c = 2b$ ist, sogar je 6 und in den Fällen, wo $a = c$ und $b = 0$ ist, je 4. Diese besonderen Fälle begründen, wenn nur die einander vollständig äquivalenten Formen zu einer und derselben Classe gerechnet werden, die Verschiedenheit der Anzahl dieser Classen von der Anzahl derjenigen Classen quadratischer Formen, welche gemäss der *Gauss*'schen Definition *alle* einander *eigentlich* (vollständig oder unvollständig) äquivalenten Formen umfassen.

<h3 style="text-align:center">§ 3.</h3>

Auch auf die *Reduction* der Formen hat die Unterscheidung zwischen vollständiger und unvollständiger Aequivalenz einen wesentlichen Einfluss, da nicht für *jede* Form eine ihr vollständig äquivalente existirt, welche den gewöhnlichen *Lagrange*'schen Bedingungen reducirter Formen:

$$c^2 \geq a^2 \geq (2b)^2$$

genügt. Aber es lässt sich für jede Form eine ihr vollständig äquivalente bestimmen, deren Coëfficienten a_0, b_0, c_0 die Bedingungen:

$$a_0^2 \geq b_0^2, \qquad c_0^2 \geq b_0^2$$

erfüllen. Denn wenn $a^2 < b^2$ ist, und eine *grade* Zahl β so bestimmt wird, dass:

$$(a\beta + b)^2 \leqq a^2$$

wird, so ist die durch die Substitution $\begin{pmatrix} 1 & \beta \\ 0 & 1 \end{pmatrix}$ aus (a, b, c) hervorgehende Form:

$$(a,\ a\beta + b,\ a\beta^2 + 2b\beta + c),$$

welche durch $(a_1,\ b_1,\ c_1)$ bezeichnet werden möge, der Form (a, b, c) vollständig äquivalent, und da:

$$(a\beta + b)^2 \leqq a^2 < b^2, \quad \text{also:} \quad a(a\beta^2 + 2b\beta) < 0$$

ist, so wird für *positive* Werthe von a und c:

$$|b_1| \leqq a_1 = a, \quad c_1 < c, \quad \text{folglich:} \quad a_1 c_1 < ac.$$

Ist nun $c_1^2 < b_1^2$, so wird die Form $(a_1,\ b_1,\ c_1)$ durch eine Substitution $\begin{pmatrix} 1 & 0 \\ \gamma & 1 \end{pmatrix}$, in welcher γ eine durch die Bedingung:

$$(c_1\gamma + b_1)^2 \leqq c_1^2$$

bestimmte *grade* Zahl bedeutet, in eine Form $(a_2,\ b_2,\ c_2)$ transformirt, deren Coëfficienten den Bedingungen:

$$a_2 < a_1, \quad |b_2| \leqq c_2 = c_1, \quad \text{also} \quad a_2 c_2 < a_1 c_1$$

genügen. Durch Fortsetzung dieses Transformations-Verfahrens, bei welchem das Product der beiden äusseren Coëfficienten stets verkleinert wird, muss man also, da dieses Product nicht kleiner als der absolute Werth der Determinante werden kann, schliesslich zu einer der ursprünglichen Form (a, b, c) vollständig äquivalenten „*Reducirten*" gelangen, d. h. zu einer *Form $(a_0,\ b_0,\ c_0)$, in welcher der absolute Werth des mittleren Coëfficienten denjenigen der beiden äusseren nicht übersteigt*, in welcher also:

$$|a_0| \geqq |b_0|, \quad |c_0| \geqq |b_0|$$

ist, wenn nach *Weierstrass*'scher Weise mit $|a|$ der absolute Werth von a bezeichnet wird. Dabei ist zu bemerken, dass die Grenzfälle $|a_0| = |b_0|$, $|c_0| = |b_0|$ nicht gleichzeitig eintreten können, da die Determinante $b_0^2 - a_0 c_0$ wesentlich negativ ist.

Beschränkt man die Betrachtung auf *positive* Formen

$$ax^2 + 2bxy + cy^2,$$

für welche also a und c positiv sind, und bezeichnet man den absoluten Werth der Determinante mit θ, denjenigen von b aber mit sb, so dass:

$$\theta = ac - b^2, \qquad sb = |b|, \qquad s = \pm 1,$$

$$a = sb + \frac{\theta}{sb} - \frac{a(c - sb)}{sb}, \qquad sb = \frac{\theta - (a - sb)(c - sb)}{a - sb + c - sb}, \qquad c = sb + \frac{\theta}{sb} - \frac{c(a - sb)}{sb}$$

ist, so geht aus diesen drei Gleichungen hervor, dass für reducirte Formen $(a_0,\ b_0,\ c_0)$ der Determinante $- \theta$, für welche also die Zahlen $a_0 - sb_0$ und $c_0 - sb_0$ positiv sind, die Ungleichheitsbedingungen:

$$sb_0 \leqq \theta, \qquad sb_0 \leqq a_0 \leqq sb_0 + \frac{\theta}{sb_0}, \qquad sb_0 \leqq c_0 \leqq sb_0 + \frac{\theta}{sb_0}$$

erfüllt sind. Gemäss diesen Bedingungen können alle Reducirten einer Determinante $- \theta$ aufgestellt werden, indem für b_0 der Reihe nach alle negativen und positiven Zahlen von $- \theta$ bis $+ \theta$ und bei jedem Werthe von b_0 für a_0 und c_0 alle diejenigen positiven complementären Divisoren der Zahl $\theta + b_0^2$ genommen werden, welche in den durch sb_0 und $sb_0 + \frac{\theta}{sb_0}$ bezeichneten Grenzen liegen.

§ 4.

Dass jede Form, wie im vorigen Paragraphen nachgewiesen worden, einer *Reducirten*, d. h. einer Form $(a_0,\ b_0,\ c_0)$, die den Bedingungen:

$$|a_0| \geqq |b_0|, \qquad |c_0| \geqq |b_0|$$

genügt, vollständig äquivalent ist, soll nunmehr unter Benutzung der in der gewöhnlichen, schon von *Lagrange* angegebenen, Weise reducirten Formen dargethan werden. Dabei sollen — zur Unterscheidung von den hier eingeführten, durch die Bedingungen:

$$|a_0| \geqq |b_0|, \quad |c_0| \geqq |b_0|$$

charakterisirten „*Reducirten*" — die nach der *Lagrange*'schen Weise reducirten Formen (a, b, c), deren Coëfficienten den Bedingungen:

$$|c| \geqq |a| \geqq |2b|$$

genügen, als die „*Lagrange*'schen Reducirten" bezeichnet werden.

Es ist nun *erstens* zu bemerken, dass wenn (a, b, c) eine *Lagrange*'sche Reducirte ist, deren Coëfficienten nicht negativ sind und also den Ungleichheits-Bedingungen:

$$c \geqq a \geqq 2b \geqq 0$$

genügen, diese Form (a, b, c) selbst, so wie die übrigen 11 oben aufgestellten ihr unvollständig äquivalenten Formen „*Reducirte*", in dem hier eingeführten Sinne, sind. Denn alle 12 „*zusammengehörigen*", unter einander unvollständig äquivalenten Formen:

$$(a, \pm b, c); \quad (c, \mp b, a); \quad (a, \pm (b-a), a-2b+c);$$
$$\text{(}\mathfrak{A}\text{)} \qquad (c, \pm (c-b), a-2b+c);$$
$$(a-2b+c, \pm (a-b), a); \quad (a-2b+c, \pm (b-c), c)$$

haben dann die Eigenschaft, dass der absolute Werth des mittleren Coëfficienten nicht grösser ist als der absolute Werth jedes der beiden äusseren Coëfficienten. Da nun *jede* positive Form (a', b', c') mittels irgend einer Substitution $\begin{pmatrix} \alpha & \beta \\ \gamma & \delta \end{pmatrix}$ der Determinante ± 1 in eine den Bedingungen:

$$c \geqq a \geqq 2b \geqq 0$$

genügende *Lagrange*'sche Reducirte (a, b, c) transformirt werden kann, und da eine der 12 Substitutionen, mittels deren die 12 zusammengehörigen Formen ($\mathfrak{A}$) in die *erste* derselben, nämlich in (a, b, c), übergehen, jener Substitution $\begin{pmatrix} \alpha\,\beta \\ \gamma\,\delta \end{pmatrix}$ „ähnlich“ und zugleich *modulo 2* congruent sein muss, so folgt unmittelbar, dass jede Form (a', b', c') in eine dieser 12 Formen mittels einer durch $\begin{pmatrix} 1\,0 \\ 0\,1 \end{pmatrix}$ charakterisirten Substitution übergehen, also dieser Form vollständig äquivalent sein muss. Alle diese 12 zusammengehörigen Formen ($\mathfrak{A}$) sind aber, wenn (a, b, c) den Bedingungen:

$$c \gtrless a \gtrless 2b \gtrless 0$$

genügt, *Reducirte* (in dem hier eingeführten Sinne), und es ist daher in der That *jede* Form (a', b', c') einer Form (a_0, b_0, c_0), welche den Bedingungen:

$$|a_0| \gtrless |b_0|, \quad |c_0| \gtrless |b_0|$$

genügt, vollständig äquivalent. Ueberdies hat sich gezeigt, dass eine solche Form (a_0, b_0, c_0), falls sie positiv und also a_0 und c_0 positiv ist, eine der 12 zusammengehörigen, unter einander vollständig äquivalenten Reducirten bildet, von denen *eine* zugleich eine *Lagrange*'sche Reducirte mit lauter nicht negativen Coëfficienten ist.

Es soll nun *zweitens* gezeigt werden, dass für *jede* „*Reducirte*" (a_0, b_0, c_0) mit lauter nicht negativen Coëfficienten, d. h. für jede Form, deren Coëfficienten den Bedingungen:

$$a_0 \gtrless b_0 \gtrless 0, \quad c_0 \gtrless b_0 \gtrless 0$$

genügen, stets eine der 6 zusammengehörigen Formen:

$$(a_0, b_0, c_0);\ (c_0, -b_0, a_0);\ (a_0, b_0 - a_0, a_0 - 2b_0 + c_0);$$
$$(c_0, c_0 - b_0, a_0 - 2b_0 + c_0);\ (a_0 - 2b_0 + c_0, a_0 - b_0, a_0);$$
$$(a_0 - 2b_0 + c_0, b_0 - c_0, c_0),$$

eine *Lagrange*'sche reducirte positive Form (a, b, c) ist, dass also deren Coëfficienten die Ungleichheits-Bedingungen:

$$c \gtrless a \gtrless |2b|$$

erfüllen. — Der Voraussetzung nach ist (a_0, b_0, c_0) eine Form, in welcher die Coëfficienten den Bedingungen genügen:

$$a_0 \gtrless b_0, \quad c_0 \gtrless b_0, \quad b_0 \gtrless 0.$$

Dabei können folgende Fälle eintreten:

$$1, \ 0 \lessgtr 2b_0 \lessgtr a_0 \lessgtr c_0, \qquad 3, \ 0 \lessgtr a_0 \lessgtr 2b_0 \lessgtr c_0, \qquad 5, \ 0 \lessgtr a_0 \lessgtr c_0 \lessgtr 2b_0,$$

$$2, \ 0 \lessgtr 2b_0 \lessgtr c_0 \lessgtr a_0, \qquad 4, \ 0 \lessgtr c_0 \lessgtr 2b_0 \lessgtr a_0, \qquad 6, \ 0 \lessgtr c_0 \lessgtr a_0 \lessgtr 2b_0,$$

und es ist dann je nach den sechs unterschiedenen Fällen je eine der sechs Formen:

$$1, \ (a_0, \ b_0, \ c_0), \qquad 3, \ (a_0, \ b_0 - a_0, \ a_0 - 2b_0 + c_0), \qquad 5, \ (a_0 - 2b_0 + c_0, \ a_0 - b_0, \ a_0),$$

$$2, \ (c_0, \ -b_0, \ a_0), \qquad 4, \ (c_0, \ c_0 - b_0, \ a_0 - 2b_0 + c_0), \qquad 6, \ (a_0 - 2b_0 + c_0, \ b_0 - c_0, \ a_0),$$

und zwar in der entsprechenden Reihenfolge, eine *Lagrange*'sche Reducirte.

§ 5.

Es ist im vorigen Paragraphen gezeigt worden, dass sich stets eine *Lagrange*'sche Reducirte unter den ersten 6 mit (a_0, b_0, c_0) zusammengehörigen Formen befindet, wenn (a_0, b_0, c_0) keinen negativen Coëfficienten hat und eine *Reducirte* (im hier eingeführten Sinne) ist. Wenn also eine andere *Reducirte* mit lauter nicht negativen Coëfficienten (a_0', b_0', c_0') der *Reducirten* (a_0, b_0, c_0) vollständig aequivalent ist, so muss nicht nur unter den 6 ersten[*] mit (a_0', b_0', c_0') zusammengehörigen Formen, sondern auch unter den 6 ersten von denjenigen, welche als mit (a_0, b_0, c_0) zusammengehörig bezeichnet sind, eine *Lagrange*'sche Reducirte von (a_0', b_0', c_0') vorkommen. Giebt es mehr als *eine Lagrange*'sche Reducirte, so unterscheidet sich die eine von der andern nur durch das Vorzeichen des mittleren Coëfficienten[**], und da genau der-

---

[*] Es sind dies die oben mit ($\mathfrak{A}'$) bezeichneten Formen.
[**] Vgl. *Gauss*, Disquisitiones Arithmeticae art. 172.

selbe Unterschied zwischen je einer der 6 ersten und je einer der 6 folgenden*) zusammengehörigen Formen besteht, so folgt zunächst, dass eine und dieselbe *Lagrange*'sche Reducirte von (a_0', b_0', c_0') sowohl unter den 12 zusammengehörigen Formen von (a_0', b_0', c_0') als auch unter denen von (a_0, b_0, c_0) vorkommen muss, und hieraus folgt endlich, dass die Form (a_0', b_0', c_0') *selbst* sich unter den 12 mit (a_0, b_0, c_0) zusammengehörigen Formen befinden muss. Es ergiebt sich daher,

dass überhaupt zwei verschiedene, (im hier eingeführten Sinne) reducirte, positive Formen d. h. zwei Formen, deren äussere Coëfficienten positiv und nicht kleiner als der absolute Werth des mittleren sind, nur dann einander vollständig äquivalent sein können, wenn sie zugleich „zusammengehörige Formen" sind, d. h. wenn beide unter den 12 zusammengehörigen Formen:

$$(a, \pm b, c); \quad (c, \pm b, a); \quad \big(a, \pm (sb - a), a - 2sb + c\big);$$
$$\big(c, \pm (c - sb), a - 2sb + c\big); \quad \big(a - 2sb + c, \pm (a - sb), a\big);$$
$$\big(a - 2sb + c, \pm (sb - c), c\big)$$

vorkommen, in denen, wie oben, $s = \pm 1$ und zwar das Vorzeichen von b ist.

Die allgemeine Frage, ob irgend zwei *Reducirte* einander vollständig äquivalent sein können, ist hiernach auf die speciellere zurückgeführt, in welchen Fällen eine *Reducirte* (a_0, b_0, c_0) in eine mit ihr „*zusammengehörige*" *Reducirte* durch eine der Substitution $\begin{pmatrix} 1 & 0 \\ 0 & 1 \end{pmatrix}$ ähnliche und zugleich *mod. 2* congruente Substitution übergehen kann. Da ausserdem ein solcher Uebergang mittels einer jener 11 Substitutionen bewirkt werden muss, welche von irgend einer Form zu den 11 ihr unvollständig (eigentlich oder uneigentlich) äquivalenten führen, so muss die Form (a_0, b_0, c_0) in sich selbst transformirbar sein; deren *Lagrange*'sche Reducirte muss daher eine *forma anceps* sein, und ihr mittlerer Coëfficient muss entweder gleich Null oder dem absoluten Werthe

---

*) Es sind dies die oben mit $(\mathfrak{A}'')$ bezeichneten Formen.

nach gleich dem halben ersten Coëfficienten sein. Demgemäss ist nur zu untersuchen, ob und welche der mit:

$$(a,\, 0,\, c) \qquad \text{oder} \qquad (2b,\, b,\, c)$$

zusammengehörigen Formen einander vollständig äquivalent sind.

Unter den mit $(a,\, 0,\, c)$ zusammengehörigen kommen die 2 Formen:

$$(a,\, 0,\, c)\,; \qquad (c,\, 0,\, a)$$

je *zwei* Mal und die 8 Formen:

$$(a,\, \pm a,\, a+c)\,; \quad (c,\, \pm c,\, a+c)\,; \quad (a+c,\, \pm a,\, a)\,; \quad (a+c,\, \pm c,\, c)$$

je *ein* Mal vor. Jede dieser 8 Formen ist ihrer entgegengesetzten vollständig äquivalent; denn die Form $(a,\, a,\, a+c)$ geht mittels der Substitution $\begin{pmatrix} 1, & -2 \\ 0, & 1 \end{pmatrix}$ in $(a,\, -a,\, a+c)$ über. Die 12 zusammengehörigen Formen werden also hier durch 2 Paar identische und durch 4 Paar einander vollständig äquivalente Formen gebildet und ergeben also nur 6 einander nicht vollständig äquivalente Formen. — Für den speciellen Fall $a = c$ erhält man die Form:

$$(a,\, 0,\, a)$$

vier Mal und die 4 Formen:

$$(a,\, \pm a,\, 2a)\,; \quad (2a,\, \pm a,\, a),$$

von denen je 2 entgegengesetzte einander vollständig äquivalent sind, je *zwei* Mal. In diesem speciellen Falle giebt es also nur 8 einander nicht vollständig äquivalente zusammengehörige Formen.

Unter den mit $(2b,\, b,\, c)$ zusammengehörigen Formen, in denen $b > 0$ ist, kommt jede der sechs Formen:

$$(2b,\, \pm b,\, c)\,; \quad (c,\, \pm b,\, 2b)\,; \quad \big(c,\, \pm(b-c),\, c\big),$$

von denen keine der andern vollständig äquivalent ist, *zwei* Mal vor. Aber für den speciellen Fall $c = 2b$ kommt jede der Formen:

$$(2b, \pm b, 2b)$$

sechs Mal vor. Die Anzahl der einander nicht vollständig äquivalenten zusammengehörigen Formen ist also in diesem speciellen Falle nur gleich *zwei*.

Hiernach findet nur zwischen *Reducirten* (a_0, a_0, c_0), $(a_0, -a_0, c_0)$ sowie zwischen *Reducirten* (a_0, c_0, c_0), $(a_0, -c_0, c_0)$ vollständige Aequivalenz statt, d. h. also nur zwischen *Reducirten*, die einander entgegengesetzt sind, und deren mittlerer Coëfficient seinem absoluten Werthe nach gleich einem der beiden ausseren ist.

§ 6.

Fasst man nur diejenigen quadratischen Formen einer negativen Determinante $-\theta$, welche einander *vollständig* äquivalent sind, in eine Classe zusammen, so ist die Anzahl der verschiedenen Classen, gemäss den in den vorhergehenden Paragraphen enthaltenen Ausführungen, genau gleich der Anzahl der *Reducirten* (a_0, b_0, c_0), wenn man von je zwei *Reducirten* $(a_0, \pm a_0, c_0)$ sowie von je zwei *Reducirten* $(a_0, \pm c_0, c_0)$ nur je *eine* beibehält. Eben dieselbe Classenanzahl wird hiernach durch die Anzahl der Zahlensysteme (a_0, b_0, c_0) ausgedrückt, welche die Gleichung:

$$a_0 c_0 - b_0^2 = \theta$$

erfüllen, und für welche b_0 zugleich zwischen den Werthen $\tfrac{1}{2} - a_0$ und $\tfrac{1}{2} + a_0$ und zwischen den Werthen $\tfrac{1}{2} - c_0$ und $\tfrac{1}{2} + c_0$ liegt. Die Anzahl dieser Zahlensysteme ist aber offenbar gleich der Anzahl der Systeme (a, b, c), wofür:

$$ac - b^2 = \theta, \quad c \geqq a \geqq b \geqq 0$$

ist, wenn man diese Systeme im Allgemeinen 8fach, in den Grenzfällen

$$c = a \quad oder \quad a = b \quad oder \quad b = 0 : 4\,\text{fach},$$

im Falle

$$c = a \quad und \quad b = 0 \quad aber: \qquad 2\,\text{fach}$$

zählt. Denn aus *diesen* Zahlensystemen (a, b, c), wofür $c \gtreqless a \gtreqless b \gtreqless 0$ ist, gehen *jene* Zahlensysteme (a_0, b_0, c_0) hervor, indem man erstens, falls $c > a$ ist:

$$a_0 = a, \quad c_0 = c, \quad \text{oder} \quad a_0 = -a, \quad c_0 = -c, \quad \text{oder} \quad a_0 = c, \quad c_0 = a$$
$$\text{oder} \quad a_0 = -c, \quad c_0 = -a$$

nimmt, und indem man zweitens für jede dieser 4 Annahmen $b_0 = b$ oder $b_0 = -b$ setzt, falls $b < a$ ist, aber nur $b_0 = b$, falls $b = a$ ist. Für den Fall $a = c$, $b = 0$ kann jedoch nur:

$$a_0 = a, \quad c_0 = c, \quad b_0 = 0 \quad \text{oder} \quad a_0 = -a, \quad c_0 = -c, \quad b_0 = 0$$

genommen werden.

In meinem Aufsatze über die Classenanzahlen quadratischer Formen von negativer Determinante[*]) habe ich mit $G(n)$ die Anzahl aller Classen der (im *Gauss*'schen Sinne) nicht äquivalenten quadratischen Formen der Determinante $-n$ und mit $F(n)$ die Anzahl derjenigen bezeichnet, in welchen wenigstens einer der beiden äusseren Coëfficienten der Formen ungrade ist. Ich habe dort ferner mittels der Bestimmungen, dass

$$F(4n) = F(4n) \quad \text{für jede beliebige Zahl } n,$$
$$F(4n) = 2F(n) \quad \text{und} \quad G(4n) = F(4n) + G(n) \quad \text{für jede positive Zahl } n,$$
$$G(n) = F(n) \quad \text{für } n \equiv 1 \text{ oder } 2 \pmod{4} \text{ und}$$
$$3G(n) = \left(5 - (-1)^{\frac{1}{4}(n-3)}\right)F(n) \quad \text{für } n \equiv 3 \pmod{4}$$

genommen werden soll, aus den Functionen $F(n)$ und $G(n)$ andere zahlentheoretische Functionen $F(n)$ und $G(n)$ abgeleitet, die aber — wie schon a. a. O. in den ersten Zeilen von S. 252 erwähnt ist — auch ihre *unmittelbare* zahlentheoretische Bedeutung haben.

In der That zeigt sich die Bedeutung von $G(n)$ und $F(n)$ einfach darin, dass durch $12 G(n)$ *die Anzahl aller verschiedenen Classen einander nicht*

---

*) Journal für Mathematik, Bd. 57, S. 248 (im Jahre 1860). [Band IV dieser Ausgabe.]

vollständig äquivalenter Formen der Determinante — n ausgedrückt wird, durch 12F(n) aber die Anzahl derjenigen Classen, welche nur eigentlich primitive oder von eigentlich primitiven abgeleitete Formen enthalten, also nur Formen, in denen wenigstens einer der beiden äusseren Coëfficienten ungrade ist.

§ 7.

Gemäss dem Inhalt des vorigen Paragraphen kann die Function $G(n)$ auch dadurch definirt werden, dass

$6G(n)$ gleich der Anzahl der Systeme von Zahlen a, b, c ist, wofür:

$$ac - b^2 = n, \quad c \geqq a \geqq b \geqq 0$$

wird, wenn diese Systeme im Allgemeinen 4fach,

für $c = a$ oder $a = b$ oder $b = 0$ 2fach,

für $c = a$ und $b = 0$ 1fach

gezählt werden.

Eine analoge Bestimmung kann auch für die Function $F(n)$ gegeben werden. Hierfür ist zuvörderst zu bemerken, dass stets, wenn in einer Form (a, b, c) wenigstens einer der äusseren Coëfficienten ungrade ist, genau in dem dritten Theil der mit (a, b, c) zusammengehörigen Formen die Summe der beiden äusseren Coëfficienten *grade* ist. An Stelle der Bedingung, dass mindestens einer der beiden äusseren Coëfficienten ungrade sein soll, kann also die Bedingung, dass deren Summe ungrade sein soll, eingeführt werden; die Anzahl der verschiedenen Classen einander nicht vollständig äquivalenter Formen (a, b, c), für welche diese Bedingung:

$$a + c \equiv 1 \quad (\text{mod. } 2)$$

erfüllt ist, wird alsdann durch $8F(n)$ ausgedrückt. Hiernach kann $F(n)$ dadurch definirt werden, dass

$2F(n)$ gleich der Anzahl der Systeme von Zahlen a, b, c ist, wofür:

$$ac - b^2 = n, \quad c > a \geq b \geq 0, \quad a + c \equiv 1 \pmod{2}$$

wird, wenn diese Systeme im Allgemeinen 2fach,

aber für $a = b$ *oder* $b = 0$ 1fach

gezählt werden.

Dabei ist zu bemerken, dass hier der Fall $a = c$ wegen der Bedingung $a + c \equiv 1 \pmod{2}$ nicht eintreten kann.

Die Beziehung zwischen der hier gegebenen Definition von $F(n)$ und ihrer Bedeutung als Classenanzahl lässt sich auch direct durch folgende Betrachtung darlegen. Die Systeme (a, b, c), wofür:

$$ac - b^2 = n, \quad c > a \geq b \geq 0, \quad a + c \equiv 1 \pmod{2}$$

ist, können in drei Gruppen getheilt werden, je nachdem:

$$a \geq 2b \quad \text{oder} \quad a < 2b \leq c \quad \text{oder} \quad a < c < 2b$$

ist. Diesen 3 Fällen entsprechend sind alsdann beziehungsweise der Form (a, b, c) vollständig oder unvollständig äquivalente *Lagrange*'sche Reducirte:

1, (a, b, c),

2, $(a, b - a, a - 2b + c)$, denn es ist $2(a - b) < a \leq a - 2b + c$,

3, $\left(a - 2b + c, (-1)^a(b - a), a\right)$, denn es ist $2(a - b) \leq a - 2b + c < a$.

Andrerseits werden sämmtliche *Lagrange*'sche Reducirte eigentlich primitiver oder von solchen abgeleiteter Formen durch diejenigen der 3 Gruppen erschöpft. Denn die erste Gruppe enthält alle diejenigen, wofür der mittlere Coëfficient positiv und *einer* der beiden äusseren Coëfficienten grade ist, die dritte Gruppe enthält diejenigen, wofür der mittlere Coëfficient positiv und *keiner* der beiden äusseren Coëfficienten grade ist, sowie diejenigen, wofür der mittlere Coëfficient negativ und der dritte Coëfficient *grade* ist, während endlich diejenigen, wofür der mittlere Coëfficient negativ und der dritte Coëfficient *ungrade* ist, die zweite Gruppe füllen.

Jedem System (a, b, c), wofür $ac - b^2 = n$, $c > a \geq b \geq 0$ und $a + c \equiv 1 \pmod{2}$ ist, entspricht im Allgemeinen ein zweites (a', b', c'), in welchem, wenn a ungrade ist,

$$b' = c - b$$

und a' der kleineren, c' aber der grösseren von den beiden Zahlen $a - 2b + c$ und c gleich zu nehmen ist. In analoger Weise sind, wenn c ungrade ist, für b', a', c' die Zahlen:

$$a - b, \quad a - 2b + c, \quad a$$

zu nehmen. Solche zwei entsprechende Systeme (a, b, c) liefern eine und dieselbe *Lagrange*'sche Reducirte; aber die beiden Systeme sind in besonderen Fällen identisch. Um dies genauer darzulegen, seien (a_0, b_0, c_0) die sämmtlichen Systeme von Zahlen, welche die Bedingungen:

$$a_0 c_0 - b_0^2 = n, \quad c_0 > a_0 \geq b_0 \geq 0, \quad a_0 + c_0 \equiv 1 \pmod{2}$$

erfüllen, und (a_1, b_1, c_1) die Systeme von Zahlen, für welche

$$a_1 c_1 - b_1^2 = n, \quad c_1 \geq a_1 \geq 2b_1 \geq 0 \quad \text{und nicht } a_1 \text{ und } c_1 \quad \text{zugleich } grade$$

ist. Setzt man nun für irgend eines der Systeme (a_1, b_1, c_1):

$$a_0 = a_1, \quad b_0 = b_1, \quad c_0 = c_1$$

oder:

$$a_0 = a_1, \quad b_0 = a_1 - b_1, \quad c_0 = a_1 - 2b_1 + c_1$$

oder:

$$a_0 = c_1, \quad b_0 = c_1 - b_1, \quad c_0 = a_1 - 2b_1 + c_1,$$

so sind die für a_0, b_0, c_0 festgesetzten Bedingungen:

$$a_0 c_0 - b_0^2 = n, \quad c_0 > a_0 \geq b_0 \geq 0$$

stets erfüllt, aber die Bedingung $a_0 + c_0 \equiv 1$ (mod. 2) nur bei genau 2 von den gemachten Annahmen. Geht man andrerseits von einem der Systeme (a_0, b_0, c_0) aus, so wird stets durch eine und *nur* durch eine der gemachten 8 Annahmen ein System (a_1, b_1, c_1) definirt, welches den dafür festgesetzten Bedingungen genügt. Je *einem* System (a_1, b_1, c_1) entsprechen daher genau je *zwei* Systeme (a_0, b_0, c_0); und dies findet auch für die Grenzfälle:

$$a_0 = b_0 \quad \text{oder} \quad b_0 = 0$$
$$c_1 = a_1 \quad \text{oder} \quad a_1 = 2b_1 \quad \text{oder} \quad b_1 = 0$$

statt, wenn man die Zahlensysteme (a, b, c) überhaupt *zweifach*, in diesen Grenzfällen aber nur *einfach* zählt. In den Grenzfällen:

$$a_0 = b_0 \quad \text{oder} \quad b_0 = 0 \quad \text{wird nämlich stets} \quad b_1 = 0,$$

während für die Grenzfälle:

$$c_1 = a_1 \quad \text{oder} \quad a_1 = 2b_1$$

die 2 entsprechenden Systeme (a_0, b_0, c_0) mit einander identisch werden, nämlich:

$$(a_0, b_0, c_0) = \left(a_1, a_1 - b_1, 2(a_1 - b_1)\right) \quad \text{für} \quad a_1 = c_1$$
$$(a_0, b_0, c_0) = (2b_1, b_1, c_1) \qquad\qquad \text{für} \quad a_1 = 2b_1;$$

und jedes dieser Systeme ist *zweifach* zu zählen, sobald nicht $a_0 = b_0$ oder $b_0 = 0$ wird, ein Fall, der nur eintritt, wenn:

$$a_1 = c_1 \quad \textit{und} \quad b_1 = 0 \quad \text{also} \quad a_0 = b_0, \quad c_0 = 2a_0$$

wird. In diesem einzigen Falle entspricht also *einem* nur *einfach* zu zählenden Systeme (a_1, b_1, c_1) auch nur ein einziges, ebenfalls *einfach* zu zählendes System (a_0, b_0, c_0). Sobald daher Systeme:

$$(a, \ 0, \ a)$$

unter den Systemen (a_1, b_1, c_1), oder also Systeme:

$$(a, \ a, \ 2a)$$

unter den Systemen (a_0, b_0, c_0) vorkommen, d. h. also sobald n — da $a^2 = n$ sein muss — ein ungrades Quadrat ist, wird die Anzahl der Systeme (a_0, b_0, c_0) um eine Einheit kleiner als die doppelte Anzahl der Systeme (a_1, b_1, c_1).

Die Anzahl der Systeme (a_1, b_1, c_1) ist, wenn jedes dieser Systeme *zweifach*, in den Grenzfällen $a_1 = c_1$, $a_1 = 2b_1$, $b_1 = 0$ aber *einfach* gezählt wird, genau gleich der oben mit $F(n)$ bezeichneten, im *Gauss*'schen Sinne genommenen Classenanzahl der eigentlich primitiven und der davon abgeleiteten positiven Formen der Determinante $-n$. Die Anzahl der Systeme (a_0, b_0, c_0) dagegen ist, vorausgesetzt dass auch hier jedes der Systeme *zweifach*, in den Grenzfällen $a_0 = b_0$ oder $b_0 = 0$ aber *einfach* gezählt wird, gleich dem dritten Theil der Classenanzahl der eigentlich primitiven und der davon abgeleiteten positiven Formen der Determinante $-n$, wenn nur die einander *vollständig* äquivalenten Formen in je eine Classe zusammengefasst werden. Da diese Classenanzahl gemäss § 6 durch $6F(n)$ ausgedrückt wird, so folgt aus der obigen Entwickelung, dass:

$$2F(n) = 2F(n) - 1 \quad \text{oder} \quad 2F(n) = 2F(n)$$

sein muss, je nachdem n eine ungrade Quadratzahl oder eine andere Zahl ist. Dies ist aber genau die Beziehung zwischen den beiden zahlentheoretischen Functionen $F(n)$ und $\mathrm{F}(n)$, welche in meinem oben citirten Aufsatze (S. 250 und 251) durch die Bestimmungen ausgedrückt ist, dass je nachdem n eine ungrade Quadratzahl oder eine andere Zahl ist:

$$\mathrm{F}(4n) = 2F(n) - 1 \quad \text{oder} \quad \mathrm{F}(4n) = 2F(n)$$

und *allgemein*

$$F(4n) = \mathrm{F}(4n) = 2F(n)$$

sein soll.

§ 8.

Ebenso wie es für die quadratischen Formen geschehen ist, soll nun auch für die bilinearen Formen eine Unterscheidung verschiedener Arten von Aequivalenz eingeführt werden. Es soll demgemäss eine bilineare Form:

$$A x_1 y_1 + B x_1 y_2 - C x_2 y_1 + D x_2 y_2$$

dann und nur dann als *„vollständig* äquivalent" einer Form:

$$A' x_1' y_1' + B' x_1' y_2' - C' x_2' y_1' + D' x_2' y_2'$$

bezeichnet werden, wenn die eine in die andere durch eine Substitution:

$$x_1 = \alpha x_1' + \beta x_2', \qquad y_1 = \alpha y_1' + \beta y_2',$$
$$x_2 = \gamma x_1' + \delta x_2', \qquad y_2 = \gamma y_1' + \delta y_2',$$

d. h. also durch eine für beide Systeme von Variabeln identische Substitution $\begin{pmatrix} \alpha & \beta \\ \gamma & \delta \end{pmatrix}$ übergeht, deren ganzzahlige Coëfficienten den Bedingungen:

$$\alpha\delta - \beta\gamma = 1, \quad \alpha \equiv \delta \equiv 1, \quad \beta \equiv \gamma \equiv 0 \quad (\mathrm{mod.}\, 2)$$

genügen. Eine solche Substitution $\begin{pmatrix} \alpha & \beta \\ \gamma & \delta \end{pmatrix}$ ist daher der Substitution $\begin{pmatrix} 1 & 0 \\ 0 & 1 \end{pmatrix}$ sowohl „ähnlich" als auch modulo 2 congruent.

Bei *jeder* Substitution $\begin{pmatrix} \alpha & \beta \\ \gamma & \delta \end{pmatrix}$ mit der Determinante 1 bleiben die Werthe von:

$$B + C \quad \text{und} \quad AD + BC$$

ungeändert, so dass

$$B + C = B' + C', \quad AD + BC = A'D' + B'C'$$

wird, während zwischen den Werthen von:

$$A, B - C, D \quad \text{und} \quad A', B' - C', D'$$

genau dieselben Relationen bestehen, wie zwischen den Coëfficienten der beiden Formen:

$$Ax^2 + (B - C)xy + Dy^2, \qquad A'x'^2 + (B' - C')x'y' + D'y'^2,$$

wenn die erste in die zweite durch die Substitution $\begin{pmatrix} \alpha & \beta \\ \gamma & \delta \end{pmatrix}$ transformirt ist. Wird, wie im § 1,

$$AD + BC = \varDelta, \qquad \varDelta - \tfrac{1}{4}(B + C)^2 = \theta$$

gesetzt, so ist θ der negative Werth der Determinante der quadratischen Form:

$$(A, \tfrac{1}{2}(B - C), D),$$

und man erhält offenbar Repräsentanten aller Classen bilinearer Formen der Determinante $\varDelta$, wenn man für $B + C$ alle Werthe nimmt, deren absoluter Betrag kleiner als $2\sqrt{\varDelta}$ ist, und alsdann bei jedem dieser Werthe für A, $B - C$, D alle Werthsysteme setzt, welche aus Repräsentanten:

$$Ax^2 + (B - C)xy + Dy^2$$

quadratischer Formen der Determinante $-\varDelta + \tfrac{1}{4}(B + C)^2$ hervorgehen. Ist $B + C$ ungrade, so sind, um die *Gauss*'sche Aufstellung der Formen beizubehalten, jene Formen noch mit 2 zu multipliciren. Da nun oben im § 6 die Classenanzahl quadratischer Formen der Determinante $-n$ mit $12G(n)$ bezeichnet worden ist, und diejenige, bei welcher die Formen mit zwei *graden* ausseren Coëfficienten ausgeschlossen sind, mit $12F(n)$, so setzt sich die Classenanzahl der bilinearen Formen der Determinante $\varDelta$ aus allen denjenigen Werthen von:

$$12\big(G(n) - F(n)\big)$$

zusammen, bei denen $n = 4\varDelta - (B + C)^2$ und $B + C$ *ungrade* ist, und aus allen denjenigen Werthen von:

$$12G(n),$$

bei denen $n = \varDelta - \tfrac{1}{4}(B+C)^2$ und $B+C$ *grade* ist. Es ist aber allgemein[*]):

$$G(4n) - F(4n) = G(n),$$

und *es wird daher die Anzahl der verschiedenen Classen bilinearer Formen der Determinante $\varDelta$ durch die Summe:*

$$12\sum_h\big(G(4\varDelta - h^2) - F(4\varDelta - h^2)\big) \qquad (-2\sqrt{\varDelta} < h < 2\sqrt{\varDelta})$$

ausgedrückt, wenn jede dieser Classen dadurch definirt wird, dass sie nur alle diejenigen bilinearen Formen enthält, welche einer derselben *vollständig* aquivalent sind.

Wählt man von den bilinearen Formen der Determinante $\varDelta$ nur diejenigen aus, bei denen mindestens einer der beiden ausseren Coëfficienten A, D *ungrade* und die Summe der beiden mittleren *grade* ist, so wird deren Classenanzahl einfach durch die Summe:

$$12\sum_h F(\varDelta - h^2) \qquad (-\sqrt{\varDelta} < h < \sqrt{\varDelta})$$

dargestellt.

§ 9.

Wählt man nur „*Reducirte*" als Repräsentanten:

$$Ax^2 + (B - C)\,xy + Dy^2$$

und bezeichnet auch die entsprechenden bilinearen Formen:

$$Ax_1y_1 + Bx_1y_2 - Cx_2y_1 + Dx_2y_2$$

als „*Reducirte*", so sind deren Coëfficienten gemäss § 3 durch die Ungleichheitsbedingungen:

---

[*]) Vgl. die Formeln im § 6, S. 444.

$$|A|\gtreqqless \tfrac{1}{2}|B-C|, \quad |D|\gtreqqless \tfrac{1}{2}|B-C|$$

und durch die Bedingung, dass die oben mit θ bezeichnete Determinante der quadratischen Form $Ax^2 + (B-C)xy + Dy^2$ negativ sein soll, bestimmt. Diese letztere Bedingung ergiebt, dass $AD > \tfrac{1}{4}(B-C)^2$ sein muss, und die Coëfficienten *reducirter bilinearer Formen* sind daher einzig und allein an die Bedingungen:

$$|A|\gtreqqless \tfrac{1}{2}|B-C|, \quad |D|\gtreqqless \tfrac{1}{2}|B-C|, \quad AD > 0$$

gebunden, d. h. an die Bedingungen, dass die beiden ausseren Coëfficienten gleiches Vorzeichen haben sollen, und dass deren absoluter Werth von demjenigen der halben Differenz der beiden mittleren Coëfficienten nicht übertroffen werden darf. Doch ist noch hinzuzufügen, dass nicht *zugleich* $|A|$ *und* $|D|$ dem Werthe $\tfrac{1}{2}|B-C|$ gleich werden darf, da alsdann $|AD|$ nicht grösser als der Werth von $\tfrac{1}{4}(B-C)^2$, sondern demselben gleich wäre.

Nach § 5 sind nur in den beiden Grenzfällen:

$$|A| = \tfrac{1}{2}|B-C|, \quad |D| = \tfrac{1}{2}|B-C|$$

zwei *Reducirte* einander vollständig äquivalent, nämlich diejenigen zwei, welche sich nur durch das Vorzeichen des Werthes der Differenz $B - C$ von einander unterscheiden; es ist demnach nur je eine dieser beiden Formen unter die Repräsentanten der verschiedenen Classen bilinearer Formen aufzunehmen. Da überdies je zwei bilineare Formen derselben Determinante $AD + BC$ durch Veränderung des Vorzeichens aller Coëfficienten aus einander entstehen, so braucht man nur alle Zahlensysteme (A, B, C, D) zu suchen, welche den Bedingungen:

$$AD + BC = \varDelta, \quad A \geqq \tfrac{1}{2}(B-C) \geqq 0, \quad D \geqq \tfrac{1}{2}(B-C) \geqq 0, \quad AD > 0,$$

genügen, und im *Allgemeinen* die 4 Formen:

$$(A, B, C, D); \quad (A, -B, -C, D); \quad (-A, +B, +C, -D);$$
$$(-A, -B, -C, -D),$$

in den Grenzfällen aber, wo $A = \frac{1}{4}(B-C)$ oder $D = \frac{1}{4}(B-C)$ oder $B-C = 0$ ist, nur die erste und letzte der 4 Formen unter die Repräsentanten der verschiedenen Classen bilinearer Formen aufzunehmen. Die Anzahl der Classen wird hiernach gleich der doppelten Anzahl der durch die Bedingungen:

$$(\mathfrak{B}) \qquad AD + BC = \varDelta, \quad A \geqq \tfrac{1}{4}(B-C) > 0, \quad D \geqq \tfrac{1}{4}(B-C) > 0$$

und der durch die Bedingungen:

$$(\mathfrak{B}') \qquad AD + BC = \varDelta, \quad A > \tfrac{1}{4}(B-C) \geqq 0, \quad D > \tfrac{1}{4}(B-C) \geqq 0$$

bestimmten Systeme. Denn die den Ungleichheitsbedingungen:

$$A > \tfrac{1}{4}(B-C) > 0, \quad D > \tfrac{1}{4}(B-C) > 0$$

genügenden Zahlensysteme kommen in den *beiden* Arten jener Systeme vor, diejenigen aber, für welche einer der Grenzfälle $A = \frac{1}{4}(B-C)$ oder $D = \frac{1}{4}(B-C)$ oder $B-C = 0$ eintritt, sind nur in *einer* jener beiden Arten inbegriffen. Dabei ist zu bemerken, dass nicht zwei dieser Grenzfälle zugleich eintreten können. Denn da $AD > 0$ ist, kann nicht eine der beiden Zahlen A, D gleich $\frac{1}{4}(B-C)$ und $B-C = 0$ sein; ferner kann auch nicht:

$$A = D = \tfrac{1}{4}(B-C)$$

sein, weil dieser Fall — der übrigens nur eintreten könnte, wenn $AD + BC$, d. h. also der Werth von $\varDelta$ ein vollständiges Quadrat ist — wie schon oben bemerkt worden, durch die Bedingung:

$$AD > \tfrac{1}{4}(B-C)^2$$

ausgeschlossen wird.

Den Bedingungen $(\mathfrak{B})$ ist hiernach noch die Ungleichheitsbedingung:

$$A - B + C + D > 0$$

hinzuzufügen, und wenn man die Anzahl der verschiedenen Classen bilinearer
Formen der Determinante Δ mit $Cl(\Delta)$ bezeichnet, so wird $Cl(\Delta)$ gleich der
doppelten Anzahl der den Bedingungen:

$$(\mathfrak{B}^0) \qquad A \gtreqless \tfrac{1}{2}(B-C) > 0, \quad D \gtreqless \tfrac{1}{2}(B-C) > 0, \quad A-B+C+D > 0,$$

und der den Bedingungen

$$(\mathfrak{B}') \qquad A > \tfrac{1}{2}(B-C) \gtreqless 0, \quad D > \tfrac{1}{2}(B-C) \gtreqless 0$$

genügenden Formen:

$$A x_1 y_1 + B x_1 y_2 - C x_2 y_1 + D x_2 y_2$$

der Determinante Δ, oder — was dasselbe ist — der denselben Bedingungen
genügenden Lösungen der Gleichung $AD + BC = \Delta$.

Aus diesen Lösungen mögen nun zuvörderst alle herausgehoben werden,
für welche:

$$A = B + C + D$$

ist, und es möge die Anzahl derjenigen, für welche die Bedingungen $(\mathfrak{B}^0)$
erfüllt sind, mit M, die Anzahl derjenigen, welche den Bedingungen $(\mathfrak{B}')$
genügen, mit N bezeichnet werden. Alsdann wird:

$$\tfrac{1}{2} Cl(\Delta) - M - N$$

gleich der Anzahl der den Bedingungen

$$(\mathfrak{D}^0) \quad A \gtreqless \tfrac{1}{2}(B-C) > 0, \quad D \gtreqless \tfrac{1}{2}(B-C) > 0, \quad C+D \gtreqless A-B, \quad C+D > B-A$$

und der den Bedingungen:

$$(\mathfrak{D}') \quad A > \tfrac{1}{2}(B-C) \gtreqless 0, \quad D > \tfrac{1}{2}(B-C) \gtreqless 0, \quad C+D \gtreqless A-B, \quad C+D > B-A$$

genügenden Lösungen der Gleichung:

$$AD + BC = \Delta.$$

Diese Lösungen (A, B, C, D), (A', B', C', D'), ... stehen paarweise in folgender Beziehung zu einander:

$$A = D', \quad B = -C', \quad C = -B', \quad D = A',$$

und wenn für die eine Lösung $C + D > A - B$ ist, so wird für die andere $C' + D' < A' - B'$ und umgekehrt. Man braucht hiernach nur diejenigen Lösungen zu bestimmen, bei denen an Stelle der Bedingung $C + D \gtreqless A - B$ die Bedingung:

$$C + D > A - B$$

erfüllt ist, und also, wenn diese mit der Bedingung $C + D > B - A$ vereinigt wird:

$$C + D > \pm (A - B),$$

oder, was dasselbe ist:

$$C + D > |A - B|.$$

Man erhält jedoch dabei nur genau die Hälfte der den Bedingungen $(\mathfrak{D}^0)$ und $(\mathfrak{D}')$ genügenden Lösungen. Es wird sonach:

$$\tfrac{1}{2}\,\mathfrak{A}(\varDelta) - M - N$$

gleich dem Doppelten der Anzahl der den Bedingungen:

$$(\mathfrak{C}^0) \qquad A \geqq \tfrac{1}{2}(B - C) > 0, \quad D \geqq \tfrac{1}{2}(B - C) > 0, \quad C + D > \pm (A - B),$$

und der den Bedingungen:

$$(\mathfrak{C}') \qquad A > \tfrac{1}{2}(B - C) \geqq 0, \quad D > \tfrac{1}{2}(B - C) \geqq 0, \quad C + D > \pm (A - B)$$

genügenden bilinearen Formen $A x_1 y_1 + B x_1 y_2 - C x_2 y_1 + D x_2 y_2$ der Determinante $\varDelta$.

Alle diese Formen können nun offenbar so ermittelt werden, dass man zuerst sämmtliche den Bedingungen:

$$(\mathfrak{E}_1) \qquad A \geqq \tfrac{1}{2}(B-C) > 0; \qquad C+D > \pm(A-B)$$

$$(\mathfrak{E}_2) \qquad A > \tfrac{1}{2}(B-C) \geqq 0; \qquad C+D > \pm(A-B)$$

genügenden Formen aufstellt, und alsdann diejenigen weglässt, bei denen mit den Bedingungen $(\mathfrak{E}_1)$ noch die Ungleichheit:

$$D < \tfrac{1}{2}(B-C)$$

besteht, sowie diejenigen, bei denen mit den Bedingungen $(\mathfrak{E}_2)$ noch die Bedingung:

$$D \leqq \tfrac{1}{2}(B-C)$$

erfüllt ist. Werden also die Anzahlen aller bilinearen Formen

$$A x_1 y_1 + B x_1 y_2 - C x_2 y_1 + D x_2 y_2$$

der Determinante $\varDelta$ unter den Bedingungen

$$\begin{aligned}
&1, \quad A \geqq \tfrac{1}{2}(B-C) > 0; \quad C+D > \pm(A-B)\\
&2, \quad A > \tfrac{1}{2}(B-C) \geqq 0; \quad C+D > \pm(A-B)\\
&3, \quad A \geqq \tfrac{1}{2}(B-C) > 0; \quad C+D > \pm(A-B); \quad D < \tfrac{1}{2}(B-C)\\
&4, \quad A > \tfrac{1}{2}(B-C) \geqq 0; \quad C+D > \pm(A-B); \quad D \leqq \tfrac{1}{2}(B-C)
\end{aligned}$$

beziehungsweise mit

$$P, \ Q, \ R, \ S$$

bezeichnet, so erhält man die Formel:

$$\tfrac{1}{2} Cl(\varDelta) = M + N + 2(P + Q - R - S),$$

durch welche die Bestimmung der Classenanzahl $Cl(\varDelta)$ auf diejenige der Werthe von:

$$M + N \quad \text{und} \quad P + Q - R - S$$

zurückgeführt wird.

§ 10.

Da je zwei bilineare Formen

$$A x_1 y_1 + B x_1 y_2 - C x_2 y_1 + D x_2 y_2, \qquad A' x_1 y_1 + B' x_1 y_2 - C' x_2 y_1 + D' x_2 y_2,$$

wenn sie einander *vollständig* äquivalent sind, auch einander modulo 2 congruent sind, so werden durch jede über den Character der Coëfficienten modulo 2 getroffene Bestimmung ganze Formen*classen* ausgesondert.

Wählt man nun diejenigen Formenclassen aus, in denen mindestens einer der beiden äusseren Coëfficienten ungrade und die Summe der beiden mittleren grade ist, so gehören immer je sechs Classen zusammen, welche durch die sechs einander unvollständig äquivalenten Formen:

$$(A, B, C, D) \qquad\qquad (D, -C, -B, A)$$
$$(A-B-C+D, \quad A-C, \quad A-B, \ A), \ (A, \ -A+B, \ -A+C, \ A-B-C+D),$$
$$(A-B-C+D, \ +B-D, \ +C-D, \ D), \ (D, \ -C+D, \ -B+D, \ A-B-C+D)$$

repräsentirt werden. Die äusseren Coëfficienten sind in je zwei dieser Formen einander gleich, die inneren in je zweien einander entgegengesetzt. Wenn die Summe oder Differenz der inneren Coëfficienten in einer der Formen grade ist, so ist sie es in allen; sind dann in einer der Formen die äusseren Coëfficienten beide grade, so ist dies in allen der Fall; aber die *Summe* der äusseren Coëfficienten hat, wenn die Summe der inneren grade ist, in den sechs Formen modulo 2 nur die Werthe:

$$A + D, \quad A, \quad D,$$

d. h. also sie ist entweder durchweg grade oder in zwei Formen grade und in vier Formen ungrade.

Bezeichnet man mit $\overline{Cl}(\varDelta)$ die Anzahl der ausgewählten Classen bilinearer Formen, welche also den Bedingungen genügen, dass einer der beiden äusseren Coëfficienten ungrade und die Summe der beiden mittleren grade ist, so wird gemäss den vorstehenden Ausführungen:

$$2\,\overline{Cl}(\varDelta) = 3\,Cl'(\varDelta),$$

wenn $Cl'(\varDelta)$ die Classenanzahl derjenigen bilinearen Formen bedeutet, in denen:

$$A + D \equiv 1, \quad B + C \equiv 0 \ (\text{mod. } 2),$$

d. h. in denen die Summe der äusseren Coëfficienten ungrade und die der innern grade ist.

Fügt man die Congruenzbedingungen:

$$A + D \equiv 1, \quad B + C \equiv 0 \ (\text{mod. } 2)$$

den am Schlusse des vorigen Paragraphen aufgestellten Ungleichheitsbedingungen (1, 2, 8, 4,) hinzu, so werden dadurch die a. a. O. mit P, Q, R, S bezeichneten Anzahlen der Formen:

$$A x_1 y_1 + B x_1 y_2 - C x_2 y_1 + D x_2 y_2$$

auf entsprechende kleinere Anzahlen:

$$\bar{P}, \ \bar{Q}, \ \bar{R}, \ \bar{S}$$

eingeschränkt. Die a. a. O. mit M und N bezeichneten Anzahlen werden bei Hinzufügung jener Congruenzbedingungen gleich Null, da dieselben mit der Gleichung

$$A - B + C + D$$

im Widerspruch stehen. Hiernach geht die am Schlusse des vorigen Paragraphen entwickelte Formel für die Classenanzahl in folgende über:

$$\tfrac{1}{4} Cl'(\varDelta) = 2(\bar{P} + \bar{Q} - \bar{R} - \bar{S}),$$

und hieraus folgt die Gleichung:

$$\bar{Cl}(\varDelta) = 6(\bar{P} + \bar{Q} - \bar{R} - \bar{S}),$$

durch welche die Bestimmung der Classenanzahl derjenigen bilinearen Formen, in denen mindestens einer der beiden äusseren Coëfficienten ungrade und die Summe der beiden mittleren grade ist, auf die Bestimmung des Werthes von:

$$\bar{P} + \bar{Q} - \bar{R} - \bar{S}$$

zurückgeführt wird.

58*

§ 11.

Um die Werthe von $P + Q - R - S$ und $\overline{P} + \overline{Q} - \overline{R} - \overline{S}$ zu bestimmen, sind unter den bilinearen Formen, welche den obigen Bedingungen:

$$\text{1)} \qquad A \geqq \tfrac{1}{2}(B - C) > 0; \qquad C + D > \pm (A - B)$$

$$\text{2)} \qquad A > \tfrac{1}{2}(B - C) \geqq 0; \qquad C + D > \pm (A - B)$$

genügen, noch diejenigen gesondert zu betrachten, in denen $A = B$, $A > B$, $A < B$ ist und darnach die Anzahlen P und Q mit den Indices 0, 1, 2 zu versehen. Ebenso sollen R_0, R_1, R_2 und S_0, S_1, S_2 die bezüglichen Formenanzahlen für $D = 0$, $D > 0$, $D < 0$ in den beiden letzteren, oben (S. 457) mit 3) und 4) bezeichneten Fällen:

$$\text{3)} \qquad A \geqq \tfrac{1}{2}(B - C) > 0; \quad C + D > \pm (A - B); \quad D < \tfrac{1}{2}(B - C)$$

$$\text{4)} \qquad A > \tfrac{1}{2}(B - C) \geqq 0; \quad C + D > \pm (A - B); \quad D \leqq \tfrac{1}{2}(B - C)$$

bedeuten. Hiernach wird:

$$P = P_0 + P_1 + P_2, \qquad Q = Q_0 + Q_1 + Q_2,$$

$$R = R_0 + R_1 + R_2, \qquad S = S_0 + S_1 + S_2,$$

und die Bedeutung dieser einzelnen Formenanzahlen wird durch die Anzahl der Darstellungen von $\varDelta$ in folgenden Ausdrücken gegeben:

P_0 so oft $\varDelta = A(C + D)$ mit den Bedingungen 1.

Q_0 „ $\varDelta = A(C + D)$ „   2.

R_0 „ $\varDelta = BC$ „   3.

S_0 „ $\varDelta = BC$ „   4.

P_1, Q_1 „ $\varDelta = (A - B)^2 + (B - C)(A - B) + A(C + D - A + B)$ „ 1 oder 2.

P_2, Q_2 „ $\varDelta = (B - A)^2 + (2A - B + C)(B - A) + A(C + D + A - B)$ „ 1 oder 2.

R_1, S_1 „ $\varDelta = (C + D)^2 + (B - C - 2D)(C + D) + D(C + D + A - B)$ „ 3 oder 4.

R_2, S_2 „ $\varDelta = (C + D)^2 + (B - C)(C + D) - D(C + D - A + B)$ „ 3 oder 4.

Setzt man nun:

$$\alpha_1 = A - B, \quad \beta_1 = A, \quad \gamma_1 = -A + B + C + D, \quad \delta_1 = B - C,$$

$$\alpha_2 = B - A, \quad \beta_2 = A, \quad \gamma_2 = A - B + C + D, \quad \delta_2 = 2A - B + C,$$

$$\alpha_2' = C + D, \quad \beta_2' = D, \quad \gamma_2' = A - B + C + D, \quad \delta_2' = B - C - 2D,$$

$$\alpha_1' = C + D, \quad \beta_1' = -D, \quad \gamma_1' = -A + B + C + D, \quad \delta_1' = B - C,$$

so erhalten die Zahlen P, Q, R, S folgende Bedeutung:

die Anzahl der Lösungen der Gleichung:

$$\Delta = \alpha^2 + \alpha\delta + \beta\gamma$$

$$
\begin{aligned}
\text{ist } & P_1 \text{ wenn } \alpha_1 > 0, \quad \gamma_1 > 0, \quad 2\beta_1 \gtreqqless \delta_1 > 0, \\
& Q_1 \quad \text{\textquotedbl} \quad \alpha_1 > 0, \quad \gamma_1 > 0, \quad 2\beta_1 > \delta_1 \geqq 0, \\
& P_2 \quad \text{\textquotedbl} \quad \alpha_2 > 0, \quad \gamma_2 > 0, \quad 2\beta_2 > \delta_2 \geqq 0, \\
& Q_2 \quad \text{\textquotedbl} \quad \alpha_2 > 0, \quad \gamma_2 > 0, \quad 2\beta_2 \geqq \delta_2 > 0, \\
& R_1 \quad \text{\textquotedbl} \quad \alpha_2' > 0, \quad \gamma_2' > 0, \quad \beta_2' > 0, \quad \delta_2' > 0, \quad 2\alpha_2' > \gamma_2', \\
& S_1 \quad \text{\textquotedbl} \quad \alpha_2' > 0, \quad \gamma_2' > 0, \quad \beta_2' > 0, \quad \delta_2' \geqq 0, \quad 2\alpha_2' > \gamma_2', \\
& R_2 \quad \text{\textquotedbl} \quad \alpha_1' > 0, \quad \gamma_1' > 0, \quad \beta_1' > 0, \quad \delta_1' > 0, \quad 2\alpha_1' > \gamma_1', \\
& S_2 \quad \text{\textquotedbl} \quad \alpha_1' > 0, \quad \gamma_1' > 0, \quad \beta_1' > 0, \quad \delta_1' \geqq 0, \quad 2\alpha_1' > \gamma_1'.
\end{aligned}
$$

Hieraus zeigt sich zuvörderst, dass:

$$P_1 = Q_2, \quad P_2 = Q_1, \quad R_1 = R_2, \quad S_1 = S_2$$

und also:

$$P + Q - R - S = P_0 + Q_0 - R_0 - S_0 + 2(P_1 + Q_1 - R_1 - S_1)$$

ist. Aber es finden zwischen den Zahlen P, Q, R, S auch noch andere

weniger nahe liegende Beziehungen statt. Um diese aufzuzeigen, bilde ich
aus einem Systeme

$$\alpha, \ \beta, \ \gamma, \ \delta \quad \text{ein zweites:} \quad \alpha', \ \beta', \ \gamma' \ \delta'$$

mittels der Relationen:

$$\alpha = \alpha', \qquad\qquad \beta = \beta'$$
$$\gamma = 2m\alpha + \gamma', \quad \delta' = 2m\beta + \delta$$

wo m positiv so anzunehmen ist, dass $\gamma' > 0$ und $\leq 2\alpha$ wird. Der Fall $\gamma' = 2\alpha$
tritt nur ein, wenn γ ein Vielfaches von 2α ist. Diesen Fall ausgenommen,
erfüllen die Zahlen α', β', γ', δ' die Bedingungen:

$$\alpha' > 0, \ \ \gamma' > 0, \ \ \beta' > 0, \ \ \delta' > 0, \ \ \gamma' < 2\alpha',$$

wenn $\alpha > 0$, $\gamma > 0$, $\beta > 0$, $\delta > 0$ ist. Aber wenn für δ nur die Bedingung
$\delta \geq 0$ angenommen wird, so kommt für $m = 0$ noch der Fall $\delta' \geq 0$ hinzu.
Ebenso lässt sich umgekehrt aus dem Systeme α', β', γ', δ' ein System
α, β, γ, δ ableiten, sobald man m so bestimmt, dass:

$$\delta' = 2m\beta' + \delta \quad \text{und} \quad \delta \leq 2\beta', \quad \delta > 0,$$

oder dass dabei

$$\delta < 2\beta', \quad \delta \geq 0$$

wird.

Es entspricht also einer jeden von denjenigen Lösungen der Gleichung:

$$\Delta = \alpha^2 + \alpha\delta + \beta\gamma,$$

deren Anzahl mit R_1 bezeichnet worden ist, eine und zwar nur eine derjenigen, deren Anzahl durch P_1 ausgedrückt ist; ebenso entspricht auch jeder
der letzteren Lösungen mit Ausnahme derjenigen, in welchen γ ein Vielfaches
von 2α ist, eine und nur eine der ersteren. Es wird daher, wenn K die
Anzahl der den Bedingungen:

$$\varDelta = \alpha^2 + \alpha\delta + \beta\gamma, \quad \alpha > 0, \quad \gamma > 0, \quad 2\beta \gqq \delta > 0,$$
$$\gamma \equiv 0 \;(\text{mod. } 2\alpha)$$

genügenden Zahlensysteme $(\alpha, \beta, \gamma, \delta)$ bedeutet:

$$P_1 = K + R_1;$$

und ebenso ist:

$$Q_1 = L + S_1,$$

wenn L die Anzahl der Systeme $(\alpha, \beta, \gamma, \delta)$ bedeutet, welche die Bedingungen:

$$\varDelta = \alpha^2 + \alpha\delta + \beta\gamma, \quad \alpha > 0, \quad \gamma > 0, \quad 2\beta > \delta \gqq 0,$$
$$\gamma \equiv 0 \;(\text{mod. } 2\alpha)$$

erfüllen.

§ 12.

Aus den zwischen den Zahlen P, Q, R, S stattfindenden Beziehungen:

$$P_1 = Q_2, \quad P_2 = Q_1, \quad R_1 = R_2, \quad S_1 = S_2,$$
$$P_1 = K + R_1, \quad Q_1 = L + S_1,$$

welche im vorigen Paragraphen entwickelt worden sind, ergiebt sich die Gleichung:

$$\text{(I)}, \qquad P + Q - R - S = 2(K + L) + P_0 + Q_0 - R_0 - S_0.$$

Ebenso ergiebt sich daraus für die in § 10 definirten Zahlen $\overline{P}$, $\overline{Q}$, $\overline{R}$, $\overline{S}$ die Gleichung:

$$\overline{P} + \overline{Q} - \overline{R} - \overline{S} = 2(\overline{K} + \overline{L}) + \overline{P}_0 + \overline{Q}_0 - \overline{R}_0 - \overline{S}_0,$$

wo $\bar{K}$, $\bar{L}$, $\bar{P}_0$, $\bar{Q}_0$, $\bar{R}_0$, $\bar{S}_0$ die den Anzahlen K, L, P_0, Q_0, R_0, S_0 entsprechenden, durch Hinzufügung der Bedingungen:

$$A + D \equiv 1, \qquad B + C \equiv 0 \ (\text{mod. } 2)$$

eingeschränkten Anzahlen bedeuten. Es wird aber $\bar{K}$ und $\bar{L}$ gleich Null, da γ gleich:

$$\pm (A - B) + C + D$$

ist, und also, wenn A, B, C, D die Bedingungen:

$$A + D \equiv 1, \qquad B + C \equiv 0 \ (\text{mod. } 2)$$

erfüllen, nicht *grade*, folglich auch nicht durch 2α theilbar sein kann. Die obige Gleichung reducirt sich also auf folgende:

(II), $$\bar{P} + \bar{Q} - \bar{R} - \bar{S} = \bar{P}_0 + \bar{Q}_0 - \bar{R}_0 - \bar{S}_0,$$

und die Formel am Schlusse des § 10 geht in:

($\mathfrak{F}$) $$\bar{Cl}(\varDelta) = 6(\bar{P}_0 + \bar{Q}_0 - \bar{R}_0 - \bar{S}_0)$$

über, während die am Schlusse des § 9 entwickelte Formel durch Anwendung der obigen Gleichung (I) in:

($\mathfrak{G}$) $$Cl(\varDelta) = 2(M + N) + 4(2K + 2L + P_0 + Q_0) - 4(R_0 + S_0)$$

transformirt wird.

Die durch die Formeln ($\mathfrak{F}$) und ($\mathfrak{G}$) gegebenen Ausdrücke für die Classenanzahlen bilinearer Formen sind merkwürdiger Weise, genau wie die von *Dirichlet* für die Classenanzahlen quadratischer Formen negativer Determinante gegebenen Ausdrücke, *Differenzen* von Anzahlen, so dass es hier wie dort nicht die brauchbaren Formen selbst sind, deren Anzahl unmittelbar bestimmt wird. Vielmehr wird im vorliegenden Falle zuvörderst die Anzahl von gewissen bilinearen Formen bestimmt, welche die — eigentlich nur zu zählenden — *reducirten* unter sich enthalten, nämlich die Anzahl aller bilinearen Formen, welche durch die Bedingungen[*]):

$$A \gtreqless \tfrac{1}{2}(B - C) > 0; \quad C + D > \pm (A - B); \quad A \gtreqless B$$

definirt werden. Die so definirten Formen enthalten ausser den reducirten, an die fernere Bedingung:

$$D \geqq \tfrac{1}{2}(B - C)$$

geknüpften Formen, genau nur diejenigen von allen durch die Bedingungen[**]):

$$A \gtreqless \tfrac{1}{2}(B - C) > 0; \quad C + D > \pm (A - B); \quad D < \tfrac{1}{2}(B - C)$$

definirten Formen, welchen keine der ersteren im oben (§ 11) präcisirten Sinne „entspricht", und diese Formen sind es, deren Anzahl ebenfalls bestimmt wird. Die erstere Anzahl wird durch $2K + P_0$, die letztere durch R_0 gegeben; die Differenz der beiden Anzahlen $2K + P_0 - R_0$ bildet somit den einen, die analoge Differenz $2L + Q_0 - S_0$ den andern Theil der zu bestimmenden Anzahl reducirter bilinearer Formen:

$$A x_1 y_1 + B x_1 y_2 - C x_2 y_1 + D x_2 y_2$$

deren Coëfficienten den Ungleichheitsbedingungen:

$$(\mathfrak{C}^0) \qquad A \geqq \tfrac{1}{2}(B - C) > 0; \quad D \geqq \tfrac{1}{2}(B - C) > 0; \quad C + D > \pm (A - B)$$

$$(\mathfrak{C}') \qquad A > \tfrac{1}{2}(B - C) \geqq 0; \quad D > \tfrac{1}{2}(B - C) \geqq 0; \quad C + D > \pm (A - B)$$

genügen, und deren Anzahl sich oben unmittelbar durch die Differenz:

$$P + Q - R - S$$

bestimmte, indem die zu zählenden bilinearen Formen als der Ueberschuss der den Bedingungen:

---

[*] Vgl. die Bedingungen 1, in § 9.
[**] Vgl. die Bedingungen 8, in § 9.

1) $\qquad A \gtreqqless \tfrac{1}{2}(B - C) > 0; \qquad C + D > \pm (A - B)$

2) $\qquad A > \tfrac{1}{2}(B - C) \gtreqqless 0; \qquad C + D > \pm (A - B)$

genügenden über die den Bedingungen:

3) $\qquad A \gtreqqless \tfrac{1}{2}(B - C) > 0; \qquad C + D > \pm (A - B); \qquad D < \tfrac{1}{2}(B - C)$

4) $\qquad A > \tfrac{1}{2}(B - C) \gtreqqless 0; \qquad C + D > \pm (A - B); \qquad D \lesseqqgtr \tfrac{1}{2}(B - C)$

genügenden Formen definirt wurde.

Die Herleitung der Finalausdrücke für die mit $Cl(\varDelta)$ und $\overline{Cl}(\varDelta)$ bezeichneten Classenanzahlen erfordert nur noch eine nähere Bestimmung für die in den obigen Formeln (𝔉) und (𝔊) vorkommenden Zahlen K, L, M, N, P_0, Q_0, R_0, S_0, $\overline{P}_0$, $\overline{Q}_0$, $\overline{R}_0$, $\overline{S}_0$, wie sie in den folgenden Paragraphen gegeben werden soll.

§ 13.

Nach § 11 bedeutet K die Anzahl der Zahlensysteme $(\alpha, \beta, \gamma, \delta)$, welche die Bedingungen:

$$(\Re) \qquad \varDelta = \alpha^2 + \alpha\delta + \beta\gamma, \quad \alpha > 0, \quad \gamma > 0, \quad 2\beta \gtreqqless \delta > 0,$$
$$\gamma \equiv 0 \ (\mathrm{mod.}\ 2\alpha)$$

erfüllen und L die Anzahl der den Bedingungen:

$$(\mathfrak{L}) \qquad \varDelta = \alpha^2 + \alpha\delta + \beta\gamma, \quad \alpha > 0, \quad \gamma > 0, \quad 2\beta > \delta \gtreqqless 0,$$
$$\gamma \equiv 0 \ (\mathrm{mod.}\ 2\alpha)$$

genügenden Systeme $(\alpha, \beta, \gamma, \delta)$. Setzt man demgemäss:

$$\gamma = 2m\alpha,$$

so wird:

$$\varDelta = \alpha(\alpha + \delta + 2m\beta),$$

und wenn man noch die Bezeichnungen:

$$\alpha = \vartheta, \quad \alpha + \delta + 2m\beta = d$$

einführt, so gehen die obigen Bedingungen $(\Re)$ und $(\mathfrak{L})$ in folgende über:

$(\Re)$ $\qquad \varDelta = d\vartheta, \quad d > \vartheta > 0, \quad 2m\beta < d - \vartheta \leqq 2(m+1)\beta, \quad m > 0,$

$(\mathfrak{L})$ $\qquad \varDelta = d\vartheta, \quad d > \vartheta > 0, \quad 2m\beta \leqq d - \vartheta < 2(m+1)\beta, \quad m > 0.$

Hiernach können in beiden Fällen für d nur alle *grösseren*, d. h. alle den Werth von $\sqrt{\varDelta}$ übersteigenden positiven Divisoren von $\varDelta$ und für ϑ die complementären (kleineren) Divisoren genommen werden. Ferner kann β, wenn $d - \vartheta$ ungrade ist, in beiden Fällen die sämmtlichen Werthe:

$$1, 2, 3, \cdots \tfrac{1}{2}(d - \vartheta - 1)$$

annehmen und für jeden dieser Werthe giebt es einen und nur einen den Ungleichheitsbedingungen $(\Re)$ und $(\mathfrak{L})$ genügenden Werth von m. Die Gesammtanzahl der den Bedingungen $(\overline{\Re})$ und der den Bedingungen $(\overline{\mathfrak{L}})$ genügenden Werthsysteme (m, β) ist demgemäss:

$$d - \vartheta - 1.$$

Wenn aber $d - \vartheta$ grade ist, so kann unter beiden Bedingungen $(\overline{\Re})$ und $(\overline{\mathfrak{L}})$:

$$\beta = 1, 2, 3, \cdots \tfrac{1}{2}(d - \vartheta) - 1,$$

unter den zweiten Bedingungen $(\overline{\mathfrak{L}})$ aber noch $\beta = \tfrac{1}{2}(d - \vartheta)$ genommen und für jeden dieser Werthe ein und nur ein zugehöriger Werth von m bestimmt werden. Es ist also auch in diesem Falle die Gesammtanzahl der zulässigen Werthsysteme (m, β):

$$d - \vartheta - 1.$$

Hieraus folgt, dass:

$$K + L = \sum_d (d - \vartheta - 1) \qquad (d\vartheta = \varDelta,\ d > \vartheta > 0)$$

ist, wo das Summenzeichen — wie in der eingeklammerten Bedingung angedeutet ist — sich auf alle Paare complementärer positiver Divisoren (δ, ϑ) von $\varDelta$ bezieht.

$$\S\ 14.$$

Nach § 9 bedeutet M die Anzahl der Zahlensysteme $(A,\ B,\ C,\ D)$, welche den Gleichungen:

$$AD + BC = \varDelta; \quad A = B + C + D$$

unter den Bedingungen:

$$(\mathfrak{M}) \qquad A \geqq \tfrac{1}{2}(B - C) > 0, \quad D \geqq \tfrac{1}{2}(B - C) > 0, \quad A - B + C + D > 0$$

genügen, und N die Anzahl der Lösungen derselben Gleichungen unter den Bedingungen:

$$(\mathfrak{N}) \qquad\qquad A > \tfrac{1}{2}(B - C) \geqq 0, \quad D > \tfrac{1}{2}(B - C) \geqq 0.$$

Setzt man den Werth $D = A - B - C$ in die Gleichung $AD + BC = \varDelta$ ein, so wird M die Anzahl der Lösungen der einen Gleichung:

$$(A - B)(A - C) = \varDelta$$

unter den Bedingungen:

$$(\overline{\mathfrak{M}}) \qquad A \geqq \tfrac{1}{2}(B - C) > 0, \quad A - B - C \geqq \tfrac{1}{2}(B - C), \quad A - B > 0,$$

und N die Anzahl der Lösungen derselben Gleichung unter den Bedingungen:

$$(\overline{\mathfrak{N}}) \qquad\qquad A > \tfrac{1}{2}(B - C) \geqq 0, \quad A - B - C > \tfrac{1}{2}(B - C).$$

Setzt man:

$$A - B = \vartheta, \quad A - C = \delta,$$

so gehen die Bedingungen $(\overline{\mathfrak{M}})$ und $(\overline{\mathfrak{N}})$ in folgende über:

$$(\mathfrak{M}_0) \qquad 0 < \vartheta < d, \quad \tfrac{1}{2}(d-\vartheta) \leqq A \leqq \tfrac{1}{2}d + \tfrac{3}{2}\vartheta,$$

$$(\mathfrak{N}_0) \qquad 0 < \vartheta \leqq d, \quad \tfrac{1}{2}(d-\vartheta) < A < \tfrac{1}{2}d + \tfrac{3}{2}\vartheta.$$

Dabei ist zu bemerken, dass die Bedingung $0 < \vartheta$ unter den mit $(\overline{\mathfrak{N}})$ bezeichneten Bedingungen zwar nicht explicite vorkommt, aber aus der durch Summation der Ungleichheiten

$$A > \tfrac{1}{2}(B - C), \quad A - B - C > \tfrac{1}{2}(B - C)$$

entstehenden Bedingung:

$$d + \vartheta > B - C,$$

unter Berücksichtigung der Bedingungen:

$$B - C \geqq 0, \quad d\vartheta = \varDelta > 0,$$

resultirt.

Die Anzahl der für bestimmte Werthe von d und ϑ den obigen Bedingungen genügenden Zahlen A ist, wenn $d - \vartheta$ ungrade ist, sowohl für $(\mathfrak{M}_0)$ als für $(\mathfrak{N}_0)$ genau gleich 2ϑ; wenn aber $d - \vartheta$ grade ist, so ist jene Anzahl für die Bedingungen $(\mathfrak{M}_0)$ gleich $2\vartheta + 1$, und für die Bedingungen $(\mathfrak{N}_0)$ gleich $2\vartheta - 1$.

Die Zahlensysteme d und ϑ unterliegen den Bedingungen:

$$(\overline{\mathfrak{M}}_0) \qquad d\vartheta = \varDelta, \quad \vartheta < d,$$

$$(\overline{\mathfrak{N}}_0) \qquad d\vartheta = \varDelta, \quad \vartheta \leqq d;$$

es sind also in beiden Fällen für d alle *grösseren* positiven Divisoren von $\varDelta$ und für ϑ die complementären kleineren zu nehmen; aber wenn $\varDelta$ ein vollständiges Quadrat ist, muss bei den Bedingungen $(\mathfrak{N}_0)$ auch noch:

$$d = \vartheta = \sqrt{\varDelta}$$

genommen werden.

Die Zahlen M und N bestimmen sich hiernach so, dass:

$$M + N = w + 4 \sum_\delta \partial \qquad (d\delta = \Delta,\ d > \delta > 0)$$

wird, wenn w für den Fall, dass Δ ein vollständiges Quadrat ist, gleich:

$$-1 + 2\sqrt{\Delta},$$

sonst aber gleich Null genommen wird.

§ 15.

Nach § 11 bedeutet P_0 die Anzahl der Lösungen der Gleichung

$$\Delta = A(C + D),$$

unter den Bedingungen

$$A \geqq \tfrac{1}{2}(B - C) > 0, \quad C + D > \pm(A - B), \quad A = B,$$

oder also:

$$-A \leqq C < A, \qquad C + D > 0;$$

und ebenso ist Q_0 die Anzahl der Lösungen derselben Gleichung $\Delta = A(C + D)$ unter den Bedingungen:

$$-A < C \leqq A, \qquad C + D > 0.$$

Die Bedingung $C + D > 0$ erfordert wegen der Gleichung $\Delta = A(C + D)$, dass auch $A > 0$ sein muss. Da nun für A *jeder* positive Divisor von Δ und alsdann je nach den beiden Bedingungen für C jeder von den Werthen:

$$-A \quad,\quad -A + 1, \ldots, A - 1$$
$$-A + 1, \quad -A + 2, \ldots, A$$

genommen werden kann, so wird:

$$P_0 + Q_0 = 4\Phi(\Delta),$$

wenn, wie in meinem oben citirten Aufsatze[*])

$$\Phi(\varDelta) \text{ die Summe sämmtlicher Divisoren von } \varDelta$$

bedeutet.

Mit R_0 war in § 11 die Anzahl der Zahlensysteme (A, B, C) bezeichnet, welche den Bedingungen:

$$\varDelta = BC, \quad A \geqq \tfrac{1}{2}(B - C) > 0, \quad C > \pm (A - B)$$

genügen, mit S_0 diejenigen, für welche:

$$\varDelta = BC, \quad A > \tfrac{1}{2}(B - C) \geqq 0, \quad C > \pm (A - B)$$

wird. Diese Bedingungen gehen aus der Gleichung $\varDelta = AD + BC$ und aus jenen mit (3) und (4) bezeichneten Ungleichheiten hervor, wenn dort $D = 0$ gesetzt wird.

Die Bedingung $C > \pm (A - B)$, oder also:

$$C > A - B \quad \text{und} \quad C > B - A,$$

gestattet, für A alle Werthe

$$B - C + 1, \quad B - C + 2, \dots B + C - 1$$

zu nehmen, deren Anzahl $2C - 1$ ist.

Dieselbe Bedingung erfordert, dass C positiv sei; es muss also auch, da $BC = \varDelta$ ist, B positiv sein. Ferner muss bei den ersteren Bedingungen $B > C$, bei den letzteren $B \geqq C$ sein. Hiernach sind für B alle grösseren, oben mit d bezeichneten, Divisoren von $\varDelta$ und für C die complementären kleineren, mit ∂ bezeichneten, zu nehmen. Ueberdies gestatten die zweiten Bedingungen für den Fall, dass $\varDelta$ ein vollständiges Quadrat ist, noch die Annahme:

$$B = C = \sqrt{\varDelta}.$$

____

[*]) Journal f. Mathematik Bd. 57, S. 248.

Demgemäss wird:

$$R_0 = \sum_{\vartheta}(2\vartheta - 1), \quad S_0 = w + \sum_{\vartheta}(2\vartheta - 1) \qquad (d\vartheta=\Delta,\ d>\vartheta>0),$$

wo w die am Schlusse des vorigen Paragraphen festgesetzte Bedeutung hat.

§ 16.

Setzt man die in den vorhergehenden drei Paragraphen ermittelten Werthe von K, L, M, N, P_0, Q_0, R_0, S_0 in die Gleichung ($\mathfrak{G}$) von § 12 ein, so wird:

$$Cl(\Delta) = 2(w + 4\sum\vartheta) + 4(2\sum(d - \vartheta - 1) + 4\Phi(\Delta)) - 4(w + 2\sum(2\vartheta - 1)).$$

Wenn nun, wie in meinem mehrfach citirten Aufsatze*):

$\Psi(\Delta)$ den Betrag bedeutet, um welchen die Summe der Divisoren von Δ, die grösser als $\sqrt{\Delta}$ sind, die Summe derjenigen übersteigt, die kleiner als $\sqrt{\Delta}$ sind,

so wird:

$$\sum_{d}(d - \vartheta) = \Psi(\Delta), \quad 2\sum_{\vartheta}\vartheta = \Phi(\Delta) - \Psi(\Delta) - (\sqrt{\Delta}) \qquad (d\vartheta=\Delta,\ d>\vartheta>0);$$

wo das letzte Glied $(\sqrt{\Delta})$ wegfällt, wenn Δ kein vollständiges Quadrat ist. Führt man endlich die hier angegebenen Ausdrücke von $\sum(d - \vartheta)$ und $\sum\vartheta$ in den obigen Gleichungen ein, so resultirt die Hauptformel:

$$(\mathfrak{P}) \qquad Cl(\Delta) = 12(\Phi(\Delta) + \Psi(\Delta)) + 2W_\Delta,$$

in welcher W_Δ gleich *Eins* oder *Null* zu nehmen ist, je nachdem Δ ein vollständiges Quadrat ist, oder nicht.

---

*) Journal für Mathematik Bd. 57, S. 248.

§ 17.

Nach § 11 und § 12 ist $\overline{P}_0$ die Anzahl der Zerlegungen von $\varDelta$ in die zwei Divisoren A und $A - B + C + D$ für:

$$A \geq \tfrac{1}{2}(B - C) > 0, \qquad C + D > \pm (A - B),$$
$$A + D \equiv 1, \qquad B \equiv C \ (\mathrm{mod.}\ 2),$$

oder, da hier $A = B$ ist, die Anzahl der Lösungen der Gleichung:

$$\varDelta = A(C + D),$$

bei denen $A + D \equiv 1$, $A \equiv C$ (mod. 2), $A + C \geq 0$, $C + D > 0$ wird. Es muss also für $C + D$ irgend ein ungrader Divisor von $\varDelta$ und alsdann C nur so gewählt werden, dass

$$C \equiv A \ (\mathrm{mod.}\ 2) \quad \text{und} \quad C + A \geq 0 \quad \text{und} \quad C < A$$

(wegen der Bedingung $B - C > 0$) wird. Hiernach hat C die Werthe:

$$-A, \ -A + 2, \ -A + 4, \ \cdots + A - 2,$$

deren Anzahl genau A ist, und es wird also:

$$\overline{P}_0 = \sum A = \sum \frac{\varDelta}{t},$$

wo t alle ungraden Divisoren von $\varDelta$ und A deren complementäre Divisoren bedeutet.

Bei der Ermittelung der in § 12 mit $\overline{Q}_0$ bezeichneten Anzahl tritt anstatt der Gleichung $A = \tfrac{1}{2}(B - C)$ die Gleichung $B = C$ als zulässig ein. Demnach hat C die Werthe:

$$-A + 2, \ -A + 4, \ \cdots + A,$$

deren Anzahl, ebenso wie oben, genau A ist, so dass $\overline{P}_0 = \overline{Q}_0$ wird.

Wenn nun m der grösste ungrade Divisor von $\varDelta$ und:

$$\varDelta = 2^{h}m$$

ist, und wenn ferner, wie in meinem mehrfach citirten Aufsatze*):

$$\mathrm{X}(\varDelta) \text{ die Summe aller } \textit{ungraden} \text{ Divisoren von } \varDelta$$

bedeutet, so wird:

$$\overline{P}_0 - \overline{Q}_0 = 2^{h}\mathrm{X}(\varDelta).$$

Nach § 10 und § 11 ist $\overline{R}_0$ die Anzahl der Zahlensysteme (A, B, C), für welche:

$$\varDelta = B \cdot C \quad \text{und} \quad A \equiv 1, \ B \equiv C \ (\text{mod. } 2),$$
$$A \geqq \tfrac{1}{2}(B - C) > 0, \quad C > \pm (A - B)$$

ist. Da C also positiv sein muss, so kann auch B nur positive Werthe erhalten, und gemäss den Bedingungen:

$$\varDelta = BC, \quad B > C$$

können für B alle *grösseren*, für C die complementären *kleineren* Divisoren von $\varDelta$ genommen werden, für welche die Congruenz $B \equiv C$ (mod. 2) besteht. Alsdann erhält man für die Auswahl der positiven *ungraden* (einem bestimmten Systeme B, C entsprechenden) Zahlen A die einzigen Bedingungen:

$$C > A - B, \quad C > - A + B, \quad A \equiv 1 \ (\text{mod. } 2),$$

da die Bedingung $A \geqq \tfrac{1}{2}(B - C)$ hierbei mit erfüllt ist. Es gilt also für A nur die Bestimmung:

$$B + C > A > B - C,$$

und da $B \pm C$ *grade* ist, so sind für A die Zahlen:

$$B - C + 1, \quad B - C + 3, \ \cdots \ B + C - 1$$

---

*) Journal für Mathematik Bd. 57, S. 248.

zu nehmen, deren Anzahl gleich C ist. Daher wird:

$$\overline{R}_0 = \sum C,$$

wenn die Summation auf alle kleineren Divisoren C von $\varDelta$ erstreckt wird, welche ihrem complementären Divisor für den Modul 2 congruent sind.

Die in § 12 mit $\overline{S}_0$ bezeichnete Anzahl der Zahlensysteme (A, B, C) ist genau gleich $\overline{R}_0$, da die Gleichung:

$$B - C = 0,$$

welche bei den Bedingungen für $\overline{S}_0$ an die Stelle der bei den Bedingungen für $\overline{R}_0$ vorkommenden Gleichung:

$$A = \tfrac{1}{2}(B - C)$$

als zulässig eintritt, wegen $B > C$ nicht wirklich erfüllbar ist, und da andrerseits bei den Bedingungen für $\overline{R}_0$ die Gleichung $A = \tfrac{1}{2}(B - C)$ durch die Bedingungen $A > B - C > 0$ ausgeschlossen wird.

Ist $\varDelta$ ungrade, so ist die Bedingung $B \equiv C$ (mod. 2) für alle Divisoren erfüllt, und es resultirt daher bei Anwendung der oben in § 15 und § 16 eingeführten Bezeichnungen $\varPhi(\varDelta)$, $\varPsi(\varDelta)$ die Gleichung:

$$\overline{R}_0 - \overline{S}_0 = \tfrac{1}{2}(\varPhi(\varDelta) - \varPsi(\varDelta)).$$

Ist $\varDelta$ grade, aber nicht durch 4 theilbar, so ist:

$$\overline{R}_0 - \overline{S}_0 = 0.$$

Ist endlich $\varDelta$ durch 4 theilbar, so sind beide Divisoren B, C *grade* zu nehmen, d. h. es sind nur sämmtliche Divisoren von $\tfrac{1}{4}\varDelta$, doppelt genommen, für B, C zu setzen, so dass in diesem Falle die Gleichung:

$$\overline{R}_0 - \overline{S}_0 = \varPhi(\tfrac{1}{4}\varDelta) - \varPsi(\tfrac{1}{4}\varDelta)$$

zur Bestimmung von $\overline{R}_0$ und $\overline{S}_0$ resultirt.

§ 18.

Setzt man die im vorhergehenden Paragraphen ermittelten Werthe von $\overline{P}_0$, $\overline{Q}_0$, $\overline{R}_0$, $\overline{S}_0$ in die Formel des § 12:

$$(\mathfrak{F}) \qquad \overline{Ol}\,\Delta = 6\,(\overline{P}_0 + \overline{Q}_0 - \overline{R}_0 - \overline{S}_0)$$

ein, so erhält man die Gleichungen:

$$
\begin{aligned}
&\tfrac{1}{6}\,\overline{Ol}(\Delta) = 2^{k+1}\,\mathrm{X}(\Delta) - 2\,\Phi(n) + 2\,\Psi(n), && \text{wenn } \Delta = 4n = 2^k m,\\
(\mathfrak{Q}) \quad &\tfrac{1}{6}\,\overline{Ol}(\Delta) = 4\,\mathrm{X}(\Delta) = 4\,\Phi(m), && \text{wenn } \Delta = 2m,\\
&\tfrac{1}{6}\,\overline{Ol}(\Delta) = \Phi(\Delta) + \Psi(\Delta), && \text{wenn } \Delta = m
\end{aligned}
$$

ist, und n eine beliebige ganze positive Zahl, m aber eine *ungrade* positive Zahl bedeutet.

In dem ersten dieser drei Fälle lässt der Ausdruck noch eine Vereinfachung zu. Da nämlich für den Fall $k \geqq 2$:

$$\Phi(2^{k-2}m) = (2^{k-1} - 1)\,\Phi(m) = (2^{k-1} - 1)\,\mathrm{X}(\Delta)$$

ist, so erhält man:

$$2^{k+1}\,\mathrm{X}(\Delta) = 4\,\mathrm{X}(\Delta) + 4\,\Phi(\tfrac{1}{4}\Delta),$$

also:

$$(\mathfrak{Q}') \qquad \tfrac{1}{6}\,\overline{Ol}(\Delta) = 4\,\mathrm{X}(n) + 2\,\Phi(n) + 2\,\Psi(n),$$

wo, wie oben, $n = \tfrac{1}{4}\Delta$ gesetzt ist.

§ 19.

Nimmt man die Bedingung $B + C \equiv 0 \pmod{4}$ hinzu, so hat man im § 11 die Einschränkungen zu machen, dass die Zahlen:

$$-\alpha_1 + \beta_1 - \tfrac{1}{2}\delta_1, \quad \alpha_1' + \beta_1' + \tfrac{1}{2}\delta_1', \quad \alpha_2 + \tfrac{1}{2}\delta_2, \quad \alpha_2' + \tfrac{1}{2}\delta_2'$$

grade sein sollen. Bei den einander „entsprechenden" Systemen:

$$\alpha, \beta, \gamma, \delta \qquad \text{und} \qquad \alpha', \beta', \gamma', \delta'$$

erfüllen alsdann auch gleich viele jene einschränkende Bedingung. Denn wegen dieser Bedingung kann ein und dasselbe System $(\alpha, \beta, \gamma, \delta)$ nur dann zugleich unter denjenigen Systemen, welche den Index 1, und unter denjenigen, welche den Index 2 haben, vorkommen, wenn β grade ist, und in diesem Falle kommt auch das „entsprechende" System $(\alpha, \beta, \gamma - 2m\alpha, \delta + 2m\beta)$ zugleich unter den Systemen $(\alpha_1', \beta_1', \gamma_1', \delta_1')$ und $(\alpha_2', \beta_2', \gamma_2', \delta_2')$ vor. Wenn aber β ungrade ist, so kann, weil dann nur *eine* der beiden Zahlen:

$$-\alpha + \beta - \tfrac{1}{2}\delta, \qquad \alpha + \tfrac{1}{2}\delta$$

grade ist, ein und dasselbe System $\alpha, \beta, \gamma, \delta$ nur unter einem der beiden Systeme $(\alpha_1, \beta_1, \gamma_1, \delta_1)$, $(\alpha_2, \beta_2, \gamma_2, \delta_2)$ vorkommen, und ebenso *muss* das „entsprechende" System $(\alpha', \beta', \gamma', \delta')$ unter einem und nur einem der beiden Systeme $(\alpha_1', \beta_1', \gamma_1', \delta_1')$, $(\alpha_2', \beta_2', \gamma_2', \delta_2')$ enthalten sein. Hieraus folgt, dass auch unter der weiteren einschränkenden Bedingung:

$$B + C \equiv 0 \ (\text{mod. } 4),$$

wenn die alsdann aus $\overline{P}, \overline{Q}, \overline{R}, \overline{S}, \overline{P}_0, \overline{Q}_0, \overline{R}_0, \overline{S}_0$ entstehenden Anzahlen mit:

$$\overline{\overline{P}}, \overline{\overline{Q}}, \overline{\overline{R}}, \overline{\overline{S}}, \overline{\overline{P}}_0, \overline{\overline{Q}}_0, \overline{\overline{R}}_0, \overline{\overline{S}}_0$$

bezeichnet werden, die Relation:

$$\overline{\overline{P}} + \overline{\overline{Q}} - \overline{\overline{R}} - \overline{\overline{S}} - \overline{\overline{P}}_0 + \overline{\overline{Q}}_0 - \overline{\overline{R}}_0 - \overline{\overline{S}}_0$$

besteht.

Es ist nun:

$\overline{\overline{P}}_0$ die Anzahl der Lösungen von $\varDelta = A(C + D)$ für:

$$A + C \equiv 0 \ (\text{mod. } 4), \qquad A + D \equiv 1 \ (\text{mod. } 2),$$
$$A + C \gtreqless 0, \qquad C + D > 0,$$

da überhaupt bei den mit P_0 bezeichneten Anzahlen $B = A$ zu setzen ist. Für $C + D$ ist daher irgend ein ungrader Divisor von A zu nehmen, und alsdann ist C nur so zu wählen, dass:

$$C + A \equiv 0 \ (\text{mod. } 4), \quad C + A \gtrless 0 \ \text{und} \ C < A$$

wird. Es kann also C die Werthe annehmen:

$$-A, \quad -A + 4, \quad -A + 8, \ \cdots \ \text{bis} \ +A - 2 \ \text{oder} \ A - 4,$$

je nachdem A ungrade oder grade ist. Diess sind je nach den beiden Fällen:

$$\frac{A+1}{2} \quad \text{oder} \quad \frac{A}{2}$$

Werthe, so dass:

$$\overline{\overline{P}}_0 = \sum \left(\frac{A}{2} + \frac{1}{4} - (-1)^A \cdot \frac{1}{4} \right)$$

ist. Ebenso ergiebt sich für $\overline{\overline{Q}}_0$ die Gleichung:

$$\overline{\overline{Q}}_0 = \sum \left(\frac{A}{2} - \frac{1}{4} + (-1)^A \cdot \frac{1}{4} \right),$$

und es wird daher:

$$\overline{\overline{P}}_0 + \overline{\overline{Q}}_0 = \sum A = 2^k X(A),$$

wenn 2^k, wie in § 17, die höchste in A enthaltene Potenz von 2 und $X(A)$ die Summe der ungraden Divisoren von A bedeutet.

Bei der Ermittelung der Werthe von $\overline{\overline{R}}_0$, $\overline{\overline{S}}_0$ treten nur einige Modificationen der in § 17 enthaltenen Ausführungen ein.

Es soll nämlich nunmehr:

$$A = BC, \quad A \ \text{ungrade}, \quad B + C \equiv 0 \ (\text{mod. } 4),$$
$$A \geq \tfrac{1}{2}(B - C) > 0, \quad C > \pm (A - B)$$

sein, oder also:

$$B + C > A > B - C, \qquad B + C \equiv 0 \ (\mathrm{mod.}\ 4).$$

Wenn zuvörderst $\varDelta$ ungrade und zwar:

1, $\varDelta \equiv + 1$ (mod. 4) ist, so kann $B + C$ niemals durch 4 theilbar sein,

und es wird also:

$$\bar{\bar{R}}_0 = \bar{\bar{S}}_0 = 0.$$

Wenn

2, $\varDelta \equiv - 1$ (mod. 4) ist, so findet für jedes Paar complementärer Divisoren B und C die Congruenz $B + C \equiv 0$ (mod. 4) statt,

und es ist also genau wie oben:

$$\bar{\bar{R}}_0 = \bar{\bar{S}}_0 = \tfrac{1}{2}\left(\varPhi(\varDelta) - \varPsi(\varDelta)\right).$$

Wenn

8, $\varDelta \equiv 2$ (mod. 4) ist, so ist niemals $B + C \equiv 0$ (mod. 4)

und also:

$$\bar{\bar{R}}_0 = \bar{\bar{S}}_0 = 0.$$

Ist endlich

4, $\varDelta \equiv 0$ (mod. 4), und wird, wie oben, $\varDelta = 4n$ gesetzt, so müssen für B, C die sämmtlichen Divisoren von n, doppelt genommen, gesetzt werden,

während zugleich:

$$\tfrac{1}{2}B + \tfrac{1}{2}C \equiv 0 \ (\mathrm{mod.}\ 2), \quad B + C > A > B - C$$

wird, und es zeigt sich also, dass genau die doppelten der am Schlusse des § 17 ermittelten Zahlen als Werthe von $\bar{\bar{R}}_0$ und $\bar{\bar{S}}_0$ resultiren, dass nämlich:

$$\text{für } n \text{ ungrade:} \qquad \bar{\bar{R}}_0 = \bar{\bar{S}}_0 = \Phi(n) - \Psi(n),$$

$$\text{für } n \equiv 2 \ (\text{mod. } 4)\text{:} \quad \bar{\bar{R}}_0 = \bar{\bar{S}}_0 = 0,$$

$$\text{für } n \equiv 0 \ (\text{mod. } 4)\text{:} \quad \bar{\bar{R}}_0 = \bar{\bar{S}}_0 = 2\Phi\left(\tfrac{n}{4}\right) - 2\Psi\left(\tfrac{n}{4}\right),$$

wird.

§ 20.

Durch die im vorhergehenden Paragraphen ermittelten Werthe von $\bar{\bar{P}}_0$, $\bar{\bar{Q}}_0$, $\bar{\bar{R}}_0$, $\bar{\bar{S}}_0$ lässt sich nunmehr die Anzahl derjenigen Classen bilinearer Formen irgend einer Determinante Δ bestimmen, bei denen einer der beiden äusseren Coëfficienten ungrade und die Summe der beiden inneren durch 4 theilbar ist. Bezeichnet man diese Classenanzahl mit $\bar{\bar{Cl}}(\Delta)$, so ist nämlich gemäss der Formel ($\mathfrak{F}$) des § 12:

$$\bar{\bar{Cl}}(\Delta) = 6(\bar{\bar{P}}_0 + \bar{\bar{Q}}_0 - \bar{\bar{R}}_0 - \bar{\bar{S}}_0),$$

und es ergeben sich daher folgende Werthe von $\tfrac{1}{6}\bar{\bar{Cl}}(\Delta)$:

1, für $\Delta = m \equiv 1 \ (\text{mod. } 4)\text{:} \qquad \Phi(m)$

2, für $\Delta = m \equiv -1 \ (\text{mod. } 4)\text{:} \qquad \Psi(m)$

3, für $\Delta = 2m \equiv 2 \ (\text{mod. } 4)\text{:} \qquad 2\Phi(m) \text{ oder } X(\Delta)$

4, für $\Delta = 4m \equiv 4 \ (\text{mod. } 8)\text{:} \qquad 2\Phi(m) + 2\Psi(m)$

5, für $\Delta = 8m \equiv 8 \ (\text{mod. } 16)\text{:} \qquad 8\Phi(m)$

6, für $\Delta = 16n\text{:} \qquad 8X(n) + 4\Phi(n) + 4\Psi(n),$

welche letztere Formel aus:

$$2^{k}\mathrm{X}(n) - 4\,\Phi(n) + 4\,\Psi(n)$$

durch Benutzung der Relation:

$$2^{k}\mathrm{X}(m) = 8\mathrm{X}(m) + 8\,\Phi(2^{k-6}m)$$

erhalten wird.

§ 21.

Die Anwendung der für die Classenanzahl der bilinearen Formen gefundenen Ausdrücke auf die der quadratischen ergiebt sich unmittelbar, wenn man diese Ausdrücke mit jenen vergleicht, welche am Schlusse des § 8 gegeben worden sind. Dort war nämlich:

$$Cl(\varDelta) = 12\sum_{h}\big(\mathrm{G}(4\varDelta - h^{2}) - \mathrm{F}(4\varDelta - h^{2})\big) \qquad (-2\sqrt{\varDelta} < h < 2\sqrt{\varDelta})$$

$$\bar{C}l(\varDelta) = 12\sum_{h}\mathrm{F}(\varDelta - h^{2}) \qquad (-\sqrt{\varDelta} < h < \sqrt{\varDelta})$$

und aus der letzteren Formel resultirt für die in § 20 definirte und mit $\bar{C}l(\varDelta)$ bezeichnete Classenanzahl die Gleichung:

$$\bar{\bar{C}}l(\varDelta) = 12\sum_{h}\mathrm{F}(\varDelta - 4h^{2}) \qquad (-\sqrt{\varDelta} < 2h < \sqrt{\varDelta}),$$

während durch Vergleichung der ersteren Formel mit der Hauptformel ($\mathfrak{P}$) des § 16 die Relation:

$$\sum_{h}\big(\mathrm{G}(4\varDelta - h^{2}) - \mathrm{F}(4\varDelta - h^{2})\big) = \Phi(\varDelta) + \Psi(\varDelta) + \tfrac{1}{6}W_{\varDelta} \qquad (-2\sqrt{\varDelta} < h < 2\sqrt{\varDelta})$$

erhalten wird. Diese Relation lässt sich, wenn, wie in meinem Aufsatze im 57. Bande des Journals für Mathematik S. 251:

$$\mathrm{F}(0) = 0, \qquad \mathrm{G}(0) = -\tfrac{1}{12}$$

gesetzt wird, in folgender Weise darstellen:

$$(\mathfrak{R}) \qquad \sum_h \big(G(4\varDelta - h^2) - F(4\varDelta - h^2)\big) = \Phi(\varDelta) + \Psi(\varDelta) \qquad (-2\sqrt{\varDelta} \leqq h \leqq 2\sqrt{\varDelta}),$$

da nach der im § 16 angegebenen Bedeutung von $W_\varDelta$ dessen Werth gleich Eins oder Null ist, je nachdem $\sqrt{\varDelta}$ eine ganze Zahl ist, oder nicht.

Durch Vergleichung der zweiten Formel dieses Paragraphen mit den Formeln ($\mathfrak{Q}$) und ($\mathfrak{Q}'$) des § 18 ergeben sich die Relationen:

$$\sum_h F(4n - h^2) = 2X(n) + \Phi(n) + \Psi(n),$$

$$(\mathfrak{R}') \qquad \sum_h F(2m - h^2) = 2\Phi(m),$$

$$\sum_h F(m - h^2) = \tfrac{1}{2}(\Phi(m) + \Psi(m)),$$

in welchen n eine beliebige ganze positive Zahl, m eine ungrade positive Zahl bedeutet, und die Summationen auf alle positiven und negativen ganzzahligen Werthe von h (die Null eingeschlossen) zu erstrecken sind, für welche das Argument der Function F positiv ist.

Durch Vergleichung der dritten Formel dieses Paragraphen mit den drei ersten der am Schlusse des § 20 angegebenen Werthe von $\tfrac{1}{4}\overline{\overline{Cl}}(\varDelta)$ erhält man endlich die Formeln:

$$\sum_h F(m - 4h^2) = \tfrac{1}{2}\Phi(m) \quad \text{oder} \quad = \tfrac{1}{2}\Psi(m),$$

$$(\mathfrak{R}'') \qquad \text{je nachdem} \quad m \equiv 1 \quad \text{oder} \quad \equiv 3 \;(\text{mod. } 4) \text{ ist,}$$

$$\sum_h F(2m - 4h^2) = \Phi(m),$$

während die drei letzten Werthe von $\tfrac{1}{4}\overline{\overline{Cl}}(\varDelta)$ in § 20 zu den drei Relationen:

$$\sum_h F(16n - 4h^2) = 4X(n) + 2\Phi(n) + 2\Psi(n),$$

$$(\mathfrak{R}''') \qquad \sum_h F(8m - 4h^2) = 4\Phi(m),$$

$$\sum_h F(4m - 4h^2) = \Phi(m) + \Psi(m)$$

führen. Diese Relationen $(\mathfrak{R}''')$ gehen freilich aus den mit $(\mathfrak{R}')$ bezeichneten mittels der Fundamental-Relation:

$$F(4n) = 2F(n)$$

unmittelbar hervor; aber eben diese Fundamental-Relation ist andererseits, wie ausdrücklich hervorgehoben werden muss, ebenso unmittelbar aus der Verbindung der Formelsysteme $(\mathfrak{R}')$ und $(\mathfrak{R}''')$ herzuleiten. Auch ist zu bemerken, dass die andere Fundamental-Relation:

$$G(4n) = F(4n) + G(n)$$

in ähnlicher Weise aus der Verbindung der Formel $(\mathfrak{R})$ mit den Formeln $(\mathfrak{R}')$ abgeleitet werden kann.

§ 22.

Es soll nunmehr gezeigt werden, wie aus den vorstehenden Entwickelungen jene interessante Beziehung zwischen der Zerlegung der Zahlen in die Summe von 3 Quadraten und der Classenanzahl quadratischer Formen von negativer Determinante folgt. Es ist nämlich diese Beziehung in dem Ausdrucke für die Classenanzahl der bilinearen Formen implicite enthalten, so dass also in den obigen arithmetischen Deductionen ein neuer Beweis für jenen erwähnten Satz liegt, der von *Legendre* auf dem Wege der Induction gefunden aber erst von *Gauss* mittels der Theorie der ternären Formen bewiesen worden ist.

Setzt man oben in der Formel $(\mathfrak{R})$ des vorhergehenden Paragraphen $\varDelta = n$ und subtrahirt alsdann diese Formel von der ersten der drei mit $(\mathfrak{R}')$ bezeichneten Formeln, so kommt:

$$\sum_h \left(2F(4n - h^2) - G(4n - h^2) \right) = 2X(n) \qquad (-2\sqrt{n} \leq h \leq 2\sqrt{n}),$$

oder wenn für jede ganze positive Zahl n:

$$2F(n) - G(n) = E(n)$$

61*

gesetzt wird:

$$(\mathfrak{M}^0) \qquad \sum_h E(4n - h^2) = 2 X(n) \qquad (h = 0, \pm 1, \pm 2, \ldots, h^2 \leqq 4n).$$

Nun finden für die hier an Stelle von $F(n)$ und $G(n)$ eingeführte zahlentheoretische Function $E(n)$ die einfacheren Beziehungen statt:

$$E(4n) = E(n),$$
$$E(n) = F(n) \quad \text{wenn} \quad n \equiv 1, 2 \ (\mathrm{mod.}\ 4) \ \text{ist,}$$
$$E(n) = \tfrac{1}{3} F(n) \quad \text{wenn} \quad n \equiv 3 \ (\mathrm{mod.}\ 8) \ \text{ist,}$$
$$E(n) = 0 \quad \text{wenn} \quad n \equiv 7 \ (\mathrm{mod.}\ 8) \ \text{ist.}$$

Hiernach wird:

$$\sum_h E(4n - 4h^2) = \sum_h E(n - h^2) \qquad (h = 0, \pm 1, \pm 2, \ldots, h^2 \leqq n),$$

und wenn n *grade* ist:

$$\sum_h E(4n - h^2) = 0 \qquad (h = \pm 1, \pm 3, \pm 5, \ldots, h^2 < 4n),$$

wenn aber n *ungrade* ist:

$$\sum_h E(4n - h^2) = \tfrac{1}{3} \sum_h F(4n - h^2) \qquad (h = \pm 1, \pm 3, \pm 5, \ldots, h^2 < 4n).$$

Es wird daher, da die Summe auf der linken Seite der Gleichung $(\mathfrak{M}^0)$ als:

$$\sum_h E(4n - 4h^2) + \sum_h E(4n - h^2) \qquad \left(\begin{smallmatrix} h = 0, \pm 1, \pm 2, \ldots, h^2 \leqq n \\ h = \pm 1, \pm 3, \pm 5, \ldots, h^2 < 4n \end{smallmatrix} \right)$$

dargestellt werden kann:

$$(\mathfrak{M}^{00}) \qquad \sum_h E(n - h^2) = 2 X(n) \qquad (h = 0, \pm 1, \pm 2, \ldots, h^2 \leqq n),$$

falls n *grade* ist, während für *ungrade* Zahlen n:

$$\sum_h E(n - h^2) = 2 X(n) - \tfrac{1}{3} \sum_h F(4n - h^2) \qquad \left(\begin{smallmatrix} h = 0, \pm 1, \pm 2, \ldots, h^2 \leqq n \\ h = \pm 1, \pm 3, \pm 5, \ldots, h^2 < 4n \end{smallmatrix} \right)$$

wird. Da nun:

$$\sum_h F(4n - h^2) = \sum_g F(4n - g^2) - \sum_h F(4n - 4h^2)$$

oder also:

$$\sum_h F(4n - h^2) = \sum_g F(4n - g^2) - 2\sum_h F(n - h^2) \qquad \left(\begin{matrix} g=0, \pm 1, \pm 2, \dots; & g^2 \leq 4n \\ h=0, \pm 1, \pm 2, \dots; & h^2 \leq n \\ g=\pm 1, \pm 3, \pm 5, \dots; & g^2 < 4n \end{matrix}\right).$$

ist, und der Ausdruck auf der rechten Seite der letzten Gleichung gemäss der ersten und dritten der mit $(\mathfrak{R}')$ bezeichneten Formeln des § 21 den Werth: $2X(n)$ hat, so resultirt für *ungrade* Zahlen n die Relation:

$$(\mathfrak{R}^{0'}) \qquad \qquad \sum_h E(n - h^2) = \tfrac{1}{4}X(n) \qquad (h=0, \pm 1, \pm 2 \dots; h^2 \leq n).$$

Die beiden Relationen $(\mathfrak{R}^{00})$ und $(\mathfrak{R}^{0'})$ können in die eine Gleichung:

$$8\sum_h E(n - h^2) = 2(2 + (-1)^n)X(n) \qquad (h=0, \pm 1, \pm 2, \dots; h^2 \leq n)$$

vereinigt werden. Da nun $8(2 + (-1)^n)X(n)$ nach jenem von *Jacobi* am Schlusse seiner „*Fundamenta*" bewiesenen Satze[*]) genau die Anzahl der Zerlegungen von n in vier Quadrate angiebt, so ist

$$12\sum_h E(n - h^2) \qquad (h=0, \pm 1, \pm 2, \dots; h^2 \leq n)$$

gleich der Anzahl der Systeme von Zahlen h, h_1, h_2, h_3, wofür:

$$n = h^2 + h_1^2 + h_2^2 + h_3^2$$

wird. Diese Anzahl ist aber offenbar gleich der Gesammtanzahl der Zerlegungen aller positiven Zahlen

$$n - h^2 \qquad (h=0, \pm 1, \pm 2, \dots)$$

---

[*]) Vgl. auch die auf S. 428 citirte *Dirichlet*'sche Herleitung des *Jacobi*'schen Satzes.

in Summen von *drei* Quadraten. Wenn daher die Anzahl der Zerlegungen einer Zahl m in drei Quadrate mit $A(m)$ bezeichnet wird, so ist:

$$\sum_h A(n - h^2) = 12 \sum_h E(n - h^2) \qquad (h=0, \pm1, \pm2 \ldots, h^2 \leq n),$$

und da man in dieser Formel von einer beliebigen Zahl n ausgehen kann, so folgt, dass für *jede* Zahl n:

$$A(n) = 12 E(n)$$

ist, und dass also durch $12E(n)$ die Anzahl der Zerlegungen einer Zahl n in drei Quadrate ausgedrückt wird. Dieses Resultat ist mit demjenigen übereinstimmend, welches *Gauss* im Art. 291 der Disqq. arithm. gegeben und dort nur je nach den verschiedenen Zahlformen von n verschieden formulirt hat. Dass sich daraus auch die Anzahl der Zerlegungen einer Zahl n in drei Triagonalzahlen ergiebt, bedarf kaum der Erwähnung. Die Anzahl dieser Zerlegungen wird durch die Function $F(8n + 8)$ ausgedrückt.

§ 23.

Die sechs im § 21 mit $(\mathfrak{R})$, $(\mathfrak{R}')$, $(\mathfrak{R}'')$ bezeichneten Formeln, deren arithmetische Herleitung ein Hauptzielpunkt der vorhergehenden Entwickelungen gewesen ist, stimmen ihrem Inhalte nach vollkommen mit den ersten sechs von den acht Formeln überein, welche ich in meinem mehrfach citirten Aufsatze[*] angegeben habe.

Um dies nachzuweisen, bemerke ich zuvörderst, dass bei Einführung der zahlentheoretischen Functionen $F(n)$ und $G(n)$ an Stelle von $F(n)$ und $G(n)$[**] jene sechs Formeln meines früheren Aufsatzes folgende Gestalt annehmen:

---

[*] Journal f. Mathematik Bd. 57, S. 248.
[**] a. a. O. S. 251.

$$\text{(I)} \qquad \sum_h F(4n - h^2) = 2X(n) + \Phi(n) + \Psi(n),$$

$$\text{(II)} \qquad \sum_h F(2m - h^2) = 2\Phi(m),$$

$$\text{(III)} \qquad \sum_h (-1)^h F(2m - h^2) = 0,$$

$$\text{(IV)} \qquad 8 \sum_h G(m - h^2) = \Phi(m) + 3\Psi(m),$$

$$\text{(V)} \qquad 2 \sum_h F(m - h^2) = \Phi(m) + \Psi(m),$$

$$\text{(VI)} \qquad 2 \sum_h (-1)^h F(m - h^2) = (-1)^{\frac{1}{2}(m-1)}\big(\Phi(m) - \Psi(m)\big).$$

Hierbei bedeutet, ebenso wie durchweg im Folgenden, n eine beliebige positive ganze Zahl, m eine beliebige positive *ungrade* Zahl, und die Summationen sind auf alle Werthe:

$$h = 0, \pm 1, \pm 2, \pm 3, \ldots$$

zu erstrecken, für welche das Argument der Functionen F und G nicht negativ wird.

Ich bemerke ferner, dass die für die Functionen F und G bestehenden Fundamental-Relationen, welche schon oben im § 6 S. 444 angegeben sind, nämlich:

$$F(-4n) = F(4n) \quad \text{für jede beliebige Zahl } n,$$

$$F(4n) = 2F(n) \quad \text{und} \quad G(4n) = F(4n) + G(n) \quad \text{für jede positive Zahl } n,$$

$$G(n) = F(n) \quad \text{für } n \equiv 1 \text{ oder } 2 \ (\text{mod. } 4), \text{ und}$$

$$3G(n) = \big(5 - (-1)^{\frac{1}{2}(n-3)}\big)F(n) \quad \text{für } n \equiv 3 \ (\text{mod. } 4),$$

durch folgende fünf Formeln dargestellt werden können:

$$(\mathfrak{U}_n) \qquad \sum_h F(4n - 4h^2) - 2\sum_h F(n - h^2) = 0$$

$$(\mathfrak{B}_n) \qquad \sum_h G(4n - 4h^2) - \sum_h F(4n - 4h^2) - \sum_h G(n - h^2) = 0 .$$

$$(h=0, \pm1, \pm2 \ldots; h^2 \leqq n) ,$$

$$(\mathfrak{W}_{8n}) \qquad \sum_h G(8n - h^2) - 2\sum_h F(8n - h^2) = 0 \qquad (h=\pm1, \pm3, \pm5, \ldots; h^2 < 8n),$$

$$(\mathfrak{W}'_{2m}) \qquad \sum_h G(2m - h^2) - \sum_h F(2m - h^2) = 0 \qquad (h=0, \pm1, \pm2 \ldots; h^2 < 2m),$$

$$(\mathfrak{W}''_{4m}) \quad 8\sum_h G(4m - h^2) - 4\sum_h F(4m - h^2) = 0 \qquad (h=\pm1, \pm3, \pm5, \ldots; h^2 < 4m).$$

Endlich bemerke ich, dass die sechs mit $(\mathfrak{R})$, $(\mathfrak{R}')$, $(\mathfrak{R}'')$ bezeichneten Formeln des § 21 sich unmittelbar durch folgende ersetzen lassen:

$$(\mathfrak{R}_{4n}) \qquad \sum_h G(4n - h^2) = 2X(n) + 2\Phi(n) + 2\Psi(n)$$

$$(h=0, \pm1, \pm2 \ldots; h^2 \leqq 4n) ,$$

$$(\mathfrak{S}_{4n}) \qquad \sum_h F(4n - h^2) = 2X(n) + \Phi(n) + \Psi(n)$$

$$(\mathfrak{S}_{2m}) \qquad \sum_h F(2m - h^2) = 2\Phi(m)$$

$$(h=0, \pm1, \pm2, \ldots; h^2 < 2m) ,$$

$$(\mathfrak{T}_{2m}) \qquad \sum_h (-1)^h F(2m - h^2) = 0$$

$$(\mathfrak{S}_m) \quad 2\sum_h F(m - h^2) = \Phi(m) + \Psi(m)$$

$$(h=0, \pm1, \pm2, \ldots; h^2 \leqq m) .$$

$$(\mathfrak{T}_m) \quad 2\sum_h (-1)^h F(m - h^2) = (-1)^{\frac{1}{2}(m-1)}\big(\Phi(m) - \Psi(m)\big)$$

Die Formel $(\mathfrak{R}_{4n})$ entsteht nämlich aus der additiven Verbindung der Formel $(\mathfrak{R})$ des § 21 mit der ersten der drei Formeln $(\mathfrak{R}')$, nachdem der Buchstabe $\varDelta$ in jener Formel $(\mathfrak{R})$ durch n ersetzt ist. Die beiden Formeln $(\mathfrak{S}_{4n})$ und $(\mathfrak{S}_{2m})$ sind mit den ersten beiden Formeln $(\mathfrak{R}')$ des § 21 identisch. Die Formel $(\mathfrak{T}_{2m})$ resultirt, wenn man die zweite der drei Formeln $(\mathfrak{R}')$ von der mit der Zahl *zwei* multiplicirten zweiten der Formeln $(\mathfrak{R}'')$ abzieht. Die Formel $(\mathfrak{S}_m)$ ist nichts anderes als die dritte der Formeln $(\mathfrak{R}')$, mit der Zahl *zwei* multiplicirt. Endlich entsteht die Formel $(\mathfrak{T}_m)$, wenn man die dritte der Formeln $(\mathfrak{R}')$ von der doppelt genommenen ersten der beiden Formeln $(\mathfrak{R}'')$ subtrahirt.

Bei der ersten dieser sechs Formeln, welche mit $(\mathfrak{R}_{4n})$ bezeichnet ist, kann man sich auf den Fall beschränken, dass n eine ungrade Zahl ist, d. h. es kann, da hier für positive ungrade Zahlen stets der Buchstabe m gebraucht worden ist, jene erste Formel durch folgende ersetzt werden:

$$(\mathfrak{R}_{4m}) \qquad \sum_h \mathrm{G}(4m - h^2) = 2\mathrm{X}(m) + 2\Phi(m) + 2\Psi(m)$$
$$(h = 0, \pm 1, \pm 2, \ldots, h^2 \leq 4m).$$

Da nämlich für jede beliebige positive Zahl n identisch:

$$(\mathfrak{R}_{16n}) - 2(\mathfrak{S}_{16n}) + 2(\mathfrak{S}_{4n}) + (\mathfrak{U}_{4n}) - (\mathfrak{B}_{4n}) - (\mathfrak{W}_{16n}) = (\mathfrak{R}_{4n})$$

wird, wenn unter:

$$(\mathfrak{R}_{4n}), \ (\mathfrak{R}_{16n}), \ (\mathfrak{S}_{16n}), \ (\mathfrak{S}_{4n}), \ (\mathfrak{U}_{4n}), \ (\mathfrak{B}_{4n}), \ (\mathfrak{W}_{16n})$$

die Differenzen der auf beiden Seiten der betreffenden Gleichung stehenden Ausdrücke verstanden werden, so kann mit Hülfe der Fundamental-Relationen $(\mathfrak{U})$, $(\mathfrak{B})$, $(\mathfrak{W})$ jene Formel $(\mathfrak{R}_{4n})$ stets auf eine solche reducirt werden, in welcher n eine ungrade Zahl m oder das Doppelte einer solchen ist. Aber dieser letztere Fall, wo $n = 2m$ ist und also $(\mathfrak{R}_{8m})$ an die Stelle von $(\mathfrak{R}_{4n})$ tritt, braucht nicht berücksichtigt zu werden, da die Formel $(\mathfrak{R}_{8m})$ sich, wie die identische Gleichung:

$$(\mathfrak{R}_{8m}) - 2(\mathfrak{S}_{8m}) + (\mathfrak{S}_{2m}) + (\mathfrak{U}_{2m}) - (\mathfrak{B}_{8m}) - (\mathfrak{W}_{8m}) - (\mathfrak{W}'_{2m}) = 0$$

zeigt, aus zwei andern jener sechs Formeln, $(\mathfrak{S}_{8m})$ und $(\mathfrak{S}_{2m})$, mit Hülfe der Fundamental-Relationen zusammensetzen lässt.

Um nunmehr die Aequivalenz der beiden Formelsysteme:

$$((\mathrm{I}), \ (\mathrm{II}), \ (\mathrm{III}), \ (\mathrm{IV}), \ (\mathrm{V}), \ (\mathrm{VI})), \qquad ((\mathfrak{R}_{4m}), \ (\mathfrak{S}_{4m}), \ (\mathfrak{S}_{2m}), \ (\mathfrak{X}_{2m}), \ (\mathfrak{S}_m), \ (\mathfrak{X}_m))$$

darzuthun, bedarf es, da:

$$(\text{I}) = (\mathfrak{S}_{4n}),\ (\text{II}) = (\mathfrak{S}_{2m}),\ (\text{III}) = (\mathfrak{T}_{2m}),\ (\text{V}) = (\mathfrak{S}_{m}),\ (\text{VI}) = (\mathfrak{T}_{m})$$

ist, nur noch des Nachweises, dass die Formel (IV) aus dem Formelsysteme:

$$((\mathfrak{R}_{4m}),\ (\mathfrak{S}_{4n}),\ (\mathfrak{S}_{2m}),\ (\mathfrak{T}_{2m}),\ (\mathfrak{S}_{m}),\ (\mathfrak{T}_{m})),$$

und ebenso die Formel $(\mathfrak{R}_{4m})$ aus dem Formelsysteme:

$$((\text{I}),\ (\text{II}),\ (\text{III}),\ (\text{IV}),\ (\text{V}),\ (\text{VI}))$$

abzuleiten ist, und dieser Nachweis wird einfach durch die Gleichung:

$$(\text{IV}) = 8(\mathfrak{R}_{4m}) - 4(\mathfrak{S}_{4m}) + (\mathfrak{S}_{m}) + (\mathfrak{U}_{m}) - 8(\mathfrak{W}_{m}) - (\mathfrak{W}''_{4m})$$

geführt. Hier bedeuten auch (I), (II), ... ebenso wie $(\mathfrak{R}_{4m})$, $(\mathfrak{S}_{4m})$, ... die Differenzen der auf beiden Seiten der betreffenden Gleichung stehenden Ausdrücke.

Die mit (I), (II), (III), (IV), (V), (VI) bezeichneten Formeln für die Classenanzahlen quadratischer Formen von negativer Determinante, welche mir ursprünglich die Theorie der complexen Multiplication der elliptischen Functionen geliefert hat, haben also in der That durch die Theorie der bilinearen Formen mit vier Variabeln ihre *arithmetische* Begründung gefunden.

§ 24.

Die Classenanzahlen der bilinearen Formen mit vier Variabeln lassen sich in sehr eleganter Weise als Entwickelungscoëfficienten darstellen. In der That folgt aus der Hauptformel $(\mathfrak{B})$ S. 472:

$$(\mathfrak{Z}) \qquad \sum_n Cl(n)\cdot x^n = \sum_n \frac{12 + 2x^{2}(x^n + x^{-n} + 4)}{x^n + x^{-n} - 2} \qquad (n=1,2,3,4\ldots).$$

Aber für diejenigen bilinearen Formen, bei denen wenigstens einer der beiden ausseren Coëfficienten ungrade und die Summe der beiden mittleren grade ist, soll die Darstellung der im § 10 mit $\overline{Cl}(\varDelta)$ bezeichneten Classenanzahlen als Entwickelungscoëfficienten direct aus dem dort gefundenen Ausdrucke:

$$6(\overline{P} + \overline{Q} - \overline{R} - \overline{S})$$

hergeleitet werden. Dabei bedeuten $\overline{P}$, $\overline{Q}$, $\overline{R}$, $\overline{S}$, beziehungsweise die Anzahlen der den Bedingungen 1, 2, 3, 4 im § 9 S. 457 genügenden bilinearen Formen:

$$A x_1 y_1 + B x_1 y_2 - C x_2 y_1 + D x_2 y_2$$

der Determinante $\varDelta$, deren Coëfficienten überdies die Congruenzbedingungen:

$$A + D \equiv 1, \quad B + C \equiv 0 \ (\text{mod. } 2)$$

erfüllen. Wenn demgemäss die ganzen Zahlen A, B, C, D den Bedingungen:

$$AD + BC = \varDelta, \quad A + D \equiv 1, \quad B + C \equiv 0 \ (\text{mod. } 2),$$
$$- A + B + C + D > 0, \quad A - B + C + D > 0,$$

und dann noch entweder den Bedingungen:

$$
\begin{aligned}
&1, && 2A - B + C \gtreqless 0, && B - C > 0 \\
\text{oder } &2, && 2A - B + C > 0, && B - C \gtreqless 0 \\
\text{oder } &3, && B - C - 2D > 0, && B - C > 0 \\
\text{oder } &4, && B - C - 2D \gtreqless 0, && B - C \gtreqless 0
\end{aligned}
$$

unterworfen werden, so erhält man im ersten Falle $\overline{P}$, im zweiten $\overline{Q}$, im dritten $\overline{R}$ und im vierten $\overline{S}$ Systeme von Zahlen (A, B, C, D).

In den beiden letzten Fällen findet sich a. a. O. (S. 457) ausser den hier aufgenommenen Ungleichheitsbedingungen noch die folgende:

$$A > \tfrac{1}{2}(B - C);$$

diese konnte aber weggelassen werden, da sie vermöge der Gleichung:

$$A - \tfrac{1}{2}(B - C) = A - B + C + D + \tfrac{1}{2}(B - C - 2D)$$

62*

aus den Ungleichheitsbedingungen:

$$A - B + C + D > 0, \qquad B - C - 2D \gtrless 0$$

von selbst folgt.

Setzt man nun:

$$\lambda = -A + B + C + D, \qquad \mu = A - B + C + D,$$

$$\lambda_1 = 2A - B + C + 1, \qquad \mu_1 = B - C - 1, \qquad \nu_1 = |2A - 2B + 1|,$$

$$\lambda_2 = 2A - B + C - 1, \qquad \mu_2 = B - C + 1, \qquad \nu_2 = |2A - 2B - 1|,$$

$$\lambda_3 = B - C - 2D - 1, \qquad \mu_3 = B - C - 1, \qquad \nu_3 = 2C + 2D + 1,$$

$$\lambda_4 = B - C - 2D + 1, \qquad \mu_4 = B - C + 1, \qquad \nu_4 = 2C + 2D - 1,$$

so sind vermöge der obigen Bedingungen die Zahlen λ, μ, ν sämmtlich ungrade und positiv, und es bedeuten $\bar{P}$, $\bar{Q}$, $\bar{R}$, $\bar{S}$ beziehungsweise die Anzahlen der Systeme positiver ungrader Zahlen:

$$(\lambda,\ \mu,\ \lambda_1,\ \mu_1,\ \nu_1), \qquad (\lambda,\ \mu,\ \lambda_2,\ \mu_2,\ \nu_2), \qquad (\lambda,\ \mu,\ \lambda_3,\ \mu_3,\ \nu_3), \qquad (\lambda,\ \mu,\ \lambda_4,\ \mu_4,\ \nu_4),$$

für welche

$$\nu_\alpha^2 + 2\lambda\lambda_\alpha + 2\mu\mu_\alpha = 4\Delta + 1 \qquad (\alpha = 1, 2, 3, 4)$$

$$\nu_1 = |\mu - \lambda + 1|, \qquad \nu_2 = |\mu - \lambda - 1|, \qquad \nu_3 = \lambda + \mu + 1, \qquad \nu_4 = \lambda + \mu - 1$$

wird. Es ist daher, wenn nunmehr die von Δ abhängige Zahl $\bar{P}$ mit $\bar{P}(\Delta)$ bezeichnet und unter s eine Variable verstanden wird:

$$\sum_{\lambda,\ \lambda_1,\ \mu,\ \mu_1,\ \nu_1} s^{2\lambda\lambda_1 + 2\mu\mu_1 + \nu_1^2} = s \sum_{\Delta} \bar{P}(\Delta) s^{4\Delta} \qquad \begin{pmatrix} \lambda,\ \lambda_1,\ \mu,\ \mu_1 = 1, 3, 5, \ldots \\ \nu_1 = \mu - \lambda + 1 \\ \Delta = 1, 2, 3, 4, \ldots \end{pmatrix}.$$

Hiernach ist:

$$\sum_{\lambda,\mu} \frac{z^{(\mu-\lambda+1)^2}}{(z^{2\lambda}-z^{-2\lambda})(z^{2\mu}-z^{-2\mu})} = z\sum_{n} \overline{P}(n)\cdot z^{4n},$$

und ebenso:

$$\sum_{\lambda,\mu} \frac{z^{(\mu-\lambda-1)^2}}{(z^{2\lambda}-z^{-2\lambda})(z^{2\mu}-z^{-2\mu})} = z\sum_{n} \overline{Q}(n)\cdot z^{4n},$$

$$\sum_{\lambda,\mu} \frac{z^{(\lambda+\mu+1)^2}}{(z^{2\lambda}-z^{-2\lambda})(z^{2\mu}-z^{-2\mu})} = z\sum_{n} \overline{R}(n)\cdot z^{4n},$$

$$\sum_{\lambda,\mu} \frac{z^{(\lambda+\mu-1)^2}}{(z^{2\lambda}-z^{-2\lambda})(z^{2\mu}-z^{-2\mu})} = z\sum_{n} \overline{S}(n)\cdot z^{4n},$$

wo die Summationen links auf alle positiven ungraden Zahlen λ, μ, die Summationen rechts aber auf *alle* positiven Zahlen n zu erstrecken sind.

Nach § 10 S. 459 ist aber:

$$\overline{Cl}(n) = 6\big(\overline{P}(n) + \overline{Q}(n) - \overline{R}(n) - \overline{S}(n)\big);$$

es resultirt daher die Formel:

$$z\sum_{n} \overline{Cl}(n)\cdot z^{4n} = 6\sum_{\lambda,\mu} \frac{z^{(\lambda-\mu+1)^2} + z^{(\lambda-\mu-1)^2} - z^{(\lambda+\mu+1)^2} - z^{(\lambda+\mu-1)^2}}{(z^{2\lambda}-z^{-2\lambda})(z^{2\mu}-z^{-2\mu})},$$

$$(n=1,\,2,\,3,\,4\ldots;\ \lambda,\mu=1,\,3,\,5,\,7,\ldots)$$

durch welche die Classenanzahlen $\overline{Cl}(n)$ als Entwickelungscoëfficienten dargestellt werden.

Der Ausdruck auf der rechten Seite der aufgestellten Formel ist offenbar nichts Anderes als der von v unabhängige Theil der Reihe:

$$(8)\qquad 6\sum_{\varepsilon,\varepsilon',\lambda,\mu,v} \frac{\cos(\lambda-\mu+\varepsilon v+\varepsilon')v\pi - \cos(\lambda+\mu+\varepsilon v+\varepsilon')v\pi}{(z^{2\lambda}-z^{-2\lambda})(z^{2\mu}-z^{-2\mu})}\cdot z^v \qquad \left(\begin{smallmatrix} \varepsilon,\ \varepsilon'=+1,\,-1 \\ \lambda,\,\mu,\,v=1,\,3,\,5,\ldots \end{smallmatrix}\right),$$

oder also, da:

$$\sum_{\varepsilon,\varepsilon'}\big(\cos(\lambda-\mu+\varepsilon v+\varepsilon')v\pi - \cos(\lambda+\mu+\varepsilon v+\varepsilon')v\pi\big) = 8\sin\lambda v\pi\,\sin\mu v\pi\,\cos vv\pi\,\cos v\pi$$

ist, das erste, von v unabhängige Glied in der Entwickelung von:

$$(8') \qquad 6 \sum_{\lambda,\mu,\nu} \frac{12 \sin \lambda v \pi}{s^{2\lambda} - s^{-2\lambda}} \cdot \frac{2 \sin \mu v \pi}{s^{2\mu} - s^{-2\mu}} \cdot 2 s^{\nu^2} \cos \nu v \pi \cdot \cos v \pi \qquad (\lambda, \mu, \nu = 1, 2, 3, \ldots)$$

nach *cosinus* der Vielfachen von $v\pi$. Setzt man nun $s^4 = q$ und alsdann gemäss der Bezeichnung in *Jacobi's Fundamenta*:

$$\sum_{\lambda} \frac{2 \sin \lambda v \pi}{s^{2\lambda} - s^{-2\lambda}} = \sum_{\mu} \frac{2 \sin \mu v \pi}{s^{2\mu} - s^{-2\mu}} = \frac{kK}{\pi} \sin \mathrm{am}\, 2 v K$$

$$\sum_{\nu} 2 s^{\nu^2} \cos \nu v \pi = H((2v + 1)K) \qquad (\lambda, \mu, \nu = 1, 2, 3, \ldots),$$

so geht die Reihe (8) oder (8') in:

$$(8^0) \qquad \frac{6 k^2 K^2}{\pi^2} H((2v + 1)K) \cdot \sin^2 \mathrm{am}\, 2 v K \cdot \cos v \pi$$

über, und es ist diese mit (8⁰) bezeichnete Function von v, in deren Entwickelung nach *cosinus* der Vielfachen von $v\pi$ das erste, von v unabhängige Glied gleich:

$$s \sum_n \overline{Cl}(n) \cdot s^{4n} \qquad \text{oder} \qquad q^{\frac14} \sum_n \overline{Cl}(n) \cdot q^n \qquad (n = 1, 2, 3, 4, \ldots)$$

wird. Da aber eben dieses erste Glied auch resultirt, wenn man die mit (8⁰) bezeichnete Function von v von *Null* bis *Eins* integrirt, so wird:

$$(\mathrm{B}) \qquad \sum_{n=1}^{n=\infty} \overline{Cl}(n) \cdot q^n = \frac{6 k^2 K^2}{\pi^2 q^{\frac14}} \int_0^1 H((2v + 1)K) \cdot \sin^2 \mathrm{am}\, 2 v K \cdot \cos v \pi \, dv,$$

und die rechte Seite dieser Gleichung stellt in elegantester Weise diejenige Function von q dar, deren Entwickelung nach positiven Potenzen von q die Classenanzahlen bilinearer Formen als Coëfficienten ergiebt.

Gemäss der Bemerkung am Schlusse des § 8 wird:

$$\overline{Cl}(n) = 12 \sum_h F(n - h^2) \qquad (-\sqrt{n} < h < \sqrt{n})$$

und also:

$$\sum_n \bar{U}l(n) \cdot q^n = 12 \sum_h q^{h^2} \cdot \sum_n F(n) \cdot q^n \qquad \left(\begin{smallmatrix} h=0, \pm 1, \pm 2, \pm 3, \ldots \\ n=1, 2, 3, 4, \ldots \ldots \ldots \end{smallmatrix} \right),$$

oder nach der Bezeichnung von *Jacobi's Fundamenta:*

$$\sum_n \bar{U}l(n) \cdot q^n = 12 \sqrt{\frac{2K}{\pi}} \sum_n F(n) \cdot q^n \qquad (n=1, 2, 3, 4, \ldots).$$

Setzt man den Ausdruck auf der rechten Seite in der obigen Formel $(\bar{\bar{8}})$ ein, so resultirt die Gleichung:

$$\sum_{n=1}^{n=\infty} F(n) \cdot q^n = \left(\frac{K}{2\pi}\right)^{\frac{3}{2}} \cdot \frac{k^2}{q^{\frac{1}{4}}} \int_0^{\frac{1}{2}} H((2v+1)K) \sin^2 am\, 2vK \cos v\pi\, dv,$$

durch welche die Classenanzahlen *quadratischer* Formen negativer Determinante als Entwickelungscoëfficienten dargestellt werden, und welche mit der Formel (8) im Monatsbericht vom Mai 1862 (S. 309) genau übereinstimmt.

BEWEIS DES RECIPROCITÄTSGESETZES FÜR DIE QUADRATISCHEN RESTE.

VON

L. KRONECKER.

Monatsberichte der Königlich Preussischen Akademie der Wissenschaften zu Berlin vom Jahre 1884. S. 519—537.

BEWEIS DES RECIPROCITÄTSGESETZES FÜR DIE QUADRATISCHEN RESTE.

[Gelesen in der Akademie der Wissenschaften am 7. Februar 1884.]

I.

Sind a und x irgend welche reelle Grössen, so hat das Product:

$$(a - x)(a - x + \tfrac{1}{2})$$

dann und nur dann einen negativen Werth, wenn x zwischen a und $a + \tfrac{1}{2}$ oder, was dasselbe ist, wenn a zwischen $x - \tfrac{1}{2}$ und x liegt. Setzt man für x irgend eine ganze Zahl k_0, so kann also jenes Product nur dann negativ sein, wenn $k_0 - 1$ die der Grösse a zunächst liegende kleinere ganze Zahl ist, und wenn nach deren Subtraction von a der Rest:

$$a - k_0 + 1$$

grösser als $\tfrac{1}{2}$ wird. Diese einfache Bemerkung führt zu einem analytisch brauchbaren Kriterium dafür, ob der bezeichnete Rest unter oder über $\tfrac{1}{2}$ liegt, d. h. also dafür, ob die der Grösse a *nächste* ganze Zahl kleiner oder grösser als a ist. Denn, da:

$$(a - k)(a - k + \tfrac{1}{2})$$

für alle von k_0 verschiedenen ganzen Zahlen k stets positiv ist, so hat offenbar das Product:

$$\prod_k (a - k)(a - k + \tfrac{1}{2}) \qquad (k = 1, 2, 3, \ldots r),$$

wenn nur r nicht kleiner als jene Zahl k_0 — falls sie existirt — also nicht kleiner als die der Grösse $a + \frac{1}{2}$ zunächst liegende kleinere ganze Zahl genommen wird, einen positiven oder negativen Werth, je nachdem die der Grösse a zunächst benachbarte ganze Zahl kleiner oder grösser als a ist.

Bezeichnet man in *Gauss*'scher Weise mit $[a]$ die der Grösse a zunächst liegende *kleinere* ganze Zahl und mit:

$$\text{sgn. } a$$

das Vorzeichen von a, so sind diese Bezeichnungen offenbar durch die Relationen:

$$a - 1 < [a] \leqq a, \qquad \text{sgn. } a = \frac{a}{|a|} = \pm 1$$

definirt, wenn durch $|a|$ in *Weierstrass*'scher Weise der absolute Werth von a dargestellt wird.*) Setzt man ferner:

$$R(a) = a - [a + \tfrac{1}{2}],$$

so ist $R(a)$ der Rest, welcher verbleibt, wenn man von der Grösse a die ihr zunächst benachbarte ganze Zahl subtrahirt, und es ist daher:

$$\text{sgn. } R(a) = + 1 \quad \text{oder} \quad - 1,$$

je nachdem der stets positive Werth der Differenz $a - [a]$ unter oder über $\frac{1}{2}$ liegt. Nach Einführung dieser Bezeichnungen kann das obige Resultat durch die Gleichung:

$$(\mathfrak{A}) \qquad \text{sgn. } R(a) = \text{sgn. } \prod_k (a - k)(a - k + \tfrac{1}{2}) \qquad (k = 1, 2, 3, \ldots r; \; r \gtrless [a + \tfrac{1}{2}])$$

dargestellt werden. Aus dieser Gleichung folgt nun unmittelbar, dass:

---

*) In meinen Universitätsvorlesungen über algebraische Gleichungen und in meinen beiden Aufsätzen im Monatsbericht vom Februar 1878[1]) habe ich das Vorzeichen einer reellen Grösse a mit $[a]$ bezeichnet; um aber hier das Zeichen [ ] in derjenigen Bedeutung brauchen zu können, welche *Gauss* demselben beigelegt hat, musste ich in diesem Aufsatze jene Bezeichnungsweise abändern.

[1]) Ueber *Sturm*'sche Functionen. Ueber die Charakteristik von Functionensystemen; Band II S. 37—70 und S. 71—82 dieser Ausgabe von *L. Kronecker's* Werken.   H.

$$(\mathfrak{A}^\circ) \qquad \text{sgn. } R(n\alpha) = \text{sgn. } \prod_k \left(\alpha - \frac{k}{n}\right)\left(\alpha - \frac{k}{n} + \frac{1}{2n}\right) \qquad (k=1, 2, 3, \ldots \tfrac{1}{2}(n-1))$$

wird, wenn n eine positive ungrade Zahl und α einen positiven echten Bruch, der kleiner als $\frac{1}{2}$ ist, bedeutet; denn unter diesen Voraussetzungen erfüllt der grösste Werth von k, bis zu welchem die Multiplication erstreckt wird, sicher die in der Gleichung $(\mathfrak{A})$ vorgeschriebene Bedingung:

$$r = \tfrac{1}{2}(n-1) \geqq [n\alpha + \tfrac{1}{2}],$$

da $\alpha < \frac{1}{2}$, also $n\alpha < \frac{1}{2}(n+1)$ ist. Setzt man endlich im zweiten Factor auf der rechten Seite der Gleichung $(\mathfrak{A}^\circ)$:

$$\tfrac{1}{2}(n+1) - k \quad \text{an die Stelle von} \quad k,$$

so wird die Bedingung: $k = 1, 2, 3, \ldots \frac{1}{2}(n-1)$ hierdurch nicht alterirt, und die Gleichung $(\mathfrak{A}^\circ)$ geht in die für jede positive ungrade Zahl n geltende Gleichung:

$$(\mathfrak{A}) \qquad \text{sgn. } R(n\alpha) = \text{sgn. } \prod_k \left(\alpha - \frac{k}{n}\right)\left(\alpha + \frac{k}{n} - \frac{1}{2}\right) \qquad (0 < \alpha < \tfrac{1}{2};\ k=1,2,3,\ldots \tfrac{1}{2}(n-1))$$

über, welche den Satz ausdrückt,

dass das Vorzeichen des Restes, welcher verbleibt, wenn man von $n\alpha$ die ihr zunächst benachbarte ganze Zahl subtrahirt, mit demjenigen des Products:

$$\prod_k \left(\alpha - \frac{k}{n}\right)\left(\alpha + \frac{k}{n} - \frac{1}{2}\right) \qquad (k=1, 2, 3, \ldots \tfrac{1}{2}(n-1))$$

genau übereinstimmt.

Ist $\alpha < \frac{1}{2}$, also $\alpha < \frac{1}{2} - \alpha$ und liegen λ^0 Brüche $\frac{k}{n}$ unter α, liegen ferner μ^0 Brüche zwischen α und $\frac{1}{2} - \alpha$, und endlich ν^0 über $\frac{1}{2} - \alpha$, so ist die Anzahl der negativen Factoren $\alpha - \frac{k}{n}$ gleich $\mu^0 + \nu^0$ und die der negativen Factoren $\alpha + \frac{k}{n} - \frac{1}{2}$ gleich $\lambda^0 + \mu^0$. Die Gesammtanzahl der negativen Factoren des Products ist daher $\lambda^0 + 2\mu^0 + \nu^0$. Ist aber $\alpha > \frac{1}{2}$, also $\alpha > \frac{1}{2} - \alpha$

und liegen λ' Brüche $\frac{k}{n}$ unter $\frac{1}{2} - \alpha$ und ν' Brüche $\frac{k}{n}$ über α, so ist die Gesammtanzahl der negativen Factoren des Products gleich $\lambda' + \nu'$. Da hiernach in beiden Fällen die Gesammtanzahl der negativen Factoren des Products mit dem Werthe von $\lambda + \nu$ *modulo* 2 übereinstimmt, welcher die Anzahl der *ausserhalb* des durch α und $\frac{1}{2} - \alpha$ begrenzten Intervalles liegenden Brüche ausdrückt, so kann der obige Satz auch folgendermaassen formulirt werden:

Ist sowohl α als auch $\frac{1}{2} - \alpha$ positiv, so ist die Anzahl der Brüche mit positivem ungraden Nenner n:

$$\frac{1}{n}, \; \frac{2}{n}, \; \frac{3}{n}, \; \ldots \ldots \; \frac{\frac{1}{2}(n-1)}{n},$$

welche *ausserhalb* des durch die Werthe von α und $\frac{1}{2} - \alpha$ begrenzten Intervalles liegen, grade oder ungrade, je nachdem die dem Werthe von $n\alpha$ zunächst liegende ganze Zahl kleiner oder grösser als $n\alpha$ ist.

Bedeutet m eine positive ungrade Zahl und h irgend eine der Zahlen:

$$1, \, 2, \, 3, \, \ldots \cdot \tfrac{1}{2}(m-1),$$

und setzt man $\alpha = \frac{h}{m}$, so wird gemäss der Gleichung $(\overline{\mathfrak{A}})$:

$$(\mathfrak{B}) \qquad \operatorname{sgn.} \operatorname{R}\left(\frac{nh}{m}\right) = \operatorname{sgn.} \prod_{k}\left(\frac{h}{m} - \frac{k}{n}\right)\left(\frac{h}{m} + \frac{k}{n} - \frac{1}{2}\right) \qquad (k=1, 2, \ldots \tfrac{1}{2}(n-1)).$$

Ist nun h' diejenige von den Zahlen:

$$1, \, 2, \, 3, \, \ldots \ldots \tfrac{1}{2}(m-1),$$

welche ihrem absoluten Werthe nach der Zahl nh *modulo* m congruent ist, so wird:

$$nh \equiv h' \operatorname{sgn.} \operatorname{R}\left(\frac{nh}{m}\right) \quad (\mathrm{mod.}\ m)$$

und also:

$$(\mathfrak{C}) \qquad nh \equiv h' \operatorname{sgn.} \prod_{k=1}^{k=\frac{1}{2}(n-1)}\left(\frac{h}{m} - \frac{k}{n}\right)\left(\frac{h}{m} + \frac{k}{n} - \frac{1}{2}\right) \quad (\mathrm{mod.}\ m).$$

Auf diese Congruenz stützt sich der Beweis des Reciprocitätsgesetzes, welcher nunmehr gegeben werden soll. Um jedoch die Einfachheit dieses Beweises in das hellste Licht zu setzen, soll dabei die hier aus allgemeineren Betrachtungen hergeleitete Congruenz (ℭ) nochmals, und zwar in ganz directer Weise, begründet werden.

II.

Unter den je $\frac{1}{2}(n-1)$ Grössen:

$$\frac{h}{m} - \frac{k^0}{n}, \qquad \frac{h}{m} + \frac{k'}{n} - \frac{1}{2} \qquad\qquad (k^0, k' = 1, 2, \ldots \tfrac{1}{2}(n-1))$$

sind je zwei, für welche $k^0 + k' = \frac{1}{2}(n+1)$ ist, von gleichem Vorzeichen, den einzigen Fall ausgenommen, in welchem eine Zahl k^0 die Ungleichheitsbedingung:

$$\frac{nh}{m} < k^0 < \frac{nh}{m} + \frac{1}{2}$$

erfüllt. Dies findet aber nur Statt, wenn die dem Bruche $\frac{nh}{m}$ zunächst liegende ganze Zahl grösser als $\frac{nh}{m}$, und wenn also $nh \equiv -k'$ (mod. m) ist. Das Product:

$$\prod_h \left(\frac{h}{m} - \frac{k}{n}\right)\left(\frac{h}{m} + \frac{h}{n} - \frac{1}{2}\right) \qquad\qquad (k = 1, 2, \ldots \tfrac{1}{2}(n-1))$$

ist daher positiv oder negativ, je nachdem der absolut kleinste Rest von nh (mod. m) positiv oder negativ ist, d. h. es besteht die Congruenz:

$$(ℭ) \qquad nh \equiv h' \, \mathrm{sgn.} \prod_{k=1}^{k=\frac{1}{2}(n-1)} \left(\frac{h}{m} - \frac{k}{n}\right)\left(\frac{h}{m} + \frac{h}{n} - \frac{1}{2}\right) \quad (\mathrm{mod.}\ m)$$

so wie die damit äquivalente Gleichung:

$$(\mathfrak{B}) \qquad \mathrm{sgn.\ R}\left(\frac{nh}{m}\right) = \mathrm{sgn.} \prod_{k=1}^{k=\frac{1}{2}(n-1)} \left(\frac{h}{m} - \frac{k}{n}\right)\left(\frac{h}{m} + \frac{k}{n} - \frac{1}{2}\right).$$

Setzt man in der Congruenz (ℭ) für h die Zahlen 1, 2, … $\frac{1}{2}(m-1)$ und multiplicirt die sämmtlichen daraus entstehenden Congruenzen mit einander, so kommt:

$$(\mathfrak{C}') \qquad n^{\frac{1}{2}(m-1)} \prod_h h \equiv \prod_h h \cdot \operatorname{sgn.} \prod_{h,k}\left(\frac{h}{m}-\frac{k}{n}\right)\left(\frac{h}{m}+\frac{k}{n}-\frac{1}{2}\right) \quad (\operatorname{mod.}\ m),$$
$$(h=1, 2, \ldots \tfrac{1}{2}(m-1);\ k=1, 2, \ldots \tfrac{1}{2}(n-1))$$

und hieraus folgt, wenn m eine *Primzahl* ist, die Gleichung:

$$(\mathfrak{D}) \qquad \left(\frac{n}{m}\right) = \operatorname{sgn.} \prod_{h,k}\left(\frac{h}{m}-\frac{k}{n}\right)\left(\frac{h}{m}+\frac{k}{n}-\frac{1}{2}\right) \qquad \binom{h=1, 2, \ldots \tfrac{1}{2}(m-1)}{k=1, 2, \ldots \tfrac{1}{2}(n-1)},$$

in welcher das *Legendre*'sche Zeichen $\left(\frac{n}{m}\right)$ so dargestellt ist, dass die Reciprocitätsgleichung:

$$(\mathfrak{E}) \qquad \left(\frac{m}{n}\right)\left(\frac{n}{m}\right) = (-1)^{\frac{1}{4}(m-1)(n-1)}$$

unmittelbar in Evidenz tritt, wenn auch n als Primzahl vorausgesetzt wird.

III.

Der vorstehende Beweis des Reciprocitätsgesetzes für die quadratischen Reste ist wohl der einfachste unter allen, die bisher gegeben worden sind; er gehört in diejenige Kategorie, welche durch den dritten und fünften *Gauss*'schen Beweis bezeichnet wird, und welche ich in meiner Mittheilung vom 22. Juni 1876 eingehend behandelt habe.*) In ähnlicher Weise, wie hier durch die Gleichung ($\mathfrak{D}$), habe ich auch dort das *Legendre*'sche Zeichen durch das Vorzeichen eines Products dargestellt, und die dortige Bestimmungsweise**) lässt sich bei Anwendung der hier eingeführten Bezeichnungen durch die Gleichung:

---

*) Monatsbericht vom Juni 1876, S. 331 u. flgde.[1]

**) Vergl. die mit ($\mathfrak{B}'$) bezeichnete Bestimmung a. a. O. S. 335. [Bd. II S. 17 dieser Ausgabe.]

[1]) Ueber das Reciprocitätsgesetz, Band II S. 11—28 dieser Ausgabe von *L. Kronecker's* Werken.   H.

$$(\mathfrak{D}')\qquad\left(\frac{m}{n}\right)=\operatorname{sgn.}\prod_{h,\,k}\left(\frac{h}{m}-\frac{k}{n}\right)\qquad\binom{h=1,\,2,\,\ldots\,\frac{1}{2}(m-1)}{k=1,\,2,\,\ldots\,\frac{1}{2}(n-1)},$$

ausdrücken. Bei beiden Arten der Darstellung des *Legendre*'schen Zeichens, d. h. sowohl bei derjenigen, welche durch die Gleichung $(\mathfrak{D})$ als bei derjenigen, welche durch die Gleichung $(\mathfrak{D}')$ ausgedrückt wird, tritt die Geltung des Reciprocitätsgesetzes in Evidenz. An formaler Einfachheit wird offenbar die neue Bestimmung $(\mathfrak{D})$ durch die frühere $(\mathfrak{D}')$ übertroffen, aber diese steht jener in einer viel wichtigeren Beziehung nach, nämlich in Hinsicht der Einfachheit des Nachweises, dass wirklich durch die Zeichen auf der rechten Seite in $(\mathfrak{D})$ und $(\mathfrak{D}')$ die *Legendre*'schen Zeichen dargestellt werden. Der erforderliche Nachweis ist dort im § 2 durch eine allerdings kurze, aber immerhin etwas künstlich erscheinende Deduction geführt, dagegen hier im Art. II unmittelbar auf die Congruenz $(\mathfrak{C})$ gestützt worden, welche selbst in den Eingangssätzen des Art. II eine höchst einfache und natürliche Begründung erhalten hat.

Die Vergleichung von $(\mathfrak{D})$ und $(\mathfrak{D}')$ ergiebt die Relation:

$$\left(\frac{m}{n}\right)\left(\frac{n}{m}\right)=\operatorname{sgn.}\prod_{h,\,k}\left(\frac{h}{m}+\frac{k}{n}-\frac{1}{2}\right)\qquad\binom{h=1,\,2,\,\ldots\,\frac{1}{2}(m-1)}{k=1,\,2,\,\ldots\,\frac{1}{2}(n-1)}$$

oder also, wegen $(\mathfrak{C})$:

$$(\mathfrak{F})\qquad(-1)^{\frac{1}{4}(m-1)(n-1)}=\operatorname{sgn.}\prod_{h,\,k}\left(\frac{h}{m}+\frac{k}{n}-\frac{1}{2}\right)\qquad\binom{h=1,\,2,\,\ldots\,\frac{1}{2}(m-1)}{k=1,\,2,\,\ldots\,\frac{1}{2}(n-1)}.$$

Diese Gleichung, welche die Verbindung der beiden Bestimmungsweisen des *Legendre*'schen Zeichens $((\mathfrak{D})$ und $(\mathfrak{D}'))$ und also die Zurückführung der einen auf die andere enthält, soll nunmehr direct verificirt werden.

Da die grösste der Zahlen k, wofür — bei festem h — noch $\frac{h}{m}+\frac{k}{n}<\frac{1}{2}$ ist, durch:

$$\left[\frac{n}{2}-\frac{nh}{m}\right]$$

dargestellt wird, so ist die Gesammtzahl der negativen Factoren des Products auf der rechten Seite von ($\mathfrak{F}$):

$$\sum_{\lambda}\left[\frac{n}{2}-\frac{nh}{m}\right] \qquad (\lambda=1, 2, \ldots \tfrac{1}{2}(m-1)).$$

Bedeutet nun g_λ die dem Bruche $\frac{nh}{m}$ *zunächst* liegende ganze Zahl, so wird:

$$nh = mg_\lambda \pm h',$$

wo auch h' eine der $\tfrac{1}{2}(m-1)$ Zahlen h ist, und:

$$\left[\frac{n}{2}-\frac{nh}{m}\right] = \tfrac{1}{2}(n-1)-g_\lambda.$$

Es wird daher:

$$\sum_{\lambda}\left[\frac{n}{2}-\frac{nh}{m}\right] = \tfrac{1}{4}(m-1)(n-1)-\sum_{\lambda}g_\lambda \qquad (\lambda=1, 2, \ldots \tfrac{1}{2}(m-1)),$$

und da vermöge der Gleichung: $nh = mg_\lambda \pm h'$ die Congruenz:

$$g_\lambda \equiv h - h' \quad (\text{mod. } 2)$$

besteht, so folgt, dass $\sum_{\lambda}g_\lambda$ eine *grade* Zahl ist, und dass daher in der That die durch:

$$\sum_{\lambda}\left[\frac{n}{2}-\frac{nh}{m}\right] \qquad (\lambda=1, 2, \ldots \tfrac{1}{2}(m-1))$$

ausgedrückte Gesammtzahl der negativen Factoren des Products auf der rechten Seite von ($\mathfrak{F}$) dem Exponenten auf der linken Seite, nämlich der Zahl:

$$\tfrac{1}{4}(m-1)(n-1),$$

nach dem Modul 2 congruent ist.

IV.

Die im § 3 meiner Mittheilung vom Juni 1876 gegebenen Entwickelungen vereinfachen sich sehr wesentlich, wenn man die Gleichung $(\mathfrak{D})$ an Stelle der Gleichung $(\mathfrak{D}')$ zum Ausgangspunkt nimmt. Definirt man nämlich für irgend zwei positive ungrade Zahlen m, n das Zeichen $\left(\frac{n}{m}\right)$ durch die Gleichung:

$$(\mathfrak{D}) \qquad \left(\frac{n}{m}\right) = \text{sgn.} \prod_{h,\,k}\left(\frac{h}{m} - \frac{k}{n}\right)\left(\frac{h}{m} + \frac{k}{n} - \frac{1}{2}\right) \qquad \left(\begin{smallmatrix} h=1,\,2,\,\ldots\,\frac{1}{2}(m-1)\\ k=1,\,2,\,\ldots\,\frac{1}{2}(n-1)\end{smallmatrix}\right),$$

so folgt aus der Gleichung $(\mathfrak{B})$ des Art. II, dass auch:

$$(\mathfrak{D}^\circ) \qquad \left(\frac{n}{m}\right) = \text{sgn.} \prod_{h} \mathrm{R}\left(\frac{nh}{m}\right) \qquad \left(h=1,\,2,\,\ldots\,\frac{1}{2}(m-1)\right)$$

ist, und aus der Gleichung $(\mathfrak{D})$ selbst erhellt unmittelbar die Reciprocitätsgleichung:

$$(\mathfrak{E}) \qquad \left(\frac{m}{n}\right)\left(\frac{n}{m}\right) = (-1)^{\frac{1}{4}(m-1)(n-1)}.$$

Nun ist gemäss der Definition des Zeichens R:

$$(\mathfrak{G}) \qquad \mathrm{R}\left(\frac{nh}{m}\right) = s\,\mathrm{R}\left(\frac{n^\circ h}{m}\right), \quad \text{wenn } n \equiv sn^\circ \;(\text{mod.}\ m) \quad \text{und} \quad s = \pm 1 \quad \text{ist,}$$

$$(\mathfrak{H}) \qquad \text{sgn.}\,\mathrm{R}\left(\frac{nh}{m}\right)\cdot\text{sgn.}\,\mathrm{R}\left(\frac{n'h'}{m}\right) = \text{sgn.}\,\mathrm{R}\left(\frac{nn'h}{m}\right), \quad \text{wenn } nh \equiv \pm h' \;(\text{mod.}\ m) \quad \text{ist;}$$

denn aus den Gleichungen:

$$\mathrm{R}\left(\frac{nh}{m}\right) = \frac{h'}{m}\,\text{sgn.}\,\mathrm{R}\left(\frac{nh}{m}\right), \quad \mathrm{R}\left(\frac{n'h'}{m}\right) = \frac{h''}{m}\,\text{sgn.}\,\mathrm{R}\left(\frac{n'h'}{m}\right)$$

$$\mathrm{R}\left(\frac{nn'h}{m}\right) = \frac{h'''}{m}\,\text{sgn.}\,\mathrm{R}\left(\frac{nn'h}{m}\right)$$

folgt sowohl, dass die Gleichung $(\mathfrak{H})$ bestehen, als auch dass $h'' = h'''$ sein muss. Aus den Gleichungen ($\mathfrak{G}$) und ($\mathfrak{H}$) aber resultiren für das Zeichen $\left(\frac{n}{m}\right)$ die Fundamentalrelationen:

$$(\beta) \qquad \left(\frac{n}{m}\right) = \left(\frac{n^0}{m}\right), \quad \text{wenn } n \equiv n^0 \ (\mathrm{mod.}\ m) \text{ ist,}$$

$$(\beta') \qquad \left(\frac{n}{m}\right) = \left(\frac{n^0}{m}\right)(-1)^{\frac{1}{2}(m-1)}, \quad \text{wenn } n \equiv -n^0 \ (\mathrm{mod.}\ m) \text{ ist,}$$

$$(\gamma) \qquad \left(\frac{n}{m}\right)\left(\frac{n'}{m}\right) = \left(\frac{nn'}{m}\right),$$

und aus dieser letzteren Gleichung ergiebt sich mit Hülfe der Reciprocitätsgleichung ($\mathfrak{E}$) die fernere Relation:

$$(\gamma') \qquad \left(\frac{m}{n}\right)\left(\frac{m}{n'}\right) = \left(\frac{m}{nn'}\right),$$

welche zeigt, dass das durch die Gleichung ($\mathfrak{D}$) definirte Zeichen $\left(\frac{n}{m}\right)$ nicht verschieden von dem *Legendre-Jacobi*'schen sein kann, sobald für *Primzahlen m*:

$$\left(\frac{n}{m}\right) = +1 \ \text{oder} \ -1$$

wird, je nachdem n quadratischer Rest oder Nichtrest von m ist.

Die Fundamentalrelationen (β), (β'), (γ), (γ') stimmen mit denjenigen überein, welche in meiner Mittheilung im Monatsbericht vom Juni 1876 (S. 887 und 888) mit (β), (β'), (γ), (γ') bezeichnet worden sind[1]), und es kann daher von hier ab der Nachweis, dass das durch die Gleichung ($\mathfrak{D}$) definirte Zeichen mit dem *Legendre-Jacobi*'schen identisch ist, genau so wie dort zu Ende geführt werden, und zwar ohne von dem *Gauss*'schen Lemma Gebrauch zu machen oder überhaupt über die engere Sphäre der quadratischen Reste, in welcher sich *der erste Gauss*'sche Beweis des Reciprocitätsgesetzes hält, hinauszugehen.*) Gestattet man sich aber die in der That über diese Sphäre hinausgreifende Benutzung des Satzes, dass für eine *Primzahl m*:

---

*) Vgl. die Ausführungen am Schlusse meines Aufsatzes im Monatsbericht vom Juni 1876, S. 840 und 841. [Band II S. 22 und 23 dieser Ausgabe.]

[1]) Band II S. 19 und 20 dieser Ausgabe.   H.

$$n^{\frac{1}{2}(m-1)} \equiv +1 \quad \text{oder} \quad -1 \ (\text{mod. } m)$$

wird, je nachdem n quadratischer Rest oder Nichtrest von m ist, so geht schon aus der Congruenz ($\mathfrak{C}'$) im Art. II hervor, dass das Vorzeichen des Products:

$$\prod_{h,k} \left(\frac{h}{m} - \frac{k}{n}\right) \left(\frac{h}{m} + \frac{k}{n} - \frac{1}{2}\right) \qquad \binom{h=1,\,2,\,\ldots\,\frac{1}{2}(m-1)}{k=1,\,2,\,\ldots\,\frac{1}{2}(n-1)}$$

für den Fall, dass m *Primzahl* ist, mit dem *Legendre*'schen Zeichen $\left(\frac{n}{m}\right)$ übereinstimmt, und es ist hiermit, da nur dieser Punkt noch zu erledigen war, der obige Nachweis der *allgemeinen* Uebereinstimmung des Zeichens jenes Products mit dem *Legendre-Jacobi*'schen Zeichen $\left(\frac{n}{m}\right)$ vervollständigt.

Der Nachweis, dass das Zeichen $\left(\frac{n}{m}\right)$ in der Gleichung ($\mathfrak{D}$) mit dem *Legendre-Jacobi*'schen Zeichen übereinstimmt, enthält zugleich denselben Nachweis für das Zeichen $\left(\frac{n}{m}\right)$ in der Gleichung ($\mathfrak{D}^{\circ}$), d. h. also den Nachweis dafür, dass das Zeichen des Products:

$$\prod_{h} \mathrm{R}\left(\frac{nh}{m}\right) \qquad (h=1,\,2,\,\ldots\,\tfrac{1}{2}(m-1)),$$

wenn m und n keinen gemeinsamen Theiler haben, mit dem *Legendre-Jacobi*'schen Zeichen $\left(\frac{n}{m}\right)$ identisch ist. Dies kann aber auch direct in einfacher Weise gezeigt werden. Denkt man sich nämlich alle Brüche $\frac{h}{m}$ auf ihre reducirte Form $\frac{r}{d}$ gebracht, so zerfällt das obige Product in so viel Theilproducte:

$$\prod_{r} \mathrm{R}\left(\frac{nr}{d}\right)$$

als Divisoren (d) von m vorhanden sind. Jedes dieser Producte erstreckt sich auf alle Zahlen r, die kleiner als $\frac{1}{2}d$ und relativ prim zu d sind, und vermöge der Congruenz:

$$nr \equiv r \ \mathrm{sgn.}\,\mathrm{R}\left(\frac{nr}{d}\right) \ (\text{mod. } d),$$

durch welche nach Art. I das Zeichen sgn. R $\left(\frac{nr}{d}\right)$ definirt ist, wird:

$$\text{sgn.} \prod_r \mathrm{R} \left(\frac{nr}{d}\right) \equiv n^{\frac{1}{2}\varphi(d)} \pmod{d},$$

wenn $\varphi(d)$ in üblicher Weise die Anzahl der Zahlen bedeutet, die kleiner als d und relativ prim zu d sind. Da nun die Congruenz:

$$n^{\frac{1}{2}\varphi(d)} \equiv 1 \quad \text{oder} \quad \left(\frac{n}{p}\right) \pmod{d}$$

besteht, je nachdem d mehrere verschiedene Primzahlen enthält oder die Potenz einer einzigen Primzahl p ist, so wird:

$$\text{sgn.} \prod_h \mathrm{R} \left(\frac{nh}{m}\right) = \prod_p \left(\frac{n}{p}\right) \qquad \left(h=1, 2, \ldots \tfrac{1}{2}(m-1)\right),$$

wo das Product rechts auf *alle* in m enthaltenen (gleichen oder verschiedenen) Primzahlen zu erstrecken und unter $\left(\frac{n}{p}\right)$ das *Legendre*'sche Zeichen zu verstehen ist. Bekanntlich wird aber bei der *Jacobi*'schen Verallgemeinerung des *Legendre*'schen Zeichens durch eben dieses Product:

$$\prod_p \left(\frac{n}{p}\right)$$

das Zeichen $\left(\frac{n}{m}\right)$ für den Fall einer beliebigen positiven ungraden Zahl m *definirt*, und es hat also in der Gleichung:

($\mathfrak{D}^{\circ}$) $\left(\frac{n}{m}\right) = \text{sgn.} \prod_h \mathrm{R} \left(\frac{nh}{m}\right)$ $\left(h=1, 2, \ldots (m-1)\right)$

das Zeichen auf der linken Seite für eine beliebige positive ungrade Zahl m in der That genau die Bedeutung, welche ihm *Jacobi* beigelegt hat.

Auf diesem directen Wege ist Hr. *E. Schering*, wie ich aus seiner Abhandlung im I. Bande der Acta Mathematica[1]) entnehme, zu dem durch die Gleichung ($\mathfrak{D}^{\circ}$) ausgedrückten Satze gelangt, welchen er im Juni 1876 der

---

[1]) *E. Schering*, Zur Theorie der quadratischen Reste; Acta mathematica. Bd. I. S. 153—170.

H.

Akademie mitgetheilt hat.*)   Ich selber war dazu schon im Verlaufe der an
der hiesigen Universität im Wintersemester 1869/70 gehaltenen Vorträge durch
die einfache Bemerkung geführt worden,**) dass das Product:

$$\prod_\lambda \frac{\sin\frac{2n\lambda\pi}{m}}{\sin\frac{2\lambda\pi}{m}} \qquad\qquad \left(\lambda=1, 2, \ldots \tfrac{1}{2}(m-1)\right),$$

durch welches *Eisenstein* für den Fall einer *Primzahl* m das *Legendre*'sche
Zeichen $\left(\frac{n}{m}\right)$ dargestellt hat, auch für zusammengesetzte Zahlen m nur einen
der Werthe $-1, 0, +1$ haben kann. Es lag also nahe, die Bedingungen zu
untersuchen, unter welchen einer oder der andere Werth eintritt, und ich
fand dabei, dass jenes *Eisenstein*'sche Product *stets* das durch *Jacobi* ver-
allgemeinerte *Legendre*'sche Zeichen $\left(\frac{n}{m}\right)$ darstellt, vorausgesetzt, dass man
dessen Bedeutung noch dahin erweitert, dass es gleich *Null* wird, sobald
m und n einen gemeinsamen Theiler haben. Die dabei erforderlichen Entwickelungen habe ich genau so, wie ich sie im Monatsbericht vom Juni 1876
mitgetheilt habe, schon in meinen Universitätsvorträgen im Winter 1869/70
und seitdem regelmässig in den Vorlesungen gegeben, welche ich alle zwei
Jahre an der hiesigen Universität über die Anwendungen der Analysis auf
Zahlentheorie gehalten habe. Den Vorlesungen im Winter 1875/76 haben
unter Anderen die HH. *Hettner* und *Knoblauch* beigewohnt, und der erstere
hat sich damals die Mühe genommen, eine genaue und vollständige Ausarbeitung der Vorlesungen anzufertigen. Diese Ausarbeitung enthält jene
erwähnten, im Monatsbericht vom Juni 1876 abgedruckten Entwickelungen in
aller Ausführlichkeit und zeigt also, dass ich sie schon im voraufgegangenen
Winter dem Kreise meiner Zuhörer bekannt gegeben hatte.

---

*) Monatsbericht vom Juni 1876, S. 380.[1])
**) Monatsbericht vom Juni 1876, S. 381.[2])

[1]) *E. Schering*, Verallgemeinerung des *Gauss*ischen Criterium für den quadratischen Rest-
Character einer Zahl in Bezug auf eine andere.   H.
[2]) *L. Kronecker*, Ueber das Reciprocitätsgesetz, Band II S. 11 dieser Ausgabe.   H.

V.

Jene neue und, wie mir scheint, bemerkenswerthe Bestimmungsweise des Vorzeichens sgn. R$(n\alpha)$, welche durch die Gleichung $(\overline{\mathfrak{A}})$ im Art. I ausgedrückt ist, und welche das eigentliche Fundament des Reciprocitätsgesetz-Beweises im Art. II bildet, habe ich ursprünglich nicht auf dem im Art. I angegebenen arithmetischen Wege erlangt. Ich bin vielmehr durch die Bemerkung darauf geführt worden, dass offenbar:

$$\text{sgn. } R(n\alpha) = \text{sgn. tg } n\alpha\pi$$

ist, da R$(n\alpha)$ den in dem Intervalle zwischen $-\tfrac{1}{2}$ und $+\tfrac{1}{2}$ liegenden Rest bedeutet, welcher verbleibt, wenn man von der Grösse $n\alpha$ die ihr zunächst benachbarte ganze Zahl subtrahirt. Indem ich nun in dieser Gleichung an Stelle von tg $n\alpha\pi$ das damit identische Product:

$$\prod_k \text{tg}\left(\alpha - \frac{k}{n}\right)\pi \, \cot\left(\alpha + \frac{k}{n} - \frac{1}{2}\right)\pi \qquad (k=1, 2, \ldots \tfrac{1}{2}(n-1)),$$

setzte und dann in Betracht zog, dass unter der Voraussetzung: $0 < \alpha < \tfrac{1}{2}$ die Argumente:

$$\left(\alpha - \frac{k}{n}\right)\pi, \quad \left(\alpha + \frac{k}{n} - \frac{1}{2}\right)\pi \qquad (k=1, 2, \ldots \tfrac{1}{2}(n-1))$$

sämmtlich zwischen $-\tfrac{1}{2}\pi$ und $+\tfrac{1}{2}\pi$ liegen, und dass also die Vorzeichen der einzelnen Factoren:

$$\text{tg}\left(\alpha - \frac{k}{n}\right)\pi, \quad \cot\left(\alpha + \frac{k}{n} - \frac{1}{2}\right)\pi \qquad (k=1, 2, \ldots \tfrac{1}{2}(n-1))$$

mit denen der Argumente selbst übereinstimmen müssen, ergab sich mir unmittelbar die Gleichung $(\overline{\mathfrak{A}})$ des Art. I:

$$\text{sgn. } R(n\alpha) = \text{sgn. } \prod_k \left(\alpha - \frac{k}{n}\right)\left(\alpha + \frac{k}{n} - \frac{1}{2}\right) \qquad (0 < \alpha < \tfrac{1}{2};\ k=1, 2, \ldots \tfrac{1}{2}(n-1)).$$

Ich suchte diese Gleichung nun in rein arithmetischer Weise zu begründen und fand dabei jene einfache Herleitung, welche ich im Art. I mitgetheilt habe.*)

----

*) Vgl. auch die Deduction im Art. II für $\alpha = \frac{h}{m}$.

VI.

Aus dem Reciprocitätsgesetze ergeben sich bekanntlich Methoden zur Bestimmung des *Legendre-Jacobi*'schen Zeichens, und ich pflege in meinen Universitätsvorlesungen mehrere solche Methoden auseinanderzusetzen. Eine derselben habe ich am Schlusse meines im Monatsbericht vom Juli 1880 abgedruckten Aufsatzes kurz angedeutet, und eine andere, besonders elegante Bestimmungsweise des *Legendre-Jacobi*'schen Zeichens will ich hier am Schlusse der vorliegenden Mittheilung ganz so wie in meinen im Winter 1875/76 gehaltenen Vorlesungen, genau nach der schon oben erwähnten Ausarbeitung des Hrn. Prof. *Hettner*, ausführlich und vollständig entwickeln.

Sind m und n positive oder negative ungrade Zahlen und ist δ das Vorzeichen von m und ε dasjenige von n, so gilt die allgemeine Reciprocitätsformel:*)

$$(\mathfrak{C}) \qquad \left(\frac{m}{n}\right)\left(\frac{n}{m}\right) = (-1)^{\frac{1}{4}(m-1)(n-1)-\frac{1}{4}(\delta-1)(\varepsilon-1)},$$

welche aus der specielleren, im Art. II bewiesenen Reciprocitätsgleichung ($\mathfrak{C}$) leicht herzuleiten ist. Geht man nun von zwei (positiven oder negativen) ungraden Zahlen n_0, n_1, für welche:

$$|n_0| > |n_1|$$

ist, aus und bildet daraus eine Reihe von Zahlen:

$$n_0, n_1, n_2, n_3, \ldots n_l$$

derart, dass:

$$(\mathfrak{R}) \qquad n_2 = -2n_1 \, \mathrm{R}\left(\frac{n_0}{2n_1}\right), \quad n_3 = -2n_2 \, \mathrm{R}\left(\frac{n_1}{2n_2}\right), \ldots n_l = -2n_{l-1} \, \mathrm{R}\left(\frac{n_{l-2}}{2n_{l-1}}\right)$$

wird, so ist dies eine Reihe von lauter ungraden, positiven oder negativen,

---

*) Vgl. die Formel (B) meines Aufsatzes im Monatsbericht vom Juni 1876, S. 333. [Band II S. 15 dieser Ausgabe.] H.

ihrem absoluten Werthe nach abnehmenden Zahlen, und es besteht zwischen ihnen eine Reihe von Gleichungen:

$$(\mathfrak{Q}) \quad n_0 - 2r_1 n_1 + n_2 = 0, \quad n_1 - 2r_2 n_2 + n_3 = 0, \ldots n_{l-2} - 2r_{l-1} n_{l-1} + n_l = 0,$$

in denen r_1, r_2, $\ldots$ r_{l-1} positive oder negative ganze Zahlen sind. Bezeichnet man nämlich die dem Bruche $\frac{n_{k-1}}{2 n_k}$ zunächst liegende positive oder negative ganze Zahl mit r_k, so ist der absolute Werth der Differenz $\frac{n_{k-1}}{2 n_k} - r_k$ kleiner als $\frac{1}{2}$; es ist daher:

$$\frac{n_{k-1}}{2 n_k} - r_k = \mathrm{R}\left(\frac{n_{k-1}}{2 n_k}\right) \qquad (k=1, 2, \ldots l-1)$$

und folglich gemäss den Gleichungen $(\mathfrak{R})$:

$$\frac{n_{k-1}}{2 n_k} - r_k = \frac{-n_{k+1}}{2 n_k} \qquad (k=1, 2, \ldots l-1),$$

so dass in der That:

$$(\mathfrak{Q}) \qquad n_{k-1} - 2r_k n_k + n_{k+1} = 0 \qquad (k=1, 2, \ldots l-1)$$

wird. — Sind n_0 und n_1, wie von jetzt ab angenommen werden soll, zu einander relativ prim, so kann man die Reihe der Zahlen n so weit fortsetzen, dass $n_l = \pm 1$ wird.

Es seien nun η_k, ν_k, ϱ_k diejenigen Werthe ± 1, wofür:

$$\eta_k n_k \equiv 1 \ (\mathrm{mod.}\ 4), \qquad \nu_k n_k > 0, \qquad \varrho_k r_k > 0$$

wird, so dass $\nu_k = \mathrm{sgn.}\ n_k$ und $\varrho_k = \mathrm{sgn.}\ r_k$ ist, während η_k als der Werth von sgn. n_k *modulo* 4 definirt werden kann.[*] Bei Einführung dieser Bezeichnungen wird gemäss der obigen Reciprocitätsformel $(\overline{\mathfrak{C}})$:

---

[*] Nennt man, ähnlich wie in der Theorie der complexen Zahlen, eine ungrade (positive oder negative) Zahl *primär*, wenn sie congruent 1 *modulo* 4 ist, so kann η_k als diejenige (positive oder negative) Einheit definirt werden, wofür $\eta_k n_k$ primär ist oder wird.

$$\left(\frac{n_{k-1}}{-n_k}\right)\left(\frac{-n_k}{n_{k-1}}\right) = (-1)^{\frac{1}{4}\sigma_k},$$

wo:

$$\sigma_k = (\eta_{k-1}-1)(\eta_k+1)-(\nu_{k-1}-1)(\nu_k+1)$$

ist; und hiernach wird:

(𝔐)
$$\prod_k\left(\frac{n_{k-1}}{-n_k}\right)\prod_k\left(\frac{-n_k}{n_{k-1}}\right) = (-1)^{\frac{1}{4}\mathfrak{S}} \qquad (k=1,2,\ldots l),$$

wo:

(𝔐')
$$\mathfrak{S} = \sum_k\{(\eta_{k-1}-1)(\eta_k+1)-(\nu_{k-1}-1)(\nu_k+1)\} \qquad (k=1,2,\ldots l)$$

zu setzen ist. Aus den Gleichungen (𝔏) folgt aber, dass:

$$n_{k-1} \equiv -n_{k+1} \quad (\mathrm{mod.}\ 2n_k),$$

also:

$$\left(\frac{n_{k-1}}{-n_k}\right) = \left(\frac{-n_{k+1}}{n_k}\right)$$

und daher:

$$\prod_{k=1}^{k=l-1}\left(\frac{n_{k-1}}{-n_k}\right) = \prod_{k=1}^{k=l-1}\left(\frac{-n_{k+1}}{n_k}\right) = \prod_{k=2}^{k=l}\left(\frac{-n_k}{n_{k-1}}\right)$$

ist, und mit Hülfe dieser Relation verwandelt sich das erstere Product auf der linken Seite der Gleichung (𝔐) in:

$$\left(\frac{-n_1}{n_0}\right)\left(\frac{n_{l-1}}{n_l}\right)\prod_k\left(\frac{-n_k}{n_{k-1}}\right) \qquad (k=1,2,\ldots l);$$

diese Gleichung (𝔐) selbst geht also in folgende über:

$$\left(\frac{-n_1}{n_0}\right)\left(\frac{n_{l-1}}{n_l}\right) = (-1)^{\frac{1}{4}\mathfrak{S}}.$$

Da nun $n_l = \pm 1$ und also $\left(\frac{n_{l-1}}{n_l}\right) = 1$ ist, so resultirt die Gleichung:

$$(\mathfrak{N}) \qquad \left(\frac{-n_1}{n_0}\right) = (-1)^{\frac{1}{2}\mathfrak{S}},$$

durch welche die Bestimmung des *Legendre-Jacobi*'schen Zeichens auf die Bestimmung des Werthes von $\mathfrak{S}$ (mod. 8) zurückgeführt wird.

Um diesen Werth von $\mathfrak{S}$ zu bestimmen, braucht man nur die Summation auf der rechten Seite der Gleichung ($\mathfrak{N}'$) auszuführen. Dabei ergiebt sich, dass:

$$\mathfrak{S} = \eta_0 - \eta_t - \nu_0 + \nu_t + \sum_k (\eta_{k-1}\eta_k - \nu_{k-1}\nu_k) \qquad (k=1,2,\ldots t)$$

wird. Da aber $n_t = \pm 1$ und also gemäss der Definition von η_t, ν_t:

$$\eta_t = \nu_t$$

ist, so kommt:

$$(\mathfrak{P}) \qquad \mathfrak{S} = \sum_k (\eta_{k-1}\eta_k - \nu_{k-1}\nu_k) \qquad (k=0,1,2,\ldots t),$$

wenn in der Summe rechts

$$\eta_{-1} = \nu_{-1} = +1$$

genommen wird.

Setzt man, da $n_k \equiv \eta_k$ (mod. 4) ist, $n_k = 4s_k + \eta_k$, so wird:

$$\eta_{k-1}\eta_k \equiv n_{k-1}n_k + 4(s_{k-1} - s_k) \pmod{8} \qquad (k=1,2,\ldots t);$$

wenn man hier über alle Werthe von k summirt und dann berücksichtigt, dass $s_t = 0$ und $4s_0 = n_0 - \eta_0$ ist, so kommt:

$$n_0 + \sum_k n_{k-1}n_k \equiv \eta_0 + \sum_k \eta_{k-1}\eta_k \pmod{8} \qquad (k=1,2,\ldots\ldots t),$$

oder:

$$\sum_k n_{k-1}n_k \equiv \sum_k \eta_{k-1}\eta_k \pmod{8} \qquad (k=0,1,2,\ldots t),$$

wenn $n_{-1} = 1$ genommen wird. An Stelle der Gleichung $(\mathfrak{P})$ kann daher auch die Congruenz:

$$(\mathfrak{D}) \qquad \mathfrak{S} \equiv \sum_k (n_{k-1} n_k - v_{k-1} v_k) \pmod 8 \qquad\qquad (k=0,\,1,\,2,\,\ldots\, l)\,,$$

zur Bestimmung des Exponenten $\mathfrak{S}$ in der Gleichung $(\mathfrak{R})$ benutzt werden.

Vermöge der Gleichungen $(\mathfrak{L})$ ist:

$$v_{k-1} n_{k-1} + v_{k-1} n_{k+1} = 2 v_{k-1} r_k n_k \qquad\qquad (k=1,\,2,\,\ldots\, l-1)\,,$$

und der Ausdruck auf der linken Seite dieser Gleichung ist positiv, weil $|n_{k-1}| > |n_{k+1}|$ ist; es muss daher $v_{k-1} r_k n_k$ positiv und also:

$$v_{k-1} \operatorname{sgn} n_k \cdot \operatorname{sgn} r_k = 1, \quad \text{d. h.} \quad v_{k-1} v_k = \varrho_k \qquad\qquad (k=1,\,2,\,\ldots\, l-1)$$

sein. Hiernach kann die Congruenz $(\mathfrak{D})$ in folgende transformirt werden:

$$(\mathfrak{R}^{\circ}) \qquad \mathfrak{S} \equiv n_0 - v_0 + \sum_{k=1}^{k=l-1} (n_{k-1} n_k - \varrho_k) + n_{l-1} n_l - v_{l-1} v_l \pmod 8,$$

welche wiederum, da vermöge der Gleichungen $(\mathfrak{L})$:

$$n_k(n_{k-1} + n_{k+1}) = 2 r_k n_k^2 \equiv 2 r_k \pmod{16} \qquad\qquad (k=1,\,2,\,\ldots\, l-1)$$

und also:

$$2\sum_k n_{k-1} n_k \equiv n_0 n_1 - n_{l-1} n_l + 2\sum_k r_k \pmod{16} \qquad\qquad (k=1,\,2,\,\ldots\, l-1)$$

ist, in die Congruenz:

$$(\mathfrak{R}') \qquad \mathfrak{S} \equiv n_0 - v_0 + \tfrac{1}{2}(n_0 n_1 + n_{l-1} n_l) - v_{l-1} v_l + \sum_{k=1}^{k=l-1} (r_k - \varrho_k) \pmod 8$$

verwandelt werden kann. Setzt man nunmehr:

$$r_l = n_{l-1} n_l, \quad \varrho_l = \operatorname{sgn} r_l, \quad \text{also} \quad v_{l-1} v_l = \varrho_l,$$

so tritt zu den Gleichungen ($\mathfrak{L}$) die Gleichung:

$$n_{t-1} - r_t n_t = 0$$

hinzu, und die Congruenz ($\mathfrak{R}'$) erhält die Gestalt:

$$(\mathfrak{R}) \qquad \mathfrak{S} \equiv \tfrac{1}{2} n_0 + \tfrac{1}{2} r_0 - \varrho_0 + \sum_{k=1}^{k=t-1} (r_k - \varrho_k) + \tfrac{1}{2} r_t - \varrho_t \pmod{8},$$

worin r_0, ϱ_0 durch die Bedingungen:

$$r_0 n_0 \equiv 1 + n_1 \pmod{16}, \quad \mathrm{sgn.}\, r_0 = v_0 = \varrho_0$$

zu bestimmen sind.

Die hier abgeleiteten, mit ($\mathfrak{P}$), ($\mathfrak{Q}$), ($\mathfrak{R}$) bezeichneten Bestimmungsweisen des Exponenten von -1 in der Gleichung ($\mathfrak{R}$) lassen sich in bemerkenswerther Weise interpretiren. Verwandelt man nämlich den Bruch $\dfrac{-n_1}{n_0}$ in einen Kettenbruch mit den Theilzahlern -1 und mit möglichst viel *graden* Theilnennern, so dass:

$$\frac{-n_1}{n_0} = \cfrac{-1}{g_1 - \cfrac{1}{g_2 - \cfrac{1}{g_3 - \cdots \cfrac{1}{g_{t-1} - \cfrac{1}{g_t}}}}}$$

wird, so sind g_1, g_2, ... g_{t-1} *grade* Zahlen und nur der letzte Theilnenner g_t ist nothwendig ungrade. Es ist ferner:

$$(\mathfrak{L}) \qquad n_0 - g_1 n_1 + n_2 = 0, \quad n_1 - g_2 n_2 + n_3 = 0, \ldots$$
$$n_{t-2} - g_{t-1} n_{t-1} + n_t = 0, \quad n_{t-1} - g_t n_t = 0,$$

also:

$$g_1 = 2r_1,\ g_2 = 2r_2,\ \ldots\ g_{t-1} = 2r_{t-1},\ g_t = r_t.$$

Fügt man den Gleichungen ($\mathfrak{L}'$) die Gleichung:

$$(\mathfrak{L}'_0) \qquad 1 - g_0 n_0 + n_1 = 0$$

hinzu, so ist:

$$g_0 \equiv r_0 \ (\text{mod. } 16)$$

und

$$\frac{-n_k}{n_{k-1}} = \cfrac{-1}{g_k - \cfrac{1}{g_{k+1} - \cdots - \cfrac{1}{g_{t-1} - \cfrac{1}{g_t}}}}$$

für alle Werthe: $k = 0, 1, 2, \ldots t$, da auch für $k = 0$:

$$\frac{-n_0}{n_{-1}} = -n_0 = \cfrac{-1}{g_0 - \cfrac{n_1}{n_0}}$$

wird. Es ist nun:

$$\text{sgn.} \frac{-n_k}{n_{k-1}} = -\nu_{k-1}\nu_k \qquad (k=0, 1, \ldots t),$$

während $-\eta_{k-1}\eta_k$ als der Zeichenwerth von $\frac{-n_k}{n_{k-1}}$ *modulo* 4 aufzufassen ist, so dass:

$$-\eta_{k-1}\eta_k \equiv \frac{-n_k}{n_{k-1}} \quad (\text{mod. } 4) \qquad (k=0, 1, \ldots t)$$

wird. Gemäss den Gleichungen ($\mathfrak{N}$) und ($\mathfrak{P}$) ist daher

das Legendre-Jacobi'sche Zeichen $\left(\dfrac{-n_1}{n_0}\right)$ *positiv oder negativ, je nachdem die algebraische Summe der Vorzeichen der* $t+1$ *Kettenbrüche:*

$$\cfrac{-1}{g_k - \cfrac{1}{g_{k+1} - \cdots - \cfrac{1}{g_t}}} \qquad (k=0,\,1,\,2,\,\ldots\,t)$$

*mit der algebraischen Summe ihrer modulo 4 genommenen Zeichenwerthe
nach dem Modul 8 congruent oder incongruent ist;*

und es folgt aus den citirten Gleichungen auch, dass die beiden erwähnten
algebraischen Summen *nach dem Modul 4 stets* einander congruent sein
müssen.

Die Gleichung ($\mathfrak{R}$) verwandelt sich bei Einführung der Zahlen g in:

$$(\mathfrak{R}) \qquad \mathfrak{S} \equiv \tfrac{1}{2}n_0 + \tfrac{1}{2}\sum_k g_k - \sum_k \operatorname{sgn.} g_k \pmod{8} \qquad (k=0,\,1,\,2,\,\ldots\,t),$$

und es ergiebt sich daher, dass:

$$\tfrac{1}{2}n_0 + \sum_k \left(\tfrac{1}{2}g_k - \operatorname{sgn.} g_k\right) \qquad (k=0,\,1,\,2,\,\ldots\,t)$$

stets eine durch 4 theilbare ganze Zahl sein muss, dass aber

$\left(\dfrac{-n_1}{n_0}\right)$ *dann und nur dann positiv ist, wenn die Zahl:*

$$\tfrac{1}{2}n_0 + \sum_k \left(\tfrac{1}{2}g_k - \operatorname{sgn.} g_k\right) \qquad (k=0,\,1,\,2,\,\ldots\,t)$$

nicht bloss durch 4, sondern auch durch 8 theilbar ist.

Endlich lässt sich die Gleichung ($\mathfrak{P}$) noch in die Form setzen:

$$(\mathfrak{P}) \qquad \tfrac{1}{2}\mathfrak{S} = \sum_k \frac{1 - n_{k-1} n_k}{2} - \sum_k \frac{1 - \eta_{k-1} \eta_k}{2} \qquad (k=0,\,1,\,2,\,\ldots\,t)$$

oder

$$(\mathfrak{P}'') \qquad \tfrac{1}{2}\mathfrak{S} = \sum_k \frac{1+\eta_{k-1}\eta_k}{2} - \sum_k \frac{1+\nu_{k-1}\nu_k}{2} \qquad (k=0,\,1,\,2,\,\ldots\,l.$$

Da nun $\dfrac{1-\nu_{k-1}\nu_k}{2} = 0$ oder 1 und zugleich $\dfrac{1+\nu_{k-1}\nu_k}{2} = 1$ oder 0 wird, je nachdem bei dem Uebergange von n_{k-1} zu n_k eine Zeichenfolge besteht oder ein Zeichenwechsel eintritt, so zeigt sich, dass der Werth des *Legendre-Jacobi*'schen Zeichens $\left(\dfrac{-n_1}{n_0}\right)$ durch die Anzahl der Folgen oder der Wechsel in den Zeichen der Reihe:

$$n_{-1},\ n_0,\ n_1,\ n_2,\ \ldots\ n_l \qquad (n_{-1}=1)$$

bestimmt werden kann. Ist nämlich:

> φ die Anzahl der Folgen und ψ die Anzahl der Wechsel in der Reihe der Vorzeichen der Zahlen n, aber φ' die Anzahl der Folgen und ψ' die Anzahl der Wechsel in der Reihe der *modulo* 4 genommenen Zeichenwerthe der Zahlen n,

so folgt aus den Gleichungen $(\mathfrak{P}')$, $(\mathfrak{P}'')$ die Relation:

$$(\mathfrak{P}) \qquad \left(\frac{-n_1}{n_0}\right) = (-1)^{\frac{1}{2}(\varphi-\varphi')} = (-1)^{\frac{1}{2}(\psi-\psi')},$$

durch welche der Werth des *Legendre-Jacobi*'schen Zeichens $\left(\dfrac{-n_1}{n_0}\right)$ vollkommen, und zwar in einer offenbar an den *Sturm*'schen Satz erinnernden Weise, bestimmt wird.

Um schliesslich noch ein Beispiel anzuführen, sei $n_0 = 148$, $n_1 = 105$. Alsdann ist die Reihe der Zahlen n:

$$1,\ 148,\ 105,\ 67,\ 29,\ -9,\ 7,\ -5,\ 3,\ -1;$$

die Reihe ihrer Zeichenwerthe *modulo* 4 ist:

$$1,\ -1,\ 1,\ -1,\ 1,\ -1,\ -1,\ -1,\ -1,\ -1,$$

so dass $\varphi = \varphi' = 4$, $\psi = \psi' = 5$ wird. Ferner ist die Reihe der Zahlen g von g_0 ab:

$$\tfrac{106}{143}, \ 2, \ 2, \ 2, \ -4, \ -2, \ -2, \ -2, \ -3;$$

und da hier $\tfrac{1}{4}g_0 \equiv -58 \equiv 3 \ (\mathrm{mod.}\ 8)$, also $\tfrac{1}{4}\sum g_k \equiv -\tfrac{1}{4} \ (\mathrm{mod.}\ 8)$ und $\sum \mathrm{sgn.}\ g_k = -1$ ist, so wird:

$$\tfrac{1}{4}n_0 + \sum (\tfrac{1}{4}g_k - \mathrm{sgn.}\ g_k) \equiv 0 \ (\mathrm{mod.}\ 8),$$

und jede der obigen Bestimmungen liefert daher für das *Legendre-Jacobi*'sche Zeichen $\left(\frac{-105}{143}\right)$ den positiven Werth.

BEWEIS DES RECIPROCITÄTSGESETZES FÜR DIE QUADRATISCHEN RESTE.

VON

L. KRONECKER.

Crelle, Journal für die reine und angewandte Mathematik. Band 96. S. 848.

66*

BEWEIS DES RECIPROCITÄTSGESETZES FÜR DIE QUADRATISCHEN RESTE.

[Aus einem Aufsatze in No. XXIII der Sitzungsberichte der Berliner Akademie von 1884.[1])]

Bedeuten m und n positive ungrade Zahlen, und ist h eine der Zahlen $1, 2, \ldots \frac{1}{2}(m-1)$, so sind in den beiden Producten:

$$\prod_k \left(\frac{h}{m} - \frac{k}{n}\right), \qquad \prod_{k'} \left(\frac{h}{m} + \frac{k'}{n} - \frac{1}{2}\right) \qquad (k, k' = 1, 2, \ldots \tfrac{1}{2}(n-1))$$

je zwei Factoren, für welche $k + k' = \frac{1}{2}(n+1)$ ist, von gleichem Vorzeichen, den einzigen Fall ausgenommen, in welchem eine Zahl k zwischen $\frac{nh}{m}$ und $\frac{nh}{m} + \frac{1}{2}$ liegt. Da dies dann und nur dann der Fall ist, wenn der absolut kleinste Rest von nh (mod. m) *negativ* ist, so stimmt das Vorzeichen dieses Restes in *jedem* Falle mit dem Vorzeichen des Productes jener beiden Producte überein. Es besteht daher, wenn mit h' der positive Werth des absolut kleinsten Restes von nh (mod. m) und mit sgn. a das Vorzeichen einer reellen Grösse a bezeichnet wird, die Congruenz:

$$nh \equiv h' \ \text{sgn.} \prod_k \left(\frac{h}{m} - \frac{k}{n}\right) \left(\frac{h}{m} + \frac{k}{n} - \frac{1}{2}\right) \quad (\text{mod. } m) \qquad (k = 1, 2, \ldots \tfrac{1}{2}(n-1)).$$

Setzt man hierin für h die Zahlen $1, 2, \ldots \frac{1}{2}(m-1)$ und multiplicirt alle daraus entstehenden Congruenzen mit einander, so kommt:

---

[1]) Band II S. 497—522 dieser Ausgabe von *L. Kronecker's* Werken. Vgl. S. 503—504.   H.

$$n^{\frac{1}{2}(m-1)} \prod_h h \equiv \prod_h h \cdot \mathrm{sgn.} \prod_{h,k}\left(\frac{h}{m} - \frac{k}{n}\right)\left(\frac{h}{m} + \frac{k}{n} - \frac{1}{2}\right) \quad (\mathrm{mod.}\ m)$$

$$\left(h = 1,\ 2,\ \ldots\ \tfrac{1}{2}(m-1);\ k = 1,\ 2,\ \ldots\ \tfrac{1}{2}(n-1)\right),$$

und hieraus resultirt, wenn m *Primzahl* ist, für das *Legendre*'sche Zeichen $\left(\frac{n}{m}\right)$ die Gleichung:

$$\left(\frac{n}{m}\right) = \mathrm{sgn.} \prod_{h,k}\left(\frac{h}{m} - \frac{k}{n}\right)\left(\frac{h}{m} + \frac{k}{n} - \frac{1}{2}\right) \qquad \left(\begin{matrix} h = 1,\ 2,\ \ldots\ \frac{1}{2}(m-1) \\ k = 1,\ 2,\ \ldots\ \frac{1}{2}(n-1) \end{matrix}\right).$$

Bei dieser Darstellung des *Legendre*'schen Zeichens tritt nun das Reciprocitätsgesetz in Evidenz; denn da, falls auch n Primzahl ist,

$$\left(\frac{m}{n}\right) = \mathrm{sgn.} \prod_{h,k}\left(\frac{k}{n} - \frac{h}{m}\right)\left(\frac{k}{n} + \frac{h}{m} - \frac{1}{2}\right) \qquad \left(\begin{matrix} h = 1,\ 2,\ \ldots\ \frac{1}{2}(m-1) \\ k = 1,\ 2,\ \ldots\ \frac{1}{2}(n-1) \end{matrix}\right)$$

wird, so folgt unmittelbar die Reciprocitätsgleichung:

$$\left(\frac{m}{n}\right)\left(\frac{n}{m}\right) = (-1)^{\frac{1}{4}(m-1)(n-1)}.$$

ÜBER DEN DRITTEN GAUSS'SCHEN BEWEIS DES RECIPROCITÄTSGESETZES FÜR DIE QUADRATISCHEN RESTE.

VON

L. KRONECKER.

Monatsberichte der Königlich Preussischen Akademie der Wissenschaften zu Berlin vom Jahre 1884. S. 645—647.

ÜBER DEN DRITTEN GAUSS'SCHEN BEWEIS DES RECIPROCITÄTSGESETZES FÜR DIE QUADRATISCHEN RESTE.

[Gelesen in der Akademie der Wissenschaften am 12. Juni 1884.]

Die Bemerkungen III, IV, V im *art.* 4 der *Gauss*'schen Abhandlung vom Jan. 1808*) können mit Hülfe der Bezeichnungen, welche ich in meinem neulich mitgetheilten Beweise des Reciprocitätsgesetzes**) angewendet habe, durch die einfache Formel:

$$\text{(A)} \qquad \text{sgn. } R(a) = (-1)^{[2a]} = (-1)^{[n-2a]} \qquad (n \text{ ungrade})$$

dargestellt werden. Die Richtigkeit dieser Formel ergiebt sich — ebenso wie in der citirten *Gauss*'schen Abhandlung — daraus, dass erstens die durch die Bedingung:

$$2a - 1 < [2a] \leqq 2a$$

definirte ganze Zahl $[2a]$ gleich $2[a]$ oder gleich $2[a] + 1$ wird, je nachdem der Rest $R(a)$, welcher verbleibt, wenn von der reellen Grösse a die ihr *nächste* ganze Zahl subtrahirt wird, positiv oder negativ ist, und dass zweitens die Summe:

$$[2a] + [n - 2a]$$

gleich $n - 1$, also gleich einer *graden* Zahl wird, wenn n ungrade ist.

---

*) Theorematis arithmetici demonstratio nova. *Gauss*' Werke, Bd. II, S. 5.

**) Sitzungsberichte von 1884, XXIII. S. 519 u. flgde.[1]

[1] Beweis des Reciprocitätsgesetzes für die quadratischen Reste. Band II S. 497—522 dieser Ausgabe von *L. Kronecker's* Werken. Vgl. S. 500.

H.

Ist $0 < \alpha_0 < \frac{1}{4}$ und $\alpha = 2\alpha_0$ oder $\alpha = 1 - 2\alpha_0$, je nachdem $2\alpha_0$ kleiner oder grösser als $\frac{1}{4}$ ist, so ist auch $0 < \alpha < \frac{1}{4}$, und es wird vermöge der Gleichung (A):

$$(\text{A}^\circ) \qquad\qquad \text{sgn.}\ \mathrm{R}(n\alpha_0) = (-1)^{[n\alpha]}.$$

Diese Bestimmung des Vorzeichens von $\mathrm{R}(n\alpha_0)$ geht also unmittelbar aus den erwähnten vorbereitenden Bemerkungen im dritten *Gauss*'schen Beweise des Reciprocitätsgesetzes hervor; nun bedarf es aber nur noch der weiteren Bemerkung, dass offenbar:

$$(-1)^{[n\alpha]} = \text{sgn.}\ \prod_k \left(\frac{k}{n} - \alpha\right) \qquad\qquad \left(\begin{smallmatrix} 0 < \alpha < \frac{1}{4} \\ k=1,\,2,\,\dots\,\frac{1}{2}(n-1) \end{smallmatrix}\right)$$

ist, um aus der alsdann resultirenden Bestimmung des Vorzeichens von $\mathrm{R}(n\alpha_0)$:

$$(\bar{\text{A}}) \qquad\qquad \text{sgn.}\ \mathrm{R}(n\alpha_0) = \text{sgn.}\ \prod_{k=1}^{k=\frac{1}{2}(n-1)} \left(\frac{k}{n} - \alpha\right) \qquad\qquad \left(\begin{smallmatrix} 0 < \alpha_0 < \frac{1}{4};\ 0 < \alpha < \frac{1}{4} \\ \alpha = 2\alpha_0\ \text{oder}\ 1 - 2\alpha_0 \end{smallmatrix}\right)$$

das Reciprocitätsgesetz selbst zu erschliessen und also alle in der citirten *Gauss*'schen Abhandlung weiterhin vorkommenden, in VI bis IX des *art.* 4 und in *art.* 5 bis 7 enthaltenen Entwickelungen entbehrlich zu machen.

Ist nämlich m eine positive ungrade Zahl und bedeuten h, h_0, h_0' positive Zahlen, die kleiner als $\frac{1}{2}m$ sind, so wird vermöge der Gleichung $(\bar{\text{A}})$:

$$(\text{B}) \qquad\qquad \text{sgn.}\ \mathrm{R}\left(\frac{nh_0}{m}\right) = \text{sgn.}\ \prod_k \left(\frac{k}{n} - \frac{h}{m}\right) \qquad\qquad \left(k=1,\,2,\,\dots\,\tfrac{1}{2}(n-1)\right),$$

wenn $h = 2h_0$ oder $h = m - 2h_0$ genommen wird, je nachdem $2h_0$ oder $m - 2h_0$ kleiner als $\frac{1}{2}m$ ist; es besteht daher für jede Zahl h_0 eine Congruenz:

$$(\text{C}) \qquad\qquad nh_0 \equiv h_0'\ \text{sgn.}\ \prod_k \left(\frac{k}{n} - \frac{h}{m}\right)\ (\text{mod.}\ m) \qquad\qquad \left(k=1,\,2,\,\dots\,\tfrac{1}{2}(n-1)\right).$$

Setzt man hierin der Reihe nach $h_0 = 1,\ 2,\ \dots\ \frac{1}{2}(m-1)$ und multiplicirt die dadurch entstehenden Congruenzen mit einander, so erhält man, falls m Primzahl ist, für das *Legendre*'sche Zeichen $\left(\frac{n}{m}\right)$ die Bestimmung:

$$(D) \qquad \left(\frac{n}{m}\right) = \mathrm{sgn.}\prod_{h,k}\left(\frac{k}{n} - \frac{h}{m}\right) \qquad \binom{k=1,\,2,\,\dots,\,\frac{1}{2}(m-1)}{h=1,\,2,\,\dots,\,\frac{1}{2}(n-1)},$$

aus welcher das Reciprocitätsgesetz unmittelbar erhellt.

Vorstehende Vereinfachung des dritten *Gauss*'schen Beweises enthält zugleich die naturgemässe Herleitung jener bemerkenswerthen Bestimmung des *Legendre*'schen Zeichens, welche durch die Gleichung (D) ausgedrückt wird. Ich habe zwar schon in meiner Mittheilung vom 22. Juni 1876 eben diese Bestimmung angegeben und auch durch eine kurze und einfache Deduction begründet;[*] aber ihre wahre Quelle habe ich erst jetzt in den oben angeführten *Gauss*'schen Bemerkungen aufgefunden.[**]

Die zunächst aus diesen Bemerkungen resultirende Bestimmung des Vorzeichens von $R(n\alpha_0)$:

$$(\bar{A}) \qquad \mathrm{sgn.}\,R(n\alpha_0) = \mathrm{sgn.}\prod_{k}\left(\frac{k}{n} - \alpha\right) \qquad (k=1,\,2,\,\dots,\,\tfrac{1}{2}(n-1))$$

führt in Verbindung mit jener anderen Bestimmung:[***]

$$(\mathfrak{A}) \qquad \mathrm{sgn.}\,R(n\alpha_0) = \mathrm{sgn.}\prod_{k}\left(\alpha_0 - \frac{k}{n}\right)\left(\alpha_0 + \frac{k}{n} - \frac{1}{2}\right) \qquad (k=1,\,2,\,\dots\,\tfrac{1}{2}(n-1)),$$

welche ich im *art.* I meiner Mittheilung vom 7. Februar d. J. entwickelt habe, zu der Relation:

$$(E) \qquad \mathrm{sgn.}\prod_{k_0}\left(\alpha_0 - \frac{k_0}{n}\right)\left(\alpha_0 + \frac{k_0}{n} - \frac{1}{2}\right) = \mathrm{sgn.}\prod_{k}\left(\frac{k}{n} - \alpha\right) \qquad (k_0,\,k=1,\,2,\,\dots\,\tfrac{1}{2}(n-1)).$$

---

[*] Monatsbericht vom Juni 1876, S. 335 und 336.[1]

[**] Vergl. *art.* III meiner Mittheilung vom 7. Februar d. J., Sitzungsberichte 1884, XXIII. S. 523 und 524. [Band II S. 504—506 dieser Ausgabe.]

[***] Sitzungsberichte 1884, XXIII. S. 520. [Band II S. 501 dieser Ausgabe.]

[1] Ueber das Reciprocitätsgesetz, Band II S. 11—24 dieser Ausgabe von *L. Kronecker*'s Werken. Vgl. S. 17—19.   H.

Diese Relation kann aber auch *direct* hergeleitet werden.   Da nämlich

$$\text{für}\qquad 2\alpha_0 < \tfrac{1}{2},\ \alpha = 2\alpha_0 \quad \text{und für}\quad 2\alpha_0 > \tfrac{1}{2},\ \alpha = 1 - 2\alpha_0$$

ist, so wird, wenn man

$$\text{für}\qquad 2k_0 < \tfrac{1}{2}n,\ k = 2k_0 \quad \text{und für}\quad 2k_0 > \tfrac{1}{2}n,\ k = n - 2k_0$$

setzt, in jedem Falle:

$$\left(\alpha_0 - \frac{k_0}{n}\right)\left(\alpha_0 + \frac{k_0}{n} - \frac{1}{2}\right) = \frac{1}{4}\left(\frac{k}{n} - \alpha\right)\left(1 - \frac{k}{n} - \alpha\right),$$

und da der zweite Factor rechts stets positiv ist:

$$\text{sgn.}\left(\alpha_0 - \frac{k_0}{n}\right)\left(\alpha_0 + \frac{k_0}{n} - \frac{1}{2}\right) = \text{sgn.}\left(\frac{k}{n} - \alpha\right).$$

Diese Gleichung führt aber unmittelbar zur Relation (E) und enthält also den directen Nachweis der Uebereinstimmung jener beiden Bestimmungsweisen für das Vorzeichen von $R(n\alpha)$, welche durch die beiden Gleichungen (A) und ($\overline{\overline{\text{A}}}$) ausgedrückt sind.

DER DRITTE GAUSS'SCHE BEWEIS DES RECIPROCITÄTSGESETZES FÜR DIE QUADRATISCHEN RESTE IN VEREINFACHTER DARSTELLUNG.

VON

L. KRONECKER.

Crelle, Journal für die reine und angewandte Mathematik. Band 97. S. 93—94.

DER DRITTE GAUSS'SCHE BEWEIS DES RECIPROCITÄTSGESETZES FÜR DIE QUADRATISCHEN RESTE IN VEREINFACHTER DARSTELLUNG.*)

Bedeutet $R(a)$ den Rest, welcher verbleibt, wenn von der reellen Grösse a die ihr *nächste* ganze Zahl subtrahirt wird, so ist die in üblicher Weise durch die Bedingung: $2a - 1 < [2a] \leq 2a$ definirte ganze Zahl $[2a]$ dem Doppelten der Zahl $[a]$ gleich oder um eine Einheit grösser, je nachdem $R(a)$ positiv oder negativ ist. Demnach ist sgn. $R(a) = (-1)^{[2a]}$, wenn mit sgn. A das Vorzeichen einer reellen Grösse A bezeichnet wird; da nun überdies, wenn n eine ganze Zahl bedeutet, $[2a] + [n - 2a] = n - 1$ ist, so wird:

$$\text{sgn. } R(a) = (-1)^{[2a]} = (-1)^{[n-2a]},$$

falls n *ungrade* ist. Nimmt man hierin $a = n\alpha_0$, wo unter α_0 eine zwischen 0 und $\frac{1}{4}$ liegende Grösse zu verstehen ist, und bezeichnet mit α die Grösse $2\alpha_0$ oder $1 - 2\alpha_0$, je nachdem $2\alpha_0$ unter oder über $\frac{1}{2}$ liegt, so ist auch α positiv und kleiner als $\frac{1}{2}$, und es wird in *jedem* Falle:

$$\text{sgn. } R(n\alpha_0) = (-1)^{[n\alpha]}.$$

Da aber $[n\alpha]$ die Anzahl der negativen Grössen: $\frac{1}{n} - \alpha$, $\frac{2}{n} - \alpha$, $\frac{3}{n} - \alpha$, $\ldots$ angiebt, so ist auch:

---

*) Vgl. meine Mittheilung im Sitzungsbericht der Akademie vom 12. Juni 1884.[1]

[1] Ueber den dritten *Gauss'*schen Beweis des Reciprocitätsgesetzes für die quadratischen Reste. Band II S. 527—532 dieser Ausgabe von *L. Kronecker's* Werken.   H.

$$\operatorname{sgn.} R(n\alpha_0) = \operatorname{sgn.} \prod_{k=1}^{h=\frac{1}{2}(n-1)} \left(\frac{k}{n} - \alpha\right) \qquad \left(\begin{matrix}0 < \alpha_0 < \frac{1}{2},\ 0 < \alpha < \frac{1}{2}\\ \alpha = 2\alpha_0\ \text{oder}\ 1 - 2\alpha_0\end{matrix}\right),$$

Nunmehr seien m und h_0 positive ganze Zahlen; m sei ungrade und $h_0 < \frac{1}{2}m$. Es sei ferner: $h = 2h_0$ oder $h = m - 2h_0$, je nachdem $2h_0$ oder $m - 2h_0$ kleiner als $\frac{1}{2}m$ ist.   Endlich sei:

$$n h_0 \equiv \pm h_0', \quad \text{also} \quad n h_0 \equiv h_0' \operatorname{sgn.} R\left(\frac{n h_0}{m}\right) \ (\text{mod. } m),$$

wo auch h_0' positiv und kleiner als $\frac{1}{2}m$ vorausgesetzt ist.   Alsdann kann $\alpha_0 = \frac{h_0}{m}$ und $\alpha = \frac{h}{m}$ gesetzt werden, und es wird daher:

$$n h_0 \equiv h_0' \operatorname{sgn.} \prod_{k=1}^{h=\frac{1}{2}(n-1)} \left(\frac{k}{n} - \frac{h}{m}\right) \ (\text{mod. } m) \qquad \left(\begin{matrix}0 < h_0 < \frac{1}{2}m,\ 0 < h < \frac{1}{2}m\\ h = 2h_0\ \text{oder}\ m - 2h_0\end{matrix}\right).$$

Setzt man in dieser Congruenz der Reihe nach $h_0 = 1, 2, \ldots \frac{1}{2}(m-1)$ und multiplicirt die dadurch entstehenden Congruenzen mit einander, so kommt:

$$n^{\frac{1}{2}(m-1)} \prod_h h \equiv \prod_h h \cdot \operatorname{sgn.} \prod_{h,k} \left(\frac{k}{n} - \frac{h}{m}\right) \ (\text{mod. } m) \qquad \left(\begin{matrix}h = 1, 2, \ldots \frac{1}{2}(m-1)\\ k = 1, 2, \ldots \frac{1}{2}(n-1)\end{matrix}\right),$$

und hieraus resultirt, wenn m als Primzahl vorausgesetzt wird, für das *Legendre*'sche Zeichen $\left(\frac{n}{m}\right)$ die Gleichung:

$$\left(\frac{n}{m}\right) = \operatorname{sgn.} \prod_{h,k} \left(\frac{k}{n} - \frac{h}{m}\right) \qquad \left(\begin{matrix}h = 1, 2, \ldots \frac{1}{2}(m-1)\\ k = 1, 2, \ldots \frac{1}{2}(n-1)\end{matrix}\right),$$

durch welche das Reciprocitätsgesetz, falls auch n als Primzahl angenommen wird, in unmittelbare Evidenz tritt.

ZUM DRITTEN GAUSS'SCHEN BEWEISE DES RECIPROCITÄTSSATZES FÜR DIE QUADRATISCHEN RESTE.

(BEMERKUNG ZU HERRN ERNST SCHERING'S MITTHEILUNG.)

VON

L. KRONECKER.

Monatsberichte der Königlich Preussischen Akademie der Wissenschaften zu Berlin vom Jahre 1885. S. 117—118.

ZUM DRITTEN GAUSS'SCHEN BEWEISE DES RECIPROCITÄTSSATZES FÜR DIE QUADRATISCHEN RESTE.[1]

[Gelesen in der Akademie der Wissenschaften am 15. Januar 1885.]

Ich erlaube mir den interessanten Entwickelungen, welche unser correspondirendes Mitglied, der Herausgeber von *Gauss'* Werken, an den dritten *Gauss'*schen Beweis des Reciprocitätsgesetzes geknüpft hat, eine neue Darstellung desjenigen Beweises anzufügen, welchen ich im § 2 meiner Mittheilung vom 22. Juni 1876[2] im Anschluss an den dritten *Gauss'*schen Beweis gegeben habe.

Bedeuten, wie in meiner Notiz vom 12. Juni 1884[3], m und n positive ungrade Zahlen und h, h^0, h' positive Zahlen, die kleiner als $\tfrac{1}{2}m$ sind, so findet für jede Zahl h eine Congruenz:

$$n(2h^0 - 1) \equiv (-1)^{\left[n\frac{2h^0 - 1}{m} \right]} (2h' - 1) \quad (\mathrm{mod.}\ m)$$

statt. Setzt man nun:

$$h = 2h^0 - 1 \quad \text{oder} \quad h = m - 2h^0 + 1,$$

je nachdem $2h^0 - 1$ kleiner oder grösser als $\tfrac{1}{2}m$ ist, so kann der Exponent

---

[1] Die Eingangsworte dieser Notiz beziehen sich auf die Abhandlung von *E. Schering*: Zum dritten *Gauss'*schen Beweise des Reciprocitätssatzes für die quadratischen Reste, Monatsberichte der Berliner Akademie v. J. 1885, S. 113—117.   H.

[2] Ueber das Reciprocitätsgesetz. Band II S. 11—24 dieser Ausgabe von *L. Kronecker's* Werken. Vgl. S. 16—19.   H.

[3] Ueber den dritten *Gauss'*schen Beweis des Reciprocitätsgesetzes für die quadratischen Reste. Band II S. 527—532 dieser Ausgabe.   H.

von -1 auf der rechten Seite der Congruenz durch $\left[\dfrac{n h}{m}\right]$ ersetzt werden, weil

$$\left[n\,\frac{2h^0-1}{m}\right]+\left[n\,\frac{m-2h^0+1}{m}\right]$$

gleich $n-1$, also gleich einer *graden* Zahl wird. Da ferner offenbar:

$$(-1)^{\left[\frac{n h}{m}\right]}=\text{sgn.}\ \prod_k\left(\frac{k}{n}-\frac{h}{m}\right)\qquad (k=1,\,2,\,\ldots\tfrac{1}{2}(n-1))$$

ist, so geht jene Congruenz in folgende über:

$$n(2h^0-1)\equiv(2h'-1)\,\text{sgn.}\ \prod_k\left(\frac{k}{n}-\frac{h}{m}\right)\quad(\text{mod. }m)\qquad (k=1,\,2,\,\ldots\tfrac{1}{2}(n-1)).$$

Nimmt man hierin der Reihe nach $h=1, 2, \ldots \tfrac{1}{2}(m-1)$ und multiplicirt die dadurch entstehenden Congruenzen mit einander, so erhält man, falls m Primzahl ist, für das *Legendre*'sche Zeichen $\left(\dfrac{n}{m}\right)$ die Bestimmung:

$$\left(\frac{n}{m}\right)=\text{sgn.}\ \prod_{h,\,k}\left(\frac{k}{n}-\frac{h}{m}\right)\qquad \begin{pmatrix}h=1,\,2,\,\ldots\tfrac{1}{2}(m-1)\\ k=1,\,2,\,\ldots\tfrac{1}{2}(n-1)\end{pmatrix},$$

welche mit der Gleichung (D) in meiner Mittheilung vom 12. Juni 1884[2]) identisch ist, und aus welcher das Reciprocitätsgesetz unmittelbar folgt.

---

[2]) Band II S. 581 dieser Ausgabe.

H.

Druckfehlerverzeichniss zum zweiten Bande.

S. 95 Z. 1 v. u. statt „404—408" lies „404—407".

S. 321 Z. 12 v. o. statt „kleiner" lies „nicht grösser".

    Z. 15 v. o. statt „echte Brüche" lies „höchstens gleich Eins".

(Verbesserungen gegen das Original.)

S. 408 Z. 1 v. o. statt „Bernoullischen" lies „Bernoulli'schen".

9 782013 587662